中国心理学会心理学质性研究专业委员会推荐

/叙事心理学译丛/

主编◎郑剑虹

NARRATIVE

PSYCHOLOGY

THE STORIED NATURE OF HUMAN CONDUCT

叙事心理学

人类行为的故事性

〔美〕西奥多·R. 萨宾（Theodore R. Sarbin）◎主编

何吴明　舒跃育　李继波◎译

U0854423

北京师范大学出版集团
BEIJING NORMAL UNIVERSITY PUBLISHING GROUP
北京师范大学出版社

图书在版编目(CIP)数据

叙事心理学：人类行为的故事性/(美)西奥多·R. 萨宾主编；何吴明，舒跃育，李继波译. —北京：北京师范大学出版社，2020.5(2023.4重印)
ISBN 978-7-303-24515-4

Ⅰ. ①叙… Ⅱ. ①西… ②何… ③舒… ④李… Ⅲ. ①行为主义—心理学 Ⅳ. ①B84—063

中国版本图书馆CIP数据核字(2019)第004087号

图书意见反馈：gaozhifk@bnupg.com 010-58805079
营销中心电话：010-58807651
北师大出版社高等教育分社微信公众号 新外大街拾玖号

XUSHI XINLIXUE: RENLEI XINGWEI DE GUSHIXING
出版发行：北京师范大学出版社 www.bnup.com
北京市西城区新街口外大街12-3号
邮政编码：100088
印　　刷：三河市兴达印务有限公司
经　　销：全国新华书店
开　　本：730 mm×980 mm 1/16
印　　张：22.75
字　　数：305千字
版　　次：2020年5月第1版
印　　次：2023年4月第2次印刷
定　　价：98.00元

策划编辑：何　琳　　责任编辑：杨磊磊　葛子森
美术编辑：李向昕　　装帧设计：尚世视觉
责任校对：陈　民　　责任印制：马　洁

迈向人文取向的心理学

——“叙事心理学译丛”总序

郑剑虹

叙事是验证和解释人类行为的一种效果好的隐喻。

——萨宾(Sabin，T.，1986)

在“如果 x 比 y”的逻辑命题上和在“国王死了，然后王后也死了”的叙事情节上，两者的功能是不同的。前者导致去寻求普遍真理，后者则更可能是寻求两人死亡事件之间的某种特定联系。

——布鲁纳(Bruner，J.，1986，2009)

一、为何要编译这样一套丛书

编译这套丛书的缘起要追溯到在我国台湾桃园举行的首届海峡两岸“生命叙事与心理传记学”学术研讨会。在会中和会后的交流讨论中，大家深感心理学人文取向研究的弱势，因此，海峡两岸相关学者都有一个共识，要一起来推动这个领域在我国的发展。大家认为制度化建设是一个重要的方面，包括创办刊物、定期举办会议、成立学术组织等。先是在会议结束后的2012年下半年，我们以繁体字出版了集刊《生命叙事与心理传记学》，第二年在大陆出版了简体字版。2014年《生命叙事与心理传记学》在我国台湾转为正式期刊出版，由当年成立的中国台湾生命叙事与心理传记学会，来主办这个刊物，简体字版仍以集刊的形式在大陆出版发行。会议也从2012年开始在海峡两岸轮流主办，至今已主办了四届。

制度化的建设告一段落后，对国外相关著作的译介就成了我们重点思考的问题。在此之前和此期间，海峡两岸已翻译了若干西方心理传记学的著作，包括台湾辅仁大学丁兴祥教授等人翻译的《生命史与心理传记学》(远流出版公司，2002年)、岭南师范学院郑剑虹教授等人翻译的《心理传记学手册》(暨南大学出版社，2011年)，以及中国社会科学院罗凤礼研究员和华东师范大学萧延中教授共同主编的"心理传记学译丛"[中央编译出版社出版，共9本，包括心理传记学的经典著作——埃里克森(Erickson)所著的《甘地的真理》等]。心理传记学的开山之作，弗洛伊德(Freud)著的《达·芬奇的童年回忆》也以单行本的形式被翻译成中文(金城出版社，2014)。由于有了这样一些心理传记学著作，包括经典著作已被翻译成中文出版，因此，我们原来翻译心理传记学著作的想法就转到了翻译叙事心理学著作上来。

叙事作为一种思维模式或方法取向已经影响了众多的人文社会学科。20世纪80年代开始的心理学的叙事转向，让心理学回归人性，回归个体，回归本土，凸显了心理学研究的人文取向。国外从1993年开始，乔塞尔森(Josselson)和利布里奇(Lieblich)共同主编出版"生命叙事研究"(The Narrative Study of Lives)系列丛书，到1999年，该丛书共出版了6辑。2001年，人格心理学家和叙事心理学家麦克亚当斯(McAdams)加入主编的队伍。该丛书改由美国心理学协会(APA)出版，到2007年共出版了5辑。美国心理学协会出版该系列丛书，标志着主流心理学对生命叙事或叙事心理学的认可和接纳，也反映了当今心理学研究的多元化趋势。自1986年萨宾出版《叙事心理学：人类行为的故事性》一书以来，30多年间，叙事心理学逐渐成为心理学一个新的学科领域或一种研究取向，并得到较快发展，成果颇丰。叙事心理学的三大主流方向形成于北美洲、欧洲和大洋洲。美国的麦克亚当斯及其追随者发展了一种独特的方法来研究作为生命故事核心内容的自我和认同，提出了救赎自我(Redemptive self)的概念和认同的生命故事理论；荷兰的赫尔曼斯(Hermans，H.)采用自我对质方法(Self-confrontation method)来收集个体的生命故事资料，提出对话自我(Dialogical self)理论；澳大利亚的怀特(White)和新西兰的艾普斯顿(Epston)共同合作发起了心理治疗领域的叙事运动。以生命故事为主要研究内容的叙事心理学，转变了人们对心理学本质的认识，促进了人们对人性的理解，成为人文取向心理学的一支重要力量。

目前，国内叙事心理学的著作凤毛麟角，所以译介国外该领域的教材和专著对推进叙事心理学在我国的发展，壮大人文取向心理学的研究队伍，更好地开展叙事心理治疗实践活动都有重要意义。

二、这是一套什么样的丛书

除了上述一些考虑之外，基于人才培养和学科建设的需要，以及心理学质性研究发展的需要，我们经过仔细斟酌，精心选择了这套“叙事心理学译丛”，首期先翻译三本国外该领域的优秀著作。第一本是欧洲人雅诺什·拉斯洛(János László)著的《故事的科学：叙事心理学导论》(*The Science of Stories：An Introduction to Narrative Psychology*)。该书作者雅诺什·拉斯洛为匈牙利科学院心理学研究所的社会心理学教授，也是匈牙利佩奇大学心理学研究所的负责人。该书包括绪论在内共有 12 章，探索了人们如何通过讲述故事来建构自己的生命世界和对自身的认同。该书的最大特点是首次在叙事的诠释学研究与科学研究之间建立了一座桥梁，提出了科学叙事心理学的概念，并基于语言分析与计算机技术，提出了一种揭示叙事文本中心理学意义的新方法学。该书在某种程度上代表了当今欧洲叙事心理学的研究趋势和研究水平。

第二本是萨宾主编的《叙事心理学：人类行为的故事性》(*Narrative Psychology*: *The Storied Nature of Human Conduct*)。该书是一本论文集，由16位作者撰写的14个章节构成。在该书中，萨宾首次提出了叙事心理学的概念，并将叙事作为心理学的根隐喻。他认为叙事心理学是对心理学实证主义范式的替代，故事生成、故事讲述和故事理解是心理学的基本概念。该书被视作叙事心理学的开山之作，也是叙事心理学的经典著作。

第三本是安格斯(Augus，L.)主编的《叙事与心理治疗手册：实践、理论与研究》(*The Handbook of Narrative and Psychotherapy*: *Practice*，*Theory*，*and Research*)。该书共21章，是第一本将叙事理论(家)与叙事心理治疗(实践者)结合起来的著作。该书旨在汇集多种方法，促进不同叙事传统之间的对话，并在心理治疗中，形成一种对来访者故事讲述过程的更具整合性的理解。该书在叙事和心理治疗方面的原创性贡献，对心理治疗从业者、社会工作者、心理咨询师、护理工作者等实践人员，以及精神病学、心理学的研究人员、教师及其研究生都有重要的参考价值。

本套译丛的出版，需要感谢许多人。首先要感谢北京师范大学出版社编辑何琳女士对译丛的遴选建议以及在信息提供和版权联系方面所做的关键性工作。其次要感谢华中科技大学的陈建文教授欣然接受参与该丛书第一本书的翻译任务。特别是在遇到困难的时候，要感谢中国心理学会心理学质性研究专业委员会(筹)给予的支持，感谢我国著名心理学家黄希庭教授对心理学质性研究的鼎力支持，感谢苏州大学刘电芝教授积极联络和推荐翻译者，也要感谢台湾辅仁大学的丁兴祥教授、圣约翰科技大学的陈祥美副教授和龙华科技大学的李文玫博士的关注和支持。最后，还要感谢诸位积极参与翻译的译者，其中包括吴继霞教授、凌辉教授、陈弈君教授、程素萍教授、张爱莲教授、李继波副教授、舒跃育副教授、何吴明博士、何承林硕士等，他们的认真、细致和坚持，为保证译丛的质量和顺利出版奠定了基础。当然，由于国内叙事心理学的研究刚起步，以及本套丛书涉及许多学科的知识，在相关术语的翻译和相关内容的理解上肯定存在不足之处，因此，我们真诚欢迎和期待读者的批评指正。

参考文献

1. Bruner, Jerome. 1986/2009. *Actual Minds, Possible Worlds*. Harvard University Press.

2. McAdams, Dan P. 1993. *The Stories We Live By: Personal Myths and the Making of the Self*. Guilford Press.

3. Sarbin, Theodore R. 1986. *Narrative Psychology: The Storied Nature of Human Conduct*. Praeger.

4. McAdams, Dan P. 2013. *The Redemptive Self: Stories Americans Live By*. Oxford University Press.

5. Vassilieva, Julia. 2016. *Narrative Psychology: Identity, Transformation and Ethics*. Springer.

6. 马一波，钟华. 2006. 叙事心理学. 上海：上海教育出版社.

7. 郑剑虹，李文玫，丁兴祥. 2014. 生命叙事与心理传记学(第一辑). 北京：中央编译出版社.

前　言

社会心理学的认识论危机创造了一种准备抛开实证主义假设并以其他概念化人类境况取而代之的方法。本书收集的文章举例说明了叙事作为根隐喻的用法。早在心理学成为一门科学之前，男人和女人们创作并讲述了关于人类努力理解这个有疑问的世界的故事。即使在科学心理学研究人类行为的百年间，小说家、剧作家、诗人、散文家、电影制作人——故事讲述者——都在不断提供关于人类动机与行为的见解。

本书将阐明，故事的生成、述说和理解是这门复兴的心理学的基本概念。本书的每一章都会为人类行为的故事性提供证据。本书将这些章节整合到一起，支持我的一个观点，即叙事心理学完全可以成为实证主义范式的接替者。

本书每章节的作者都是我所简称为"叙事心理学"这一知识文集的资深贡献者。我对他/她们加入这次冒险致以衷心的感谢。

非常感谢那些鼓励我从事这项事业的同事、学生和朋友，谢谢他们的支持和建议。我要特别感谢卡尼(Ralph M. Carney)、霍尔(James B. Hall)、基特苏斯(John I. Kitsuse)、曼库索(James C. Mancuso)和沙伊贝(Karl E. Scheibe)。我也特别感谢科托维斯基(Lorelei Cotovsky)在书目和准备索引方面所提供的帮助。

不是一个简短的致谢就可以足够讲好一个故事——这个故事的核心主题就是我对妻子吉纳维芙(Genevieve)的暖心鼓励、关心和理解的感激。她的陪伴为我完成作者和编者的工作提供了一个很好的氛围，否则这将是一段孤独的时光。

西奥多·R. 萨宾(Theodore R. Sarbin)

目　录

第二部分 叙事技能研究

第三部分　自我叙事的情节化建构

第四部分 自我叙事的建构与解构

导引与概览

与许多和我同时代的人一样，我对社会心理学研究的结果和实证主义假设指导下建立的理论感到失望。在20世纪70年代中期，这种失望被描述为一个“危机”(Elms，1975)。它被一些行为主义科学家评论为难以言喻的问题，原因是传统研究所得结论的低预测性和缺少普遍性。实证主义精神对这门学科的影响反映出一个根深蒂固的信念，即社会行为可以在实验室中被分解为各种元素。

借用格尔茨①的恰当表述，在“模糊类型”(blurred genres)时期，我使用隐喻(metaphor)拓展了我的研究——它可能缓解这个危机并为这门学科注入活力。很显然，机械的、空间的和能量的隐喻——对于那些致力于将社会心理学打造成一门科学的人来说，在传统来源方面——已经过时，它们再也不能生成有意义的概念。我很快地开展人文方面的研究并让隐喻指导我的工作。对我早期的提议——戏剧成为隐喻的重要来源，正如角色扮演一样通过更加有意义的方式描述和解释社会行为(Sarbin，1943；Sarbin，1954；Sarbin & Allen，1968)。

从戏剧作为一种基本的隐喻到叙事仅一步之遥。因为戏剧就嵌在

---

① 克利福德·格尔茨(Clifford Geertz，1926—2006)，美国人类学家，解释人类学的提出者。他提出“模糊类型”知识的观点，认为这一类型的知识提供了学科本位跨越“疆界”整合知识的可能性和机会。——译者注

叙事之中，所以向叙事研究的转向并不需要我的研究项目做太大的改变。与海登·怀特(Hayden White)①的《元史学》(*Metahistory*，1973)的邂逅，促使我从叙事的角度看待人类的行为，此书在本书中被多位撰稿人引用。他对历史的书写是故事讲述的一种形式的示范，使我确信叙事过程可以应用于心理分析。

受到斯蒂芬·佩珀(Stephen Pepper)②的根隐喻(root metaphor)方法的影响，我提出了叙事起根隐喻作用的假设(Pepper，1942)。在认可该理论之前，我已经使用"叙事原则"(narratory principle)多年。我在《变态心理学》的教学中发现，报告和分析生命史——那是关于具体个体的故事，而不是对实验中匿名的、缺乏特征的、通过概率来表述其结果的被试的评论——非常有用。并且，在我作为临床医生的生涯中，我在叙事情节中找到来访者和他的重要他人之前是不会进行我的工作的。

编写本书的计划始于20世纪70年代中期我在卫斯理大学(Wesleyan University)人文科学中心访问的那段时光。海登·怀特和刘易斯·明克(Louis Mink)相继撰写了关于叙事在历史编纂学中的作用的

---

① 海登·怀特(Hayden White，1928—2018)，当代西方著名的历史哲学家之一，被誉为"在文化理解和叙事的语境中，把历史编纂和文学批评完美地结合起来"的学者。《元史学》是奠定他学术地位的代表作。在这本书中怀特提出，必须先将对历史的理解看作一种语言结构，通过这种语言结构才能把握历史的真实价值。历史是一堆"素材"，对素材的理解和连缀使历史文本具有了一种叙述话语的结构，这一结构的深层内容是语言学的，借助这种语言文字，人们可以把握经历过解释过的历史。——译者注

② 斯蒂芬·佩珀(Stephen Pepper，1891—1972)，美国哲学家，他在1942年出版的《世界的假设》一书中提出了"根隐喻"这一概念。他认为，根隐喻为自然和世界提供了基本的建构框架，人们在对现象进行观测、分类和解释时所采用的所有模型都属于根隐喻的范畴。根隐喻为人们理解和解释各种现象提供了最上位的原型，它规定和引导着各不相同的世界观的形成和发展。根隐喻存在于日常生活和常识语言中，由常识证据支持。对这些基本隐喻进行提炼就会产生不同的世界假设。也就是说，世界假设源于日常生活中的根隐喻。——译者注

文章，斯蒂芬·克赖茨(Stephen Crites)也撰写了关于经历的叙事特性的文章。[无论作为作者(如斯蒂芬·克赖茨)还是作为权威人士，这些学者在本书中都具有代表性]。借助他们关于历史哲学与宗教方面的著作，我开始在课堂上或某些论文中运用叙事的观点。近年来，我已经阅读了20位社会科学家和人文科学家的著作和论文，他们确立了叙事在重构历史或个人中的不可或缺性地位。

在1983年夏天，我为布莱恩·萨顿-史密斯(Brian Sutton-Smith)主办的关于心理学与叙事的专题研讨会准备了一篇论文。不久之后，我就将撰写本书的计划付诸行动。初稿的题目为《叙事学与心理学》(*Narratology and Psychology*)。我邀请了14位心理学和相关学科的学者来撰写初稿的各章，他们分别处理叙事的一个或多个方面的问题。除一人之外，其他人全都应邀参与。

本书各章的安排依据于叙事过程中的不同特征所涉及的重点。第一部分的核心问题是关于作为科学项目的组成要素的叙事的使用。我的这章“作为心理学根隐喻的叙事”——采用了佩珀的根隐喻的方法作为出发点。我主张，采取语境论(contextualism)的世界观比一直以来使用的传统机械论科学更有利于理解人类行为。综合所有的复杂性，语境论的根隐喻是历史的活动(the historical act)。我认为历史的活动与叙事是同一个事物。在我这一章的正文中，我强调故事的普遍性，它是生活的指引，同时也为理解他人的行为提供了工具。

在“叙事形式与心理科学的结构”这章中，肯尼斯(Kenneth)和玛丽·格根(Mary Gergen)提出发展心理学理论的故事性。他们在文章的开篇就合理地拒绝经验主义假设——这个传统科学所提供的充当世界客观镜像的理论。科学理论并不是由世界上的事件所决定的，它们来源于先入之见或世界观，它们是语言的产物。作者们认为，理论性描述的形成，在很大程度上取决于对话的习惯，即叙事。

运用分类学对叙事进行分类——稳定性、前进性和倒退性——他们追溯了刺激—反应理论、皮亚杰的阶段理论、弗洛伊德理论从产生到成熟的人类发展理论的演变和现状。科学理论建构于叙事情节的观点得到了有力的证明。

米萨·兰道(Misia Landau)的这一章通过隐含地运用进化论形成过程的英雄叙事这个具体的事例延伸了这个争论。她将一个20世纪早期的考古学权威的著作作为文本。在“科学叙事中的入侵：格拉夫顿·埃利奥特·史密斯①与死亡神庙”这一章中，兰道展示了埃利奥特·史密斯的英雄故事是如何影响他的关于脑在人类命运过程中的重要作用的理论的。作为故事讲述者的科学家妨碍了作为事实发现者和理论创造者的科学家。分析过程通过事实证明了兰道的这个观点：事件的整理和解释并不是渲染科学故事所必需的独立步骤。

第二部分——“叙事技能研究”——共包括三章，主要涉及故事生成和故事理解过程中的许多问题。本部分可以看作连接传统心理学和代表本书特色的解释学取向的心理学的纽带。布莱恩·萨顿-史密斯开篇恰如其分地回顾了两种新兴的叙事分析模式：语篇的(结构的)和解释的(语境的)。他提到布鲁纳(Bruner，1984)所区分的这两种模式，并被斯彭斯(Spence)在他所著的一章中采用。语篇分析(textual

---

① 格拉夫顿·埃利奥特·史密斯(Grafton Elliot Smith，1871—1937)，英国解剖学家、人类学家和埃及古物学家，是传播学派泛埃及主义主要代表人物之一，主张世界所有的高级文化都是由埃及传来的。其主要著作有《文明的起源》(周进楷译，商务印书馆1949年出版)和《人类史》(李申等译，社会科学文献出版社2002年出版)。他提出的“泛埃及理论”(Pan-Egyptian Theory)声称，人类的一切文化只有一个中心——埃及，人类文化的各个要素都是从这个中心传播到地中海和世界各地的，玛雅人的金字塔、日本的塔式建筑、印度尼西亚的巴厘岛和柬埔寨的庙宇、美国印第安人的坟丘等，都是埃及金字塔等与太阳崇拜有关联的建筑的“翻版”。在他看来，这些复杂的建筑不可能是玛雅人或巴厘人发明的，因为其他区域的人们没有独立发明的能力，人类文化的绝大多数方面——从艺术、法律、政府到陶器、纺织甚至车轮——都是在埃及发明的，这些成果通过埃及人带到世界其他地方的(参见孙英春：《跨文化传播学》，162页，北京，北京大学出版社，2015)。——译者注

analysis)遵循的是范例模式，语境分析(contextual analysis)遵循的是叙事模式。前者关注的是能力与性别、年龄等指标的相互关系，后者关注的是在观察儿童故事讲述的语境和故事理解中获得的“意义”。萨顿-史密斯在他所著的章中为这两种叙事模式保留了选择的空间。

他回顾了 2～12 岁儿童在故事生成方面的阶段性发展。儿童最初是在与父母的互动过程中形成他们的故事的：当让儿童讲述故事时，他们会表现出韵律的特征。稍微大一点的儿童在故事生成时就表现出情节结构了。

当父母依据图画书讲故事的时候，研究者将这一过程记录下来将非常有意思：父母讲述的故事的结构与孩子们的是不一样的。父母们关注的是情节，孩子们关注的是旋律特征。随着孩子们的成长，他们将越来越多地讲述情节定向的故事。萨顿-史密斯给我们介绍了一些简化情节的有用的方案。在 10 岁之前，孩子们对故事情节的描述就已经具有了与西方国家的故事讲述者相似的特征了：英雄在实现目标的过程中遇到阻碍后会努力去消除或者转化这个障碍。

认知科学的文献一直在大量增加，这些文献被贴上语篇加工或文本理解的标签。这些研究都基于传统的实验心理学，主要受以探索结构为主要目标的语篇取向的影响。詹姆斯·曼库索(James Mancuso)在他的“叙事语法结构的习得与使用”一章中回顾了一些重要研究的调查结果。他站在他的建构主义立场上解释这些研究，旨在表明叙事语法的外源性发展与本能的动机系统所驱动的发展有本质性差别。

曼库索回顾了一些研究，这些研究的结果支持叙事具有同化的结构这一假设。这些研究支持无论是书面的还是口头的文本输入都会被后天的叙事语法所同化的信念。语法的类别已经为大量的研究者所认可。儿童的叙事语法内隐使用的研究支持了萨顿-史密斯关于个体在生命的早期习得故事观念的结论。

本章的最后部分把一种创造性的方法应用到自我叙述中，这样就扩展了结构主义研究的意义，特别激发了曼库索的无意识概念的叙事观的思想。

约翰·鲁滨孙(John Robinson)与琳达·霍普(Linda Hawpe)在他们的“作为一种启发式加工的叙事思维”这一章中把叙事解释成认知手段。他们从认知科学的角度来切入这个话题，把琐碎的动作编造成故事需要的技能、判断和经验。叙事思维把那些可能混合在一起的已知的条件(事实)以及相关的推测(想象的事物)全部纳入因果模式中，使得解释这些事件成为可能。

作者通过使用曼库索回顾过的一项研究(Stein and Policastro，1984)来支持这样一个观念：尽管一些被评价为相对“优美”的故事存在一些共性，但是不可能形成一个用以建构故事的公式。这样，就有了优美的故事和拙劣的故事。本章旨在表明，叙事思维将努力使那些拙劣的或缺乏说服力的故事变成优美的和令人信服的故事。

令人耳目一新的是，鲁滨孙与霍普要求必须在社会语境中实施对自我和他人行为的认知分析。叙事为生活中的那些具有为人类事务创建秩序潜能的问题提供解决之道。与本书其他撰稿人一样，这两位作者将叙事思维与科学思维进行对比，这种描述与斯彭斯和萨顿-史密斯的描述有交叉，但不重复。他们都强调，科学思维无涉语境，而叙事思维则以语境为中心。

鲁滨孙与霍普通过大量的篇幅来呈现这样一个基本观点：叙事思维受寻求行为原因的动机所驱动。他们也探讨了在叙事因果模式的关联性或连贯性不太好的情况下有必要进行叙事修复的问题。这个观点与莫德查·罗滕贝格(Mordechai Rotenberg)在题为《传记修复》(“Biographical rehabilitation”，1983)一文中所主张的观点相似，并且与那些帮助来访者重构生命故事的心理治疗执业医师所依据的观点也非常相似。

题为"自我叙事的情节化建构"的第三部分的各章所呈现的每个主题都是以自我为主角的故事。在"自我叙事与冒险"这一章中，卡尔·沙伊贝(Karl Scheibe)提出一个此前鲜受关注的问题：渴求激动与兴奋的意义。沙伊贝把冒险视为建构和发展自我叙事的重要特征，他还指出了自我叙事是如何支持人们的同一性的。

沙伊贝探究了冒险的两种基本形式：运动和赌博。他详细阐述了运动和赌博在即将成为生命故事中心的同一性建构中的作用。冒险以及它的对立——平静，构成了一种非常不稳定的状态。这些状态产生并维持自我叙事的活动，构成了一个循环的序列。冒险与恢复的主题可能表现为各种隐秘的形式。在试验、冒险以及运动和赌博中，不确定性与安全、休息以及为下一次冒险的准备交替出现。这里假设，如果没有冒险，一个人的生命故事将无法推进。沙伊贝引用了包括亚瑟王时代的骑士传说、职业拳击、田径、街机视频游戏、堂吉诃德甚至乔叟传说在内的各种来源的资料。

把参与运动生活或者赌场赌博定义为冒险，这是一次具有创造性的飞跃，这个飞跃为沙伊贝用寻求冒险来解释某些类型的世界政治提供了模板。世界政治的参与者们粉墨登场，他们编写故事并创造历史。

在"故事时间：追忆过去与预测未来"这一章中，斯蒂芬·克赖茨向我们阐述了故事编写的时间维度。他通过讨论克尔凯郭尔(Kierkegaard)的一篇题为《最不快乐的人》("The unhappiest")的短文作为开篇。克赖茨引用克尔凯郭尔的话旨在传达这样一个信息：最不快乐的人就是那些生活在自己之外的人。一个人只有生活在过去或者未来的时候才会与现在的自己不一致。过去可以通过回忆获得，未来通过希望体验到。

在本章的主体部分，克赖茨提出回忆过去与展望未来需要不同的叙事策略。这两种策略一旦被混淆，自我叙事就是不清楚的、前后矛盾的甚至混乱的。个人对过去的回忆会产生连续感、同一性。克赖茨从现象学的立场举例说明：如果一个人所亲历的过去被重构，那么他的过去如何与当前相联系。在这方面，克赖茨的记忆理论与当前那些出自实验心理学的记忆理论保持一致。

本章的研究范围被少数的冒险性探索——主我(I)与客我(me)的关系——取代。主我指记忆中的那个我，客我指被回忆的故事中的那个行动者。个体在现在与过去的两维之间能感受到语言上的连续性，就说明这两种自我的关系是清楚的。语法中的时态会传达现在与过去的维度特征。

我们所谓现在总是通往未知——未来的。过去的图像可能被重构得较为清晰，但是未来的图像则只能是模糊的轮廓，它们只是可能性。克赖茨的这些分析与沙伊贝所著的一章中的部分观点相一致。我们寻求冒险是为了验证那些存在于不确定中的可能性。所有的新事物都出自未来。

在“偏执和灾难性叙事”这一章中，恩斯特·基恩(Ernest Keen)完成了一件对于其他作者而言都是一种挑战的工作：分析令人迷惑的现象。这种现象现在被称为偏执。他的分析远远超出了变态心理学的标准教科书的描述水平。他站在现象学家的立场：经验是言语的(languaged)，经验的语言是叙事的。

基恩提出了三对对立的概念，它们构成了经验和叙事的要素。第一对对立的概念是过去与未来。基恩的时间维度的观点与克赖茨所著的一章所提的观点非常相似。个人总是位于过去与未来的交界处。偏执狂患者的自我叙事中塞满了过去的情节，没有为影响故事情节的新的未来可能性留下一点空间。偏执狂患者抗拒走向未来。对走向未来的成功抗拒就成了灾难发生的条件。也就是说，生命故事中没有“以后”。在新的地方，空无一物。

第二对对立的概念是善与恶。在偏执狂患者的故事里，恶与自己无关，自己总是善的。偏执狂患者自以为是地认为自己是在捍卫善良抵制邪恶。偏执狂患者的故事不能作为文化神话的模板。为了生存，社会存在必须通过协商获得善恶的评价标准。偏执狂患者通常这样设置自我叙事的情节：作为自我属性的善被与自我不相容的恶的力量所毁坏。

第三对对立的概念是自我与他者。它们有助于解释偏执狂患者的孤独。这种普遍的孤独不同于暂时的孤独，偏执狂患者的孤独是永久的。孤独也许可以定义为不能或拒绝与他人分享自己的故事。

基恩通过重新分析著名的施列伯案例(Schreber case)①来说明这些对立的概念的使用。依据偏执狂患者叙事情节的发展，施列伯只有在经历了即将到来的灾难之后，才会把他的过去与未来连接到一个故事中。

我把第四部分的题目定为“自我叙事的建构与解构”。弗雷德里克·怀亚特(Frederick Wyatt)所撰写的这一章——“精神分析中的叙事：讲故事、倾听和诠释的精神分析概述”，强调对故事涉及和包括的精神分析的内容的观察。他通过运用临床医生所采用的积极倾听技术来理解叙事隐喻的内涵。除此之外，怀亚特让我们意识到历史学家和精神分析师在目标上的共性。二者都积极投入解释学的事业中。病人及其档案所提供的资料并不能呈现现成的意义。只有在涉及语境时，意义才能被建构。怀亚特与声称只关注病人所提供的材料的精神分析师和其他治疗师展开了争论。在治疗情境中，解释者不是一位高

① 弗洛伊德分析的一个经典案例，详见弗洛伊德《精神分析对一个偏执狂病人的自传性叙述的说明》(*Psycho-analytic Notes on an Autobiographical Account of a Case of Paranoia*, 1911)。——译者注

级专业技术人员，而是一位故事的讲述者。① 与当前的记忆理论所主张的一样，怀亚特明确地表明，在治疗过程中病人所讲的故事是重新建构的，而不是放的录像。本章内容基于皮兰德娄(Pirandello)的《六个寻找剧作家的角色》(*Six Characters in Search of an Author*)②。

在“叙事流畅性和临床智慧”这一章中，唐纳德·斯彭斯(Donald Spence)把论题引申得更远。以弗洛伊德的杜拉案例为起点，斯彭斯提出了个案报告中的效度问题。他确立了叙述流畅性的两个等级而歪曲了“真正发生了什么”。第一个等级是通过这个经典案例得以展示的。在这个案例中，一些细节没被省略掉，另外一些被夸大，导致结果刚好符合理论所要求的模式。另一个等级的流畅性出现在咨询室里，故事的情节受分析师的影响。在布鲁纳(Bruner，1984)的帮助下，运用解释学来解释的讨论得到进一步发展。解释者可以采取示例

---

① 原文为“the interpreter is not a member of the genus *homo faber* but is a member of the genus *homo narrens*”，其中，*homo faber*(中文版意译为《能干的法贝尔》，江南译，外国文学出版社，1983年版)是瑞士作家马克斯·弗里施(Max Frisch)写的一本小说，全书以主人公第一人称的视角来叙事。书名 *homo faber* 为拉丁文，原意是“有技术专长的人”。在此书中，主人公费佰(Faber)是一名高级技术人员，掌握科技知识，坚持认为人类的活动只有生理反应和物理反应，相信数学可以解决一切问题。这里以此意指那些坚持客观的科技知识可以解决一切问题的人。*homo narrens* 则与 *homo faber* 相对，强调人们通过讲故事来认识自己。——译者注

② 路易吉·皮兰德娄(Luigi Pirandello，1867—1936)，意大利戏剧大师和小说家，1934年获诺贝尔文学奖。他在剧作《六个寻找剧作家的角色》中，讲述了六个被剧作家偶然创造出来又遭到遗弃的剧中人。他们来到剧场寻找作者，希望说服作者让他们重活一次，演完他们的故事。这部戏剧由于采用了新颖的开头、荒诞的情节，出乎意料地受到世人异常热烈的欢迎。通过这部戏剧，皮兰德娄让世人了解了他那特有的思想和建立在这种思想基础上的新的戏剧形态。皮兰德娄认为，现实的人类并不具有单纯如一的生活，毋宁说都像剧中人那样，以假作真、以真作假地活着。现实和虚构之间没有太大的差别，人们看到的不过是各自虚构的现实而已。他的新戏剧形态就是所谓现实和虚构不加区别的多重戏剧空间。(引自云桂宾等：《袖珍外国文学名著辞典》，275页，北京，中国广播电视出版社，1991。)——译者注

的模式或者叙事的模式。前者是与科学报告联系在一起的方法，要求可重复性。示例的模式关注概念，如重力、力、本我、焦虑，这些概念被指示性地进行编码，目的是发现唯一的真理并展现出与之竞争的观点对于真理而言的不完备性。叙事的模式为了内涵牺牲了外延。一个连贯的故事就是目标。戏剧化故事具有一种道德力量，不能与示例的模式所提出的客观的、分离的、公式化的解释相匹配。叙事真实包含的意义可以被其他的时间或空间中另外的叙事所替代。为了使人生故事的解释者们意识到这两种等级的叙事流畅性所带来的潜在危害，斯彭斯提出了一些具体的建议。

埃利奥特·米什勒(Elliot Mishler)撰写的一章拓展了怀亚特和斯彭斯所表达的主题。在"访谈叙事分析"这章中，米什勒提出访谈作为行为科学的核心程序的观点。无论是在治疗还是在为了制定社会政策而获取信息的过程中，访谈都作为故事生成和故事讲述的重要手段。在这一章中，米什勒再现了多个长篇访谈。这些材料被当作用以文字分析或者"解构"的文本。解构的目的是理解意义，是人们在访谈发生的语境中发现意义。他展示了解释者同时也是故事讲述者，是如何在对话中根据被访谈者对采访者所提出问题的回答来理解意义的。无论如何，回应者所提供的要比回应本身多得多。这些是自我叙事的一部分。

米什勒撰写的这一章为那些不加批判地将访谈者的提问和被试的回答当作刺激和反应的社会科学家开辟了新的视界。作为刺激—反应模式替代品的叙事拓展了访谈的范围与作用。

在一个戏剧的尾声，米什勒通过实例展示了同样地被重要他人讲述的回应者的生命故事，是如何表现出叙事的流畅性是无处不在的。在这个案例中，自我叙事的情节与他人叙事的情节完全不同。(两个文本中都有研究自我欺骗行为的原始材料。)米什勒把访谈作为一种研究技术从传统的壁龛中移除，并在叙事建构的世界中给它安了一个新家。

在“解构历史：对心理叙事进行系统的批判”这一章中，罗伯特·斯蒂尔(Robert Steele)提出了关于对被视为历史真理的生命叙事的解释的深刻见解。他对于怀亚特、斯彭斯和米什勒所撰写的章节所提出的问题持新的看法。与怀亚特一样，他把历史的书写与生命故事的书写视为相同体裁的两种形式。关于自我的口头或者书面的陈述，不能通过“真”“假”来解释，而要依据标准将其分类并细分为不同的故事。在斯蒂尔撰写的这章中，案例材料——弗洛伊德和荣格的生命故事——几乎采用与米什勒解构访谈材料相同的方式，一样被解释学破译。

斯蒂尔为识别文本的失真提供了一个指南，通过以弗洛伊德和荣格的生命故事的文本为例，描述并举例说明了五种失真的迹象。不一致(inconsistency)是迹象之一。弗洛伊德和荣格都坚持宣称他们被同龄人排斥，被专业同行疏远。两者都把自己描述成长期与邪恶做斗争并最终为世界提供有用的法宝的孤单的英雄。这些自传性质的材料与其他的证据——如他们留下的工作回顾、公众的认识等——明显不一致。这两位杰出人物都是五种文本失真类型的践行者。斯蒂尔把各式各样的失真与每个人创造并试图认可的自我叙事相联系。

斯蒂尔从不同角度来解构文本，尤其是从女性主义批判角度。他在弗洛伊德和荣格的作品中寻找证据，来展示大男子主义偏差是如何弥漫在他们的理论中的，以及他们在谈及他们的女性来访者的时候是如何歪曲历史的。

在凯文·默里(Kevin Murray)的“文学寻路：大众生命建构者的作品”这一章中，他聚焦于大众生活手册的叙事结构。在分析盖尔·希伊(Gail Sheehy)的通俗作品修辞内容的时候，默里把英雄人物背负希望在自我寻求的探险中所表现出的浪漫视为隐含叙事结构。他还比较了包括维多利亚时代的道德家塞缪尔·斯迈尔斯(Samuel Smiles)① 在内的其他生命建构者的隐含主题。通过实例分析希伊和斯迈尔斯两人所撰写的生命故事,默里梳理出这些大众生命建构者所使用的方法。当生命史作为文本接受仔细审查的时候,修辞语言、审美和道德兴趣指引作者的叙事发展就变得清晰了。

默里的文本材料有别于本部分其他章所使用的分析材料。然而,他的结论却与其他几位作者的相似:生命即叙事,叙事的形式和内容不仅取决于"事实",也取决于故事讲述者的目的、偏见、兴趣和道德立场。

参考文献

Bruner, J. 1984. Narrative and paradigmatic modes of thought[C]. Invited address, American Psychological Association, Toronto, August 1984.

Elms, A. C. 1975. The crisis of confidence in social psychology[J]. American Psychologist, 30, 967-976.

Kermode, F. 1967. The sense of an ending[M]. Oxford: Oxford University Press.

Pepper, S. 1942. World hypotheses[M]. Berkeley: University of California Press.

Sarbin, T. R. 1943. The concept of role-taking[J]. Sociometry, 6, 273-284.

Sarbin, T. R. 1954. Role theory[M]// Lindzey, G. Handbook of social psychology. Reading, MA: Addison-Wesley.

Sarbin, T. R. & Allen, V. L. 1968. Role theory[M]//Lindzey,

① 塞缪尔·斯迈尔斯(Samuel Smiles, 1812—1904),英国 19 世纪伟大的道德学家、著名的社会改革家、散文随笔作家。——译者注

G. and Aronson, E. Handbook of social psychology. Reading, MA: Addison-Wesley.

Stein, N. L. & Policastro, M. 1984. The concept of story: A comparison between children's and teacher's viewpoints[M]// Mandl, H. Stein, N. L. and Trabasso T. Learning and comprehension of text. Hillsdale, NJ: Lawrence Erlbaum Associates.

White, H. 1973. Metahistory [M]. Baltimore, MD: Johns Hopkins University Press.

第一部分　科学理论中的叙事

第一章　作为心理学根隐喻的叙事

西奥多·R. 萨宾(Theodore R. Sarbin)

导论

为了使这篇文章的题目获得认同，详细解释这几个术语是很有必要的。根据我们本次探索的目的，“叙事”(narrative)在我们普通的英语讲授者口中是一个与“故事”(story)联系在一起的概念。故事是对具有时间维度的人类的行为的象征性解释。故事有开端、过程和结局[或者，依据克莫德(Kermode，1967)的意见，终结感]。故事通过事件可辨认的属性——被称为情节(plots)——统合到一起。情节结构的中心是人类的困境和尝试解决的方案。(本书的其他章会对具体的问题进行更加全面的讨论，重点参见曼库索、萨顿-史密斯、鲁滨孙和霍普，以及葛根夫妇撰写的章。)

根隐喻(root metaphor)的概念需要更加全面的阐述。根隐喻法是斯蒂芬·佩珀的重要著作《世界的假设》(*World Hypotheses*，1942)的核心贡献。一位被公认的美学、价值和形而上学领域的权威，佩珀通过追溯形而上学的历史并得出这样的结论：任何形而上学观念，或者世界的假设，都源于一个基本隐喻或根隐喻。他举例说明了根隐喻是如何为发生在自然的和人为的世界中的事情的建构提供框架的。根隐喻从类别上包括哲学模式和科学模式，或者应用于阐明和解释，或者应用于观察和分类。根隐喻的选择决定了分析的类别和提问的方式。

根隐喻的产生和使用是隐喻生成的特殊情况，也是人类的普遍成就。当一个人面临一件没有现成范畴和类别可以去把握的新异事件的时候，这个事件在被探明类别或形成范畴之前，就一直保持无根据、未分类和未收编的状态。部分相似的方面或结构的认知为分析提供了基础，并且如果语言的转化是必需的，那么这部分的相似性就会被视为隐喻。这个新异的事物就会被命名为隐喻。

一旦隐喻被讲述者表达并被听者破译，与被确定的隐喻相关的活动和属性就会被当作辅助源和隐喻的支持。比如，把一个政治人物当作傀儡，就会引起诸如拉索、幕后操纵者、木偶剧场、编剧等相关隐喻的使用。

为了初步论证叙事对于心理学和其他人文科学是潜在的、有用的根隐喻这个命题，我把注意力放在澄清当代科学中根深蒂固却又通常未被认可的根隐喻上。

当一个隐喻被清晰的语境强调或者被明确地确定为一种修辞格的表达方式所标记后，解释者就可以自由地建构或使用其他特征。“心灵犹如电话系统”这句话就有清晰的标记——“犹如”结构让说话的人和听话的人双方都很清楚，两件事物间的同一性不是预期的。说话的人或听话的人会注意到有趣事件和熟悉事件之间的部分相似的地方，而不会关注用以表达隐喻的媒介。隐喻的创造者也不会局限于电话的特征而是自由地采用其他可供选择的结构，在这些结构中，心灵（它本来就是具有神话色彩的隐喻）是多层次的地理系统，或者带根的树、树干、树枝，或者一捆绳索，或者一个白板，或者计算机，等等。

依据那些可以辨认隐喻的条件(Chun，1970；Chun & Sarbin，1970；Lewis，1939；Sarbin，1968)，一旦隐喻可以很好地建构意义，隐喻特性就消失了。如果不能一直保留表达的“犹如”特性，这种表述的使用者就会把这种表述的模式视为一种文字表达。曾经不确定的诗意的表达后来就可能变得具体化、字面化。这种具体化为指导活动的信念系统提供基础。

形而上学体系的根隐喻是在回答宇宙论的问题中得以建构的，这些宇宙论问题涉及世界的本质是什么、创造的本质是什么以及什么是人性。为这样的抽象问题寻求答案推动了隐喻的建构和使用。最初，根隐喻是诗意的创造。一旦隐喻被具体化，固定为严格的信念模式，形而上学体系就产生了。

佩珀(1942)把根隐喻法概括如下：

> 一个试图认识世界的人会为他的理解提供线索。他选中事实的某些领域并试图依据这些领域去理解其他事物。这个最初的观念就成了他的基本类比或根隐喻。他尽其所能地描述事实的某些领域的特性，或者……描述它的结构。它的结构特性(类别)的列表就成为他解释和描述的基本概念……他根据这些类别继续去解释其他所有领域……他试图用这些类别去解释所有……(p. 91)

作为论证我关于“叙事是基本状态或者根隐喻的候选人”这个观点的背景，我对佩珀对根隐喻的分类做一个简介。在这里，他把世界观分为六种：万物有灵论(animism)、神秘论(mysticism)、形式论(formism)、机械论(mechanism)、机体论(organicism)和语境论(contextualism)。因为万物有灵论和神秘论缺乏足够的适用范围与可传达的类别，它们不足以实现现代的目的，所以佩珀放弃了它们。

佩珀用“形式论”这个概念来强调以实体之间的相似性和差异性为

基础的世界组织的世界观。柏拉图(Plato)、亚里士多德(Aristotle)和苏格拉底(Scholastics)是形式论思想代表人物的典范。形式论的常识根隐喻可以从工匠依据相同的设想制作产品的活动中发现。实际上，在观察对象的时候符合相似性标准的根隐喻就会出现。设想和形式并不完全是特定实例的展现，它优于特定实例。形式实际上是存在的。心理学中的来自形式论的根隐喻包括世纪之交①的结构主义、当代的人格特质论和精神分裂症的官方学说。

机械论是在西方文明中占统治地位的世界观，其根隐喻是机械。作为比喻的机械种类可能是钟表、发电机、计算机、内燃机，或者是城市给水系统。机械论世界观在本质上把事件视为力的传递的产物。现代科学将这种世界观作为自己形而上学的基础——一种支持科学家们寻求原因的观点。有效的因果关系的描述是科学家们在机械论世界观的指导下通过这样或那样的范式从事研究的目的。例证的行为主义与激进的经验主义心理学和哲学运动都信奉这种世界观。

机体论把世界视为一个有机体而不是一架机器或者一套形式。机体论者试图将部分纳入整体之中。每一个实际事件都或多或少地隐含于有机的过程中。机体论者认为一个事件取决于它的有机结构。一个理想的结构只有在发展变化的步骤或状态结束的时候才能被发现。在哲学中，这种世界观主要与黑格尔(Hegel)相联系。在心理学中，机体论者包括马斯洛(Maslow)(主张自我实现)、罗杰斯(Rogers)(主张个人成长)和信奉成熟阶段论的发展心理学家。

语境论为皮尔斯(C. S. Pierce)、威廉·詹姆斯(William James)、约翰·杜威(John Dewey)和米德(G. H. Mead)等学者所阐述。语境论的根隐喻是历史事件。一个事件未必存活于过去，它存活于当前。从这个意义上讲，历史是一种让事件重现、让它们复活并将生活注入其

---

① 此处特指19世纪末20世纪初。——译者注

中的努力。佩珀把历史事件写成现实中的事件——动态的戏剧性活动。

历史事件隐喻是对正在发生的结构复杂的事件的比喻，这些事件中的一些引发了另外一些，一些又被另外一些其他相关的事件所影响，这些事件出自那些致力于满足他们的需求和履行他们的责任的各种历史推动者的手笔。这个隐喻中包含情景结构和行为者所占据的位置是不断改变的观念。事件的结构并不要求是线性的(Sarbin，1977)。

相对于传统的机械论科学——传统的机械论强调秩序、可预测性和因果关系，语境论首先表现出来的是混乱。语境论明确地强调变化和新奇。事件是不断变化的，事件的条件进行整合并改变了未来事件的背景。

语境论与历史活动

小说家和历史学家对语境论并不陌生。然而，那些致力于按照机械论原则建立行为科学的社会心理学家在接受这些区别于揭示脱离语境的行为规则与方法时会困难些。相对于社会心理学的保守主义者，也有例外，如戈夫曼(Goffman)提出的用戏剧理论解释大众行为的观点(1959，1961，1974)，哈里(Harré)与西科德(Secord)提出的社会行为的种族进化观(1972)，以及我提出的角色理论(1943，1954，1968)。对于这些理论成果而言，角色是一个核心范畴。角色这一概念出自戏剧艺术，它重点关注公开的表演以及推断或断言行为的原因。在戏剧——角色最初的“家”中，我们将发现关于使用历史事件隐喻的很好的例子。演员的表演、场景、时间和空间、观众的类型、剧本、道具等，所有这些在理解情节或剧情时都必须被考虑在内。演员与观众独自或联合发挥他们的作用。对戏剧的理解依赖于开放的语境，任何演员表演的意义都是语境的功能。

戏剧，作为对行为进行拟剧和戏剧化的工具，相对于叙事这个上位概念而言，是一个下位概念。其他的下位概念有小说、史诗、童话、寓言、神话、传说、道德剧、民间故事和自传。考虑到叙事作为佩珀的历史活动的语境论要求的象征，我考查了这两个概念的语义结构。可以说，叙事和历史活动具有近似的语义结构。名词形式的“历史”(history)的意义包含在形容词形式的“历史的”(historical)之内。我们知道，历史不仅仅是对过去或者现在发生的事件的汇集。年鉴和编年史被外行的与专业的历史研究者作为建构叙事的原始材料。尽管小说家和历史学家都是叙事者，但他们的侧重点有所不同。小说家描写的是在真实世界背景中虚构的人物；历史学家描写的是假定真实的、运用想象重构的人物的事件。这两种叙事即所谓“事实”和“小说”。历史学家的目的在于发现历史的真实，小说家的目的在于叙事的真实(Mink，1978；Spence，1982；亦可参见本书中怀亚特、斯蒂尔利米什勒所撰写的章节)。

为了进一步巩固我对作为叙事的历史活动的重新界定，我将引用格根(Gergen)的那篇有重要影响的论文《作为历史的社会心理学》(1973)。格根提出了一个令人信服的观点：社会行为理论主要是当代史的反映。比如，20 世纪 50 年代人们对独裁主义者的人格的科学研究，就是对历史生成的法西斯主义者的人格特征的研究兴趣的反映。一旦研究结果被发表，人们就会对结果进行回应。因为他们是推动者，不是被动的机器，人们会选择对研究结果进行反驳、肯定或者忽视。因此，公开发表心理学的研究结果就引来了变化和新异。除了语境论，传统的世界观不能为读者所同化。格根的结论是有影响力的：社会心理学即历史，相对于盛行的机械论取向而言，对历史活动的根隐喻的应用将会产生对人类境况的更加深刻的理解。如果我们把格根“社会心理学即历史”的结论作为三段论的大前提，结合“历史即叙事”这个前文所论证的小前提，那么我们将得出“社会心理学即叙事”的结论。(顺便说一句，在人类心理学中除了处理感官生理学的那部分外，心理学和社会心理学可以被看作等同的。因此，心理学即叙事。）

作为组织原则的叙事

关于叙事，还有许多内容需要陈述。我提出的叙事原则：人类依据叙事结构来思维、知觉、想象和做出道德选择。向一个人呈现两张或三张照片，或者一些描述性语句，他或她就会将它们联系起来并形成一个故事——一种依据某种模式化的方式对相关的照片或相关句子的意义进行的解释。通过反思我们发现，这些图片或意义会通过人们对故事情节的内隐或外显的使用而联系起来。如果这些刺激材料描绘的是人，那么故事就会清晰地反映出人们的态度、目标、意图、价值和判断。故事情节将影响所建构的叙事人物的行为趋势。

另外，我推迟对情节分类问题的讨论，此处仅限于提及其他作者对此问题的看法。怀特（White，1973）提出将情节分为悲剧、戏剧、浪漫故事和讽刺作品 4 类。格根夫妇(1983)建议使用三维理论：稳定性、发展性和衰退性。波尔蒂（Polti，1916）将 1200 部文学作品贴上情绪标签并分为 36 类。专业的民俗学家介绍了基于叙事人物的特殊角色的类别。然而分类问题最终得到了解决，很显然，情节分类学家不能依据叙事人物的行为本身，而要依据语境结构——能够决定读者或听众是否会因叙事人物所建构的行为而伤心、被逗笑、被鼓舞，或者被启迪的语境结构。

叙事是一种组织情节、行动和行动原因的方式，也是一项将日常事实与奇异创造结合到一起的成果。在叙事中，时间和空间被整合到一起。叙事不仅顾及行动者行动的原因，也顾及事件发生的原因。

我把叙事视为一种人类行为的组织原则。这样，就可以将它与其他更加常见的组织原则进行比较。比如，被广泛引用的卡尼曼（Kahneman）和特沃斯基（Tversky）在 1972 年的研究，就运用他们对决策理论的语言，将启发式作为组织原则。罗森伯格（Rosenberg，1971）将内隐人格理论作为组织原则去解释人们将线索转化为人格描述的系统方法。快速发展的语篇加工领域也引入了宏观结构作为厘清语篇结构的组织原则(Kintsch，1977；见本书曼库索所撰写的章节)。

这样，组织原则就被用于帮助解释关于人们将结构强加于经验流的观测报告。与那些出于人文渊源的组织原则——剧场、修辞、博弈和故事讲述不同，大部分现存的组织原则都是通过抽象的或者概要的语言表达的，如启发式、整合假设、宏观结构等。那些已废弃的隐喻的使用是受发现用于因果方程中的力(如重力、能量、光合作用)的机械科学的目标所指引的。

在心理学理论家所选择的描述类别中，没有什么比指引行为的根隐喻的解释力更好。机械论世界观的根隐喻是力的传递，主张揭示并最终控制发现于世界上的力。心理学的标准词汇——那些已经没有力量激发意象的废弃隐喻——包含了这些象征着力的术语：驱力、本能、力比多、认知、强化、心理状态等。似乎存在一种道德律令能降低人类表演在非人为力中的作用。因此，如果某人为了让某物讲故事而将其拟人化，那么，拟人论，或者更糟糕的万物有灵论将发挥作用。致力于发现与语境无关的力的行为动力，如同从常识中分离出心理学理论——就像在伊索寓言的具体性和神话故事的想象性中看到的那样。

弗洛伊德是一个有名的例外。尽管他也被机械论世界观所束缚，但他很显然并没有误入拟人论的歧途。他描写的抗争、战争以及寓言式人物的小策略——本我、自我和超我——好像已经被拟人化，其实，他们已经变成生命史中的叙事人物。

目前，这些寓言式的人物已被揭示。许多学者提出，弗洛伊德首先是一位叙事主义者，尽管与19世纪其他自然科学家一样，他也受到机械论世界观范畴的束缚。谢弗(Schafer，1980)、斯彭斯(Spence，1982)和怀亚特(本书中)都从叙事主义者的立场考查了精神分析的实践。研究得出的一个结论就是，分析学家帮助来访者否认不一致的、矛盾的、不可信的自我叙事，取而代之以更加令人满意的自我叙事。这种解释与在物化的心灵中探究无意识的力的解释相去甚远。

应用叙事隐喻来解释人类行为与当前社会科学的重塑是联系在一起的。格尔茨(Geertz，1980)也提出，在当前的这场运动中，人类行为领域的学者已经抛弃了能量、空间和机械的隐喻，转而接受了那些来自人文学科的隐喻：戏剧、博弈、仪式、修辞和文本。

约翰·杜威在1922年就提出对人文学科隐喻的使用多于对科学的(机械主义的)隐喻的使用的观点。

> 与妙趣横生的时事评论员一样，小说家和戏剧家对人类行为的解读比系统的心理学家更具有启发性。艺术家塑造了可感知的个体的反应并展示了人性在新形势下的新阶段。通过可视和戏剧化的案例，艺术家揭示了现实。科学的系统分类者则把每一个行为仅仅视为一些旧的法则的另一个样例，或者视为一些来自现成的清单中的元素的机械组合。(pp. 145-146)

与传统机械的或刻板的理论的冰冷抽象不同，叙事隐喻呼吁故事讲述者和故事讲述、英雄、恶棍与情节的塑造。在叙事中，演员们展现的形象以及与其他演员的对话都是戏剧化的。

为了更加认真地考虑关于叙事原则指导思想和行为的观点，我们可以反思生活的任何片段。比如，我们的梦，就如故事般的经历，常常伴有神秘色彩的戏剧化的遭遇。我们的幻想和白日梦通常是无声的故事。日常生活中的仪式就是为了讲述故事而进行的组织。壮观的仪式和增强明暗度的仪式都是叙事的行为。我们的规划、我们的回忆，甚至我们的爱和恨，都受叙事情节的引导。叙事原则有利于生存的观点必须被认真地对待。如果没有天才人物去编写并解释与生活交织在一起的故事，那么人类生存在意义世界里是很成问题的。

麦金太尔(MacIntyre，1981)为论证“叙事是理解人类行为的核心”的观点提供了一个有力的证据。

> 为了成功地辨认和理解他人做了什么，我们经常将一些特定事件放置在一组叙事历史的语境中，这些历史既包括相关个体的历史，也包括他们的行为和遭遇的背景。那么现在就很清楚了，由于行为本身就基本具备历史特征，我们通过这种方式理解他人的行为。因为在生活中我们所有人都在践行叙事，又因为我们通过叙事来理解自己的生活，所以我们所践行的叙事的形式也适合理解他人的行为。除了小说之外，故事在被讲述之前就已经存在。(p. 197)

因为讲述故事往往与虚构、幻想和伪装相联系，许多批评者对于将叙事作为思考和行为的模式表示怀疑。对于严谨的科学家而言，讲故事是与不成熟和玩笑联系在一起的。把讲故事视为童年期的专有属性的人往往持有高估实证主义、技术和实在论的价值的世界观，而低估想象和游戏行为的价值。

对于因为叙事原则包含想象的建构而认为它值得怀疑的潜在批评，我们可以通过为想象辩护来回应。“讲故事”这个词的语义结构包括以下元素：为解释行为编造原因，为行为者推断不出声的问题的解决过程，为更好地理解抽象或者晦涩的词语的意思而创造形象，等等。简言之，除了为日常生活中可感知的客体和事件建构意义之外，想象活动还会经常发生。恰如本瑟姆(Bentham)所说的那样，编造是我们真实生活的一部分。

对事实与虚构的讨论并非没有意义。我想强调的是，所有故事，无论是用像神话故事里生动活泼、明晰易懂的语言讲述，还是用心理学理论中枯燥乏味、晦涩难懂的语言讲述，都是由事件和想象一起组成的。无论是历史学家、小说家还是学生，一个人总是努力用自己有限的认识和语言技能来赋予世界意义。经验事件之间本没有固定的联系，是个体将它们组织成为一种充满想象的程式并接受一次或多次的一致性检验。

叙事原则的证据

为了表明叙事原则是有用的，我在图书馆布满灰尘的书架上检索到一些陈旧的实验室练习报告。设计这些实验主要是为了说明因果性知觉。偶然地，实验者阐述了叙事原则。在一项研究中，米肖特(Michotte，1946，1963)制作了这样一个装置，它可以允许一个观察者观察两个或者更多的运动的彩色长方形。实验者控制图形运动的速度、方向和距离。结果发现，观察者通过特定的模式对长方形的运动进行归因。比如，如果向长方形 B 运动的长方形 A 停下来后，长方形 B 才开始运动，观察者就会说 B 在“延续”A 的运动。在一组实验中，长方形 A“触发”了 B 的运动。米肖特做出了评论：

> 他们提供了一些有趣的描述：“好像 A 的接近吓着了 B，于是 B 就逃跑了”“好像是 A 在接触 B 时产生了电流，电流导致了 B 的运动”“在 B 旁边活动的 A 的到来对 B 而言是一个信号……”“好像是 A 触发了 B 的什么机关使得 B 开始运动”，等等。本实验常常产生戏剧性的结果，让观察者都觉得好笑。

从实验记录中我们可以看到，长方形无意义的运动被赋予意义并用叙事的语言来描述。每一份说明性的报告，都是一个微型的故事情节。如果观察者不将长方形的运动像喜剧中的叙事人物一样情节化，那还有什么好笑的呢？

另外一个实验支持了这样一个观点，即人们打算通过编造故事的方式来描述非人类行为。海德(Heider)与齐美尔(Simmel)在 1944 年呈现了一个包含三个可以朝各个方向按照不同速度运动的几何图形的电影短片。一个大三角形、一个小三角形和一个圆形在一个划有边界的区域内运动，这个区域内有一个间或未闭合的长方形。观察者将几何图形的运动报告成人类的活动。这三个运动的几何图形变成了叙事人物。报告采用情节和次要情节的序列形式，似乎这不是关于几何图形物理运动的报告，而是关于人类活动的报告。

一个被试的报告是这样的(部分)：

> 一名男子想要与一个女孩约会，而这个女孩与另外一名男子在一起。第一名男子让第二名男子走开。然后，这两名男子大打出手。女孩走进了房间……她好像不想和第一名男子在一起。第二名男子很虚弱地斜靠在房间外的墙上，第一名男子离开他跟着女孩进了房间。女孩感到害怕，从房间的一个角落跑到另一个更远的角落……女孩在第二名男子打开房门的那一瞬间冲出了房间。两人在房间外面被第一名男子追赶着，一起绕着房间奔跑，他们最终甩掉他逃跑了。第一名男子回来企图打开房门，但气急败坏的他未将房门打开……(Heider & Simmel，1944)

一部分观察者仅仅被要求报告他们实际看到的，另外一部分则被要求将几何图形看作人。但无论是否明确地要求把几何图形的运动当作人类行为，其结果都非常相近。同样有意思的是，就连“人物”的品性和观察者所创造故事的情节和次要情节都非常一致。这些研究清楚地表明，人们企图通过情节来赋予无意义运动以意义的“情节化”现象。我在前文已经暗示这种企图即叙事原则。

关于使用这种原则的另外的证据来源可见于人类历史和史前史中。在《文明的根源》(*The Roots of Civilization*)中，马沙克(Marshack，1972)力图为发现于中石器时代的骨片构建意义。在中石器时代，不规则的骨片上已经出现了简单的线条记号。结合已知的地质和气候信息，他将这些记号解释为代表阴历的符号。而且，阴历的出现与诸如耕耘、播种和收割等农业活动的季节性计时有关。可以进一步推测，史前人类为了从事农业已经不得不考虑时间因素了。如果不考虑时间因素，农业的目标就不能实现。骨片上的符号与其他考古学家的发现——如法国和西班牙的洞穴艺术——都在讲述故事。马沙克把符号当作叙事。

通过对具体作品的归纳，人们可能认为，当讲故事作为帮助史前人类使用时间这个抽象概念的手段的时候，符号制度才最终形成。这种抽象概念出自符号系统的产物——从第一个骨头记号到后来的口头故事。直到将人类行为中的时间因素象征化之后，故事的共同结构——开端、过程和结局——才能最终形成。时间概念与叙事原则是一对相互依存的范畴。

我们知道，讲故事是一种非常普遍的活动。这是口述传统，并且至少可以回溯到荷马史诗的历史时期。讲故事的普遍性可见于古人并且至今尚存于通过寓言和传说的叙述所指导的道德行为实践中。被缩短的传说就是传统的谚语，它被当作劝慰和励志的至理名言而被广泛使用。这种普遍性也可在广泛地通过运用故事来激发兴趣和启发他人的过程中得到见证，还可在用随处可见的特别的故事——神话——来回答反复被提出的宇宙论问题中得到见证。

当然，没有必要通过神经系统的深层结构来解释故事编造和讲述的普遍性。与其那样，还不如致力于建构叙事，这样不仅可以获得运用符号的技能，也可以习得谈论那些不在场的事物——就像它们在场一样(那就是，想象)——的技能，还可以获得使用时间概念的能力，当然，建构叙事需要参与到社会生活之中。

心理学理论中的叙事原则的内涵越来越重视认识人类一直面对的

选择角色问题的理论。米德(G. H. Mead)在承认他者角色采择的重要性方面迈出了第一步。任何“他者”的具体特征只有在演员所参与的戏剧或故事中才能被认识。演员表演的恰当程度、得体程度和说服力取决于他同其他演员对故事的想象或扮演的配合程度。此前我曾提到，故事的来源将在文化适应和社会化的过程中被发现。

尽管目的是发展一个关于我们如何习得美德的理论，麦金泰尔对经验的叙事基础的描述也可应用于一般的社会互动之中。

> 通过听关于恶毒的继母、迷路的孩子、善良却被误导的国王、给双胞胎男孩喂奶的狼、没有继承任何财产必须依靠自己的力量生存的小儿子和将遗产挥霍于放纵的生活后来与猪一起过着流亡生活的长子的故事，孩子们了解或者误解了什么是孩子和什么是父母，那些出生在剧中的人物所扮演的角色类型可能是怎样的，以及最终结局如何。剥夺孩子的故事，不给他们提供剧本，那么他们的话语就跟焦虑的结巴没什么区别。因此，除非依靠大量的包含最初戏剧来源的故事储备，否则我们是无法理解包括我们自己在内的任何社会的。神话学，从本质上讲，是事物的核心……(1981，p. 201)

发挥作用的叙事原则

在前面的内容中，我已经论证了叙事是心理学的富有成就的隐喻。因为20世纪的心理学在很大程度上接受了机械论的根隐喻并不加批判地接受了事实的权威地位。我所公然提出的人文方案势必引出这样一个问题：采用叙事的取向如何从事心理学研究？

在本章余下的篇幅中，我将举例说明叙事原则如何应用于理解一个持续困惑当代心理学家的现象：自我欺骗。

自我欺骗在日常生活中经常出现。一个人所声称的自我往往与实际情况相反。对于旁观者而言，这些自我欺骗者对他或她的故事似乎坚信不疑，哪怕事实与真实情况完全相反。在实际中，这样的情况是经常发生的：某人可能在别人有充足的理由期待他说“我知道”的情况下说“我不知道”。自我欺骗司空见惯，典型的癔症、催眠健忘症和妄想症就是这种情况最鲜明的案例。到目前为止，在违背事实的情况下还坚持声称其真实性的自相矛盾的行为，被解释为“压抑”和“分裂”。这些隐喻有出于因果关系考虑的机械论世界观的思想根源。压抑是一种可以减轻精神(可理解为“隐喻的”)痛苦的力量。在机械论的意义上，分裂被假定为一种让精神内容保持分离的阻碍。这些机械论的隐喻，不能够激发业已被证明为有用的概念。虽然最初的假设作为假想的构念，但它们已经变得非常具体化，即使它们并没有什么解释力，也仍然被持续使用。

近几十年来，已有许多作者从叙事视角来描述自我欺骗(Crites，1979；Fingarette，1971；Sarbin，1981，1984)。叙事视角隐含着这样的假设：自我欺骗者，与我们中的其他人一样，按照正在发展着的情节结构而生活着。自我欺骗者同时向自己和听众们讲述故事。为了保持或增强自我身份，人们通过运用两种截然相反的技巧——强化真实发生的某些事件的技巧和弱化某些事件的技巧——来重构他们的生命故事。这些技巧并不神秘，它们是小说家、历史学家、记者、诗人和擅长讲故事的人的惯用手段，事实上，它们为任何一个想要形成超越编年史的人类行为的记录者所经常使用。无论在历史记录，还是在传记或者自传中，相同的技巧都在被使用。强化某些事件即意味着表达清晰的、说明详尽的、一针见血的、重点突出的，为叙事人物的行为寻找理由，以及提供所有语境线索以增进读者或者观察者对故事的理解。弱化某些事件即意味着有意忽视语境信息从而让故事不连贯、缺乏说服力或者变得荒谬。在那种标榜其真实性而又与事实相违背的自我叙事中，叙事者建构文本从而使得作为叙事形象的自我被保护、技巧做了准备：强化与叙事人物的目标一致的内容，弱化与叙事人物的目标不一致的内容。

如前文所述，自我叙事是理解自我欺骗的必要概念。有人肯定会争辩，自我叙事也是美德(道德判断和行为)研究的核心，这方面的研究是基于行为者处于代理人状态的命题。比起流行的、基于成熟状态的模板理论，这些研究为道德行为的两难问题提供了更加有意义的方向。自我叙事是理解道德选择的核心，这个观点已经被克雷特斯(Crites，1975)、芬格莱特(Fingarette，1971)、哈弗罗斯(Hauerwas，1977)和麦金太尔(1981)做了令人信服的论证。(关于叙事和组织的方向在道德选择研究中的应用，我下次再讨论。)

概要

我并未充分讨论当前研究者对实证主义体系的不满，尽管关于这方面的资料已经非常充足。实证主义取向源于机械论世界观——佩珀(1942)提出的几种基本形而上学的主张之一。语境论是一个备择的世界观，它包含变化和新奇的核心范畴——适用于人类境况的范畴。语境论的根隐喻是历史活动——一个相当于对叙事进行描述的隐喻。我认为，对于检验和解释人类行为而言，叙事是一个富有成效的隐喻。

本章将叙事视为一个组织原则。我借助于在熟悉的故事中如何应用随机的非人类刺激事件来解释人类行为的研究来阐明这个原则。就是说，在日常生活经验中，叙事原则如何对经常的非系统的遭遇和互动赋予意义。

本章仅仅提及叙事的定义。对时间的知觉和经验似乎是任何定义的核心特征。时间和叙事是两个关系紧密的概念。

为了说明在理解重要的心理学问题中如何应用叙事的根隐喻，我讨论了自我欺骗的现象。从对人类作为自我叙事的作者和自我叙事的主人公的观察出发，我展示了自我欺骗者如何应用认识技巧来维持和增进他们的叙事的身份。与借助压抑和分裂晦涩的语言对自我欺骗进行机械论式的解释不同的是，我把自我欺骗解释为一种叙事的重构——通过这种重构，人们成了重构的代理人。

自我欺骗只是用来解释自我叙事的众多概念中的一个。道德选择是另一个可借用的概念。如果科学家们打算用更加容易被叙事根隐喻所接受的人文化的概念来代替流行的模板概念的话，我觉得美德的研究可能会更加富有成效。

参考文献

Chun，K. T. 1970. A psychological study of mythmaking：A three-factor theory of metaphor to myth transformation. Unpublished doctoral dissertation，University of California，Berkeley.

Chun，K. T. & Sarbin，T. R. 1970. An empirical study of metaphor to myth transformation[J]. Philosophical Psychologist，4，16-20.

Crites，S. 1979. The aesthetics of self deception[J]. Soundings，42，197-229.

Crites，S. 1975. Angels we have heard[M]//J. Wiggins. Religion as story. New York：Harper.

Dewey，J. 1922. Human nature and conduct[M]. New York：Holt.

Fingarette，H. 1971. Self deception[M]. New York：Routledge & Kegan Paul.

Geertz，C. 1980. Blurred genres：The refiguration of social thought[J]. American Scholar，80，165-179.

Gergen，K. J. 1973. Social psychology as history[J]. Journal of Personality and Social Psychology，26，309-320.

Gergen，K. J. & Gergen，M. 1983. Narratives of the self[M]//T. R. Sarbin and K. E. Scheibe. Studies in social identity. New York：

Praeger.

Goffman, E. 1974. Frame analysis[M]. New York: Harper & Row.

Goffman, E. 1961. Encounters: Two studies in the sociology of interaction[M]. Indianapolis: Bobbs-Merrill.

Goffman, E. 1959. The presentation of self in everyday life[M]. Garden City, NY: Doubleday.

Harré, R. & Secord, P. 1972. The explanation of social behavior[M]. Oxford: Blackwell.

Hauerwas, S. 1977. Truthfulness and tragedy [M]. Notre Dame, IN: University of Notre Dame Press.

Heider, F. & Simmel, E. 1944. A study of apparent behavior[J]. American Journal of Psychology, 57, 243-259.

Kahneman, D. & Tversky, A. 1973. Subjective probability: A judgment of representativeness [J]. Cognitive Psychology, 3, 430-454.

Kintsch, W. 1977. On comprehending stories[M]//M. A. Just and P. A. Carpenter. Cognitive processes in comprehension. Hillsdale, NJ: Laurence Erlbaum Associates.

Levin, H. 1970. The Quixotic principle[M]//M. W. Bloomfield. Harvard English Studies I, The Interpretation of Narrative: Theory and practice. Cambridge, MA: Harvard University Press.

Lewis, C. S. 1939. Bluspels and Flalansferes: A semantic nightmare[M]//Rehabilitations and other essays. London: Oxford University Press.

MacIntyre, A. 1981. After virtue[M]. Notre Dame, IN: University of Notre Dame Press.

Mancuso, J. C. & Sarbin, T. R. 1983. The self narrative in the enactment of roles[M]//T. R. Sarbin and K. E. Scheibe. Studies in social identity. New York: Praeger.

Marshack, A. 1972. Roots of civilization: The cognitive beginnings of man's first art, symbol and notation[M]. New York: McGraw-Hill.

Michotte, A. E. 1963. The perception of causality[M]. London: Methuen. Trans. Miles, T. R. and Miles, E. from La Perception de la causalité, Louvain, France, 1946.

Mink, L. O. 1978. Narrative form as a cognitive instrument[M]// R. H. Canary and H. Kozicki. The writing of history: Literary form and historical understanding. Madison, WI: University of Wisconsin Press.

Pepper, S. 1942. World hypotheses[M]. Berkeley: University of California Press.

Polti, G. 1916. The thirty-six dramatic situations[M]. Boston: Writer, Inc.

Runyan, W. M. 1982. Life histories and psychobiography[M]. New York: Oxford University Press.

Rosenberg, S. 1977. New approaches to the analysis of personal constructs[M]// A. W. Landfield. Nebraska symposium on motivation. Lincoln, NE: University of Nebraska Press.

Sarbin, T. R. 1943. The concept of role taking[J]. Sociometry, 6, 273-284.

Sarbin, T. R. 1954. Role theory[M]//G. Lindzey. Handbook of Social Psychology. Cambridge: Addison-Wesley.

Sarbin, T. R. 1968. Ontology recapitulates philology: The mythic nature of anxiety[J]. American Psychologist, 23, 411-418.

Sarbin, T. R. 1977. Contextualism: A world view for modern psychology[M]// A. W. Landfield. Nebraska symposium on motivation. Lincoln, NE: University of Nebraska Press.

Sarbin, T. R. 1981. On self deception [J]//T. A. Sebeok and R. Rosenthal. The clever Hans phenomenon: Communication in horses, whales, apes, and people. Annals of New York Academy of Sciences, 364, 220-235.

Sarbin, T. R. 1982. The Quixotic principle: A belletristic approach to the psychological study of imaginings and believings[M]// V. L. Allen and K. E. Scheibe. The social context of conduct: Psychological writings of Theodore Sarbin. New York: Praeger.

Sarbin, T. R. 1983. Role transitions as social drama [M]// V. L. Allen and E. Van de Vliert. Role transitions. New York: Plenum.

Sarbin, T. R. 1984. Nonvolition in hypnosis: A semiotic analysis[J]. Psychological Record, 34, 537-552.

Sarbin, T. R. & Allen, V. L. 1968. Role theory [M]// G. Lindzey and E. Aronson. Handbook of Social Psychology, Volume I. Reading, MA: Addison-Wesley.

Schafer, R. 1980. Narration in the psychoanalytic dialogue[J]. Critical Inquiry, 7, 29-53.

Spence, D. P. 1982. Narrative truth and historical truth: Meaning and interpretation in psychoanalysis[M]. New York: Norton.

White, H. 1973. Metahistory[M]. Baltimore: Johns Hopkins University.

第二章　叙事形式与心理科学的结构

肯尼斯·J. 格根(Kenneth J. Gergen)
与玛丽·M. 格根(Mary M. Gergen)

在理论解释中消逝的客观

本章关注的是在非客观因素支配下的科学理解的方式。我们特别希望探究文字使用习惯是如何塑造科学理论的，主要的兴趣点在于研究叙事形式在理论建构中的意义。为了充分领略论证过程，我们从回顾科学元理论的现状开始。多年来，经验主义的元理论在科学研究的理论解释中占据主要位置。该元理论主张，关于世界的理论必须建立在系统观察的基础上。该理论持有者相信，严格应用经验化程序并结合理论模型，人们最终会获得对行为的成功指引。然而，早期经验主义的令人信服的承诺是基于若干重要前提进行论证的。人们发现，比起获得必要的支持，想要这个论证得以推进，至少要能经受得住持续的批判性攻击。在此紧要关头，主张科学哲学将要进入后经验主义阶段的哲学家(这样或那样的原因)将这些前提成功摧毁(Thomas, 1979)。

上述的重要前提是，科学的理论术语(theoretical terms)必须能非常精确地指称(refer)发生在真实世界中的事件，从而使得命题中的这些理论术语能经得起经验验证。如果非常确定的指称无法建立，那么科学理论就无法实现客观性。如果无法确定理论术语的指称对象(the referents)，那么，通过客观的方法证伪(falsify)就变得不可能。

过去数十年间，这个简单但非常重要的假设一直深受持续有力的攻击的困扰。首先，研究者对语词与指称对象之间的关系已经展开了批判性的探究。举例来说，“桌子”这样熟悉也不容易产生歧义的语词所指何物？它指的是任何特定的木的、金属的或者玻璃的结构？还是用任何这样或者其他材料填充的、由设计师所设计的结构？或者其他什么东西？其次，当试图进一步详细说明的时候，我们发现这个定义本来就是有歧义的。(比如，“木的结构”具体是指什么?)对这个问题最尖刻的批评来自奎因(Quine，1960)的论证。他提出，两个相同的描述词，即使这两个词可能在使用方面达成共识，但两个不同的使用者依然可能向客体本身传达不同的含义。比如，我们两个人可能在相同的场合都用到“兔子”这个词，但你指的可能是整体的动物的形式，而我指的可能是包含于整体形式中的某一只个别的兔子。

对于语词—对象关系的不确定性问题，维特根斯坦(Wittgenstein，1963)等人进行了补充：问题在于概念的使用过分依赖于语词所嵌入的语言上下文环境。我们前面的桌子是什么颜色的？在诗意的语境中，它可能被说成是蓝色的，对于访客朋友而言是棕色的，对于生理心理学家而言可能是无色的(仅仅反射光线而呈现出颜色)。因此，这张桌子到底是蓝色、棕色还是无色的，并不完全取决于桌子自身的实际情况，也取决于人们使用的语言环境。最终，汉森(Hanson，1958)等人对此进行了辩护，大意是，世界上的对象或事件，并不能独立地通过人们对它的理解而获得相应的概念。概念先于观察，而不是观察的产物。桌子并不是世界上等待发现的客观事物。相反，人们掌握桌子的概念就是选择世界的特定属性而忽略其他属性的过程。实际上，理论语言决定世界上何物存在。综合这些异议，我们足以推翻确定经验指称假设。

这些反驳已经有力地削弱了经验主义关于科学理论可以被看作客

观地图或者世界镜像的假设，它们同时也打开了一个新的、令人振奋的探究领域。奎因(1960)反对指称理论，以为世界的本质不足以说明科学理论。维特根斯坦进一步提出，人们的注意力可能会从世界自身引起的理论限制转移到语言环境所引起的限制上。为了扩大汉森(1958)的观点的影响，如果先入之见能极大地决定将何物视为事实，那么人们必须对先入之见予以足够的关注。实际上，这里的每一个批评都可能导致人们对理论建构过程的关注。如果科学理论主要受语言工具的影响，那么语言的使用规则主要由表达的可能性决定。这并不是说，科学家在交流关于世界的知识时必须简单地采用恰当的语法规则。相反，这就暗示，描述的形式以及客观性特征本身，可能极大地受到交流习惯的影响。

近年来，后一种可能性在文学评论理论领域得到了放大——特别是在解构主义者的理论中(Culler，1982)。在这里，读者对文本的解读取决于期望、技能和情感意向这些决定文本意义的主要因素。从这个意义上说，文本自身(包括作者的意图)被解构了。那就是说，不是文本决定读者的反应，而是读者决定文本说的是什么。像德里达(Derrida，1972)和德曼(DeMan，1978)这样的理论家进一步建议的那样，文学评论建构了段落的解释性说明，这个建构在很大程度上受特定的解释习惯支配。特别地，大部分的描述性说明是以指导性的隐喻为中心的。一旦有人已经选择了核心隐喻，这个隐喻将在很大程度上决定这个人试图想要描述的工作的说明。同样，当心理学家试图解释人们的行为的时候，他们的理论将严重地受到他们所选择的根隐喻的影响。比如，当有人选择用计算机来类比人类认知之后，计算机指令的隐喻就会对心灵如何工作进行描述。理论家们几乎会通过信息处理、存储、检索和启发等类似的过程来完成他们的研究。这个过程并不是原本就在那里等待着被发现的，而是应用组织隐喻的必然结果。

恰如我们所看到的，当前关于指称本质的思考极大地削弱了理论然，戏剧性吸引力并非与特定的叙事内容完全没有关系。但是，分离的事件本身维持吸引力的能力非常有限。一段持续描述令人震惊、随机排列的事件(撞车事件、马戏杂技、热情的拥抱、空战)的电影会很快让人感到沉闷。保持戏剧性吸引力的关键是事件之间的关系，而非事件本身。这种关系是叙事形式理论关注的重点。那么，叙事形式的哪些特征是产生戏剧性吸引力所必需的？

开始阶段，人们可以把戏剧艺术视为理解的起点。这就是说，人们最初几乎不会对上述三种基本的叙事形式的典型案例产生兴趣。所有事件的赋值都不发生变化的戏剧(稳定的叙事)也很少被当作戏剧。再者，关于主人公生活境况的稳定但适度的促进性(前进的叙事)或者减退性(倒退的叙事)描写，看起来也是令人生厌的。同样，人们可能对于观看如图 2-2 所描述的那样的悲剧感兴趣，他们宁愿忍受结构上的简单性，而不是单调的倒退性叙事(见图 2-1)。具有持续强大的戏剧影响力的悲剧叙事，是如何区别于最基本的倒退性叙事的？两者的差异是非常显著的。首先，我们注意到，在典型的倒退性叙事中，相关事件的减少远不如悲剧性叙事中的事件那样迅速。在时间的维度上，前者以平缓下滑为特征，后者对事件的组织则以急遽的下滑为特征。在这里，我们可以认为，在诸如《安提戈涅》(*Antigone*)、《俄狄浦斯王》(*Oedipus Rex*)和《罗密欧与朱丽叶》(*Romeo and Juliet*)的经典悲剧作品中，事态恶化的迅速性构成戏剧影响力的必要成分。从更加普遍的意义上讲，我们可以用变化的速率，或者用更加正式的“叙事倾斜的加速度”来表述构成戏剧性吸引力的最主要成分。事态接近或者远离某一价值状态的变化越迅速，故事就越有吸引力。

其次，第二个主要的要素也出于倒退性叙事与悲剧叙事的对比。在前者及缺乏戏剧性的案例中(见图 2-1)，倾斜是单向的；相反，在悲剧性的叙事中(见图 2-2)，我们将发现在前进性叙事之后紧接着的是倒退性叙事。这似乎是事件的转折，或者更精确地说，不同事件赋值的变化是引发强戏剧性吸引力的根源。当个体刚实现一个很高的人生目标，进入得意忘形的状态，或者终于发现了人生真谛的时候，这个人就被戏剧带入人生的低谷。用更加正式的说法就是，“叙事倾斜的方向发生了改变”可以被视为戏剧性吸引力的一个关键因素。

然而，还有一个关于戏剧性吸引力的更深层和更微妙的方面需要考虑。具体而言，戏剧最有魅力的一面常常被冠以“悬疑”一词。有一个明确的目标，即主人公正在不断靠近目标，但是阻碍会随时出现——间谍暴露，野兽跃过高空中的树枝，或者爱人过去的丑行暴露。事实上，在这种情况下，戏剧性吸引力不是由故事本身创造的，而是由一系列潜在的或预期的事件创造的。现在我们如何理解戏剧性吸引力的这个方面呢？悬疑似乎是刚才所讨论的两个要素的衍生物。尤其是，当叙事倾斜产生了突然的加速度和/或从当前状态突然转换到相反的方向的时候，戏剧性吸引力就会倍增。故事发生任何迅速的改变和/或指向不同的方向，戏剧的吸引力都会极大地增加。

发展理论中叙事的结构

我们已谈及叙事的多种形式，从典型的叙事到戏剧、文学，再到日常生活，心理学中的发展理论又是怎样的呢？一开始，我们就要认识到观察本身只对理论的形成产生非常小的影响。毕竟，并没有只对时空变化中的婴儿进行观察就能获得发展理论的恰当手段。当然，观察可以增加形成理论解释的机会，但是，它对于概念范畴的形成以及建立起概念之间的结构关系并没有什么帮助。如果观察只在发展理论的形成过程中产生非常有限的作用的话，那么人们的关注点就会转到其他方面。在其他因素中，最关键的是与时间维度中的事件讲述相关的文化形式。恰如我们所看到的，这种讲述从结构上讲是最基本的叙事。发展理论家仅仅描述那些简单的、毫不相关的事件——儿童的微笑，前臂的运动，出声说话，以及左食指的活动；至于在时间维度上的讲述，则被看作无关紧要的。如果我们的分析是正确的话，那么，发展理论家将只有通过分析与一些可评估目标相关的事件，才可能在最大程度上理解发展本身。实际上，这些事件之间可能存在因果联系。的确，依据结构良好的叙事的特点，理论解释必须让生命历程相互联系，并具有方向性和连贯性。当然，这些叙事也可能是来自文化中那些被普遍接受的叙事。叙事的成分越少，在做明晰解释的交流中就越难于被人理解。

让我们着眼于最主要的叙事形式来讨论三种主要的发展理论：学习理论、皮亚杰理论和精神分析理论。学习理论，从华生主义到斯金纳主义再到最新的社会模式的解释，给我们的分析带来直接的挑战。恰如许多人所指出的那样，这些理论都缺乏对发展过程的详尽解释。无论是在理论层面，还是在经验分析层面，它们都局限于暂时界限和抽象的事件(如刺激—反应联结，强化实验，刺激的直接作用)。理论家似乎更关注刺激条件的直接结果，而不关注个体过去的历史与未来的道路。实际上，可能有人会提出，学习理论毫无发展的故事可讲。

然而，通过进一步分析，我们发现这里有一个隐含的故事，它可以被视为文化中更为普遍的叙事框架中的一种。如果有人在生活中考查学习理论的智力特质，那么他将发现强烈的达尔文主义特色。进化论所要探讨的主要的问题之一就是理解生存。特别是，如何理解人类这个物种的优越性，以及如何确保人类能不断繁衍生息？学习理论将积极探寻对这些问题的回答：学习过程对于生存而言是至关重要的。比如，讨论完达尔文的工作之后，克拉克·赫尔(Clark Hull，1943)提出，“摩尔科学的基本工作……从减少需要和促进生存的角度而言，对于理解行为的普遍适应性是成功的”(p. 19)。生存通过学习机制而获得保障，通过这个机制，人类获得了那些具有适应价值的习惯或倾向。最佳的学习过程可能促进了物种的延续。

因此，学习理论以一个积极的目标体现一种发展观。个体从出生时的一无所知(白板)到学会适应。因此，这里隐含的叙事是一种前进性叙事。然而，学习理论通过一个负向加速的倾斜来暗示一个前进的叙事，这在很大程度上是冒险的。也就是说，控制可改变的环境会导致越来越依赖于强化的历史，从而对环境的投入更加不敏感。就如更详细的解释所指出的，大多数学习理论都认为，任何强化或者学习实验都对特定的反应倾向产生作用(Gergen & Benack，1984)。因此，在随后的实验中，机体将倾向于以预定的形式进行反应。对特定行为的充分训练，的确会导致机体对随后的环境条件的变化不敏感。这就是传统研究关于条件作用和消退作用所隐含的逻辑。这也是塞利格曼(Seligman，1975)在习得性无助理论中所隐含的逻辑。该理论揭示，无助的条件会导致个体在随后面对原本可以有效解决的问题时丧失行为能力(后者，缺乏动机)。事实上，其他事情也是一样的，早期经历所产生的效果相比较晚的经历更加强有力。任何新的刺激都在稳固地增强与先前行为倾向的联结。

根据叙事的形式，我们将看到，机体适应性习惯的获得表现出迅速的积累；然而，随着习惯的牢固，知识的增加会导致叙事缺乏戏剧化特征。这导致的结果是，解释发展的学习理论主要为“永远幸福生活”的叙事形式服务(见图 2-3)。正常的生活是这样的，个体在儿童期和青春期所习得的主要习惯、技能或知识确保了此后的真实生活过程。学习理论能够在美国的土地上繁荣发展也许并不奇怪。我们还应该注意到，除了提供一个价值终点之外，至少在理论上是这样。学习理论能够通过学习经历来决定关键的事件，为叙事的结构准则的出现提供了可能——事件之间的因果联系。特别地，在一定程度上，先前的学习经历为环境的作用提供了限制因素，学习经验之间具有跨时间的因果关系。

尽管在许多情况下皮亚杰的发展理论(Piaget，1952，1968)与学习理论是背道而驰的，但它们在某一点上还是相似的。两种理论都发展出了前进性叙事的变体。皮亚杰的发生认识论首先是一种解释人类较好适应性的一种尝试(这方面与行为主义的目标是一致的)，其次是为了解释高级科学中重要知识的生成能力。恰如皮亚杰所说，“智力……是心理适应能力的最高发展形式，那就是说，它是主体与环境互动不可或缺的装置”(1968，p. 7)。随着积极的价值终点的建立，跨越时间的正常发展就表现为个体向价值终点的靠近。

认知发展的每一个阶段(见图 2-4)都代表着成熟或者更具有适应性思想的进步。这样，在儿童早期的感知运动阶段，儿童获得了辨别客体的能力，并形成了时间、空间和因果关系的基本概念。在随后的前运算阶段，儿童进一步发展出了当客体不在面前时也能形成其形象、用词去表达这些形象，以及采纳他人观点的能力。这些阶段是具体运算阶段的重要先决条件。在具体运算阶段，儿童已经具备了包括简单算术在内的逻辑思维能力。最高的成就是在接下来的形式运算阶段，在这个阶段，儿童获得了思考抽象概念、进行实验、发展信念系统及反思自我的能力。

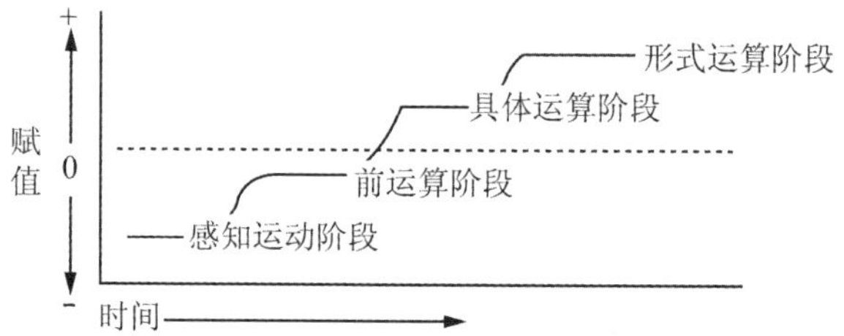

图 2-4　作为前进性叙事的皮亚杰理论

恰如我们所看到的，皮亚杰理论有效地运用了叙事的两种重要成分：建立价值终点和为相关事件排序。但是，事件之间因果关系的准则还是不确定的。皮亚杰理论在本质上属于机体论(Overton & Reese，1973)。我们可以把儿童智力的发展比喻为花儿的成熟。个体的遗传倾向足以引导智力的逐渐发展。皮亚杰理论中的许多观点可以追溯到蕴含在学习理论传统中的机械论。但是，纯粹的机体论取向达不到恰当叙事的第三条标准：因果关系。有趣的是，在皮亚杰持续阐述他的理论的时候，他逐渐将自己的注意转向了因果联系。恰如他所说，成熟仅仅是从一个阶段向下一个阶段发展的众多推动因素之一。客体的直接经验，逻辑数学经验，以及社会传递(包括解释、说明和建模)共同发挥作用。反过来，其中的每一个因素的影响又依赖于儿童在该阶段的认知发展水平。因此，跨越阶段的发展就是外部因素与内部因素之间的平衡(Piaget，1968)。个体必须获得特定阶段的认知发展，才可能应用到客观世界和社会中，以便推动下一个阶段的发展。尽管与该理论的其他方面相比，叙事事件之间的因果关系并未得到充分阐述，但还是有所涉及的。

弗洛伊德(1905，1916)关于性心理发展本质的理论与学习理论以及皮亚杰的解释形成鲜明对比。在前两种理论中，理论家强调的是普通成人对环境中紧急情况的适应能力。这些能力可以后天习得，研究者的理论任务就是解释这些能力是如何获得的。在以对环境的适应作为发展的恰当目标这一点上，弗洛伊德与其他两种理论的观点一致。但是，弗洛伊德并不认为这个目标总是可以达到的。相反，弗洛伊德认为，大部分人只是看起来与环境相适应。事实上，这种表面上的适应，是以心灵的扰乱和使用神经质的防御机制为代价的。因此，弗洛伊德在事实上提供的不是一个而是两个相互抵触的叙事方式：一个理想化的和现实的；一个前进性的和倒退性的。

我们简要回顾一下这两个叙事结构相反的故事。刚出生的婴儿是完全没有神经症的，当然就不能适应社会和物理环境(见图 2-5)。在发展过程中的口唇期阶段，婴儿就开始发展自我的能力——关注环境中意外事件的能力——并满足心理(本我)的需求。然而，在获得那些重要的积极能力的同时，婴儿也获得了生活所残留的不切实际但又根深蒂固的行为倾向(整体的或者嵌入的)。具有排他性和保持力的其他行为倾向是在下一阶段的肛门期发展起来的。在性器期，婴儿对不受欢迎冲动的压抑(也会出现在更早的阶段)的力量增强。至少对于男性而言，指向异性父母的力比多冲动被为超我发展所支持的意识所阻止。事实上，在倒退性叙事中，超我(或者个体的目标、价值和道德)就变成了神经防御机制的补充形式，但在前进性叙事中，超我又成为社会适应的必要部分。在发展的潜伏期，个体并没有新的发展(至少在弗洛伊德的解释中)。在生殖期，成熟的适应性开始发挥作用——理想性的部分也在很大程度上被保存。到此为止，正常人依然有着早期积淀下来的沉重的心理负担。

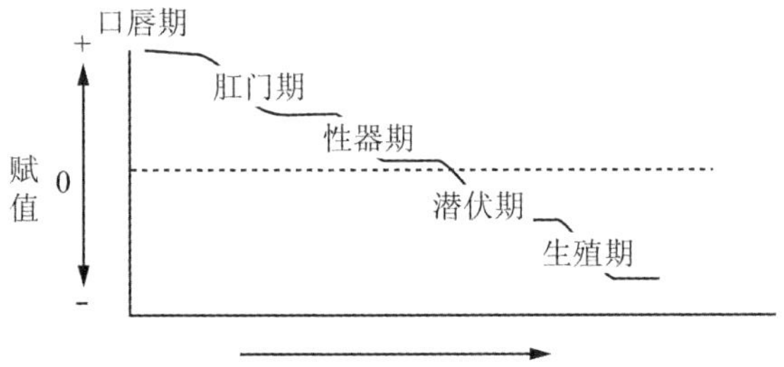

图 2-5　作为倒退性叙事的性心理发展理论

关于理论的发展与评估

恰如前文所述，常用的叙事结构为行为主义理论家做出易于理解的评论提供了重要的依据。如果缺乏这些叙事结构，理论家就可能形成不连贯、无组织甚至是荒唐的叙事。人们应用叙事形式和技能，就是为了讲述一个令人愉快的关于人类行为的故事。尽管理论家可能乐于讲述一个好的故事，然而也可能与之相反，他们也习惯性地对讲述一个真实的故事感兴趣。在当前的语境中，对真实性的关注占据什么样的位置？如果理论家的叙事既不主张什么，也不矫正什么，那么这样的叙事是不是就没有价值？如果在理论发展中观察的意义降低，那么什么标准可以取代观察？理论的价值如何评估？

这些问题的确都比较复杂。在当前的状况下，的确没有什么方法可以供理论家采用。但是，对发展心理学家所形成的理论解释空间的反思是有必要的，这些反思有助于形成一些备选的评估标准。

叙事结构与客观性

关于理论的客观性基础，我们已经谈到解释这些问题的许多理由：现在科学哲学家为什么认为科学理论并不由事实决定？为什么许多科学家将他们的注意力转向科学理论的文字表述？这时，考虑客观地为叙事结构奠基的可能性是有必要的。为了实现这个目标，让我们重申前文所提供的关于叙事建构的三个准则。如前文所述，叙事者的首要任务是要为故事确定一个具体的终点或者目标。在这件事情上，很显然，并没有一种依据是仅靠观察就可以确定在人类事务中有价值的解释的。这个观点在彭加勒时代(Poincaré's time)就被接受了：没有办法从"是"中推导出"应该"[尽管有科尔伯格的理论(Kohlberg's theory)]。当然，研究有助于提示人们在某一时刻保持何种合理价值或目标是有用的。而且，持着这种观点，科学家们可能发展出广泛让人信服的理论。比如，现在人们已经普遍认为，儿童的发展就是一个逐渐成熟的阶段(一个前进性叙事)，成年中期就进入完全成熟的阶段，老年期是衰退的阶段(倒退性叙事)。大部分发展理论的确都基于这个观点。当然，我们也必须认识到，只有当人们意识到依据某个或某些标准，相对于更年轻或更年老的阶段，成年期是更有价值的时候，这种叙事才是符合情理的。当社会价值观(或者成熟的科学家建构理论的价值观)发生变化时，发展的一般观念也会迅速地发生改变。的确，如果把自发性当作主要价值或者目标，那么个体将把儿童的发展视为倒退性的；到了中年，我们就完全走完了我们的下坡路。或者，把智慧或者视野当作主要目标，变老的过程将被重新界定为上升的过程。那些已经到达发展成熟阶段的人是最年老的人。舆论只能暗示人们把什么当作目标，而对于这些目标是否有价值却不能提供见解。当然，至少在这个关于变老过程的案例中，人们可以质疑那些被定义为衰退的行为科学家的选择。

如果有人放弃客观地为叙事目标奠基的可能性，我们将如何解释叙事的第二个主要成分呢？或者说，如何进行与目标相关事件的时间排序呢？我们发现，客观取向的理论家在此面临着更大的困难。对一个人随着时间变化而进行的观察，为科学家们提供了大量的潜在事实。每一次手臂的运动、每一个音节、每一次分泌或者每一次沉默，都会被记录为一个事实。或许，人们可以通过多种方法将这些微小的元素融合到一起——作为手势、短语、句子、言语行为、指向目标的耐力等。的确，观察本身就为事实的产生创造了大量的机会。但是，它并没有指示如何从这些事实中做出选择。这项任务在发展研究中在很大程度上是通过叙事目标来完成的。一旦选定了发展的价值终点，通过相关样例来搜索事实就变得可能。如果我们把成年人的理性确定为发展的目标，我们就可以通过搜索前面的事实库和建构事件来接近这个目标的顶点。在这个意义上，故事的结局为观察者可以在世界中搜索有意义的和相关的内容提供了一个主要的机制。恰如海登·怀特(Hayden White，1978)所描绘的历史写作的特征：

> 把事件融合成一个可以表征客体的整体的过程是诗意的……这些片段被整合成为一个整体……通过采用同样的方法，小说家们运用他们的想象将虚构的事件整合为一个有秩序的世界和宇宙——这里原本只有无序和混乱(p. 124)。

一旦确定了终点，观察者就能简单地以发展故事本身的方式观察吗？科学家仅仅通过观察的方式就能让发展的故事完成自我讲述？这似乎是不可能的。再次引用怀特(1978)对历史报告的分析，“事实并不会讲述它们自身，但是……历史学家会为它们说话，他们把过去的零碎事件整合成一个整体——它们的完整性是建立在纯粹的杂乱无章之上的”(p. 124)。对于行为主义者而言，重要的不仅仅是身体在时空中的精确运动。每一个相关的运动，都必须通过动机、倾向或者其背后的过程来加以解释。我们不是通过精确运动这样的陈述而是通过聪明的、友好的、乐于助人的、愤怒的、好斗的等这样的表述来理解运动的，所有这些，都涉及内部状态。行为主义者必须不断地为约定成俗的准则而不是客观性做出解释性(解释学)的判断(Gergen，1982)。

再者，如当前所分析的，不是任何事实的组合都能讲述出一个合适的或者可以接受的故事。如果一个发展性的叙事讲述了在六岁以前一直处于衰退状态的儿童，到七岁的时候突然奇迹般地恢复，那么这个叙事就是我们所不能接受的。或者，在一个发展性的叙事中，奇数年的发展是前进性的，偶数年的发展是倒退性的，这样的叙事同样是行不通的——不是因为使用了明显错误的解释，而是因为叙事形式在当前可解释的模式上的不连续。

期待理论评估的可替代标准

从分析主张来看，科学理论在很大程度上是受美学形式支配的(另见 KellyByrne & Sutton-Smith，1983；Sutton-Smith，1983)。在这种情况下，熟悉的叙事形式为建立儿童发展理论提供了文学形象。然而，目前的分析为行为理论家提供了一个巨大的理论发展空间。观察可能需要为被讲述的发展故事提供最小的范围。叙事形式的选择在很大程度上决定了把什么视为事实，而不是事实决定发展的故事。叙事形式是至关重要的，之后的观察主要是作为一种修辞手段。就像许多新闻故事那样，随着对细节的讨论，故事的生动性、真实性和情感影响得到呈现，因此，系统的观察可以帮助理论家形成令人关注的理论。如果这个观点是可以接受的，我们将重新考虑被用于评估行为理论的标准。到目前为止，我们已经发现客观性证据是不够充分的；传统公认的真实性标准的重要性必须降低。诸如逻辑一致性、可接受理论的一致性、简洁性等其他的传统标准也必须重新评估(参见 Feyerabend，1975)。与其将它们视为绝对的或者高级的标准，还不如将其视为修辞能力。可能有人会问：它们在何种程度上有助于理论家形成一个关于人类机能的强有力的和广为关注的解释？关于这个问题我还有很多话要说，但只能留到其他场合了。

我们必须探讨当前分析所隐含的理论评价的具体标准。如前文所述，科学的发展理论似乎相似，它们的意义建构能力在很大程度上来源于现有的叙事结构。在某种程度上是这样的，为了满足好的叙事形式的需求，或者增加获得好的叙事的可能性，从这个意义上讲，评估这些理论才是合理的。在何种程度上理论才近似于成熟或者精致的叙事？在何种程度上才能为理解人类开辟一个新的领域？让我们简要回顾一下我们前面所述典型理论中与此相对应的标准。

发展性目标的建立

在最基本的层面上，叙事理论家必须指定或暗示一个解释的评价目标。缺乏了这最基本的一步，发展的概念就变得毫无意义。在某种程度上，把理论解释视为分离的叙事形式是没有意义的。从这个角度上看，皮亚杰的理论将被高度重视。皮亚杰清楚地阐述了关于较高级心理过程的观点，这些观点无论是在科学还是在人类适应中都非常适用。在这方面，弗洛伊德的阐述不够清晰，他更加依赖于关于全面发展的人类隐含的却又尚未被清楚说明的概念。这种解释的模糊性在很大程度上可归结于弗洛伊德的这个信念：社会的生存能力主要依赖于成员的压抑。因此，一个纯粹的没有任何神经症的人将成为社会的威胁。在这三种理论中，学习理论可能是在叙事形式上最不成熟的。它暗含(仅偶尔明确表明)这样一个假设，即人类变得越来越容易适应。然而，我们并不确定构成文化适应的精确成分是什么。因此，从这个意义上讲，学习理论在恰当的定位方面表现得最不成熟。

生活过程的观点(aleatory view)在其他文献(Gergen，1982)中也被提出。从这个角度来看，发展依赖于社会历史环境的特定汇合。因此，生活的轨迹可能有许多不同的变异，我们没有理由去怀疑在发展模式中超越历史或者跨文化的普遍性。这种观点既不能为个体提供必要的、预定的生活模式，也不能提供有效的终点或者发展目标。也就是说，它既缺乏叙事结构，也没有一个引人入胜的故事。

指向目标的相关事件组织

没有事件的价值终点所指向的是一个没有故事的结论。从开始到结局，所展现的突出点的数目越多，这个故事就越成熟或者发展得越好。从这个意义上讲，皮亚杰的理论是强大的。该理论实际上解释了心理成熟之前的所有阶段。在每个发展阶段中，皮亚杰对具体心理发展的完成(如守恒)和发展的先后顺序(如非同步性)提供了详尽的解释。在这方面，弗洛伊德的理论缺乏对发展的详尽解释，他对六岁之前的发展是有非常丰富的描述的，但是从六岁到成年早期之间，个体就进入了缺乏细节描述的潜伏期。就好像故事的结局被简单地推迟了几年——许多理论家(包括安娜·弗洛伊德和埃里克·埃里克森)都努力去弥补这个令人尴尬的中断。对于相关事件接合的方面而言，学习理论是发展程度最低的叙事。这个问题在很大程度上源于上述叙事终点的缺乏。适应本身为评估进展和缺乏进展提供了一个不充分的目标。缺乏详尽的叙事终点，就没有办法选择前述的相关事件。此外，该理论是以这样一种方式建构的：原则上，在任何一个点上的学习经验都可以抵消先前强化的作用。一个正在提高社会适应能力的孩子，可能会在任何时候因为创伤性学习经历而受阻。实际上，学习理论家并没有提供一个连续的或者有序的轨迹，而只是提供一些随着时间发生事件的混乱排列的可能。

发展事件的逻辑联系

成熟叙事形式的第三个标准就是具有为事件之间建立相互依赖关系或者因果关系的能力。正如我们所看到的，学习理论和皮亚杰理论都在朝这个方向迈进，但两者都没有完全成功。学习理论认为，不同时间的学习倾向是相互依存的。但是，它没有对为什么一种具体的经验会依存另一种经验做出解释。因此，孩子可能会在一小时内学会积极进取，在接下来的一小时内学会利他，在接下来的一小时内学会害怕，而在接下来的一小时内他们会感到恐惧，因为这些独立的经历并没有联系。皮亚杰在很大程度上通过平衡这个概念对发展阶段的转化提供了一种解释。然而，平衡本身似乎在本质上是一种机体论的解释形式。在某一具体阶段，儿童仅仅开启了心理发展的过程。人类先天就具备这样的能力。弗洛伊德的理论同样属于机体论，它解释了本我满足区域(包括口唇、肛门和性器)的转换和发展阶段的顺序。但是，他对一个阶段的经验是如何改变或影响下一个阶段事件的分析的则鲜有涉及。该理论应用因果关系的一个重要方面就体现在对神经失调的病原学的解释上。在所有案例中，对成年人神经症的解释都被追溯到一些先前的事件，特别是六岁以前的事件。早期的动力引发了后来的失调。

戏剧化的影响

尽管戏剧感只是叙事作品的一个衍生物而不是它的一个成分，但我们考虑到它与行为理论之间的关系是有意义的。科学理论不需要具有戏剧方面的潜力来理解世界。然而，在故事中戏剧性的感染力引发兴趣或关注，它将观众引入某一理论大厦，并因此增加对该理论的理解和最终的效用。在这方面，你一定觉得弗洛伊德的理论远优于皮亚杰的理论或者其他学习理论。在皮亚杰的理论中，斜线是稳定上升的

(除阶段间的转换之外)。儿童需要数年才能达到成熟期，因此，在叙事的坡度上既不能改变，也不能加速。此外，该理论并没有提供认识倒退的途径，因此，我们从来没有遇到过急转直下的可能性。由于缺乏内容，学习理论没有提供明确的故事线索。因此，在其抽象形式上，它缺乏任何内在的戏剧性。在一个学习理论家手中，一段特定的生活史可能会变得很有戏剧性。然而，在这方面，一般模式本身几乎没有提供任何帮助。

弗洛伊德的理论与皮亚杰的理论都有一个相对稳定的发展轨迹，即故事结束所需时间大约为 20 年。然而，这些理论也会经历三个具有戏剧化影响的特殊时期。第一个时期源于一次发展方向逆转的可能，通过这个逆转，故事的结局从悲惨变得幸福。这可能通过精神分析治疗得以实现。这种疗法是这一理论——认为个体只有通过防御机制才能减轻压抑的能量——提供的唯一手段。潜在戏剧性的第二个时期基于这样一个事实，即倒退到发展的早期阶段总是可能的，这与皮亚杰的理论不同。在弗洛伊德眼中，任何时候的短暂压力，都可以使个体回到过去，寻求复苏的心理防御。然而，发展的负面力量是可以得到缓解的。精神分析治疗可以为逆转故事发展的方向提供途径。最后一个时期，该理论本身与流行的发展观——认为发展是一种前进性叙事——形成了鲜明的对比。因此，在弗洛伊德的理论中，随着叙事方向逐渐改变，目标逐渐偏离了通常的期望。当然读者可能会问，“逆转会何时发生？发展是连续不断的，而我们会越来越远离我们所预期的目标”。因此，该理论与现有预期之间的相互促进的关系会产生巨大的影响。我们在发展理论的编年史中，很难再找出更具有戏剧效果的理论了。

我们并不能得到科学理论只能通过其修辞能力来评价的结论。在其他场合，行为理论的生成潜能已经得到评估(Gergen，1982)，即它们质疑文化的可接受性或者积淀的道德观念，并为行动提供了一个新的选择。当然，人们不能在不考虑思想、政治和社会影响的情况下构建理论（对照 Sampson，1977；Gilligan，1982；Wexler，1983）。然而，从目前的分析看来，我们必须重视理论架构的文学素养，特别是它们的叙述成分。

参考文献

Bertaux，D. & Kohli，M. 1984. The life story approach：A continental view[J]. American Sociological Review，10，215-237.

Culler，J. 1982. On deconstruction[M]. Ithaca，NY：Cornell University Press.

Danto，A. 1965. Analytical philosophy of history[M]. Cambridge：Cambridge University Press.

DeMan，P. 1978. The epistemology of metaphor[J]. Critical Inquiry，5，13-30.

Derrida，J. 1972. Marges de la philosophe[M]. Paris：Minuit.

Feyerabend，P. K. 1975. Against method[M]. Atlantic Highlands，NJ：Humanities Press.

Freud，S. 1943. A general introduction to psychoanalysis[M]. Garden City，NJ：Garden City Publishing Co. (Original work published in 1916).

Freud，S. 1953. Three essays on sexuality[M]. In Standard edition，Vol. VII. London：Hogarth Press (Original work published in 1905).

Gallie，T. 1968. Philosophy and historical understanding[M]. London：Chatto and Windus.

Genette，G. 1980. Narrative discourse[M]. Ithaca，NY：Cornell University Press.

Gergen，K. J. 1982. Toward transformation in social knowledge[M].

New York：Springer Verlag.

Gergen，K. J. & Benack，S. 1984. Metatheoretical influences on conceptions of human development[M]// N. M. Lewin. In the shadow of the past：Psychology portrays the sexes. New York：Columbia University Press.

Gergen，K. J. & Gergen，M. M. 1983. Narratives of the self[M]// T. R. Sarbin and K. E. Scheibe. Studies in social identity. New York：Praeger.

Gergen，M. M. & Gergen，K. J. 1984. The social construction of narrative accounts[M]// K. J. Gergen and M. M. Gergen. Historical social psychology. Hillsdale，NJ：Erlbaum.

Gilligan，C. 1982. In a different voice[M]. Cambridge，MA：Harvard University Press.

Hanson，N. R. 1958. Patterns of discovery[M]. London：Cambridge University Press.

Hull，C. L. 1943. Principles of behavior[M]. New York：Appleton Century Crofts.

Kelly-Byrne，D. & Sutton-Smith，B. 1983. Narrative as social science：A case study. Unpublished paper. University of Pennsylvania.

Landau，M. 1984. Human evolution as narrative[J]. American Scientist，72，262-267.

Mancuso，J. C. & Sarbin，T. R. 1983. The self-narrative in the enactment of roles[M]// T. R. Sarbin and K. E. Scheibe. Studies in social identity. New York：Praeger.

McClosky，D. N. 1983. The rhetoric of economics[J]. Journal of Economic Literature，XXI，482-516.

Mink, L. A. 1969. History and fiction as modes of comprehension[J]. New Literary History, I, 556-569.

Overton, W. R. & Reese, H. W. 1973. Models of development: Methodological implications[M]// J. R. Nesselroade and H. W. Reese. Life-span developmental psychology: Methodological issues. New York: Academic Press.

Piaget, J. 1954. The construction of reality in the child[M]. New York: Basic Books.

Piaget, J. 1952. The origins of intelligence[M]. New York: International Universities Press.

Piaget, J. 1968. Psychology of intelligence[M]. Totowa, NJ: Littlefield Adams.

Quine, W. V. O. 1960. Word and object[M]. Cambridge, MA: M. I. T. Press.

Sampson, E. 1977. Psychology and the American ideal [J]. Journal of Personality and Social Psychology, 35, 767-782.

Scholes, R. & Kellogg, R. 1966. The nature of narrative[M]. New York: Oxford University Press.

Seligman, M. 1975. Helplessness [M]. San Francisco: W. H. Freeman.

Sutton-Smith, B. 1983. The origins of fiction and the fiction of origins. Unpublished paper. University of Pennsylvania.

Thomas, D. 1979. Naturalism and social science, A post-empiricist philosophy of science[M]. Cambridge: Cambridge University Press.

Wexler, P. 1983. Critical social psychology [M]. Boston: Routledge & Kegan Paul.

White, H. 1978. Tropics of discourse[M]. Baltimore: Johns Hopkins University Press.

Wittgenstein, L. 1963. Philosophical investigations [M]. (G. Anscombe, Trans.) New York: Macmillan.

第三章　科学叙事中的入侵：格拉夫顿·埃利奥特·史密斯与死亡神庙

米希亚·兰道(Misia Landau)

我是从弗洛伊德著作中的一段话了解到“死亡神庙”的。由于我注意到弗洛伊德在著作中频繁地提及考古学，所以我从这个著名的脚注中找到了它，在这个脚注中弗洛伊德不仅提高了精神分析的地位，也提升了类人猿祖先的地位。

> 文明的重大进程随着人类采取直立的姿势而到来。从那时起，这一连串事件发生了：从嗅觉刺激重要性的降低和月经期的独立到视觉刺激占主导以及生殖器变得可见，再到性刺激的持续、家庭的建立以及人类文明的开始。(1961，pp. 46-47)

讽刺的是，《文明及其不满》(*Civilization and Its Discontents*)可以说是从一个脚注中迈出第一步的，但也许是最后一步，因为，如同弗洛伊德试探性地提出的观点：人类的优点不过是遵循直立姿势所带来的反常之路而已。细想一下关于“卫生”的论述：

> 对清洁的驱力来自摆脱排泄物的强烈欲望，因为排泄物导致了不愉快的感知觉。但是，我们知道，在保育室里事情不是这样的。在这里，排泄物没有给儿童带来厌恶感。相反，似乎排泄物对于儿童来说是有价值之物，因为它们是身

> 体的一部分，且将要离开他们的身体。教养特别将精力放在加速儿童的发展上，而这可能导致排泄物变得毫无价值、令人反感、可恶和讨厌。从身体里排出的物质被它们自身强烈的气味宣判了这样的命运：在人类选择直立的姿势之后，嗅觉刺激的地位被视觉所取代，如果不是如此，那么这样的价值反转几乎不可能发生。(p.47)

弗洛伊德在这段话中更多地谈及身体的产物而非身体本身，这个事实暗示着"人类的身体是死亡神庙"。在人类解剖中追溯人类的命运是古人类学家的惯常做法。

这并不是一种不寻常的做法。作为一位与弗洛伊德同时代的人，英国的比较解剖学家格拉夫顿·埃利奥特·史密斯说："文明本身是在人类不断努力了解自己身体构造和维持其生命力的过程中发展的。"作为埃及古物学者，埃利奥特·史密斯追溯了用香料或药材为尸体防腐的艺术。

> 伴随着木乃伊的出现，不仅很多重要的艺术和工艺品(建筑、石头和木制品、雕刻和绘画、戏剧、舞蹈和音乐)被创造出来(它们是文明的脚手架)，而且还包括人类精神最深处的愿望，它是在整个文明历史长河中影响无数人的思想和行为的动机。(1929，pp. xv-xvi)

埃利奥特·史密斯认为，木乃伊(而非保姆)是文明的缩影。尽管如此，弗洛伊德若读到这个段落会产生共鸣，因为是埃利奥特·史密斯首次根据嗅觉的衰退和视觉的崛起来解释人类的起源。

无论弗洛伊德是否真的阅读过埃利奥特·史密斯的著作，或埃利奥特·史密斯是否读过弗洛伊德的著作，他们之间的比较非常有趣，且不仅限于弗洛伊德描述超我的出现和埃利奥特·史密斯描述视觉逐渐占主导的观点之间的对比。这两条故事线索都依赖于同一个信念：

只有了解过去所发生的事情(what)，我们才能理解事情发生的原因(why)；也就是说，事件的排序(ordering)和解释(explanation)在历史的建构中是相互分离的步骤。因此，弗洛伊德认为，通过揭示某个个案历史，他可以发现其他个案的规律。类似地，埃利奥特·史密斯将系谱(genealogies)拼凑起来，以得出普遍的原理。原因如下所述：

> 如果没有一些明确的路线图来定位时间和位置以及人类所属的灵长类目的成员们相互间的关系，那么对于哪些因素的性质导致了人类的智力和身体品质在人类家族中的差异的问题，我们就无法形成任何想法。(1924, p.1)

似乎是为了强调系谱的逻辑优先性，埃利奥特·史密斯在其1924年的经典著作《人类的进化》(*The Evolution of Man*)的前言中开篇展示了两个图表，一个表示灵长类动物之间的关系，另一个表现家谱。但是这本书完成的历史是与该逻辑相矛盾的。因为虽然这两个系谱出现在书的前面，但是它们是最后才加上去的。确实，它们是《人类的进化》这本书唯一的新的贡献，因为该书的其余部分由之前已经发表的文章组成，其中一篇甚至是10年前写就的。

当然，在著作中最重要的内容往往放在最后的部分来写，确实如此，这种程序并不完全是不合逻辑或不科学的。如同埃利奥特·史密斯所解释的：

> 在所有关于原始人的信息中只有一些非常少的骨头碎片和零碎的打火石的年代，研究者需要“脚手架假设”(scaffolding of hypothesis)来从这些破碎而稀少的残骸中建立体系。既然现在我们有了那么多可供研究的材料，就可以建立一个能够独立存在的体系。所以这个脚手架不仅不再必需，而且还会产生干扰。(p.55)

因此，在埃利奥特·史密斯的书的前部，形同两个哨兵一样的系谱，似乎表明《人类的进化》是根据归纳法优越论者的原则(inductivist principles)建立的。但是，严密的审阅将表明，这刚好相反。因为埃利奥特·史密斯在1924年描绘的系谱是根据“脚手架假设”来构建的，这个脚手架假设在发现化石作为它的证据基石很久之前就已经确立了。

我曾在其他著作中提出，20世纪早期人类进化的理论可以看作在基本叙事结构的基础上形成的各种变体，并且这样一种叙事模型“能够提供一种有效的方法，让我们对人们讲述故事的不同方式进行更加广泛而深入的探索”(1984, p. 263)。所以现在提出分析埃利奥特·史密斯的著作，使我看上去有不可告人的动机；虽然与弗洛伊德联系起来了，但是我展示的题材主要是为了说明我的方法(图3-1)。尽管如此，我并不觉得自己是完全自私的。因为我分析的要点揭露了这种思维的谬误：事件的排序和解释在历史建构中必然是单独的步骤。与这个基本原理相反，埃利奥特·史密斯提出的一般原理无法从它的系谱中分离出来，因为这些原理由相互联系的事件构成，或者由依赖于并定义了他的系谱序列的“走向”构成。埃利奥特·史密斯讲述的一个原理可能具有更加广泛的应用，即原始特质的保留，然而它是用来解释人类怎样通过叙事序列来逃脱自然选择的。因为，根据埃利奥特·史密斯所说：

> 从灵长类到人类，脑顺着明确的进程稳定而统一地发展——这是“人类出现和崛起”的根本原因，尽管其他因素也促进了这个进程。(p. 20)

人类不是在育儿室里，而是在叙事中开始和结束的，在叙事中事件的排序和解释紧密结合到了一起。

脑的形成：在此阶段

(1)场景被设定

(2)英雄出现

(3)情境发生改变

因此，在原始兽孔目(一种类似哺乳类的爬行动物)新形成的新大脑皮质中，我们发现，“甚至在他们最久远的祖先身上也出现了人类特征的迹象”。

> 拥有较高级的脑在极大程度上增加了原始兽孔目动物有意识地和智能地适应各种各样的环境的机会。原始兽孔目动物通过运用新获得的识别能力(power of discrimination)和从个体经验中学习的能力，从而发现新的食物来源和新的生活方式，因而打开了适应各种环境的无限可能性，进而引起构造的改变，这反映了新型动物得以表达的可塑性的增强。(1924，p. 27)

通过脑的形成，它们变成了具有无限可能的生物。类似地，最初的哺乳动物也开始改造它们的环境。

> 这些新出现的有智力的生物快速地传播到全世界，开始各种不同的生活方式。每个种群对它们想追求的特定生活方式的适应能力很快表现在各种构造的特化(specializations)上，有些是为了在地面上生活或在地面挖掘的洞穴里生活，有些是为了在树上生活乃至为了飞翔，还有些是为了成为水中的存在。有些哺乳动物变得健步如飞，发展出专门的适应于提升快速运动能力的四肢。它们取得了先天优势，能够在哺乳动物时代的开端之际在移动缓慢的世界中增长为庞大的群体。(pp. 27-28)

但是危机潜伏着，如同在伊甸园里，“不可避免的惩罚”从那些屈服于特化研究的诱惑的人中收取代价。“他们决定从事某种生活，为此牺牲了原始构造的简易性和可塑性，因而也在很大程度上牺牲了他们对新情况的适应性”(p. 28)。显然，如同埃利奥特·史密斯所告诫的那样，纯粹的肉体构造(the purely material)是没有什么价值的，因为令人难忘的特化实际上是在“承认软弱”，而那些原始特质，虽然被一些生物学家认为是退化的，但实际上正是优秀品质的标志。

> 记住这一点很重要：原始特质的留存通常被视为一种代币，它们的拥有者在直线的路途上并没有被迫放弃它们，也没有采取保护性的特化，而是保持了一部分与原始性相联系的可塑性，正是因为他在追求主要地位的过程中没有屈服和放弃。相比于那些在青年时期就受限于有限的禀性的人，较晚特化的个体从早期生活的多方面经验中受益，从而取得更广泛的成功(wider triumph)。(pp. 34-35)

的确，成功进化的道路是非物质(the nonmaterial)所能够铺设的，但是如果没有大脑来弥补生理上的简单性，那么这样一条进化之路只会一无所获。所以，“更广泛的成功”预示着，大脑是保留原始特质的关键，也是保留可塑性的关键。我或许正在揭示这个故事。

就像很多神话英雄那样，正是由于它出身低下，所以原始哺乳动物能变成更好的动物。只是因为它“利用了自身低微的地位来均衡而渐进地发展自己的力量，而没有在缩小的特化过程中牺牲掉任何实现未来更大成就的可能性”(p. 28)，所以它最终变成了一个人。埃利奥特·史密斯与达尔文(Landau et al.，1982，p. 507)都认为起源于卑微的生物是一个“巨大的优势”。埃利奥特·史密斯估算它像松鼠那么大，将这种祖先生物塑造成非常接近树鼩那样：在树上和地上活动，有时它蹲坐着，用它的前爪取食水果和昆虫。虽然“个性活泼且非常机敏”(Smith，1924，p. 29)，但是这种生物并非灵长类。直到它完全抛弃其哺乳动物的出生地时，它才成为新的目(give birth to the new order)。

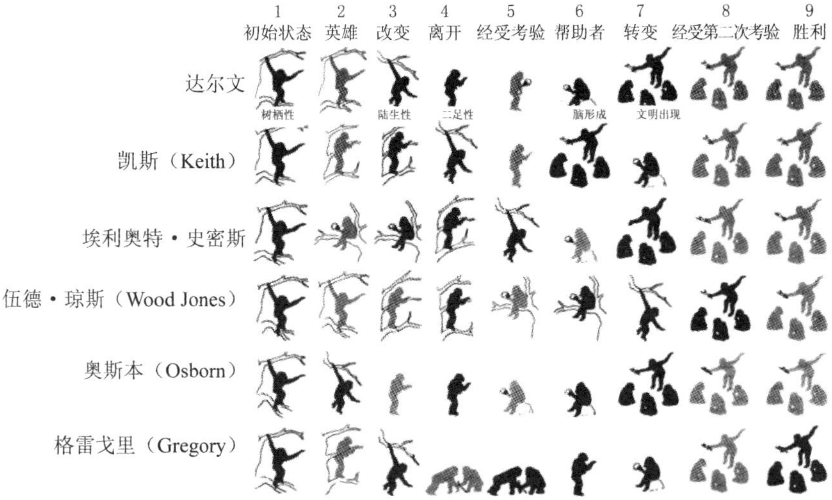

图 3-1　20 世纪早期关于人类进化的叙述通常具有四个重要的情节：陆生性(terrestriality)，或者指从树上转移到地上生活；二足性(bipedalism)，或者指习得直立的姿势；脑形成(encephalization)，或者指脑、智力和语言的发展；文明(civilization)，或者指科技、道德和社会的出现。尽管这些事件发生的顺序可能在不同讲述中有所不同，但是它们往往处在同一个叙事结构中。这个内在的结构可以通过九种基本的行为或“功能”反映出来，每种行为都可以通过多种方式来描绘。(潜伏的或者自前一阶段持续而来的事件用浅灰色表示。)埃利奥特·史密斯的观点描绘在达尔文的和凯斯的下面。

向上转移到树上是埃利奥特·史密斯在叙事中一个关键情节，甚至正如我们将看到的，比随后回到地上的情节更加重要。进而，正是通过“智能的适应”的力量，埃利奥特·史密斯的英雄进入了栖息在树上的领域。新的选择压力(selective pressure)作用于新大脑皮质，尤其是负责视觉的区域。尽管已经在原始哺乳类动物身上得到了很好的发展，但是直到现在，视力一直屈从于更加古老的爬虫类的嗅觉。

> 这不仅是因为在大脑半球的主导部位，嗅觉早就在大脑半球中安装并占有了某个工具，也就是说嗅觉先于其他感觉在大脑半球中占据主导部位，而且主要是因为对于一个矮小的、在地面挖掘搜寻的动物来说，无论是找食物，还是识别朋友或敌人、性伴侣或对手，嗅觉印象的指导意义都比其他所有感觉有用得多，所以这种小生物的精神生活主要是处于各种气味之中，所有外界的物体都首先并且主要通过气味来进行判断。触觉、视觉和听觉都只是在嗅觉主导作用下的辅助。(pp. 29-30)

但是，一旦到了树上，所有这些都变了。在树上栖息的生活要求动物们提升敏捷性，而嗅觉无法满足这个要求，因此嗅觉“召唤视觉、触觉和所谓的迷宫①感觉的帮助”(1927, p. 13)。所以这引起了脑结构“更加稳定的平衡”，因为嗅觉把脑结构中的大部分“让出”给了其他感觉。

正是从嗅觉到视觉的主导力量的交接意味着“灵长类的诞生并且人在人类系谱线上明确地从其他哺乳动物脱离而另辟蹊径”(1924, p. 31)。埃利奥特·史密斯在早期的一篇科研论文《论哺乳动物大脑的形态学》(“On the morphology of the brain in the Mammalia”, 1903)中，将灵长类脑的嗅觉区和其他区域的关系描述成一种斗争，这种斗争是该论文的焦点。尽管他在该论文中声称只关心如何说明狐猴的脑和类人猿(猴子、猿和人)的脑之间的亲缘关系，埃利奥特·史密斯并没有将自己只限制在分类学问题中(1903, p. 425)。

> 原猴亚目的猴(prosimian)的脑具有明显自相矛盾的特征，在对这些特征寻求一些解释之后，我在脑中自然地形成了关于狐猴的祖先的试探性工作假设。我将它添加在这里，

① (内耳的)迷路(包括骨迷路和膜迷路)。——译者注

> 只是想通过这样一条微小的联系将分散在记录中的一些事实连接起来。
>
> 灵长类动物的脑是从一些食虫类动物的脑中派生出来的，因为这些食虫类动物的大脑半球获得了超前的发展，其巨大的飞跃表现之一是向后凸出，盖住了小脑。由于“视觉、听觉和触觉的联想记忆的生理器官”的缘故，嗅觉丧失了它之前在原始哺乳动物(和所有新近出现的哺乳目)身上的支配地位，而脑的嗅觉部位迅速地缩小了……
>
> 在激烈的求生过程中，就脑的大小的增长而言，狐猴停止了追随其他灵长类动物的步伐。它们变得更加特化，它们的脑很可能缩小，导致两半球的枕极消失。
>
> 随着大脑新皮质的缩小，嗅觉部位变得更加重要，嗅觉区出现第二次的扩大。嗅裂(rhinal fissure)的消失可能是这种现象的标志之一。

通过跟踪与大脑新皮质有关的嗅觉器官的衰退与发展，埃利奥特·史密斯勾勒出了他的故事情节。

但实际上埃利奥特·史密斯对视觉的强调激起了我们的兴趣。

> 视觉的高度特化唤醒了生物严谨细微地观察自己周围物体的好奇心，也为双手执行比树鼩更加精确和熟练的动作提供了引导。这些习惯不仅可以促进运动皮质自身的发育，训练触觉和动觉，而且可以将它们的皮质区在运动皮质内部或者沿着运动皮质与视觉特化建立更加紧密的连接，形成调节皮质自身活动的机制。因此，协调整个大脑新皮质活动的注意器官出现了，以更加有效地调节控制全身肌肉的中枢。(1924，p. 32)

正如感觉被视觉“唤醒”一样，重要的前额区也“唤起了生命”。通过视力的“引导”，哺乳类动物的大脑转变成具有更强可塑性和力量的器官：心智(the mind)。

考虑到视力的活跃角色(且视力不仅引导行为，而且“篡夺”和“发展”心智与身体)，视力可能看上去本身就有心智。确实，扩大前额区可以让视神经束交叉，从而获得立体视觉。“因此，对视力所获信息的充分利用为提升视力自身提供了新的刺激和手段”(1924，p.146)。但是灵长类动物也从这些自私行为中获益，因为正是凭借立体视觉，原猴亚目的猴可以进化成猴子。受益并没有在此终止，以至于灵长类获得了“通过从地面提升高度而得到的更加优越的地位”(1929，p.28)，视力导致了直立的姿势，反过来，直立的姿势又导致了类人猿的出现和接下来的情节。

用双足行走：在此阶段

(4)英雄准备启程

尽管适应的能力提升了，但是

> 灵长类最初是弱小而低微的物种，过着不显眼的生活，不引人注目而安全地生活在树枝上，极少参与身材大小和霸权的竞争，而在它们下面，肉食性的、有蹄类的和其他动物同胞在地面上生活，为霸权而相互竞争。但它们始终均衡地发展所有的感觉和四肢。而且它们在心智上特别发展了更加有用的智能，这从长远来说终究使它们成为哺乳动物霸主的祖先。这种哺乳动物注定赢得其他所有动物的霸权，而且仍保留四肢的大部分原始结构，而其他动物在竞争中牺牲了这种结构。(1924，p.34)

从上述字面意义上来看，凭借它们在树上栖息的特性，最初的灵长类是真正的优胜者，因为它们在发展特化能力的时候，保留了原始哺乳动物的构造的纯粹性。正是依靠灵长类动物原始的四肢结构，视觉能够最先形成它的影响力。只有在四肢还没有“超前特化”的那些动物身上，视觉才能发展最重要的能力，即肌肉的技能。肌肉技能不仅能够提升学习经验的能力——我们已看到这是哺乳类的一种基本特征——还发展了尝试(experiment)的能力。“因此不夸张地说，高智能在很大程度上是获得肌肉技能的结果之一”(1927a，p. 16)。或者，如同埃利奥特·史密斯用一个黑体小标题所宣布的那样：肌肉技能是智力之父(muscular skill begets intelligence，p. 16)。

通过运用眼睛自身的肌肉，视觉发展了它的第一个技能——立体视觉(stereoscopy)。埃利奥特·史密斯强调这个技能的“极其重要性”(我们认为它标志着原猴亚目的猴向类人猿的过渡)，并描述了在控制了双手之后视觉如何取得更大的发展。通过解放双手来完成“有技巧的活动”，视觉将猴子转变成直立的猿。然而我们不清楚的是，猿用它们的手做什么，虽然埃利奥特·史密斯强调它们用手进行控制的技巧，但是这种生物的出现被放在长臂猿(gibbon)出现之后，而长臂猿直立的身体几乎完全是通过它们的手来悬挂的。

考虑到对移动敏捷性的需求是视觉发展的原动力，我们想把更多的注意力放在移动的问题上。又考虑到埃利奥特·史密斯对迁徙的强调(我后面会谈到)，我们想知道：我们的英雄们究竟是如何四处活动的？然而在埃利奥特·史密斯的论述中关于直立姿势的所有事情都是偶发的；也就是说，其他方面的发展是偶发的。

> 直立的姿态比人类本身古老得多，它并不是人类从类人猿阶段进化的真正原因；但这是扩大对脑的使用的众多因素之一，以此作为进一步拓展大脑支配范围的道具(prop)，而且以更加明确的方式来固定和确立这种直立性，从而解放了双手，使双手成为人类继续前进的首要手段。(1924，p. 41)

所以我们在道具这张图中看到埃利奥特·史密斯是如何将心智置于身体之上的。

陆生性：在此阶段

(5)英雄受到考验

(6)受到捐赠者(donor)的帮助

(7)通过这种方式实现转变

在熟练地掌握生活的基本技能之后，猿“学徒”现在已经准备好成为学徒期满的熟练工。由于强调经验学习，所以人类进化的开端确实像是一种学徒期，树林物产丰富，就像一种工作坊。难怪陆地看上去生产力更低：因为它是一个经受考验的地方，而不是发明创造的地方。但是它仍然是一个具有创造性的地方，因为它是“一个实验室，大自然在数不清多少年里在陆地上进行着将野蛮的猿演变成非凡的人的伟大实验”(1924，p. 51)。结合各种隐喻，埃利奥特·史密斯告诉我们，正是在“艰苦的经验学校”的勤奋学习中(p. 79)，人类最终毕业了。

在地表的活动是英雄们未来发生转变的手段。随着它们“远而宽”地散布到非洲、欧洲和亚洲，类人猿中出现了新的猿类。

> 在漫游的过程中，灵长类动物绕行了整个世界。他们的旅程不可避免地跨越了很多年，因为这些旅行并不是有计划地有意为之，而是环境的力量所导致的每种生物都会发生的迁徙。(1929，p. 55)

即便如此，仍然是内部的驱动力导致它们中的一部分变成了人类。

> 毫无疑问，这个分化过程与以下过程在本质上是相同

的，即始新世眼镜猴的一个分支变成猴子，而其他分支留下成为原猴亚目猴的过程；原始猴的一个群升级为狭鼻猴而其余的成为阔鼻猴的过程；旧世界猴的一部分转变成类人猿，而其余的维持其旧世界身份的过程。结论是显而易见的，它意味着，脑中发生的变化将猿转变成人的过程与那些我们已经调查过的灵长类系列的低层次成员的进化过程在本质上是一样的，或者可以被视为后者的一种延续。(1924，p. 39)

就像眼镜猴、猴子和猿一样，人类也凭借差别化(discrimination)的力量实现进化。

如果有人分析脑从黑猩猩和大猩猩阶段到最原始的人类阶段所经历的性质的改变，那么最突出的因素将是大脑皮质的巨大扩张，这个大脑皮质位于视觉、听觉和触觉器官的神经冲动所产生的脑区之间。

据推测，这意味着记录这些感觉印象的能力以及从经验中受益的能力的巨大提升，换句话说，差别化能力的增强是基于所能获取的知识，这种能力是原始人和猿之间最基本的区别。(p. 63)

甚至语言的发展也遵照着视力所铺设的道路。

在处于类人猿阶段时，人的祖先就已经具备专门化的肌肉来清楚地表达，以及专门的脑机制来控制运动和习得新动作的方法的学习技巧。将这个复杂的机器付诸新目的所必需的就是人类对差别化的能力的提升。(p. 64)

这并非是无私的行为：通过语言“将累积的经验成果传递下去”，视力将其支配范围延伸到了即时可见的事物之外。

尽管发生如此明显的剧烈改变，但“人类在最开始阶段，就其一般外貌和‘体形’而言，只不过是带有过度生长的大脑的猿”。

但正是凭借这些变化，猿转变成了人，他对家乡、气候和食物的改变的适应能力大大增强了，所以他可以快速地分散开来，在不同的气候下漫步，漫游到距离类人猿居住的热带森林很近的陆地。因此人类能够到达世界各地。(p. 63)

因此，在上新世(约五百万年前至三百万年前)开始的时候，各种各样的“人类的人物漫画”漫步在旧世界中。那些“觉得自己完全处在令人愉悦和无须任何努力的环境中的类人猿的发展滞后了”，而其他拥有“极度不安状态”的类人猿继续他们的漫步，沿着“通往人类身份的大道”进一步迈进，他们仍坚持一个世系的路线，因为：

人类是这条世系路线的最终产物，无论是在构造上还是在生活方式上，从未被迫转变方向和采取保护性特化(protective specialization)。如果选择了特化，那么对于其可塑性和未来发展的能力来说是致命的影响。(1924, p. 34)

所以我们在“大道”图上可以看到埃利奥特·史密斯如何用一般的原理来为他的系谱图的绘制铺平道路。

并不是说化石就没有沿着这条道路出现。实际上，他们图解了埃利奥特·史密斯的一些主题。例如，埃及法雍的渐新世灵长类动物，通过其多样性和更高级的身份证明了新世界猴(推测的)横渡大西洋所带来的影响。西瓦利克山脉的中新世猿也相似地反映了灵长类取得的“广泛胜利”。

博尔德(Boulde)教授在他对皮尔格林博士回忆录(Dr. Pilgrim's memoir)的精彩点评中谈及在印度新发现中揭示的

> 一个最重要的事实。在第三纪中新世时代，亚洲居住着很多类人猿，它们表现出来的特征向各种各样的方向演变，甚至，如同西瓦古猿那样，往人类的方向分化。

人类发现的化石，如皮尔丹人(Piltdown)、爪哇直立猿人(pithecanthropus)和中国猿人(Sinanthropus)等的化石都说明了同样的道理。根据埃利奥特·史密斯的系谱图，他们作为同时代的人，形象地展示了早期人类的扩散和分化。有趣的是，他们的化石都并非一开始就在他们的祖籍。但是，他们都指向了正确的方向。就如埃利奥特·史密斯所说："皮尔丹人的头盖骨引起的最大兴趣是它证实了脑的发展引领了人类的进化之路"(p. 67)。

文明：在此阶段

(8)英雄斗争

(9)从而赢得(不一定)胜利

奇怪的是，最初的人类看上去几乎是没脑子的：虽然拥有技能、情绪、本能，甚至语言，但是整体智力莫名其妙地比这些部分之和要低。这种早期人类是思想单一的，他们整个智力看上去是以观察能力为基础的："在追捕猎物和躲避危险的过程中猎人被迫成为某些事物的观察者，而对于那些不会或者看上去不会影响他的活动的其他事物，他几乎是不去注意的"(1924, p. 119)。埃利奥特·史密斯以婆罗洲岛的普南人(Punans of Borneo)为模型，在与现代欧洲人的对比下描述了这种原始人。

> 当欧洲人无法看出任何迹象的时候，原始土著能够指出地上的足迹来自几个人，并能举出有几个男性、女性和孩子，甚至说出他们的种族特征和个人特质，还能说出他们是哪天乃至哪个时刻经过这里的。对于无法察觉任何东西(或

者最多只能觉察模糊或令人困惑的痕迹)的欧洲人来说，原始土著这样的能力看上去几乎像魔法一样。但要永远记住的是，这些观察和推理的能力的获取要占据原始人全部的时间和注意力。如同帕尔格雷夫(Palgrave)所说的，作为离原始阶段如此遥远的人类的一支，像阿拉伯人那样，“他们根据自己面前看到的事物来做判断，而不是根据其原因或结果”。文明人类的孩子忙于吸收社会习俗和传统的成果，而那些未开化的野蛮人的孩子在难以驯服的野性大自然中学习生死攸关的知识。他们中的每一个，尤其是后者，很少或者几乎不会考虑自然现象的真正意义。只有在这两个群体中的少数天才能够意识到，在平淡无奇的表象后面还有更重要的东西，而他们的大部分同伴习以为常地认为表面看到的就是真实的世界。(pp. 119-120)

相对应于文明人的原始人，埃利奥特·史密斯也是用讽刺的方式来论述原始人。因为很显然，即使原始人不在意“自然现象的真正意义”，他们却比现代欧洲人看到得更多。欧洲人“无法看出暗示”“无法察觉任何东西”，而原始人像阅读象形文字那样看足迹。欧洲人的孩子吸收“他们社会习俗和传统的成果，而那些未开化的野蛮人的孩子在难以驯服的野性大自然中学习生死攸关的知识”。最终，原始人，而非欧洲人，“根据他们面前看到的事物来做判断，而不是根据其原因或结果”。讽刺的是，看上去原始人更像埃利奥特·史密斯这位科学家。

但在埃利奥特·史密斯的文章里潜伏着另一种人物：稀世之才。他拥有非凡的视角，只有他能看穿“平凡遮蔽物的背后”。他被埃利奥特·史密斯描述为“有眼力的人”“洞察之人”，他拥有超凡的能力；他就是超能力的化身。就好比视觉唤醒心智一样，这种天才使文明成为可能。但这是个缓慢到来的黎明，如同埃利奥特·史密斯在接下来的文段中所描述的那样：

> 跟现在相比，早期人们在艺术和工艺领域摸索新知识和技能的过程中的人性并不会有很大不同。在有了无数年使用石头作为工具的经验后，一些具有洞察力的人理解了这个事实：人们通过某种方式有意图地削石头，可以制作刃，毫无疑问这些人会被认为是愚蠢的空想家，他们的抱负会被守旧和愚钝的同伴怨恨。甚至他们可能被责备，因为在旧石器时代，他们的前辈所发现的未被削尖的石头对于他们来说已经够用了，因而试图取代这些方法是非常愚蠢的，这些方法已经被经验证明非常高效。但是，随着时间推移，这个重大的发明会被采用：尽管有很多种修琢石头制作工具的方法，最原始的方法会被一丝不苟地在很多个世纪传承，同时排斥其他方法。不仅如此，随着人人都学会这种方法，它被广泛地采用，成为人们墨守成规的事。在这个过程中经历很多个世纪后一些新的天才出现了，尽管塞缪尔·斯泰尔斯(Samuel Stiles)没有记录在这一段时期他们如何克服重重困难来说服他们那代人采用一种稍微不同的修琢燧石的方法，但没有理由质疑，他们的经历一定跟伽利略(Galileo)、瓦特(Watt)和李斯特(Lister)的相似。他们必须对抗根深蒂固的偏见势力和他人与生俱来的愚笨。但最终新的技术会成为潮流，在几个世纪的历程里，它会慢慢渗透到世界的每个角落。(1924, pp. 103-104)

所以文明的进程看上去是人们有意识地推进的。根据文化延续和扩散的原理，埃利奥特·史密斯追溯到文明源自最初的伟大人类的洞察力。

有洞察力的人不会愚蠢地追逐原始欲望，而是开始考察他们的生存条件，因而被清醒的欲望“驱使”，去发现超越自己的工具。这种“生命探寻(life quest)”是对“长生不老药”的搜寻，从崇拜狩猎符号

(动物的血和内脏)开始，最终扩展到崇拜女性、玛瑙贝和黄金。在所有这些中，“对黄金的搜寻在文明的发展和传播过程中具有最大的影响力”(1923，p. 441)。因为，如同发现图坦卡蒙(埃及法老名)墓所揭示的，“由于人们猜想黄金具有魔力属性，所以专制地赋予它价值，正是因为如此，才开启了在世界范围内的淘金活动，至今持续了 6 个世纪”(p. 441)。所以黄金准则(golden rules)此时意味着物质转向。但它的方向还是原来那样。因为像之前的迁徙一样，对金子的搜寻是天才在早期人类世界中延伸并多样化力量的方式。

但在延长生命以超越生死的艺术中，生命的探寻达到了神化的地步。

> 保存死人身体的尸体防腐者的具体活动在很大程度上给予了文明独有的特征。一些人解剖人类的身体以防止它腐烂，这些人具有更加雄心勃勃的目的，而不仅仅是保存尸体。他们在生与死的问题中沉思且相信，通过制作木乃伊，他们实际延长了身体的存在，因此它们可能复活成活生生的生命。(1929，pp. xv-xvi)

埃利奥特·史密斯关于文明的观点处处都是关于死亡的思考，这一观点看上去跟弗洛伊德的很像。但是弗洛伊德认为人类不快乐的直接原因是从地面上爬到树上生活，而埃利奥特·史密斯认为原因是人类重回地面。

> 我们有理由相信人类在总体上是和平的和快乐的，直到农业用具被发明出来……因为耕地的习俗带来了很多事情，好的或者坏的。它保证了食品的供应和真正定居下来的生活方式，以及对众多艺术和工艺品的需求(与满足这些需求的机会)——需要房屋存储谷物，需要瓶罐来盛放和煮谷物，需要灌溉工程来培育大麦，最终还需要领导者的出现来组织

> 社区的劳作和对灌溉用水进行公平的分配。试举几个例子，编织和服装的启用、护身符、珠宝、木工艺品、石匠、造船者等，构成了劳动部门，并促进了阶级的产生，这个过程进一步强调灌溉工程师的地位，他们建立了第一代世袭王朝，灌溉的管理者和天文学家掌握了人民的命运……这些事实促使社区的劳动力服务于一个人，并授予他超自然的权力。因而造成了社会的不平等，以及造成了诱发贪婪、妒忌和嫉妒的物质因素。在这些事件中出现了管理婚姻、挑起争端和蓄意暴力的社会组织。这一连串的事件使权力放在了统治者手中，使得他不仅可以将社区劳动力为自己所用，而且还具有对他的臣民施以生与死的权力。(1927b，p. 27)

由人类发明的农业成为人类的创造者。由于人们对建筑、陶器、珠宝、服装的需求，于是农业将人改造成了建筑师、陶艺家和宝石匠。类似地，通过创造财富，农业创造了社会阶级。但正如它取代人类天才一样，农业也被它的产物之一所取代，即统治者(ruler)。因为是统治者指挥大家采掘和种植，以及发明伟大的(用于防止尸体腐化的)香料。

在生和死(就如同统治者和木乃伊)之间，这个非自然的(甚至超自然的)人物位于文明的中心。统治者比天才更加强大，它控制了发明创造。确实，从天才到政治家的权力转移可以被看作视觉统治地位转变的下一个阶段。如同视觉统治大脑一样，政治家驾驭人类心智来达到自己的目的。然而，尽管差别化的力量导致更大的可塑性，但统治者运用的力量导致更多的特化。视力唤起嗅觉、触觉和活动，以增强心智，统治者通过恐惧、贪婪和妒忌来弱化心智。最终，通过“预先编好的供应的观点和思维方式”，统治者不仅支配，而且篡夺了心智的差别化力量去进行特化。

被剥夺自然的力量之后，英雄经历了最后也可能是最意义深远的转变。的确，埃利奥特·史密斯认为，原始人和文明人的差异与他和猿人的差异一样大。

> 除了家族，他没有其他社会组织，也没有世袭的首领。
>
> 他没有财产，且他收获的所有食物属于家族集团。
>
> 他属于一夫一妻制。他是裸体的、无害的、诚实的和长得过大的小孩，是好心的，但他行动迅速，能够保卫自己，并阻止同伴间的争吵。(1927b，p. 30)

“没有房子”“没有财产”“没有社会组织”，也没有首领，这些原始人看上去像被文明抛弃在阴影中。然而，尽管存在这些不足，原始人居于更加重要的位置，即“和平和快乐的黄金时代”(Golden age of peace and happiness)——是一种心智状态，也是一种自然状态。与伊甸园相比，文明人的心智呈现出真正非自然的发展：“冲突和不满、不诚实和贪婪、妒忌，以及所有的残忍无情”泛滥成灾，且受“传统的专制(tyranny of tradition)”的支配(p. 30)。

不足为奇的是，文明反而传播得很慢，人类应该是对它的传染很有抵抗力。确实，埃利奥特·史密斯将它称为悲剧的“意外”，似乎它像瘟疫一样是本可以避免的。但有人可能认为，文明是埃利奥特·史密斯在推理逻辑的过程中不可避免的结果。随着文明的崛起，统治者的权力被“传统的专制”所抑制，而心智已经完全脱离了实体，战胜了物质。

在这里，化石也遵循思维的路线，因为埃利奥特·史密斯根据脑叶来追溯系谱中的关系。没有什么比尼安德特人的命运更能说明这一点了，“尽管尼安德特人的脑可能很大，但是他们较小的前额区是他们低智力的充分证据，也是他们在与其他人类的竞争中失败的原因”(1924，p. 35)。但尼安德特人的身体也是罪过，看看他们粗糙的脸、突出的眉骨、矮壮的身材(埃利奥特·史密斯将这些特征描述为“奇异”“古怪”“令人讨厌”)，很明显“这种特殊类型的人类在某些方面已经变得高度特化，因而不可能把他们看作我们这种类型人类的祖先”(1928, p. 113)。跟很久以前的哺乳类祖先一样，尼安德特人最终屈服于特化的诱惑。

但旁边站着的克罗马努人(Cro-Magnon)，好比哺乳类旁站着最初的灵长类一样：有着“宽额饱满的脑袋”(1926, p. 299)和未特化的身体。他们来自更加古老的亲代血统，在亚洲或非洲进化，“这些现代人来到欧洲绝对应当被看作历史上最重要的事件”(1916, p. 325)，因为它预示着“地球上出现了有能力制订计划和进行推理的人，有想象力和天生具有艺术感的人”(p. 324)。天赋首先出现在了克罗马努人身上。“所以人和现代人自身的新精神在上旧石器时期展现出来了”(1924, p. 90)。但是随着新石器时代农耕的出现，统治者的到来，接着出现了“传统的专制”。因此我们可以预期会看到文明的消亡。

但在结束前我们遇到了另一个人物，我们在本章开篇时已经提到过。因为无论在埃利奥特·史密斯还是弗洛伊德的著作中，考古学家掌握了通往过去并因此通往未来的钥匙。富有洞察力和具有专门技术的科学家战胜了专制。但是，朝前看，我们可以肯定，研究者们同样会被击败。尽管如同伽利略、瓦特和李斯特等人那样与偏见的势力做斗争，但这类人的真理最终也会变成习俗①。可见科学最终无法解放人类，而是变成奴役人类的又一个手段。然而，埃利奥特·史密斯并没有看到这个悖论或者他自身努力的悖论。很明显，在构建系谱的时候，他受到那些使他不高兴的力量的控制。他被锁在甚少被人翻开的著作封面之间，他实际上仍未能走出传统的神庙。

参考文献

Freud, S. 1961. Civilization and its discontents [M]. New York: Norton.

① 从而导致新时期的偏见。——译者注

Landau，M. 1984. Human evolution as narrative[J]. American Scientist，72，262-268.

Landau，M.，Pilbeam，D. & Richard，A. 1982. Human origins a century after Darwin[J]. BioScience，32，507-512.

Smith，G. E. 1903. On the morphology of the brain in the mammalia，with special reference to that of the lemurs，recent and extinct[J]. Transactions of the Linnaean Society，8，319-432.

Smith，G. E. 1916. Men of the old stone age[J]. American Museum Journal，16，319-325.

Smith，G. E. 1923. The study of man[J]. Nature，112，440-444.

Smith，G. E. 1924. The evolution of man[M]. London：Oxford University Press.

Smith，G. E. 1926. Casts obtained from the brain cases of fossil men[J]. Natural History，26，294-299.

Smith，G. E. 1927a. The meaning of the brain[J]. Scientific American，136，13-16.

Smith，G. E. 1927b. Human nature[M]. London：Watts & Co.

Smith，G. E. 1928，August. Neanderthal man not our ancestor[J]. Scientific American，112-115.

Smith，G. E. 1929. Human history[M]. New York：Norton.

第二部分　叙事技能研究

第四章　儿童的虚构行为

布莱恩·萨顿-史密斯(Brian Sutton-Smith)

虽然现在的儿童互相讲笑话、唱韵诗、玩游戏、打谜语和恶作剧，这些都是他们的口头传统(oral tradition)，但是他们并不经常互相讲故事。伊欧娜和彼得·欧派(Iona & Peter Opie，1968)的经典著作《儿童的知识和语言》(*The Lore and Language of Children*)里面并没有“叙事”“故事”“传说”等词汇。当你要求孩子们编造故事时，现在的孩子却能毫不费劲地完成任务。因而我们要问：孩子们的故事来自哪里？我们应该如何着手进行分析？

故事分析至今有两种新兴的视角。第一种视角是文本的或结构性的，以让·曼德勒(Jean Mandler)所著的《故事、脚本和场景：图式理论的各方面》(*Stories，Scripts and Scenes：Aspects of Schema Theory*，1984)为典型。在这本书中，她认为，(在向儿童呈现故事之后)根据儿童所能记住的情节结构(plot structure)，我们可以推导其背后的儿童的心智结构(mental structure)。她的观点是，故事“语法”和儿童心理图式之间具有相似之处。在我早期的著作《儿童的口头故事》(*The Folkstories of Children*，1981)中，我使用的原材料是儿童自发讲述的故事。该书也注重，随着儿童年龄的增长，他们在讲述故事时的结构化事件(structural sequences)如何发展。例如，从5岁到7岁，儿童讲述的故事情节的演化为：从没有试图调解(attempted mediation)的情节、有试图调解的情节、威胁和匮乏失效的情节，到初始情境发生完全转变的情节。加德纳(Gardner)及其同事以情节为中心进行了大量研究(Winner，1982)。从他们的研究中人们可以判定，心理学家已经可以相对容易地采用更加抽象的模式(paradigmatic mode)来进行故事分析，而不是根据特定的场合和情境进行分析。确实，批评意见认为，她的这种方法太过抽象，因而无法揭示儿童故事的很多东西，但是曼德勒对此批评是反对的。她说，人们总是寻找或者强加于世界某种顺序结构，以至于被他们自己创建的系统所约束。例如，字母表，或者语言本身。

第二种视角从根本上来自各种诠释学传统(Gadamer，1982；Habermas，1983)，但是在很多人文学术文献中也很常见。这种看法认为，如果我们要理解故事使用者传达的意义，而不只是通过故事来了解儿童情节发展(child plot development)或儿童记忆图式(child memory schema)的时序表，那么我们必须在故事的使用情境下进行故事分析。但是，要知道这些情境是什么并非总是一件简单的事。不断累积的证据证实了，在大多数口述社会(指没有文字阶段的社会)，尽管儿童可能会在自己的同伴群体中模仿成年人的做法，但故事讲述是成人的传统而非青少年的传统(Erwin-Tripp，S. & Mitchell-Kernan，1977；McDowell，1979)。现代社会中的一些儿童，一般不会参与这种故事讲述传统，也不会成为其听众。相反，他们参与城市的传统中，在这儿，故事讲述成了父母、教师和图书管理员教育儿童的工具，或者成了电视和电影中的娱乐工具。人们收集和改写了成百上千的民间故事，使之适应道德和情感的需要，并用在与孩子相处的家庭时光中。事实上，现今的儿童文学，如同学校、玩具或儿童体育运动，都是将现代童年从成人生活中剥离开来的方式之一(Kelly-Byrne，1983)。它的作用是使儿童社会化和受到教化，因此故事使用的情境主要是说教性的(Cochran-Smith，1984)。

两种研究路径，包括文本的和情境的，尽管它们的认识论根基不一样，但是研究者都认为，要对儿童的虚构(fiction)行为进行充分的分析，就要把注意力放到文本和情境上。如同布鲁纳所说的，要同时关注不同方法所阐明的范式和叙事模式(Bruner，1984)。他认为，文本取向(至少在现代建构主义中)是来自科学历史的，因而是有关数学的、逻辑的、被证实的、事实的、一致的以及没有矛盾的。在当前的情况下，它关注于能否预测年龄和情节结构或者年龄与记忆之间的关系。此外，情境取向来自神话历史、意识形态、文学、创建可信故事的能力，以及来自有意义的真实的能力。在本章，我会从情境取向方面开始讨论。

故事讲述的情境(context)

儿童大约从 3 岁或 4 岁时开始(在父母或老师的鼓励下)会自己讲故事。尽管很少有出版物关注这个问题，但是我们可以预料到讲故事的能力是儿童在成长中规范性的产物，因为他们平时会参与一些讲故事和阅读故事的活动，而且在 2 岁的时候会习得使用符号的能力。遗憾的是，在皮亚杰的理论概念体系下，这种习得使用符号的能力在很大程度上被描述在一系列内隐心理结构的发展阶段中，仿佛这些心理结构的出现能够独自解释儿童使用符号的能力和叙事行为的出现。另外，也有研究者提出，儿童对日常活动脚本的习得使得他们能够使用象征手法和叙事(Bretherton，1984)。我认为这些研究取向都是错的，因为它们将故事讲述简化成了心理符号操作或形象记忆。然而重要的是，这些都不足以解释复杂的故事讲述任务。最起码，讲故事涉及真实的讲述者和真实的听众，在某个情境下，讲述者用单词来指代虚拟的行动者和反应者，这两者都不存在于当前情境中，只是存在于故事讲述者和听众的想象里。因此必须说明的是戏剧四重对话(导演—听众—行动者—反应者)在儿童虚构行为表现中的出现(Sutton-Smith，1979b)。看上去做这个分析需要知道儿童之前参与了哪些类似的戏剧情境，我们可以预期，早前参与类似的戏剧表演会给儿童提供一个模型，使他们后来可以在符号象征性水平上产生新的叙事。

这样的戏剧最早出现在婴儿2个月到6个月的时候，此时抚养者(父母或同伴)会和婴儿玩面部游戏(Stern，1977)。抚养者通常通过模仿婴儿而为婴儿提供了最近发展区，最终引导婴儿模仿成人。同时，为了吸引婴儿的注意，抚养者做出非常不协调的面部表情，并伴随其他行为，使婴儿安心地微笑或大笑。通过不协调的行为和笑，抚养者和婴儿之间建立了一个具有逐渐强化的情绪紧张和快乐的情境。随着时间推移，这些相互的面部玩耍游戏扩展到常规的行为游戏。在"大腿椅子"游戏和手部游戏中，婴儿的期待紧跟着一系列的情绪紧张，一直到情绪高潮。在这些游戏中，躲猫猫游戏(peekaboo)因布鲁纳和舍伍德(Bruner & Sherwood，1976)的研究而闻名。在这个研究中，婴儿在8个月时在游戏中先是作为观众，后来在15个月时成了游戏的导演。在更大些的时候，这个婴儿完全有能力选择新的情境和新的物体来重新表演这个游戏。通过莱拉布·雷瑟顿(Leila Bretherton，1984)和朱迪思·范霍恩(Judith Van Hoorn，1983)的研究，我们知道，这种游戏在现代父母中很普遍，无论是英国的父母，还是墨西哥、中国和菲律宾裔的父母。此外，我们有理由假定，婴儿期的很多游戏都是这种与父母或年长的同伴玩的社会性游戏。因而，尽管我们可以确定儿童有探索或学习的角色但也有理由怀疑儿童在玩耍时是否有游戏角色(Sutton-Smith，1985)。经过勤奋地观察，皮亚杰

(1951)在他的研究中提出，儿童在1岁时的单独游戏少于10种，不过在接下来几年中他提出了数倍的单独游戏。遗憾的是，他的认识论偏向使他忽略了大部分的社会性游戏。

这里所论证的是，四重对话亲子游戏为接下来的儿童表现力的发展提供了社会性脚手架(social scaffolding)。这是后来的象征性游戏(Sutton-Smith，1979c)和故事讲述的最有可能的来源。在面对不协调面部和动作的笑声中，婴儿学习了论点和对立面、框架和重新框架的感知运动基础知识，这是装扮象征性游戏和虚拟叙事的必要基础。由此可见，游戏在笑声和不协调性的突然变化中发生。婴儿能在游戏中设计不同的角色，这可能是因为其他天生的因素，悖论也可能存在，但是这方面还没有获得研究(Bateson，1972)。

所有这些都是为了说明叙事的真正来源是游戏脚手架(play scaffolding)，而非只是来自社会性图画书脚手架(social picture-book scaffolding)，虽然后者更多地被研究者提及(De Loache，1984；Ninio & Bruner，1976)。确实，在尼尼奥和布鲁纳的研究中(Ninio & Bruner，1976)，那些与母亲的图画书无关的儿童的回答被当作白噪声排除在外了。因而，父母的最近脚手架区的主导力量，一方面来自(亲子共读)这种现象表现出来的婴儿的新奇性，另一方面来自被研究者所忽视的(婴儿可能通过书本而参与的)其他事情。婴儿的兴趣在于用书来建立早期与父母的日常交流活动，或用书来玩躲猫猫游戏，但这些行为几乎与他们的研究没有直接关系。这意味着，我们对婴儿的理解是片面的，因为我们只认为婴儿在交流中扮演非常具有局限性的角色，就好像4个月的婴儿在面部游戏中的被动角色一样。这就是为什么情境(即社会脚手架)看上去在图画书阅读研究中扮演压倒性的重要角色。文本只是社会情境的附带现象，这或许总是这样的，因为当我们把注意力放在引导新人进入新的文本(仪式等)中时，往往忽视了该新人之前已具备的资质。

目前还没有研究能解决这个问题，即究竟是哪种前因——社会性、游戏、认知操作，还是形象记忆——对儿童的讲故事能力有最重要的影响？但是有一个研究至少在帮助我们解决这个问题：是社会情境还是叙述文本影响了父母和孩子之间的互动。这个研究在其他出版物中（Eadie，Sutton-Smith & Magee，1983；Magee & Sutton-Smith，1983；Sutton-Smith，1984）汇报得更加详尽。这个研究涉及一个两岁的女孩在自家厨房里与她的父母发生的讲故事行为（没有其他人在场）。在 9 个月的时间里，该研究录制了 28 个这种行为的片段。平均每个片段 11.5 分钟。数据分析显示，成人的互动行为有 21 种类别编码（如阅读或详述文本、讲虚构的故事、玩、问孩子在说什么），孩子的互动行为有 29 种类别编码（如提问题、自我解释、成为故事讲述者、玩笑式的主题转换）。成人互动的主要类别（25%）是“阅读或详述文本”，而孩子的互动方式更加多种多样，最常见的类别（2.3%）是“玩笑式的主题转换”（playful transformation of themes）。

不像在尼尼奥和布鲁纳的研究（1976）中的说教情境那样，这个研究更多涉及孩子与父母尤其是与父亲之间的玩耍。之后我们对这些类别进行了因子分析，并且将这些类别是否涉及故事书、故事讲述、个人叙事（脚本）、图画书考虑在内。此外，我们还记录了故事讲述者是母亲、父亲、父亲和母亲一起、孩子，或者是来家访的教师。其他变量包括交流的时长、孩子对故事材料的熟悉度等。我们把所有这些变量都放进因子分析和相关分析中，得出了 12 个聚类，可以分成文本聚类、社会性聚类和孩子聚类。文本聚类包括：①图画书；②即兴故事讲述；③故事书阅读；④个人叙事；⑤故事讲述；⑥构建故事。社会性聚类包括：⑦说教脚手架；⑧角色反转。孩子聚类包括：⑨孩子凸显的情感；⑩孩子的情节卷入；⑪孩子的故事扮演；⑫孩子的肯定陈述。这个视角的重要之处是 6 种文本聚类占据了最大的一部分差异（大约 60%），另外两种聚类占去了余下的部分差异。确实是这样，大部分的讲话都是成人在说(73.5%)。如同其他研究一样，尽管在这个研究中脚手架的作用也很重要，但是大部分亲子间的交流仍然受到所听到的叙事种类(故事、图画书等)的影响。所以在某种意义上，在本研究中，文本是比社会情境更重要的产生行为的原因。这个结果是受这些人欢迎的：那些一直把文本看得比诠释性阅读(interpretive reading)更重要的人，以及那些认为把文本看作结构比看作叙事事件更重要的人。

对于只有一个孩子作为样本的深入研究，在进行更多的延伸解读之前，我必须赶紧说明，由于尼尼奥和布鲁纳的研究涉及一个1岁的孩子被试，而我们的研究涉及一个2岁的孩子，所以我们观察到的差异可能完全源自年龄差异。最近关于儿童智力分数的研究(在父亲、母亲给予孩子合适的玩具的情境下测量)表明，父母与玩具的交互作用解释了大部分的1岁孩子的智力差异，然而随着年龄的增长，玩具慢慢开始独自解释大部分的智商差异(Brown & Gottfried，1985)。这也许是说得通的，因为随着孩子长大，他们逐渐脱离成人的社会性制约或脚手架，获得更大的自由，并因此对外部世界的其他媒介产生更多内在的兴趣，无论是玩具还是书本。在客体产生过程中，过渡性对象，如玩具和书，慢慢增强了它们在交互作用模式中的影响力，逐渐减少了孩子对原先与它们一起出现的脚手架的顺从。由此可以得出结论，尽管我们将文本和情境看作理解儿童虚构能力的两种取向，但是这个研究也告诉我们，在不同的年龄阶段，文本—情境之间的关系有不同的标准模式。虽然没有关于这种关系模式是如何随着年龄、性别、种族和情境而变化的研究，但是我们已在其他研究中表明，故事接收者(storytaker)①的性别、孩子的性别和孩子的心理健康状态都会

① 故事接收者的概念可参考：Sutton-Smith，B.，Abrams，D.，Botvin，G.，Caring，M.，Gildesgame，D. & Stevens，T.，"The importance of the storytaker：An investigation of the imaginative life，" *The Urban Review*，1975，8(2)，82-95。

对文本—情境之间的关系产生影响(Sutton-Smith，1979a)。在我们的研究中，男性故事接收者诱发更多的来自男孩和女孩的幻想。女性故事接收者诱发更多的现实主义态度。两种性别的故事接收者都诱发同性故事讲述者更长的故事。此外，有些故事接收者诱发更加自由的表达，包括猥亵的言语。

文本

尽管每种不同的情境都会在某种程度上改变故事，但是令我们印象深刻的是，大约一半的儿童所讲述的故事具有相当大的一致性，不管故事接收者是谁，在何时何地讲述。对于一些故事讲述者来说，故事本身比故事讲述的场合更占主导地位，而对于其他讲述者来说，他们对时间和地点的敏感性更加重要(Sutton-Smith，1981)。但是在这一节，我想讨论儿童故事的一些共同的文本特征或结构特征，它们出现在我们对2～12岁儿童的研究中①。

例如，对于非常小的儿童的故事，我们最好把它们想象成一种音乐。它们具有音乐的“主题和变奏”的结构，而且它们通常具有一些诗的元素。这里有两个故事，一个由男孩讲述，另一个是一个女孩讲述的。他们的年龄在2.5～3岁，这大约是我们能引导儿童讲故事的最早年龄。即使是这样，他们也需要在故事接收者的友好陪伴下进行故事讲述。如果有一个讲故事的父母或者一个熟悉的学前教师的陪同，这个儿童通常更容易讲述故事。

(1)

猴子

他们飞上天

---

①　故事由丹·马奥尼(Dan Mahoney)收集，来自the Soho Center for Arts and Education，New York，Jeanna Golobin，Director。

他们掉下来(fall down)

啾啾的火车在天空中

火车在空中掉了下来(fell down)

我从空中掉进(fell down)水里

我上了我的小船，我的腿受伤了

爸爸在空中掉了下来(fall down)

(2)

猫走在(went on)蛋糕上

猫上了(went on)车

饼干在我的鼻子里

饼干走在(went on)消防员的帽子上

消防队员的帽子掉在(went on)了水桶上

曲奇饼走在(went on)旋转木马上

曲奇饼继续玩(went on)拼图

曲奇饼走在(went on)小狗身上

在第一个故事中，我们注意到反复出现的主题“掉下”(falling down)。在第二个故事中，我们注意到重复的主题“went on”(走在)。大部分这个年龄的儿童选择这样的主题并将它不断重复(或者重复与它同源的事物)，这样的重复在他们讲述的大部分故事中持续好几个月。看上去他们着迷于某种特殊的，也许是失衡的人类行为，为此他们想在自己的故事中讨论这些行为。在故事(1)中，这个男孩保持自己的主题(掉下来的动作或行为)恒定，但是行动者(动作的执行者)发生了变化。他的位置是恒定的(天空)。但是他讲述给我们听的是一系列同主题的小场景。整个故事没有时间顺序；相反，有四个小的故事(最开始的三行是关于猴子；接下来的两行是关于火车；再接下来的两行是关于孩子的；最后一行是关于爸爸的)。

女孩的故事的主题更加恒定。她的故事有三个行动者(猫、饼干和消防员)，但是这些行动者的谓语是变化的。男孩的故事的整个风格是以主题为中心，而只改变他的行动者(来自他在家里玩的环境)。与之不同，女孩的风格是，对自己讲述故事的外周环境不太注意，对自己谓语的选择或多或少有点随意。男孩的故事采取的是一种变奏的中心策略，而女孩采取的是变奏的边缘策略。

简言之，我们研究故事的方式是观察(同音乐一样)哪些东西是恒定的，哪些是变化的。然后计算(在一个故事或多个故事中)恒定元素的数量和变化元素的数量。之后可以计算恒定元素和变化元素之间不同的比率值以及变化元素的不同模式。从这些比率值和模式中我们可以发现这个年龄阶段儿童讲述故事的风格。

还有更多要说明的，到目前为止，我们的讨论是关于儿童依照主题与变奏的角度组织自己世界的方式。我们想说，他们以同样的方式来组织自己的语言世界、玩具世界、图形世界、歌曲世界和橡皮泥世界。在所有这些方面中我们可以观察到，他们往往围绕着一个或更多的中心动作(或单词)来组织重复的行为，而后围绕这个中心以某种模式来不断变化。注意，我们是通过观察儿童自发和自愿的行为来得出这个结论的。这与通常在实验或测量情境中对儿童进行测试从而得出的结论很不一样。值得一提的是，看上去儿童在用表达方式来构建自己的世界时也是非常复杂的。但是在皮亚杰和维果斯基的测验中，他们看上去相当简单和以自我为中心。

儿童在故事讲述中的音乐性质是我们从出版物的文字中看不出来的。但是，当我们听他们讲这些故事时，我们经常能(不是所有时候)听到一个或更多的韵律特征：提高音调；放缓演讲的节奏；强调某些单词；增大声音；像诗那样一行行地讲述故事内容，并伴随着有规律的节拍；有韵律地演讲并使用戏剧性的渐强段落。在之前的例子中，两个故事都以童谣的方式来强化[如在《老国王科尔是一个快乐的老头》(“Old King Cole was a Merry Old Soul”)中]。此外，在两个故事里都有韵律的元素(重复的声音)、头韵、尾韵和类韵。如果用磁带录音机记录下这些故事，那么我们就可以回溯并评价儿童是怎样控制故事讲述的韵律和表现力的。这些东西与故事的意义是很不一样的。在一些年龄较大且发展迟滞的儿童中，我们发现他们对这些表达性特征的控制相当出色，尽管他们所讲述的故事的意义对于我们来说并不总是清晰的。这反映了人类话语的一般原理：旋律先于意义(melody precedes meaning)。具有逻辑思维的成年人很难理解婴幼儿的世界，在婴幼儿的世界里，人类的话语是有节奏和有旋律的，长大之后才认为话语是有指示性和逻辑性的。我们知道，即使在生命的最初几天，婴儿也会随着成年人说话的韵律而转移自己的身体朝向，他们能够将自己母亲的声音与其他人的声音区分开来。此外，当成年人想向儿童表达爱意或玩笑时，他们会特别地使用刚刚提到的那些表达性举止。他们在说“好的，好的”(citchy citchy coo)的时候提起眉毛、睁大眼睛和张大嘴巴微笑，还会使用简单的句法、提升音调、用无意义的词和改造的词(如“pwitty wabbit”)等。这些东西在很多小孩子的世界里不断出现。即使是在成年人让小孩子讲故事的时候也常常会通过某些行为来发出问题信号，“你可以讲个故事给我听吗?”同时提升眉毛、睁大眼睛、提高声调，并且会在“故事”这个词的发音上做特殊的处理，让它听起来是这样的“故……(音调上升)事……(拉长)”。这样孩子马上就知道他/她进入了游戏的领域，并做出相应的回应。他们会做出上述那种韵律性回答。这种故事与成人故事相比，就好像18个月小孩的电报式语言(如Mommy go、Daddy go、Baby go)与成年人语言的对比一样。在上述情况下，儿童生成了在成年人话语中从未见过的新奇形式，但这反映了儿童在该发展阶段的特点，也如实体现了成年人戏剧中的那些韵律特点。他们的韵律看上去是模仿自己父母的，但是散文(prose)来自儿童的心灵。如果的确如此，那么我们可以说，韵律是句法的载体。这是一种相对稳定的能力，儿童从此开始成为故事讲述者。儿童用一种更早发展出来的技能(韵律)来掌握新出现的技能(散文)，这在新技能的学习(至少在表现性方面)中是典型的做法。我们把这种现象称为递归生成律(the law of genetic recursiveness)。例如，我们研究了青春前期青少年的电影制作行为，我们发现，他们为制作电影而创作的那些故事比他们单纯为讲故事而创作的故事要简单得多。因为电影制作的技术要求太难，所以他们简化自己的叙事任务以使得技术要求没那么高，更好处理。可见，故事是电影的载体(Eadie，Sutton-Smith & Griffin，1983)。

随着时间的推移，在儿童故事中的一部分音乐性质会在他们的故事讲述中慢慢消失。讲述故事的方式可能还是戏剧性和富有表现力的，但是故事本身会失去节奏感、头韵和押韵的特点。相比于故事，在儿童生活中还有其他体裁会更长时期地保持这些音乐特性，如谜语、跳绳游戏歌谣和边唱歌边玩的游戏等，当然最明显的可能是模仿拙劣的电视广告，里面的孩子般的音乐经久不息。

但是我们并不想说这些特点弱化速度很快。我们从儿童语言研究中可知，儿童无论是在单独一人还是成双成对地玩被我们认为是无意义的游戏时，以上所有的音乐特性都还存在。有些儿童即使是在讲述十分严肃的故事之后，仍可能制造声音效果(sound making)，再次显示出韵律意识和他们在自己世界里的兴趣所在。所以，孩子在4岁的时候，即进入严肃故事讲述(sober storytelling)阶段的一年后，由于凯茜(Cathy)对自己的故事接收者太了解，因此她仍会再次以编故事来自娱。以此种方式，

(3)

现在有一个 pa ka

Boon，goo

有一只狗 doo doo

但他不喜欢狗 doo doo

然后有一个人叫作雪球(Snowball)

但他不喜欢雪

Cha Cha

Doo choo

Cha cha

Doo choo

我叫狗 doo doo

克里斯托弗(Christopher)说

狗 doo doo

然后有一个男孩名叫 Taw taw

O

Too too

那里那里有一个首长 Blooper①，他非常坏，所以它伤害他

然后那儿有个大跟头(blooper)pa pa

Pa pa

超人来了，他伤害了他的两个膝盖

然后他们飞起来，走在海洋里，然后他被鲨鱼咬了

他讨厌被鲨鱼咬

然后 kla kla toe toe

Tee tah

Caw caw caw caw caw caw caw caw caw caw caw caw caw caw caw caw caw caw caw caw caw caw caw caw

现在说 pah pah kla klee

Sa see

---

① Blooper 又有出洋相之意。——译者注

Too tee

Tah tah too tee

Chee chaw

Ta klu

Kli klu

Kla kla

Klu fu

Klee kla

Koo koo

Say say(说，说)①

Klee klee

Klip kla

Klee klee

Klip kla

She she(她，她)

Fik ahh

Tungoo nah

Ka pa

大力水手波派(Popeye)②

坏人他很坏

我吐出一个字。

尽管一般而言，在3.5岁以后，儿童的故事不可能再被看作韵文，但是故事具有有向性特点(vectorial character)和行文的规则性，

① 为了不影响押韵，个别地方只在括号中标出译文，保留原文以方便读者直接看到儿童故事的韵诗性质。——译者注

② 大力水手(动画片)中的主角叫作波派(Popeye)。——译者注

并且其他诗句并没有完全消失。我们最有天赋的 4 岁孩子，在 4.1 岁时，讲述了下面的故事，这既是一个非凡的叙事，也是对“吃”这个主题的一种以诗歌形式的延续。故事里的继发事件按照一次野餐所涉及的事件的时间顺序，但是人们预期在野餐中会发生的行为都落空或被颠覆了。故事讲述的是一个出人意料的野餐，涉及意料之外的人，出乎意料的饮食习惯，以及不断重复的令人意外的结果。其风格是逆转预期(reversal of expectation)的一种变体。没有什么事情是正常的，但是整个文章有一种哀伤的气息。

(4)

从前，老虎、熊和狮子是一家人

有一次他们外出进行动物野餐

这次野餐的食物是小兔子

这就是他们要吃的

野餐的时候他们抓来活生生的兔子并将其杀死

但当他们吃兔子的时候，它的血液冲走了他们正在咀嚼的所有肉，因此他们没有吃到

这时他们只剩一丁点它们的骨头在嘴里

他们继续啃兔子的牙齿，因为他们忘记把骨头吐出来了

他们继续啃牙齿，以至于他们只剩下上面一颗牙，下面一颗牙了

然后他们把兔子吞下去

啃完牙齿，用完晚餐后，他们回家吃了烤的兔子肉

用完晚餐后，他们吞下兔子，然后他们去睡觉并梦到了同样的事情

我说完了。

我们可以细看细想一下这个孩子在 5.1 岁时讲的故事，以免有人

怀疑这个男孩儿本来就有将故事和散文或者诗文结合的倾向。

(5)

从前这个从前在从前吃了从前的时候

然后这个吃了从前的从前在从前与国王吃了公主

然后这个从前死了

然后这个结局吃了这个结局

这个结局

这个结局

然后这个结局死了

然后这个结局死了

然后这个结局死了

然后这个结局死了

然后这个结局这个结局这个结局死了

这个结局有一个结局

这个结局

这个结局。

我们发现，尽管年龄更大些的 7～11 岁的儿童不会让自己的故事以这种诗歌的形式呈现，但是他们会经常问我们，是否可以让他们在故事中引入滑稽广告的插曲、淫秽的押韵诗和无意义的押韵诗①。似乎音乐的或散文似的话语情境(他们首次讲故事时的情境)随时准备在游戏的情境中出现，但现在是以分化和特殊的体裁出现。

但是，2 岁的儿童在讲故事时不仅在韵律特征上(相比于逻辑特征)表现得更出色，而且他们看上去在以戏剧性的方式表演自己的故事时显得相当地标新立异。虽然前面讨论的音乐特征(声调、声音夸

① 收集自 P. S. 3，New York，1974，John Melser，Principal。

大等)已经暗示了这点，但是还有其他特征需要重视。表演故事，就要有一种这样的意识或感觉：把自我当作故事讲述者，把故事接收者作为听众，把故事本身作为角色们行动的舞台。如果我们知道很多儿童甚至在婴儿期时就已经跟自己父母玩戏剧性游戏(躲猫猫；一种把脸一隐一现来逗小孩的游戏)，那么也许就不会惊讶于他们对表演的运用是这么超前了。很明显，他们知道①有合适的时间和地点来进行这种活动，②发出请求(让他们讲故事)的成年人会耐心地听他们讲故事并且会积极响应，③他们在叙事过程中会被允许处于舞台的中心，④如同我们所见，他们会被期待用某种特别的方式来讲述。除了这些社会性预设外，儿童也知道一些认知预设，也就是，①叙事幻想和现实之间的区别，②幻想叙事和个人叙事(年谱)与其他体裁(歌曲等)是不一样的。并非所有儿童都同样出色地掌握所有的这些预设，但是一般而言，当儿童被引导讲述故事时，大部分 3～4 岁的孩子可以把握这些预设，即使他们的故事还无法达到一个成年人的合理叙事顺序的标准。

在我们的例子中，大约 3 岁的孩子所讲的最初几个故事当中，大部分故事的人物是恒定的，行动是大致按照时间顺序进行的。在这个年龄段出现的初始和/或结束标记物(initial and/or terminal markers)，或许预示着他们对贯穿整个故事的时间线(a line of chronicity)的感觉，就像下面这个 3 岁女孩的故事一样。

(6)

蝙蝠侠离开了他妈妈

妈妈说“回来，回来”

他迷路了，他妈妈找不到他

他像这样跑回家(她用胳膊动作做了说明。)

他吃松饼

他坐在妈妈膝上

他睡着了。

然后他醒了

现在还是晚上

他的妈妈说："回去睡觉吧"

于是他整夜都在睡

然后到了早上

他妈妈把他抱起来

然后他休息一下

他像那样奋力地逃离了他的妈妈

我讲完了。

这个故事现在有两条线贯穿其中。其中一条线是出走和回家的主题，在我们收集的故事中这是尤其受女孩子欢迎的主题。另一条线是上床睡觉和起床的主题。基本上这两种主题都是更深层的主题的表现形式：独立于母亲或依赖于母亲。注意此时连接词作为常量(和、然后)在很大程度上已经代替了分句，将字句连在一起(而不只是相同动作和地点的不断重复)。代词指称(他和她)也更加常用了，预示着潜在的和更加连续性的深层结构。尽管在故事里一件事接着一件事正在发生，没有违反我们关于实际时间连续性的想法(也就是，具有时间性)，但是它没有清晰的发展过程。故事的早期被复杂化(他迷路了)，但这个问题很明显无须努力就解决了，然后在结尾时它又有另一个复杂化(他奋力地逃离)，不过没有解决方法和结局。大约 7 岁以前的儿童的故事的特征为：它们在情况介绍、复杂化和结尾方面要比发展与解决部分更擅长。我们可以看看接下来这两个故事，都是 3 岁的男孩和女孩讲述的。

(7)

蝙蝠侠

蝙蝠侠战斗
他撞到强盗身上
他坠毁到大卡车里
超市
超市飞走了
蝙蝠侠用他的斗篷飞走了
结束了。
(8)
她在地板上撒尿
然后她和妈妈一起去费里斯的转轮
现在她回到家，看到她的爸爸
现在爸爸走了
现在她的祖父死了
现在她钻进了她的床
现在她有了一个新宝宝
妈妈说："不允许有婴儿"
现在所有的人都绷着脸，吃了药
结束。

为了将这些故事和具有情节的真正的故事做一个鲜明的对比，我们强调个人叙事与神话、传奇和童话故事之间在时间性(chronicity)上的差异。这些低龄儿童的故事看上去从他们的个人叙事中借用时间概念(notion of time)。个人叙事在低龄儿童的话语中先于故事出现。在他们能够讲故事之前，即使2岁的小孩也能讲述自己刚刚做了什么事，如昨天做了什么事。但是对于神话和传奇来说，时间点就非常不同了。它是情节时间的安排，与关于成功的文化信念有关。英雄始于经受考验，他必须克服全部困难。在这种时间安排里通常有开头、中间和结束，或者，用故事的术语来说，可以表述为如下方面：

介绍(introduction)

角色和情境的详述(elaboration of characters and situation)

复杂化(complication)

发展(development)

解决(resolution)

复杂化(complication)

正如前面提到的，儿童从 4 到 10 岁逐渐掌握故事的发展过程，在很长的一段时期内，他们的故事是主题和变奏结构与情节结构的混合体。

情节结构(plot structure)需要冲突，即角色之间的对立或者某个角色与一些困难之间的对立，也需要刚刚提到的那种时间编排(time arrangement，如介绍、发展、结束)。在故事(6)中，有角色对立的开端(冲突)，但是没有情节的时间结构。这看上去是事情的一般过程。儿童会陈述一种冲突，而后可以使其发展并得到解决。当故事中出现清晰的核心角色，具有明显的某种冲突时，我们就能够觉察到一个小孩开始习得了情节编排。一般而言这要到 5～7 岁才出现。在那之前，他们的故事会有一个核心角色，他与一系列的其他人和事以相当非系统化(主题和变奏)的方式联系在一起，如同故事(7)和(8)那样。

根据儿童处理故事角色和冲突的方式，我们识别了故事的四个阶段。冲突通常是基于邪恶(攻击、威胁等)或匮乏(爱的丧失、食物的丧失等)。

第一水平：对冲突无反应(no response to conflict)

第一水平最常见的反应(在 5～7 岁儿童身上最典型)就是，主角被怪兽威胁或打败，或者对于一些不足或丧失没有做出回应。在很少的个案中，儿童在故事中告诉我们：怪兽出现了(暗示着某种威胁)，或者有谁受伤了，或者我们感到害怕，或者描述了怪兽。用生理相对物来比喻这一水平的反应，就好比人们在恐惧时脸部的瘫痪状态。

(9)这是一个丛林故事。这里曾经有一片丛林。里面住着很多动物，但它们都不是很友好。有个女孩走进商店。她感到很害怕。然后一条鳄鱼走了进来。结束了。(女，5岁)

(10)拳击世界。早晨所有人都起床了，他们戴上拳击手套并开始拳击。有个人的脸被重击了一下，开始流血。一只鸭子走到他跟前说“投降吧”。(男，5岁)

第二水平：失败(failure)

儿童在这个水平上的故事讲述主要是逃跑或者被救。怪兽可能会受到攻击，但这些攻击并不成功。在被试组中，有些儿童把怪兽转换成仁慈的生物。他们可能会与它一道攻击他人，或者只是将它变成没有危险的东西。有时，这个仁慈的怪兽必须说服孩子的妈妈(此时成了负能量)，使她相信，让它到屋里面去是安全的。跟大多数童话故事和民间传说不同，这类故事很少谈及魔法或运气的影响，这或许预示着这个群体是内部导向的，而非外部导向的。在大多数情况下，那些拯救者并没有摆脱初始的威胁，因而这些故事是处于第二水平的反应。

(11)亨利·蒂克(Henry Tick)

第一章：几年前，亨利·蒂克①生活在嬉皮士的头发

① Tick有扁虱之意。——译者注

里，但是嬉皮士剪了个平头，所以他不得不搬家。他搬到狗栏里，但它关闭了。他去宠物店，但那里也关闭了。最后他发现了一只漂亮的矮脚长耳猎犬。于是他住进去了。他在马戏团里找到了一份好工作，在空中跳 2 英寸(约 0.61 米)高，跳进一杯水里。有一天他跳了起来，但里面没有水。他被火速送往医院。他们在他的腿上缝了 12 针。嗯，他再也没有去过那里。结束。

第二章：有一天亨利·蒂克在街上走着。他几乎被人踩到。他吓得跳进了鞋子里！他在鞋子里待了大约 15 分钟，直到这个人脱下鞋子放到壁橱里。亨利跳出来跑进隔壁房间，碰巧这是浴室。因此他无意中跳入了抽水马桶。他差点就被冲进下水道。

第三章：亨利走出厕所。他做的第一件事就是洗澡。他在水槽里找到一条湿毛巾。他把自己全身彻底擦了一遍，然后又擦干身体。他走入隔壁房间，观看了足球比赛。(女孩，10 岁)

值得注意的是，在亨利·蒂克的故事中，亨利逃脱了种种危险，但是危险从未失效。这些危险依旧存在，还有可能被遇到。

第三水平：威胁失效(nullification)

在第三水平上，故事的主角成功地通过某种方式使威胁失去了力量，或者克服了某种不足。敌人可能会在此阶段撤退。威胁的无效化可能是因为他人的帮助，如同下面这个小猫的故事，它被迫与亲人们分离，但是经过很多痛苦的努力，最终它再次融入充满爱的家庭。

(12)一只小猫的故事

有一只老猫，在街头流浪，无处可依。它怀孕了，却无处可生。然后它遇见另一只猫。对方说：“有一间被烧毁的房子，你可以去那里生下你的孩子。”它问：“哪里?”“沿着这条路走，然后左转。”两个月过去了，它把宝宝生了下来。它在寒冬里死去。几乎所有小猫咪都被人带走了，但有一只小猫咪被留了下来。它冻僵了。它几乎无法移动。它移动到最暖和的地方。有人从窗户里扔东西出来。它就捡来吃，使自己温暖。它的病渐渐恶化。有人把它带进家里，使它有所好转。它是个爱嬉戏的猫咪。它碰倒了很多东西。这家人很穷，但没人惩罚它，而是让它回到街上去。此时春天来了。它又可以找到吃的。它四处游荡寻找能住进去的家。偶尔它会遇见其他的猫，并一起玩耍。有时人们会抱一下它。小孩子们会问他们的妈妈，是否可以收养它，但母亲们会说不可以——收养一只小猫咪太难了。有一天，一个小女孩走过来。她有个姐姐和一个婴儿妹妹。她10岁了。她问妈妈是否可以收养这只猫咪。她妈妈说不行。这个女孩的名字叫丽莎。丽莎在两天后就要11岁了。她的妈妈还不知道给她什么生日礼物好。她的妈妈把猫咪放到盒子里，把它清洗干净，喂它食物，带它去宠物店买了一个猫的专用盒子，把猫咪装在里面。到了丽莎的生日这天，妈妈送给她这个猫盒子。丽莎以为这是个空的猫盒，开始哭闹。但是当她打开盒子时，她开心起来。她好好地照顾猫咪，喂它牛奶和食物，从此这只小猫咪和丽莎幸福地生活在一起。(女孩，9岁)

第四水平：转变(transformation)

在第四水平上，危险不仅被解除，而且发生了完全的转变，因而很明显地，不可能再出现威胁(threat)，或者不会再有不足(lack)。在接下来这个例子中，这个10岁的作者讲述了一个包含三章内容的故事。第一章具有第二水平的结局，第二章具有第三水平的结局，最后一章含有第四水平的结果。

(13)

第一章：霍特先生和已婚女士

一天晚上霍特先生坐在家里，想着为什么他从未有过乐趣。他对自己说："也许我太害羞了。"所以他再次对自己说，他要到外面去做点疯狂的事。他穿上大衣，戴上隐形眼镜，出了门。他在一个个酒吧间闲逛。到了第五个酒吧的时候，他决定喝上一杯。他敲打了下桌面，要两杯马丁尼酒。在他等待的时候，他脱掉自己的鞋和袜子，提起自己的脚。然后等来了他的酒，他一饮而尽。喝完后，他看到酒吧角落里有一位漂亮的女士。于是他走过去，问："我能请你喝一杯吗?"她回答说："不了，谢谢。我还没喝完这杯。"而后她说："不过，你可以坐下来聊聊。"

一个大家伙从洗手间走出来，到了霍特先生跟前，大声说："你是在玩我老婆吗? 你哪里来的豹子胆!"他把霍特先生拎起来抛到地上。这个故事的寓意是告诉我们，你无法分辨一位女士是已婚的还是单身的。

第二章：霍特先生和女服务员

有一次，霍特先生和他的朋友狒狒(the Baboon)博比(Bobby①)坐在吧台边，他们正在讨论去好莱坞。霍特先生跟博比说："我们下周去吧。"他们做好了所有的准备，当他们在去好莱坞的飞机上时才醒悟过来自己已经上路了。在飞机上，霍特看到了非常迷人的空姐。于是霍特叫她过来并问她："嗨，你叫什么名字?""劳拉·辛奇，你呢?""哈罗德·霍特"，他

① Bobby同时有警察的意思。——译者注

说。接着他又问："你在航空公司工作多久了?"她回答道："两年零七个月。"然后他们开始交流双方住在哪里等诸如此类的话题。然后这只小狒狒说："嘿，你介意和这位女士停止(聊天)，让她做她该做的事吗?"霍特先生生气了并吼道："闭嘴，你个小狒狒!"然后波比说："嘿，你是在骂我的家族吗？哪来的胆子?""噢，博比，闭嘴。"哈罗德回答道。然后这只小狒狒说："闭嘴，你这只大块头猫头鹰。"然后他们真的一发不可收拾。他们互相扔靠枕和行李箱，咒骂对方。哈罗德在博比脸上打了重重的一拳，于是他们的旅程就这样结束了。

第三章：霍特先生结婚了

有一次，霍特先生独自坐在餐馆的桌子前。而后他注意到有一只雌性猫头鹰独自找位置坐下来。戏谑地，他走上前并且询问她的名字。她回答道："玛丽·歌琳恩。"然后哈罗德思考了一会儿，问道："你是那个在9岁时折断了翅膀的女孩吗?"她说："你叫什么名字？你怎么知道我翅膀的事儿的?""嗯"，霍特说，"我知道你翅膀的事儿是因为你的名字听起来如此熟悉，于是我回想起我的童年，记得有一个叫作玛丽的女孩弄伤了翅膀，我叫哈罗德·霍特。""你就是那个被别人叫作托特的小孩霍特?""是啊!"霍特说，"我都忘记这事儿了。"然后他们一起聊他们的童年并一起吃了晚餐。

自那天晚上之后他们外出晚餐、看电影，以及做很多诸如此类的事情。一年以后，他们告诉他们的父母他们打算结婚了。他们的父母同意了，他们举行了婚礼。这是你无法想象的最美的婚礼。他们的蜜月去了尼加拉瀑布。然后他们在波基普西的一栋好房子里定居下来并且有了儿子波比和彼

特。最后，他们从此幸福地生活着。(男，10 岁)

当我们用这些术语(四个水平)将这些故事进行分类的时候，它们确实呈现出明显的年龄趋势。在这个样本中，较大的儿童倾向于讲述更高水平的故事。我们已经做了几次同样的分析，结果发现，这种实足年龄趋势总是会浮现。但是在这四个水平上没有性别差异。在水平上没有性别差异，但在解决问题的风格上有性别差异。也就是，男孩子更倾向于通过使自己的英雄战胜坏人来到达第三水平或第四水平，而女孩子更倾向于通过结盟来达到这些水平。

根据马拉达斯(Marandas，1970)提供的跨文化证据，很多其他社会的人也明显地不相信一个人能够战胜命运。并且在这些文化中，故事不超过第一水平或第二水平。我们还发现，有些低龄儿童，甚至仅5 岁的儿童，已经偶尔会讲述第四水平的故事，所以我们怀疑，这四个特殊的系列步骤在功能上可能与需要的满足或内部控制点无关。

情节时间在四个水平层面的变化也伴随着故事在其他方面的发展。例如，在最后一个故事中，我们看到一系列的冲突发生，尽管婚姻问题的最后解决战胜了开篇时提到的兴奋度的不足。所以，故事在更宏观的角度上具有次要情节(参见第二章)。一般而言，儿童在 9～11 岁时能够学会嵌入这种次要情节(“同时，在农场时”)(Botvin & Sutton-Smith，1977)。我们常看到的是存在主题和变奏的离题的故事，仅靠很少的情节结构薄弱地支撑在一起。在低龄阶段，3～7 岁，“很久以前”和“他们从此幸福地生活在一起”这些标记往往是实际情节控制的替代者。

结论

我已经提出了这样的观点：这个社会中的故事讲述可能是受到父母和孩子的戏剧化“游戏者”(playese)的驱动的。他们的韵律性互动、他们的四重角色，以及他们对不协调性和笑声的运用，制造了既是自己又不是自己的似是而非的幽默，这可能是后续故事讲述的真正的脚手架。在玩闹的基础上，父母采用更加固定的活动，如根据图画书虚构故事、看故事书、即兴表演故事和个人叙事等。证据表明，在这些活动中成年人通过“问答脚手架”(question and answer scaffolding)来主导了(在尼尼奥-布鲁纳的叙述中占90%，在我们的研究中占75%)互动的过程。然而，让我们印象深刻的是，在这个互动过程中，当儿童开始讲述自己的故事后(Magee & Sutton-Smith，1983)，他们的这些故事是独立于父母所讲的故事的。如同在早期语言发展的生成语法(generative grammar)阶段，成人的故事讲述和儿童的故事讲述是完全不同的。事实上，儿童第一次讲述故事的情景让我们更容易想起他们在第一次玩面对面游戏(face-to-face play)时的情景，而不是第一次父母进行图画书故事讲述的情形。儿童的第一个故事是有旋律的，如同婴儿第一次玩面对面游戏那样。儿童的故事既凸显语言的吟诵性质，又凸显语义内容。而且，这些故事的核心是戏剧性的故事线或他们反复讲述的危机，正如婴儿的嬉戏游戏的中心是对脸被看见与否或被挠痒与否的期待和高潮。

随着时间的推移，诗歌般的故事让位于情节故事，并且随着年龄增长，这些故事逐渐趋近于西方世界的英雄神话，在这类故事里，男英雄和女豪杰被胁迫完成各种任务，从而解决他们的难题。尽管在发展心理学的思维框架下，学者们更看重后续发展出来的情节故事，而不是早期的诗歌特有的故事，因为前者更加复杂，但是，我们在此展示的这些故事很明显地表明，对于复杂性和抽象性的偏爱不利于我们发掘儿童早期与众不同的虚构能力。这种偏爱也忽视了儿童早期极佳的美学表现力，因为与年龄大的人相比，他们仍然对韵律非常敏感。虽然这些幼儿也受到父母或较年长的同伴对他们的平庸而“游戏者”(playese)的训练，但是他们的故事仍表现出这些结构特征和动机特征，而较年长的儿童已经不是如此。

参考文献

Bateson，G. 1972. Steps to an ecology of mind[M]. New York：Ballantine.

Botvin，G. J. & Sutton-Smith，B. 1977. The development of structural complexity in children's fantasy narratives[J]. Developmental Psychology，13，377-388.

Bretherton，J. 1984. Symbolic play[M]. New York：Academic Press.

Brown，C. C. & Gottfried，A. W. 1985. Play interactions[M]. Skillman，NJ：Johnson & Johnson.

Bruner，J. S. & Sherwood，V. 1976. Early rule structure：The case of "peekaboo."[M]//R. Harre. Life sentences. New York：Wiley.

Bruner，J. 1984. Narrative and paradigmatic modes of thought[M]. Invited address. A. P. A. Division I.，Toronto.

Cochran-Smith，M. 1984. The making of a reader[M]. American Psychological Association，Norwood，NJ：Ablex.

DeLoache，J. S. 1984. What's this? Maternal questions in joint picture book reading with toddlers[J]. The Quarterly Newsletter of the Laboratory of Comparative Human Cognition，6，44，pp. 87-95.

Eadie，F.，Sutton-Smith，B. & Griffin，M. 1983. Film-making by "young filmmakers."[J]. Visual Communications，9，4，pp. 65-75.

Eadie，F.，Sutton-Smith，B. & Magee，M. A. 1983. The origins of fiction[J]. Infinity Magazine. Spring，pp. 64-67.（Also ERIC 249506）

Erwin-Tripp, S. & Mitchell-Kernan, C. 1977. Child discourse[M]. New York: Academic Press.

Gadamer, H. G. 1982. Truth & method[M]. New York: Crossroad.

Gardner, H. 1984. Is there an artistic intelligence[G]. Annual Meeting of American Psychological Association. Invited address, Toronto.

Habermas, Jurgen. 1983. Hermeneutics and critical theory[C]. Paper presented to the Conference on the Philosophy of the Human Studies, Philadelphia.

Kelly-Byrne, D. 1983. A narrative of play and intimacy[M]// F. E. Manning. The world of play. West Point, NY: Leisure Press.

Magee, M. A. & Sutton-Smith, B. 1983. The art of storytelling: How do children learn it[J]. Young Children, 38, 4-12.

Mandler, J. M. 1984. Stories, scripts and scenes: Aspects of schema theory[M]. Hillsdale, NJ: Lawrence Erlbaum.

Maranda, E. K. & Maranda, P. 1970. Structural models in folklore and transformational essays[M]. The Hague: Mouton.

McDowell, J. 1979. Children's riddling[M]. Bloomington, IN: University of Indiana Press.

Ninio, A. & Bruner, J. 1976. The achievement and antecedents of labelling[J]. Journal of Child Language, 5, 1-15.

Opie, I. & Opie, P. 1960. Lore and language of children[M]. Oxford: Clarendon Press.

Piaget, J. 1951. Play, dreams and imitation in childhood[M]. New York: Norton.

Stern, D. 1977. The first relationship[M]. Cambridge, MA:

Harvard University Press.

Sutton-Smith，B. 1979a. The play of girls[M]// C. B. Kopp & M. Kirkpatrick. Women in context. New York：Plenum.

Sutton-Smith，B. 1979b. Presentation and representation in children's narratives[J]. New Directions in Child Development，6，53-65.

Sutton-Smith，B. 1979c. Play and learning[M]. New York：Gardner Press.

Sutton-Smith，B. 1981. The folkstories of children[M]. Philadelphia，PA：University of Pennsylvania Press.

Sutton-Smith，B. 1985. Toys as culture[M]. New York：Gardner Press.

Sutton-Smith，B. 1984. The origins of fiction and the fictions of origin[M]//E. Bruner. Story，play，text. Proceedings of the American Ethnological Association.

Van Hoorn，J. 1983. Games of infancy：Their function in cognitive development and enculturation [J]. Paper presented to A. E. R. A. Montreal，April.

Winner，Ellen. 1982. Invented world：The psychology of the arts[M]. Cambridge，MA：Harvard University Press.

第五章　叙事语法结构的习得与使用

詹姆斯·C. 曼库索(James C. Mancuso)

激进的建构主义学者(见 Gergen，1985；von Glasersfeld，1984)支持这样的理论前提假设：有组织结构的认知系统就如同影响该系统的能量散发事件一样，是决定性的心理情境。任何信息的输入，无论是故事还是精细的建筑绘图，若要产生心理作用，只有通过与现有的对事件的结构化表征的结合才能实现——她或他会判断所输入的事件与哪些已有的事件表征相似。换句话说，一个刺激通过同化(assimilation)进入人现有的知识系统中，以获得某种意义。信息输入所产生的能量模式在感觉神经末梢转换为神经冲动，同化到个人现存的认知结构中的方式，决定了人对一个事件的“感觉”如何。

叙事作为一种同化结构

过去的研究报告充分支持了这样的信念：普通成年人将输入的信息，尤其是文本信息，吸收到一个已习得的内部叙事语法结构的表征中。虽然叙事结构已经被文学学者(如 Propp，1928，1968)分析过，但是随着来自建构主义的主要理论前提假设的影响力不断扩大，最近行为科学家也从这个视角思考叙事的结构。就像语言加工的研究曾经发生过一个激进的转折(语法发展研究者开始将个人习得的语法结构纳入考虑范围)一样，叙事研究的道路也发生了新的变化，即运用建构主义者的基本原理来帮助人们理解故事语法。当代的研究者(Colby，1973；Lakoff，1972)已经从普罗普(Propp)的观察研究中取得进展。他观察到，简单的、传统的故事是围绕一个行动者(actor)和特定的功能(function)来构建的。行动者在故事中保持不变，但是其功能随着行动者完成人物设定的行动过程的变化而发生变化。例如，行动的类属可以被(Labov & Waletzky，1967)描述为情况介绍(orientation)、进展(complication)、评价(evaluation)、解决(resolution)和尾声(coda)。还有研究者使用其他形式的语法(formal grammar)来分析故事结构。

曼德勒(Mandler，1984)说，尽管不同的故事在内容上有显而易见的不同，但是"故事"具有一个潜在的或基本的结构，这个结构是相对稳定不变的。该结构由很多有序的成分组成。通过图解与其他研究者(见 Thorndyke，1977)的相似之处，曼德勒提出，传统故事始于情景设定(setting)，叙事者在其中介绍角色(characters)、场所(locale)和事件发生的时间(time)。接下来，情景设定跟随着一个或更多的情节(episodes)。所有情节都包含开始(beginning)和发展(development)。在发展中，主角(protagonist)对开始的事件做出反应(reaction)，而反应又是进一步行为的原因。主角确定了实现目标的道路。每个情节都包括为达到目标所付出努力的结果，且我们假定读者会将这些努力的尝试理解为结果的原因。随即，情节以一个结局(ending)来结束，这样就把结果放到了一个更大的背景中。最后的结局部分可能用一个更大的结局来合并包含多个情节的故事。

研究叙事结构的概念的学者一般假定人们以某种方式习得组织化的内在表征，这些表征反映了他们提出的语法的成分。当人们对自己正在尝试加工的文本产生预期时，人们的图式性知识就很明显地表现出来了。这些预期引导人们提取需要的信息来对输入的信息流进行推理和决定。而且，通过使用连贯的叙事图式，总体认知策略会促进长时记忆的储存以及之后对该文本的语义内容的提取。

叙事结构使用实例

在研究人们对因果关系概念的使用时，米乔特(Michotte，1963，1946；见萨宾，本书)有个意外发现，即使主试没有要求被试这么做，在观察运动中的几何图形时，作为观察者的被试也会将叙事结构强加在这些运动的几何图形上。即使是面对最简单的刺激材料，被试也会自信地用它们来详述一个有原因和结果的故事，而且他们觉得这么做是有意义的和有趣的。

当代研究者对叙事语法进行了直接的研究。他们首次提出，正式的故事语法应该满足两个基本要求。故事语法，①应该明确具体的规则，以划分文本中信息单元的类别，②应该对故事中各种独立的信息单元之间的关系进行定义。但是，在定义了合适的语法模型之后，研究者要能够展示人们在加工一个文本时是如何运用他们所提出的叙事语法的。

为了直接地展示他们的故事语法结构，斯坦因和波利卡斯特罗(Stein & Policastro，1984)创作了各种文段(text segments)。有些文段只是单词的简单集合；有些文段包含了部分语法类属，但没有囊括所有必需的类属；有些是“准故事”(near stories)；有些文段是包含了所有语法成分的故事，这些语法成分严格遵循这两位研究者规定的正式语法。他们要求被试在看了文段之后①指出该文段是否能归类为一个故事，回答是或否，然后研究者记录下被试的判断；②在一个7点量表上评价该文段的“故事性”有多强烈。

斯坦因和波利卡斯特罗的研究得出以下结论，“我们可以说，文本必须至少包括一个栩栩如生的主角和一些因果事件，只有这样才会被认为是一个故事”(p. 147)。如果文本不包含这些元素，那么二年级的儿童不会将其看作故事。教师的判断一般也是这样的。此外，斯坦因和波利卡斯特罗发现，被试所评估的该文段的故事性与该文段中所包含的故事语法成分的数量有关。“相比于部分类属信息被删除的文段，那些包含情节所有成分的文段有更强的故事性”(p. 150)。最后，教师对“故事性”的排序与儿童对“故事性”的评估高度相关。不过教师更多地将成分不完整的文段判断为合适的故事。

波拉德-哥特、麦克科罗斯基和托泽斯(Pollard-Gott，McClosky & Todres，1979)用多维统计技术来提取叙事结构，该结构与故事的先验结构非常吻合。在这个研究中，读者对故事中的句子进行分组，每组内的句子对于他们来说是一致的。然后研究者创建一个矩阵，将每个句子当作元素输入矩阵中代表行和列。行和列的相交处用数字来标示，这个数字是相似性的指标，它的计算来自被试对每个句子或元素与其他句子或元素的分组模式。通过分层聚类算法，他们对被试判断为语法相似的句子进行分类。在完成这些分析后，研究者可以发现，被试确实将故事中的一部分句子归类到表征情景设定(setting)的心理空间中，而把其他句子分别归类到表征初始事件、努力、结果等的心理空间中。他们得出结论，“由分层聚类程序产生的主观故事结构与格伦(Glenn，1978)及曼德勒和约翰逊(Mandler & Johnson，1977)在故事语法分析中得到的主要结构特征是一致的。”(p. 270)

故事结构的使用可以推断出来：示例

建构主义前提假设支持这样的基本原理：人在接收信息时对材料的认知分类会限制这些材料从记忆中提取时可被利用的方式。而且，当人们在学习过程中使用自己的输入类属时，他们在回忆时会更加轻松和高效。此外，人在初次接触这些输入信息时所使用的组织方式影响这些信息日后被利用的容易程度(Posner，1973，p. 33)。

很多研究报告(如 Bower，Clark，Lesgold & Winzenz，1969)表明，如果被试可以将单词表中的单词所命名的事物归类到对自己有意义的类属中，那么他们可以更好地回忆这些单词。根据这个相关性假设，研究者预期，人们若能用自己完整的、良序的、内在表征的故事结构来加工一个文本，那么他们会更有效地提取这些信息。

毋庸置疑，我们可以说，如果所建立的故事包含语法材料，这些材料表征了恰当排序的故事语法部分，被试就能够更好地提取(Stein & Glenn，1979；Thorndyke，1977)这些故事。而且，如果听众或读者所遇到的故事中有明显的被删减的部分，那么他们在回忆该故事时，会根据保留了标准故事结构的文本来填充这些缺失的部分(Mandler & Johnson，1977；Stein & Glenn，1979)。

人们会根据故事的语法结构来阅读一个故事。由于“组织加工过程需要时间”，所以我们可以用阅读时间作为指标来构建另一个有说服力的论证。读者会根据故事情节图式在情节的边界处进行极其重要的编码操作。据此，研究表明，“在保持其他因素不变的情况下，人在情节交界处及其周围环节进行认知加工时，相比于阅读情节的其他地方，其认知负荷更大”(Haberlandt，Berian & Sandson，1980，p. 636)。阅读速度在情节过渡时会下降，因为人们的认知加工系统在进行宏观层面的操作时需要调整认知的导向。

重要的编码操作发生在情节过渡阶段，它产生的加工负荷会影响阅读速度，还有其他因素也影响阅读速度，为此曼德勒和古德曼(Mandler & Goodman，1982)设计了一个研究来排除其他因素的影响，确保阅读时间只受加工负荷的影响。他们使用了双情节故事，仔细地控制了句子的长度、句子中名词和代词的数量等。他们要求被试阅读故事，这些故事的每种语法单元包含两个句子。他们的研究结果之一是，在每个故事语法单元中，与第二个句子相比较，阅读理解者用更多时间来加工第一个句子。例如，读者可能会遇到某个情节的结局单元(ending unit)中的两个句子：“他们在象园里搞得到处都是泥巴。动物园管理员花了两天来清理它”(Mandler，1984，p. 39)。平均来说，被试阅读这个结局单元中的第二个句子的时间要比阅读第一句少 105 毫秒。

根据这些结果，曼德勒和古德曼认为，读者对故事结构的认识使他们在加工叙事新成分的第一个句子时能够意识到主题的转换。阅读者根据过渡的形式和信息类型的变化，可以识别出情节的过渡。更重要的是，曼德勒和古德曼认为，读者在认知任务中带入自己的知识结构，因此他们不需要其他叙事手段也能够加工故事内容和定位情节边界。

简言之，我们可以推测，人们已习得的叙事语法系统会引导他/她在文本阅读中预期接下来的故事成分是什么，就好像人的句子语法结构会引导他/她预期谓语跟在主语后面一样。斯泰因和格伦(Stein & Glenn，1979)仔细研究了人们对叙事语法类属之间或内部关系的内隐知识，从而扩展了这个假设的有效性。他们注意到，出现在情境设定环节中的关于状态或活动的陈述——“曾经有一个金发的小女孩叫作戈尔德布雷兹(Goldbraids)。”情境设定后的情节系统由整个行为序列(包括影响故事角色的外部事件和内部事件)、角色的目标设定和期待、与角色内心反应相对应的外显行为，以及角色付出努力的结果构成。斯泰因和格伦强调读者在一个情节中能够认识到的外显和内隐的因果联系。在一个情节中外部或内部的初始事件——“一天下午戈尔德布雷兹看到一只小鸟在跳动，它似乎飞不起来了”——可能会导致主角内心的反应。初始关系在初始事件和故事成分反应之间建立了直接的因果联系。主角的反应可能是体验到一种情绪，或者被驱动去制订计划，或者设定一个目标——“戈尔德布雷兹感到这只鸟很可怜”。设定目标就会导致行动，而行动又成为成功或不成功的结果的原因——“戈尔德布雷兹知道爸爸一定会帮助这只小鸟。她跑过去想抓住它，但是它跳得更快了。突然间它跳起来飞走了”。与曼德勒(1984)不同，斯泰因和格伦引入了一个用在完整情节最后的语法类属。这个最后的反应类别是用来描述角色在故事中经历了目标实现（或没有实现）后所体验到的情感状态——“戈尔德布雷兹感到恼怒，觉得这只鸟欺骗了她。”

斯泰因和格伦已经得出了这样结论，（呈现给被试的）故事的文本结构与被试自己的语法系统中所定义的理想故事结构，两者之间的匹配度直接影响被试对故事的记忆效果（Stein & Nezworski，1978）。但是，为了进一步阐明自己的观点，他们做了进一步的研究。他们给儿童被试呈现了四种不同的故事。经过编排，其中三个版本的故事与原始版本的故事相比，它们的内容在陈述顺序上是反过来的。例如，其中一个版本的故事对初始事件的陈述发生在故事角色确定主要目标之后，而不是像原始版本那样紧接在主要情境设定的陈述之后。

在听完故事后，儿童首先口头重述这些故事。然后，实验主试要求每个儿童汇报自己所记得的故事的最重要的三个部分。斯泰因和格伦还要求儿童自己导演“为什么”的问题——“为什么戈尔德布雷兹会恼怒？”

斯泰因和格伦发现，儿童按照叙事语法所指定的顺序来重述故事。对于偏离了形式理论（formal theory）所规定的信息类属的顺序的故事，只有7%的儿童按照这种偏离的顺序进行了重述。儿童可能在重述过程中（按照正式的叙事结构顺序）对成分顺序颠倒了的故事进行“校正”。通过将故事图解到形式结构（formal structure）中，研究者发现，75%的儿童会对顺序相反的成分进行“校正”，正如叙事语法所预测的那样。例如，在重述过程中，几乎所有的类属顺序重述“错误地”发生在被试把故事（即初始事件发生在目标确定之后）“不正确地”重新编排成“正确的”语法顺序时。因而儿童可能会“正确地”将两个句子的位置重新排列，这两个句子原先呈现的顺序是“戈尔德布雷兹感到恼怒。她想把这只鸟带给爸爸以寻求帮助。”

而且，斯泰因和格伦研究中的儿童被试在重述故事时会添加新的类属，也就是在最初呈现的故事中不包含的类属，因而我们对他们在故事加工任务中运用的叙事结构有了更多的了解。例如，在呈现给儿童的故事中，第一个情节不含初始事件。对此，33%的一年级儿童和75%的五年级儿童添加了初始事件信息，这些信息可以归类为行动者行动计划的原因。一般地，儿童所添加的很多陈述可以归类为内心反应类属(internal response category)。此外，18%所添加的陈述可以归类为结果类属(consequence category)。

根据儿童对故事不同部分的重要性的判断，斯泰因和格伦提供了另一种指标来表明儿童是如何加工故事的。研究者将儿童认为最重要的故事陈述进行分类，并且将那些与实际听到的故事陈述完全一致的陈述分离出来。结果他们发现，那些属于直接结果类属的陈述被儿童认为是故事中重要的部分。此外，儿童，尤其是五年级的儿童，认为角色的内心反应类属(如“戈尔德布雷兹觉得这只鸟很可怜”)是最重要的。

斯泰因和格伦诱发儿童对不同情节之间的因果关系和同一情节内不同类属间的因果关系进行识别并汇报。我们必须认真梳理一下这个结果。儿童对故事中因果关系的问题的回答，仅当他们的回答与原来的故事明显矛盾时，我们才认为是错误的。结果发现，他们在回忆故事中的因果关系时极少出现错误。儿童清晰地报告了情节之间存在的符合要求的因果联系，无论这些情节是嵌入式的还是序列式的。也就是说，儿童往往报告在故事中情节间的因果联系，而非时间联系。然而，儿童没有汇报那些出现在原始故事中情节成分间的因果联系。相反，他们通常将内心反应的原因、努力及结果归因为内心反应。简言之，儿童看上去从听到的初始事件中推测行动者的内心反应，然后将角色的其他内心反应、努力和努力的结果归因为他们所推测的内心反应。

上面回顾的研究只是不断增多的相关文献(也可见，Graybeal,

1981；Mandler & DeForest，1979；Whaley，1981)中的一部分例证。这些文献证明了这个一般的命题：人们会将文本信息输入与叙事语法相匹配，并使之适应，而且我们可以阐明该语法的基本类属。此外，我们很容易观察到，小到4岁的儿童也会内隐地使用叙事语法(Brown & Hurtig，1983)。

对叙事语法发展的一个说明

叙事语法使得平均2岁的孩子就能构建一个粗糙的故事(如果你要求他/她讲一个故事；Ames，1966)，那么我们是如何习得叙事语法的呢？富勒教授阅读的方法正是利用了小孩子将文本与故事结构进行匹配的倾向性(Fuller，1974，1979)。他从进化和脑组织的角度来讨论故事语法功能。“如果故事是人类智力凝聚的基础，那么它会是我们这个物种发展的印迹”(Fuller，1982)。曼德勒(1983)认为人在很小的时候就习得了故事结构，后来他又提出“我们从小就听到具有结构高度相似的某类故事，所以我们逐步形成了对故事结构的抽象表征”(p. 6)。我们可以看到，对这个问题的回答陷入了关于基本范式的问题中，值得进一步的探讨。

曼德勒(Mandler，1984)和富勒(Fuller，1979)在讨论故事结构概念批判的时候也做出了类似的观察。富勒正确地把批判的根源定位于行为科学中长期存在的康德和洛克传统之间的对立统一。他写道：

> 尽管(很多建构主义学者)做了很多工作……IQ测验和教育在起作用，似乎认知系统要求我们必须首先学会小的信息片段，即信息“比特”，然后才能够理解全部信息。努力掌握信息片段并逐步形成一个整体，这个过程可能是阅读故事，或是其他。(p. 223)

曼德勒认为，“反对用规则系统来描述故事结构的部分原因是，这样做意味着人具有高度抽象的关于故事的知识。绝大多数反对者……要求所有心理知识具有更加具体的内容”(p. 19)。对于使用叙事语法概念的异议，我认为是来自基本理论范式的冲突，这些基本范式引导评论者们的思考方向。故事语法支持者的依据来自语境论/建构主义(康德)范式；批评者的依据来自机械论(洛克)范式。

下面我会阐述建构主义对故事语法习得的解释，其目的之一是巩固叙事语法的概念。建构主义术语可用来解决两个问题。首先，可以断定的是，叙事语法的发展是后生的(epigenetically)。其次，内部动机引导着这种后生的发展。

故事语法的后生作用(epigenesis)

如同上面所述，语境论/建构主义立场的基本假设是，一个刺激事件如果不存在于一个人的现存知识系统中，它将毫无意义。故事语法概念的支持者会假定，某些结构形式是故事结构的内部抽象表征持续演化的基础。

毫无疑问，故事结构发展取决于儿童形成能够比较容易回忆起来的关于因果关系的概念。人们在加工故事的时候期待并且寻找因果联系(Mandler，1984；Michotte，1963；Stein & Glenn，1979)。在语法正确的故事里，初始事件——“戈尔德布雷兹看到有只鸟在跳动”——导致行动者产生内部的反应——“她觉得它很可怜”，因而导致“戈尔德布雷兹追逐这只鸟”的行为，又导致行为结果——“这只鸟跳得更快了，然后飞走了”。在故事记忆研究中，研究者们反复发现(Haberlandt，Berian & Sandson，1980)，被试更容易记住努力(attempt)和结果(outcome)两种语法成分，这说明了因果关系的中心性。

根据皮亚杰(Piaget，1936，1952)的说法，9 个月大的婴儿就完成了对于理解因果关系而言很重要的一般心理发展任务。尽管通过早期的发展，婴儿会通过重复一个动作(一般会引起某种感觉输入)“使有趣的景象持续”，但是9个月大的婴儿看上去似乎能够整合两种内部的表征来产生单一的行为模式。“所以，在结果和工具之间，以及结果和内部图式的协调之间，有两个差别同时存在。智力行为因此而形成，它并不只是为了重现有趣的结果，而且通过新的组合来实现有趣的结果”(p. 211)。

使图式相互协调的一般能力不仅提供了儿童因果概念发展的基础，还促成了故事理解的其他基础。在婴儿获得表征协调能力之前，他/她无法将物体看作永恒存在的实体。对于在与物体接触时所产生的独立的、连续的、有时间间隔的感觉信息，婴儿缺乏将它们整合起来的认知能力，因此婴儿无法发展出一个知识系统来想起“相同物体”这个概念，在某个物体的感觉信息反复输入时也就无法认出它们是同一个物体。如果还没发展出事件间的连续性的概念，那么人怎样习得叙事结构用于理解故事概念呢?

时间的概念，也是故事结构习得的基础，它与协调图式的能力有关。皮亚杰(1927，1969)观察到：

> 在尝试去够远处物体时，(婴儿)首先抓住一个合适的工具(支撑物或棍棒)，他在工具和结果之间建立了简单的先后顺序。但是，这并不意味着时间在感觉运动的水平上已经形成稳定的体系，即使是在单纯的无意识和实践的水平上也没有。婴儿所做的是将特定行为之间的相继和持续与空间置换联系起来……只有构想出事物的空间移动后，时间概念才变得客观化……(pp. 280-281)

总之，各种各样的概念，尤其是依赖于协调图式(intercoordinate schemata)技能习得的概念，在故事结构发展之前得到发展，是故事结构发展的基础。故事结构发展自这些基本结构，它们最早在人们9个月大时就可以被观察到。因此我们不需要惊讶，2岁的儿童可以理解故事的概念。

叙事语法习得的动机原理

金茨(Kintsch，1980)注意到人们喜欢互相讲故事(也见萨宾在本书中撰写的章节；Michotte，1946，1963)。他提出，“认知兴趣”(p. 88)是故事加工的动力；故事有趣的条件是，①读者已经习得一个一般的认知系统，可以用来同化特殊的文本信息输入；②信息输入对于故事会如何继续具有不确定性；③使人出乎意料的含糊之处(ambiguity)在事后可以得到解释。富勒(1979)根据需要(need)的概念勾画出了她的动机命题。“使我们的生命连贯并从中建构故事，这可能是我们的基本需要，以至于我们没有意识到它的重要性”(p. 224)。

人们避免含糊，或者说获得连贯的倾向性是建构心理学的基本原理(Kelly，1955)：“个人的加工过程通过他对事件的预期来进行心理引导。”为了阐明这个动机观点，曼库索和亚当斯-韦伯(Mancuso & Adams-Webber，1982)论证了这个命题，“人的预期就是图式，吸收、整合和同化输入的信息(p. 14)。”他们强调，人的心理系统投入唤起和调集图式的持续加工过程中，以配合可能重复出现的输入信息；人的机能是使远端感觉系统形成的模式与从长时记忆中提取的模式进行很大概率的匹配，从而将输入的信息同化。如果预期的概率无法满足，那么心理系统会设法解决回忆的图式和事件产生的图式之间的不一致之处。尽管人的身体会调动起促进这个不一致解决的加工过程，从而扰乱注意力，使其复杂化，但是消除不一致是所有心理机能的基本动机。

在适度不一致的情况下，也就是，稍微改动人的知识结构就可以将输入的信息同化，此时人会报告自己处于感兴趣的状态。当轻微的不一致被消除后，人会报告愉悦的状态。

我们可能很容易联想到凯利(Kelly)的基本原理与金茨(Kintsch)

的故事兴趣概念之间的相同之处。具体地，金茨是这样说的："影响认知兴趣的三个因素……所有研究结果都表明在阅读理解时读者的知识结构的重要性"(p. 91)。后来，他在阐明与文本加工有关的学习表征观点时提到，

> 我们要从初始的知识结构开始，然后在阅读理解加工过程中对这个知识结构进行持续的修改。因此，"理解"可以被看作将一个文本同化到某个知识结构中，在这个过程中，知识结构本身也经历改变。

通过扩展这些观点，我们可以断言，故事结构的后生发展，如同所有其他后生发展一样，是一种持续的、受内在激励的过程。

为了阐明这个观点，我们可以把适度差异假说(moderate discrepancy hypothesis)看作一种动机原理，用来解释叙事语法的后生发展，就好像它提供了一个合适的动机原理来帮助我们理解所有学习过程。如同上面指出的，2 岁的儿童看上去会提取叙事结构来理解所有文本信息输入。我们会预期，儿童所提取的故事语法与接收到的输入信息之间可能存在差异，如同其他差异一样，需要得到解决。因为幼儿的心理系统只能为叙事语法的发展提供初步的基础，所以她/他会遇到很多无法马上纳入自己结构中的情境。例如，假设一个幼儿听到一个故事，在故事中主角的行为是由内心反应触动——"戈尔德布雷兹觉得这只鸟很可怜。她追逐它"——这个小孩刚开始可能无法把这个内心反应放到因果关系链中的原因位置上；所以在她/他的故事结构中的原因位置是空白的，这就产生了信息输入和心理系统之间的不一致。于是，这个幼儿会被驱动，去留意特定的输入信息源。通过注意，那些被信息输入激活的结构图式会与表征输入信息的语义内容的图式相联结。通过搜索与主角内心反应有关的输入信息，幼儿的故事结构系统得以发展，因此她/他能够将内心反应作为原因放到因果

链中。

在另一个例子中，婴儿可能成功地把两个不同来源的直接的感觉输入整合起来。例如，自己腿部肌肉的动作反馈，以及看到挂在婴儿车上晃动的拨浪鼓。既然婴儿已经有足够的认知能力来“使有趣的画面持续”(脚动鼓摇)，那么婴儿可能已经习得叙事结构，可以后生地发展因果概念。但是，此时拨浪鼓可能在没有肌肉反馈的时候也晃动。也可能在“晃动的拨浪鼓”这个视觉信息输入不存在的情况下，肌肉反馈的图式被激活了。输入信息和内部图式之间的差异可能会驱动婴儿，促使他观察环境。新的信息输入可能会唤起其他图式，这些新图式也许可以与用来加工“晃动的拨浪鼓”的图式相协调。婴儿观察到不仅自己在踢脚的时候拨浪鼓会晃动，当成人抓握吊着拨浪鼓的线并摇摆自己的手时，拨浪鼓也会摇动。于是，这个婴儿会将这两种情景区分开来。他有消除不一致的动机，这会促使他将原因(人的动作)与结果(晃动的拨浪鼓)分开。他会在享受故事的乐趣的过程中后生地习得复杂的叙事语法知识系统。

叙事结构的心理意义

当前的研究结果认为，不同文化中的人都会习得叙事结构(见Mandler，1984)。而且，如同前面所说的，大部分人在3岁前就会运用叙事结构的重要基础知识。语言句法系统与叙事语法结构同步发展，与前者一样，人们内隐地运用叙事语法，只有在“人为”情况下才会注意到习得的语法。但是，因为几乎每个讲不同语言的人都能理解所有其他人的叙事语法，所以文化背景不同的人极少体验到不一致。不过，语言句法系统不同，讲本国语言的人在使用第二外语的句法时经常会体验到不一致。这样的不一致当然会使人注意到语言的句法。通过改善个人的句法结构系统，这个差异可以得到解决。因此不需要惊讶，正式的句法系统发展自公元600年前，彼时开始，善于哲学思考的希腊人在地中海沿岸的多语言文化中建立了贸易路线和殖民地。我们也不需要惊讶，与各种心理功能有关的叙事语法结构的重要性最近才成为研究的主题，而且最近学者们才开始揭开叙事结构的心理意义。

阅读能力与叙事结构

完全的逻辑理论发展(logical theoretical progression)假说引导研究者们(Fitzgerald，1984；Fredericksen，1979；Fuller，1979；McClure，Mason & Williams，1983)证明了叙事语法与人的阅读技能有紧密关系。菲茨杰拉德(Fitzgerald，1984)研究了有些儿童不会阅读的这个令人困惑的问题。她首先将故事文本中的某些部分删除，并确定“优秀的语法家”可能会在故事的缺失部分补充什么样的信息，以及会如何续写该故事，然后再请被试完成填充和续写任务，测试他们在多大程度上能够给故事补充相应的类属信息。对于每个年级的被试，菲茨杰拉德都发现阅读测验分数与填入符合故事语法要求的信息的能力呈正相关。而且，相比于阅读分数低的读者，阅读能力强的被试往往给故事补充更加丰富和多样的信息，尤其是对于六年级的儿童来说更是如此。所以，对一些复杂形式的叙事语法的习得是阅读能力发展的基础。

自我概念与叙事结构

在研究者们发现了叙事语法结构与阅读能力有关的同时，其他研究者也探索了叙事结构和自我概念之间的关系(Gergen & Gergen，1983；Mancuso & Ceely，1980；Mancuso & Sarbin，1983)。曼库索和萨宾提出，大部分人，包括威廉·詹姆斯(William James，1890)在内，用故事讲述者来隐喻自我的某一方面，即詹姆斯所定义的“主体我”。

很多研究证实了曼库索和萨宾的观点。儿童首次出现的自我描述性语言(大约在24个月时出现)将"主体我"作为动作的原因(Kagan, 1981)。如同皮亚杰提出的，我们相信，能把自我概念理解为主动者(agent)的儿童会迅速地把自我放入叙事语法中的行动者(actor)类属，接着将自我故事进一步扩展，把事件或物体插入故事中作为语法中的结果类属。在2岁范围内的儿童会用动词将自我描述为主动者，之后才会用动词将观察到的其他人描述为主动者(Huttenlocher, Smiley & Charney, 1983)。而且，儿童会用动词来描述其他人的外显动作，之后才会用动词来描述其他人改变环境中物体的状态。这种倾向性在3～6岁儿童中持续存在。凯勒、福特和米查姆(Keller, Ford & Meacham, 1978)让这个年龄段的孩子讲10件关于自己的事；然后对他们的叙事进行分析。他们发现，超过50%的回答可以归类为自我动作的描述性陈述。塞尔曼(Selman, 1980)在研究儿童自我概念发展时记录的一个陈述简洁地概括了早期儿童的观点，即自我是引导行为发生的故事讲述者。他设计了一些问题来探索儿童的自我概念，其中一个孩子回答道："我是自己的老板……(因为)我的嘴巴命令我的手臂，我的嘴说什么，我的手就做什么"(p. 95)。儿童在大约7岁时，似乎开始把自我理解为这样的故事讲述者：只能构建有限的故事供行动者的自我(self-as-actor；詹姆斯关于"自我"的概念)进行动作。三年级的儿童用行动能力来描述自我，并且在这个发展时期，他们很关心自己的行动能力与其他同伴的比较(Secord & Peevers, 1974)。

典型的故事讲述者"主体我"(I-as-storyteller)的概念会持续发展，这体现在，青少年报告说很清楚自己的故事讲述行为，并且把它想象为处理器，对信息输入进行主动地加工，还把它想象为故事的操纵者，能够将故事调取出来，用它来对与自我有关的信息进行加工(Selman, 1980)。根据塞尔曼的观点，我们可以想象一个青年会对自己说："我(故事讲述者自我)可以欺骗我自己(行动者自我)，使自己不再想要一台电脑。我可以不断地说'电脑是笨蛋，电脑是笨蛋'。这样，我就不会再关心其他小孩有电脑而我没有电脑的问题了。”

最后，在青少年后期，人们探明了故事讲述者自我的一个从属自我：无意识自我(the unconscious self)。青少年在尝试将“主体我”构想为故事讲述者，遵循可接受的叙事语法规则时，可能会遇到无效的情况，此时在我们这个文化中的青少年会采用这样的观点：故事讲述者“主体我”与无意识的故事讲述者同时起作用。

“那么，在青少年中，自我理解的重点就从‘客体我’(me)的成分转移到‘主体我’的方面上来”(Damon & Hart，1982)。青少年转向建立一个连贯的概念系统来编写自己的自我故事。因为青少年认为无意识自我会起作用，所以他们有理由相信，考虑到自我故事的第二作者(无意识)的古怪举动，在自我故事创作中的矛盾之处是可以理解的。因为有了无意识的观念，所以青少年有理由相信，表面上矛盾的自我故事可能是因为背后有条理的但可能自己“无法意识到”的自我在起作用。

结论

前面的综述是为了证实这个观点：普通人在儿童晚期之后会用故事结构来理解所有的信息输入。关于人类心理系统的动机功能，我们可以集合很多研究者现行的想法来讲一个好的故事，因为正是它驱动人们后生地习得复杂的叙事语法结构。虽然叙事语法故事的“拟合优度”受到一些研究者的质疑(Black & Wilensky，1979)，但是其他学者(见 van Dijk & Kintsch，1983)不断地改善和详细阐述这个复杂心理功能的过程。很明显，随着证据的不断积累，我们很难反驳这个观点：个人叙事语法结构与阅读技能的发展和使用有关。此外，前面分析了我们普遍持有的故事讲述者自我(self-as-storyteller)的概念，这扩展了与个人叙事语法结构有关的心理机能的普遍性。

人们开始普遍接受这样的观点：行为科学家就像历史学家一样，

他们所报告的研究包括像“青少年采用这样的观点：从属的第二自我，即无意识，加入了自我故事的创作中”。所以，我相信，叙事语法这个概念的研究前景是光明的。在汇报“主体我”的概念在青少年中的普遍性时，行为科学家们可能会更加确认，他们已经捕捉到在19世纪晚期欧洲文化中成年人的思维产物。如同该文化中的其他住民一样，青少年受广泛传播的这些学说影响：我们发现了无意识思维，这个发现帮助我们解释古怪的、创作水平很差的自我故事。

我认为，对从属思维(ancillary mind)的信以为真，反映了人们对故事讲述者自我概念的适应。当人们唤起他们的故事讲述者“主体我”概念时，他们从长时记忆中提取叙事语法的整个系统(该系统在他们幼年时已经发展起来)，他们期待“主体我”会按照该叙事系统的可用规则来运作。但是当自我的故事看上去偏离所预期的叙事结构时，人会体验到不一致性，如同被试在正式实验中听到被篡改后的故事一样。人无法将不一致的生命故事归因为研究者/实验者搞的鬼。然而，在很多现代行为科学家的帮助甚至教唆下，19世纪后期受欧洲文化影响的被试会把这些不一致的自我故事归因于无意识的作用。

尽管我认为行为科学无法提供一个比故事讲述者“主体我”更加有效的概念，但是我也无法认同那些将歪曲的故事归因于次层思维(secondary mind)的人。他们认为次层思维是与我们能够意识到的故事讲述思维(storytelling mind)同时运作的另一层思维。相反，我会尝试构建一个好的心理学故事，让它能为普通人所用。普通人都在努力理解叙事语法(narrative grammar)造成的无处不在的影响，而这些叙事语法是故事讲述者自我在使用。

参考文献

Ames，L. B. 1966. Children's stories[J]. Genetical Psychological Monograph，73，337-396.

Black，J. B. & Wilensky，R. 1979. An evaluation of story grammars[J]. Cognitive Science, 3, 213-230.

Bower, G. H., Clark, M. C., Lesgold, A. M. & Winzenz, D. 1969. Hierarchical retrieval schemes in recall of categorized word lists [J]. Journal of Verbal Learning and Verbal Behavior, 8, 323-343.

Brown, C. J. & Hurtig, R. 1983. Children's discourse competence: An evaluation of developmental inference process [J]. Discourse Processes, 6, 353-375.

Colby, B. N. 1973. A partial grammar for Eskimo folk tales[J]. American Anthropologist, 75, 645-662.

Damon, W. & Hart, D. 1982. The development of self-understanding from infancy to adolescence [J]. Child Development, 53, 841-864.

Fitgerald, J. 1984. The relationship between reading ability and expectations for story structures[J]. Discourse Processes, 7, 21-41.

Frederiksen, C. H. 1979. Discourse comprehension in early reading[M]//L. N. Resnick and P. A. Weaver. Theory and practice of early reading(Vol. 1). Hillsdale, NJ: Lawrence Erlbaum: 155-196.

Fuller, R. 1974. Ball-Stick-Bird reading system[M]. (vols. 1-5). Stony Brook, NY: Ball-Stick-Bird Publications.

Fuller, R. 1979. Teaching reading with stories vs. cognitive hierarchy[J]. Journal of Suggestive-Accelerative Learning and Teaching, 4, 220-226.

Fuller, R. 1982. The story as the engram: Is it fundamental to thinking[J]. Journal of Mind and Behavior, 3, 127-142.

Gergen, K. J. 1985. The social constructionist movement in modern psychology[J]. American Psychologist, 40, 266-275.

Gergen, K. J. & Gergen, M. M. 1983. Narratives of the self[M]// T. R. Sarbin and K. E. Scheibe. Studies in social identity. New York: Praeger: 254-273.

Glenn, C. G. 1977. The role of episodic structure and story length in Children's recall of simple stories[J]. Journal of Verbal Learning and Verbal Behavior, 17, 229-247.

Graybeal, C. M. 1981. Memory for stories in language-impaired children[J]. Applied Psycholinguistics, 2, 269-283.

Haberlandt, K., Berian, C. & Sandson, J. 1980. The episode schema in story processing[J]. Journal of Verbal Learning and Verbal Behavior, 19, 635-650.

Huttenlocher, J., Smiley, P. & Charney, R. 1983. Emergence of action categories in the child: Evidence from verb meanings[J]. Psychological Review, 90, 72-93.

James, W. 1890. Psychology[M]. New York: Henry Holt.

Kagan, J. 1981. The second year: The emergence of self-awareness[M]. Cambridge, MA: Harvard University Press.

Keller, A., Ford, L. H. & Meacham, J. A. 1978. Dimensions of self-concept in preschool children[J]. Developmental Psychology, 14, 483-489.

Kelly, G. A. 1955. The psychology of personal constructs[M]. New York: W. W. Norton.

Kintsch, W. 1980. Learning from text, levels of comprehension, or: Why would anyone read a story anyway[J]. Poetics, 9, 87-98.

Labov, W. & Waletzky, J. 1967. Narrative analysis: Oral versions of personal experience[M]// J. Helan. Essays on the verbal and visual arts. Seattle, WA: University of Washington Press: 12-43.

Lakoff, G. P. 1972. Structural complexity in fairy tales[J]. The Study of Man, 1, 128-190.

Mancuso, J. C. & Adams-Webber, J. R. 1982. Anticipation as a constructive process: The fundamental postulate[M]// J. C. Mancuso and J. R. Adams-Webber. The construing person. New York: Praeger: 233-253.

Mancuso, J. C. & Ceely, S. G. 1980. The self as memory processing[J]. Cognitive Therapy and Research, 4, 1-25.

Mancuso, J. C. & Hunter, K. V. 1983. Anticipation, motivation, or emotion: The Fundamental Postulate after twenty-five years[M]// J. R. Adams-Webber and J. C. Mancuso. Applications of personal construct theory. Toronto: Academic Press: 73-92.

Mancuso, J. C. & Sarbin, T. R. 1983. The self-narrative in the enactment of roles[M]// T. R. Sarbin and K. Scheibe. Studies in social identity. New York: Praeger: 233-253.

Mandler, J. 1983. Stories: The function of structure[J]. Invited address presented at the meetings of the American Psychological Association, Anaheim, CA.

Mandler, J. M. 1984. Scripts, stories, and scenes: Aspects of schema theory[M]. Hillsdale, NJ: Lawrence Erlbaum Associates.

Mandler, J. M. & DeForest, M. 1979. Is there more than one way to recall a story? [J]. Child Development, 50, 886-889.

Mandler, J. M. & Goodman, M. S. 1982. On the psychological validity of story structure[J]. Journal of Verbal Learning and Verbal Behavior, 21, 507-523.

Mandler, J. M. & Johnson, N. S. 1977. Remembrance of things

passed: Story structure and recall[J]. Cognitive Psychology, 9, 111-151.

McClure, E., Mason, J. & Williams, J. 1983. Sociocultural variables in children's sequencing of stories[J]. Discourse Processes, 6, 131-143.

Michotte, A. E. 1963. The perception of causality [M]. (T. R. Miles and E. Miles, Trans.)New York: Basic Books. (Original work published 1946).

Piaget, J. 1952. The origins of intelligence in children[M]. (M. Cook, Trans.). New York: International Universities Press. (Original work published 1936).

Piaget, J. 1969. The child's conception of time [M]. (A. J. Pomerans, Trans.). London: Routledge and Kegan Paul. (Original work published 1927).

Posner, M. I. 1973. Cognition: An introduction[M]. Glenview, IL: Scott, Foresman.

Propp, V. 1968. Morphology of the folktale[M]. (L. Scott, Trans.). Austin: University of Texas Press. (Original work published 1928).

Secord, P. & Peevers, B. 1974. The development and attribution of person concepts[M]// T. Mischel. Understanding other persons. Oxford: Blackwell.

Selman, R. L. 1980. The growth of interpersonal understanding: Developmental and clinical analysis[M]. New York: Academic Press.

Stein, N. L. & Glenn, C. G. 1979. An analysis of story comprehension in elementary school children[M]// R. O. Freedle. New directions in discourse processing (Vol. II). Norwood, NJ: Ablex: 53-120.

Stein, N. L. & Nezworski, T. 1978. The effects of organization and instructional set on story grammar[J]. Discourse Processing, 1, 177-193.

Stein, N. L. & Policastro, M. 1984. The concept of story: A comparison between children's and teachers' viewpoints [M]// H. Mandl, N. L. Stein, and T. Trabasso. Learning and comprehension of text. Hillsdale, NJ: Lawrence Erlbaum Associates: 113-155.

Thorndyke, P. W. 1977. Cognitive structures in comprehension and memory of narrative discourse[J]. Cognitive Psychology, 9, 77-110.

Van Dijk, T. A. & Kintsch, W. 1983. Strategies of discourse comprehension[M]. New York: Academic Press.

Von Glasersfeld, E. 1984. An introduction to radical constructivism [M]// P. Watzlawick. The invented reality. New York: W. W. Norton: 17-40.

Whaley, J. F. 1981. Readers' expectations for story structures[J]. Reading Research Quarterly, 17, 90-114.

第六章　作为一种启发式加工的叙事思维

约翰·A. 罗宾逊和琳达·霍普
(John A. Robinson & Linda Hawpe)

前言

我们这章关注的是故事以何种方式运用在思维中。我们的经历并非自动地假定叙事的形式。而是我们在反思经历的过程中构建故事。我们构建的故事是一种归因，我们试图解释和理解经历。因此，叙事思维是一种因果思维。叙事思维的力量和多功能性根植于它的认知图式，认知图式是可生成其他任意故事的基础。叙事图式确定了几种信息类属（如主角、情境、结果）和这些类属间的相关关系类型（如时间的、动机的）。叙事思维包括在情境和故事图式间建立匹配的关系。所谓匹配，就是从经历中构建故事，它是一种启发式加工，这种加工需要技巧、判断和经验。成功的话，这个故事将是连贯的和看似合理的，能解释某些事情怎样发生以及为什么发生。日常生活中的故事并非小说，或者更确切地说，它们并不比其他思维产品（如概念）更加虚拟，这是因为任何认知加工都包括抽象过程（abstraction）、图式化（schematization）和推理（inference）。故事是一种解释或重新解释某些事件的工具。通过构建一种因果模式，故事将已知的事件信息和那些推测的但与解释有关的信息整合起来。从这方面说，叙事思维与当下认知心理学家研究的理解和问题解决中的其他思维是相似的。

识别故事的一般要素比最初人们所认为的更加困难和充满争议。就我们的目的而言，斯泰因和波利卡斯特罗(Stein & Policastro，1984)的立场是有说服力的。他们得出结论认为，故事的成分的范围很广，没有单一的结构定义能够概括它们。斯泰因和波利卡斯特罗向我们表明，好的故事很容易从差的故事中区分出来，但是在许多方面缺乏相关构成成分的“故事”仍会被人们认作故事。他们例证的实际结果是，关于什么是故事没有严格的“成分表”。斯泰因和波利卡斯特罗提出，我们的故事概念由一个原型和众多变体构成，这些变体与原型有相似的特征。一个原型故事确定了主角、困境、为了解除困境做出的努力、努力的结果，以及主角对情境做出的反应。这些故事元素之间的因果关系在原型中也被明确规定。最成功的故事包括所有的原型特征。这些故事可称为结构完整的故事。要让一个故事被他人承认是一个真正的归因或解释，那么它必须通过可信度和接受度的考验。在我们的探讨中，我们将假定，大部分的叙事思维都致力于把一个不合格的故事转变成完整的令人信服的故事。这不是故事讲述或叙事表现的胜任力问题，而是一个有效的因果思维的问题。

故事看上去是讲述经历的自然方式。我们相信，这种自然性是在日常生活中叙事思维成功的一个指标。因为我们生活在群体中，所以我们需要理解他人行为的方法。这要求在社会情境中对行为进行认知分析，叙事的类属和关系是这种分析得出的精华，反映了最有效地解释日常社会行为的属性。实际上，叙事是解决基本生活问题的方法，也就是，在人类事务中建立可以理解的秩序。这种方法有很多好处。在多个认知维度上，叙事在各种方法间达到最有效的平衡。

节俭性(economy)

通过一小部分类属(categories)以及这些类属之间可能存在的大量相互关系，叙事为我们理解日常生活提供了一种经济的认知工具。故事图式几乎可以应用到所有社会生活中——应用到过去、现在或将来中的任意个人或事情。这种通俗的解释、叙述人类行为的模式不分等级和地位。国王和乞丐都可以是受害者或胜利者。与权力、特权以及乞丐和国王日常行为有关的特定领域的信息会在故事中导引我们的因果推理。但这些信息对故事的结构和思维的模式没有特殊要求。

选择性(selectivity)

一方面，我们不可能保留或记住任意情境中的所有信息。即使有可能做到，也没有理由相信所有信息都有意义。另一方面，删节或忽略信息是危险的。可以用来支撑其他情节建构的重要事实或信息可能会不小心被我们忽略掉。信息的选择需要一些标准来指引。而叙事图式识别了信息类属，确定了这些类属间的哪些关系是关键的。所以，它提供了一系列可广泛应用的标准。

熟悉性(familiarity)

故事讲述从经历中创建类属，经历提供了我们所熟悉的日常生活的事件。为了感知顺序、识别出重复性和相似性，我们在处理具体事情和社会交往时必须超越其表面特征。故事在特殊性和普遍性间做到了平衡。故事是情境化的叙述，它们可以传递任意情节的特殊性信息。但是因为它们是建立在一般的类属和关系集合之上的，所以每个故事与其他故事的相似程度不同。对日常生活事件熟悉的感觉正是由这种潜在的相似性所导致的。

叙事是最常见的形式，但不是唯一用来组织和记录社会及个人经历的形式。例如，故事、年鉴和年表以时间为顺序构建事件记录，但是它们若作为对事件的解释则在多个方面存在不足(对比 White，1980)。时间记录本身无法揭示因果顺序，实际上它通常因为对刻板的继发事件的描述而掩盖了因果顺序。相反，故事不会复制或照字面

地重建经历。如同希尔(Hill)所说，

> 故事总是在创造，或者如同汉娜·阿伦特(Hannah Arendt)更想说的，在发现……在讲述(我们会说“构建”)故事的时候，形成经验或事件的详细元素被整理出来并按照能够理解的顺序排列。牺牲掉细节、选择信息、强调不同地方、创建次序……从不同角度看情境，所有这些都是为了使人们发现和揭露所发生的事情，忠于现实，同时诠释它。(1979，pp. 297-298)

叙事思维也与科学思维不同(对比 Mink，1978)。两者的目的都是在因素间建立因果关系。两者都试图将人类经历系统化并赋予意义，从而解释和指导问题解决。但是这两种思维模式的成果，即故事和原理(principle)，是非常不同的。科学理论化的成果是原理或定理。这些原理是普遍的、不依赖于情境的，通常是抽象的，只能通过更加规范的科学活动来检验。叙事思维的产品是故事，它是依赖于情境的、具体的，可以在日常人与人的关系中得到检验。理论没有再生的形式。构成任意理论的概念和关系被所研究的特定领域或现象所决定。在科学推理中，一个现象与其他任意现象之间的相似性是通过严格的标准来定义的，它不像故事那样灵活地留有可能唤起或发现更多相似性的余地。与科学定理的创建和传播不同，故事的创建部分地取决于谁讲述这个故事。也就是说，个人观点是影响叙事结果的因素。这个事实使得叙事是个人化的，因此在日常生活中更加有用。故事吸收了人的情感、目标、需要，以及故事创建者的价值观。所以，同样的情节在不同的人口中可能用不同的方式来讲述。故事是灵活的，而原理是固定的。与科学定理或原理不同，故事为解释留有余地。同样的故事可以在不同的情境中起到指导作用，因为故事中的不同元素可以用到不同的背景中。

也许科学思维和叙事思维之间最根本的区别是思维的构筑：科学家力图消除不确定性和模糊性。当两个同样可信的理论能够解释某些现象时，他们感到不舒服。相反，在我们对社会现实进行日常推理时，我们却与显而易见的矛盾和平相处。我们希望获得有说服力的解释，并且可以让人相信它是正确的，但是也承认存在不同的而同样令人信服的其他解释。

叙事思维的加工模型

叙事思维涉及将故事形式投射到一些经历或事件中。这可能发生于经历发生时、经历反思时或后来叙述经历时。我们对叙事过程的概念的构想是从赖因和舍恩(Rein & Schon，1977)及班尼特(Bennett，1978)的研究中发展出来的。在赖因和舍恩的讨论中，他们把讲故事看作框架(framing)程序的一种，也就是，组织和得出问题解决方案的策略。班尼特向我们展示了，司法审判的过程就像是在构建一个有说服力的故事。

叙事思维有三种成分：故事图式、讲故事者的知识和经验以及多种多样的认知策略。叙事图式可以看作一个内隐的程序性方案。通过指定特定必需的信息类型和将它们以因果关系进行联结的需要，故事图式定义了叙事思维的目标。编故事的人一定要找到方法，将情境映射到图式所指定的目标结构上。这个过程可以看作构建一系列待回答的问题。例如，发生了什么？发生在谁身上？为什么？等等。编故事者在回答这些问题时都需要考查关于这件事的可用信息，以确认相关事实。之后这些信息就被放入叙事方案中。询问、识别和选择信息的过程是循环的、暂时的，随着叙事的进行，它可以被修改。如同我们前面提到的，没有故事可以囊括或解释所有的信息细节。编故事的人根据经验判断哪些信息是相关的，哪些不是。若当前的可用信息不完整，那么先验知识的贡献甚至更大。讲故事的人会根据已知情况推测怎样才是合理的，从而填补信息空白。被提取的知识和经验因被问的问题而发生变化。回答"为什么"的问题涉及动机的判断，动机可能来自人格和过去行为的知识。但是它们也可能取决于对当前情境的体验。判断和推导贯穿整个构建过程，具有两个水平：关于独立的信息项目和关于故事发展是否恰当。选择、对比、推导、编排和修改被我们看作认知策略的思维活动(对比 Baron，1978)。这些策略在叙事思维中扮演关键角色，因为它们是故事雏形(即被叙述的事件)所要达到的目标结构与编故事者的知识经验之间的认知媒介。

当然，叙事思维的结果就是一个新的故事。故事的建构对于人们来说具有认知和社会性两方面的影响。如果故事生效，那么它会影响其他人的信念，影响他们未来的行为。故事讲述者和听众的知识经验的认知表征结构也会纳入这个新的故事中。从结构上看，叙事思维通过建立时间边界和这些边界内元素间的因果关系来实现对经历的利用。进一步地，新的故事往往与先前的经历有关，使先前的经验也可能通过认知策略纳入故事结构中。所以，叙事思维会改变一个人的世界知识、信念的内容和组织结构。并且，由于先验知识和经验在故事构建中是被积极使用的，所以每个新故事都丰富了未来叙事思维可使用的认知资源。

叙事思维在理解其他人的行为以及自我与他人关系的时候最有用。值得指出的是，讲故事经常是一个合作性活动。合作有时候是主动寻求的，有时候是被强加的。我们把叙事思维描述成一种启发式活动，因为它是开放的、建设性的，且涉及各种不确定性。它一般是合作性活动，这个事实揭示了该加工过程的第二个启发性维度，即故事一定会经受考验：体现在故事中的解释必须是有说服力的，若不是这样，故事则是失败的，故事编写者要么放弃自己的观点，要么改变故事使之符合他人的观点。罗宾逊(Robinson，1981)描述了关于这种谈判和合作的几种情形。这些交互作用的结果是得出大家对一些互相认可的事情的解释和描述。所以，叙事协商是产生共识和社会凝聚力的首要程序。

因果模型

假设你的邻居把垃圾倒到你的院子。你当然会愤怒，但是你也会好奇为什么他们这样做。你可以用哪些程序来进行解释呢？我们提出，在解释事件时，一个由多种认知结构组成的连续体(continuum)可以给人们提供帮助。这个连续体是基于普遍性(generality)的程度。关于这个连续体，我们会讨论四点：重复或先例(repetitions or precedents)、类比物(analogues)、原型(prototypes)，以及规则或原理(rules or principles)。你可能会通过回忆邻居之前是否曾经倒垃圾进来，以解释他们现在的行为。如果他们曾经做过，那么你可能会得出结论：他们过去的和现在的动机可能是一样的，你接着会回顾先前的事件以确定倒垃圾这个行为是否再次出现。换句话说，你会把当前事件归类为先前事件的重复。但是，假设邻居把垃圾倒到你的院子是一个未曾出现过的行为，那么你就要用其他解释程序来进行解释了。你几乎不可能会构想出一个关于此类事情的普遍规则(rule)。这个窘境(被倒垃圾这件事)是相当罕见和不寻常的，以至于你无法对这个个案进行归纳(generalization)推理。相反，你也许可以根据自己对人类行为的知识推导出一些假设。这个过程可以通过几种方式来展开。你可能将该行为贴上侮辱的标签，然后想方设法弄清楚为什么你的邻居想要侮辱你。或者你也可能想“某人因愤怒而做出该举动”，然后想办法推导是什么激怒了他。但是，也许你的邻居是酒鬼，或在前天晚上举办了盛大的派对。也许某个人在派对后清理现场时，因仍醉醺醺地无意将垃圾倒到你的院子了，或他们可能因为很老而糊涂了。注意，该事件的解释可能被构建成很多不同的版本，这取决于你选择的前提假设是什么。没有任何社会认可的规则能够明确地适用于此类事情，这种情况下只有先例和假设。两者都是一种视条件而定的预期。你必须判定当前个案是否是先前事件的一次重复，然后你必须选择最能匹配当前个案详情的假设。

这就是叙事思维所涉及的认知活动。潜在的故事就是关于一些意外发生的事情所需要的归因或解释。我们的认知策略模型可以被调用来寻找相关的先前经验。如果没有先前经验，那么你关于人类行为的知识就可以被调用。根据显而易见的事实以及你对邻居的了解，你可以对比不同的假设。你对任何假设的合理性做出判断。在思考该事件时，你积极地去理解它，同时构建一个解释，该解释的形式在本质上是叙事。该活动隐含着这样的尝试：人们提供一个故事以解释该事件如何发生，并预测它的结果。你如何讲述则取决于你对促成该事件的情形的认定。如故事里一样，结局通常在开始时就有预兆。但是，在叙事中，开始和结局是一种选择，而非不可改造的事实。

我们已经描述了一个人在试图解释事件时可能采用的两种截然不同的策略，也就是，寻找先例以及形成规则或假设检验。但是有一个中间地带：类比推理。人类对于一般化是有矛盾心理的。一方面，我们尝试将日常生活的多样性同化成一系列的基本原理和经验法则。另一方面，我们强调每个个案的特殊性。当观点看上去是基于事情之间的相似度时，我们感到最舒心。如同前面提到的，叙事是特殊性和普遍性之间在认知上的有效折中方案。类比推理也处在同样的中间地带，因此它是叙事思维中最常采用的策略。叙事图式确定了一般特征和必须解释的事件间的关系，而个人的世界知识为这些特征和关系提供了丰富的候选案例。类比过程可以用来寻找那些与当前个案相似的信息，以满足合理性和连贯性检验。有几个因素会影响类比推理的使用和有效性。

①人的情景记忆在表征和组织事件时表现出高度的情境化，但是也通过把经验分开到不同的领域或大类中而提供了一个关系结构。所

以，为当下的处境寻找类比物始于搜寻与当前个案最匹配的领域。在我们假想的例子中，人们更有可能查找关于与邻里交往的记忆，而不是关于工作场所的记忆，尽管后者可能包含类似的经验(如将一废纸篓的垃圾倒到某人的办公桌或储物柜里)。

②类比思维，至少在初始阶段，如与拟匹配的项目或事件在同一抽象层次上运作(Holyoak，1984)。例如，没有人会将“卡斯特罗(Castro)把逃亡的罪犯倾倒到美国”这个事件看作“邻居倒垃圾”这个例子的合适的类比。这两者具有相同的特征，邻里关系这个隐喻也常用来讨论国际关系，但是国家比个人更加抽象，而逃亡事件在记忆中更可能被编码在更加抽象的水平上。

③当因果关系是中等复杂程度的时候，人们就会更加依赖于具体的与当前个案相似的先例来作为解释和预测的模型(Read，1983)。同时，对于概念识别的研究(Brooks，1978)和规则系统学习的研究(Reber & Allen，1978)表明，人们可以熟练地识别复杂刺激匹配的模式，即使他们无法构想出基于这些匹配的合适的结构化原理。因此，依赖于先前经验和当前窘境的相似性，事实上是解释在日常生活中各种事情的最有效策略。

④相似是不够的：潜在的类比物也必须经过相关性和合理性的检验。也许先验事件与当前处境在几种特征上都是一样的，但是，只有当(与当前问题的特征相匹配的)先验事件的特征之间具有可信的因果关系时，这种相似性策略才可以采用(Read，1984)。

这四种因素总结了类比思维在什么时候发生以及以什么方式发生，但是它们不应被看作一种指令。有效和有用的类比物可能在其他特定领域或更高的抽象层面上也有，但是在没有辅助的情况下也许不应被搜寻甚至确认。吉克和霍利约克(Gick & Holyoak，1980)的研究表明，结构形式一样但来自差异巨大的不同领域或情境的问题之间几乎无法相互迁移。赖因和舍恩(Rein & Schon，1977)阐明了在分析问题情境和社会政策时改变抽象水平的价值。

有时候一个事件太过显著因而成了所有类别经验的参照点。在这种情况下，初始的事件被图式化和抽象化，从而形成一个原型。原型跨越结构化连续体的上端：它们比类比物更加一般化，但是又还没一般化到规则的程度。卡尔力克(Kalcik，1975)描述了一个原型故事，它成了一群参加社会支持小组的女性的参照点，这个小组定期讨论她们遇到的困境。这个故事是这样的：一个女学生向自己的老师抱怨她在考试中取得的分数太高了，这个学生的男朋友威胁她，如果她一直取得比他高的分数，他就取回送给她的作为定情物的兄弟会徽章。这个事件成了小组讨论的一个主要主题的缩影，即男性的自卑恐惧和这种恐惧在女方身上造成的冲突。卡尔力克的研究报告陈述其他讨论者开始把自己的经历与这个故事联系起来，并把它当作参照点。男性自卑这个困境是常见的，尽管由它产生的托词在不同个案中各有不同。这些原型事件可以被充分地广泛应用到不同情境中，就好像在音乐结构中的主题与变奏。

总而言之，叙事思维的驱动力来自我们寻找事件的可能原因的有用模型。该模型可能来自相同的先验事件、类似事件、原型事件，或来自关于人类行为的规则和归纳。可能原因模型的选择是叙事思维的基本部分，但它不是故事的全部。一个完整的故事必须解释事件怎么样、什么时候以及为什么发生，并且详述一些摆脱困境的方法。因果模型必须与事件的事实相结合或适应事实。因果模型的选择是叙事思维中最重要的步骤。这个选择受到可信度测试的限制，但是一旦确定了，它能指导故事构建的步骤。特别是，相关性的确定，以及对缺失和模棱两可的细节的推导，要基于因果模型中假定的解释。

叙事任务

对于一个事件的叙事构建最初不总是能够成功的。不成功的原因可能有两种：它们是不完整的，也就是，它们缺少一些关键信息，或者因为它们是不令人信服的，也就是，其因果模型是不合理的。在这种情况下，我们要修补故事。对于故事来说，最主要的检验是他人的接受度。因此，一般是由于他人的反应而促使我们进行修补。波兰尼(Polanyi，1979)描述了一个因为因果模型不合理而被他人拒绝接受的故事。其叙事者，一个妇女，叙述了自己在纽约地铁高峰时段晕厥的事件。地铁的车厢里挤满了人，她因情绪紧张和饥饿而变得虚弱，他们都是俘虏……这个叙事者将她的情境比喻为在纳粹集中营里的犹太人被赶到一起送去处决。听她讲述故事的听众们拒绝接受这个类比。不仅她选择的类比物不合理，而且她还明显地暗中将自己昏厥及其导致的后果的责任从自己身上转移到地铁环境和其他乘客身上。毫无疑问，她的听众很快提出了其他观点，也就是其他责任归因模型。该叙事者实际上已经确认了自己昏厥的可能原因(饥饿、疲劳)，所以她的讲述是不连贯且不合理的。

加德纳(Gardner，1971)在关于叙事心理治疗的个案集中通过叙事对话的案例展示了一个更加全面的叙事修补程序(repair procedure)。他根据多个案例，阐明儿童在治疗中有时通过讲述隐喻的或真实的故事来跟治疗师交流自己的问题。一般地，由于这个话题涉及焦虑，所以儿童的故事缺乏作为一个好故事的形式。或者也可能是，儿童描述的目标导向行为对于该故事所涉及的问题的处理并没有效果。作为回应，治疗师重新讲述该故事，通过修补后的故事帮助孩子表达感受和计划行为。我们选择用来展示的个案(报告在该书的95～99页)是一个9岁男孩的故事，他因为多重的恐惧、易怒和广泛的紧张情绪而来参加治疗。加德纳请这位男孩讲一个故事。这个男孩讲了一个关于达克斯猎狗被错放到德国牧羊犬训练班中的故事。这个达克斯猎狗在训练中“迷失”了，还差点被那些大狗践踏，幸好被训练员救了。达克斯猎狗离开了这个训练班，但只是被放逐到了外边。加德纳解释，这个男孩的故事是一个象征性的故事，揭示了该男孩产生情绪问题的可能原因，也就是，他感到被抛弃。加德纳重述了该男孩的故事。他保留了前提假设，即其因果模型，详述和厘清了故事中的很多元素，引入了在该男孩的故事版本中缺失的信息和因果联系。实际上，加德纳将一个不充分但可信的故事转变成一个结构完整的故事。最终的故事阐明了孩子的感受，因此孩子认同新版本的故事更像自己的处境。这个孩子可以利用故事中所建议的目标导向行为来从他人身上获得安全感，而不是从自己冷漠的父母身上获得安全感。最后，开心地长大和生活的情节给孩子提供了对自己未来的希望。治疗师可以帮助孩子创建一个更加完整的针对自己问题的故事进行反思，进而组织行为以获得问题解决。哈利(Haley，1976)也描述了在成人心理治疗中类似的技术。

加德纳的技术实际是对一个非正式但一直存在的做法的系统化，这种做法被父母们、部长们，以及各种各样的专家和学者所使用，也就是，通过构建叙事的类比物来引导别人走出困境。这种策略之所以有用是因为故事①使问题有形化，使它清晰明确，以及赋予它确定的结构；②为提出因果关系问题和建立目标导向行为模型提供了一个自然的基础；③从情绪上与听众(故事的“目标对象”)保持一定距离，以回避听众的防御心理和焦虑。叙事的优点之一就是可以间接地传递给听众未必理解的信息，或者照字面意思和直截了当的方式传递不会被接受的信息。事实上，类比故事的使用促进了人们对困境的讨论，因为它把大家讨论的直接目的从解决现实世界问题改编成了涉及类似问题的故事。在实际生活的困境中，人的感受扮演了重要的角色，因而在类比故事中也必须小心地探索人的情感。感受提供了关于期待和角色关系的信息，并且正是当事人所无法理解的困境的特征(对比 Dyer，1983)。如果在故事中能够接受实际困境所导致的情绪，然后以建设性的方式明确地解决好，那么类比故事策略将会是最有效的。例如，如果一个人对另一个人的行为表示震惊或惊讶，那么在该情境的类比中，主角可能会被描绘为对事实毫不知情，否则不会有这样的反应。基本上，类比故事的构建在问题解决中就是一种教导的形式。

叙事修补可能是一个无止境的过程。反省或者回忆可以看作检验生命经历故事的持续有效性的一种过程。有时候，新发现的与该事件有关的信息可能会使之前被接受的故事产生不一致，但是更经常发生的情况是，解释视角的改变导致对组织初始解释的因果模型的重新评估。这些修补可能在人们反省的过程中自发地进行，但是也可能需要引导和合作，如同路易斯和巴特勒(Lewis & Butler，1974)开发的生命回顾过程。

最后，叙事修补可能需要超越前面提到的类比思维的约束倾向，也就是，延伸到其他特定领域或者其他抽象水平上，以得到有用的因果模型。

我们已经介绍的两种叙事修补可能是最常见的叙事任务，但是还有另一个叙事任务也应提及。这类故事被我们称为迷惑故事(puzzlements)，它包含探求解释的叙述。人们可能会把令人困惑或含糊不清的经历告诉朋友，同时希望朋友能够解释事情为何是这样或者该事件意味着什么。这些情况需要产生新信息，而非替换信息。事实上，叙事任务此时已经转移到了其他人身上。

结论

叙事思维——编故事——是一种有效的组织知觉、思维、记忆和行为的方法。它不是唯一有效的方法，但是在日常人际交往经历的自然领域中，它比其他方法更加有效。然而，叙事思维被广泛轻视了。对叙事思维的偏见在两个课堂教育讨论中体现出来。卡兹登和海姆斯(Cazden & Hymes，1978)，以及巴恩斯、布里顿和罗斯(Barnes，Britton & Rosen，1971)都观察到，在课堂讨论和提问中，学生提供

R. J. Sternberg. Advances in the psychology of human intelligence (Vol. 2). Hillsdale, NJ: Lawrence Erlbaum Associates.

Kalcik, S. 1975. "... like Ann's gynecologist or the time I was almost raped."[M]//C. R. Farrer. Women and folklore. Austin, TX: University of Texas Press.

Lewis, M. I. & Butler, R. N. 1974. Life review therapy: Putting memories to work in individual and group psychotherapy[J]. Geriatrics, 29, 165-173.

Mink, L. O. 1978. Narrative form as a cognitive instrument[M]// R. H. Canary and H. Kozicki. The writing of history. Madison, WI: University of Wisconsin Press.

Polanyi, L. 1979. So what's the point[J]. Semiotica, 25, 207-241.

Read, S. J. 1983. Once is enough: Causal reasoning from a single instance[J]. Journal of Personality and Social Psychology, 45, 323-334.

Read, S. J. 1984. Analogical reasoning in social judgment: The importance of causal theories[J]. Journal of Personality and Social Psychology, 46, 14-25.

Reber, A. S. & Allen, R. 1978. Analogy and abstraction strategies in synthetic grammar learning: A functional interpretation[J]. Cognition, 6, 189-221.

Rein, M. & Schon, D. A. 1977. Problem setting in policy research[M]// C. H. Weiss. Using social research in public policy-making. Lexington, MA: D. C. Heath.

Robinson, J. A. 1981. Personal narratives reconsidered[J]. Journal of American Folklore, 94, 58-85.

Stein，N. L. & Policastro，M. 1984. The concept of a story：A comparison between children's and teachers' viewpoints [M]// H. Mandl，N. L. Stein，and T. Trabasso. Learning and comprehension of text. Hillsdale，NJ：Lawrence Erlbaum Associates.

White，H. 1980. The value of narrativity in the representation of reality[J]. Critical Inquiry，7，5-28.

第三部分　自我叙事的情节化建构

第七章　自我叙事与冒险

卡尔·E. 沙伊贝(Karl E. Scheibe)

虽然人依靠习惯生活，但他活着的目的是为了刺激和兴奋。从习惯的沉闷中获得的唯一解脱就是定期的兴奋。

——威廉·詹姆斯(William James)

那些赤裸裸的自我痉挛在世界的尽头发生，但最终留下的是情节和角色。

——欧文·戈夫曼(Erving Goffman)

当心理学丢掉与历史无关的普遍性自负，它可以更轻易地识别出某些形式的共性。在生命的最后阶段，威廉·詹姆斯写了一系列关于现代战争悖论的文章。文章阐述了文明和理性的社会被裹挟进野蛮的现代战争和原始的破坏行为中，其中发表于1910年的《战争的道德等价物》(“The Moral Equivalent of War”)是最著名的。在这篇文章中，他使用一个案例论证战争的共性。他认为，战争心理是非理性的："展示战争的非理性和恐怖是毫无作用的……恐怖使人着迷。战争拥有强大的生命力，是生命的极端表达形式；正如所有国家的预算所显示的，战争税是唯一一个人们毫不犹豫愿意支付的税。”

在提出关于反对我们所说的通常意义上现代战争的论点时，詹姆斯认为战争并不是一种更为普遍的心理活动类别。战争并不是心理学中的类属名，但它的功能是产生刺激和兴奋。事实上，詹姆斯认为历史和人类生活本身是因为或大或小的荣耀而有趣，而在过去，战争是取得荣耀的主要手段。

1967 年，欧文·戈夫曼在他的随笔《热闹的地方》中提出了同样的主题，却是在一个完全不同的背景下。在文章开头关于行为和性格的引言中他特意提到在游乐场里无所事事的年轻人，因为他们陷入了用自己的小技巧与老虎机的固定反应之间的对抗。这是一个可悲的小冒险，看这个抛光的钢球是否会撞到光柱，从而获得分数。如果说把游乐场和战场连接起来似乎是一种荒谬的延伸，那么在机器展示的名称和符号中普遍存在的战斗主题就会让游客感到更确信。

我的主张与詹姆斯和戈夫曼的观点类似：人类活动具有功能上的普遍性，而这一分类的范围大到战争，小到游乐场中的游戏。但我也希望将这个想法与“身份即叙事”联系起来。我认为，被称为冒险的人类活动形式在生命故事的构建和发展中扮演着核心角色，而生命故事进而成为人类身份的主要支持。

作为生命叙事的一种模式，冒险具有共性，但这并不是说具有普遍性。不可否认，在西方文化中，冒险的概念——无论是在体育、赌博、自然探险中，还是暴露于伤害的风险中——都与男性的角色密切相关。这种联系在很大程度上源于文化而不是生物，这可以看作一种信念，关于起源的争论对接下来的论点没有本质上的重要性。作为对目前处理范围的进一步限定，下面的讨论主要围绕现代冒险活动的两种典型形式展开——体育运动和赌博，特作说明。这样做的目的是要在一种人类活动的类别中确立解释的共通性，其中体育运动和赌博是具有代表性的人类活动类别，而冒险恰是最好的通用标签。

语境主义者关于人类行为的观点是我们论述的起点(Sarbin，1977)。人们认为，人的身份认同是不断变化的结构，它们在个体生命历程中通过持续的社会互动而产生。自我叙事是发展的故事，必须用特定的历史术语来讲述，要使用一种特定的语言，参考特定的工作历史惯例和特定的主导信念与价值观模式。最基本的叙事形式是普遍的(Crites，1971)，但设计和填充这些形式内容的方式将取决于时间与地点的特定历史传统。

为了解释人们在研究人类冒险时对体育运动和赌博活动的特别关注，我提供了可靠的证据。这些证据表明，我们周围的这些活动在数量、强度和多样性上都在增长。美国的调查数据显示，96%的人参与最低限度的体育运动；大约85%的美国人每天都在进行体育活动。体育不再是男性的专属，参加体育运动的女性数量正快速增长。在一些曾经由男性主导的运动上，阻碍女性参与的因素正在迅速消失。同样，研究结果明确显示，合法和非法赌博在美国越来越流行，现在大多数州也都在经营合法彩票。赌场、赛马、赛狗、回力球和场外投注设施的人气都在稳步上升。此外，没有迹象表明非法赌博活动正在减少。①

我的基本论点是，人们需要冒险，以便构建和维持令人满意的生命故事。冒险的种类没有明显的限制，可以直接参与，也可以间接体验，冒险可以在自己的花园里或地球的尽头。冒险可以在幻想中进行，就像华特·米提(Walter Mitty)的例子一样；也可以在现实中进行，就像斗牛士的例子一样。这样的活动可以在集体中进行，如在自然研究小组中；或者单独地进行，就像单独的观鸟者。在这里，我只

① 这一章和更多关于赌博的补充资料来源于美国总统委员会关于审查国家赌博政策的报告，该报告基于1974年进行的调查研究(Kallick，Suits，Dielman & Hybels，1979)。

是把体育和赌博挑选出来作为“冒险”的人类活动的典型例子。目的是为了探讨冒险在人类身份发展、维持和偶然改变中的功能意义。

冒险主题

在《堂吉诃德沉思录》中，奥特加·加塞特(Ortega Gasset)将塞万提斯的成就归功于现代小说中英雄人物的诞生和发展。塞万提斯在无聊的监狱生活中，受到阿玛迪斯(Amadis)传奇故事的启发，这个故事讲述了中世纪骑士的侠义事迹。堂吉诃德现在是一个不可磨灭的历史真实——狂热的大脑等。我们要记住的是，他不仅不曾出现在现实生活中，而且他所代表的整个想象传统——虚构的英雄——也不曾出现。可以肯定的是，在他之前有过传奇人物和史诗级英雄，如尤利西斯(Ulysses)、贝奥武夫(Beowulf)、亚瑟王(King Arthur)、兰斯洛特阁下(Sir Lancelot)等。但根据奥特加的说法，堂吉诃德在英雄人物进化史中代表了一种质变，随后浪漫主义英雄诞生了。当然，堂吉诃德只是一个对更普遍的历史和文化发展的表达，其他表示这一发展的是地理大发现时代、文艺复兴，以及欧洲的想象与现实在全世界的延伸。这里关于前因后果没什么要说的，事件的发生都彼此相关，像一个循环。我们可以说 16 世纪开创了一个冒险的时代，作为一个续集，堂吉诃德代表了冒险在生命叙事建构中新的迫切的任务。

除了堂吉诃德之外，塞万提斯还创造了桑丘·潘沙(Sancho Panza)这个人物——一个物质主义者、享乐主义者和现实主义者，而堂吉诃德却是虚无的、理想主义的和超现实的。关于这种极端性，乔治·奥威尔(George Orwell，1968)观察到：

> 几乎每个人身上都存在高贵的愚昧和低劣的智慧这两种东西。如果你审视自己的内心，你是谁？堂吉诃德还是桑丘·潘沙？几乎可以肯定你两者都是。你有一部分想成为英

雄或圣人，但你的另一部分是一个贪婪的人，他清楚地知道活着的好处(1968. p. 163)。

这种二元性是动态变化的。当桑丘的发展正方兴未艾时，堂吉诃德恢复了自己的力量，以便在桑丘衰落时重夺控制权。虽然这里的振荡周期一点也不精确，但是在饱食终日的现实主义和仰望星空的理想主义之间的交替在日常生活中很容易被证实。正是这些变化为生命故事提供了素材。在文学方面，如果堂吉诃德的故事没有桑丘这个角色的平衡，就不会是一个好的故事。就心理传记而言，生活在一个平面上根本不足以成为一个故事——它不会被传颂到任何地方，也不会让人感动。社会总是在不断地考验个体，以满足不断发展的生命故事以及我们沉浸于想要改变，想要变化，想要戏剧性地构建和衰落的特定社会中。

按照一定顺序所产生的自我叙事就是格根夫妇(Gergen & Gergen，1983)所称的浪漫传奇，它描述了一系列在时间上重演的进步和倒退时期。这些周期与其他进程的时间、幅度和可能存在的叠加或联系，并不是一个值得关注的问题。相反，我们需要确定的是，静止和冒险在本质上都是不稳定的状态；这些状态的顺序或进展会成为自我叙事的材料。

我们必须根据上下文理解人们对变化和新奇感的需求，或者对休息和冗余的需求。也就是说，人们认为环境的嘈杂和忙碌程度不仅取决于远端环境，而且取决于处在这种环境下人的状态。同样，人们对变化和新奇感的需求不仅仅是内源性的，还取决于在刺激世界中发生的变异。

在约翰·斯坦贝克(John Steinbeck)版本的亚瑟王传奇中，国王对他的骑士们的焦躁不安感到困惑，他说："他们吃得好，睡得好，顺着自己的意愿做爱。这些只满足了他们一半的欲望，他们依然抱怨生不逢时。"这里只记录了一半的冒险周期的基本动机变化，另外一半的冒险周期也在亚瑟史诗中得到充分展示。根据观察，并非所有在城堡里的人都像骑士一样不知足。兰斯洛特和他的同伴放弃城堡里平静快乐的生活，在充满未知的野外进行探险。他们继续他们的任务，直到完全耗尽探险资源，他们在野外的生活也变得无法忍受。尽管他们的容忍程度不同，但是所有的骑士都必须重返避难所。我们可以从亚瑟王传奇的永恒魅力中总结出，这种周期的重复创造了一个非常有力的故事。我认为，这个故事是如此的强大，以至于现在我们试图去构建自我叙事时还受它的神话力量所牵制。

冒险与回归的文学主题，就像荷马史诗一样古老，也像文学本身一样古老，并以多种形式出现在现代社会中。正如戈夫曼所说，个性是建立在反复暴露于试验、风险和没有把握的冒险之上的。退出家庭生活，既是对这种冒险的复原，也为下一次冒险做出准备。在特定的文化表达中，冒险的范围从戈夫曼描述的"赤裸的小痉挛"，到试图通过征服欧洲来建立个性的拿破仑的伟大冒险。我们听到了人类歌曲的两大和弦——风险和恐惧、确定性和安定。

当然，关于冒险，这里有大量的、信息丰富的心理学研究。然而，这里的关注点不在于冒险行为的社会决定因素或个人相关因素，而在于自我叙述建构中的背景意义。实际上，人们从文学作品中得到的对风险和不确定性的心理结果的认识，要比从社会心理实验室中得到的要清晰得多。

思想和注意力被浪费在对确定、固定及静止的沉思中。在博物馆里的游览很快就会让人感到无聊，对过往的怀旧之旅给人带来些微满足。如果过去可以重现，那么重现的方式就是通过探索它神秘和不确定性的间隙，或是通过某种方式把过去带到我们生活的神秘和不确定中去，就像赫尔曼·梅尔维尔(Herman Melville)的《皮埃尔》，根据过去的证据来确认他的爱人是否是他同父异母的妹妹。对过去的神秘的探索是另外一个冒险的例子，这个例子是对未知价值的探索。一旦谜底被揭开，故事就结束了，我们的目光也会转向别处，然后不懈地去寻找下一个有趣的神秘冒险。

运动生活与自我建构

一般的体育运动和赌博游戏不过是精简的、程式化的、小型的戏剧，吸引热爱冒险的人直接或间接地参与其中，无论这些冒险多么微不足道，都可以为他们的生活提供故事素材。

这种想法很有诱惑力，就是仅仅把体育运动和赌博看作戏谑精神的表达，正如赫伊津哈(Huizinga，1949)所说，戏谑动机是自成一类的。不可否认，体育运动和赌博的发展与冲动有关，但是越来越多的成人参与体育运动和赌博，这一现象不能以这种简单的方式来解释。另一种解释是，直接或间接参与体育运动或赌博，为戈夫曼(1967)所说的“性格生成”提供机会，或者为曼库索和萨宾(Mancuso & Sarbin，1983)所说的自我叙事的发展提供机会。或许，孩子们开始体育运动或者玩游戏的动机和小猫玩毛线球一样，但转换可以从嬉戏开始。人们表达脆弱或坚强的性格，是为了创造性格。简言之，自我是个体自行再创造的结果(Goffman，1967)。在发展过程中的某个地方发生了转变，以致曾经出于盲目动机而追求的活动现在也已经有了合理的目的，但人们会错误地认为这些活动可能出于严格的享乐型理性主义(可以与奥尔波特在1937年提出的功能自治概念做比较)。参与体育运动和赌博游戏的保证收益是，它们提供了一个程序化的、合理安全的冒险场所，因此为参与者的生活提供了秩序和故事。

为了这种观点能得以有效阐述，我们可以思考自我转换功能，该功能与凯洛依斯(Caillois，1961)所确定的游戏的四种形式有关，它们分别为：

竞争类。与对手竞争的游戏或运动都包含输赢的可能

> 性。所有职业运动都属于这一类型，扑克或西洋双陆棋之类的对抗性赌博也是如此。
>
> 机遇类。赌博、轮盘赌、彩票等游戏的结果完全由运气决定。在运动中，运气起的作用并不大，除非抛硬币来决定谁先得到球。
>
> 模仿类。在这种游戏形式中，演员模仿另一个人、角色或物体，就像孩子们扮演牛仔和印第安人或假扮动物一样。成人戏剧是模仿游戏。另一种模仿的例子是足球球迷，他们通过使用代词“我们”和“我们的”来象征这个身份，或者用球队标志作为个人服饰的一部分。
>
> 眩晕类。游乐园的摩天轮为我们提供了一个很好的例子，长跑也是。格斗和感情用事的赌博也可以归类于此，因为这种赌博行为有利于人们产生很强烈的感觉。（详细的阐述见 Herman，1976）

这里所提及的所有运动项目、赌博和其他形式的游戏都在很大程度上接近或者已经达到给人带来强烈的情绪体验的特点。这些活动都有一个常规的开端、过程和结局，而所有这些都是有价值的。在竞争活动中，结局要么是胜利，要么是失败；在机遇游戏中结局是金钱得失；模仿游戏的重要价值在于通过角色扮演量的增加直接丰富了身份。

眩晕的价值通过对战栗性质的考查揭示出来：如詹姆斯所说，即使我们按照习惯生活，我们也会为之活下去。巴林特(Balint，1959)指出，战栗包括三个要素：恐惧，自愿和生存希望。

摩天轮具有这些特征，就像猎狐行动、坐雪橇或跳伞一样。这种活动的价值在于，人们享受这种战栗经历的机会超过随机水平。这些经历成为谈资，人们反复讲述这些事件的经过，在每次讲述中详细阐述并“添油加醋”。通过这种方式，讲述者的生命故事就得到了丰富。

这些战栗的要素也存在于其他三种游戏形式中。竞争游戏存在恐惧、自愿和生存希望。同样，加入机遇游戏也是自愿的，包括对损失的恐惧，甚至在俄罗斯轮盘赌的情况下，人们都希望能存活下来。恐惧包括难堪、被发现出错和身份误读。同样在这里，一个人自主决定参与游戏，希望克服怯场心理，或控制被暴露的风险。

战栗是冒险的预期产物。参与刺激游戏能增加自我建设的潜力，这与之前介绍的冒险一样。这里有一些虚构的情节，它们注定会产生价值的波动，因此，时间被填满和打断：现存的变得逼真。这一理论观点得到了研究的有力支持，戈特曼(1978)提供了对运动员实证调查的总结。这些研究报告压倒性地支持体育参与的积极自我建构效应："感觉自己的存在""发现自己""实现自我""寻找自我的表达""了解自己""非语言交流""获得他人认可""支配他人"。

戈特曼引用了罗杰·班尼斯特(Roger Bannister)描述的他即将创造4分钟跑完1英里(约1.61千米)记录时的感受：

> 那一刻，我的心灵被接管，它混杂着喜悦和痛苦。它跑得很快，超过我的身体，拉着我的身体向前狂奔。我觉得生命的那一刻已经到来，没有痛苦，只有运动和目标的完全统一。世界似乎静止不动，或者根本不存在……我感到那一刻是我去做一件崇高事情的机会。我继续前进，被恐惧和骄傲驱动着。

虽然这是对一次短暂瞬间的文学重建，但它成功地展示了单一的竞争性体育事件所带来的激动人心的自我建构潜力。这种表现的背景是独特的，并将它转变为人生的战栗。这一成就被公众所见证，他们焦急地等待着谁将是第一个创造这两个几乎不可能的指标——240秒、1760码(1码≈0.91米)。罗杰·班尼斯特，作为一名医生，他在历史中占了一席之地，并且比后来跑得更快的赛跑选手更著名。作为个人传记的组成部分，罗杰·班尼斯特破纪录的一跑不仅仅是一个中年男人在年轻时参加体育比赛的普通事件。

年轻人直接参与体育运动是非常普遍的。詹姆斯·米切纳(James Michener，1976)在他的《美国体育》中指出，“年轻人需要接纳的体验……在美国，正式体育运动被选择用于满足这一需求”。

在美国，体育运动用来满足上述需求，即使不是最主要手段，也是主要手段之一。通过体育运动，年轻人可以构建一个被普遍认为是充实完整的生命故事。正如前面提到的，几乎所有美国民众都参与到体育运动中——绝大多数的人每天都关注发生在全球各地的体育事件。

在美国，赌博活动普遍为人们所接受，并呈现出一种越来越多的趋势。一份报告指出，在1983年，有1320亿美元成为赌注，赌徒们损失约20%。换句话说，在1983年，大约260亿美元的税收被上缴，这得益于合法或者非法赌博公司老板获益后的“贡献”。这一数字可能被当作一个价格标签，标示美国人该年为即兴刺激消费的金额总和。

在我们的世界中，无论是参与者还是旁观者，参加体育运动和赌博活动都是非常普遍的，但从狭义的理性意义上讲，这确实没有实用价值。此外，这两类活动都是如此的程式化和受规则约束，以至于产生的事件在审美上和本质上都是无趣的。老虎机在5秒内循环，1把21点通常不到1分钟就完成了，而且几乎所有的赌场游戏都在5分钟内完成1个周期。棒球、橄榄球和篮球比赛可能会让人对它们的纯粹美或内在的刺激特征感兴趣，但我认为，这种吸引力是微小而短暂的。联赛、国家比赛，或与现有记录相比较的外部因素，确实有助于人们对正在发生的事情产生兴趣，就好像复杂的可能性随着比赛的进行变得越来越少。在一场体育比赛中，关键的要素是竞技比赛的结果，它是人们事先并不知道的；并且，在那些相互竞争的队伍中，人们会以个人利益的目光去看待最终的结果。在冒险系数低的游戏中，把注意力和钱投入其中可以挽回空虚的时光。如果一个人没有投注，那么他对赌博活动就完全没有兴趣。只要沮丧感下降，就会产生激动的情绪。扑克是一种极其简单又无趣的游戏，除非用代币的交换来提高人们的兴趣。当有了赌注，扑克游戏是为数不多的能经常持续 24 小时甚至更长时间的游戏，它很少或不会因睡眠、进食或任何纯粹消遣而中断。这些人为的冒险是重要的，它们的组合和重复被用于构建与维持适合的自我叙事。

对背景的考虑

我在上文中已经提到，1954 年罗杰·班尼斯特 4 分钟完成 1 英里(约 1.61 千米)的障碍跑，人们解释并赋予了该事件重要的历史意义。无论是表演，还是体育赛事的结果，都无法决定这一事件在构建自我叙事时的作用。相反，体育赛事的整体架构和意义决定了比赛的作用。1938 年，第二届路易斯-施梅尔重量级拳击赛，一个贫穷的黑人取得冠军。这不仅是一场拳击比赛，更是一个大事件，该事件以复杂的方式象征了宣扬民主的美国与宣扬种族优越性的纳粹德国之间的对战。这场比赛被看作冠军的交锋，胜利者不仅为他自己，也为了整个国家。不管种族主义在美国仍然猖獗，或者杰克·约翰逊 20 年前在成为美国第一个重量级拳击冠军时因为他的蛮横而遭受的严重虐待，路易斯-施梅尔令整个西方世界见证了一次虔诚而又带有党派色彩的比赛。路易斯用 126 秒打败对手的戏剧性事件牵动了数百万人的心。在同样规模的比赛中，世界杯足球赛的决赛吸引了所有参赛国家的关注，激发了人们高涨的热情。几乎没有人能抗拒在 1982 年意大利和德国最后一场比赛的魅力，因为在这些国家看来，这场比赛似乎是一个重大而关键的事件，即使没有人能够确切地说明它到底意味着什么。历史和戏剧性的背景常常为体育赛事提供丰富、短暂而重要的意义。体育运动的历史充满了激动人心的时刻。

如果体育赛事对个人的影响必须在广泛意义的背景下加以理解，那么体育机构和对体育的态度就必须被作为社会历史上的一个主要问题来处理。事实上，一个新的历史领域最近已经发展起来，并且人们已经在致力于进行解读(详见《高等教育编年史》，1983年6月8日)。

体育运动可以是冒险，使人们从沉闷乏味和粗俗的家庭生活中极其兴奋地解脱出来。常规和拘束的沉寂成为生活常态，如果想要改变现状，那么该地区人们对体育运动的兴趣就显得十分浓厚。因此，基于《资本论》所产生的令人压抑的工业场景成为全世界公认的体育运动的源泉(Weber，1971；Guttman，1976)。这不仅仅是巧合。在英国的生活背景下，体育运动有其特殊而重要的意义。

> 也许正是为了满足一些精神的力量，不合时宜的英文精神食谱令人激动地出现了。行动、解放、冒险和英勇的生活都是殖民者所承诺的。体育也是如此。两者都提出了一种逃避日常生活的枯燥、乏味和压抑的方法。两者都抓住机会坚持自己的权利，在家庭困窘的情况下仍花费少量必要的精力。这两种观点都反映在世纪末的评论或新艺术冒险中，反对一种衰老的、无精打采的生活方式，但主要是关于一个胖男孩的反抗，而不是受压迫的人的反抗。

游戏确实为人们在无聊或封闭的世界里的情感表达提供了一个发泄渠道，正如伊莱亚斯和邓宁(Elias & Dunning，1970)在他们的文章中所指出的那样，“在沉闷的社会中寻求刺激。”然而，体育提供的不仅仅是兴奋，而是一系列的冒险故事，是一个吸引人们注意力和谈话的神秘来源。根据马克思主义的分析，竞技体育是一种逃避现实的运动；职业运动是资本主义深恶痛绝和限制的一种运动，因为体育运动的自我叙事功能不具有合法性。(详见戈特曼于1976年对马克思主义和新马克思主义在运动的观点上进行了有益的陈述与批评。)

看起来，竞技体育不可能永远与一种人为的社会精英主义系统共存。早晚有一天，体育人才的身体优势必然会使那些传统特权的“守门人”感到难堪和羞愧。即使个人原本的才能并不会受社会阶级所影响，但体育运动确实可以作为提升社会阶级的契机。在一场痛苦的体育比赛中，运动员最重要的心理满足感之一是比赛的最终结果没有歧义，同时也意识到最终的结果主要取决于在体育比赛中运动员的自身素质，而不是任何可继承的特权。竞技体育在这个意义上是民主的。

由于竞技比赛的结果具有这些特点，希特勒于1936年决定在柏林举办奥运会，这是一个令人好奇而又充满疑惑的决定。他对竞技体育的拥护被认为是对民族主义运动的一种愤恨，因为奥运会被视为一场完全违背德国精神和19世纪浪漫主义理想的运动。希特勒冒了很大的风险，因为他希望向世界展示他的体制在公平竞争中所取得的成果的优越性，从而获得巨大的宣传优势。为此，他准备牺牲传统德国体育的非竞技性特征。但是，体育运动所带来的眩晕感并没有随着希特勒的决定而突然消失，雷妮·瑞芬舒丹(Leni Riefenstahl)的电影记录了1936年的奥运会，使人们对这一点非常清楚。瑞芬舒丹的相机聚焦于形式的美：跑步者在蜿蜒的森林小路中训练，他们的身体在潮湿的桑拿房里尽情享受，他们在裸露的背上用柔软的叶子来刺激循环。这部电影展示了奔跑者在五项全能运动中出色地消除水中的危险。在另一个片段中，在慢镜头下，潜水员似乎违反了地心引力定律；在一个长时间的剪辑中，许多潜水者都表现出了轻快的自由，甚至他们从来没有拍打过水。优雅，庄严，和谐，完美的人类形态——这些都是在瑞芬舒丹的电影中所具有的品质，而且我们也只是偶然地了解到赢家和输家，电影里并没有提到各个国家所获得的奖牌数量。尽管如此，这是第三帝国的宣传工作，却比戈林的作品更微妙、更巧妙。当然，对于美国人来说，1936年的奥运会因杰西·欧文斯(Jesse Owens)的4次胜利而被人们铭记。就像路易斯征服了施梅林一样，这些胜利被美国人认为是一种在任何的严重对抗中的神圣信号，即我们的体制都将战胜他们的。在许多情况下，希特勒的战略决策使他的追随者们最终失败。这说明了眩晕类游戏的危险性，因为从更高境界来看，一个人可能会完全错误地判断一个人在痛苦对抗中获胜的能力。

美国一直以来都被充满竞争的模式所束缚，这是由另一位著名的国家领导人约翰·肯尼迪(John F. Kennedy)的总统政府风格战略决定的。加里·威尔斯(Garry Wills，1982)令人信服地展示了肯尼迪冒险主义政府风格的主导地位。“新边疆”提出了美国人所能理解的挑战——导弹缺口、太空竞赛、登月计划。肯尼迪的拥护者都很年轻，经常举办危险的聚会，以及为了娱乐而玩触控球。罗伯特·肯尼迪(Robert Kennedy)是卡车司机工会会长吉米·霍法的一个无情对手，以及许多其他真实或想象中反派角色的无情对手。古巴导弹危机被广泛地认为是一场巨大勇气的胜利，我们期待着“边缘政策”的重演。所有这些激动人心的经历被创造出来对抗艾森豪威尔时代的10年灰暗的统治。因为卡米洛特时代辉煌的运动和赌博，不仅在美国，而且在全世界都引起了人们的兴奋和关注。在国家层面上看，这是一个国家倦怠时期出现的“良好的开放”(Klapp，1978)的一个例子，这是关于国家和个人的冒险故事，对于个人同样如此。

汤姆·沃尔夫(Tom Wolfe，1979)在《太空先锋》一书中完整地阐述了美国人渴望冒险的另一个例子：太空探索计划。这个故事由四种基本游戏形式组合而成，营造持续紧张的气氛。宇航员们对在旅行中仅当被动的骑手并不感兴趣，他们想要参与持续的竞争游戏，控制或者驾驶他们的飞船来对抗自然重力。围绕着人类太空计划的新闻报道是模仿游戏的一个实例，因为在这里，宇航员被鼓吹为超级英雄，精英中的精英，通过训练达到身心完美的极限，超越人类的普通欲望。“太空先锋”作为一个与眩晕感和卓越联系在一起的概念，在逃离地球束缚的过程中从高处俯冲下来，如果你拥有“太空先锋”，你就会与超群和谐相处。而且，当与不断故障的机器互动时，大量的冒险成分都会存在于最初的太空飞行中，后备系统会帮助你提高生存的可能性，但同时证明这种冒险也有悲惨失败的可能。在所有这些复杂性中，对抗竞赛的元素在征服太空的过程中占主导地位。美国是第一个设想登月的国家，对于数百万美国人来说，这是极大的宽慰和满足。

维持冷战、军备竞赛，或获得核优势，是没有严格的合理的论据的。这些比赛看起来并不是那么合理。这些冒险不是逻辑上的，而是戏剧性的——要求维持某种合理连贯的、引人注目的政治故事情节。这个故事情节的需求涉及“多米诺理论”“帝国扩张主义”等问题。奥威尔(Orwell)在《1984》中对大洋洲、东亚和欧亚大陆之间进行持续而不稳定的竞争的理由，与这里所描述的一样。一个连续故事情节的需求是最重要的，而政府—媒体的结合是贪得无厌和无情的。因为故事并不是在安全和稳定的繁荣状态下发生的，所以必须制造出不安全和不稳定。这并不是说世界各国的领导人以一种普通公民不知道的方式了解这一点，也并不是说世界领导人巧妙地设计了这些冒险的节目，以防止大众陷入一个生存的深渊。相反，世界各国的领导人正以一种无法冷静的方式，陷入了戏剧的本质中。罗纳德·里根(Ronald Reagan)十分沉浸于美国总统的角色，也十分留意在历史舞台上耀眼的灯光，以致他虽然作为主角，却缺乏对戏剧的任意性和荒谬性有更清晰的看法，这一点甚至还不如他的公民有能力，我想，饥饿的媒体也无法从他们所渴望描述的冒险中获得拯救的合理判断。

世界政治是一场游戏、一场戏剧，是一系列的冒险；它是不确定的，有风险且具有重大影响的。在世界事务的舞台上，演员的冒险是必须的，因为它不会使故事的叙述崩塌。电子时代永远不会容忍卡尔文·库利奇(Calvin Coolidge)。很明显，这种坚持会导致某些危险，但我要把对危险的进一步思考推迟到这一章的最后部分，在接下来的——体育运动和赌博类的个人冒险在生命故事的构建中的影响之后再重新说起。

重复冒险中自我叙述构建的问题

生命传记与生物学无关。叙事结构是社会衍生和重复冒险的产物，并且覆盖和延伸到故事之外的生物生命的进化。显然，这对美国来说是一个越来越重要的社会问题，越来越多的人在退休后仍拥有充沛的体力。库尔特·冯内古特(Kurt Vonnegut，1982)很好地指出了这个问题："如果一个人在60年或更长的时间里幸存下来，那么当他退休时，生活就像是一个已经结束的美好故事，而剩下的一切都是后记。生命没有结束，但故事已经终结。"

生命故事过早结束这一问题对于运动员来说尤其明显。豪斯曼(Housman)在《什罗普郡少年》中的两个小节将会说明这一现象：

当年，你为小镇赢得了比赛，
我们举起你穿过市场；
男女老幼夹道欢迎，
你在人们肩头凯旋。
……
现在，你将永不会被击败，
他们的荣耀转瞬即逝，
尽管后来的冠军辈出，
活着时名字已被人遗忘。

竞技名气的问题在于，它常常设定不可能达到的高标准来发展一个人生命中的其他故事。事实上，这样的标准只能在人的青年时期勉强得以维持。事实证明，许多年轻的运动员都遭受着残酷、权威和无可辩驳的命运——不能够受伤，以及因为名字没有被贴在衣帽间的门

满意的故事。从长远来看，这些专注的赛马者为选定的主题发展出了学术性的学问，而且叙述的内容也十分丰富(Herman，1976)。

叙事内容的充实既是回顾性的，也是间接性的。在回顾过去时，人们会以一种方式来修改、选择和整理细节，从而创造出连贯的、令人满意的自我叙述，并以此作为对当前状况和处境的解释。自传作者必须描述一个故事线，以某种方式结尾并与已知的现状恰好吻合。间接性的叙述内容的充实，是通过识别或将注意力集中在我们周围的无数冒险行为上来实现的。体育活动、小说、与朋友闲聊的机会、去参加的戏剧和电影，以及各处允许自己接触的名人，这些都是间接叙事内容充实的常见种类。

回顾性叙述内容的充实的可能性使我们可以理解一系列令人费解的冒险活动。据说，埃德蒙·希拉里(Edmund Hillary)爵士用一个著名的反驳——“因为它在那里”，来回答他攀登珠峰的原因。但是我想，如果他回答“因为你在这里，而且在问这个问题”会更让人满意。如果爬山的故事无人倾诉，想象一下自己能爬几座山；如果记忆不能以某种方式去设法选择和保持积极宝贵的冒险，并删除或改变不愉快的冒险，人们在攀登过程中就会有很多痛苦和艰辛。一段不愉快的插曲是痛苦的，但随着时间的推移，它会被有选择性地修改、美化，并为自我和他人的快乐服务，从而变成一个有趣的故事。乔叟的《坎特伯雷故事集》是一本真正有趣的书。因此，他们的艰苦跋涉可能已经被充实为充满乐趣的旅途，这无疑会使故事原主角惊奇万分。①

冒险与严肃

离开城堡去进行冒险的人通常会给留下看守城堡的人带来损失或

---

① 与冒险有关的必要性使我们观察到：摄影行业在促进旅游业发展的方面所做出的努力，可能比旅游业在促进摄影行业发展的方面所做的努力更多，而这是一般的处理方式。

负担。当骑士们离开时，必须有人保护城堡。在这里，我们看到女权主义抗争的一个基本要素，因为传统上是男性的角色去冒险，而女性则被抛弃在家庭生活中。如今，越来越理想的是在性别上提供平等的机会——允许女性离开城堡去迎接未知的挑战，并向男性发起挑战，让她们在清理城堡时得到公平对待。我认为，这可以被看作为女性和男性可能的生命故事提供严肃的平等性。

为一项运动而训练的运动员不需要承担家庭责任和杂务劳动。赌徒很可能不用租金玩游戏，只考虑谁会把损失的费用支付给他。那些通过尝试毒品、从事放荡的性冒险或者仅仅是在街道上四处游荡来寻求廉价刺激的人，正在他们所处的集体中骗取冒险的成本，而这些冒险所累积的收益只会进入冒险家的囊中。科学家、文学家或是从事寻找和搜索任务的探索者，都是以牺牲社会集体利益为代价的。我希望，利益最终会以高级知识、新发现和新见解的形式回到集体中，或者至少以一个有趣的故事形式出现。

因为冒险在某种意义上是昂贵的，所以社会通常会考虑它对集体的利益，来控制一定程度的冒险。古希伯来人和清教徒对冒险与赌博类的体育运动没有任何兴趣，认为体育运动是徒劳的、昂贵的，因此他们并不重视。娱乐性药物通常是被禁止的，不是出于主观上的吝啬，而是因为它们的使用会产生集体成本。赌博有着与集体规则相冲突的真正古老的历史，而且往往是被禁止的。那些对集体没有任何回报的冒险行为通常被认为是不严肃的。①

戈夫曼描述了卡尔文对生活问题的解决方案，即把一个人的活动划分为不会产生有害影响的活动，以及肯定会产生一些小收益的活动。在这样的计划中，什么都不会出错。在我们所处的时代，这个问

① 有趣的是，狩猎和捕鱼曾经是人类最严肃的技术活动；战争作为最严重的人类冲突，在现代已经变成了体育运动。而纯粹为了娱乐而进行的活动，如打棒球、足球或赛马，已经变成了严肃的职业。这些来自游戏，是转换的进一步示例。

题纯粹是心理上的。我们可能会认为，在卡尔文主义原则下的生活过于严肃和乏味。

这是一个有待解决的问题，对野性和不可预知的需求的意义，究竟是一个人的性格问题，还是一个时代的问题？我怀疑这两者都是。避免完全驯化的冲动，既不是文化上的，也不是个人的，而是自由变化和不可预测的东西。冒险的冲动从某种意义上看是一种强迫的行为，而且是一种逃避严肃的行为。相互的强迫是对严肃的强制，也许两者兼得是有可能的。

一些形式的表演或者比赛会假装成非常严肃的模样——也许斗牛是最明显的例子；而大歌剧与轻歌剧形成鲜明对比，严肃性音乐与仅仅娱乐性的音乐形成对比。戈夫曼(1967)引用了海明威对斗牛的描述，这是一种终极的行动，包括了不可避免的真相、真实的剑、真实的血等。但是，我仍认为，整个精心策划的娱乐只不过是另一个被驯化的公众通过间接的改良来增加生活乐趣的例子。我怀疑真正的死亡斗争通常会有一种不同的基调，至少对于垂死的人来说，这场斗争并不是真正意义上的冒险，因为与其他令人兴奋的经历不同，这次回来的希望会大大减少。

康拉德(Conrad，1981)在《黑暗之心》中的描述体现了斗争的非运动性特征：

> 我与死亡搏斗。这是你能想象到的最乏味的比赛。它发生在一种令人不快的灰暗中，脚下什么东西都没有，四周也没有任何东西，没有对胜利的巨大渴望，没有对失败的极大恐惧，在一种病态的怀疑气氛中，你不相信自己的权利，更不相信你的对手。如果这是终极智慧的形式，那么生活就比我们想象的更加神秘。在我抓住发表声明的最后一丝机会时，也许我会因为感到羞愧而什么也说不出来。

这是严肃的，但这并不是一种永久的或稳定的严肃。至少对于康拉德或马洛(Marlowe)来说，他们的生活中已经有足够长的时间用来叙述这一灰色的人类斗争，他们甚至找到足够的思想和声音来做出相当多的声明。因此，任何事物都可以在某种程度上同化到自我叙述中，冒险也一样。

冒险被描述为一种逃避，作为对死亡的豁免。即使冒险具有运动性和危险性，它还具有创造性和建设性。它是生命的创造和提升，即使它脱离了理性世界的客观严肃性。冒险创造故事，并有助于实现完整的身份。每一次冒险，严肃性都会受到威胁。但如果没有冒险，严肃性也无从谈起。如果冒险变得不可能，家庭生活会变得荒唐无趣，同时也缺乏严肃性。同样，对于被赤裸裸的痉挛所建构的人物角色来说，重申严肃性也是必不可少的。一些人认为对严肃性的恢复是死亡与战争道德优势的一种。人们在持续寻找死亡与战争的等价物。

致谢：我感谢萨宾阅读了这份原稿的初步草稿，并提出了一些修改建议。我也希望对肯·格根(Ken Gergen)和约翰·肖特(John Shotter)表示感谢，他们1984年7月在威尔士加的夫举行的“国际自我与身份国际会议”上组织了一个研讨会。在那次会议上，我展示了这一章最初的简化版本。

参考文献

Allport，G. 1937. Personality[M]. New York：Holt.

Angell，R. 1977. Five seasons [M]. New York：Simon and Schuster.

Balint，M. 1959. Thrills and regressions [M]. London：The Hogarth Press and the Institute for Psycho-Analysis.

Bosi，E. 1979. Memoria a sociedade[M]. São Paulo：T. A. Queiroz.

Caillois，R. 1961. Man，play，and games [M]. New York：Free Press.

Conrad，J. 1981. Heart of darkness[M]. New York：Bantam.

Crites，S. 1971. The narrative quality of experience[J]. The Journal of the American Academy of Religion，39，391-411.

Desvuisseaux，P. 1983. Baseball history[J]. Chronicle of Higher Education(8)，17-19.

Elias，N. & Dunning，E. 1970. The quest for excitement in unexciting societies[M]// G. Luschen. The cross-cultural analysis of sport and games. Champaign，IL：Stipes.

Gergen，K. & Gergen，M. 1983. Narratives of the self[M]// T. R. Sarbin and K. E. Scheibe. Studies in social identity. New York：Praeger.

Goffman，E. 1967. Interaction ritual[M]. New York：Anchor Books.

Guttmann，A. 1978. From ritual to record[M]. New York：Columbia University Press.

Herman，R. D. 1976. Gambling and gamblers[M]. Toronto：D. C. Heath.

Huizinga，J. 1949. Homo ludens：A study of the play element in culture[M]. London：Routledge and Kegan Paul.

James，W. 1911. Memories and studies[M]. New York：Longmans.

Kallick，M.，Suits，D.，Dielman，T. & Hybels，J. 1979. A survey of American gambling attitudes and behavior[M]. Ann Arbor，MI：Institute of Survey Research.

Klapp，O. 1978. Openings and closings[M]. New York：Cambridge University Press，1978.

Kogan，N. & Wallach，M. 1964. Risk taking[M]. New York：

Holt, Rinehart and Winston.

Mancuso, J. C. & Sarbin, T. R. 1983. The self-narrative in the enactment of roles[M]// T. R. Sarbin and K. E. Scheibe. Studies in social identity. New York: Praeger.

Michener, J. A. 1976. Sports in America [M]. New York: Random House.

Miller Brewing Company. 1983. Miller Lite. Report on American attitudes towards sports[M]. Milwaukee, WI: Author.

Orwell, G. 1968. The art of Donald McGill[M]// S. Orwell and I. Angus. The collected essays, journalism, and letters of George Orwell (vol. 2). New York: Harcourt, Brace and World: 155-165.

Ortega y Gassett, J. 1961. Meditations on Don Quixote[M]. New York: Norton.

Sarbin, T. R. 1977. Contextualism: The worldview for modern psychology[M]// A. W. Landfield. Nebraska Symposium on Motivation: Personal Constructs. Lincoln, NE: University of Nebraska Press.

Steinbeck, J. 1977. The acts of King Arthur and his noble knights, from the Winchester mss. of Thomas Malory and other stories[M]. New York: Ballantine.

Vonnegut, K. 1982. Deadeye Dick[M]. New York: Delacorte.

Weber, E. 1971. Gymnastics and sport in fin de siecle France: Opium of the classes[J]. American Historical Review, 76, 70-98.

Wills, G. 1982. The Kennedy imprisonment: A meditation on power[M]. Boston: Little & Brown.

Wolfe, T. 1979. The right stuff [M]. New York: Farrar, Straus, and Giroux.

第八章　故事时间：追忆过去与预测未来

斯蒂芬·克赖茨(Stephen Crites)

在索伦·克尔凯郭尔(Søren Kierkegaard)所撰写的《非此即彼》(*Either/Or*)第一卷的系列短篇中，有一篇题目是“最不快乐的人”(The Unhappiest)。这是原丹麦标题“Den Ulykkeligste”的字面翻译。它在标准出版的英语词典中被翻译为“最不幸福的男人”(The Unhappiest Man)，但在原标题和字里行间并没有表达男性在不快乐的排名中有优先权，它反而庆祝男性和女性相似的不幸。这是书中一个叫A的年轻人为Symparanekromenoi发表的演讲。Symparanekromenoi是一个死人社会，其成员在夜晚幽灵时间举行集会。短篇副标题是“给Symparanekromenoi的一封狂热的信”，这次演讲给僵尸们带来了欢乐，这些僵尸热衷于不幸。

这篇演讲具有一定的辩证性，又或许只是科学的假设。演讲者向细心的听众解释什么是“不幸者”，他是指一个有理想、生活充实、意识丰满、有存在的本质、在某种程度上以他自己以外的方式生存的人。他总是缺席，从来没有呈现过真实的自己。[①] 这或许是一个比较一般的定义，但发言者继续深入探讨这个主题：“有证据表明一个人

---

① 这里和以上的引文译者在原始的基础上对翻译进行了轻微地修改，使它更接近于字面上的翻译。——译者注

要么生活在过去，要么生活在未来”，这是最不快乐的人的两种最基本呈现类型。两种类型的人都没有生活在当下，这就是两种类型的人都不快乐的原因。但是，一些人比其他人更不开心。如果一个人只活在过去的生活中，至少还能发现他活在自己的记忆中，当他回忆自己还是一个人的时光时，至少可以享受很多的幸福。例如，一个女人被她的情人抛弃，她觉得她的生命被永远地摧毁，也许她还可以回忆在他离开之前的那些美好时光并因此感到满足。沉溺于未来的人也是如此，如果他活在充满生机的希望中，最终他都有可能会找回自我。他可能没有任何他所关心的记忆，此刻他的记忆是一片空白，但是他很开心自己依然心存希望。如果一个人只停留在过去，那里除了痛苦或悔恨什么也没有，那么他已经到达不快乐的新高度；同样地，一个人只专注于未来，但没有希望，或许除了焦虑，其他的什么都没有。

除此之外，我们的演讲者在逻辑严谨的同时也是热心的，他不仅沿着线索继续对不幸的分类进行描述，还列举了大量文学作品和史例。对于 Symparanekromenoi 来说，这是一个扣人心弦的夜晚。最后，演讲者以精彩的笔触揭示了对过去和未来的不快乐的综合辩证。痛苦的奇迹出现了：

> 当他还在回忆的时候，他的希望就落空了，并且希望阻止他进行回忆。一旦发生这种情况，一方面，因为他不断地希望回忆一些事情，他不断希望又不断失望，但由于失望，他发现这不是因为他所希望的目标被推迟，而又由于它已经过去了，已经经历过或应该经历过，就这样，他又回到了回忆中。另一方面，他不断回想主观的记忆，因为他对经历过的事会进行一次主观的筛选，即只回想自己希望想起的记忆，这些都在他说出来之前就已经完成了。

这种不合常理的组合似乎可以被用来描述不幸福的表现。像所有最高等级的成就一样，它也可能是罕见的。有些比较常见的是，找到实例要么是回忆起他们应该所希望的东西，要么是相反的。克尔凯郭尔列举了之前的一个例子，另一个无名的“年轻人”刚刚坠入了爱河，但是他有过度活跃的想象力，他已经想象自己是一个老人，并回忆了初恋的光辉岁月。事实上，从这个角度看，他与他爱人的整个未来生活都展现在他的眼前——就像老妇人说的，发生在死亡的那一刻。作为他的知己，康斯坦丁·康斯坦弟乌斯(Constantin Constantius)观察到这个年轻人基本上过完了人生。一个缺乏诗意的例子可能是家庭、公司或学校的资深成员，他们会不可避免地朝着新的提议“泼冷水”：这已经尝试过了。这是对未来的反思，把它当作一种过去。相反的行动是把某人对未来的希望寄托在只能成为过去的状态上，就像中年男人或女人试图变年轻的平庸之路一样。

一个人如果能把希望和回忆这两种行动结合起来并让它们相互交融，那就真的是一个艺术大师，他在最不幸的人的特权阶层中应该有一席之地。我们的演讲者说道：

> 因为他从未年轻；他不能变年轻，因为他已经老了；在某种意义上，他不能死，因为他没有真正活过；在另一个意义上，他不能活，因为他已经死了；他不能去爱人，因为感情是永远存在的，他没有时代性，没有未来，没有过去，但他天生是一个富有同情心的人，他恨这个世界只因为他爱它；他没有激情，并不是因为他缺少激情，而是因为在同一时刻，他有相反的激情；他没有时间做任何事情，不是因为他的时间被别的东西占据了，而是因为他根本没有时间；他无能为力，不是因为他没有权力，而是因为他自己的力量使他感到无能为力(p. 224)。

虽然我们的演讲者提供了许多较小类型的不愉快的例子，但值得注意的是，他提到没有适合用来描述不愉快的具体事例。也许没有必要，因为在这个暗示性的辩证描述中，Symparanekromenoi 能容易地认出他们自己和他们的演讲者。如果描述是真的，他们根本就没有什么具体的东西。

只有在不牢靠的意义下，以下才能被视为"不幸者"的一种阐述。我们将以不同的视角，用类似故事的方式推测我们如何合理化过去并预见未来。事实上，这将会成为我们主要的兴趣。然而，为了将这些推测结合在一起，我们将再次回到"不幸"这个主题，在某种意义上，我希望与精神疾病诊断中的"不幸"有相似之处。克尔凯郭尔的陈述如此异想天开，如此戏剧化，他对时间的心理学意义提出了一些暗示。克尔凯郭尔不一定赞成进一步发展这些暗示。我们认为预测未来与合理化过去需要非常不同的叙述策略，而这些策略的混淆会导致不幸的结果。时态不仅仅是语法。在这点上，语言仅仅记录人类生存时间的独特性。因为我们个体或集体存在的此刻是过去和未来的结合点，并从根本上使我们与两者的关系有区别，所以语言具有时态。

过去和身份

正如克尔凯郭尔并没有提及的那样，我们假设，"自我"是一个自由浮动的有生命意识的名字，它通过关系网络分布在时间中，而不是一个持久而具体的实体，该实体或多或少与某个单独的人体组织连接。它更像是我们呼吸的空气，我们共同的精神，与其说它像活生生的身体的一部分，不如说它更像我们在谈话中所分享的语言，甚至在我们最私人的时刻也能继续分享，而不是像呆板的录音设备。不同之处在于当我们试图打电话给朋友的时候，我们便会立刻意识到，这是他录下来的声音，要求我们在电子信号的提示声音下留言。它只在与他人的关系中存在。每一个生命体都需要气候和化学物质的加入，通过共同的空气，土壤和生物圈中的所有其他营养物质才赖以生存。但是只有在这个意义上，自我才完完全全是整体的。自我孤立的有机体所包围的自我主义的自我是一个视错觉，它出现在视野中没有被严密地观察到。

我们所假设的更为普遍的自我的观点无疑是有争议的，但我不建议在这里进行辩论。我们还有别的事要做。我承认它在某些方面是违背直觉的，而且这种考虑确实关系到我们。如果我们认真对待，在我们描绘的意义上，精神生活的本质是主观的，因而这个伟大的难题就是这样发生的：从童年到现在的所有经历中，至少我会间歇地意识到自己是一个个体的身份。比如，对我来说熟悉的内在的声音在口音上是如此一致；又比如，在意识中心出现的观点也是如此一致。也就是说自我从根本上来说是一个对话的名称而不是一个独白，那我是如何准确无误地辨认出我自己，这个坚持不懈的“我”，这个又高又瘦的“我”，而不与其他人混淆？走出存在于意识之间自我的大海，我可以很容易地发现那个发出自我咿呀声的小漩涡，它是怎样发生的？

由于道路拥挤，在颠簸的车辆上挤了几小时，你可能会瞬间变得不确定哪一条腿是你的。把你的手放在你的口袋里，你可能会发现这是别人的口袋，甚至别人的手在你的口袋里。由于遗忘症，你在怀疑哪一个是自己？自我确定的现象似乎是直观的，甚至对于那些在思想上可能感到尴尬的人也是如此。但是，如果假设这种现象意味着个体化的自我是一个没有问题的和不言自明的实体，这种假设是轻率的，更不用说它是一种不可消减的形而上学的物质。

记忆的连续性必然导致这种自我肯定。“我”，这个正在说话的自我，追溯到早期的童年记忆，它是零碎的和断断续续的，但与过去形成了足够的联系，给这个现在的自我一种随着时间流逝而存在的感觉。记忆有许多空白，但是它也能让人有接触过去的机会，经过许多蜕变的身份，一个人还记得以前的自己。这种身份不仅仅是指身体成熟的各个阶段的有机连续性的问题。我从镜子里看到的脸并没有让我想起小时候看过的那张脸，但我会毫不犹豫地说这两张脸都是我自己的。事实上，在我记忆中的视觉图像，不仅是那张脸，还有我童年时期同样熟悉的环境，使我强烈地意识到“我”根植于过去。当一个空白被填满时，这种感觉就会加强，如当一个被长期遗忘的视觉形象强烈地出现在人们的脑海时。最近，我参观了我在童年时住过的房子，我们已经离开很久了，它已经完全经过装修和改造。注视着餐厅里的踢脚板，我惊讶地发现一个奇怪的裂缝，令我突然间想起了一个小男孩在地毯上玩耍。我认为它看起来像是一种奇特的表情，令我着迷。在之后的几年里，我没有机会想起这件事，但即使在更陌生的环境中出现，我也会认出它来。就这样，它勾起了我在餐桌下和旧地毯上爬来爬去的记忆，在地毯的花纹上我临摹了各种理想的地形，这些被纳入我的游戏中。我回想起当时当地那些在地毯上和我一起玩过的童年朋友，还有他们穿的衣服。

但是，在时间维度上，这些强烈的视觉图像并不是现在写作的这个“我”与过去的“我”之间的唯一连接。对于我个人来说，凑巧的是听觉维度的体验通常比我记忆中的视觉体验更生动。20 世纪 30 年代的古老歌曲与谚语、电台广告、流行歌曲、福音赞美诗、精确的抑扬顿挫的声音、火车和汽车的声音以及学校的钟声，会突然呈现在我的面前，使我想起当时的很多场景。

不久以前，我与我的两个成年的女儿在康涅狄格州的一个小道上徒步旅行。在温馨的家庭节日气氛中，一个女儿抱怨说，人们用白色颜料把自己的名字写在石头和悬崖上，好把名字显露出来。我毫不犹豫地说：“傻瓜的名字、笨蛋的脸，大庭广众之下总能看见。”话音刚落我的耳边就响起了咯咯的笑声。听到这个声音，以前的一件事立刻生动地出现在我的脑海里：当我是一个小男孩，也许在五六岁的时候，一个工人正在我们家门前铺设人行道。我问是否可以把我的名字写在刚刷好的水泥上。他严肃地看着我说：“傻瓜的名字、笨蛋的脸，大庭广众之下总能看见。”我意识到自己必须以其他方式成名，因此我收回了我的请求。

节奏和韵律的强大记忆效果！我一直没有想过它，直到那天和女儿散步时，这个有节奏的短句从唇边无意识地发出。我认为这是谚语式的，经过一代代内向低调的人对爱炫耀的人的嘲讽流传下来，至今还在流传。无论如何，这么多年，我只是它的被动载体。在巨大的心理行李中，它只是藏在大脑褶皱里的一个小东西，我们无意识地带着它。心理行李中的东西绝大多数是永远不会被召唤出来而再次使用的。例如，这个小小的节奏短句似乎已经被声音、意义和情境整体联系在我的大脑中，进入了我大脑的某个角落。然而，这个小小的声音碎片也使那个看着水泥的小男孩和一个在阳光明媚的下午与他的女儿散步的中年男子联系起来。这是语言作为声音和感官结合的主要奇迹之一，它不仅能塑造个人身份，而且还能与拥有相同语言传统的世世代代建立共同的身份。这两种身份都是自我的维度。

因此，我无法从童年的记忆中得出结论，即我在出生时或在子宫里已经被赋予了自我，它只是像不受影响的莱布尼茨单子通过其一生逐渐展开。这并不是说，孩子被劝阻在新砌的水泥上写自己的名字，如脱氧核糖核酸（DNA）存在于基因中，中年男人和他的女儿徒步旅行，讽刺的谚语只是在等待它出现的时机。首先，自我同一性不是经历的先决条件，而是其结果。自我感，根植于一个人的过去，唤起于与事物的相互作用，其中一些自我感，就像踢脚板的裂缝和节奏短句一样，在更长或更短的时间内复现。在一种情况下，裂缝的复现唤起了我对原始情境的自发记忆，另一种情况是一种复杂的类比情形，我回忆起适当的节奏短句。“我的”自我和它的过去，只是在当前类似的经历和记忆网络中形成的。其次，经验本身受编码的声音、形象、语言的影响，所有这些都假定了大量这种形式的社会历程也许早于对个人自我的意识的唤醒。

最后，记忆的过去要适应于现在而被重构。从这个意义上看，孩子不是中年人的父亲，中年人曾经是这个孩子的父亲，孩子仍可以回忆起他自己的眼睛、耳朵和声音，但他必须在被称为他自己的回忆中激活这些记忆。这一自我回忆过去的方式有很多，所有这些方式与各种媒体的艺术家创造出的审美一致性所采用的方式有相似之处。为了记起踢脚板的裂缝，去唤起一个原本消失的场景以及餐桌、地毯和玩伴，我不得不回忆这个复杂的视觉表象，就像一个画家“收集”静物中的物品的方式一样。对有节奏短句的回忆、工人的声音、由炫耀产生的诱惑也需要类似音乐作品的创作行为。用这种审美方式，“我”积极锻造、聚集、重新构建早期经验的连续性。叙事与其他已经提到的那些巧妙的方法一起，是我构建连续生活的主要手段。视觉和声音语言记忆的例子是叙事性，像艺术历史学家描述历史或传说中的一幅画。裂缝和有节奏短句唤起人们对特定情境的回忆，同时带着一个隐含的故事。无论如何，故事叙事建立了一个特别强烈的个人连续性意识，因为它可以从个人视角连接大量记忆的片段。这一视角是正在叙述或回忆的我，这个我位于我的故事中并将其与他人的故事相区分，也将自我锚定在时间的同一性中。这种对过去的事物的回忆至少是普鲁士式的长度，尽管我能回忆的是整体中的一些更短的序列。整个故事仍然是模糊的、隐含的。我自己总是作为故事中的角色出现，从这些角度来看，这个自称为我的人能够回忆起自己。通过第一人称过去式来讲述自我故事，我将自我与经验主体隔开。然而，在我和自我之间总是有一些空隙。通过拥有自我并宣称它是自己，我巧妙地连接这个空隙。尽管如此，已经被连接的空隙仍然存在张力，在语言上表现为过去和现在之间时态的差异。

当我们被指控犯罪，甚至仅仅是一些令人尴尬的冒犯时，我们就会意识到时态差异下的断裂。我能做那种事吗？我难道会如此残忍？完全有可能的是，犯下某些可怕的暴力罪行的人可能会“真诚地”否认做过这种事，他会在更加冷静时不承认如此行事的自我。现在被指控的我与他有什么关系？现在的我非暴力。阻塞现象或双重人格情景剧，可能被描述为无意识地拒绝残忍的自我。更何况暴力犯罪或战时恐惧的行凶者，谁不为自己所难以承认的行为而挣扎呢？或者我承认，我做了这件事(过去式)，但我否认了我的动机：我从来没有想要冒犯她，我只是在开玩笑。

这个话题显然打开了一个深渊，我在其他地方看到关于自我欺骗的讨论(Crites，1979)。之所以关注这个深渊，仅仅是因为自我公开的痛苦事情能显示出最引人注目的故事叙述的欺骗，涉及所有认同的形成。同样地，人们很容易发现自传作家为了自利动机重构自己的记忆。他们的批评者声称他们撒谎。叙事确实类似于讲故事的艺术，不仅在于形式属性上，也在于内容上，它是粗制的未完成的东西，但仍然必须在回忆中完成。连贯的生活经验并不是简单被指定的，也不是生活所规定的轨迹。如果一个连贯性的东西在某种程度上可以实现，那么创造出来的故事就会像有很多漏洞的产品，它不断地被修改，有时是从头到尾，回忆的“我”从某种新情况的有利角度来进行修正。

必须承认的是，许多事情发生在我身上，但我都无法将其整合到我的故事中去。在这种情况下，这些事情是没有被经历的，正如此刻，我也没有体验到肝脏的运作。只有在它们出现问题的时候，我才察觉到自己的一些重要器官；只有在身心劳累的情况下，或是在严重失眠的夜晚，我才会感受到我的心跳。大多数在我周围环境中的物理事件可能面临类似的忽视，甚至有些对我产生深远的影响，而我只会追溯性地经历这些事件。那么我“应该”经历了当时我实际没有经历的事情。在回答医生的询问时，我可能会说，是的，现在我想起来了，空气很压抑，我有点喘不过气来，但我当时太忙了，没有注意到。或者，整个上午我承受着很大的压力和她一起工作，现在我能回忆起她似乎有点焦虑，但我不知道她的绝望。

记录在我意识里面的东西，很多是我认为的而不是经历过的，是我偶然听到的而不是主动听见的。这里我必须承认一个术语上的诡辩。我认为把经验这个词保留下来是有用的，经验被纳入一个人的故事里，被自我拥有并被改变。我将从它的用法推断许多事情是追溯性的经验。在那时，我能感觉到密闭的空气，我费力地呼吸，我同事们的焦虑，或者他们后来也没有理解我。一般来说，类似的感觉都可以用经验这个词来表达。但是，我们还需要其他词来表示意识上的调整，这个区别很重要，不能混淆。我更倾向于认为大多数感觉事件是从来没有经历过的，只有那些获得注意的才算经历到。一些事情只有当我意识到它们对自我故事的重要性时，它们才能慢慢地变得清晰。从这点可以看出，经验是单一的故事化结构，包含很多次要情节，这些情节用丰富的视觉图像，还伴随着自成一派的音乐律动来表达。此外，这种叙事性构想是不断变化的，一些情节可能是从举足轻重变成微不足道，另一些则相反。再一次强调，从整体感觉来说，在谈论经验时，我意识到在某些方面我会用日常语言来反对自己，这总是令人不安的。我们通常用复数形式来谈论经验，好像经验是个集合体，包含模块化的情节，这里有一段风流韵事，那里有一个汉堡包，还有偶尔感觉到颅骨的一阵剧痛。然而精确地说，恋人或者是一个心不在焉的教授无法确定她是否吃了她的汉堡，同时不管是处于情欲的痛苦中还是思想上的入迷状态都可能承受剧痛而没有留意。人们对于她的情节线索有不同的兴趣，汉堡包被吃掉但没有留意是否是真实的经历，这个问题就像关注在无人居住的森林里树木倒下的声音。事实上，对于有着贪婪食欲的节食者或者素食主义者来说，他们会积极压制吃过汉堡包的想法。不管是被压制还是被忽视，在故事中回溯起没有经历过的事起重要作用。“我做了什么？天哪，我是一个堕落的素食主义者”。吃汉堡包只在那时首次发生，这样说听起来很奇怪，似乎误导性地陈述吃汉堡是以前的经历。在未解开谜题的凶杀案中仍然存在很多没有被注意到的细节。忽然之间，很多意识中的闪光点出现，它令迄今为止无数人感兴趣和困惑的谜案全部都清晰了。有时在回忆起我的经历时，一些相似的事情会发生，有时结果是有序的、新的、自我的发现，那一点也不枯燥。

叙述了这么多关于语言的争论。这些争论的真正负担是自我这种美学建构，个体通过回忆在叙事中重构自我。经验与当下感官的直接感知有短暂的分离。这或许就是为什么人们常常倾向于将自我具体化为非物质或属魂的而不是形体的。即使我们已经有更好的了解，但还是容易在日常讲话中由于疏忽而造成误解。说话和回忆主体的“我”是一个完全的肉体存在。但是“我”认同的自我是来自对过去的回忆，是非物质的。不是因为它是属魂的物质，而是因为它不再是现在，它是对过往的叙事性重构。在“主体我—客体我”的构想中，“主体我”是叙述者，“客体我”是生命故事中的被叙述者。在自传里，“我”是作家，是讲故事的人。自传的对象是被叙述者，是“客体我”，是从回忆中建构的。

个人故事里回忆的自我具有巨大的精神价值。个体自我的同一性与叙事艺术的形式息息相关，而且故事越完整，自我也越整合。对根的寻求是无根时代的典型特征，这说明一个人如果没有连贯的人生叙事会感到多么不安。在更稳定的时代，人们会生活在有明确定义的种族群体中，“自我感”是没有问题的，因为一个人的生命故事是由群体精神和神话作为强有力支撑的。在这种环境下，人们思考自己就好像他们如同自己一直居住的房子那样高度明确和恒定，这不足为奇。从另一角度看，如此清晰地界定自我是否是件好事可能是另外的问题，我们发现这也有它的缺陷。但这样的人不需要苏格拉底式的指导来帮助他了解自己，也不需要花一大笔费用让治疗专家去帮助他痛苦地拼凑自己的故事。

在这方面，无论道路是崎岖的还是平坦的，成为“自我”需要一个故事。自知之明就像其他知识一样是回忆性的，是古人智慧的证明。然而，其他事情的存在却不为人知，因为它们与自我认同发生冲突。那些旧故事也不会夸大其没有自我的痛苦。自我可能是一种美学建构，但其在心理上也是必要的。那个人是不快乐的，从字面上看是虚无，他无法回忆自己(克尔凯郭尔提出的术语)。

未来和可能性

毫无疑问，我们对过去的一些分析在很多方面是不完整的，甚至可能是错误的。就像对待过去发生的事情一样，我们现在对此做什么都太晚了。但是在我们的内容当中，一个未被提及的方面可能是至关重要的，而且也可能会引出未来的话题。

我们认为，当下是“我”回忆自己的关键。但当下不是静止的点，也不是某种可测量的持续时间。当下总是倒向我们所称的未来的巨大未知，并将它自己投射到未来当中，而且这种投射则决定了它的存在方式。我总是积极主动地追求某个投射或其他的投射，通常投射自我很快就会对他人隐瞒，有时甚至是对自己隐瞒。我只是坐在那里，或者坐在那里回忆，都会感到很主动。在前面，我们已经强调过回忆是一种活动，类似于故事讲述者的艺术。而我们现在想要补充的是，这种活动也总是对我的计划感兴趣。我出于对未来失去兴趣而回忆过去。

如果某些知识与一个人所追求的长期计划或短期计划无关，即使这些知识很宝贵，也很难使这个人对它们感兴趣。任何一个老师都可以证明这一点。所有的知识都是回忆性的，但是让学生回忆那些他们不感兴趣的知识，他们可能感到非常愤怒。我抵制试图从这个简单的见解中得出教育含义的诱惑，尽管我认为它们是最基本的。当然，要找到与学生的项目相关的材料是非常困难的，因为他们的兴趣范围并不广泛。但是大多数人都有一些比这更宽阔的计划，他们准备从过去记忆里提取，这令人欣慰。

无论如何，我们的兴趣在于对自我的回忆，尤其是当回忆指向未来时。事实上，我们根据未来调适个人的记忆。即使是一场旨在恢复过去的考古发掘，也显然不能在过去进行。这像一个涉及未来的考古项目，我们想更深入地了解过去，就必须在未来花更多时间去挖掘。因此，我们从过去挖掘自我记忆。要形成一个完整的自我就需要调适过去，而这需要我们去挖掘。即使我们对拥有一个新的开始有着迫切的兴趣，但是现代精神病学的文献和古老的精神著作都表明我们不能通过忘记自己的过去来重新开始生活，然而我们却可以通过回忆它来开始新的生活，自我才能进行自我修正。为了修正自我，我们必须对自己进行忏悔。而只有承认的和拥有的东西才能被悔改。但即使这个关于回忆的考古学项目，也必然面向未来。未来是未知的、不可知的，矛盾的结果就是自我知识和其他知识被动员起来追求不可知的事物。

但是这并不意味着我们在面对未来时仅仅是一片空白。我们不知道它，只是因为它不能被用于回忆。然而，恰恰是作为所有活动（包括回忆）的诱惑，未来可能性包含富有想象力的计划、印象、奔放的激情、故事，从最平凡的到最恐惧的再到最理想的。尽管如此，回忆的印象和故事与预测的还是有重要的差异的。那些回忆具有高度确定性和很大程度的完整性。未来的形象则是模糊而粗略的，故事也是不完整的和空泛的。坚持我们叙事的主题，对过去的故事使用考古学式的讲述是可行的，而对于未知的将来，因为时态的不同，所以我们需要一种不同的叙述策略。使用与过去相同的叙述细节的方式努力描述未来，可能会犯严重的错误，就好似未来已经过去。预测的故事不是回忆性的，更像是一个没有脚本的松散情节，演员即兴演绎；更像是一部免费的没有编排的自由场景，而不像纽约市芭蕾舞团精心编排的舞蹈；更像是一首即兴爵士乐，而不是歌剧的剧本歌曲。既然它是从现在开始的，它可能会以某种情况和几个明确特征开始，但这只作为一个出发点，是面向巨大未知的发射台。

但是，在表演者眼中闪烁的热情是什么？我们称之为希望，尽管这个术语对于我们表演者在头脑中酝酿的计划来说显得过于理想。每个人都在竭尽全力地追赶自己乌托邦式的梦想吗？他的黄金岁月有多辉煌？他有来自同龄人的掌声吗？什么是黑暗幻想？什么是性爱的冒险？什么是明亮的翅膀？或者所有的这些同时发生，没有特定的顺序或优先顺序。在追求这样的项目时，他会与他人一起合作或者发生冲突，他们可能会拥抱或避开，左挡右闪，偏转了方向，失去了兴趣，拥有难以置信的好运气，受到他人的阻挠，被牵连陷入不幸的灾难中，变成一只青蛙或一头山羊，又或是成为一个有高深学问的人。

有几个角度考虑未来，其中一个是，从当前存在但处于变动中的代理人视角来看，即使在现在，他的动力将他推进未知的领域中。那个有意或无意将自己认同为即兴表演丑角的人无法确定未来。在巧妙地形成的亚里士多德式情节结构中，人们可以通过回忆过去确认自我的身份，而无法将其带入未来的空间中。完整的故事都是用过去式来叙述的，但是这些表达充分的故事以过去时态讲述，当他面对未来时态下的自由情景时，会受到新的压力。他不能指望他在回忆过去时的自我同一感。将来时是发生质变的时间。从考古学角度看，他必须调整过去的自我以适应未来，同时，他心甘情愿或不情愿地将过去的自我置于危险中，使他能够回忆起它。从这个角度看，未来似乎是溶剂，溶解过去形成的一切。

克尔凯郭尔说，我们理解过去，但我们生活在未来。当与过去和未来谈判时，既有危险也有机遇。它可以承诺为忏悔者减轻痛苦，解除公认的自我毁灭性的身份。但它也可能对那些希望自己的过去成为他未来的人产生深远的威胁。他可能会失去对过去自我的拥有。也许他死去化作花肥，他可能很难说服自己，这将是对世界的一个更有建设性的贡献。也许质变的总数将会减少。但是即使这看起来是一个小的改变——变得越来越年长，双鬓越来越白，越来越暴躁——要维持同样的身份还是很困难的。因为即使是他回想最近一年的事情，也还是会从这个新的角度来看从头到尾的改变。然而，丑角必然希望与他所知道的自己不一样。就过去而言，巧妙的做法是重塑过去。对未来而言，正是靠可能性来滋养，敞开双臂奔向最广阔的地平线，它将所有事物都消散并使所有事物都变得新鲜，包括自我。目前对未来不确定性的回答是希望。希望正是对现实的无限可能性的开放。

有人提出反对，认为未来的情况并不都是不确定的。比如，五年计划是什么呢？比如，人寿保险或学士的学分累积，又或者结婚，从此幸福地生活下去呢？又比如我买的周末音乐会的门票？

反对者，音乐会可能会改变你的生活，所以无论如何你都要去。当然风雪可能会来临，或者是你的脚指甲受伤被感染了，又或者女高音可能会感冒。但我承认，事情往往像我们预期的那样发展。一个五年的计划可能会让你的运气变好一点，但在一定程度上，计划的制订和为实现目标而做出的努力都有希望进入未来。尽管如此，为了达到你的目标，一种即兴的能力还是很有必要的，而且目标通常在实现的过程中进行修正。未来图景可能并不像你所想象的那样有诱惑力。许多被爱情引诱的女人发现自己在做家务和密谋复仇。许多人为了一个富裕的晚年而积累了大量的财富，结果却在疗养院里流口水和含糊不清地说话。有时候从另一方面看，结果是幸运的，超越了他们最疯狂的梦想。疯狂的梦想也许是你在规划未来时所能做的最好的事情。做计划是必须的，但也要做好计划变复杂的准备。

在探讨未来的另一种视角之前，让我们暂停一下以确定方向。我们刚才所讨论的视角是代理人视角，对于代理人来说，所有计划面临落空。从这个视角看，我们发现未来似乎是或快或慢溶解自我的溶剂。克尔凯郭尔写道：“不幸的人习惯说对自己一无所知，除了偶尔说‘事情往往功败垂成’”(p. 224)。① 但这种未来的不确定性，也使得希望带着狂野的梦想展开翅膀：一个希望仅仅在接近意义上指向确定自我的目标，但最终指向无限的可能性。

当我们从另一个角度来看待未来时，希望会以更客观的方式出现在我们的视野中，自我会将其放到未来进行预测，但是现在我们就将自我作为一个经历的主体再次关注它。我们已经看到，这个主体通过考古式的挖掘，在过去寻求未来的计划，从而确保它的经历。从这个经历的主体的视角来看，未来是一切具有普遍流动性的新事物诞生的地方。可能仅仅是孩子，在他还不是一个受精卵，更不用说出生时，他就在父母的未来中存在。当然，这个孩子在出生前并不存在。因此所有新事物都来自未来，成为现在并传递到过去，在那里它们获得了清晰的定义，以便被重新理解。现有自我的新的可能性也是如此。在某种程度上，他们超越了现有的所有的自我，他们形成于未来。这些未来的孩子可能出生在现在并成为过去，可用于回忆。与此同时，未来在它的易变的生育力中，从来不会成为过去，但是永远是所有事物相继发生的可能性。这是希望的梦想之地。

如果从第一个视角来看，自我是在过去回忆中形成的，到现在然后再到未来，那么第二种视角似乎是反向运动。两种运动是互补的，其中一个的死亡为另一个提供营养，但人们很难同时想象这两种运动。

我们的反对者如此谨慎确保能参加音乐会，这个可以作为一个很好的双重运动的例子，因为听比看更容易。倾听音乐，突如其来的源自未来的声音冲击着他的耳朵，在他的听觉中融入了旋律线，变化的和声，一个有节奏的脉冲，消逝在与之前被遗忘的声音的联系中。与

---

① 一本学术性书籍的尾注告诉我们：当萨摩斯(希腊爱琴海中的一个小岛名)的国王阿尔宙斯想要喝新的红酒的时候，一个预言家警告他不要喝，因为他会被野猪杀死(Kierkegaard，p. 145)。

此同时，音乐家们提前预知了乐器发出的声音，持续演奏，也许有即兴发挥，发出未来的声音。当声音成为听众耳中的一件作品时，音乐家就完成了一个美学的整体。当它持续的时候，它既受到未来的诱惑，又脱胎于未来。

叙事，在形式上与音乐相似，这种相似也存在于时间上。当故事被讲述和听到的时候，它的短暂性似乎比它存在于页面上的时候更明显；即使是文本，事实上，只有当它及时地被人们一字一字地阅读时，它才会以故事的形式存在。我书架上的小说只是在纸上印着符号图案。假设，我要听一个故事。正如我们在听众和音乐家之间所注意到的那样，在听众和叙述者之间也会出现类似的共生关系，我们不需要再将故事拼写出来。让我们来关注一下朗诵的另一个特点，它也和音乐类似：当我等待叙述者开始的时候，故事可能以纯粹的未来可能性存在。它将从未来开始，并在未来继续。但是，只有当叙述者开口说话的时候，才会传达到我的耳边：从前，一个国王的儿子……这个“从前”立刻成了另一种意义上的开始，是过去的起点，故事的其余部分将会从此展开。讲故事的人会创造一种声音错觉的艺术，事实上，他的话语完全脱离了未来，似乎开始于一个虚构的过去，而这个虚构的过去是在似是而非的过去中开始的。这个故事在某种程度上是连贯的，以至于它从头到尾都像一段回忆。在这种虚构的情节中，情节发展的明显必然性可能会让我误以为后来的情节与之前的情节有关，而不是继续从纯粹的可能性中剥离出来。阿卡亚人(古时代的希腊人)可怕的屠杀是由阿喀流斯(Achilles)的愤怒引起的，这反过来又使他的名誉受到了轻微的影响。

因果关系的幻觉是由一个很好的叙事方式创造的，被它的结尾以及它的行为的明显完整性所强化。其后续章节的似是而非的未来将会像过去一样显现出来。叙事形式的紧迫性可能导致我们认为我们生活的故事也由类似的必然性展开，不存在释放的希望。在糟糕的婚姻中的伴侣可能会感到陷入困扰，注定要在一个相互毁灭的循环中创造新的变化。地狱是对过去无休止的重复：抛弃所有希望进入这里。我们很容易忘记，一个人生故事已经开始于纯粹的可能性中，并且在以后的每一个瞬间形成了。

声学幻觉在创造神话中被夸大，它假定一个水汪汪的混沌是所有现存事物的原始过去，所有现存事物往往像《创世记》一样，有一个更清晰的阐述和定义的过程。因为神话般的想象力是紧张叙事的仆人。世界必须以一个故事开始，即一个虚构的过去的故事。事实上，故事脱胎于未成形的未来，具有讽刺意味的是这种普遍的流动性在故事中表现为原始的过去。

从令人眼花缭乱的纯粹可能性的观点来看，让我们来谈一个近似未来的隐喻。在传说和民间故事的一个熟悉场景中，有着迷人的土地，梦幻的风景，没有那么多因果关系，大家都被其奇幻深深吸引了。这里是男女英雄为了纯粹的冒险和爱而生活的地方。我的朋友在休息时问我：为什么？西格弗里德(Siegfried)为什么要去冒险？因为他是一个英雄。英雄与合乎情理、目标导向的计划有什么关系？英雄都面对着邪恶的怪物、善良的好人、怪诞和麻木的人，并因彼此的永恒忠诚而获得回报。当然，他们也会变成青蛙、山羊，或者是那些有学问的人。如今，迷人的风景很可能是地球以外的世界。它一直是超凡的。虽然通常它被认为存在于一个理想的过去里，“很久以前”，在世界变得沉闷之前，我们认为它常常是对未来的一个投射。它近似未来，混合着无穷的未成形的可能性，以及人类预测的想象和场景。由于叙事形式的紧张性，我们发现它的这种似是而非的过去是一种反转，是神话想象的特征。一个故事如果不屈从于这种紧急状态就无法完成。但是，这样一个经过变形的过去，在巨大的可能性的大屏幕上投射出神奇人物的神奇景象，在必然性的法则下，在现实的历史中从来没有存在过。这正是未来，但已完成的未来描绘比现实中那个小丑要做的还要多。

一旦我们适应了颠倒的解释学原理，我们就会注意到，将迷人的风景与我们所栖息的梦境联系在一起是多么自然的事情。当我们听着童话故事时，我们会发现自己从未在现实生活中遇到过类似的事情。因果关系的必要性和熟悉的日常秩序再次受到质疑。我知道当连续的秩序开始瓦解，奇怪的声音和图像开始侵入时，我就开始睡着了。最近一次，我马上要睡着了，听到有人说："带巧克力酱的犰狳女王"，这种言论很傻，以至于我醒来后还记得。接着的回应是以更加愤世嫉俗的语调，也许是对日常秩序的一种抗议："但是你怎么会找到一只犰狳女王呢?"也许现在是时候将关于梦的古老理论恢复为未来的象征：不是作为过去的延伸的可预测未来，而是想象力的投射，是不确定的未来。

无论这个建议是否引起人们的兴趣，我们确实想要坚持它，梦想生活和传奇故事至少提供松散的类似即兴演出的情景。如果要适应未来的不确定性，这些场景是现实生活中行动的诱惑。我们先前说过，对于丑角来说，他们面对未来的虚空，并做出调整以适应不确定性的恰当态度，这就是指希望。考虑到未来从相反的方向出发，所有事物的诞生都出于它的可能性，我们再次遇到了希望的激情。因为希望已经准备好欢迎我们这个海洋母亲的新生儿了。

事实上，取之不尽的母亲本人是我们的希望的根本诱惑。趋光性的幼苗将他们的茎拱向太阳，人类努力向未来的方向转变：不仅仅是朝着今天和昨天这样的日子，而是向着永远不会成为过去的未来。

通常我们把这种期待投入更临近的希望中去，我们几乎无法给这个伟大希望的现实替代品命名。尤其是当一个人年轻的时候，替代品就足够了。你在等什么呢，年轻的女人，把美丽的皱纹画在你的眉毛上？为什么，我的爱人。为了我的事业，为了给这个我终将离开的世界留下痕迹。

但现在你已经老了。你的爱人无法带给你欲望的狂喜。他已经离开了，他死了，他穿着拖鞋在房子周围闲逛。你那令人满意，给你带来无限回想的职业生涯已经成为过去。你在世界上留下的痕迹正在慢慢消失。你的珍宝："谁能告诉？谁将获得它们？"

老妇人，为什么你的眼睛里仍然有激情的光芒，充满了渴望？你在等什么？你会不会带着同样嘲弄的眼神和紧闭的嘴唇死去？

不幸：回顾

克尔凯郭尔文中的"不幸者"认为，不幸福是回忆、希望的失败，或者两者都有。这位不幸者是鉴赏"不幸"的艺术家，"不幸者"应该努力做到：希望他们应该回忆的，并回忆他们所希望的。在我们的术语中，这种重大的混乱可以表达为回忆的故事与计划的情节两者的混杂。

对不幸的描述似乎过于投机取巧。我们可以想到更加形象的不适情景和感受，饥饿，痛苦，朋友的死亡，对爱情的失望，肉体承受的疾病。只有乏味的诡辩才会提出人类在遇到苦难时应该欢呼。然而，有一种精神力量，它的衡量标准恰恰是它应对苦难和逆境的能力。如上述分析所暗示的，这种精神力量包括一种强烈根植于过去的自我认同和指向未来的强大的自我超越。这种力量必须集中在现在，这是自我认同与自我超越之间张力的节点。一个人快乐的程度，可能取决于他在目前情况下的力量集中程度。另外，即使在最幸运的情况下也会有不幸。作为"不幸者"，其本质的不幸是绝望。绝望是拒绝自我认同或自我超越，或两者兼有。因为绝望的人不能或不去维持这种双重集中的紧张状态。因此，在这种不幸中，自我回忆是不存在的，或者希望是不存在的，或者两者都不存在。换句话说，这种不快乐是自我在这些模式中的缺失。

就像所有的知识一样，自我知识就是回忆。对非回忆性的、非整合的、非自我发现的过去进行调适是不快乐的、自我损害的，这是绝望的一种形式。

所有针对未来的建构性自我活动都充满希望。那些指向没有希望的、不期待的、不以新的可能性为导向的未来是不快乐的、自我束缚的，又是绝望的一种形式。

第一种类型的不幸在于没有通过建立一个有联系的、连贯的故事来符合过去的自我。当然，我不能不经历过去，但我可以忘掉它，或者我可以积极地抑制它，或者我可以专注于我的未来计划，让我的过去变得脆弱。在这两种情况下，我都失去了自己的身份。我的简历上除了光秃秃的年代记录，没有一个故事。但是，从过去回忆起来的身份是自我的深层维度，精神共鸣赋予它特征。一个没有故事的自我会变得跟人称代词一样单薄。

第二种类型的不幸在于没有带着希望将自己投射到未来。我不能没有未来，但是我可以或积极抵制它的断言，并且每天都生活在没有任何预设的场景，或者我可以全力以赴保护和重申过去已经形成的自我。在这两种情况下，只做必要的事情，或多或少地按照我习惯的方式生活。在这里，自我失去了适应的敏捷，变得过于沉重和迟钝，无法即兴发挥。

当我有意或无意地将回忆故事与投射场景相混淆时，就会出现新类型的不幸。一方面，我把自己的过去当作不确定的未来，我的故事将变得零散和支离破碎，以至于我无法回想起过去的自我。另一方面，我编了一个关于我过去的童话故事，对自己和他人来说都是一个谜，是一个没有承诺的幻想产物。

失去自我身份的反面是丧失可能性，把紧凑编制的记忆中的故事强加给未来。为了保持自我的不变，我把自我意志强加到未来。如此做的“不幸”不是“我”可能会失败，而是实际上“我”可能会成功。因此，我把自己锁在过去的回忆里。自我变成了毁灭自我的人，一个自己制造的怪物，它不仅控制着它在地球轨道上运行的轨迹，而且还控制着它的自身。我不能摆脱自己创造的自我形象，自我形象越成功就越有限制性。

曾经有一个人照镜子，他喜欢自己所看到的。他说为什么这家伙这么好，他应该控制他周围的一切，从他的朋友和亲友开始，为了他们自己的利益。这个人越是成功，就越和镜子里的人一样。

曾经有一个人照镜子，他不喜欢自己所看到的。他没有朋友或亲戚，以各种奇异的伪装四处游荡。他成功地失去了自我，当他对着镜子时，他甚至认不出自己了。

曾经有一个人照镜子，他不喜欢自己所看到的。然后他决定把所看到的强加给这个世界。从他的朋友和亲属开始，他们出于被分配了这样一张脸而产生怨恨。

参考文献

Crites，S. 1979. The aesthetics of self-deception[J]. Sounding，LXII，107-129.

Kierkkegaard，S. 1959. Either/Or[M]. (Vol. 1) (D. Swenson and L. Swenson，Trans. with revisions and foreword by H. Johnson). Princeton：Princeton University Press.

第九章　偏执和灾难性叙事

欧内斯特·基恩(Ernest Keen)

史蒂文·马库斯(Steven Marcus，1984b)在其所写的关于弗洛伊德与其著名个案多拉(Dora)(Marcus，1959a)的文章中指出，弗洛伊德注意到“记忆衰退”“遗忘”“记忆错构”会切断事物之间的联系，混淆事件发生的年代顺序。这些叙事方面的不足为弗洛伊德提供了关键线索，用马库斯的话说，“一个连贯的故事在某种程度上与心理健康有关(至少在没有歇斯底里的情况下)。”不管心理健康与否，我们每个人都有一个故事。我的故事和你的不一样。我的故事核心在于“我是谁”，是由我的过去、重要的现在和未来串成的一组情节，它不是偶然的。

马库斯进一步指出，还有一些事情比心理健康和疾病更危险。他把弗洛伊德的假设归结为“关于连贯性的本质，以及人类生命的形式和结构”。弗洛伊德认为人类生命具有连贯性，而这种具有连贯性特点的人类生命，其形式和结构是通过叙事的形式与结构表现出来的。

当然，人类生命中有许多形式和结构。例如，在物质世界要遵循物理法则，在生物世界要适应环境需求。但与这两种世界不同的是，人类生命还有另一种形式和结构，它存在于(或许只存在于)人类经验中。人类的经验是可以通过语言表述的，具有叙事性。史蒂芬·克赖茨(Stephen Crites，1975)这样说道：

> 虽然我们承认会在完全缺乏语言的环境下经历一些事，但是我们现在的经历不只是一个个独立的“此时此刻”，它至少还包含了过去记忆的痕迹和未来预期的倾向，这就隐含了一种早期的叙事形式，这种叙事语言是不能简化的。

1963年，诺思洛普·弗莱(Northrop Frye)提出，人类生命的连贯性有四种基本结构：浪漫主义(探索、朝圣、进入天国、无阶级社会等)，喜剧性(通过进化或革命所取得的进步)，悲剧性(衰退和消亡)和讽刺性(反复或偶发的灾难)。上述特点具有重要的心理学启发性，一个人几乎可以据此对他/她的朋友进行分类。这种观点通常被称为“原型”，与荣格的观点相呼应。荣格认为，人的意义有着有限数量的关键形式。这方面的论证还在李维-斯特劳斯(Levi-Strauss，1962)对文化的分析中，以及在肯尼斯·伯克(Kenneth Burke，1945)的《动机语法》一书中有所体现。海登·怀特(Hayden White，1978)在有关历史的作品中写道：

> 正如弗莱和其他原型批评家所认为的那样，以上提到的四种基本结构不仅能把一组事件组织成数量有限的故事，而且按照这种情节结构组织的事件是文化给个人和公众的过去赋予意义的方式之一……这导致对曾经陌生的事物变得熟悉起来，历史学正是采用这种方式，它选取的“材料”总是很奇怪。

怀特说，历史学家必须弄清楚这些奇怪的材料。但我要说的是，我们所有人也必须搞清楚这些材料的意思。这些材料通常看起来并不奇怪，因为它们已经嵌入一段叙事中。叙事框架为我的生命赋予意义和连贯性，而这些奇怪的材料并不符合通常的叙事框架。进一步来说，为了能使我的经历变得明白易懂，我会自然而然地借鉴这个故事所处的文化内涵。我的故事发生在我所处的文化中，因此，我的个人故事只是我所处文化中众多一般性故事中的一种版本。

偏执

什么是偏执？若说偏执是一种疾病，其实不过是当前的政治体制选择掩盖自己对社会异常行为的处理方式。萨斯(Szasz，1961)、福柯(Foucault，1965)、莱费尔(Leifer，1969)、萨宾和曼库索(Sarbin，& Mancuso，1980)等人都曾提出过这种观点。同时，我认为偏执这个词是指一种连贯的现象，一种自身不断重复的模式，这很容易被识别和描述。当然，这并不是对所有诊断语言(如精神分裂症)都适用。就偏执而言，无论是对它的诊断还是对它的比喻都不能帮助我们更好地理解偏执问题。因此，虽然我认为偏执在一定意义上可以说是一种人类的异常状态，但我们必须要更深入地了解偏执。

我们可以从偏执者如何叙述他的生命这一角度进一步认识偏执。基于叙事对心理学具有重要性这一前提，如果我们能将偏执者的叙事方式描述出来，那么就能通过这种描述界定偏执，也能进一步认识到偏执问题的产生到底是由于哪里出现了异常。

为了描述偏执者的叙事，我们必须将他们的叙事看作你我生命叙事的一种。这些叙事的结构具有经验性。也就是说，这些叙事能够在时间维度上延伸开来，不仅具有先后顺序，而且交织着动机、推理、预期和记忆，从而构成了经验的连贯性。这种有序的关系，即经验本身的结构恰恰就是叙事。这些经验像故事一样被整合起来。因此，经验具有叙事的结构，而叙事也具有经验的结构。

在分析中，我要提出三组两极对立的概念。这三组概念构成了经验和叙事结构的重要部分，分别为：自我与他人、善良与邪恶、过去与未来，每一组都是经验组织的标准。每一组两极对立的概念都以不同的方式相互影响、彼此关联、定位和融合。我们很重视我们听到、讲述和经历的故事是如何在这些两极对立的概念的调和过程中发挥作用的，我们会观察哪里是它们调和的关键点，问题是怎么出现的以及怎样成功化解的。

过去与未来

人们每天的生活就是不断将预期变成记忆、将未来变成过去的过程。每个崭新一天的开始都会伴随着尚未到来的未来，我们能对将要发生的事做出大概的预期。不过，我清楚地知道未来具有一种过去无法具有的开放性。当未来从我身边经过后，也会变成过去，随即失去了这种开放性，变成了已经发生过的普通事实。

当然，当未来从我身边经过时，我不可能只冷眼旁观这场关于自己生活的“电影”而无动于衷。相反，我知道我发挥了一定的作用，就像在关键时刻我会把哪些事铭记为过去，是取决于我的。因此，我的过去和未来的经验是一种发展性的经验，这部分取决于我。

我从来没有完全处于过去或未来，我是不断地处于过去和未来之间，而且不断监控和影响(以及促成)从未来到过去的关键性转变。

处于未来和过去之间的经验也有助于判定哪些是预期事件，哪些是已经发生的事件。把事件、行为和经历归为过去是一种理解它们的方式，这种理解是根据一些情节或故事为依据进行的。记忆，归根结底是一种折中的结果，是从不同的预期和感知中被创造性地建立起来的。某一天清清楚楚发生过的事难免会超出我原本模糊的预期，存在一些曾经难以预测的因素。记忆其实也是一种模拟，是我的一种先入为主的观念，可以根据“新”的方式被重新塑造和利用，变成实际上根本从未发生过的事。我看到的目标、因我而起的变化、我所知道的因果关系都要被收集并整合到一种叙事中去，这个收集和整合的过程也为它们赋予了意义。

对于偏执者的经验，我们首先要说的是，他们不接受任何“新”的事件。他们按照自己已经建立和形成的情节作为预期进而模拟出记忆，能将一切事件都同化到这个已经建立和形成的情节里。这与正常人的经验不同，对于偏执者而言，凡是过去没发生过的“新事件”都不能进入他们的经验中。这样，未来本身具有的不确定性也不复存在，他们最终创造出来的全部记忆都不是新的。一切都不是新的，一切都是在再次证实他们已经建立和形成的情节的。

对于我来说，这种不断从未来到过去的经验究竟意味着什么呢？我不仅有判断力，甚至能扭转乾坤，因为我有重新塑造和构建情节的能力，能充分考虑到新异事件。在这个过程中，我没有做到公正客观。随着时间的流逝，我能参与的情节数量不断减少直至最后变成一个，我也更加急迫地参与其中。当最终真正发生的那个情节成了实际的经验后，我能自由判断的限度也随之降低。随着我模拟出来的记忆与先入之见越来越吻合，那些此前从未发生过的“新事件”就这么消失了。

此外，这种情节不仅变得异常，而且具有异常的悲剧性。那些可以用喜剧性、讽刺性和浪漫主义（以及其他）方式来解读我的生活与经验的可能性通通消失了。我注定要见证一系列明知道悲惨却无力改变的事件。

对比偏执者和抑郁者在这方面的经验差异颇具启发意义。当我抑郁时，我渴望、憧憬甚至乞求未来的到来。虽然与我期盼的未来相比目前的情况不尽如人意，我也可能对将要发生的事持悲观的态度，但我并不会通过与时间抗争来阻止未来的到来。然而对于偏执者来说，这就是生命的消逝，是一场不可能避免的灾难（cataclysm）。

对于无法预测、毫无指望的不幸，我选用的是“cataclysm”这个词来表达灾难［从字面意思上看，cata＝向下（downward）＋冲洗（klyzein）＝to wash；洪水（flood）、暴雨（deluge），而不是“横祸”（catastrophe）、“灾祸”（disaster）或“个人的不幸”（calamity）。］这些是表达可能发生的，没有估算、没有认知、没有未来的坏的事件词。

如果可能的话，偏执者当然会尽量避免不幸的发生。如果不能避免，他们就必须要经历这个不幸，并设法挺过来慢慢恢复。不幸发生后就是一个恢复和重建的阶段。如果他们经历的不幸是一种类似大屠杀的道德暴行，那么这个阶段就是道德清算期。即使对于自然灾害，他们也需要一段时间去理解和消化，并学会在未来如何防范灾害再次发生。哀悼逝去的人，使他们的不幸去世变得有意义。在所有这些情况下，不幸甚至灾难都在时间的流逝中发生，然后被取代。我自己的死就可以当作一个例子，如果我死后能被人称为“一个正派的好人”等，那么我完全可以忍受未来自己要死的这个预期事件。

相比之下，一场灾难发生之后就什么都没有了。这个故事没什么可取的社会价值，不会被人铭记。痛苦是毫无意义的，损失是绝对的。这里没有哀悼、没有分析、没有纪念，也没有救赎。除非我们对核毁灭抱有不正常的预期，否则上述可能性不会发生在大多数人身上。然而就偏执者而言，这种核毁灭在他们的经验中就是未来唯一的可能性。而且对于他们来讲，不仅没有未来，就连当前本身都充满了超越正常人能够理解的悲剧意义。灾难比悲剧更可怕，当我偏执的时候，我想这就是灾难。

值得注意的是，对偏执的特征的描述存在许多经验性的例外。例如，我将要谈论的施雷柏博士，他像许多偏执者一样会随着时间的推移逐渐改变他妄想的内容。他最先感觉他的医生在迫害他，后来又觉得是上帝在迫害他。再后来，他开始崇敬上帝，因为上帝创造了新的人种。最后这点算不上是灾难性的情节，虽然这之前的想法的确出现了灾难性事件。即便如此，灾难不仅仅是内容，也是偏执者意识结构的一部分——一个没有希望的未来，它的价值并不在于其主题是悲观的，而是只有通过过度肯定才能确定一种未来的时间设置方式，如创造出一个新人种。我从未见过任何一个没有灾难性内容的偏执者，我们感兴趣的是他们以一种偏执的方式将过去和未来调和成一种连贯性（部分是暂时的连贯性）。

善良与邪恶

我个人经验的一个核心问题就是善良，以及特别是邪恶的所在。偏执者的经验是世上的邪恶压制了我的善良——这是偏执者与抑郁者的一个鲜明的对比。抑郁者的经验则认为邪恶是出于自己的(当然，我们还要注意到两者也有结合的可能，而且这并不罕见，属于一种抑郁—偏执妄想，即认为我是世界上所有邪恶和苦难的根源)。偏执者的经验是认为自己以一种惩恶扬善的方式与世界作战。这种自以为是如同一种悲剧性的人生意义，不仅仅出现在偏执者的经验中，而且在偏执者身上有比较特殊的表现。

善良与邪恶在成为概念之前，必然先是两种经验。快乐与痛苦、干净与肮脏、强壮与虚弱、温暖与寒冷、安全与不安全，这些都是早期童年经验的名称，它们逐渐在成人道德准则中被“焊接”在一起。这种两极对立的概念以及我们调和两极概念的方法为处于过去和未来之间的时间经验提供了另一个参照点。由于善是我想争取的，而恶是我要避免的，因此我“创造”出来的过去不仅仅是一系列编织出来的情节，而且要具备道德性。善与恶不可避免地会成为我自身的一部分，包括我的冲动、感觉、思想和欲望，当然还有我的过去以及我的行为、幻想和计划。简言之，善与恶会成为我叙事的情节。

里克尔(Ricoeur，1965)在关于哲学人类学以及在我们对普遍的善恶经验的探讨中提出了一个问题，即我们是如何在理想化的善良与人类行为不可避免的不足之间进行调和的。世界各地的文化都有神话、概念、学说和逸事，这些都使人明白道德需求与人类表现之间的不可比性。这些调和(里克尔在他 1967 年所著的《邪恶的象征》一书中对它们进行了深入探讨)当然也是个人生活的必需品，我们通过吸收某些文化故事来理解自己在善良与邪恶之间所处的位置。

因此，我们可以说偏执者的故事通常不具有文化性，就是说其并非文化成员所共有的。偏执者和其他人一样都必须在自己和世界的善与恶之间进行调和。偏执者的故事会让人陷入一种悲剧性的灾难中。在这场灾难中，“在这里”的善良最终会被“在那里”的邪恶所消灭。这种情节很难被一种文化所承认。

然而，福柯(Foucault，1965)在15世纪提出，在理性和死亡同时发生的故事场景中，后者是小众的反面故事，只不过在当时的文学、艺术和社会体制中都有所体现，有时还非常泛滥。

> 直到15世纪后半叶，甚至是稍晚一点的时间，死亡是唯一的主题。人类和时代在瘟疫与战争下终结。这个结论笼罩着人类，而且无法逃脱。

福柯认为，在16世纪的反面故事中，疯狂取代了死亡。就我们的观点而言，重要的是这样一个“偏执”的故事是一个反面故事，是主流的阴暗面。当然，反面故事并不一定是虚构的，因为它们是“反”的。那么，当代偏执者的经历是否也与主流文化有着相似的关系呢?我们当前对核毁灭的灾难性幻想是否也会像偏执者的灾难性叙事错乱那样成为一种文化形式呢?

善良与邪恶这组对立概念的最后一个特征是掩饰问题。邪恶伪装成善良，从而将问题的核心从一个意志问题(“我可以善良吗”)推到一个真理问题(“到底什么是善良”)上。故事解决了这个问题。我的意思是每个人都有这个问题，每个人都通过同意一个故事来解决这个问题。即使普遍和永恒的原则在我们当前的理性主义时代里是真理的试金石，但是特有的(非普遍的)和暂时的(非永恒的)故事绝对是我们文化与生活中至关重要的部分——特别是我们对真理的文化观念，尤其是善与恶的真相。甚至是理性主义学者为“去神话化”所做出的努力也会参与到全人类通过克服迷信而逐渐逼近真理的文化故事中，以及在这一戏剧性事件中某人作为英雄的个人故事中。

自我与他人

我们现在把话题转向“偏执者的孤独”。在我们的日常生活中，我们并不孤独，但偏执者是孤独的。当我思念我的爱人，当我在一个陌生的城市，或者当我悲伤的时候，我会感到孤独；当别人都有他人陪伴，而我却孤身一人的时候，或者没有人理解或关心我的时候，我也会感到孤独。但是偏执者的孤独是更深层次的孤独。这种孤独不仅仅是忍受一种缺乏，还包括自我肯定、自我辩护，甚至自我创造及自我保护。这种孤独不是暂时的，而是永久的。我不渴望与别人交往，我只想要一个人独处。这种孤独感比“孤独”一词更能深入我的日常生活中。这也说明偏执者需要以一种特殊的方式调和自我与他人这对两极对立的概念。

是否孤独在一定程度上要看一个人是否与他人分享有关自己生活中的重要故事。就偏执者而言，他们不会分享这些重要的故事。几十年前，卡梅隆(Cameron，1943)把偏执者的交际孤独描述成妄想的发展和保持过程中的核心。这一观点得到赖默特(Lemert，1962)的补充，他描述了我们是如何孤立那些具有交际困难的人，这使得他们更加难以分享他们的故事。

在偏执者的经验中，这种特点具有深远的意义。因为分享故事是我们日常生活中非常基本的行为，我们甚至难以想象不能彼此分享故事的生活将会怎样。即使在最悲痛的战争中，战士们也会分享战争的故事。他们可能会互相残杀，甚至想要杀死对方(这更具有难度)，但是当你我生活中的这个单一主题成了我们共同的故事时，它便出人意料地成为战场上一个彼此尊重的理由。

当我回顾时间经验中的“新事件”时，只要它们不符合我的预期就会迫使我不断重构我在生活中的情节。我在这个重构过程中的行为为我的生命带来了成长和发展。我在该过程中所持的开放态度是任何一个有意识的人都具有的。如同意识是开放性的必要渠道一样，这种开放性对于意识来说也是至关重要的。若失去这种开放性，我的意识至少会变得适应性很差，严重的话甚至会缺乏人性。因此，“新事件”为我的生命提供了成长动力，而且对自身以外的事物的吸收和理解是非常重要的，使之不仅仅是单纯的重复。这也使得我不仅仅监控我生命中的故事，还能去创造它们。

同样，一个除我以外的他人也是除我以外事物的重要来源，这会使我不断成长并且保持生机。当然，他人与自我之间的差异是至关重要的，他或她必须超越我本身才能激发我的创造力。但是，这种差异性不可能是绝对的。为了认真对待他人，我需要一个共同点，我得跟他们分享一些故事，不然我就会把他们视为异类，这是具有危险性的。然而，偏执者的孤独是由于他们做不到这些。但是，此时要紧的倒不是仅仅学习一些方法，而是先要让他人能够成为他人，从而使他或她自己可以成为自我，并且使这种差异性对自己产生影响，然后迫使自己不断地去创造和再造自己。

因此，我们的观点总结如下：第一，就像我们所提到的偏执者的极端经验，他们与我们平常的生活方式不同，这能帮助我们了解日常生活中的某些结构；第二，某些结构可以通过两极对立的概念来表述：过去—现在，善良—邪恶，自我—他人；第三，故事在任何情况下都是可以调和的；第四，我们可以用特殊的方式来描述偏执者的特殊经验是如何在这些对立的概念中进行调和的；第五，偏执者的情节建构通过一个即将到来的灾难将过去和未来置于彼此相对立的位置；第六，偏执者的情节建构是以无法信任这个世界的方式来解读善与恶的；第七，偏执者的情节建构把偏执者从至关重要的自我完成中隔绝，但是自我完成只能通过他人来迫使我们进行自我创造和再创造。

总之，故事在任何情况下都是有价值的。如果我们将某些经历、某些人或某种生活称为偏执的话，那我们的依据就来自偏执者所具有的与正常人并不相同的叙事类型。

连贯性

如果真是如此的话，我们可能要再次转向史蒂文·马库斯所说的“连贯性的本质和人类生活的形式与结构”。我们需要谨慎地提出一个小议题，而且我认为这是一个不可以忽略的问题。因为正是在这个层次上，我可以很清楚地认识到偏执者以及他们与我自己的不同之处。连贯性的本质是经验的叙事结构；人类生活的形式和结构是叙事的经验结构。叙事、经验、连贯性、结构、形式、人类生活——这些都是概念和现象大家庭里的成员及概念的变体，了解其中任何一个概念都需要了解这个整体中的其他概念。

这些评论的方法从整体和人类经验开始，对这些不同的术语(结构、叙事等)做出解释。由于术语有不同的角度，所以这些解释都是不全面的，而不是分开和结合的部分。当然，它们不是21世纪最常见的心理学方法——因果关系中的一部分。这一章倾向于在不同的部分与整体之间移动。家庭是整体的，早期所描述的对立面对整体来说是一种反应，而不是原因。这些对立面是在更具体的分析层面中的分析单位，但整体层面的分析比一个层面的分析更接近于临床数据。叙事(整体)和善—恶(部分)在资料中都同样存在，两者都不是抽象的或推测的。

现在我想利用现存的最著名的偏执案例为这一大堆的主张(关于连贯性、形式、人类生活等)进行辩论。这个著名案例的主人公是丹尼尔·保罗·史瑞伯博士，先由史瑞伯(Schreber，1903)本人记录，然后由弗洛伊德(1959b)分析，并多次重复分析。我将集中于弗洛伊德的分析以及基恩(Keen，1970)和沙茨曼(Schatzman，1973)的解读。我认为所有这些解释都是有价值的，但叙事的关键作用普遍被忽视了。而且，当这个角色被陈述时，它就包括了特定的解释。

弗洛伊德对病人的具体叙述方式和他自己一样敏感，他的理论从未专注于叙述，而是停留在一种借用物理学的表达模式上。弗洛伊德报告了史瑞伯的故事，并指出了这些故事的异常和典型性。弗洛伊德在解释中渗入了心理动力学，这被认为是精神病患者史瑞伯生命叙事的来源。同性恋意愿的防御性扭曲将“我爱他”变成“我恨他”“我爱她”“她爱她”“他恨我”等。心理动力学改变情节，所有情节都濒临险境。弗洛伊德所理解的才是真正的情节。

在史瑞伯的灾难性妄想中，弗洛伊德(1959b)说：“世界末日是这场内心灾难的投射，因为他从主观世界中收回他的爱，他的主观世界就已经结束了”。在这里，弗洛伊德的意思是内在的心理动力事件先出现，紧随其后的显性叙事内容则是其投射的结果。如果说，叙事的崩溃(灾难的发生)导致了心理动力的灾难(失去了对世界的爱)，这种表述框架会有什么改变呢？其实，这两种表述都是最好的，即我的爱的分布与我的生命叙事是彼此的一部分。事实上，我们可以猜测，尽管弗洛伊德曾认真对待叙事，他却在理论上贬低它的价值，因为叙事更多的是表达时代的修辞风格，而不是表达弗洛伊德的见解。

再举一个例子，“我们认为妄想是一种病理性产物，但实际上它是一种恢复的尝试，一种重建的过程”。弗洛伊德在这里看到了叙事在治愈人类心灵中的作用。尽管叙事是有用的，但对于史瑞伯来说，确实是失败了。然而，弗洛伊德忽视了对恢复的尝试以及对失败原因的叙述。一种灾难性的叙事是叙述“虚无”的结果。这种“虚无”是在没有未来、缺乏人生经验中构成情节，产生叙事，给予方向和力量，或者缺乏在人生经验中构成人类生命意义必要部分的情况下产生的。不可否认，这一灾难性的结果似乎是病态的，但自我疗愈的失败在于没有未来。而这对于人生意义(也就是从叙事的角度来说)来说，是一场大灾难。

1970 年，我从可能性和必要性的角度重新解释了史瑞伯的生活

(Keen，1970)。我避开了弗洛伊德心理动力学理论中的物理学理论，解释了史瑞伯认为他是被上帝选中来满足上帝的感官刺激的妄想。我把这种妄想看作一种绝望的尝试，他试图重建一个“存在的平台”，一个可以允许一些关于生活、真理和自我的假设存在的地方。

在缺乏生存平台的情况下，一个人只拥有经历过的混乱和恐慌(就像严重的心理危机一样)。所有存在的平台不仅在我可控的和可能的范围内解释一些事情，还在我不可控的和必然的范围内解释另一些事情。我们通常在必然性的框架内设想一系列的可能性。例如，我可以成为素食者或吃牛肉者，但是我不吃东西就无法生存；我可以变得聪明或愚蠢，但我不能避免自己老去。

从这个角度来看，史瑞伯的妄想是为了避免一场来自严重的心理危机的恐慌，而这个心理危机是由他“生存平台”的崩溃，以及另一个“生存平台”的建立造成的。这是病态的，因为它把最大的力量(他是上帝的爱人，而不是邻居的情人)和最大的无能为力(他被选中了，他没有选择)放在一起，并不是真正地融合在一起，而是以一种不同的方式挤在一起，而且在上流社会中，对可能性和必然性的理解通常是不一样的。

就弗洛伊德的分析而言，这种解释与其说是错误的，还不如说是不完整的。他的分析缺少了妄想的叙事方面，而这个方面表达了时间性(过去—现在)、道德性(善良—邪恶)，以及人类经验的社会性(自我—他人)。生存平台是一个很好的概念，与虚无和恐慌的自由落体形成鲜明对比。但它完全忽略了时间的、道德的和社会的经验方面，而这些方面是人类经验的基础，并且总是以叙事的方式表达出来。被上帝选中去满足它的感官刺激，结果就是承受一个新的人种——一个过去和未来，一个自我和他人，一个善良和邪恶的人。总而言之，这是一个情节，一个叙事。这并不是否认它是一个生存平台，而是说它更多的是什么，以及更具体的是什么。

最后，沙茨曼(1973)对史瑞伯的重新解读，是基于对史瑞伯的父亲养育孩子的理论的仔细研究，这是德国资产阶级所熟知的理论，因为他们读了这些理论，也是按这些理论做的。这些理论的作者得到了广泛的尊重。事实上，他的大儿子自杀了，而小儿子成了几十年来最著名的精神疾病病例，但这并没有削弱德国父母对资深博士史瑞伯的高度尊重。

这些理论的特点之一是一种消灭儿童心灵中“烂斑”的军事活动，如果不处理这些“烂斑”，它们就会“吞噬儿童的心灵，所扎的根也会变得非常强壮”，以至于“深深潜伏的心灵杂草很容易在早期或后期的生活中变得危险”(引自沙茨曼，p. 143)。这个养育孩子的强硬项目包括各种各样的背带、肩带及其他装备，以保证良好的姿势和坚守纪律。练习和日常工作都以绝对服从父母的中心原则为基础。沙茨曼简单地认为，这是对困扰那些没有严格训练的孩子的模糊的且无处不在的邪恶的防范。

孩子在这种生活方式下成长，是我们大多数人难以想象的。沙茨曼看透了这个项目以及其具有偏执特点的作者，他谨慎且具有说服力地论证了他的观点。沙茨曼再次避开弗洛伊德的物理学语言，在这里他更喜欢用人际沟通的语言，重构父子之间对这个过程的理解：①父母迫害儿子(狂热地反对邪恶)，②这个项目坚称，儿子把这种迫害当作爱，③迫使孩子曲解自己的经验，④隐瞒他自己他正在这么做的事实。

从史瑞伯更早之前公布的项目和它受欢迎的程度来看，我们可以很肯定地说，这种迫害仍在继续。一些孩子遭受了这种迫害，以及曾经或正在加倍地受害于他们对经验的曲解。在那里，他们遭受了迫害却不自知。后来出现的妄想可能是一个人企图去处理他所知道的事情(他被迫害了)，但也被阻止了。然后，他可能会对他的后代实施同样强硬的行为，反对在人类灵魂深处那些看不见的邪恶——如果没有严格的约束，这些邪恶就有可能摧毁他们世界的结构。

当沟通的叙事属性被明确时，沙茨曼这一非常有启发性的想法变得更加生动。养育孩子的做法传达了一种世界构建，一系列的可能性，一种对善良和邪恶的定义，一种人类关系的模型，更不用说多个图像和标语了，所有没被列出来的与已经被制订的一样多。他们的陈述和回忆都是按照叙事的方式进行的。我不只是说童话故事和道德故事，也包括日常实物教学、纪律和惩罚，它们的意义与一个人的行为及结局有关。

沙茨曼的结论是，偏执是“遗传的”，不是通过基因，而是“通过一代人教导下一代人恐惧心灵的某些可能性”。恐惧传递，是通过文化叙事的方式进行的，这种文化叙事，是我们最终会认为自己已融入其中的叙事，也是我们渴望确定某种特定版本的叙事。

这些思考，并不是为了对史瑞伯甚至是偏执狂的生活的最好解释。相反，他们认为叙事是一种表达方式，在任何情况下都能最好地捕捉到所提供的解释。如果叙事有这个功能，那么，尽管各种各样的理论语言都未能明确这一点，但是弗洛伊德、基恩和沙茨曼所理解的正是史瑞伯的叙事属性。这是弗洛伊德所理解的真正的情节，因为理解故事是人类相互理解的方式。这是一种真正的叙事，它能保护我们免受虚无导致的恐慌，因为虚无所形成的没有人类经验的未来是没有希望的。当我把我的文化传递给我的孩子时，这是一种真正的叙事传授，即使我把我的精神病理学传授给他们。

这一系列的思想都是关于连贯性的本质和人类生活的形式与结构。在这里，叙事是人类生活的连贯性或结构的不可逃避的形式。当我们理解某人时，我们就会理解他或她的故事；当一个人的故事晦涩难懂时，这个人就会被误解或难以理解。心理学家总是依赖故事，因为单凭故事，人类就能证明自己。

灾难性叙事的连贯性

叙事使我们的生活充满生机，它是对未来的投射，是由他人分享的，并能看到在经历邪恶后还存在善良的可能性，这正是人类经历中的投射推力。叙事使这些元素(包括其他元素)产生了连贯性。人类的经验是一种连贯性的经验并且是经验的连贯。

处在即将到来的未来和即将消失的过去之间的边缘，不仅使生活变得可以忍受，而且人们对处于这种边缘本身也是可以忍受的，原因有且只有一个——未来。未来甚至让我的死亡也变得可以忍受，因为人们会记得我。我现在能够预期他们的记忆，这会将我的生命延续到我的死亡之外，并缓和死亡不可妥协的必然性。

在大灾难中，我失去了未来，我所处的边缘是虚无的空洞，这是一种比我个人的死亡更具有毁灭性的经历，因为未来所带来的缓和都已经被灾难冲走了。

未来不仅仅是一个主题，即生活在我周围的人，谁会在将来的时间记住我。未来也是我经验结构的一部分，无论我离死亡有多近，它的叙事结构都可以在现在的基础上构建出一个未来。它之所以这样做，正是因为我的生命叙事与我周围的人的叙事交织在一起，以及我们分享的或多或少的大众叙事。他人关于我的意识与未来对现在的补偿都是彼此的一部分。它们从根本上建立了我的经验，然而它们都在灾难中消失了。

因此，对灾难的叙事清楚地表达了没有未来的主题和偏执狂的孤独。这种叙事尽力地尝试调解过去和现在、善良和邪恶、自我和他人，但是都失败了。未来不能补偿我们，善良不能幸免于邪恶，我的孤独也不会被治愈。时间流逝得不到补偿，善良在邪恶时代幸存的可能性已经消失，甚至保留与他人的联系也不会实现。灾难使虚无成为主题，而且作为一种叙事，也体现了它的结构。现在哪里也不能去，善良没有生存机会，而且与他人的连接(这能够使生活变得宜人)也不复存在。

那么，在我们称为偏执狂的经历中，连贯性是什么样的呢？它不能调解过去—未来、善良—邪恶、自我—他人，因此它是无法连贯的。的确，这些失败确实为我们寻求改变、治愈和防止偏执提供了理由。然而，偏执狂的叙事也许是努力接近连贯性的失败经验，我们看到连贯性对于非偏执经验的重要性，以及它是如何通过调解两极性被创造出来的。我们看到了他们为了保持连贯性所做的努力和斗争。史瑞伯最疯狂的时刻，仍然是试图创造连贯性的时刻。

他们为什么会失败？在经验结构中是否发生了一些变化，是否没有未来的叙事只能以灾难的形式出现？到底是什么变化使大灾难成为叙事的结果？虚无似乎隐约可见，最终渗透到经验中。但是，虚无到底是什么？事实上，对它的命名是消极的，而它的其他表达方式似乎是最好采取灾难性叙事。可以说，灾难背后的所谓虚无，这两者都是伪造的。灾难表达了虚无，没有比灾难性叙事更好的定义或者表达了。

灾难性叙事甚至是在表达方式上也具有一定的连贯性。偏执狂不仅仅屈服于混乱和恐慌，他或她努力地建立一种能够充分地表达他或她经验的叙事，使它能够被体验。它会记录生命、适应生命、使生命有意义甚至建构生命。但这种灾难性叙事的连贯性是一个没有根基的建筑，没有未来、没有别人，也没有善良。所以生命在徘徊，威胁着要冲向一个绝对的、不可挽回的结局。

我认为，在我们自己对核毁灭的思考中，我们对偏执经验的最好的把握来自我们自己。这种能力可能是几个世纪以来首次出现在我们身上，它在临床意义上并不是病态的。这是一种真实的可能性，我们期待它是一种文化上的可能性。因此，它在分享中失去了一些自身的“病理学”特点，但并不是失去了所有。失去希望，失去未来，生活变成了灾难，这些可能是一种文化上的病态。如果文化具有了一种永远终结生命的技术能力，能够形成灾难性叙事，那么会有什么后果呢？我们应该担心普遍的绝望和人类自我实现预言的倾向。对整个文明来说，什么样的疗法才是可行的？

对乐观主义的表面肯定是没有用的。就像 15 世纪关于死亡的反叙事一样，反叙事在这样的嘈杂声中茁壮成长，最终在人类的行为中体现出来。我没有答案，但是我确信偏执狂瞥见虚无后就会屈服于它。尽管如此，在这个暴力的，可能是灾难性的世纪中，偏执的人为维持一种叙事所做的斗争体现了我们生命中的一些东西。

参考文献

Burke，K. 1945. A grammar of motives[M]. Englewood Cliffs，NJ：Prentice-Hall.

Cameron，N. 1943. The paranoid pseudocommunity[J]. American Journal of Sociology，49，32-38.

Crites，S. 1975. Angels we have heard [M]// J. B. Wiggens. Religion as story. New York：Harper：29-50.

Foucault，M. 1965. Madness and civilization[M]. New York：Random House.

Freud，S. 1959a. Fragment of an analysis of a case of hysteria[M]// A. and J. Strachey（Trans.）. Sigmund Freud：Collected papers. New York：Basic Books：13-146.

Freud，S. 1959b. Psycho-analytic notes upon an autobiographical case of paranoia[M]// A. and J. Strachey（Trans.）. Sigmund Freud：Collected papers. New York：Basic Books：387-470.

Frye，N. 1963. New directions from old[M]. In N. Frye，Fables of identity. New York：Harcourt，Brace，and World.

Keen，E. 1970. Three faces of being：Toward an existential clinical psychology[M]. New York：Appleton-Century-Crofts.

Leifer，R. 1969. In the name of mental health[M]. New York：Science House.

Lemert，E. M. 1962. Paranoia and the dynamics of exclusion[J]. Sociometry，25，2-20.

Levi-Strauss，C. 1962. The savage mind [M]. London：Wiedenfeld and Nicolson.

Marcus，S. 1984a. Freud and the rat man [M]//S. March，Freud and the culture of psychoanalysis. Winchester，MA：George Allen and Unwin：87-164.

Marcus，S. 1984b. Freud and Dora：Story，history，case history[M]// S. Marcus，Freud and the culture of psychoanalysis. Winchester，MA：George Allen and Unwin：42-86.

Ricoeur，P. 1965. Fallible man：Philosophy of the will[M]. (C. Kelbley，Trans.)Chicago：Henry Regenery.

Ricoeur，P. 1967. The symbolism of evil[M]. (E. Buchanan，Trans.)New York：Harper and Row.

Sarbin，T. R. & Mancuso，J. C. 1980. Schizophrenia：Medical diagnosis or moral verdict[M]. New York：Pergamon.

Schatzman，M. 1973. Soul murder：Persecution in the family[M]. New York：Random House.

Schreber，D. P. 1903. Denkwurdigkeiten eines nervenkranken[M]. Leipzig：Schloss.

Szasz，T. S. 1961. The myth of mental illness[M]. New York：Hoeber Harper.

White，H. 1978. The historical text and literary artifact[M]// R. H. Canary and H. Kozicki. The writing of history. Madison，WI：University of Wisconsin Press：41-62.

第四部分　自我叙事的建构与解构

第十章　精神分析中的叙事：讲故事、倾听和诠释的精神分析概述

弗雷德里克·怀亚特(Frederick Wyatt)

在精神分析中采用这样一个新潮的词——叙事，我们有理由问：它新在哪里？在我们称赞它是前景光明的新发现前，我们要问它怎样帮助我们更加节俭地概念化我们的研究主题，更加深刻地理解精神分析，以及将不同的变体联系起来。事实上，精神分析师一直清楚自己是在讨论和处理故事；一直知道我们努力倾听故事并且试图引导别人讲故事；也知道通过设计达到该目的的方法，使我们能够将倾听到的故事转换成某人的人生历史。未经过反思的人生未必会是被忘却的人生，但是它必定是未能表达出来的，而且是脆弱的，尤其是当强有力的传统不再具有力量将它约束和支撑在一起的时候。所以，精神分析诠释的(interpretation)方法不仅可以帮助匮乏的故事讲述者醒悟过来，而且它能做得更多。诠释在个人的过去经验和当下经历之间建立了可行的联系(context)。更令人惊叹的是，诠释在一个人的心理起源

和发展与他当下的人格之间建立起了联系。因此，我们可以说，人一旦感知到我们倾听的意愿，会因内心的不安而找到我们：他们知道自己有故事，在内心深处，这些故事促使他们成为故事讲述者，他们讲述想讲的故事，就像皮兰德娄(Pirandello)的《六个寻找作者的剧中人》(*Six Characters in Search of an Author*)中宏伟的分析过程范式一样。

我们的角色已经确立为诠释的倾听者，是想要讲述一切的人的听众。之所以说是诠释的，是因为我们承诺帮助他们以词语的两种不同的意思来记住他们的故事。尽管如此，通过认识叙事在精神分析中的角色，我们可能会有其他收获。著名心理学家波林(E. G. Boring)在大约 50 年前的一个演讲中强调了心理学中的精神分析和相关的努力是"一个更加健谈的心理学分支①"。他本身就是一个渴望却无法表达自己身心失调的故事的故事讲述者(Boring & Sachs，1940)，但他还是无法接受精神分析所提供的个人背景，执拗地要在心理学实验室中争取科学的一席之地。尽管他漠视精神分析，但是他不经意间恭维了这点：精神分析建立了叙事与心理学的联系。

总之，叙事这个概念的问题提醒精神分析师注意这个概念与其他学科的关系，如与文学和历史的紧密关系。更加偏生理取向或社会取向的精神分析师看上去摒弃或忽视了这种紧密联系。这种忽视是很奇怪的，因为精神分析和文学之间的亲缘关系是如此明显，以至于弗洛伊德及其早期的学生把它当作一份礼物，一座充满刺激(stimulation)和确认(confirmation)的取之不尽的宝库。对于历史学来说，情况是类似的，从精神分析到历史编纂学的系统应用花费了较长一段时间(Wyatt，1959，1963，1969)。但很明显，即使"来自上边"的传统历史也是人生故事的巨大收藏库，所有的问题蕴藏在这些叙事

① 如果我没记错的话，波林(Boring)在东部心理学学会(Eastern Psychological Association)的年会上发表了这次演讲[于(美国)罗得岛州首府普罗维登斯，1941]。

中(Stone，1979)，而且也存在几乎不断反复的命运进程及迂回曲折，也就是真实的丰富的人生。

让我们认可叙事这位精神分析的“密友”。“密友”的双重意义是，半开玩笑的说法和有预谋的。因为接下来很快就会清楚，如果两人长时间协作冒险的话，它对精神分析师来说具有潜在的危险，对精神分析过程中精神分析师和分析对象的协作行为来说更是如此，它实际上不仅涉及一个人的幻想，还涉及两人的生产性(the productive)。叙事是精神分析的实质，且作为精神分析师，我们要无休止地倾听病人的故事并用我们的故事满足他们的幻想，精神分析师一旦被这个想法迷住，会有潜在的危险。但实际上，倾听故事是不够的。倾听什么样的故事，带着什么样的目的？最终想达到什么目标？是否所有故事都是相同的，或者说，叙事是否是组织(organization)的一种特殊的基本形式，是一种恰好在很多方面尚待定义的术语？并且，从一开始，精神分析师该如何或者能够怎样利用病人的故事，也是不清楚的。在精神分析中，什么东西与倾听故事、诱导出故事和诠释故事具有特别的联系？什么是诠释，以及它有什么好处？我想在接下来的评论中考查这些问题中的一部分，尤其是在精神分析过程中对于故事的转换(transformation)的至关重要的那些方面。在听故事时，精神分析师的基本定位或态度是什么？在与分析对象对话时，也就是说，精神分析师在领悟分析对象的故事的过程中，所激活或发生的连锁系统，或者听起来晦涩的精神分析的原理，会是怎样的？因为从一开始就很明显，故事或叙事在某种程度上是精神分析师和分析对象双方一起产生的，而不是通过病人自己，虽然乍看之下是病人自己，但实际是通过病人和治疗师之间微妙的、隐蔽的交流而产生的。

精神分析取材于叙事。如同我之前说的那样，这个观点在早期的精神分析著作中并没有被提出来。相反，精神分析师更习惯于关注精神分析的材料(materials)——当人们承认它无生命和无人格的含义时，它成了一个消亡的术语。精神分析师创作或挖掘材料，然后分析材料，最后得到产品。这样的一种概念没有给人留下多少互动的空间。精神分析师作为技艺人(homo faber)决定了分析的流程，并且决定产品最后的样子。这种常规方法可能适合于塑料的制作，但并不适合于人的康复和再教育，尤其不适合于人从自我疏离中恢复自主性。

最近在精神分析中有一种强调叙事的思想运动，它多半是由唐纳德·斯宾塞(Donald Spence，1982)和罗伊·谢弗(Roy Schafer，1983)的作品掀起的。他们的重点在于发现历史事实和叙事事实之间的区别，或者是生命资料还原的效度，所有对历史进行重新建构的主张都一定要以有效为依据。就像我们知道的那样，精神分析师们最初的态度是天真的，他们以为被分析者持有藏在自己身上的事实，如果正确地帮助他吐露自己，那么他最终可以回溯那些事实。在弗洛伊德创造性的生涯后期，他才开始怀疑找回被压抑的事实的可能性；他甚至认为，个体的过去可能必须被重建，而不是被还原(Freud，1959)。他观察到，在分析过程中，被重构出来的儿童期事件实际上取代了回忆出来的童年事件的位置。因此他触及的不仅是一个，而是多个精神分析认识论的基本问题。

①被压抑和被遗忘的事情像在童话故事里保存的宝藏一样，只是等待时机再次出现和被重新找到。这种看法是可疑的。如果它无法被还原，或者相反，如果通过努力，它可以被分析师所分析得出的结论所取代，就像分析过程本身一样同时发生，那么这个前提假设一定要做修改。因为这样的话，我们再也不能将过去视为可保存的，像法老陵墓里的珠宝和信号装置一样藏起来，或者，像死海古卷那样在洞穴里等待被发现和阅读。我们被迫设想过去无法真正按照字义保存。我们不能说过去就是过去的样子。当它被重新建构的时候，我们应该说过去是创造出来的。从过去等待被发现到过去被按照当下的意识来重

新建构(Wyatt，1963)，看待过去的视角的认识论转变很明显预示着一种基本的转向。

②如果材料的独立性会被分析师的暗示所替换，而分析师的暗示性反过来又是基于之前分析师和被分析者之间的交流，那么病人材料所表达的所有意思都将是似是而非的。因此没有所谓的材料，除非我们用材料这一术语来指代被分析者本人及其与分析师之间数小时的交流过程中能够观察到的规律性和重复性的东西。

③重新建构代替重新发现，有了这个前提，精神分析治疗的整个理论都要重新思考。我们不能简单地说重新发现压抑的东西即疗效，因为这时有意义的连贯性看上去更加重要。

④如果过去不能总是被回忆起来，如果对过去的回忆在重构的帮助下能够更容易实现，那么如同前面确认的，我们面临这样的问题：能够被记起的过去会是什么样子？有没有这种事情？德国历史学家兰克(Ranke)曾经写道，历史的任务是确立"实际上已经存在的"，当它发生时它有多真实、可靠、名副其实。从那时开始我们最多能做的就是把我们拥有的关于过去的有记录的证据都放进具有连贯性的有意义的叙事中：证人的证词、工艺品、制度变更，以及最后但并不是最不重要的先前事件所带来的后续影响(对此我们需要给自己一个合理的解释)。

关于见证者的证据，我们当然要假定它受到证人的地域和社会地位造成的偏见与局限，因为我们知道自己也会如此；最后但并非最不重要的一点，他们的某种信念、生活定位和意识形态造成偏见，且他们几乎不会意识到这点。马克·吐温(Mark Twain)，这位人类缺点和善意欺骗的敏锐观察者，他提醒我们，历史学家笔下所写的"只是(让人读上去)流畅的偏见"。见证者和同时代人的陈述，换句话说，是一种叙事而非历史事实。历史事实这个概念迅速地展现出壮丽的一面，但就其真正所要表达的事实而言，是极其模糊和不确定的。历史事实不是对真实的过去(没有人能再现过去的事情，因而我们只能判断我们的推论哪些是真的哪些是假的)的近似估计，而是对与所研究的事件有关的所有可得资料之间的合理联系的一种拟合。在这种情况下，资料不可以被认为是非常可信和可靠的，而只是与研究对象具有某种联系的传说和陈述。这些联系本身会依赖于当前(而非过去)所持的观点和类别，且将在新的观点出现时被修改。例如，无论 13 世纪和 14 世纪的人们如何记载他们所称的“瘟疫”流行病，他们都不会，也无法想象啮齿类动物如何从欧洲东部缓慢迁移到西部，而这些啮齿类动物正好是某种跳蚤的宿主，而这些跳蚤正好又是瘟疫细菌的宿主。可以想象，我们也许还没有能力发现自身对传染病的免疫力和抵抗力的变化，这些传染病取决于生态因素，或相反地，取决于尚未确认的微生物毒性的变化。当我们系统地详述这些变化时，它们也许会出乎意料地有助于说明那个时期发生的事件和创伤。因此，它会迫使我们修正历史叙事。

人工制品会是很好的材料，只要我们记得它们的意义是针对那个时代的人和使用者而言的。当我们把它们放在某个时代背景中时，我们必须用推测的事情来填补缺失的历史空白，并且将我们要填充的与我们所知道的那个时期的事情联系起来。换句话说，我们必须在叙事的背景下看待人工制品——钱币、雕像和勇士的装备——可能具有的意义。想想丰富多样的新石器时代的小雕像，它们具有各种不同的意义。比如，其中较早期的一座叫作沃尔道夫的维纳斯(Venus of Willendorf)，它究竟是在某种仪式背景下的生育的象征，还是具有类似安神念珠(worry beads)性质的东西，抑或是色情媒介的一种呢?

制度性事件(institutional events)存在同样的问题。在收复失地运动(reconquista)之后，犹太人被驱逐出西班牙，这是不可避免的沙文主义(Jingoism)的后果(战争努力进行了很多个世纪，直到取得成功的结局之后)？所谓成功，就是征服者至少在意识形态方面取得胜利。或者说它是为强化皇权，以及对抗封建男爵和嫉妒的盟友而走的有效的一步棋？还是说它是社会变革和经济变迁，以及社会上微妙的心理平衡愈发紧张所导致的非理性主义的一次爆发？随之发生的对一部分族群的排斥和镇压相当于一次重大的社会动乱。任何生活在那时那地的人似乎都没有意识到这些社会性和制度性的问题。这些事实在发生了几个世纪之后才由历史学家指出(Wyatt，1963)。

我们只能找回过去的一些碎片。对过去回溯越深，这些零碎回忆的重要性和有效性越低。这个结论是必然的。在兰克的观念中，没有"真正发生的事情"(eigentlich gewesenes)，也不知道"它究竟是怎样的"。从认识论上说，过去是一个不明确的概念。"曾经"(has been)是必然存在的，但这只是个迫不得已的假定，是从现在(the present)推理出来的一种延伸，当然，这种假定的强有力的支持来自强烈而持久的普遍体验："我是连续的""我跟其他人一样拥有过去"，但是只有我能够回忆起这个独一无二的我。我的回忆在多大程度上可靠，这是完全不同且具有挑战性的问题。

根据刚才所说的，我所能回忆出来的事情的可靠性取决于我在回忆过程中内心的变化和人际的变化。又一次地说明，我的记忆的有效性取决于若干基本的命题。例如，连续性的感觉在多大程度上可信？我们理所当然地认为自己是连续的，这个信念很明显地持续存在，而没有考虑记忆的实际连续性。我所有的记忆毫无疑问都是我的记忆。这种"那就是我"(that was I)的感觉完全就是在他们的自我中核心的和不可分割的一部分。这就是连续性所在。但是，经过进一步反思，过去的我有时看上去是一个很奇怪的家伙。从现在的视角来看，认同他绝不是一件容易的事。他甚至可能与(在时间上)接下来的记忆没有多大的直接关系，尽管这些记忆也有一句旁白"那就是我"。因此连续性是一种补充性重构，也是回忆的一种基本状态。对连续性的渴望激励着我们。这体现在，当连续性受挫时，或当过去突然变得碎片化时，我们会有强烈的焦虑，至今成功地将这些记忆碎片组合在一起的意志力处于危险状态。这些困难对于精神分析师来说是勉为其难的，这既体现在精神分析师对很多精神分析的叙事的轻信，也体现在其混淆了人生历史及其意义的合理(或真诚)状态(Schafer，1983；Spence，1982)。

历史学家和精神分析家的共同点是创作统一的叙事。历史学家撰写集体、政治或社会历史；精神分析师撰写个人历史。两种叙事的形成过程都是将众多基本的和零碎的东西组合在一起，包括我们前面谈到的研究得来的历史元素，以及病人告诉我们的关于个人的故事碎片。由于它们与事件、思维状态和心境有关，所以我们可能理所当然地将其比喻为故事。这些故事可能并不与为了娱乐而创作的故事一样，尤其是当分析取得进展和当移情成为共同关心的内容时，但它们仍然足够相似，因此可以说，至少在一个重要的方面，它们的目标是一致的。

精神分析中的故事讲述者也许没有意识到他的目标的真正复杂性，但这无关紧要。事实上，历史编纂学的报道者和故事传播者看上去也并没有意识到他们的主观目标与态度；当我们仔细阅读小说家和剧作家的作品时，正如我们看到的那样——这些虚构故事的写作者也没有意识到他们的主观目标与态度。

精神分析的经验的习得，包括对共情的熟练运用，必然需要精神分析理论的协助和指导。它源自这样的期望：精神分析理论会在分析对象的故事中呈现自己，并通过建立与这些故事中反复出现的主题之间的联系来证明自己。必然地，一方面，这种情况导致精神分析师的危险的含糊性，是一种无意的欺骗。作为听者的分析师应该对自我否定没有偏见——因为它是分析式共情(尽可能不受约束和不受指向性影响)不可或缺的条件。另一方面，分析师应该对相似性和联系的预兆与重现保持警醒，随时准备将它们与经过验证的精神分析的观察结果和理论建立联系。同时，他不应在不知觉的情况下被固定在先入之见中。精神分析写作充斥着当今时代批量生产出来的偶像的痕迹，可以说，理论假设出自即兴写作，出自盲目的偏爱。精神分析至今如此多的发出叮当声的机械化的诠释就是由于这种缺点，但我们如何避免呢？

精神分析中的倾听被认为是一种特别的倾听类型，如同赖克(Reik)所倡导的“倾听言外之意”(listen with the third ear)。确实，有时候看上去，精神分析中的人无论是倾听还是被倾听，都比日常其他时候更加敏锐，倾听得更加彻底。在这个过度膨胀，因而导致沟通质量低下的时代，这一点也许的确是精神分析的一种特殊存在。精神分析师的静默，无论如何，提供了一个制造关于精神分析的笑话、玩笑和幽默逸事的场合。

尽管所有的病人都在等待和听取精神分析师的话，但是精神分析师的态度中有些东西是超越倾听和被动的可用性(passive availability)。作为听者的精神分析师在默默地传递一种要求和转达一种信息：“我在这儿激发故事和诱导他们讲出来！”他用看不见的声波频率来播送这个信息：“还有呢！继续！关于这些还有更多要说的！”可以说，精神分析师的用心倾听(attentive listening)将病人的故事从隐蔽处、从病人往事的深处引导出来，进而使他们吐露出来。换句话说，期望的倾听(expectant listening)看上去是所有故事或叙事的内在部分。无论如何，在分析过程中，如果没有精神分析师的推动，故事的进展会停留在初步的和不完整的阶段，永远不会逐渐地展示真实的自我。如所描述的那样，积极的倾听(active listening)会导致积极的干预(active intervention)，但不该将其与积极干预相混淆，后者是积极倾听所产生的。对故事连续性(continuity)的干预会将倾听、叙述的故事(叙事)和诠释联系起来。如果这些进展顺利的话，那么从这些暗中摸索得来的和充满防御性的故事元素中，我们能构建一个近似真实的个人历史。

精神分析理论给人的印象是一个独特而复杂的体系，弗洛伊德(1925)在一篇重要的文章中提到"本能及其变化"(instincts and their vicissitudes)。它论述的是自我意识的发展、结构和边界。当代精神分析的众多流派也许很容易让人感到混乱，更不用说精神分析理论文库在发展中的变化了，新的观察结果和概念化在慎重而追溯性地修订旧的精神分析原理。当这些新的概念在当代背景下被应用甚至被大家呼吁的时候，它们现在的意义与他们的原始意义有了很大不同。这个过程在大部分时间里是不引人注意的。虽然它们频繁地引用弗洛伊德的作品，但是它们与精神分析相关概念的原始意义是相违抗的。为自己观点辩护的精神分析师似乎想证明，弗洛伊德的概念可以表达他们的意思，或者是想证明，在当代精神分析师想理解的意义上，意思就是这样的。

精神分析的倾听设定(set)

幸运的是，有些东西处在正统精神分析理论(弗洛伊德的及其同时代的)之前(before)和之上(above)的：基本的定位(the basic orientation)，即一种倾听和组织的方式。我想称之为精神分析师的设定(set)。这并非新的东西。任何临床精神分析治疗师都会受到它的约束而不自知。这可能就是为什么很少有人写过有别于临床精神分析程序的理论和系统。我相信，这种倾听和组织的设定比详细阐述理论更加精确地描述了精神分析师的定位与基本态度。我记录了六种特征。

①想想内隐意义和外显意义的区别，它与无意识动机假设相符。在叙事的背景下，这意味着我们绝不该认为故事在讲述什么就是什么。每个故事都超越其本身，指向故事讲述者并不曾打算讲的东西。故事的附加意义或中心意义实际上可能并不是故事讲述者自己所知道

的。作为分析师，我们对故事里的无意识意图和潜在意思的诠释的目的就是为了从外显故事中梳理出潜在意思，从原矿石中找出珍品。

②所有故事不仅仅是在讲述此时此地发生了什么，或者此时此刻记住的是什么。故事也不是在讲关于过去的孤立事件，它并不像古时候的珍品或遗迹那样，即使我们沉溺于将这些孤立事件理解为它有其独立的含义。精神分析故事总是报告心理过程或心理发展的多面性和多种状态，以及它的多重变化。换句话说，故事讲述的东西不是曾经发生过的或者最近发生的，而实际上是表明持续转变(continuous transformation)的过程。它们讲述的是当下的东西，从过去持续到现在，而且还在进行，因而它不是来自固定不变的事件，而是来自无休止的应对(coping)和体验。

与前面所述内容紧密相连的是精神分析的一个基本原理：我们早期的经历一定会影响我们所有后来的经历。如果某种冲突对人有强烈的影响，那么类似的这些冲突在新的情境中会反复地强加于人的身上，因而不断地再次激活和重复旧的问题。同样密切相关的是思想流动和意象(表征)流动的情境原理。我们在此应该谈谈情境在精神分析中的首要地位。没有任意单一的事件本身或所谓的事实本身能够像它的起源以及它所导致的新经验和意象那样具有重要意义——也就是它从哪里来，到哪里去。事件的意图、过去和现在的背景比事件本身更有意义。此处意味着对一种经常被提出来的信念的约束。这种信念为：当致命的童年创伤从无意识的无底洞中被发现和提取出来后，它会改变病人的整个精神状态。若别无其他，这个夸张的假设应该让我们停下来反省一下。如果它必须用文学词汇来澄清，那么为了其真实性，证明它不是夸张的；它是史诗般的：它的发生非常缓慢，并且它将转变成新的模式和形式，但在这个无形的转变过程中，它往往不断重复旧的形式。之所以说在精神分析中谈论叙事对我来说是有意义的，正是因为情境的首要性。如果没有情境，或在情境建立之前，病人所说的话、故事、报告或梦，都只能传递一些信息的碎片或叙事的雏形，但还不是叙事。

③无论我们经历了什么，我们随后都注定要在认知系统中对连续发生的意象和行为进行详述与加工，这个过程通常被称为思考。在分析上，我们通常说：它会在幻想中详述。用它是正确的，至少在这个意义上——它发生在我们身上并不带有特别的决意或倾向。我们经常用幻想来再次想象那些给予我们快乐的事情，期待它会再次带给我们快乐。但是幻想不只是与快乐联系的，不开心的、伤心的、受辱的和害怕的也会随之出现在脑海中。所有这些输入的信息都要得到处理加工。这意味着它必须是完整的，这意味着它必须在思维中详述，并适应先前的经验。所谓适应，也就是说，与这个人关于自己的形象相匹配，与这个人对事情将会如何对自己有利或不利的期待相适应。假如在这个过程中没有受到一些障碍、限制或偏差的干扰，那么我们可以说新的经验已经条理化和相互协调，并最终成为自我的一部分。因此，经验的条理化和整合与它所产生的快乐一样重要。我们对新的经验进行整理，使它能够成为自我的一部分，使它没有紧张和不安，看上去是每个人持续的日常活动。结果是，我们看到重复的倾向性，不断地做同样的事情，即使原始的刺激早已不存在了——就好比麦克白夫人的血迹(lady Macbeth's spot)。这个过程越不顺利，重复的欲望就潜伏得越深。

④人类想知道他/她①是谁。他也同样想知道自己应该成为什么样子。在他尽力将自己的经历变得条理、连续和连贯的时候，他也在争取获得自我的连贯性：在主观的过去、现在，以及潜在的和想要的未来之间取得连贯性。他/她可能很清楚自己在追寻这样的未来。这

① 他(he)，从语言学上讲也是一种普遍意义上的代词，在本段落以及第⑥点中都代表他/她(he/she)、他的/她的(his/hers)、他的/她的(him/her)与德语或法语中的非人称代词——人(man)等同。英语表达太赘余。

意味着他必须在思想和行为上都要处理好那些使自己看起来好或坏、讨人喜欢或令人鄙夷的个人特质；同样要处理好自己想要成为什么样子以及如何去做到；处理好自己如何设想与他人的关系，以及期望他人如何对待自己。所以，一个人的故事是对这个人的同一性状态及其欲望、弱点和缺点的证明，这个人在大多数情况下并不是有意识去这样做的。但是他也许希望讲述自己的故事，因为他希望在这个过程中主张自己的同一性，为它辩护，或至少澄清它可以并且应该成为什么样子。

⑤个体寻求经历的协调性和一致性，这些经历构成了他们的自我。不同动机和倾向性所造成的不协调会逐步侵犯自我，导致压力和不安。所以，达到心平气和是心理活动中持续不断的意识流的基本目的，这是其持久地努力应对所想达到的目标。我们通过幻想和沉思努力地加工所经历或遭受的一切，以使自我不会过度地被对立和矛盾的冲动困扰，经验自我不仅受当前所发生的事情的影响，也受过去长远事件的影响，因此为了应对和适应，它有理由反复地致力于解决自我中所有分裂的、矛盾的和分离的部分。经验（和叙事）自我的这种情形清楚地表明了冲突在个人经历中的中心位置，类似地，还包括焦虑和内疚。

⑥关于一个人的多重目的和目标，我们至少可以说，它们都意味着人类行为的一个基本倾向性：总是要追求某些东西。人是充满欲求的（appetitive），处在动力学的不安的状态中，喜欢虚伪的东西，与大众的理解背道而驰，在快乐和不快乐之间，但不仅仅是在性欲范围内。我们的渴望通常是多方面的：本能的需要和自爱的满足；紧张的释放，也包括对它的维持和宠溺；自我挑战和人体机能高效运作带来的满足，这与控制有关（White，1963）。努力争取满足感当然是人类本能生活的一部分，这个发现来自精神分析的初期，它对我们是有帮助的。尤其是在欧洲，如在德国和法国，现在有一种趋势，一般以非

临床医生为代表，要么是浪漫的，要么是意识形态的，他们声称在驱力理论(theory of drives)中识别出了精神分析的真正的和真实的本质——越是用自由自在的本能的“熔炉”(cauldron)来构思理论，其说服力就越强(Lohmann，1985)。这种强调①违反这样的事实：过去50年，如同弗洛伊德自己发起的，精神分析已经将同等的注意力放到了这些方面：自尊的摇摆不定，破坏性的情绪激动，对真实的或想象的犯罪的赎罪；还特别把注意力放到了这方面：脆弱而过度劳累的自我(ego)在什么情况下能够成功地将经历连贯地整合到一起。这样做并不改变人类行为的动力学性质(dynamic quality)，以及追求目标、物质和各种满足感的动力学。它只不过将驱力(striving)拓展到了更大的领域。

因此，精神分析的倾听意味着在这种设定(set)下的倾听。倾听者所关心的是当故事在精神分析过程中——不，展开的故事中的要素

① 这个立场是令人困惑的。它们暧昧地包含了对顺应的鄙视，在哈特曼(Hartmann)的原创性文章《论适应》(On Adaptation，1958)中可以看到各种挑剔的语调。这个论证似乎把适应(adaptation)与顺应(adjustment)混淆了，[两个词都可以翻译为德语的适应(anpassung)，也许是因此而搞混的。]顺应是对掌权者的统治不加批判地服从。这样一种精神分析的观点当然会促进和提升它与正在盛行的多种马克思主义和法兰克福意识形态批判学派在意识形态上的耦合。“回到本我”(return to the ID)的倡议同时也流露出对任何形式的统治(herrschaft)的反对，对“管制人生”(administered life)的反对，以及对处于被蚕食危险中的自我的辩护。同时，它们带有集体主义和反精英主义的情绪，这与非管制自我(nonadministered self)的维护不是很相配。这个论证把精神分析看作救赎的教义，处于被诡诈和不恭的附加条文所掺杂的危险中。没有任何地方提及，精神分析命题的有用性始终是依靠它的临床实践的。我们必须从经验上检验它，否则它会迅速堕落成神秘主义的哲学猜想，类似于19世纪从谢林(Schelling)到叔本华(Schopenhauer)所提出的自然的思辨哲学。他们没有留意到对本能精神分析的信奉，弗洛伊德早已经迅速地超越了“沸腾的熔炉”(seething cauldron)的观点，转入自我心理学(ego psychology)的命题中，因为它们似乎比早期驱力导向的或“主题的”(topical)那些概念更适应于临床经验。对此，其他的不满可见洛曼所著的《精神分析的不满》(*Das Unbehagen in der Psychoanalyse*；Lohmann，1985)。

中——浮现并逐渐变得清晰，尽可能地减少约束和障碍。这就是精神分析设定的作用，为这种倾听提供环境和氛围，从而促进故事的讲述，并引导它们为接下来的精神分析对话做准备。前面所述的精神分析定位(orientation)的功能是提供初始的顺序或坐标。恰当的倾听所引起的被激活的冲动起到的作用是鼓励讲述，从而使故事继续。这是精神分析治疗的任务，尤其是在早期导入阶段的任务。通过这些干预，精神分析师使故事再次获得动力和深度；也就是说，他帮助对方将故事拓展到多重背景中，以证明它们是相互联系的。他的评论的作用是给故事讲述者指出(在努力使故事突破重重障碍讲述出来的时候，逐渐指出其矛盾和问题)故事在尽力往哪里发展，通常在最自相矛盾的迹象中指明它的真正方向。换句话说，人们在所浮现的故事被讲述出来的时候开始认可它。除了精神分析，通过讲述来积累知识的范式延伸到了古代和现代哲学，以及巫术和神秘的仪式。它是普遍存在和不言自明的。对此，“在我听到自己说出口的话之前我怎么知道自己在想什么?”这句朴实又古怪的观点是一个很贴切的示例。精神治疗师的解释性干预的目的是创造一种感觉，即建立一个有意义的背景或情境，从而构建全面的个人意义。

创建个人故事

当我们谈及精神分析师的设定或定位时，以这种方式发展出来的个人叙事是前面所述的所有需要和驱力的产物。因此精神分析叙事是人们努力适应或避免和逃离内部激励与外部要求的产物，那是个体在主观和外部压力间仓促逃避的情况，或者是生理和社会必需品对个人强加的限制，这些是持续不断的。因此，个人故事首先是按照自我意象(一个人想以什么样的面貌示人)来塑造的——在这种情况下，这个“人”就是作为倾听者的精神分析师。讲述者在自己和精神分析师面前如何更好地应付这种欲望，将从根本上影响他的故事的具体样子和性质。精神分析师要帮助他逐步发现隐藏在应付方式和权宜之计中所讲的故事背后更加真实的故事。人一旦开始讲述自己的故事，隐性的潜台词会浮现——首先是背景情况，然后是急于讲出来的或多或少比较连贯的故事。尤其是在没有偏见的分析情境下，讲述者受到内部的压力：为了能够讲好故事使对方最终能了解它，除此之外还有来自不安的压力，正是这种不安在开始的时候促使这个讲述者来拜访精神分析师。在这些压力下，潜在的背景会不可避免地显现出来，即使面临着压抑和(因发展的尝试而可能施加的)逆转。所展开的故事会暗示它的真实意图。但是，当故事逐渐变得清晰，那些长时间被压抑且深深被抑制的话题被谈及了之后，阻止故事继续呈现的阻抗也会加强。这就好像一个划桨能手突然注意到水流变得湍急，而他的小船被冲得越来越快：为了逃出激流并回到之前平静和安全的水面，他会抓住船桨尽力地划。

阻抗是在精神分析会话过程中正常和必然出现的现象，并会伴随整个精神分析治疗的始终。呼唤它的名字，一次又一次地将它指出来，以及定义它隐藏的联结和目的——换句话说，将其带回到分析的情景中需要更多时间、努力和技巧，而不是“过时了”(passé retrouvé)，即重新发现遗弃的过去和重建童年时消逝的紧张情绪(intensity；Schachtel，1959)——这些紧张影响和塑造了接下来的经历。虽然对阻抗的分析使我们获得对人格的结构和发展的理解，但是如果没有借助这些恶性的力量，我们可能无法做到。我们将它引入精神分析的领域预示着传统的本能驱力理论[将更多注意力主要集中在无意识(unconscious)中]的一次经典转向，转向自我心理学(ego psychology)关于体验的理论，以经验自我(the experiencing self)为中心。在此没有理由进一步讨论关于处理阻抗的临床方法的细节。但在这里要再次强调的是，只有当我们恰当地理解了各种看上去牵强附会的目的和手段后，一个人真实的、特异的故事才会现形。只有在那时候，在故事分析中才会揭露自己，最终也许会引出自我的真实故事，包括它的各种冲动和焦虑及其伪装与变体，从而揭露自我同一性——在冲突的压力和自我施加的限制下，之前我们无法充分认清同一性。

分析师倾听的任务是坚决要求讲述真实的故事——或者应该说，坚定要求最接近真实的故事——而不是让故事搁浅在阻抗的礁石上或(对分析师在分析过程中的角色概念)一塌糊涂的浅滩上。因为除了真实的故事在等待被揭露之外，通常还有其他几个故事也在等待着被讲述出来，恩斯特·克里斯(Ernst Kris，1975)恰当地为它们杜撰了一个新词"个人虚构故事"(personal myth)。不约而同地，马克斯·弗里施(Max Frisch)在1960年写道："每个人都为自己编写了一个故事，这个故事后来会经常被他当作自己的人生，也会让他因此付出很大代价；或者他虚构一个完整的系列故事，这些故事以地名和日期为证，因此它们的真实性将不会招致质疑。"①所以，精神分析中的故事尽管只是碎片，且在很长时间内只是初步的——直到阻抗(当然，也包括移情)。进行分析和诠释后，个人故事的意义和秘密意图才能被我们领会到。抓住真实的精神分析故事是我们可以且应该实现的，这么说是正确的；但是我们也应该理解为什么这无法完全实现。皮兰德娄的六个角色的故事无法被充分理解——表面上——是由于它是一部戏剧，但是更根本的原因为：其内心体验是复杂的，各种相互矛盾的冲动(impulse)和相互背离的认同(identification)几乎从来都没有很好地融合成一个连贯而连续的自我，而难以捉摸和易于消散的体验由于其持续的变化与消逝，难以被抓住、理解、定义和表述。

在分析对象和精神分析师之间存在很多掩饰、伪装、否认等倾向性，因此最后无法完全克服自我疏离。最初造成这种状况的应对和适应的条件太过根深蒂固，以至于无法在后期进行太多的修正。这就是

---

① 此处的英文翻译来自 Frisch，1972。

为什么弗洛伊德后期在对他的《分析的有终止和无终止》(*Analysis, Terminable and Interminable*，1937)中进行严肃和宏观的总结时这样说。只要持续地超越自我，并根据新的自我发现来重塑自己，那么我们也许可以下结论说，精神分析中的故事会逐渐变得真实。

从这个意义上说，我认为在精神分析中只有叙事这个概念看上去是硕果累累的。当善于反思的人都轻视实验室心理学和对基础科学的自负自吹感到无法忍耐的时候，这个概念就被采纳了，他们尝试阐明人类现象，但是不借助测量和死板的体系化分类方法。对于人真实体验到的经历，在其被精简压缩到实验室里之前，心理科学无法对其做出解释，熟悉实验心理学的人也对此感到失望：所以倾向于"回到根源"(to return to the origins)，回到那些看上去非常初级，因而具有持久效度的源头去。"原始的东西是完整的"(Alles Vollendete fallt heim zum/Uralten)，里尔克(Rilke)在《俄狄浦斯十四行》(*Sonnet to Orpheus*)中如此说道。除此之外，历史学(Stone，1981)、文学评论，乃至神学(Kepnes，1982)，虽然与心理学无关，但都不约而同地出现这种普遍的不满情绪，进而对重新构想叙事这个概念产生兴趣。在精神分析中叙事概念的引入具有相对不一样的理论依据。如同前面所说，它帮助我们定义了精神分析中交流的性质，因而注重其效度以及后者的局限性——尤其是对于精神分析的结论来说，因为精神分析师太过习惯性地下结论，而且精神分析师在汇报自己的临床经历并从中提出理论猜想时，太过深信这些结论。

但是，我们不应该成为某种信念的受害者。这种信念为：因为如此多抽象的东西是没有意义的，所以任何关于叙事的东西都必须具有意义。我们整天都在讲故事，而且我们听故事也听到耳朵发茧。我们已经习惯于尖刻地说："这算什么故事?"这种现象似乎说明叙事对于以前的真理和智慧并没有留置权。事实上，我的目的是说明其并非如此，以及为何不能这样。因此，我们不能放任我们的故事成为不加以批判的模糊的概念。我们不能放弃对绝大多数不同类型的叙事进行区分，以识别大多数故事中存在的欺骗和托词，它们往往与看上去真实的东西混在一起。精神分析在它的领域内非常善于辨认和拆穿伪装(大部分故事一开始都会伪装自己)，但是如果我们没有发现故事里的废话，那么它会继续伪装。我们还不清楚精神分析的这种技巧在多大程度上能够迁移到其他领域。我们似乎确实提供了一个基本的比喻，也就是说，所有的故事讲述都尝试否认部分事实或对其保持沉默，这部分事实与它所讲述出来的一样多。当我们在思考叙事的时候，我们要马上承认它固有的阻抗，并坚守这样的观点：有价值的故事会始于含糊的开端，并逐步接近“真正的”或“固有的”长期以来被压抑和伪装的故事。作为精神分析的代表的我们最好忠于叙事的概念。但我们要谨慎，我们倾听人们的故事，通过他们的故事来理解他们，我们会适当地相信他们的故事，而不被他们的故事绑架。如果我们无法批判性地倾听，那么我们会成为虚假故事的同谋，从而遮盖了潜在的真实故事。我们会像皮兰德娄的《戏剧导演》(*Director of Theater*)那样谴责自己的角色们没用，因为他想对他们施以恩惠，同时又强求他们演一出成功的戏剧。

参考文献

Boring, E. G. & Sachs, H. 1940. Was this analysis a success[J]. Journal of Abnormal & Social Psychology, 35, 1-16.

Freud, S. 1925. Instincts and their vicissitudes[M]. Collected papers Vol. 4, pp. 212-227 (J. Riviere, Trans.) London: Hogarth. (Original work published 1915).

Freud, S. 1937. Analysis terminable and interminable[J]. International Journal of Psychoanalysis, 18, 373-405.

Freud, S. 1959. Constructions in analysis [M]// J. Strachey. The standard edition of the complete psychological works of Sigmund

Freud Vol. 5. London：Hogarth：358-371.（Original work published 1938）.

Frisch，M. 1972. Tagebuch[M]. Frankfurt：Suhrkamp.

Hartmann，H. 1958. Ego psychology and the problem of adaptation[M].（D. Rapaport，Trans.）New York：International Universities Press.（Original work published 1939）.

Kepnes，S. 1982. Erzahlen und Wiedererzahlen：die Narrativitat in der Psychoanalyse[J]. Concilium，Internationale Zeitschrift für Theologie，H. 6/7，390-396.

Kris，E. 1975. Selected papers[M]. New Haven，CT：Yale University Press.

Lohmann，H-M. 1985. Das Unbehagen in der Psychoanalyse[M]. Frankfurt：Fischer（TB 6782）.

Schachtel，E. G. 1959. Metamorphosis[M]. New York：Basic Books.

Schafer，R. 1983. The analytic attitude[M]. New York：Basic Books.

Spence，D. P. 1982. Narrative truth and historical truth：Meaning and interpretation in psychoanalysis[M]. New York：W. W. Norton.

Stone，L. 1981. The revival of narrative：reflections on a new old history. The Past and the Present[M]. Boston：Routledge & Kegan Paul.

White，R. W. 1963. Ego and reality in psychoanalytic theory：A proposal for independent ego energies[J]. Psychological Issues，3（monograph no. 11），p. 210.

Wyatt，F. 1961. A psychologist looks at history[J]. Social Issues，17，65-77.

Wyatt，F. 1963. The reconstruction of the individual and of the collective past[M]// R. H. White. The study of lives. New York：Atherton Press：304-320.

Wyatt，F. 1964. In quest of change：Comments on Robert Lifton's "individual patterns in historical change"[J]. Comparative Studies in Society and History，6，384-392.

Wyatt，F. 1969. Notes on the scope of the psychohistorical approach[J]. Int. J. Psychiatry，7488-7492.

Wyatt，F. (with William Willcox). 1959. A psychological exploration in history[J]. William and Mary Quarterly，16，3-26.

第十一章　叙事流畅性和临床智慧

唐纳德·P. 斯宾塞(Donald P. Spence)

赫兹(Hertz)对弗洛伊德(Freud)和亨利·詹姆斯(Henry James)进行了创造性的分析，对比了他们对两位知名女士的治疗：朵拉和梅齐(Maisie)。

> 不约而同地，詹姆斯和弗洛伊德都预想到他们讲述故事的性质和讲述的方式会被指责。因此他们都通过某些方式来应付想象中可能出现的这些指摘，他们暗示这两方面的缺陷可能只是由于同一种问题，即他们没有在儿童世界和成人世界之间找到恰当的平衡点，因而冒着被人们指责为"制造违反常情的和令人反感的困惑"的风险。(1983, p. 65)

但还有更有趣的对比。因为梅齐是詹姆斯在《梅齐知道什么》(*What Maisie Knew*)中构建的角色，所以我们理所当然地认为她是作者的一部分。但是，当听到这样的观点应用在弗洛伊德身上，也就是说把朵拉看作弗洛伊德自身的一部分时，我们有几分震惊。

> 假设弗洛伊德和朵拉之间的错误不仅是未发现移情[以及反移情(countertransferences)]的问题，而且还有未发现的——或否认的——认同作用(identification)问题，会怎么样？假设弗洛伊德忽视的，或者不想看到的不是自己被朵拉

> 所吸引(或排斥)，而是自己就“是”朵拉，或者说相比于对未被注意到的移情和反移情问题进行细致入微的描述所暗示的东西，是谁的问题更加令人困惑？有没有可能，在“一个分析片段……”中能量和歪曲的来源就在于此，在作者和他的年轻的替身之间混乱的语言中？以及有没有可能，我们可以在弗洛伊德的文字中发现一些放肆的口气和一些牺牲的、自我定位的姿态，以助于我们理解詹姆斯关于梅齐的作品？(1983，p. 67)

赫兹在弗洛伊德和朵拉之间做了进一步的对比。他们都是言不尽意的，都没有讲述自己全部的故事。而且，弗洛伊德和朵拉的信息来源是有些含糊的；有关后者的信息通常是难以追踪的，而弗洛伊德的信息通常是选择性揭露的，因为他知道这些“只会导致令人绝望的困惑”(见 Freud，1905，1953)。诚然，弗洛伊德的目的是填补她叙述中的缺失部分，从而给我们提供一个“明白易懂的、没有矛盾的、完整的”故事，但我们还是会发现很多随意的解释和令人困惑的结论，因为这些结论似乎并没有得到证据的支持。我在另一篇文章中(Spence，1986)更加细致地讨论了这些瑕疵，在这里我只想强调弗洛伊德叙述的随意性，以及他经常力主的解释，而不是让事实来说话。

坦率地说，对于朵拉这个个案，我们能够相信多少？它与亨利·詹姆斯的对比令我们不由地意识到两个个案的叙述都是某种故事。如果说叙事的感染力解释了为什么我们会相信朵拉这个个案，那么这是否也意味着展现在我们面前的更多的是一个好故事，而非一个忠实的描述呢？如同赫兹提出的，朵拉有时就是弗洛伊德的一部分，那么弗洛伊德在多大程度上将自己的问题投射到他的病人身上呢？从哪些地方开始，叙述的是弗洛伊德而非朵拉呢？

我们所面对的是叙事顺畅化问题。区分这两种顺畅化是很有用的。一方面，我们称之为第二层顺畅化——作者试图使临床叙事符合某些公共的规范或刻板印象。从弗洛伊德开始，朵拉、狼人(wolf man)、鼠人(rat man)这些实例都反映了这个标准。而每个这样的个案在很大程度上都是在努力地讲述一个连贯的故事，为此选择了某些事实(而忽略其他的)，这样就用主观解释伪装成了事实说明，并且成功地防止读者获取全部的叙述信息，因而也就使读者(如果读者也跟着这样做)无法想到其他可能的解释了。

第二层顺畅化看上去包括两种删节(omissions)。一种是选择性地汇报那些能证明某种原理或规律的临床材料，选择逸事是因为它的表达性强且能够推动论证的进一步发展。另一种相当不一样的叙事顺畅化来自这个错误的假定，治疗分析师所知道的事情读者也知道。换句话说，是把分析师拥有特殊能力等同于正常人的能力了(见 Spence，1982)，因而没有提供关于该临床个案的背景信息和情境，没有将该个案的结论用通俗易懂的方式讲述出来，因此作者冒险地讲述一个跟原本的经验完全不同的故事。这种类型的叙事顺畅化之所以发生，是因为我们没有认识到事实并不是固定不变的，事实的指示物并非都是毫无歧义的，以及认为每个文本的阅读都取决于读者的先入之见和偏见。这种叙事顺畅化来自没有将临床叙述的诠释学特性纳入考虑，而我们在本章的其他部分会对该问题进行更细致的讨论。

自从弗洛伊德时代开始，第二层顺畅化显著地增多了。在当代学术期刊中一个普通的临床个案的叙事结构往往只用几个逸事来支撑(相反，朵拉的个案还包括了两个梦的详细叙述和分析)。面对这样的顺畅化，呈现在我们面前的必须是几乎全盘接受的不加质疑的临床感想；是在没有描述方法的过程中得出的结论；是与理论严重混杂的观察结果，以至于不可能形成其他意见。临床样本量也是显著不足的。

另一方面，第二种叙事顺畅化——即第一层顺畅化——发生在咨询室，在个案发表或考虑发表的很久之前。这种顺畅化以分析师指引性的暗示开始("当你的弟弟作为婴儿从医院回到家里来时你是否会嫉妒他?"),并通过更加微妙的方式和通过各种伪装继续下去,迫切地要求特定的解释而非其他解释,支持病人进行某些事实的说明,或者从一个声调或梦中"听到"某种意义而非其他意义等。格林鲍姆(Grünbaum)认为,"被'证实的'早期记忆可能是病人为了顺从分析师而制造出来的",一般来说"每个看上去独立的临床数据很可能或多或少地被分析师的暗示所混淆,以使它们符合分析师的建构,从而牺牲了它们的认知可靠性或证明力(epistemic reliability or probative value)"(Grünbaum,1984)。尽管他关心这种影响,以及它很可能显著地影响了我们对精神分析理论的看法,但是格林鲍姆只引用了一个具体的例子来说明,这严重削弱了他的说服力。但是,我们要肯定他的贡献,因为第二层顺畅化的直接后果就是使得我们缺少支持或反对第一层顺畅化的证据。我们很快就讨论到这点。

尽管我们目前假设两种叙事顺畅化都发生,但是叙事的第二层顺畅化比第一层潜伏得更深。通过检查转录稿,我们可以发现很多被暗示的证据(一些例子可见 Gill & Hoffman,1982;Spence,1982)。受到这种影响的转录稿在进一步的分析中可以有计划地不予考虑。仅仅声称发现这种影响是有可能的,但它并不能阻止我们预防其影响,所以必须暂停定夺格林鲍姆的指控,而等待更多数据作为证据。通过强调它的沉默、中立性和评论最少化,看上去精神分析的方法似乎总是在提防明显的暗示。暗示究竟看上去是什么样子?在不同的时候它是相当不一样的。一些更加精妙的用来分析移情的技术(见 Gill & Hoffman,1982)可以被用来揭露病人对分析师明显的顺从的原因,且经常发生的是,表面上与分析师达成一致的东西可能包含不同的动机或假定。如果分析师警惕这些差异,那么他们通常可以澄清里面的交互作用,并将病人明显的顺从转变为一些更加好斗(combative)也更加复杂的东西。

无论他们是否总是表现得不可怀疑，公平地说，精神分析师群体已经越来越警惕过度暗示给病人造成的影响，以及自己的思想和情感如何影响病人。相比之下，我们对某些做法所带来的危险显得过于天真，这些做法包括选择性报告、细微的叙事修改、引用权威来论证或用诠释来解释等。由于弗洛伊德的这五个个案的崇高地位("精神分析如今依仗的五大支柱"，引自 Eissler，1963，p. 678)，它们至今仍被我们看作临床报告时参考的标本。因此，我们往往低估它们的缺点，低估它们出错的可能性。而且，由于我们尊重匿名性，也敬重分析师的智慧，所以我们从未质疑这些临床报告。暗示或诱导病人的痕迹，或者叙事的第一层顺畅化的其他做法通常(虽然不总是)可以在转录稿中发现，但是在已出版的报告中这些修改的痕迹几乎是看不见的。一旦谈话记录被改变或个案报告被发表，那么我们几乎是不可能重构真实发生的事情，无法分离这些叙事事件的真正因果关系。对于传统历史学，有很多不同的历史学家一起来分析同样一组事件，因而该学科从中受益，但是精神分析的传统是一个分析师分析一个个案，我们无法从不同意见或其他解释中获益。

在两种叙事顺畅化中，为公众所接受的概念被当作公理，刻板印象优先于精细的观察结果，而与被认为标准的知识不一致的证据通常不会被报告出来。在这些情况下所发现的结果不会带给我们任何新的东西，因为它们受到旧的知识框架(运用到临床资料中)的影响。由于临床治疗的原始资料从来都不会被公众进行详细审查，所以来自它们的理论不可能发生改变，因为不被确证的假设我们是绝不会看得到的。由于这两种层面的叙事顺畅化，看上去报告出来的数据似乎与普遍被接受的理论完全一致。因为这种一致性，我们没有理由认为理论需要改变，可能是由于这个原因，虽然弗洛伊德早已不再活跃于这个领域了，但是对他的引用仍然统治了这个领域的文献(直到 1984 年后期，依然有学者提议对《弗洛伊德选集》进行新的标准化的翻译)。

叙事流畅性的影响

我们刚刚描述的这两层叙事顺畅化对精神分析理论和临床实践的未来都具有很重要的影响。它们也会相互产生重要的影响。例如，只要第二层顺畅化生效，我们就无法觉察到第一层顺畅化造成了多大的破坏。对它的真实性质的无知可能导致精神治疗师对在临床会话过程中检验临床的建议或观点的可能性产生没有根据的悲观情绪。格林鲍姆认为，精神分析的真实性只能在临床情境之外进行检验（“看起来弗洛伊德的有效性检验假设主要来自精心设计的临床之外的研究，包括流行病学研究甚至实验研究”）（Grünbaum，1984，p. 278）。这个结论可能是从临床数据具有“无可挽救的认识上的污染”的缺陷下推断得出的（Grünbaum，1984，p. 127）——换句话说，第一层顺畅化的效应是不可逆转的。但是，仅仅因为我们不能总是觉察到临床对话的原始特征（texture），以及第一层顺畅化完全有可能发生，这并不意味着它对于我们来说就是无法逾越的方法学障碍或者在它发生时无法将它的效应从其他临床数据中分离开来。

现在转到第二层顺畅化的讨论，它有什么影响呢？早在朵拉的案例中，弗洛伊德就致力于技术问题以及应该如何进行报告的讨论。

> 另外一种不完整性是我有意想介绍的。我一般不会复述对病人的联想和讲话进行解释的过程，而只报告这个过程的结果。因此，除了梦的解析之外，我很少在其他地方揭示分析的技术。通过这个个案的个人经历，我的目的是说明神经症障碍的本质结构及其症状的测定；如果我同时还想完成其他任务，那么它会使我一无所获，只会导致令人绝望的困惑。（Freud，1905，1953，p. 27）

如今我们在怀疑的基础上带着一定程度的宽容来阅读这些话语。

事实上，揭露精神分析的技术程序可能会澄清在这个个案中一些比较晦涩难懂的段落，使我们能够理解弗洛伊德是如何得出那些结论的。我们可能也会怀疑，揭露全部分析过程可能会暴露没有产生见解的解释，被患者否认的澄清，以及其他干扰弗洛伊德想讲的故事的叙事流程及阻挠。无论理由是什么，未能报告具体的技术过程直到今天都在困扰着精神分析的文献，而倾向于报告临床见解却没有精确地报告他们如何得出这些结论，这个事实正是第二层顺畅化令人难以接受的证据之一。斯特巴(Sterba)曾给这种疏忽贴上宽恕的标签，即“科学上的圆滑”(见 Gray，1982)，但从吉尔和霍夫曼(Gill & Hoffman，1982)，以及达尔、特勒、莫斯和特鲁希略(Dahl，Teller，Moss & Trujillo，1978)等人的披露中我们可以看到，这不仅仅是圆滑(tact)。

第二层顺畅化造成了格雷(Gray)所称的技术的“发展性滞后”(developmental lag)(见 Gray，1982，pp. 621-655)。

> 无论正确与否，我已得出结论：大多数分析师倾听和理解数据的方式，在某些重要的方面并没有像我所预料的那样取得进步。对于那些在精神分析历史上非常重要的、与自我防御功能有关的概念，如果我们全心全意地认可它们在实际应用中的地位，那么我相信这些方面是会获得发展的。(1982，p. 622)

虽然他在很大程度上把这种滞后归因于未能将自我心理学的见解应用于技术问题，但是，如果技术的进步能够被及时公开，能够在文献中获得跟其他临床资料一样显著的地位，那么这种滞后是不会发生的。

技术性报告往往有两种形式。一方面，过去和当前都严重依赖于弗洛伊德早期的技术性论文，且这种对传统的依赖直接影响了技术的滞后，格雷清晰地说明了这点。另一方面，跟语言的层次有关。在报告技术改变的时候，如安娜·弗洛伊德(Anna Freud)关于防御机制的专著(Freud，A.，1937)，以及后来斯特巴(Sterba，1953)和哈特曼(Hartmann，1951，1964)的一些论文，他们往往采用抽象(元心理的)的措辞，因此我们很难确定它们真正在描述什么。从斯特巴的评论中可见一斑，他认为防御机制的过程需要我们更多去关注：

> 精神分析让我们发现了本我(ID)的内容，这还是让我们非常印象深刻，乃至着迷的。自我(ego)的运作如此不起眼和静默，以至于我们几乎没有意识到它……我观察到，最困难的事情是让学生注意到自我的沉默及隐蔽的运作方式(Sterba，1953，pp. 17-18；被引在 Gray，1982，pp. 633-634)。

本我的内容是如何被发现的，以及它是否被正确地“发现”？它们会怎样呈现在临床资料中？“自我的隐蔽运作方式”是什么，以及我们如何觉察到它们？我们如何在临床材料中区分本我和自我？几乎没有技术性论文关注这些应该关注的具体问题：我们应该澄清病人哪部分联想？这些联想的意义是如何与该疗程的情境相联系的？怎样识别防御方式？以及其他技术细节问题。甚至格雷的论文，即使令人赞许地引导我们留意这些技术性滞后，也没有提供任何关于医患互动的逐字呈现的案例，然而他在早期论文中的这些个案对于我们如何看待内部心灵活动方面具有很大的启迪作用(见 Gray，1973)。

我们面对的不仅是科学上的“圆滑”。更公平地说，这种第二层顺畅化应该被称为一种保持沉默的密约(a conspiracy of silence)，它支持那些毫无根据的假设。首先，看上去该技术已经完全被大家理解，并被充分改良，因而没有进一步讨论的必要。其次，看上去所有受过训练的分析师对于如何倾听和诠释在很大程度上达成了一致。当某些案例的出现使得人们质疑其改良度和认同度时，常见的反应是，这些案例都是不好的个案，这些例外恰好“证明”了其原理[见马尔科姆(Malcolm，1984)及其对吉尔和霍夫曼(Gill & Hoffman)的回顾，她认为不好的案例可能“只不过是例外地不适当”，但考虑到文献的现状，没有办法给出确定的回答]。换句话说，第二层顺畅化的可能性招致了问题，而把答案留在了不可确定的状态。

但是我们也要注意问题的反面。创造性的、富有洞察力的临床工作也被埋没在抽象化和其他种类的第二层顺畅化中，因此，经验丰富的精神分析师在其职业生涯过程中所产生的临床智慧几乎没有被记载下来或传递给他们的年轻同事。弗洛伊德的技术在运用中可能会出现明显的意料之外的情况，他出错的频率很可能比其畅销作品中所设想的要多得多，但这些是例外，或者说是对假设的不确定的证据，从未被报道，因而在其发生的一瞬间就消失了。我们最终面临的讽刺是，医患互动的最详细叙述，并不是出现在精神分析的文献中，而是出现在畅销小说[如小说《八月》(*August*)]中。这些叙述理所当然地与盛行的刻板印象一起混淆我们的视听。

叙事顺畅化的另一个后果与临床事业的诠释学性质有关。尽管格林鲍姆(Grünbaum)下定决心“揭露诠释学的注释迷思”(Grünbaum，1984，pp. 1-9)，但是我们有充足的理由相信，我们在每天的临床发现过程中都会用到诠释学原则。我们仍未充分探索这个过程的确切性质和精神分析师倾听、概念化和诠释的特别方式，这在很大程度上是由第二层顺畅化造成的。然而很明显的是，即便数据不足，精神分析师还是没有通过假设—演绎的方式来取得具体的诠释。尽管精神分析师往往像写侦探小说一样呈现个案中的个人经历，但是他们倾听的实际方式——也就是选择倾听什么，决定倾听内容单元的大小，以及哪些模式匹配更重要——更多的是诠释的，而非演绎的。

如何理解“诠释的”？精神分析师首要的任务是理解，而不是解释，特别是要理解意义。但意义并非清晰而明确地“在那里”存在着，甚至有时候，即使指示物(referents)是清晰的，但它的意义在精神分析师和病人眼中完全不同。我们所拥有的独特技术告诉我们，我们在获知病人所说的真正内容之前要诠释其阻抗，在获知病人的真实愿望前要诠释其防御，但是由于这些状态或概念(阻抗和防御等)并非生来贴着标签，所以我们必须在临床材料中发现它们，而这个发现的过程在很大程度上是一个诠释的过程。但是，我们要发现的细节被叙事顺畅化掩盖着。

最终，叙事顺畅化倾向于将假设转化成公理。弗洛伊德在他早期的一篇论文中告诉我们，他早期关于科学的想法就像任何其他科学一样，完全是暂时性的，并且可以在任何时候被取代而不影响其他的理论体系。他谈到"似星云般模糊难懂的、难以置信的初步设想"，它们被认为是临时性的框架，并非最终体系的一部分，在有需要的时候可以被舍去(Freud，1914，p. 77；翻译来自 Weber，1982，p. 21)。精神分析的历史描绘了一个完全不同的故事。临时性的想法和解释被具体化并被接受为事实，因为反面的证据并不存在——不是因为没有，而是由于叙事顺畅化阻止了这些证据的浮现。我们已经看到两种类型的顺畅化都倾向于维护流行的刻板印象，使之保持现状，所以它们往往尽可能减少妨碍既有理论的东西，并且给其核心假设提供有偏倾向性的证据支持。考虑到缺少反面证据，核心假设就很自然地得以巩固和获得支持，因此逐步从临时的脚手架式论据发展成了基本的概念。

叙事和范例认知模式

我们可以用两种相当不同的方式来阅读弗洛伊德的个案——把它们看作在清楚明了地讲述如何用某种技术来治疗具有某些症状的某个患者，或者看作重新体验某种心境或氛围，而对于细节的东西是模糊的。第一种阅读方式对应布鲁纳提出的思维的范例模式(见 Bruner，1984)，它关注的是一般的原因、一般的类属和一般的原理，因而试图将具体的症状或不适归纳为更加概括化的原理，从而使得个体情况与更加一般化的模式相匹配。我们对个案进行这种叙述，要减少模棱两可之处，并强调"重引证，轻感觉。它的目标是使用严谨、单一、确切的引证性措辞，同时严格限制其他感觉的表达"(Bruner，1984，p. 14)。个案发生了什么以及是如何发生的，这是绝对首要的；写作尽可能平白无华，以使得读者似乎身临其境地在咨询室、诊断室或治疗室观察该个案。语言必须是指示性的(denotative)，而非隐含性的(connotative)，且引用的内容具有精确性和简洁性。这些个案通常以标准的形式来撰写[如《新英格兰医学杂志》(*New England Journal of Medicine*)上"临床病理论坛"(Clinical Pathological Conference，CPC)的定期报告]，读者可以识别和诠释不同个案之间的异同。

第二种阅读方式对应于布鲁纳的叙事认知模式。它

> 将感觉最大化，而牺牲了明确的引证……牺牲了指示意义而强化了隐含意义(言外之意)。正因为如此，故事或诗句的隐喻丰富性与它本身所指示的事件同样重要，以及为什么……不能将一个故事由一系列的具体陈述简化成一组基本的命题的原因。(Bruner，1984，p. 14)

对一个个案的叙事性描述，如果做得好的话，它给我们的感觉就好像弗洛伊德对朵拉及其梦境进行诠释的那样，给予我们这种感觉：它告诉我们他如何处理她所呈现出来的问题(但是，又未必告诉我们治疗的明确做法)；并且，它会在不同读者身上激发不同的反应，因为它试图诱发读者一种心境或一种情感，而非为了提供给读者如何进行治疗的流程或蓝图。这种叙述严重依赖于一种高度成熟的写作风格：用比喻和隐喻的表达方式，且这种比喻和隐喻已经远远超越事实本身。每份报告都有作者的印记，且我们对个案的看法也被特定的理论和修辞歪曲。因此，对于不同的个案，我们几乎不可能从中发现异

同，即使它们属于同一种类型，也无法将它们集合成连贯的一系列报告，每份报告的叙事给人印象或多或少都是独特的。

每一种报告模式都会导致它自身特有的叙事顺畅化。如果报告的焦点在于引证(reference)而非感觉(sense)，那么个案中的事实会按照逻辑一致性和连贯性来组织。因而，作者/个案观察者的偏见会最小化。报告的写作在可能的情况下尽量使用平白的语言，要力求使所达成的结论看上去是唯一可能的结果。但是，即使这种客观的立场和做法也会带有自己的叙事顺畅化。这种报告模式会使人们不予考虑那些事实陈述不清的叙述，以减小偏见、偏差和先入之见对理解的影响。将所报告的个案当作一系列紧密联系的事实来报告，作者假定所有的意义都"在于此"，随时可以对个案进行描述和用语言来表达，同时也假定所有的观察者会用同样的视角来看待该个案，但是这种假设是不可能成立的。讽刺的是，在事实和情感之间将事实最大化的顺畅化的做法，最终是对事实的不公，因为事实经常不足以说明问题，即使再多的平白语言和参考文献的描述，也无法使其恢复生气。范例式的叙述(paradigmatic account)可能在客观性方面获得高分评价，但是在修辞方面是低分的，因而最终给人的印象可能与作者所希望的相差甚远，而这只是因为它缺少叙事的吸引力。

如果报告的焦点在于感觉，而牺牲了引证，那么我们可能会受到个案的激励，甚至对其着迷——但是不一定能知晓其中的知识。关键的事实可能没有得到如实地叙述，而且这种报告轻视共识，重视修辞。但是，通过阅读它，我们在某些重要的方面变得更加智慧。我们也许无法确认这种智慧的来源或检验其真实价值(truth value)，但是我们的视野永久地变得开阔了。例如，阅读完朵拉的故事后，我们不可能像过去那样倾听一个疯狂的病人讲述如此多废话，也不可能再次以 19 世纪中期精神病医生的典型姿态重新治疗这个个案。朵拉这个个案的启示在于，倾听模式的显著转变，这也是弗洛伊德反复说明的。也就是，如何“领悟言外之意”(read between the lines)，以及在同一时间倾听几种不同的语境(contexts)。相比之下，他发现的真实价值并没有那么重要，更加重要的是他说明了症状可以看作言语，重复可以看作回忆，朵拉对弗洛伊德的评论可以看作她对其父亲(Herr K.)的评论。只有叙事表述才能使这些观感生动起来，进而让我们沉浸在医患互动中，从而揭示这种新的倾听方式的可能性。

我们可以看到，在弗洛伊德式谈话中有很多或者所有听到的“声音”，如果我们急于把它们弄明白，那么它们很容易消失。当朵拉用她的家庭教师的声音讲话，或者将弗洛伊德当作其父亲来对话时，她的言语所激起的感觉可能比言语本身的意思更加重要，如果试图如实记录这些话语，那么最终很容易失去最重要的发现，朵拉实际是在用很多种不同的语言讲话的。罗蒂(Rorty)告诉我们：“我们还没有一种永远中性的语言用来系统阐述完美的解释性假设，我们也还没有想好如何获得这样一种语言”(1979, p. 348)。如果叙述或多或少都会导致误解，那么与其让叙述变得琐碎，不如将叙事顺畅化，从而使得它更加与众不同。

叙事模式下的叙述在采用举例说明(illustrating)时，比具体说明(specifying)起到更好的作用。我们通过这种叙述来发现新的理解方式或解释我们已知的东西。我们仍把朵拉的个案报告当作文献来阅读，因为它让我们能够参与到弗洛伊德的发现中，即病人用很多种语言在谈话。它也让读者有机会分享弗洛伊德在听到朵拉的回答时所感到的惊讶——尤其是当她突然决定终止治疗时，他惊讶的感觉。不过，虽然我们给诱发惊讶感觉的修辞式讲述以高度评价，但是这并不意味着我们一定要成为隐喻和比喻措辞手法的奴隶，正如我们不会真的试图在更加现代化的背景下重新撰写《远大前程》(*Great Expectations*，又名《孤星血泪》)。叙事受人欢迎的部分原因在于它传递的惊讶和惊奇的感觉。但我们常常会感到惊讶。

我们已经注意到，叙事模式传递的是对于具体经历的高度个人化陈述，且它并不是为了对这个经历进行归类，或者用更加一般化的术语对它进行解释。我们如何从中提取智慧，并将其广泛应用呢？看上去似乎叙事无法推广到一组结果(findings)中，因为这两种思维模式不可相互替换(见 Bruner，1984)；对叙事结果(narrative findings)进行一般化陈述终究是自相矛盾的说法。我们也看到，在朵拉的个案中弗洛伊德的各种活动(moves)更应被视为他的新倾听方式的展示，而非正确诠释的具体例子，因此相比之下，他对朵拉的两个梦的具体领悟的真实价值不是那么重要，更重要的是他能够一开始就运用这种领悟方式。将它比喻成文学是有启发性的。我们阅读托尔斯泰(Tolstoy)的作品是为了理解战争的混乱状态，而不是为了了解具体的兵团部署，或了解究竟为什么一方输了而另一方赢了。

但是，把弗洛伊德的个案报告当作文献来阅读的做法在很多学术圈引起了群情高涨的关切，因为这意味着我们更加重视他的叙事吸引力(相比于他对事实的尊重)。这个结论看上去是合理的，理由我们已经给出，但这并不意味着此处就没有事实可言，或者说此处就没有更好的方法可以揭露或呈现事实。况且，弗洛伊德发现一种新的重要的倾听方法并不意味着他的所有案例都应该被永久珍藏；他的很多诠释根本就是错误的，没有将重要的材料纳入考虑。弗洛伊德的个人经历(尤其是在美国的经历)再次告诉我们，不可能将这两种话语模式分离开来。我们还是很容易混淆叙事模式和范例模式这两种陈述方式的，并且认为，因为叙述是迷人的和耗费脑力的，所以我们必须假定它在所有细节方面都是正确的。其对立面看上去可能更加接近真理，如果叙述对读者产生了惊人的效果，那么它应该受到更强烈的怀疑，因为它的叙事吸引力可能是通过某种叙事顺畅化而获得的。

那么我们如何提取一般智慧呢？可以肯定的是，不可能通过讲述更多的故事来做到这一点，无论我们多么喜欢这种报告模式，无论我们多么妒忌弗洛伊德的叙事天赋。报告模式的改变将我们带回到叙事顺畅化的问题中，因为这两种模式是密切相关的。我会说，尽管顺畅化在时间上先出现，但是其特殊性质是由我们想要讲述的故事类型以及我们讲述的方式所决定的。展望叙事模式的报告，我们选择倾听逸事，倾听具有启迪作用的事件，倾听并赋予故事以观点、立场和悬疑的细节。我们不是为了倾听人生的详细信息，而是为了倾听透露真情的事例，我们选择那些阐明自己观点的事件，尽管它们可能并非典型。我们在描述什么叫作倾听的叙事模式。这种模式的立场是，总在问自己，正在发生的什么是最吸引我的听众的事情？

倾听的范例模式(相比于叙事模式)是非常不一样的东西。如果说它更加忠实于事实，那么这种说法是过早地对该问题做出的判断，但这种取向确实旨在进行更加平衡无偏倚的报告。在早期的关于治疗技术的论文中，弗洛伊德也许追寻过这种模式，不过，虽然他对于倾听的建议是带着“自由流动的注意力”，但事实上他总是带着一定程度的事先的理解(或者非恶化意义上的偏见，见 Gadamer，1984)。伽达默尔(Gadamer)清楚地表示，意义总是从人们对事物的观感中建构出来的，并且总是受到情境的影响。因此，如果我们要尽可能不偏不倚地叙述，那么我们必须觉察到这些情境的存在，以及它们如何影响我们的建构。尽管弗洛伊德的构想存在问题，目标却是一样的——倾听时考虑到惊奇、困惑和矛盾之处，重述时给可观察到的参照对象留出最大的空间。或者将事件表征成问题的形式，“怎样可以从一开始就防止文本导致误解?”(Gadamer，1984，p. 238)。

把临床会话看作文本，同时将问题放在伽达默尔对理解这个问题的讨论情境中，这使我们意识到，在决定如何倾听的时候，我们必须回到意义这个问题上。意义是否存在于可分享的逸事中？如果是这样，那么需要我们在叙事的模式下倾听。我们围绕着这些逸事的亮点来组织材料，因为我们假定它们能够很好地捕捉到我们最想传递的信息的实质。意义是否存在于具体的诠释中？如果是这样，那么我们精确地报告所发生的对话，即使这样做的风险是导致我们在讲述一个没有观点也没有惊奇的故事。它会让听众感到无聊和平淡，但是这就是范例式报告的风险。(值得注意的是，一般而言，档案的乏味性质在很大程度上来自不遗漏任何信息的事实，这意味着对信息的收集绝不屈从于娱乐和消遣的需要。)

诠释学转向

通过仔细的审视，我们可以看出无论是范例模式还是叙事模式都无法完全解释临床倾听的过程。它们都彻底探讨了临床倾听的一些纷繁难懂之处，但是也留下了无法解释的地方。这些难解之处在伽达默尔这里得到了最好的体现，他描述了如何阅读不熟悉的文本。

> 尝试理解一个文本的人会预期该文本能告诉他一些未知的事情。这就是为什么经过诠释学训练的人从一开始就对文本的新奇性很敏感。但是这种敏感性与内容的"中立性"和一个人自我的消失无关，反而是有意识地将其同化到一个人先前已有的意义和偏见中。重要的是我们要意识到自身的偏差，只有这样，文本才有可能呈现其所有的新奇性，从而在已知知识面前坚持自己的独特实质。(Gadamer，1984，p. 238)

伽达默尔进一步解释说，偏见不一定意味着"没有根据的评判"。这些偏见从更广泛的意义上可以理解为一组假定(assumptions)，无论有意与否，我们都将它们应用于任何新的经历。伽达默尔和在他之前的海德格尔(Heidegger)都认为这些假定会不可避免地歪曲我们对新文本的理解；我们根本不可能用"平均分配的注意力"来倾听；我们必须持续地提防偏见带来的后果，以及它们如何蒙蔽我们的眼睛，使我们无法看到文本的全部意义。测试我们开放性(openness)的一种方法是测量我们对文本新奇性的敏感度；只有当我们不去寻求标准的意义或不是为了验证某些受欢迎的假设时，我们才能意识到是什么使得该文本与众不同。

当分析师倾听50分钟时长的文本时，他们会尝试通过各种方式来听取其新奇性。首先，他们可能注意到自己对一个情节的理解与病人所报告的方式不同，这种不一致性通常有助于分析师开始进行诠释。其次，病人所说的和所做的可能与分析师预期的不一致，这也会令分析师惊讶，分析师会用病人反应的新奇性来测量其歪曲程度，从而可能引致移情诠释。最后，病人个人经历与标准精神分析叙述之间的差异也会使分析师感到震撼。如果这种新奇性足以震惊到他们，那么就值得将这些不一致性及其意义发表出来。

在这些例子中，我们要觉察文本的新奇性，首先要理解文本的意义，但是意义很少浮于表面。因此，我们必须遵循“临床倾听就是诠释性倾听”的原则，并且我们要区分诠释这个词的两层含义。

> 其中一层，我认为诠释学是意义的显现和还原，并且通过信息(message)、宣言(proclamation)或偶尔通过福音传道(kerygma)的方式传递给我；另一层，我认为它是一种去神秘化，也就是减少错觉。(Ricoeur，1970，p. 27)

他继续论证说，精神分析与第二层含义有关。进一步的思考显示，他也对第一层含义感兴趣。梦的解析是对隐藏信息的还原，而对移情的解释则可能是为了减少错觉。

诠释学的这两层含义的区别在于它们发掘的是什么。根据第一层含义，诠释学是揭露一个或多个隐藏信息的过程，这个过程类似于考古学家发掘过去的过程(弗洛伊德最喜欢的比喻之一)。按照这个理解，每个发现都可以被赋予真实的价值，因为它们要么曾经存在，要么从来没有。根据第二层含义，诠释学是减少错觉的过程。实现这个过程的方法有无数种，每个发现的真实价值都是非常不确定的，而此时分析师的创造力无疑是更加重要的一个变量。根据第一层含义，我们带着疑问来倾听病人的诉说，为什么他此时跟我讲述这个呢？他在用谁的声音说话呢？根据第二层含义，我们本着说和问的精神在倾听，这个复杂性的核心在哪儿？将复杂的人生简化为一种主题和变奏是减少错觉的方式之一。但是要注意，此时我们不再是探求新奇性，而是重复性，或者说此时认真的倾听者把感觉到的新奇性简化成了变奏的模式。看起来，当模式比较模糊且呈现得不够完整时，感知变奏和重复的能力是一种高度创造性的思维活动，这与编码、破解和觉察隐藏的信息的能力显著不同。

假如我们用这两种诠释学含义来倾听，那么我们是在同时做两件事。我们听到的目标话语可能包含一个隐藏信息，这个信息也许可以通过联想、姿势或口误来揭露。在这种情况下，我们能够看到表面下的东西，听懂言外之意。这种模式的倾听正是人们心目中的精神分析师的形象，但这还不是全部。目标话语也可能只包含比它看上去更少的信息，它也许只不过是在旧的主题的基础上的一次变奏/变化，是类似诉求或野心的第 N 次重复。这种方式的倾听不需要那么多怀疑，需要得更多的是似曾相识的感觉，需要的是听到弦外之意的耳朵和看到模式匹配的眼睛，需要的是在差异间觉察相同点的能力和对变体(transformations)或置换(permutations)的敏感性。关于第一种倾听的方式，我们的倾听是垂直式的(vertically)，因为我们假定目标话语是对其他某些东西的替换。而对于第二种倾听方式，我们的倾听是水平式的(horizontally)，因为目标话语可以被归类为一组类似的话语，它们在此之前已经出现过，我们必须在保持旧有意象完整的情况下发现新的成员。第一种倾听方式是倾听会话疗程中的和声(harmony)，而第二种倾听方式是倾听其旋律(melody)。

这些是我们能够从朵拉这个个案中获得的一些经验教训，它们已经在弗洛伊德后来的临床论文中得以详述和澄清，也被他的追随者(轻微地)进行了修正。但我们可以看到，第二层顺畅化往往告诉我们一个会话疗程的研究结果如何，但很少涉及这些结果获得的程序是怎样的。因此，对于精神分析师在大部分时间里是如何倾听的，我们基本上仍蒙在鼓里。很明显，我们需要的是，知情者详细讲述精神分析师在疗程中什么时候垂直式倾听，什么时候水平式倾听；告诉我们如何选择倾听的方式，如何决定说什么，以及在新的临床材料出现时如何修正自己的回应。

第二层叙事顺畅化导致的最严重后果也许是没有报告倾听过程的具体细节，这也反映了我们对弗洛伊德的主要贡献的严重误解。如同我们在前面章节中所提示的那样，他的革命性发现更多地体现在分析的过程，而不是分析的内容。因此，他在临床论文中的具体诠释更应该被看作治疗过程的展示，而不是他真实诠释的内容(尽管诠释对他的病人来说意义重大)，或者对其诠释的生搬硬套。叙事顺畅化将分析过程简化成了少量简单的结论，并且省略了治疗分析师对临床智慧的记录，忽视了他一直在寻找将垂直式和水平式倾听取向综合起来的新方法的努力。埃德尔森(Edelson，1983)恰当地提醒了我们“没有惊奇感的精神分析根本不能说是正统的精神分析”(p. 93)，但是在一般个案报告中，惊奇感的数量逐渐消失了。

垂直式倾听和水平式倾听之间的区别很清晰地说明自由分配的注意力只是精神分析师的分析立场(analytic stance)的其中一部分。解码使得潜在的内容显现出来——精神分析师“读心”的大众形象——可能时不时发生，但是如果专注于垂直取向，而排斥其他方法，那么会给这个过程添加神秘的气息，它们配不上这种氛围。它也低估了诠释过程的绝对合法性，正如没有将这些发现结果(discovery)的完整情境报告出来会给读者留下这样的印象：好的精神分析工作在本质上是不可言喻、不可描述的，所谓天赋之才不可授。

对发现(discovery)的情境做全面的报告可能也会让我们意识到好的诠释中的创造性成分，以及在任意时间可供选择的选项的多样性。标准个案报告使自己看上去所引用的诠释必定是正确的；其他解释或材料的"理解"几乎不会在报告中提出。如果我们倾听主题和变奏，那么我们所听到的重复的次数会取决于我们对变体的宽容度和我们对单位内容的选择，并且这些很明显是个人的选择，既受到一般规则的制约，也留有很多自由度。我们已经描述了赫兹如何找到一种方式将朵拉个案映射到《梅齐知道什么》，以及他的这个对比如何引发一系列新的关于作者和核心"角色"之间关系的问题。在一次有些不一样的审阅中，彼得·布鲁克斯(Peter Brooks)将弗洛伊德与夏洛克·福尔摩斯(Sherlock Holmes)做比较(见 Brooks，1984)，从而使我们能够把弗洛伊德的个案报告看作一种侦探故事，始于谜团和无条理，终于很多问题得到回答，并最终获得理解的一种感觉。每一个这样的对比都设法在明显不同的文本间找到对应的点，所有对比都为理解弗洛伊德提供了新的见解，从而帮助我们扩大自己对弗洛伊德的方法取向的理解。

这些结果的真实价值是什么？巴勒特(Barratt)在批判诠释学方法的时候，公开谴责利科(Ricoeur)没有具体说明

> 评判不同精神分析诠释的标准……利科似乎含蓄而微妙地认同精神分析诠释的真实性和运作……(并且)避开诠释所带来的问题：诠释虽然有效却是错误的……(1977，p. 462)

巴勒特继续争论道，

> 假定真理必然在精神分析的情境中浮现(利科看上去是这么认为的)，这是完全不能令人满意的。同样不能令人满意的是，认为真理仅在个人共鸣的基础上得以领悟，或认为

> 独特的诠释是通过参照某些固定的类型而得以证实，这实际上都不是精神分析这个事业所关心的东西。弗洛伊德的心理学作为一种诠释学体系确实包含一套标准，用来仲裁相互矛盾的不同诠释。(pp. 462-463)

这是否意味着弗洛伊德的诠释学体系真的包括一套标准呢？如果我们选择诠释学作为理解的模式(mode of understanding)，那么我们必须排除单一方法的想法。伽达默尔很明确地说，诠释学取向的显著之处在于它的方法是自由的；真理不取决于方法，相反，真理和方法相互补充。巴勒特的批判看上去假定诠释的工作主要是揭露(uncovering)，同时假定倾听总是以垂直模式进行的。一旦我们考虑使用水平取向的模式，那么看上去我们可以在多种不同的水平上倾听材料，使用许多不同种的变体。对朵拉个案和弗洛伊德植物性专著之梦(botanical monograph dream)的每个新的解读都有新的东西可以发现，这是必然的结果，因为理解总是发生在特定情境中和受到特定传统的支配，并且，读者感到新奇，因而值得他们去评论的东西必然会随着他们的经历和训练的变化而不同。无论如何，将弗洛伊德与亨利·詹姆斯及夏洛克·福尔摩斯进行比较并不会限制新的对比组合的出现，我们可以很确信地预期，还会出现很多其他的寻找文化英雄的共同点的尝试。

类似地，企图在病人的人生经历中发现特定的模式并揭开特定的主题和变奏，并不会穷尽(甚至减少)临床材料的实质(truth)，会留下很少余地给下一个诠释者。面对一组数据的时候，我们用相关系数来解释它的变异性，但是对于临床材料，我们并不是以这种方式来解释的。部分原因在于，方法问题看上去不合时宜，这也就是为什么我们要理解：合格的分析工作不仅仅意味着解码一段文本。如果仅需要解码工作，那么我们完全可以论及解释的对与错——但并不是如此，很明显还涉及更多东西在其中。

我们怎样才能从文本中提取和保存其中“更多东西”带给我们的智慧呢？正是方法和标准阻碍了我们。第二层顺畅化会将诠释学冒险转变成保守的、伪科学的解释，从而给人这种印象：所有诠释都是过于武断的，所有惊奇(如果它曾经存在的话)都已被解释，所使用的理论是完全正确的。第二层顺畅化尽力消除可能出现的、对材料的其他理解，使好奇的读者不可能参与到会话文本中，因此它减弱了读者获得最终理解的能力。第二层顺畅化给我们呈现了一个最终的产品，它未能将文本开放给他人以分享各自的发现。

发现的情境

怀着证明事实上弗洛伊德正确性的热忱，以及为了用临床材料通过各种方式来证实他的理论，弗洛伊德的继承者们创作了一篇文献，但这篇文献对结果发现的过程几乎没有任何说明。格雷告诉我们，也许在技术研究中最重要的元素“在于识别，在于发现比一般细节更重要的，精神分析师在进行分析时注意力的模式和选择”(1982, p. 621)。我们已经看到，一些叙事顺畅化做法是如何吞噬这些细节的，从而呈现给我们一种印象：他们的研究结果在很大程度上是可以预测的，而且这些结果的发现过程是相当神秘的。尽管通俗小说(正如指出的那样)试图通过其自身的哥特式虚构闯入真空地带，但是我们对于精神分析师究竟如何倾听以及如何处理他们所听到的东西仍然一无所知。

格雷呼吁在临床报告中要提供更多细节信息，对于这个请求，解决的办法只能来自精神分析师。但是转录稿无法满足这个需要，因为它无法告诉我们精神分析师的注意分配过程。弗洛伊德的经典个案也无法满足这个需求，无论精神分析师对他的作品如何生硬地模仿。如同格雷所述，不情愿敞开更多关于会话疗程的内容，一部分原因是精神分析师通常防止自己过于详细地讲述他们的治疗起作用的方式——

部分是由于自我陶醉。另外部分的不情愿可能来自实践的缺乏(如同弗洛伊德在另一个情境下所暗示的那样；见 Gray，1982)，还有一部分来自格雷所说的一种“内心的倾向性：维持自然的，或至少成熟成型的对那些自我功能的虚拟的无知状态，以防止它可能自己观察自己”(p. 651)。部分源自我们还没有获得一个临床倾听模型来处理错综复杂的治疗过程，以及指导我们研究其发现的背景。

这样一种模型，它看上去必须始于精神分析师“使自己对文本持开放的姿态”(伽达默尔语)，并且区分之前没有讲过的话、重复讲述的话，以及重复但做了细微修改的话。该模型必须同时将垂直式倾听式和水平式倾听及其发生的条件考虑在内。例如，对倾听过程的仔细研究可能揭示，当目标话语并没有激起任何对经历的兴趣，也没有与任何早期治疗的片段产生共鸣的时候，精神分析师试图解码目标话语(也就是，垂直式倾听)。相反，当治疗过程的不同阶段出现明显类似的情况时(如有可能出现的是，在治疗的终止阶段，早期的症状再次出现)，精神分析师可能要尝试水平式倾听。

但是，要说明材料的新奇性绝不是一件容易的事，它显然取决于时空情境，因而该模型必须用某种方式来定义情境，并将情境整合到倾听过程中。模型的展开方式必须要能够使读者更加理解治疗精神分析师的专业能力(见 Spence，1982)，要理解他们为何要按照精神分析师的方式来倾听这些材料。

对倾听过程的如实叙述和对发现的情境的充分描述极其可能呈现一系列不连贯的、通过时间串联起来的见解。惊讶、困惑和理解的曙光可能在会话治疗的倾听时间里相互交织，就好像它们在我们梦境中出现的那样。这提醒我们叙事顺畅化的最大危险所在。从一开始对病人叙述的含糊的理解，再结合对早期会话疗程的零碎回忆或理论的碎片，进而推断出一些有偏差的结论，这通常被证明是完全错误的和误导性的，即使临床发现者对治疗结果进行天衣无缝的叙述也无法提升它们的价值。诚实可靠的叙述必须记录这些不足：当会话以彻底的沮丧结束时，当精神分析师的解释被误解并加重了阻抗时，以及当——因为这也会发生——患者的自由联想被正确解码和梦或症状的原始意义第一次清晰浮现时。现在的叙事往往只关注成功，而没有如实报道我们必须抛弃的错误假设的数量或治疗分析师出错的次数。所以格雷警告我们自我陶醉的危害，就不足为奇了。

我们开始意识到叙事顺畅化——尤其是第二层顺畅化——好比梦境的润饰作用①(secondary revision)。这种润饰作用使得混乱的梦好似我们经历过一样，从而把它转变成大家听得懂的事情，这个过程紧密地遵循我们喜欢见到的叙事形态。看上去类似的这样一种过程加工了我们的临床经历，并使其被外行人津津乐道。但是这种模式(stereotype)使得我们对真实事件所包含的兴奋、惊奇和惊讶的理解变得迟钝，且这种老套故事没有告诉我们任何值得知道的信息。真正的发现还在于未来。

参考文献

Barratt，B. 1977. Freud's psychology as interpretation[M]// T. Shapiro. Psychoanalysis and Contemporary Science (Vol. 5). New York：International Universities Press.

Brooks，P. 1984. Reading for the plot[M]. New York：Knopf.

Bruner，J. 1984. Narrative and paradigmatic modes of thought[J]. Invited address to the American Psychological Association，Toronto.

Dahl，H.，Teller，V.，Moss，D. & Trujillo，M. 1978. Countertransference examples of the syntactic expression of warded-off contents[J]. Psychoanalytic Quarterly，47，339-363.

① 润饰作用(secondary revision)：在梦要醒过来之前，会有一个省视机制，让梦会回忆起来更加地合理。

Edelson，M. 1983. Is testing psychoanalytic hypotheses in the psychoanalytic situation really impossible[J]. The Psychoanalytic Study of the Child，38，61-109.

Eissler，K. 1963. Freud and the psychoanalysis of history[J]. Journal of the American Psychoanalytic Association，11，675-703.

Freud，A. 1937. The ego and the mechanisms of defence[M]. London：Hogarth Press.

Freud，S. 1953. Fragment of an analysis of a case of hysteria[M]. Standard Edition (Vol. 7). London：Hogarth Press. (Original work published in 1905).

Gadamer，H-G. 1984. Truth and method[M]. New York：Crossroad.

Gill，M. & Hoffman，I. 1982. Analysis of transference[M]. (Vol. 2)New York：International Universities Press.

Gray，P. 1973. Psychoanalytic technique and the ego's capacity for viewing intrapsychic activity[J]. Journal of the American Psychoanalytic Association，21，474-494.

Gray，P. 1982. "Developmental lag"in the evolution of technique for psychoanalysis of neurotic conflict[J]. Journal of the American Psychoanalytic Association，30，621-655.

Grünbaum，A. 1984. The foundations of psychoanalysis[M]. Berkeley：University of California Press.

Hartmann，H. 1964. Technical implications of ego psychology[M]// Essays on ego psychology. New York：International Universities Press：142-254(Original essay published in 1951).

Hertz，N. 1983. Dora's secrets，Freud's techniques[J]. Diacritics，Spring，65-83.

Malcolm，J. 1984. The patient is always right[J]. [Review of

M. Gill and I. Hoffman's Analysis of transference]. New York Reivew of Books，31(20)，13-18.

Ricoeur，P. 1970. Freud and philosophy [M]. New Haven：Yale University Press.

Rorty，A. 1979. Philosophy and the mirror of nature[M]. Princeton，NJ：Princeton University Press.

Spence，D. 1982. Narrative truth and historical truth[M]. New York：Norton.

Spence，D. 1986. When interpretation masquerades as explanation[J]. Journal of the American Psychoanalytic Association，34(1)：3-22.

Sterba，R. 1953. Clinical and therapeutic aspects of character resistance[J]. Psychoanalytic Quarterly，22，1-20.

Weber，S. 1982. The legend of Freud[M]. Minneapolis：University of Minnesota Press.

第十二章　访谈叙事分析

埃利奥特·G. 米什勒(Elliot G. Mishler)

访谈是社会科学中的核心研究方法。我们对他人态度、信念和价值观的了解，很多时候都是基于研究中他们对我们所询问问题的回答。生活中任何重要的方面都逃不过访谈者的好奇心。访谈者通常会问受访者喜欢的洗涤剂、除臭剂和啤酒，也会问他们的性偏好和政治倾向；他们关于婚姻和离婚的观念以及是否要小孩的理由；他们对核战争的恐惧以及他们经历的个人压力和疾病。不幸的是，访谈方法的发展跟不上这些无限多样的主题，无法为诱发和分析有意义的反应提供合理、恰当的方法。

本质上，主流的研究传统几乎完全把焦点放在问题的标准化上，也就是，如何对所有受访者问同样的问题，以及如何用标准化的编码系统来分析他们的回答。与这条探究路线相伴随的是对语言、意义和背景这些错综复杂的难题的完全忽视，而这些难题对于理解访谈的运作原理至关重要。在这篇文章中，我们从另一个视角出发——将访谈看作讲话者间的对话话语——把这些难题拿出来，作为访谈研究的中心主题。为此，我们把受访者对问题的回答看作故事或叙事，并且应用叙事分析的方法来分析。①

我会把焦点放在某个“文本”上，也就是在某个访谈中某个受访者对某个问题的延伸的回答。我也会从不同的视角来研究文本。通过练习，我希望能够说明，将回答当作故事来处理的可行性，提出这种分析所产生的结果类型，以及澄清叙事分析中一些令人疑惑的特征。讨论的问题包括如下：叙事在受访者的讲述中以什么形式出现以及它们在什么条件下出现？叙事意味着什么以及在不同的叙事分析模型和方法中会涌现什么不同的意义？叙事诠释与标准化的编码程序的诠释会有什么不同？访谈的实施和分析对于理论及研究实践来说有什么启发？

访谈的实践和受访者叙事

我在一个访谈②中询问一个受访者（作为丈夫）关于婚姻和家庭历史中的重要事件时，问道：“尽管那些时期很困难，但你不会认为它在这层意义上是低谷，对吗？”这个问题是在访谈开始 22 分钟后提出的。它的直接情境是一个结构化的问题，即请他在一个时间表格上，从结婚当日开始，选择他认为处于高峰和低谷的那些年份；在这个筛选问题（screening question）之后，他要回答当时“发生了什么”。这位受访者在确定高峰和低谷时有困难，并且当我问这个问题时他谈到反复出现的财务压力时期。

他会如何讲述高峰和低谷年份？我再次试图得到他的具体答案，

---

① 关于主流传统的观点是基于对当下研究实践的长篇批判性分析，可以参考我的专题论文（Mishler，1986）。由于篇幅所限，无法展示详细的论证。本章中对访谈叙事的分析依赖于，并且进一步发展了在本章中提出和阐述的一个可供选择的分析访谈的方法。

② 在这些分析中所使用的访谈来自一个未发表的关于中年婚姻关系的研究（Mishler & Mishler，1976）。

而在此之前，他的回答已经持续超过 7 分钟；这部分逐字记录稿附在本章的附录中。在对这个访谈进行初步处理时，这个回答被直觉地视作一个“故事”。同时，它看上去并没有回答访谈者想问的问题，因而被看作与访谈是不相干的；因此，它实际上最开始被我们从转录稿中删除掉了，我们并不准备对其进行分析和诠释。我并不认为对它的删除有什么不规范的地方，因为研究者们在专注于那些与问题的具体目的有关的回答时，会排除不相关的回答。而且，选择性删除行为也会发生在更早的时间点。比如，访谈者可能在访谈过程中打断受访者，因为他/她的回答偏离了问题的要点。访谈者会只记录那些他们认为与问题相关的回答。

上述评论的基本观点是，标准的研究实践妨碍了受访者对诸如此类问题的确切回答：故事在访谈中的存在有多么普遍，以及它们在什么情况下更有可能出现？在一个常规研究的多个阶段中，我们的研究实践对故事形成了持续的抑制：访谈者在访谈中打断了可能发展成故事的受访者的讲述，当故事出现时他们也不会记录这些讲述，分析者放弃这些讲述，因为它们难以诠释，转而选择那些符合编码系统的信息。从我和其他研究者的各种研究经历中，我很明显地发现，在所有类型的访谈中故事是受访者在讲述中反复出现和非常突出的一种特征。尽管它们更可能出现在相对非结构化的问题中，但是也会出现在中等结构化的访谈中，如同我们现在举的例子那样。看上去问题的形式和内容对于故事是否会被诱发出来并不是最关键的，更重要的是访谈者作为一个有心的听众的基本立场，以及他/她如何对受访者的回答进行回应。也就是，如果我们允许受访者以他们自己的方式继续讲述，直到他们表示结束自己的回答，那么我们就可能得到他们的故事；如果我们用下一个问题打断他们当前的讲述，或者我们在他们进行了长篇讲述之后只在研究日程上做一个标记或者记录很少的字词，那么我们不可能发现其中的故事。这是我们研究程序中的一个目的，它无法反映受访者讲述故事的倾向性，也就是，无法用叙事的术语来建构我们对自己经历的理解。

社会行为和叙事结构

社会语言学家威廉·拉波夫(William Labov，1972，1982；Labov & Waletzky，1967)提出了分析访谈叙事的一个模型。他定义了一个完整叙事的几种成分，将叙事和非叙事的讲述区分开来，提供了一个将语言、意义和行为联系起来的理论框架，并且展示了"个人经验叙事"的详细分析。鉴于所有的这些原因，他的研究是这种类型研究的主要资源，它也是我们在这里进行具体分析的出发点和参考点。

我已经从所有的回答中提取出核心的叙事，或者说情节大纲，表12-1是原始故事的缩减版本。拉波夫将叙事定义为对经历的浓缩，但是保留了事件原本的时间顺序，如同它实际发生的那样。① 他的定义严格地以相继子句之间的时间关系为依据；闪回、使行为中断的评论、对角色的描述，以及情境等全部都被排除在核心叙事之外。但是，它们并没有从整个故事中被排除，因为它们在故事中起着其他作用：给读者介绍关于时间、地点和角色的情况(orientation)；用摘要(abstract)总结该故事及其要点；对事件进行价值性评论(evaluation)；故事或冲突的解决(resolution)；通过尾声(coda)部分将叙事者和听众拉回现实。叙事中继发的事件被称为进展(complicating action)。拉波夫的类别用在了表12-1中，为了保持对核心叙事的注意焦点，评价性的和其他类型的子句被删掉了。

将所有回答缩减成核心叙事是相当激进的。在这个例子中，只有

---

① 关于时间顺序对于叙事来说是否必要和/或充分条件的问题，可参考米什勒(Mishler，1986)的讨论，当中引用了其他叙事分析模型。

大约15％的回答被包括在进展中；加上情况介绍和摘要可达到约25％。我会随后再讨论被排除的部分。但是，这种缩减是启发性的，也是强大的分析工具。例如，它给我们提供了一个对多个受访者的回答进行对比分析的指南，所以我想先讨论我们可以从核心叙事的分析中获得什么。

第一个问题：这个故事关于什么？故事的要点是这个问题的答案之一，即使是最精简的回答。我对故事要点的诠释，也就是我所认为的该叙事者想要表达的意义，如表12-1的标题所示，它也是直接从摘要中得来的："然而我们总是会做到我们必须做的，无论如何我们会做到。"认识到确定故事要点是一个探究性问题很重要。它不是叙事者坦率地说出来的东西，他们不会明白地说："这就是要点。"在这个意义上，它不是可以观察得到的行为，因而需要分析师的推理和诠释。它也不总是像这个例子那样，可以通过叙事者自己的语言表达出来。我的诠释依赖于对受访者所有回答的阅读和评估(核心叙事是从中提取出来的)。

而且，推论得出的要点和叙事核心(其作用是通过经验来对要点进行例证)之间具有辩证的关系。也就是，表12-1中的叙事文本与基本要点紧密贴合；叙事是具体的例子，它使得要点更加详细，也就是说，该要点在关于该故事的交谈过往中已经被预示和部分地表达出来了。但是，这种紧密的贴合也可以通过分析处理本身来构建。例如，有一些按照时间排序的继发事件的子句并没有被指定为核心叙事，如对他的妻子腿部的血栓的描述，以及接下来的手术(026～030)，或者他儿子的死亡对医生的影响(093～103)。

这个诠释的问题并不是叙事分析方法所特有的，而是访谈方法中不可或缺的部分。主流的研究者，在读到上述段落时，可能会忍不住想说这种方法是不科学的，它正好表明了为什么标准化是必需的。但这是一种错觉。标准化包括一个类似地从访谈的复杂话语中进行删除—选择—诠释的过程。而且，这些步骤往往被方法本身掩藏起来了，我们根本无法抽取实际的话语，因而无法评价某个研究者的标准化模型是否恰当。在这里，任何研究都可以获取数据，可以评估我们的诠释是否合理，虽然其标准不是限定的，但一定是合理的。

表 12-1　核心叙事："然而我们总是会做我们必须做的，无论如何我们会做到"

情况介绍(orientation)	004	那不是真正意义上的困难，不是的，
	005	但那是被迫的拮据时期。
摘要(abstract)	013	然而我们总是会做我们必须做的。
	014	无论如何我们会做到。
	015	我们渡过它。
	016	啊，丹尼严重烧伤了。
	017	所以，嗯，必须接受皮肤，皮肤移植。
	018	然后嗯，手术。
	019	住院 45 天。
	020	花费很大。
进展(complicating action)	043	他的衣服着火了。
	044	他上面的皮肤都没了(我：嗯)，从脚踝到上面。
	048	他们将皮肤从这里移植到那里。
	051	所有的费用达到 1500 美元，所有的。
	062	总之有一天他打电话给我，
	069	他说："吉姆，不知道这样对你有没有帮助，如果我考虑，如果我"，他说，"如果我降低你的费用"。
	070	说真的我差点跌倒在地上。
	077	当他这样对我说时，我，我几乎，我想我的眼眶有点湿润了，
	081	但我说："不，我不想这样"，他其实已经降低费用了。
	082	我说"我正要打电话给你，结果你打过来了"。

续表

	083	我接着说："信不信由你，正想下一个打给你。"
	086	"比尔，如果你再迟一点我就找你了，三四天后我会寄一张支票给你，
	087	而从那开始我着手处理这个事，
	088	我们会将生活踩在脚下"
解决(resolution)	089	这就是我们所做的。

注：这个核心叙事提取自附录中的所有回答；子句/想法单元的编号与完整转录稿中的一样。对情况介绍等成分的标记是依照拉波夫的叙事分析模型进行的。

回到该故事是关于什么的问题上，答案也可以是以一段话或总结(发生了什么)的形式呈现。例如，在"被迫的拮据时期"这个一般背景下，叙事者和他的家人"无论如何"会想方设法"渡过"，他们面临着治疗儿子的"可怕的烧伤"的巨额治疗费用。他们拒绝了医生降低费用的好意。相反，该叙事者通过分期付款付清了所有的费用。摘要部分已经陈述了该故事的基本要点，而解决部分具体重申了该要点："这就是我们所做的。"该故事是关于什么？这个问题也许可以在更抽象的水平上得以回答，即在更加普遍的社会意义和社会行为的水平上。拉波夫(1982)最近对意外暴力的叙事分析模式具有重要贡献，也提供了这种取向的一个原型。拉波夫对于理解一系列行为和反应的社会意义感兴趣，他通过分析继发的叙事子句(narrative clauses)来实现。这需要对原始故事进行第二阶段同等激进的缩减。他的核心概念来自戈夫曼(Goffman)的"语步"(move)，也就是，导致行动者—发言者之间的社会地位关系得以强化或者改变的行为。他认为他的故事是要求(request)和回应(response)的一些实例。因此，他将不同故事中的具体继发行为转化和缩减成如下的基本结构：第一位行动者—发言者发出要求；第二位行动者做出回应，否认该要求的合法性，并否认该发言者具有发出该要求的社会地位；第一位发言者对该否定予以暴力回应。这背后的社会动力学是，第二位行动者对要求的合法性的否定威胁到了第一位要求者的地位，且对于反应的理由不留可商量的余地，因而导致暴力。

我们的故事具有不同的结构。与要求—拒绝—暴力的情节不同，它的情节结构是要约—拒绝—反要约(offer-refusal-counteroffer)。尽管如此，拉波夫对所牵涉到的社会动力学的分析是可以直接运用的，且这两种情节可以看作互相对应的。所以，在自己与他人的社会地位关系方面，发出要求的个体将自己置于危险的情境中。如果要求被接受或被合乎情理地拒绝，那么要求者的地位是被肯定的；但是如果要求的合理性被否定，那么要求者的社会地位就受到威胁或者被质疑。

要约同样会产生社会地位方面的问题，但是双方的角色跟上述内容相比是反过来的。接收到要约的个体是处于危险境地的。相比于要约者，要约的接收者被置于潜在的从属位置。要约的内在前提条件是，要约的接收者有需要(未被满足的愿望或欲望)，而要约者可以满足它。附加的猜测性推论是，要约意味着内隐的和不言而喻的要求。也就是说，要约者可能假定在被充分理解的情况下对方会提出要求，也有权利提出要求，但是他因为某种原因并没有那样做。这进一步表明要约不可能被再次提出，除非预期要约被接受。否则，一旦要约被拒绝，那么要约者的社会地位就将置于危险中：要约者的动机可能会被谴责；对对方作为潜在要求者的地位假定可能会被质疑或否决；或者使要约者发出要约的权利具有合法性的社会地位关系被否定。①

---

① 要求和要约是言外行为(illocutionary acts)中突出的类型。希尔(Searle，1975)把它们分别看作更加普遍的类别，也就是指令类和承诺类。总的来说，语言—哲学分析的这种传统主要关注前提条件和内隐规则，在这种前提和规则下所说的话会被理解为具有言外之意。很少有人注意到拉波夫和我们当前的分析所处理的问题，也就是在叙述之后发生的行为和反应，以及所涉及的复杂社会地位动力学问题。更多关于言语行为理论的讨论，见 Austin，1962；Searle，1969，1975；以及 Fraser，1974 的综述。

很明显，提出要约和回应要约是一种复杂而脆弱的社会冒险(social enterprise)。从要约接收者的角度来看，接受要约是对预设的社会关系地位的一种肯定，而他们自己在这个关系中是处于从属地位的，并且这样做相当于确认了要约者对其(即要约接受者)需要的预想，也算是确认了自己作为内隐的要求者的角色。反驳该要约则需要转移、平息，甚至可能完全去除对自己社会地位的威胁。但是，一定要有合理的理由来拒绝，否则它对要约者的社会地位是一种挑战——包括含蓄地反驳要约者的动机，以及质疑他们对双方地位的知觉准确性等。通过为拒绝提供合情合理的理由，双方的地位关系得以调整，但是这种方式不会直接导致双方互相质疑。

在我们的故事里，拒绝以反要约的形式出现，也就是，承诺通过分期的方式支付未付的账单。这位受访者在早期与访谈者的交谈中已经预示了拒绝的理由，也就是，他坚称自己是有责任心的男人，尽管有财务压力，但始终会偿还债务："我们总是能够渡过它。"该要约的具体预设是，他可能会含蓄地请求减轻部分账单，但该预设被否认了。相反，他已经"考虑到这头大怪兽"，从"正面攻击它…当到支付期限的时候"(066～067)。还有更多证据证明他的非要求者角色，比如他肯定地(对访谈者)说："信不信由你"，其他账单已经"全部结清"(064～065)，他还对医生(要约者)说："信不信由你，下一个轮到你了"(083)。

让我们总结一下至今我们从这个研究取向中了解到了什么。拉波夫的要求—要求被拒—暴力回应情节分析和我对他的模型的运用(即要约—要约被拒—反要约情节分析)都可以被理解为发言者—行动者为了降低对他们社会地位的威胁而做出的努力。① 该分析运用在对所

① 关于要约和要求所蕴含的关系地位暗示的讨论是在商品交换的文化背景下定义的。海德(Hyde，1983)对比了这种文化与"礼物的交换"具有重要地位的文化之间的差异，认为要约在不同的文化背景下可能具有不同的意义。

有的访谈回答进行了极端缩减之后：首先，核心叙事包括不超过所有(对原始问题的)回答的20％；其次，该情节已被缩减为三种“语步”，从而高度抽象地表征了该故事“意味着”什么。

通过分析，我们可以主张：我们已经对社会关系结构，社会地位被肯定、挑战或相互角力的规则，以及事件和行为的意义在语言中表达的方式有一定了解。这些是较强烈的主张，但是我会加上一条，也就是要从理论上说明社会行为的结构、形式和规则需要这种类型的叙事分析，或者与之类似的其他分析，在分析过程中要保留行为和反应的复杂顺序，因为这构成了社会现实的一部分。对于要约、要求和紧接着它们而发生的回应的诠释依赖于分析模型所包含的相互间的联结关系。这无法通过标准化的方法来实现，因为在标准化取向中每个自然排列的继发事件都从其背景中孤立出来了，且在标准的编码—类别系统框架中进行编码，然后将所有受访者的回答进行加成，最后进行统计分析。叙事分析方法的显著贡献在于：故事包含具有社会意义的行为的继发事件，如果没有这些，它不算是一个故事。因此它的分析为直接诠释复杂的社会互动提供了依据，而在标准化取向中，这些推理是基于去情境化的零碎信息(Mishler，1979)。

叙事主题、文化意义和个人认同

拉波夫叙事分析模型中对社会地位关系的描述是正式而抽象的。要约—拒绝—反要约这个语步序列可以填充任意类型的内容。例如，在对一年级班级的一个早期研究中，我报告了儿童对曲奇和爆米花的要约和反要约(Mishler，1975)，因此我们很容易想到很多其他制度背景下的研究，它们当中以通过要约和反要约而进行的讨价还价与协商为主要特征，在这些情况下很容易发现这些结构。这种形式的分析的威力在于它的可推广性。

但是，我们可能对其他需要更加关注要约和要求的具体内容的问题感兴趣。这个故事关于什么，这个问题会有其他含义。例如，我们可能希望检验文化价值观如何在叙事中表达，以及价值观会在多大程度上构建和整合个人经验。阿加和霍布斯(Agar & Hobbs，1982)已经提出了用来分析这样的问题的另一种叙事分析模型，其焦点在于连贯性问题，也就是，受访者讲述的各个部分通过什么方式连接起来形成一个统一的有意义的故事。他们描述了连贯性的三个水平：局部的(local)，也就是每次后继的讲话根据语法的、时间的或因果的关系与前面的讲话联系起来；全局的(global)，也就是每次讲话都是总体目标或故事要点的例证或者推动力；流体的(主旨的)，也就是每次讲话都表达出基本的文化主题或价值观。根据当前的目的，为了将分析拓展到文化价值观和个人认同的问题上，我会检验故事如何表现出全局的和主旨的连贯性。

指引和勾画之前的叙事结构分析的故事的基本要点再次成为我们进行全局与主旨连贯性分析的出发点。我已经提过，受访者的讲述，也就是，他对初始问题的回答，以不同的方式展示出同样的基本要点：在“被迫的拮据时期”的背景下，他面临着纷至沓来的治疗费用，他坚称“我们总是会做到我们必须做的，无论如何我们会做到。我们渡过它”(013～015)。全局连贯性的达成是通过具体事例的不断重复来形成同样的基本要点。所以，财务困难的情况出现了很多次，通常以非常沉重的账单作为当时的具体背景。首次提到被迫的拮据时期是在抱怨不能买小船之后，而他“极其地”(007～009)想拥有一只小船。他长长的医疗费用列表，从丹尼(Danny)烧伤到逐渐增多的生小孩的费用，再到在“特别糟糕的时间”(025～027)发生的他妻子的血凝块手术，耗光了他的积蓄。这额外的医疗费用“嗯，花了1年时间才还清”，这是通过“虔诚地……每周或每两周或其他时间削减30美元”(030～031)来达成的。后来我们知道他妻子的慢性病导致长期的医疗花费，“‘其他医生’的账单来自——南希(Nancy)过去经常要支付来自大约5个医生的费用，这持续了10年时间”(053)。

丹尼的皮肤移植手术带来的“怪兽”账单来得不是时候，彼时他还在偿还妻子的医疗费用和房子的二次按揭。在“扫清”(065)所有其他的账单后，在医生主动提出降低费用之前，他已准备好将自己的注意力集中到“正面”攻击这个大账单上。在这个特别的背景下(包括要约、拒绝和反要约)，他再次表现出该故事的基本“要点”，强调他自己的责任心和自强属性：“我长那么大没有人为我提供这样的帮助”(071)。并且，“我有非常可靠的工作，并且我，我每，每天可以赚到很多钱，我，我的雇主绝对会折磨你如果你犯了错误。所以，啊，我始终忙上忙下，真的每根弦都绷得紧紧的”(073～076)。

他的故事是如何结束的？首要的结束点选择是结构分析时要约—拒绝—反要约情节结构中我所指出的解决部分，也就是，他成功地付清“怪兽”账单时。承诺“开始着手处理这件事”并“将生活踩在脚下”之后，他得出结论“这就是我们所做的”(087～089)。但是，在访谈者还没确认或还没有回应的情况下他继续往下说，尽管通过错误的开端和过渡性的评论来意指他知道该医生的故事，因为他“跟他走得很近”(090)，并讲述了一个自称为故事并具有自己观点的片段。这个“开明的”医生的儿子在越南被残忍地杀害了。该医生“从没走出过这个阴影”“从诺斯哥特(Northgate)搬走”“把豪宅卖掉”“举家迁到了佛蒙特州(Vermont)”，现在在佛蒙特州执业。这个事件“使他失去了勇气”(092～103)。之前，我们听他说这个医生是一个具有卓越品格的男人，他非常尊敬这位医生。这位医生“传递了巨大的信心”(035)给他，是一个“强健”和“壮实”的男人(039)，“为他的儿子做的手术非常棒。所有事情都很美好”(079～080)，还主动提出给他降低医疗费用，自从“长那么大”以来从来“没有人”为他提供这样的帮助(071)。

在拉波夫的结构分析里，叙事和非叙事子句之间有明确的区分。上述这个片段与要约—拒绝—反要约的故事结构不同。阿加和霍布斯在叙事—非叙事之间不做区分。根据他们的方法，我们可能会问这个片段跟总体的故事有什么联系，也就是，它是通过何种方式与其他讲述保持全局和主题的连贯性的。这引出了我们反复问的问题(该故事关于什么)的另一个版本，而这个问题将我们引向个人认同和价值观的问题。

在这样的分析中潜藏着两个重要的前提，这两个前提跟我们在临床或非临床情境下诠释个人讲述或自我故事时的潜在前提是一样的：首先，无论该故事关于什么，它始终是自我呈现的一种形式，也就是，它声明了某种个人—社会认同；其次，所有讲述的事情都具有表达、肯定和确证该认同的作用。第一个前提是把我们引向认同的内容，它通过讲述中的各种细节的表达方式，以及它反映文化主题和价值观的方式。第二个前提是指使我们可以通过受访者的讲述来寻找与认同有关的材料，在上述片段中我们可以通过该医生生命中的那次悲剧转向来进行分析。

该叙述者所呈现出来的自我意象，即他所声张的个人认同(通过讲述他在自己的努力下克服了反复出现的困难，包括他对医生主动提出降低费用的拒绝和反要约)可以总结如下：他是个有责任心的自强的男人，他因为困难的财务状况必须放弃自己的个人欲望(如拥有一只小船)，但是他总是能够担起自己的责任和偿清别人造成的(即他妻子和孩子的医疗费用)债务。面对种种不顺，他有计划地和“虔诚地”付清纷至沓来的债务，直到“正面攻击”一个特别沉重的债务，并且“无论如何”总是能够成功地完成他必须做的。这个关于医生—儿子(doctor-son)的情节通过对比来强调了叙事者的认同。也就是，跟医生“从没走出过阴影”相比，该叙事者在逆境中一直不屈服，总是做到自己必须做的，绝不让“勇气”从自己身上跑掉。我是在说，通过对认同和文化价值观这个层面的分析，在主要情节之外出现的故事是具有全局和主题的连贯性的。①

我曾经对叙事—分析方法做过更加综合性的讨论(1986)。我当时指出，故事的文化诠释，也就是诠释它们如何表达和反映更大文化体系下的意义，需要介绍更多的关于该文化的全面知识，而不仅仅依靠文本本身所包含的知识。拉波夫和范舍尔(Labov & Fanshel, 1977)把这种方法程序的变体称为“扩展”(expansion)，也就是我们将自己对叙事者本人和他/她局部及总体情况的了解带入分析中。在本质上，我们系统地陈述我们认为叙事者和听众都视为理所当然的(使他们能够相互理解的)东西。这些双方共同的预设也是分析者所需要的，分析者通过知道这些才能理解他们所说的东西。

我并不认为通过人类学家可能会使用的方法就能够根据这个叙事者—回应者的对话来分析文化价值观。相反，我认为，这个故事要称其为一个有意义的认同—声张(identity-claiming)故事，叙事者必须持有这样的预设前提：对于本文化中什么构成了有价值的认同，他与访谈者必须有共识。在这个例子中，他假定他们都看重责任心和自强，都非常尊重有债必偿、逆境不屈，是可以通过理性的计划来还清债务的人。而且，他不愿接受别人的帮助，因为那样可能使自己处于他人的从属地位，以及可能使自己对他人负有义务。当然，在美国这些都是公认的男性气质特点。叙事者使自己与文化理想看齐。用阿加和霍布斯的话说，医生—儿子这个故事跟其他故事一起都是作为局部的情境，因而其与整体的讲述在主题上是具有连贯性的。

① 罗伯塔·伊斯伯格博士(Dr. Roberta Isberg)对我的分析的回应说明了这个观点，或者其他故事的多层意义。在理解关于这个医生及其儿子的片段故事与“其他”故事如何联系起来时，她说没有难度。也就是说，连贯性对于她来说并不是什么问题，因为她把所有的访谈回答看作关于一个父亲及其儿子的。

叙事和访谈的情境

研究访谈作为受访者讲述故事的一种情境，对故事的形式和内容的影响在多数时候都没有得到研究者的重视。(可参见 Mishler，1986，关于这个问题的讨论。)叙事者作为研究对象和受访者，与研究者—访谈者(同时也是故事的“听众”)形成一种受限制的关系(Bell，1983)。一般而言，访谈的目的是由访谈者定义的，他同时控制着访谈的形式和流程，以及具体问题的形式和意图。在谈话事件的复杂规则和标准之下(Hymes，1967；1972；亦见 Mishler，1986)，受访者的首要义务是回答被问的问题。当然，这种情境跟其他叙事分析师通常所关心的产生文本的情境(如虚构叙事和历史叙事)有很大的不同。

在本文检验的受访者的全部回答中，访谈者表面上的参与很少，在两个问题之间的回答中，他只插入了三条评论(022，038，104)，以及四个注意标记(嗯，嗯啊)。但是，访谈者作为研究者和听众的双重角色在访谈中是无处不在的。我已经指出受访者—叙事者的故事的目的是展示他独特的形象——克服逆境和无债不还的、独立和自强的人，也指出了他关于共同文化价值观的预设前提，使得他的故事能够承载他想要达到的意义。这个访谈—叙事是一个更大的研究中的一部分，如果从更大的研究背景来看访谈的一些具体特征，那么我们可能会发现在分析和诠释这个访谈—叙事时的一些问题。

佩吉特(Paget，1983)讨论了在访谈中她对自己与受访者的生命经历的相似性的思考会如何影响她提问的问题，以及如何影响她对受访者的故事的理解和诠释。她也指出她的方法(即将访谈过程的控制权交给受访者)和她迟疑不决与仔细的提问方式促进了受访者彻底的、反思的、扩展了的回答。在某种意义上，她是在描述一种访谈的情境，在这种情境下她和她的受访者之间建立了团结一致的关系；他们投入地共同完成同样的任务(设法理解重要的人生经历)。而我与这个受访者的关系具有相当不同的性质；恰当地说，我们之间是敌对的关系，因为我们都在尽力控制这个访谈活动。

在这个斗争中我是失败的。我意识到在访谈中我失去了对访谈进程的控制。受访者成功地规避了对我的问题的直接回答。他偏离了特定的主题和问题的意图，间或抱怨问题不够清晰和难以回答，而转向讲其他故事。我的这个言论是不恰当的，因为如果这个访谈是佩吉特所描述的深度和非结构化的访谈，那么受访者是被赋予控制权的；在这种方法中，所有的回答都不会被看作离题的，而且不会有什么好抱怨的特定的问题。但是这个访谈是相对结构化良好的问题，访谈提纲已经安排好各个问题发问的顺序，尽管这些问题通常是开放性的，每个问题都是为了引出与某个特定主题相关的回答。

最后，我不认为这是个“好”的访谈。在超过一个半小时的谈话中，我知道了我的受访者人生的许多细节信息，但是我没有感觉到我的问题有了答案。我觉得我被一个狡猾的讲故事者“欺骗”了，他给我讲各种各样有趣的逸事，从而成功地避免了回答我真正想要知道的。

在我访谈他的同时，我的妻子，也是我的合作者，安妮塔·L.米什勒(Anita L. Mishler)在访谈他的妻子，用的是同样的访谈提纲。在对他们进行单独访谈大约一周之前有一个联合访谈，我们一起访谈了这对夫妇，采用开放和非结构化的方法，请他们跟我们谈谈他们婚姻和家庭历史中的重要事件。在单独访谈结束后，当安妮塔和我一起离开访谈室时，安妮塔对我说的第一句话是：“他有没有告诉你他是个酒鬼?”

原来，在安妮塔与这位妻子的访谈中，一个重要的中心话题就是丈夫的酗酒史，以及它对婚姻和家庭的影响。这位妻子报告了他漂泊不定的工作史和随之而来的家庭财务问题、反复发生的婚姻冲突和危机(包括有一次她认真地考虑过分居和离婚)，以及她的一个决心(她必须独立和赚钱，才能使自己回到学校继续接受训练，从而获得全职工作机会)。

酗酒问题及其衍生的各种后果，以及它如何影响和制约了他们的生活，在早先的联合访谈中并未被提及。而在我对丈夫的访谈中，他没有提到任何信息或者暗示这个问题。

根据新的线索(在访谈的界线之外获得，但仍处在研究的范围之内)，我在访谈中体验到的丈夫的逃避倾向有更加特殊的意义，看上去它反映了这位丈夫——成功地——阻止我知道他生活的这一面。虽然他违反了回答我的问题的基本规则(我作为研究者会认为这是访谈的必要前提)，但是他在分配好的时间内继续和我说话，用他的故事引起我的兴趣，从而使我无法触及对他来说真正重要的东西。而且，额外知道的他生命史的事实使得他在访谈中所展示的负责的、自强的和独立的自我形象令人无法确定是否为真。如果他在访谈中没有回避事实，那么我们的访谈会是完全不同的进程。但是他的自我保护姿态正是我们地位/权力差别(这是标准化的访谈方法的核心特征)和因此而来的控制权争夺(我在前面提到的)所造成的结果。如果我采用不同的方法，如同佩吉特的研究中那样赋予这位受访者以访谈的控制权，或者通过取得他在本研究中参与和合作的支持而达到对他“授权”(见 Mishler，1986)，那么他对我讲的故事可能完全不同。

这个发现，即这个无意中知道的事实，引发的问题比答案还多。① 这个问题不是叙事—分析方法特有的，也不是访谈本身特有的，而是存在所有的研究中。我们总是基于部分信息做出推论。而

① 加芬克尔(Garfinkel，1967)报告了一个事例，这个在研究结束后发生的出人意料的事非常令人吃惊，但是他没有详细探究这个事件对自己初始的分析有什么样的影响。在变性手术(阴茎被人工阴道所取代)八年之后，这个接受手术的人讲述了这样一个事实：“她”向医生和研究者隐瞒了一个真相，尽管在超过三年的时间里“她”跟他们每个人都进行了 35 小时的录音访谈。这个真相是，“她”从青少年时期开始就在服用雌性荷尔蒙；知道这一点会从根本上改变医生对病人情况的医学诠释，从而可能导致医生拒绝做这个变性手术。它也可能对研究者的诠释产生重大的影响(见第五章和附录)。

且，我们不知道缺失的信息是否及怎样影响我们的诠释。对于我所提倡的分析类型而言，这个例子引导我们将访谈的情境作为另一个我们在回答“这个故事关于什么”时必须考虑的情境。通过将这位受访者的故事作为社会行为的规范结构的一个文本进行分析，我们知道，在要求和要约行为序列中地位关系的角力，文化价值观的叙事表达和个人认同主张与这些价值观保持一致的方式。除此之外，我们还知道，每个回答都有其目的，也就是，在访谈本身这个社会—人际情境下具有其功能。在本例中，在面对访谈者时它起自我保护和地位—维护的功能。另外一种访谈类型——被访谈者和访谈者之间具有较弱的以权力为中心的关系——会具有不同的动力学特点。这并不是告诉我们访谈是有缺陷和毛病的方法，而是启示我们，为了更加全面和恰当地诠释受访者对问题的回答，我们必须将访谈的情境和过程纳入分析中。

讨论

相比于它想要承担的重任而言，本章是简短的。本章对访谈叙事的分析的目的是引起其他研究者的兴趣，鼓励他们进行类似的探究。我认为，从本章中我们可以了解到，首先，叙事是受访者在讲述过程中自然发生的，而且在一些访谈情境下可能是普遍存在的。其次，有很多方法可用来对它们进行系统的分析。再次，不同的方法可能具有各自更加适用的不同学科的问题。例如，社会学研究中社会行为的规范性结构问题、人类学研究中的文化价值观问题和心理学研究中的个人认同问题。最后，访谈法存在的一些普遍问题和分析访谈叙事时的一些具体问题需要进一步的研究。

在结束语中我想强调两个启示，一个是理论上的，另一个是研究实践上的。首先，叙事的与众不同的特征是它们涉及有意义的和连贯的行为，有开始、中间和结束。这使得对它们的分析尤其重要，且适用于社会科学的理论构建。也就是说，我们研究的核心目的是对随时间而变化的复杂关系的社会过程进行描述和理论化解释。但是，很多社会生活的动力学理论在很大程度上依赖于发现静态或属性之间的关系，通常以两个变量之间关系的形式出现。相反，叙事建构展示了事件的动态顺序。由于我们学习了如何用系统的方法分析它们，所以我们可以开始发展以实证为基础的、更加全面和更加充分的动态理论。

其次，我已经觉察到标准化研究实践在访谈中如何抑制叙事的讲述。况且，叙事对情境很敏感，它们的形式和内容容易受到目的、条件等访谈情境的影响。一个典型的研究访谈的关键特征是受访者和访谈者之间不平衡的权力关系(在这种情况下访谈者控制着访谈的目的、结构、流程，以及访谈数据的最终使用)，它对叙事是否会出现和什么样的叙事会出现具有特别重要的影响。如果我们希望听到受访者的故事，那么我们一定要邀请他们作为研究的合作者，与他们分享控制权，以便我们理解他们的故事是关于什么的。

附录　一份访谈叙事转录稿

001	我：	你不会把这段日子称为困难时期吗?
002		嗯啊，是那种意义上的低谷吗?
003	回答：	嗯，那，那不是困难时期。
004		**那不是真正意义上的困难，不是的，**
005		**但那是被迫的拮据时期**。
006		(我：嗯嗯)我记得在孩子还小的时候，
007		我极其想要一条木船。
008		即使它要花费一百美元，我也不在乎。
009		我想要木船。
010		(……)我卷入(……)相关的事情里面了(……)
011		我觉得那是唯一能让我找回自己的东西，那种财务上的安全感。
012		但这种感觉似乎一直都不存在。(P)
013		**然而我们总是会做我们必须做的，**

续表

014		**无论如何我们会做到。**
015		**我们渡过它。**
016		**啊，丹尼严重烧伤了，**
017		**所以，嗯，必须接受皮肤，皮肤移植，**
018		**然后嗯，手术，**
019		**住院 45 天，**
020		**花费很大，**
021		并且，嗯啊，孩子和孩子出生等其他花费，我想，包括第一个孩子苏西，就好像 6 美元加到几千美元里面。
022	我：	(呵呵)6 美元听上去不可思议。
023	回答：	(……)蓝十字蓝盾医疗保险覆盖了她的花费，除了 6 美元，(我：呵呵)在梅因敦医院。
024		他们都是在梅因敦医院出生的。
025		嗯啊，当理查德被送进来(P)，啊，那会是，啊(P)(……)那是，那是个，那是个特别糟糕的时期。
026		当理查德，嗯啊，跟理查德一起，当南希被送进医院，
027		他们发现她在腿部有个血块，在血管里，
028		在她 29 岁时做的手术，所以我猜(……)那可能救了她一命。
029		(我：嗯嗯)他们做了结扎手术。
030		嗯(P)，嗯啊，我花了一年时间付清费用。
031		虔诚地……每周或每两周或其他时间支付 30 美元。
032		我记得当丹尼严重烧伤时，
033		(P)我们找了个医生叫作威廉·特纳，是北门医院的医生，给丹尼做皮肤移植。
034		而他正好住在这条街。
035		我……不知道为什么，他……他传递给我极大的信心。
036		我会完全把自己交给他，不管哪一天都是如此。(我：嗯啊)
037		不管他怎么说……他似乎总是*正确地*出现在*正确*的地方。

续表

038	我：	他们在医学院学习了特别课程，(回答：你吗?)医生。(回答：嗯啊，哈)(我：呵呵)
039	回答：	嗯，他是个，一个粗壮的，嗯，矮的，嗯啊，非常，嗯啊，健壮的人，啊，嗯啊，金色的卷发，并且他，嗯啊，
040		他会摔跤和做体操运动，这使他，他像个会飞的楔子。
041		他是，他是挺矮的。
042		丹尼被严重烧伤了。
043		**他的衣服着火了，**
044		**他上面的皮肤都没了(我：嗯)，从脚踝到上面**。
045		丹尼在楼上躺在床上，
046		他感冒了。
047		他今天早些时候来了。
048		**他们将皮肤从这里移植到那里**。
049		我记得我非常担心。
050		但不知为何我想到比尔·特纳。
051		**所有的费用达到** 1500 **美元，所有的**。
052		(P)(……)由于某些原因这个时候我们正在还二次房贷。
053		这个时候其他医生的账单来自……南希，10 年来，她曾经看过 5 个医生。
054		她那时已经病重了……顺便说一下，她病很重了现在，
055		她有美尼尔氏综合征。
056		她在学校里向后面跌倒(P)上个周五……上周周四还是周五。
057	我：	你是说她的内耳?
058	回答：	是的，内耳。
059		所以她就……她……她的脚从下面脱臼了。
060		因此她从那时起就卧床。
061		今天是第一天(……)
062		**总之有一天他打电话给我，**
063		(P)因为我还没有付款。

续表

064		信不信由你，他说所有其他*还没有支付的费用已经支付了*，
065		所有账单都已经付*清*。
066		但我其实已经在为这一大笔“怪兽”费用而储蓄，所有当中最大的。
067		因此我可以对其进行*正面的*攻击……当它到来的时候。
068		我当时就坐在你那里，并通了电话。
069		**他说：“吉姆，不知道这样对你有没有帮助，如果我考虑，如果我”，他说，“如果我降低你的费用。”**
070		**说真的我差点跌倒在地上。**
071		我长那么大从来没有人为我提供过这样的帮助。
072		(P)我深受*打击*，所以我……我(P)感到困扰……
073		我有非常可靠的工作，
074		而且我，我每，每天可以赚到很多钱，
075		我，我的雇主绝对会折磨你如果你犯了错误。
076		所以，啊，我始终忙上忙下，真的每根弦都绷得紧紧的。
077		**当他这样对我说时，我，我几乎，我想我的眼眶有点湿润了，**
078		想到有人会如此关心我，
079		尤其是，他为这个孩子做了了不起的工作。
080		所有事情都是那么美好。
081		**但我说：“不，我不想这样。”他其实已经降低费用了。**
082		**我说：“我正要打电话给你，结果你打过来了。”**
083		**我接着说：“信不信由你，正想下一个打给你。”**
084		然后我说：“我……你根本不知道，但……”
085		我……我知道我已经让他等待了4个月还没有付账单。
086		**“比尔，如果你再迟一点我就找你了，三四天后我会寄一张支票给你，**
087		**而从那开始我着手处理这个事，**
088		**我们会将生活踩在脚下。”**

续表

089		**这就是我们所做的**。
090		但，嗯啊，嗯啊，我跟他走得很近。
091		嗯啊，他有三或四个小孩。
092		嗯……他是个很，嗯啊，开明的人。
093		嗯……他的孩子是海军，在越南。
094		嗯……他的手被绑在背后，
095		嗯……他被迫跪在地上，
096		然后他们的子弹射穿了他的头颅。
097		比尔从未从中走出来过，
098		他搬离了北门。
099		他*出*售了在亚当湖区的一栋豪宅。
100		然后带着家人搬到了佛蒙特州。
101		他是个很棒的滑雪选手。
102		他现在在佛蒙特州与那里的滑雪者进行应力训练，
103		那让他非常疲惫。
104	我：	这是可怕的事情。
105		(P)但我能理解，部分问题是，你会把哪些年份视为高峰点或低谷点，
106		以及它们的含义(……)？
107	回答：	嗯，那是低谷点。

关于转录稿标注。该转录稿的编排尽可能清晰地展示受访者回答问题的不同叙事特征：每行反映一个"意义单元"(见 Chafe，1980；同见 Paget，1983)；在正文中讨论到的核心叙事单元/子句已加粗；斜体部分表示额外强调；(P)表示停顿，(……)表示分辨不清的话语。关于转录的问题和方法的讨论，可参考 Mishler，1984。

参考文献

Agar，M. & Hobbs，J. R. 1982. Interpreting discourse：Coherence and the analysis of ethnographic interviews [J]. Discourse Processes，5，1-32.

Austin, J. L. 1962. How to do things with words[M]. Oxford: Oxford University Press.

Bell, S. 1983. Narratives of health and illness I: DES daughters tell stories. Unpublished manuscript.

Chafe, W. L. 1980. The deployment of consciousness in the production of a narrative[M]// W. L. Chafe. The pear stories: Cognitive, cultural, and linguistic aspects of narrative production. Norwood, NJ: Ablex: 9-50.

Fraser, B. 1974. Review of J. Searle's Speech acts[J]. Foundations of Language, II: 433-446.

Garfinkel, H. 1967. Studies in ethnomethodology[M]. Englewood Cliffs, NJ: Prentice-Hall.

Hyde, L. 1983. The gift: Imagination and the erotic life of property[M]. New York: Vintage Books.

Hymes, D. 1967. Models of the interaction of language and social setting[J]. Journal of Social Issues, 23(2), 8-28.

Hymes, D. 1972. Models of the interaction of language and social life[M]// J. J. Gumperz and D. Hymes. Directions in sociolinguistics. New York: Holt, Rinehart, and Winston.

Labov, W. 1972. The transformation of experience in narrative syntax[M]//W. Labov. Language in the inner city: Studies in the black vernacular. Philadelphia, PA: University of Pennsylvania Press.

Labov, W. 1982. Speech actions and reactions in personal narrative[M]// D. Tannen. Analyzing discourse: Text and talk. Washington, DC: Georgetown University Press.

Labov, W. & Fanshel, D. 1977. Therapeutic discourse: Psychotherapy as conversation[M]. New York: Academic Press.

Labov, W. and Waletzky, J. 1967. Narrative analysis: Oral versions of personal experience[M]// J. Helms. Essays on the verbal and visual arts. Seattle, WA: University of Washington Press.

Mishler, E. G. 1975. "Wou'you trade cookies with the popcorn?": Talk of trades among six year olds[M]//O. K. Garnica and M. L. King. Language, children and society. New York: Pergamon.

Mishler, E. G. 1979. Meaning in context: Is there any other kind? [J]. Harvard Educational Review, 49(1), 1-19.

Mishler, E. G. 1984. The discourse of medicine: Dialectics of medical interviews[M]. Norwood, NJ: Ablex.

Mishler, E. G. 1986. Research Interviewing: Context and Narrative Cambridge[M]. MA: Harvard University Press.

Mishler, E. G. and Mishler, A. L. 1976. Marital relationships at midlife[J]. Unpublished study proposal and interview schedule.

Paget, M. A. 1983. Experience and knowledge [J]. Human Studies, 6(2), 67-90.

Searle, J. R. 1969. Speech acts: An essay in the philosophy of language[M]. Cambridge: Cambridge University Press.

Searle, J. R. 1975. Indirect Speech Acts [M]// P. Cole and J. L. Morgan. Syntax and semantics(Vol. 3). New York: Academic Press.

第十三章　解构历史：对心理叙事进行系统的批判

罗伯特·S. 斯蒂尔(Robert S. Steele)

"当他们发誓自己讲真话的时候，你要打十二分精神"

（来自妻子们的古老忠告）

声称自己是真正的叙事——如同个案研究、自传、历史或某些理论那样——在美国的心理学中处于边缘的地位。美国的心理学有意地把叙事限定在那些能够通过实验或实证研究来确证的研究领域中。这些研究遵从特定的方法学标准。这些标准来自逻辑经验主义(logical empiricism)、自然科学、工程学、园艺统计学，以及密苏里农民"证明给我看"的常识。尽管这种心理学取向是非常高产的，从乌贼的视觉系统到大学生假扮狱警的行为等都有重要的发现，但是在叙事心理学方法方面没有取得什么进展。精神分析是叙事心理学之一，它声称自己是科学的，并对心灵如何运作进行了精细的描述，描绘了人类发展的历时性(diachronic)维度和共时性(synchronic)维度，并且描绘了人和环境之间的互动是如何导致人类性格的个体独特性与共同点的。

在美国计划中所构想的科学是无法论述这些叙事心理学的复杂性的。它最多只能从中[如从脱离文本情境的引述的话(quotes)]提取出假设，然后在实验室中强制性随机分配被试来检验该引述的正确性。有些研究会证实某个假设，另一些则会否定该假设。因此，对于某个理论的有效性的争论会迅速从思想层面转移到对方法学严谨性的争吵。同时，个案研究是大部分叙事理论(尤其是对于精神分析而言)的首要证据，但是这种研究被无视了。人们为什么更喜欢实验而不是个案研究呢？费舍尔(Fisher)和格林伯格(Greenberg)在他们的综述《弗洛伊德理论和治疗的科学可信度》("The Scientific Credibility of Freud's Theories and Therapy")里，从典型实验主义者的视角来回答了这个问题。他们说，在引用证据以支持或反对弗洛伊德的假设时，他们无法"排除那些在实验设计中有缺陷的研究，以及那些建立在弗洛伊德理论模型中过度简化的概念之上的研究"(1977，p. 15)。他们向我们保证，他们所引用的信息一定是通过"可重复的程序"得来的，并且是"可以审查研究报告者的客观性"的(p. 15)。通过实验主义的两个神圣的要求——可重复性和客观性(repeatability and objectivity)，费舍尔和格林伯格是想为自己的愚蠢申辩。但是，他们抵制了所有的个案研究。虽然他们承认这些工作包含了有趣而重要的信息，但是他们坚决认为对于个案研究"没有办法区别精华和糟粕"(p. 15)。当然他们也承认实验研究的工作有好有坏，但是他们认为这正好显示了科学的优越性。我认为有很多方法可以评判心理叙事研究的质量，以及评价它们所展示的证据，但是出于科学主义的原因，如同费舍尔和格林伯格所表现出来的，美国心理学并没有探索、讨论，或者使用校勘学(textual criticism)的方法。

校勘学的元方法学依据

心理叙事(psychological narratives)是事实文献(literature of fact)中的一种，对它进行评价可以看作对波普(Popper)的可证伪性(falsifiability)标准的拓展。可证伪性是为了解决科学与非科学之间的界限问题。可证伪的准则认为："观点或者观点的集合要想成为科学理论，必须能够与可能的或者想象得到的观察结果相矛盾"(Popper，1963， p.39)。根据波普的说法，科学的进步不是来自证实，而是来自证伪——通过检验猜想来反驳它。尽管波普认为，精神分析理论是不科学的，因为它是“完全无法检验和反驳的”，并且“没有可想象得到的人类行为与该理论相矛盾”(pp.37-38)，但事实并非如此。虽然精神分析假设及其他叙事心理学的命题难以通过实验或田野观察来检验，但它们并非——像波普所说的那样——无法反驳。这是因为，本着证伪的精神，很多精神分析的观点与观察结果是不一致的。如果实证主义的范围可以延伸到将严密的文本阅读囊括在内，那么叙事研究工作是可以在多个方面被检验和反驳的。这些方面包括：理论形成的内部不一致性、理论基础来自意识形态而非观察、研究个案无法支持理论猜想，以及在报告结果时对相关数据的删节(omission)。简单地说，一旦一个心理叙事声称自己为真，那么我们就能通过证伪的标准来评价它，因为我们可以判断其所说的是否为假。

波普把他的批判方法学限定在对假设的科学检验中，而柯林伍德(Collingwood，1956)则详述了一种与之类似的用来评价历史的方法。柯林伍德认为没有所谓权威或者权威的真理。他说，“科学历史学家不会把叙述(statement)看作叙述，而是把它们当作证据：不把叙述看作对事实的真或假的解释(accounts)，因为他们承认事实本身就是解释，把它们当作可以不断进行不同叙事解释的数据”。历史对于他来说就像小说，因为历史和小说都是基于它们自己的解释(account)，由它们自己所创建的图景(picture)的连贯性来评判。此外，作者通过创建想象和必需品来使得事件完全按照叙事的顺序来排布，因此对历史和小说的评价可以通过它们对于作者的想象及必需品来说是否有意义来确定。小说家和历史学家不同的地方在于“历史学家的图景意味着必须是真的”。他或她“必须按照事件原本的样子来构建图景，并且这些事件必须是真正发生过的”(Collingwood，1956，p.245-246)。这些撰写历史的标准当然也可以用来评价心理叙事。

柯林伍德研究历史的方法，以及波普研究科学的方法中的一小部分，都是诠释性的，因为它们承认和探索诠释在人类现实建构中所扮演的角色(Radnitzky，1973)。虽然实证主义一直认为事实的存在几乎是神圣不可侵犯的信息单元(sacrosanct unit)，不会因人类自身利益而掺假，并被客观性所保障，但是诠释学并不在事实中寻找落脚点。它认为事实就是一种建构，是整体的一部分。事实既赋予解释以意义，也从解释的背景中获得意义。诠释学是诠释的艺术或科学，自其开端就与文本诠释和情境诠释紧密相关，也就是阐述(explication)和圣经注释学(exegetics)(Palmer，1969)。在超过一个世纪里，它是艺术和人文科学的研究中心。它的领域随后扩展到了精神分析的研究中(Ricoeur，1970；Steele，1979)。

诠释学在本质上就是对话。文本和读者、客户和治疗师、他人与自我之间参与对话，从而达到相互理解和厘清分歧。如同它基于分析师和分析对象之间的对话那样，精神分析心理学的基本承诺是从人的交流中寻找意义。因此，与自然科学不一样，诠释学用元理论框架来评价精神分析叙事，这种做法与分析师自己的日常工作相协调。投入(engagement)、关怀(care)和批判性距离(critical distance)对于好的临床工作来说至关重要，同样地，它们在诠释学中也非常重要。诠释者必须熟悉自己所阅读的文本，必须使自己沉浸在文本所创建的冗长世界中。他/她也必须爱护文本，确保自己不会对文本的意义和目的造成破坏。他/她要深耕文本，也就是诠释者要把文本对世界的感觉带到面前。但是，除了自己要关心和投入文本中之外，读者一定要保持自己作为主体的独立性，不能让自己被文本奴役。诠释学的目标是理解而非崇拜。所以，很多精神分析作品在这一点上是失败的，因为很多作者把自己当成弗洛伊德、荣格或阿德勒的追随者，为了维护创始者的神奇，继续推进其范式而牺牲了自己的主体性与判断。

在简单介绍什么是解构(deconstruction)后，通过五种不同的诠释策略，我会通过例子来展示上述元方法学框架是如何用于阅读弗洛伊德和荣格的作品的。如同科学那样，诠释学通过证据或阅读的缓慢积累而进步，这里的诠释不是为了保存“脸面”，而是为了扫清我们和客观实在之间的偶像，因为他们阻碍我们与实在的衔接。不一致性、精心剪裁的证据（tailored evidence）、删节（omission）、诉诸神话（mythic accounts）和未审查的视角偏差，当这些现象出现在坚称自己是真正的叙事中时，他们的作用都是掩盖真相。从理想主义的解构观点来看，所谓真相就是当所有歪曲被分析之后所留下的东西。

解构事实文献

解构是一种分解文本的文学行为。解构对于小说来说就是通过批判性诠释来检验情节、角色、时间、情境和作者视角是如何用于构建一个故事的。通过把这种做法应用到纪实小说（factions）中——它是一种自称为真正的叙事，事实在其中是话语的叙素——解构的领域延展到了认识论。当作者自称自己的故事为真或者其故事是基于观察到的事实时，那么文本解构就变成一种批判性的科学诠释，用以检验某部著作或毕生之作是如何证伪自己的。

解构的工具很多，包括从科学的马克思批判主义到拉康的绘画诠释。但是，在此我的阅读由三种文本解构模式所指引：精神分析、建构主义和女权主义。诠释是精神分析的核心，恰如拉普兰谢和蓬塔利斯所说，精神分析可以被定义为“对特定材料的潜在意义的揭示”（Laplanche & Pontalis，1973，p. 222）。对于一个梦、症状、笑话或一段事件回忆，弗洛伊德甚少接受其表面的叙述，而是把它们当作需要诠释的文本，以揭露它的重要性和内在意义。否认（一种防御机制）所激发的歪曲可以通过诠释来解除。通过联想、压缩（condensation）、置换（displacement）、叙述化过程（narrativization）和象征主义，诠释可以纠正它们的不当之处。人有意识地掩盖背后的性秘密，不让自己和他人知道，因而导致了故事不符合事实。阅读弗洛伊德的作品可以学习如何诠释，这不仅是因为他是诠释大师(master hermeneut)，而且是因为他对自己人生和理论的叙述本身就是歪曲的。

在微观文本层面，如审视反语(tropes)、双关语(word play)、暗示、误用句子或事实的虚假陈述时，由精神分析引导的文本分析是有用的，但是在宏观文本层面，如识别叙事的形式(form)时，精神分析是有局限的，因为它把作品简化成了由母亲、父亲和孩子的原型所扮演的性悲剧的重演。判定叙事的形式是重要的，因为形式的类型会决定情境、证据、角色和时间在文本中是如何协同运作的(Frye，1957；White，1973)。当真实事件被赋予故事的形式时，不仅它们的真实性问题是重要的，而且它们被叙述的方式也应该被检验。

通过核心戏剧(俄狄浦斯迷思)结构的持续再生，弗洛伊德的个案研究及其对心灵运作功能的系统阐述是悲剧的和讽刺的，而荣格对英雄旅程的持续重建使得他的案例和理论是浪漫的。弗洛伊德和荣格的作品的拓扑学结构也是不同的。与其浪漫的情节设定相一致地，荣格的作品环绕着提喻法(synecdoche)，心灵和环境是同步相关的，也就是，灵魂的微观世界能够以一种非因果关系的方式在环境的宏观世界中找到象征性的共通点。虽然拉康(1977)认为精神分析话语受到隐喻和转喻(metonymy)等修辞的支配，但是弗洛伊德式诠释的还原主义——也就是，用身体部位、性心理发展阶段或客体相关性来描述整个心理历程。他竭力主张，转喻(局部代表整体)是他的话语的主要修辞手法。另一种修辞手段，即错格(anacoluthon)，在精神分析中扮演重要角色。错格是相互矛盾的句子，这些话语遍布精神分析对象(analysand)对自己生活的描述。作为一种诠释策略，精神分析用有限的充满意义的性心理身体术语来表征人的经历，从而把错格的话语转换成有条理的话语。

环绕在形式旁边的是体裁(genre)，而体裁是镶嵌在文化历史背景中的。我在此所指的体裁是事实文献(literature of facts)或纪实文学(factions)。这些被称为真正的历史、生命故事和理论，并且它们若非写在外显的故事形式中，也会通过各种各样的叙事表现出来。在科技革命发生之后创建的体裁一般具有客观的视角，但是这种前提假设以多种方式歪曲了纪实文本。例如，受过高等教育的白人所写的，虽然他们自己认为是客观的，通常表现出种族主义和大男子主义，以及阶级、种族和宗教偏见。女权主义在揭露写实文献的男性偏差方面起到了强大的摧毁性作用。接下来，我会展示女权主义批判常常通过哪些方式来审问弗洛伊德和荣格的客观性。

识别文本歪曲(textual distortion)的指南

不一致性是最容易发现的叙事歪曲。一个好的作者一般会微妙地剪裁自己的叙述以掩盖缺陷，从而避免出现不一致性。甚至一位作者如何构建一段话以便“使文本碎片互相匹配”不仅要求读者对该作者的风格和思想有透彻的熟悉，还要求作者有一双质疑的眼睛。我要检验的文本歪曲的第三种类型是最不明显却是最致命的：所有的叙事都将一定的人、事或想法排除在外，因为这些一旦包含在内就会使得所讲述的理论或故事遭受怀疑。删节相关数据的文本歪曲是难以发现的，因为通常只有很模糊的文本标志指向缺失的部分。

我们找到文本中的各种例证表明，①该文本不一致；②作者约束了叙事的编排以使其看上去各部分是相匹配的；③或者重要信息被忽略了的时候，我们只是收集了数据，最多表明了这位作者是个凡人，如同所有其他人都会说谎那样，歪曲了事实，删去了可能会使自己失誉的信息。如果要使这些数据的发现不仅仅是一个偶然的兴趣，诠释者一定要把它们系统化。她或他要通过论证或叙事来使零碎信息形成一个模式，以表明这些分散的信息扭曲以及怎样形成一个未曾见过的整体，使得这个整体能够展示给我们作者或文本所不知道的东西。

文本解构超出单个文本或单个作者的全部作品。每个文本和每个作者都与其他人分享一个世界观，也就是对人类、自然和存在的一种文化历史视角。这种背景的假设是很难看出来的，因为我们作为读者，通常与其共享这个世界观。然而，它们是最普遍和最具毁灭性的文本歪曲形式。它们一般是隐藏着偏见和误解的文化常识。

通过利用对弗洛伊德和荣格的生活与作品进行大量研究分析(Steele，1982)，我接下来将分别展示如何攻读这五种不同的文本歪曲类型。

不一致性

弗洛伊德坚称，他在1907年之前的作品是完全被自己的同行所否决的。在这点上，弗洛伊德绝对具有一致性。例如，他说他的“作品没有得到医学期刊的评审，或者即使很例外地被评审了，它们也是被摒弃且遭到轻蔑或居高临下的怜悯式回复”(1914，pp. 22-23)。类似的抱怨在其他地方也能发现(Freud，1900，p. xxv；Freud，1925，p. 49)，几乎所有的弗洛伊德精神分析传记作家都重复了这位大师起初被拒绝的故事(Jones，1953；Kris，1954；Schur，1972)。但是，弗洛伊德的首部重要著作《梦的解析》发表于1900年，9年后他备受尊敬地受邀到外国大学开展一系列关于他的研究的演讲，这样的一个人怎么会受到完全的排斥呢？这点看上去是不一致的，这也许是大部分人在阅读弗洛伊德时遇到的首个不一致之处，但是伟人在自己的国度和时代被拒的故事通常被我们熟知，以至于我们忘记了：弗洛伊德从来没有引用一条同行的评议意见来证实自己的遭遇。而且，他的传记作家琼斯(Jones，1953)所引用的三条同行评议(作为弗洛伊德遭拒的证据)中，有两条实际上是积极的！

柯林伍德认为，历史叙事必须是言之有理的，但是对于一个声名在外却被同行所排斥的人，这怎么说得通？查看当时的记录，阅读真实的同行评议是核实这个遭拒故事的一种途径。这就是布里和里夫金(Bry & Rifkin，1962)，埃伦贝格尔(Ellenberger ，1970)，以及德克尔(Decker ，1977)所做的事情。他们发现，在专业学术期刊和大众出版物中，弗洛伊德的早期工作被广泛评论，其中所有的评论都尊重他本人付出的努力，且大部分的评论都做出了积极的评价。

荣格也一样，喜欢提到自己被拒的故事。他抱怨说自己的工作受到消极的评价，还说自己在布格霍尔茨利(Burghölzli)①工作的几年时间里“由于自己的专注和自愿的封闭而疏远了与同行的关系，这是不消说的”(1973，p. 113)。这种抱怨与他在大学的几年里被当作弃儿时的诉苦类似，但是只要我们稍微研究一下他的成就以及回溯他在布格霍尔茨利工作时所写的信，就会怀疑这个孤胆英雄剧本的真实性。在大学里，他被兄弟会选举为主席，这个位置几乎不可能被社交关系匮乏的人所把持。而在布格霍尔茨利的时候，他不到 7 年里就升到二把手的位置，而此时在他的信件里常提到自己的行政事务占去了太多时间(McGuire，1974)。

被拒绝的故事发生在名人自传里乍看起来是自相矛盾的。也许有些名人确实遭遇过被排斥，但是更有可能的情况是，名家们把自己的生命史塑造成当今时代成功者更受欢迎的叙事模式：尽管在一个缺乏信任的世界中揭示深刻的真相并不受人欢迎，但是这个被排斥者仍然坚持不懈。弗洛伊德如此坚信自己被排斥以至于对于他来说批评者对他的工作的轻视成了他工作正确性的重要印证。他推测，考虑到病人对幼儿期性欲的否认，很明显地，他的读者也想否认这种事情，所以才抵制他的理论(Freud，1914)。他无法看到自己的思想被接纳，这一点与他的自画像是一致的：把自己当成局外人、被边缘化的犹太

① 布格霍尔茨利(Burghölzli)是瑞士苏黎世大学精神病院的常用名。该院位于苏黎世城东南部一座名为“Burghölzli”的树林繁茂的小山上。——译者注

人，以及革命运动的领导者。他被排斥的故事同时也促进了他的追随者们之间的团结一致。

荣格在英雄神话中反复地表现出这样的模式：主角通常会被逐出自己的家乡，到世界各地流浪，途中有了重大的发现，并借助这个发现重归故里。弗洛伊德和荣格的自我分析的故事遵照了这一模式。他们在发现内心之旅中离开了一般的意识领域，进入无意识的王国，并在那里与人性的恶魔斗争，最后启迪灵魂得以回来帮助人类。荣格和弗洛伊德都深知英雄神话的模式和自己被排斥的必需性。他们都通过调整自己的生命故事来适应这种叙事模式，从而使自己变得高尚起来。两个人对批评意见都高度敏感，因为他们都觉得自己发现了伟大的真理。因而，如果同行们的意见缺乏普遍的称赞或故意不予重视，他们就会将其当成一种排斥。这种做法引导他们及他们的追随者们创作被拒绝的先知的故事，但是我们不需要受到这种误导，因为这个故事与实际的同行评议是不一致的，且两个人的思想被迅速地收纳进西方思想文库中。

遍布不一致性。一旦发现有一处不一致，那么怀疑的心态就变得敏感，接着不一致就开始出现在各处。例如，我注意到弗洛伊德声称他的合作者约瑟夫·布洛伊尔（Josef Breuer）在写就《癔症研究》（*Studies on Hysteria*）时并不赞同歇斯底里的原因来自性的假设（1896c，p. 199），但是在当时的一个月前他写道，他和布洛伊尔都认为歇斯底里的症状是心灵创伤的结果，根源自“病人的性生活”（1896b，p. 162）。布洛伊尔在《癔症研究》中明确地写道，女性身上绝大多数的严重神经症“源自她们的房事”（1895，p. 246），但是弗洛伊德在 1925 年提出，“从《癔症研究》这本书中很难猜测性在神经症病因学中的重要性”（p. 22）。但是，毫无疑问，弗洛伊德说过，性就是原因；布洛伊尔也说过，性就是其因素。

歇斯底里是由性功能紊乱引起的。对于布洛伊尔是否支持这个假设？弗洛伊德的叙述是不一致的，这些不一致的原因有几种。布洛伊尔在这个问题上的确有过摇摆，因为他觉得需要更多证据来支持这个猜想，但是弗洛伊德要求布洛伊尔绝对支持自己，因而对布洛伊尔的谨慎非常失望。而且，弗洛伊德一旦完全信任这个性假设就会努力将这个发现据为己有，将任何与布洛伊尔有关的贡献删除，也删掉对威廉·弗利斯（Wilhelm Fliess）的研究的引用，以及删除对另一位维也纳医生阿尔伯特·摩尔（Albert Moll）的引用，而这位阿尔伯特·摩尔医生对幼儿性行为及其在神经症病因学中的重要性研究恰好比弗洛伊德的研究发现更早一点（Sulloway，1979）。因为科学名声通常与谁首先发现紧密相关，且弗洛伊德非常渴望出名，所以他以及他的追随者在树立弗洛伊德的声誉时一定要从历史记录中抹去这些事实：弗洛伊德的研究受到他人的帮助；其他研究者比弗洛伊德更早做出类似的发现（Ellenberger，1970）。

弗洛伊德在讲述自己的研究历史时的不一致是令人烦恼的，因为他坚持认为，作为一个分析师，他的工作是确定在病人生命中真实存在的却被删去的历史，这通常是与病人的否认相反的。他同时也坚称，分析师就是精神分析的测量工具，因而他不能容忍自己出现“歪曲”，因为这会不可避免地歪曲自己的临床治疗研究（1912）。不幸的是，弗洛伊德对自己生命的历史叙述充满了不一致性。那么，根据他的标准，他怎么能算一个合格的精神分析研究者呢？如果无法接受这些矛盾，那么答案是否定的。证据很多，但我会以另一个文本不一致性的例子来说明。

弗洛伊德在1896年发表的三篇文章中提出了他的首个精神分析理论构想：诱奸理论（seduction theory）。在每个研究报告中，他坚定地认为成年人的歇斯底里是对儿童期性虐待的迟来的反应。然而，他明确地说，没有一个他的成年病人曾经告诉他真实的儿时被性骚扰的故事（1896a，p. 153；1896b，pp. 165-166；1896c，p. 204）。他争辩道，他的新的精神分析方法使他能够从病人片段式的、歪曲的和被否认的回忆中将这些"诱奸场景"拼合起来。对于他的重构，病人是反对的，但他把这些反对拿来作为证据，证明性虐待是实际发生过的，只不过由于太过令人创伤以至于分析对象不愿意承认。

尽管幼儿性创伤的性质随着弗洛伊德的研究进展而发生变化，但是诱奸理论为精神分析的叙事解释提供了范式：幼儿性事件是成人神经症的创伤因素。治疗中的成人压抑了所有对这些事件的记忆，但是通过分析师的诠释性敏锐洞察力、坚持不懈和对这些事件的令人信服的构建，病人最终会承认这些性灾难并且有可能就此痊愈。我们对弗洛伊德的方法的信心建立于我们信任他是诚实的叙事者。如果我们要相信他揭露了他的病人所否认的东西，那么我们首先必须要相信他的确可以重构历史真相。

但我们的信念被严重动摇了，因为弗洛伊德对历史的复述中的不一致。就在他宣布诱奸理论的 10 年后，他就想抛弃该理论，他告诉我们，他被自己病人关于诱奸的故事所吸引，所以很不幸地相信了他们的故事(1906)。他在 1914 年和 1925 年反复以该说法为托词。最终，关于这个早期理论，他说，"几乎所有我的女性病人都告诉我，她们被自己的父亲诱奸了"(1933，p. 120)。

究竟是弗洛伊德的病人主动告诉他自己儿时被性骚扰了，还是如同在 1896 年的论文中所说的那样，即使弗洛伊德坚持说诱奸曾经发生过，但病人仍坚持否认呢？没有其他非弗洛伊德所著的文献可以参考以确认历史真实性。弗洛伊德也不曾直接引用任意一条自己的病人的叙述。考虑到当今儿童被性虐待的普遍性以及它对一些成年人的创伤性后果，看上去有可能弗洛伊德的病人在儿时一定被虐待过。但是，我们此时的问题不是关于儿童期性虐待的真实性，而是弗洛伊德作为一个记事者的可靠性。从 1906 年开始，他就无法精确地重述自己在 1896 年的文章中关于诱奸研究的文本记录。这种文本的不一致性让我们严重怀疑他作为真相叙述者的可信度。

拼凑碎片

文本不一致性是指作者无法构建一个天衣无缝的叙事的实例，它们的作用是提升读者对不显眼的文本歪曲的敏感度。理论使叙事系统化，而叙事反过来使事实变成连贯有序的叙述。人们对于科学的一个常见误解是，事实是相当难得的不带任何理论色彩的信息单元。实证主义者最能解释为何会这样，但是对于受过诠释学训练的读者来说，事实是叙实话语或写实作品中的一个信息单元，或叙素(narreme)。

如果如同弗洛伊德所想象的那样，生命史的重构就像拼图，把碎片拼合起来就类似于将七巧板的各个角落填满，从而使它们结合在一起。

弗洛伊德的拼合方式总是服务于他的目的，他想证明这个理论：幼儿性事件导致了成年期的神经症。这对他来说是件困难的事情，因为他从没做过跟踪研究，但是他根据自己对成年病人的回忆的诠释来说明儿童期创伤的效应。他能提供的至多是理由，而非原因：他只能写历史，写不出科学。

在微文本层面，让我们看看弗洛伊德如何捏造一个个案的事实。弗洛伊德所写的狼人案例是为了反驳阿德勒和荣格的批评意见：精神分析把成年人的回忆与实际的儿童期事件混淆起来了。因此，对于弗洛伊德来说，这个个案所围绕的关键事件必须是实际发生在病人的婴儿期，这样才匹配他的理论。但是这个个案在很大程度上来自他自己的重构。狼人回忆他在两岁半的时候“有一个场景，虽然是不完整的，但是她至今没忘，它是一定存在的。格鲁莎(Grusha)(一个用人)跪在地板上，她旁边是一个木桶和一把由一捆细树枝做成的短扫帚；他也在那里，而她在取笑和责骂他”(Freud，1918)。弗洛伊德从其他部分的分析中得到另外两个信息，狼人到成年期后爱上年轻女佣的冲动以及他对约翰·胡司(John Huss)的男孩子气般的同情(弗洛伊德认定这在遗尿学中是常见的)。加上这两个信息碎片，弗洛伊德重构了格鲁莎的这个场景："当他看到女孩在擦地板时，他在房间里尿尿，因此她毫无疑问地以开玩笑的语气威胁他要将他阉割"(1918，p. 82)。"开玩笑地"这个短语是一个狡猾的写作手法，因为它把读者的注意力从怀疑事件的真实性转移到了格鲁莎是否开玩笑上。这种写作技巧掩饰了弗洛伊德对狼人回忆的另外两处人为添加：排尿和阉割威胁。狼人完全记不起这两件事，但是，弗洛伊德所构建的叙事迫使它们成了事实。随后，弗洛伊德用他自己构建的场景，而非狼人的回忆，作为证据以证明即使在两岁半的时候儿童也能够记住自己对成人性交的观察，并通过排尿来有意模拟性交，且被阉割恐吓所造成的创伤，无论这恐吓是否是开玩笑的。

弗洛伊德通过取材狼人的回忆并使其匹配自己的理论，以证明幼儿性行为的存在。一个妇人跪坐在木桶和扫帚旁取笑当事人，这样的记忆作为证据是苍白的，但是弗洛伊德重新构建的排尿和阉割恐吓场景则是强有力的证据。在该个案的余下部分，弗洛伊德用这个自己构建的场景作为事实，作为其他建构的基础，以及作为对批评意见的反驳。批判性评论认为成年人的回忆无法证明儿童期性事件在导致神经症中具备病因学意义。如果有类似这样的事实，谁还需要杜撰？

弗洛伊德是叙事的构建者，并用叙事来理解人们的生活。在他的理论的指引下，他把不同的回忆筑造成想要的场景，然后声称是真实发生的。接着，他用这些事实来支持自己的理论。但是，这些场景无法被证实是否真实，因为我们永远无法知道真正发生的是什么。这些人关于在儿童期发生的私事的唯一记录一般就是自己的记忆，但这个历史线索随着弗洛伊德的病人们的去世而消失。他们对弗洛伊德说了什么？唯一现存的记录就是弗洛伊德告诉我们他们所说的。但是，我们可以说明并且确定弗洛伊德等人是如何将病人的回忆重铸成故事并声称可以证明自己的理论。但叙事并不能作证，他们所讲述和复述的故事，虽忠实于体验，但对于一些抽象的科学认识论来说并不真实，它们永远是对想象的、象征性的和真实的东西的虚构。

删节

删节是构建连贯故事的非常有效的操纵技巧，因为只要作者不希望自己的叙事中出现某些人或事，他/她只需要将其排除即可。删节对于严谨的文本解构者来说是很难分析的，因为只要删节得完美，这些人或事则不留痕迹地消失。

在研究弗洛伊德和荣格的作品时，我可以从其他地方阅读到这两个人的生平事迹，从他们的自传和研究论文中发现他们把什么事情排除在外了，而这些事情可能对他们的自我形象及理论是有害的。弗洛伊德和他的追随者至今因善于删节而出名，他们删掉任何对非精神分析研究者的引用，而这些人正好也在 19 世纪末 20 世纪初对性行为进行研究。埃伦贝格尔(Ellenberger，1970)和萨洛韦(Sulloway，1979)的书已经帮助这些人在历史上正名。在 20 世纪初时，精神分析成功地兴起，且它过度地夸大弗洛伊德在被排斥的情况下独自重新发现性的重要影响。这两点几乎抹去了这些人的贡献。

荣格的作品为我们提供了几个有趣的例子。在这些例子中，所删节掉的东西能够对所呈现的东西形成一种映衬。其中最重要的一个例子是荣格将安东妮雅·沃尔夫(Antonia Wolff)从他的自传中删除掉。沃尔夫是他超过 30 年的情妇。他们的关系始于 1912 年到 1915 年间，彼时荣格正与弗洛伊德合作进行研究(Hannah，1976)。荣格对这段困难时期的全部叙述是以一种精神之旅的形式呈现的，即他的《面对无意识》(*Confrontations with the Unconscious*，1973)。在这个叙事中他就是英雄，在梦、幻觉和幻想中遇见一群各种各样的人物，所有这些人鞭策、引导和教会他理解无意识与原型的神秘。

如果读者知道沃尔夫是荣格的治疗师、密友、红颜、情人和他的灵气(anima)幻想的投射屏幕，就更加能够理解为什么荣格所有的自传以及大部分他的心理学理论中都有精神性幻想的人物，而不是真实的人。虽然荣格在苏黎世的圈子里的其他人知道沃尔夫的存在，而沃尔夫自己也活跃在分析心理学界，但是荣格没有将他们的关系公开。将这段关系揭示给不知情的读者可能会使荣格心理分析的所有精神力量遭到质疑。确实，若知道沃尔夫，那么一些晦涩的作品，如写于1916年的作品，则更加容易使人理解。荣格猜测，如果一个人的爱“转到人类身上，且是真爱，那么这就如同力比多直接转到无意识中，因此另一个人在很大程度上是无意识的代理人，但条件是这个人必须是你的真爱”(1970，p. 454)。一旦诠释者知道沃尔夫这个人，那么这里的费解之处就明了了：如果荣格真的爱沃尔夫，那么她就是荣格无意识幻想的移情对象，因而也就是他探索无意识的关键。

了解沃尔夫与荣格的关系也使得我们对荣格关于现代女性的一篇文章《欧洲的女性》(“Woman in Europe”，1927)更加容易理解。在该文中他写到男性的多配偶性质和女性的单配偶性质。即使他只是简单地重申了传统男性的双重标准，但是如果读者知道荣格的妻子艾玛·荣格(Emma Jung)一直反对他与沃尔夫的关系，而荣格坚持认为自己需要一个妻子和一个情人，那么读者就会感到这篇文章带着某种尖锐的言论。

作者若企图将个人的私利伪装成抽象的论证，那么很容易把个人的生平细节从作品中删去。一旦明白这一点，所有对生命叙事感兴趣的人都应该警惕：客观性通常是研究者将个人经历从研究记录中删掉的一个方便的借口。但我们要知道，对于心理学家、传记作家、历史学家或科学家而言，这些个人经历与他们的研究发现是复杂交织在一起的。

歪曲的系统化

叙事框架是一种典型的故事，人们对某些事件的特异性的叙述往往会使自己适应这个范例式的故事。随着故事被反复叙述，故事中的不典型之处会被重复的叙述所“驯服”，而那些典型的，与标准的故事框架相匹配的成分则被保留下来。伟人在历史学上是常备的人物。无论他们的个人历史是怎样的，一般都会败给文化需要，因为历史的需要将一部分人描绘成非凡的人。为了确保这些人的不同寻常，人们用一种常备的叙事框架来记录这些人的真实生活，这种叙事赞颂他们的高尚、权力、天才，而忽略他们的平凡、狭隘和愚蠢。对于这个叙事标准化过程的偏见性，没有比这个证据更加有说服力的了：很少有女性的伟人。在男性把持的“伟人”社会中，女性不被允许成为叙事的主角，因为她们的工作生活无法与男性的叙事参考框架相匹配。

弗洛伊德和荣格都是伟人。他们自己编排、选择和歪曲自己的生活事件，以构建他们的伟大叙事。弗洛伊德的框架属于脚踏实地的反抗；荣格的框架属于精神上的先知。弗洛伊德的故事是关于一个年轻的具有反抗精神的研究者，他做出惊人的研究成果但被德国科学界的创始人们所排斥。被统治者孤立的弗洛伊德更加百折不挠地工作，通过证实自己的理论来证明自己。因为他的才华，吸引了一批勇敢的年轻人团结在自己周围，这帮兄弟用精神分析的基本发现作为誓言，效忠于他的事业。这个团体里也有不和，那些不可靠和怯懦的背叛者离开了。弗洛伊德坚持了下来，作为自己开启的运动的创始人，他坚持忠于真理，且不能容忍别人挑战自己的权威。最后他胜利了，因为精神分析运动将自己的名声和理论传播到了全世界。如果这个故事听上去很神奇，那是因为弗洛伊德生命中的事件被他自己及其传记作者打磨、修整、塑形和添加，以符合神话的模式。因为这种叙事与我们听到的关于伟人的其他故事相符，所以它很容易被记住，且对批评意见有抵抗力。

荣格的故事对此是个补充。他由于超凡脱俗的性情而被社团驱逐，但荣格忠于自己的精神召唤。虽然尘世的牵连总是使他陷入世俗的幻象中，但是他的眼界总是能把他拉回灵魂之地。经过孤独地与集体无意识中的强大对手进行战斗，与自己的批评者发生尘世间的冲突，他将时代失落的智慧带回给人类。通过他的尝试，他实现了精神的超越，所有他的追随者都明白地看到这点。在他的晚年时他是这个失去灵魂的文明的向导。他离世时有神迹。

文本歪曲有助于构建伟大的现代神话。在叙述时经历的多样性和模糊性被简化了，且每一次重新讲述这个故事都会磨掉其复杂性的粗糙棱角。如果经常被盲目的叙事者讲述，到一定程度时这个故事就会被润色成神话的形式，其中每一个事实都成了其拥护者的信仰。（见Eissler，1951）。他指出了弗洛伊德传记中大部分神话元素的实际面目，以及各种使荣格成为当代先知的传记（Hannah，1976；van der Post，1975）中神话元素的实际情况。如果这些叙事不把虚构称为事实，或者如果我们作为读者能够接受这些事实文献是对现实的虚构，那么谁也没有错。然而，只要那些在精神分析传统下进行研究的人打着科学的旗号，并坚持自己的叙事是真正的事实，那么这些文本就必须被当作纪实文学来解构，以鉴定它们对真相的主张。

视角的力量

自我意识的革新导致个人生命史的修改，而文化的革新需要改写历史。受科学的支配，我们生活在一个被现实的力量所支配的文明中。也就是说，按照推测，存在的事件、物体和能量之间相互作用的方式是可以通过客观的可查明的定律来描述的。无论精神分析还是分析心理学都声称自己是科学，然而弗洛伊德对自己的研究的自然科学地位的主张比荣格为自己更加开放的诠释性研究的辩护更加激烈。

证明某个研究或文本不是客观的，或某个理论不是定理而是一连串的偏差，这对于一个研究工作者所垂涎的科学地位来说是一次有力的挑战。对弗洛伊德和荣格的研究工作的客观性(实际上也是科学本身的客观性)的最有效批判来自女权主义批判。无论弗洛伊德还是荣格的写作都不是没有偏差的，并且有不少对女性的嘲讽，同时由于他们大部分的病人是女性，所以这可以质疑他们大部分的成果。从他的异性恋定价(valorization of heterosexuality)，到阴茎嫉妒幻想，再到他在“朵拉”个案研究中主张少女被老年男人攻击时可能感到渴望而非恶心，弗洛伊德坚信女性的生活是被阴茎力量所征服的(Chodorow，1978；Gallop，1982)。他的父权偏见也是很明显的，因为他说“他无法想象还有什么儿童期的需要比对父亲保护的需要更加强烈”(Freud，1930，p. 72)，相对而言，他诋毁母性照顾，将它比喻为母鸡孵卵，声称新生儿与她或他的母亲/照顾者没有亲密的关系，是自淫的(Jacobsen & Steele，1979；Kohn，1984)。从弗洛伊德的视角来说，男性是被追求的，女性理所当然是被轻视、被阉割的。

男性中心主义偏差甚至影响了弗洛伊德的心理结构模型(本我、自我和超我)。例如，他一句出名的“本我在哪里，自我就在哪里。这是文化的杰作……”(1933，p. 80)弗洛伊德断言精神分析的目的和西方文明的目的是一致的：自然的“它”(本我)应被有意识地适应文化的“我”(自我)所控制和取代。确实，意识对本能的胜利和人对自然的胜利——自然通常被拟人化为一个女性，而人战胜自然被比喻为男人战胜女人(弗洛伊德将女人描述为比男人的文化程度低，或者男人是“自然之子”)——是精神分析和科学共同的厌恶女人之梦(Griffin，1978；Steele & Swinney，1986)。

男性控制了事实文献的写作，确保了男性视角作为世界的客观视角的持续传播。但是，文化演变，即女性运动已经持续了几个世纪，挑战了男性霸权。正是很多女性和部分男性的意识变革，促进了人们对精神分析的批判性审问，也促进了人们对科学本身(作为一个控制女性和自然的男性文化事业)的批判(Merchant，1980)。

尽管荣格鼓吹男性要把自己的雌性自然无意识灵魂和自己的雄性文化整合起来，主张人类和自然之间的和谐相处，以及把自己看作处于西方文化的主流理性唯物主义精神之外，荣格实际上也散布他的社团的男权主义。他取笑女子学院；他建议女性保持自己在直觉上的、情绪上的天赋，但不要模仿男性的推理能力；他告诉女性，她们的角色就是男人的助手以及孩子的孕育者；他鼓励自己身边的女性——他的妻子、情人和一个忠诚的小团体——追随自己的步伐，从事他的研究工作(Steele，1982)。

对于像弗洛伊德和荣格在工作、生活上的男性主义偏差的批判，人们也许会天真地以"今非昔比"(autres temps，autres mœurs)这种说法来回避或忽视男性偏见，但是大家要知道，在他们那个世纪已经在进行女权主义运动，而弗洛伊德和荣格是竭尽全力的反女权主义者(Freud，1931；Jung，1948)。

女权主义对男权是个威胁。所有写作的女性都在索求男性所拥有的特权。男性在很长的时期内小心地守护着他们的特权。女性的声音在19世纪初首次出现在正式出版物中。至今，至少在小说和散文中有女性的视角。被科学精神统治的写实文献更加强烈地抵制女性的入侵和女权主义的攻击，这是可以理解的，因为纪实文学是现实守卫者(即科学男性)的圣言文本。他们坚持认为，这些研究工作是事实，不是虚构的。但是，对这些文本的解构打击了他们，揭露了他们对真相的伪装，暴露了他们的不一致性，揭示了他们如何将事实拼凑起来，列举了他们的歪曲如何系统化成天衣无缝的故事，以及把他们文化偏见的根植性带入关注的焦点中。既然存在(existence)被分为两个分支：强硬的男性的现实世界和柔软的想象的妇幼国度，文字世界被分为事实和虚构，那么解构纪实文学对于写实文献的批判性评价是必不可少的，这些写实文献自称为真，但它们通常"只是一个故事"。

参考文献

Breuer, J. & Freud, S. 19. Studies on hysteria [M]// J. Strachey. The standard edition of the complete psychological works of Sigmund Freud (Vol. 2). London: Hogarth. (Original work published in 1895).

Bry, I. & Rifkin, A. 1962. Freud and the history of ideas: Primary sources, 1886-1910[M]//J. Masserman. Psychoanalytic education. New York: Grune & Stratton.

Chodorow, N. 1978. The reproduction of mothering: Family structure and feminine personality[M]. Berkeley: University of California Press.

Collingwood, R. G. 1956. The idea of history[M]. New York: Oxford University Press.

Decker, H. 1977. Freud in Germany: Revolution and reaction in science[M]. Psychological Issues, Monograph 41. New York: International Universities Press.

Eissler, K. 1951. An unknown autobiographical letter by Freud and a short commentary[J]. International Journal of Psycho-analysis, 32, 319-324.

Ellenberger, H. 1970. The discovery of the unconscious[M]. New York: Basic.

Fisher, S. & Greenberg, R. 1977. The scientific credibility of Freud's theories and therapy[M]. New York: Basic.

Freud, S. 1955. Heredity and the aetiology of neuroses[J]. Strachey, S. E. (3), pp. 143-153. (Original work published in 1896a).

Freud, S. 1955. Further remarks on the neuro-psychoses of defense[J] Strachey, S. E. (3), pp. 221-225. (Original work published in 1896b).

Freud, S. 1955. The aetiology of hysteria[J]. Strachey, S. E. (3), pp. 191-199. (Original work published in 1896c).

Freud, S. 1955. The interpretation of dreams[J]. S. E. (4-5). (Original work published in 1900).

Freud, S. 1957. My views on the part played by sexuality in the aetiology of the neurosis[J]. S. E. (7), pp. 223-241. (Original work published in 1906).

Freud, S. 1958. Recommendations to physicians practicing psycho-analysis[J]. S. E. (12), pp. 109-121. (Original work published in 1912).

Freud, S. 1957. On the history of the psycho-analytic movement[J]. S. E. (14), pp. 7-66. (Original work published in 1914).

Freud, S. 1955. From the history of an infantile neurosis[J]. S. E. (17), pp. 7-124. (Original work published in 1918).

Freud, S. 1959. An autobiographical study [J]. S. E. (20), pp. 7-76. (Original work published in 1925).

Freud, S. 1962. Civilization and its discontents[J]. S. E. (21), pp. 21-103. (Original work published in 1930).

Freud, S. 1962. Female sexuality[J]. S. E. (21), pp. 120-190. (Original work published in 1931).

Freud, S. 1964. New introductory lectures on psycho-analysis[J]. S. E. (22). (Original work published in 1933).

Frye, N. 1957. Anatomy of criticism[M]. Princeton: Princeton University Press.

Gallop, J. 1982. The daughter's seduction: Feminism and psychoanalysis[M]. Ithaca, NY: Cornell University Press.

Griffin, S. 1978. Women and nature: The roaring inside her[M]. New York: Harper Colophon Books.

Hannah, B. 1976. Jung: His life and work[M]. New York: G. P. Putnam's Sons.

Jacobsen, P. & Steele, R. 1979. From present to past: Freudian archaeology [J]. International Review of Psycho-analysis, 6, 349-362.

Jones, E. 1953. The life and work of Sigmund Freud(Vol. 1)[M]. New York: Basic.

Jung, C. G. 1965. Woman in Europe[M]// R. F. C. Hull (Trans.), The collected works of C. G. Jung (Vol. 10). Princeton: Princeton University Press: 113-133. (Original work published in 1927).

Jung, C. G. 1970. Foreword to Harding: Woman's mysteries[M]// R. F. C. Hull (Trans.)C. W. (18), pp. 518-520. (Original work published in 1948).

Jung, C. G. 1970. Adaptation, individuation, collectivity[M]// R. F. C. Hull (Trans.), C. W. (18), pp. 449-454. (Original work published in 1916).

Jung, C. G. 1973. Memories, dreams, reflections[M]//A. Jaffe (Ed.), R. and C. Winston (Trans.), (rev. ed.). New York: Pantheon.

Kohn, A. 1984. Infancy as ideology: A critique of object relations theory[D]. Unpublished undergraduate thesis, Wesleyan University, Middletown, CT.

Kris, E. 1954. Introduction [M]// M. Bonaparte, A. Freud, and E. Kris. Sigmund Freud: The origins of psycho-analysis: Letters to Wilhelm Fliess, drafts and notes. New York: Basic.

Lacan, J. 1977. Écrits: A selection[M]. New York: Norton.

Laplanche, J. & Pontalis, J-B. 1973. The language of psychoanalysis[M]. New York: Norton.

McGuire, W. 1974. The Freud/Jung letters: The correspondence between Sigmund Freud and C. G. Jung[M]. Princeton: Princeton University Press.

Merchant, C. 1980. The death of nature: Women, ecology and the scientific revolution[M]. San Francisco: Harper & Row.

Palmer, R. 1969. Hermeneutics: Interpretation theory in Schleiermacher, Dilthey, Heidegger, and Gadamer[M]. Evanston, IL: Northwestern University Press.

Popper, K. 1963. Conjectures and refutations: The growth of scientific knowledge[M]. New York: Harper.

Post, L. van der 1975. Jung and the story of our time[M]. New York: Pantheon.

Radnitzky, G. 1973. Contemporary schools of metascience[M]. Chicago: Henry Regnery.

Ricoeur, P. 1970. Freud and philosophy: An essay on interpretation[M]. New Haven, CT: Yale University Press.

Schur, M. 1972. Freud: Living and dying[M]. New York: International Universities Press.

Steele, R. 1979. Psychoanalysis and hermeneutics[M]. International Review of Psycho-analysis, 6, 389.

Steele, R. 1982. Freud & Jung: Conflicts of interpretation. With Consulting Editor S. V. Swinney[M]. London: Routledge & Kegan Paul.

Steele, R. & Swinney, S. 1986. Everyday interpretation[M]. New York: Guilford.

Sulloway, F. 1979. Freud: Biologist of the mind[M]. New York: Basic.

White, H. 1973. Metahistory [M]. Baltimore, MD: Johns Hopkins University Press.

第十四章　文学寻路：大众生命建构者的作品

凯文·默里(Kevin Murray)

社会活动者们要用人们的往事来满足不同戏剧化情境的需要。这些情境从非同寻常[如电视节目《这是你的生活》(This Is Your Life)]到世俗(如了解一个熟人)。传记主人及其读者构建过去的方式很可能根据情境的修辞需要而变化，生命情节(life emplotment)便发生于此。这个背景有可能影响这一过程的至少三个维度：被认为与该生命构建有关的事件的选择；使这些事件连贯的主题；生命故事的叙事闭合(narrative closure)的程度和类型。

人们在构建人生的时候所用的结构——在这个叙述中所使用的自我反思的语言——是一个重要的新的研究领域(见 Potter，Stringer & Wetherell，1984)。这个研究方式假定，生命建构是一种推论实务(discursive practice)，这是由社会环境所支配的，因为社会环境要求人们展示自己的生命历史。在本章中，我审视了生命手册(life manual)的形式，尤其是盖尔·希伊(Gail Sheehy)所写的《通路》(*Passages*)，以发现这一媒介为生命的社会建构提供了哪些资源。与其他的传记理论一样(见 Kohli，1981；Runyan，1980)，这种分析假定，因传记作者的视角而异，对于一个人的生命事件，其可能的解释不止一个。而且，本章强调叙事结构在构成解释的方式中所扮演的角色，尤其是在生命手册的自我反思语言中所使用的叙事结构。

自我反思的语言在一些特殊形式的话语中区别最明显，如自传和传记。但是，有些社会事件和机构在一定程度上是专为生命叙事的构建而设计的。有关讲述人生故事的两种常见仪式是纪念筵席①和婚礼。这些故事通常具有不同的侧重点：婚礼演讲强调故事人物的人性和日常，而退休演讲强调故事人物区别于他人的成就。

生命建构的过程在塑造品德的社会事件中起着重要的作用(对这个实践的社会效用的讨论，见 Gergen & Gergen，1983)。在法庭中品德信誉见证人的陈述就是一个突出的例证，当然，在一个研究访谈中，受访者对某些行为进行解释的时候，生命建构过程的作用非常明显。前者，证人尝试围绕被告的某种品德来构建一个故事，使得它对被告行为的解释相比于其他解释更有意义，从而证明其清白；后者，访问者的研究问题使得受访者更加迫切地需要为自己过去的行为构建一种解释，使之连贯而有意义(见 Mishler，本书)。

在每种情况下，因情境的修辞需要，我们要对动机有一个相对明确的理解：所处情境需要一个主题来统领一系列离散的事件。因此，如上例，品德见证人可能会这样来开始证言的陈述："在他 5 岁的时候，他救起了一只落水的猫咪。"以此来突出为他人着想是被告生命事件的主题。为了使得对被告行为的解释具有明确易懂的观点(也就是，被告可能是清白的)，该叙事必须筛掉那些对于故事的连贯性毫无用处的细节。

考虑到生命事件的叙事建构流程的普遍性，研究者很自然地想探讨其功能。然而，这方面的研究存在障碍。建构流程之所以较少受到研究的关注，原因之一是，研究者们假定讲生命故事的功能是模仿(mimetic)性质的，因此不存在什么问题，也就是说，生命叙事在很大程度上是一种工具，用于对事实真相进行明确的反映。然而，虽然

---

① 纪念筵席(testimonial dinner)(美国英语)指感谢某人功绩或成就的宴会。

叙事过程必然与人们共同知觉到的现实具有显而易见的联系，但是一个成功的解释取决于它能否与所处情境的修辞需要相匹配，包括故事语言所用的一套传统。

关于叙事的表征性质的争论也存在于其他学科中。历史学常常被认为只是在行使一种模仿的(mimetic)功能，以揭示过去的事实真相。但是，19世纪的一位历史学家海登·怀特(Hayden White，1973)分析提出，在历史写作中的其他因素也非常重要，如意识形态、世界观，以及他所称的"情节解释"(explanation by emplotment)。情节解释展示了写作者对过去的描述，而且它可以成功地使人确信这是一个故事；具体地，就看他的描述在多大程度上遵从了戏剧(comedy)、传奇(romance)、悲剧(tragedy)和讽刺文学(satire)的传统。尽管怀特可能与其他相对主义者(relativists)，如鲁尼恩(Runyan)一样，同意生命事件的建构是具有叙事多元性的，但是不同之处在于，他强调语言作为一个系统，其形式高于现实。对于鲁尼恩来说，相对主义仅延伸到传记作者的意识形态和理论视角中，而对于怀特来说，对过去的叙事解释取决于生命事件建构者对现实所施加的前意识语言结构[pre-conscious linguistic structures (tropes)]——而结构的选择是由美学和道德原因决定的。

专业上的(professional)意义建构过程所考虑到的非表征性因素也可能应用到日常的往事建构当中。在非正式的社交活动[如八卦(gossip)]中，在某个群体成员与其他人分享不在场的某人的"有趣"故事时，在流行文化(尤其是那些报道媒体红人的杂志定期地把名人的生活包装在感人的、令人震惊的或有趣的故事中)中，事实真相的准则并不占主导地位。

考虑到叙事结构在过去建构中的普遍性，我们并不赞成把生命故事当作表征事实的一个清楚易懂的工具。但是，从信息加工的角度来看，也许有支持该模仿性(mimetic)观点的例子。这些故事也许可以被看作一种信息约简(information reduction)的努力过程。在这个过程中，大量的生命事件被约简成一组叙事，因而使得人们对它们的认知加工更加高效。因此，其功能是表征性的，虽然其表征功能通过简化信息的结构来实现，而不是通过对现实的完全反映。但是，这个观点忽视了以下问题：人们与某个生命故事的主人并没有实际的关系，因而在表面上关于这个人的信息对于其他人来说是没用的，但是人们在探寻这些信息的时候能够获得乐趣。谁会在意伊丽莎白·泰勒(Elizabeth Taylor)再婚呢？伊丽莎白·泰勒再婚的故事对于我们对社会环境的认知组织并无明显的帮助。因而，这样一个故事的道德功能看上去比其信息加工的功能更加明显；她的再婚可以延续一个著名公众人物的故事，而公众人物的行为会对日常生活的行为标准具有重要的影响；公众人物的故事最后是开心还是伤心警示着人们的做法是正确的还是误导民众的。对于海登·怀特来说，叙事的目的之一是道德的。

> 叙事性必定存在于真实故事的讲述中，也可能存在于虚构的故事讲述中，它与从现实中引出道德寓意的冲动密切相关，也就是，使得现实与社会系统一致，这是我们所能想象的所有美德的源泉(1980, p. 18)。

如果仔细阅读流言(gossip)的发展进程(Sabini & Silver, 1982)，我们可以在具体的案例中发现，行为规范具体体现在人们对道德规则的精细描述中。大众媒体中的流言故事似乎是对道德秩序进行举例说明，所以运用它并确保其能够使日常生活事件系统化。

除了道德功能，生命建构的过程也可能是在寻找一种叙事结构，使生命获得意义。这就是弗兰克·科莫德(Frank Kermode)所描述的解释性虚构(explanatory fiction)：由于不断累积的怀疑论，为了对世界"赋予意义"，我们仍然比以往更加需要满足和体验起始、中间和结束过程之间的一致性，那是我们解释性虚构的精髓(1967, pp. 35-

36)。生命道路分为起始、中间和结束，这种感觉是由一组惯用的叙事形式提供的。杰罗姆·布鲁纳(Jerome Bruner，1962)在其《神话和认同》(“Myth and identity”)一文中把这组叙事形式描述为“社群的控制性神话”，它们是“脚本图书馆”，使我们能够识别不同的生命道路。这个脚本文库是对一些叙事的抽象概括，但是这些叙事在面向公众的个人传记中是清晰可见的。本章的目的是为了说明在假想的脚本文库中所包含的道德传统和叙事传统对于这些生命建构的影响力就如同生命的事实一样大，至少在大众心理学中是如此的。

盖尔·希伊

盖尔·希伊所写的畅销书《通路》(1977)，为研究社会公认的人生道路提供了一份具有启迪作用的文献。首先，它的目标很明确，就是通过生命事件来说明预设的人生道路，并且书中讲述了很多人的故事来作为一般性理论的例子。其次，希伊是一个畅销书作者(她的书登上了畅销作品排行榜首)，并且她的书更多的是被大众阅读的神话故事，而不是为学术受众阅读的作品。考虑到这些因素，希伊的作品可能预示着生命可以被建构成资源的方式，而社会成员在选择人生道路时可以使用这些资源。

我们在此细阅希伊的作品时，强调的是她构建生命叙事的方式，强调的是她在支撑自己的建构方式时所使用的理论。她的建构的相对性可以通过两组对比来实现：首先，通过与她同时代的两位作家进行对比，即丹尼尔·李文森(Daniel Levinson)和罗杰·古尔德(Roger Gould)；其次，因为对于相同文化背景下的读者来说，希伊所做的很多前提假设第一眼看上去可能是不证自明的，所以我引用了来自不同时代的一个理论家，即维多利亚时代的道德家和传记作者——塞缪尔·斯迈尔斯。斯迈尔斯，如同希伊一样，因为讲述人们应该如何走自己的人生道路的故事而广受欢迎。

因为我们的兴趣的一部分在于阅读希伊的书，所以一个有效的做法是，刚开始从一个普通读者的角度来阅读它。很可能，读者对该书的预期是一本应对人生问题的指南。这看上去是阅读该书的表面目的。读者在书店里翻阅这本书时，他或她在书的封面上看到的推荐语强化了这种预期：

> "这是一本革命性看待成人生活的书"
>
> ——《星期日泰晤士报》(*The Sunday Times*)
>
> 全新视角洞察成人会遇到的危机。

但是，如果读者这时决定通过审阅正文的首页来衡量希伊的风格，那么他/她很快会打破原本的预期：这并不是一本严肃的学术作品。《通路》的第一章的标题是"疯狂和方法"(Madness and Method)。这章内容马上将读者带入希伊在北爱尔兰冒险的兴奋中。它没有概念性的论证；它的开篇更像一部小说，而非一部学术手册。

如果读者更仔细地看一下封面注解，那么就不会预期它是一部严肃的理论作品。封面的内页更能代表前言章节的风格：

> "传递一种生动活泼、充满激情和可读性强的信息……"
>
> ——玛格丽特·米德(*Margaret Mead*)
>
> "激发共鸣：我们生活在美好的小说里……"
>
> ——《纽约时报书评》(*New York Times Book Review*)
>
> "格外令人愉悦的阅读……"
>
> ——《出版人周刊》(*Publishers Weekly*)

希伊这本书的可读性很明显地体现在她在整本书中都熟练运用了文学的风格。这种风格一部分是使用隐喻(tropes)，如"消磨时间是一种自杀行为。她所消磨掉的时间是她生命中剩下的仅有的财富"。这种对文学风格的强调看上去可能与本章节的目的无关，但是让读者认可她的理论提出的背景是很重要的——在这种背景媒介中包含关于理论的信息。之所以决定采用这种特有的风格，可能跟她想要说的内容有关，也可能是因为她希望自己的读者以这种方式来读懂自己想传递的信息。

文中余下用来包装《通路》的陈述强调了读者的卷入。

> 《通路》是你的生命故事。
>
> 你会认可你自己、你的朋友和你的爱人。
>
> "《通路》激励你，使你放得开，使你与自己做朋友"
>
> ——沙纳·亚历山大(*Shana Alexander*)

这些陈述强调了，读者的人生前景会被本书改变——无论是在生命的行动中还是在自我反思的过程中(关于阅读日常生命故事对人的影响，更多的讨论可见 Sarbin，1982)。读者在书店中对《通路》形成的印象可能是一本娱乐书籍，但它能够影响人们重新构筑自己的生命故事。

现在，我们不再讨论潜在读者对该书的印象，而是探讨盖尔·希伊所提供的用来解释生命事件的实际理论。希伊认为，成年人的生活由心灵内部和世界外部两种强有力的驱力之间的协调所构成。原始的驱力在本质上是好的。希伊称之为梦想(dream)。这个梦想源自儿童期的幻想。成年人的抱负，如职业成功、组建无忧无虑的家庭，以及扬名，都是为实现这个梦想所做出的努力。与梦想相对立的是内部警卫。这是消极的心灵驱力，类似于超我，① 它来自儿童期父母对孩子的要求。希伊把内部警卫称为"险恶的暴君"，他要求人们要么完美无缺，要么一无是处。这是一种重要的摧毁性驱力，会使人产生无助的

---

① 关于希伊与精神分析的关系，可见 Murray，K.，"Romanticizing psychoanalysis，" Unpublished manuscript，University of Melbourne，Australia，1984。

感觉。

这两股力量的对抗在中年时达到顶峰。在这条“道路”上通常有一个威胁性事件触发危机，一般是一次死亡的警告或死亡的象征（memento mori），如父母的死亡，或者自己或朋友的心脏病病发。希伊的书以触发她自己的危机的事件为开端：经历了一次北爱尔兰的大屠杀后导致对生命的无价值感。对于希伊来说，这在每个人的生活中都是一次特殊的剧烈事件：“有这样一个时刻——一个沉重而危险的时刻——充满了极度的恐怖。”这个危机导致一段时期的抑郁和休止状态——在应对威胁时的一种绝望的感觉。

希伊建议人们在生命的这个时候要勇敢地行动，直面冲突，并对未来充满希望。希伊所提供的希望是浪漫的；对自我持有乐观的信念是个人世界中唯一的权威力量。当她审视危机陈述时，这个信念变得清晰起来。

> 无论我们是否知晓，通常我们是不知道的，正是通过与这个独裁的警卫的抗争，我们最终获得自由。在中年期，所有以前的与内部警卫的斗争又重燃战火。最后，如果我们任由它们继续燎原，那么它们会以一次最终的决定性的战役达到顶峰。那次战役的目标是颠覆对方占据的最后那块土地，最终为自己赢得权威，使对方听自己的指挥。（1977，p. 436）

考虑到希伊的文学风格，我们就不会惊讶于她使用了隐喻来描述冲突。正是她选择的隐喻让人感觉有趣。通过运用斗争这个隐喻，她概括了中年危机事件，使其在术语上与传奇的文学结构相一致。

的确，希伊的理论很容易产生传奇叙事。已经有了梦想的概念，可以按照传奇式求索来看待它，也有了内部警卫，可以轻易地被看作实现求索的主要敌人。有了这些初步的术语，希伊把生命看作一次冒险之旅的观点就可以完成它的传奇公式，在一系列的冒险旅途中通向中年危机时至关重要的斗争。希伊对传奇式希望的描述清晰地指明了这一点。

> 为了到达放晴的远方，我们必须坚持走在不可预测的旅途上。我们必须放弃过度投资于他人或机构而获得的伪安全感。我们必须把内部警卫从发号施令的座位上拉下马。从此没有外力影响我们的旅途。我们每个人从心探寻合适的路线。我们每个人都有机会重生，做真正特别的自己，拥有更强的力量去爱自己和拥抱他人。(1977，p.364)

希伊的目的是激励读者对生活燃起希望，所以根据传奇叙事来构建个人的发展历程。考虑到传奇中关键性斗争的本质，也就是，它让英雄得以重生和恢复活力。它在生命中安排了一段困难时期，通过这种方式使得乐观前景成为可能。如果她选择将生命构建成另一种形式，如悲剧(tragedy)，那么儿童期的希望就会被成年生活的残酷现实所摧毁。如果构建成讽刺(satire)，那么儿童期的理想主义梦想会在成年期的反讽和复杂性中幻灭，其效果会是导致绝望。

因此，希伊使用文学风格的目的可以被看作用文学的形式来建构生命。事实上，希伊在教给读者以传奇的视角来阅读自己的人生，因而他们能够共享这种希望："在人文精神中的革新的力量是令人惊讶的。"书本封面上说："《通路》是你的生命故事"。现在这句话可以解读为"你也可以活出传奇的冒险人生"。

对于这点，在《寻路》(*Pathfinders*，1982)(《通路》的续集)中有进一步的证据。希伊在此介绍了在她的理论体系中的英雄们。英雄必须通过这三种考验。

1. 直面人生的转折点。
2. 导致最小的人身损害。

3. 寻求自身之外的人生目标。

根据传奇文学形式评论家(见 Frye，1957)所说，这三种考验的意义在于，传奇中的经典形式的英雄也必须面对这三种考验，而这些考验的性质与希伊的大致相同。第一种考验(agon)是英雄与邪恶势力之间的冲突。第二种考验(pathos)是两个参战者最后的死亡斗争。希伊的第二种考验与这个一致，它假定这个人已经尝试解决冲突——通过重新评估自己的承诺，如没有挑战性的工作或乏味的婚姻。她明确指出，这种考验的结果不应仅是使之前的承诺作废，而且人们应该通过这个关键的斗争去救赎他们的一些过去。第三种考验(anagnorisis)是在斗争过后自新过程中发现超然的意义或真理。希伊也类似地设定，寻路者应该发现超越快乐追求或自我满足之上的意义。这是可以理解的，如果希伊运用传奇神话作为乐观的源泉，那么她也就接受浪漫传奇的传统。

希伊在《通路》中提到，有两位其他研究者的工作增进了她对人类发展的兴趣：丹尼尔·李文森和罗杰·古尔德。一些人认为李文森的书，即《人生四季》(*The Seasons of Man's Life*，1978)是相当有学术水平的，而希伊正是从中推演出了她自己的理论。确实，梦想这个概念在李文森和希伊的书中同样醒目。但是，与《通路》不同的是，《人生四季》所构建的与梦想相对立的势力并不是一种人们能够与之斗争的事物——这与希伊的内部警卫(即"险恶的暴君")不同；相反，它是一种在性格中的不幸的缺陷，是人们无法控制的东西。李文森的中年期剧本并不像希伊那样给读者提供一种冒险的感觉，因为敌人或者使人受挫的势力是人们自身的一部分——它很难外化成一个敌人："当知道巨大的不幸和失败并不仅仅是外部施加给我们的，而是在很大程度上来自我们自身的可悲缺陷，一种悲剧意识油然而生"(1978，p. 225)。考虑到善与恶之间缺少明显的对立，成长过程的隐喻不可以是斗争；相反，李文森选择将中年期发展用地理研究来做比较，在其中探索者揭露了基本的断层。因此，(中年期发展的)目标是发现，而不是希伊所设想的胜利。

古尔德是另外一个引用梦想作为人类发展的首要动力的理论家，但是他为这个成长过程提供了另一种不同的隐喻。对于古尔德来说，消极的动力取决于儿童期“愤怒的恶魔”(angry demons)，它在错觉中孕育，这种错觉一直带到成年期：“为了完全到达我们最内在的自我，我们不能再否认生命中邪恶和可怕的一面，这正是我们不成熟的心智试图反抗的一面，它通过‘绝对安全是有可能的’这种错觉来奴役我们”(1978，p. 218)。所以中年期是面对现实的时期。古尔德所采用的隐喻是降伏劣马，我们无法在斗争中打败恶魔，我们一定要将它暴露在现实中，通过经验来驯服它。古尔德对生命的立场是存在主义的——他把生命看作非神秘化的一个过程：“时间……剥离了我们最后仅存的对安全的幻觉，并使我们所有人成了存在主义者。”与李文森的“发现不幸的缺陷”和希伊的“战胜内在警卫”不同，古尔德展示的目标是“错觉因经验而瓦解”。他们的目标分别是讽刺神话(myths of satire)、悲剧(tragedy)和浪漫传奇(romance)这些形式的典型特征①。这些作家检验的是同样的问题，使用类似的材料，但是构建的理论具有鲜明的差异。这说明了叙事建构的相对性(relativity)，尤其是突出了这一点：希伊的生命观是叙事结构和与其有关的人性假设的产物，并且是象征性的。

塞缪尔·斯迈尔斯

塞缪尔·斯迈尔斯作为一个作家在维多利亚时代的成功不亚于希伊在我们时代的成就。斯迈尔斯写了很多生命手册(life manuals)，其

---

① 对这些神话的描述可参考 N. Frye，1957；关于它们在社会科学中的理论意义可参考 K. 默里(K. Murray)的相关文献。

中最流行的是《自助》(*Self-help*，1925，首次出版于1854年)。《自助》对维多利亚文化的影响可以通过这个事实来衡量：它的销量高于19世纪的任何一部小说。将斯迈尔斯和希伊进行对比的目的不是分析生命建构在情感性上的历史变化，而是为了突出希伊更加与众不同的取向特点。

看着《自助》的封面语，读者并不会期望看到的是一部文学巨著。斯迈尔斯的风格被誉为“清晰和吸引人的”，但更加突出的是他作品的鼓舞人心的性质。

> (《自助》会)用崇高的情感鼓舞年轻一代。
>
> ——布伊德尔(Builder)
>
> 几乎没有生活的哪个方面这本书没有激励你付出更大的自我牺牲。
>
> ——《利物浦水星报》(*Liverpool Mercury*)

斯迈尔斯的风格没有希伊的那么华丽，但是更加明确。

在斯迈尔斯的体系中，驱动人格的动力是品德(character)。品德由人格的各种元素或道德品质组成。它们是能力、责任、尊敬、意志、勇气、自我控制、高兴和礼貌。这些品质的普遍主题是一种积极的意愿，去做社会认为正确的事。根据斯迈尔斯所说，品德由社会环境决定。所以影响人格的最重要的形成性因素是家庭，其次是老师、同伴、配偶、恩人、书本和社会上的英雄们。

斯迈尔斯的很多书向我们展示了，品德呈现在他人面前的方式，尤其是体现在维多利亚社会英雄们的生活中。他们的故事通常是说，来自社会底层背景的虔诚男孩通过努力能够养活自己并且为社会做出贡献。他的品德通过两种方式显现出来。首先，它体现在对奉献社会的日常行为上，这些日常行为最终成为建立品德的善举：“的确，品德由很小但是善良、令人尊敬的行为组成；日常生活是采石场，我们从中建立和粗凿出我们的习惯”(1925，p. 468)。其次，品德会通过激动人心的姿势体现出来：“当科隆纳的斯蒂芬落入卑劣的袭击者手中，并被他们嘲弄地问‘现在你的城堡哪去了?’斯蒂芬把手放在胸前心脏的部位，勇敢地回答说‘就在这儿’”(1925，p. 453)。以这种方式，根据一个人善行的历史(道德生涯)或通过自我呈现策略，品德成了他人很容易读懂的东西。

与希伊相比，斯迈尔斯的精髓在于表面。斯迈尔斯的生活是单调而无活力的——在自我当中没有经历斗争去达到自决的意义。根据波特(Potter)等人所讨论的自我反思，斯迈尔斯持有品德的“诚实灵魂”理论，这种理论把自我看作稳定的特质的集合，而希伊把自我看作必须努力争取的东西，是一种浪漫传奇的自我。

对于斯迈尔斯来说，决定人生的意义必然来自一个人的外部。道德秩序是客观存在的，这对于任何人都一样，每个人的个人价值依据这个道德标准来判定。这听上去是限制性的和没有吸引力的，但是斯迈尔斯提供了一种激励。因为他人的例子是一股独立的力量，影响我们的道德能力，所以当我们自己的行为成为社会道德根基的一部分时，它们会反过来控制其他人的行为，因此我们的行为就被赋予了意义。所以，斯迈尔斯的品德理论意味着世俗的不朽：

> 人的精神不会死亡：它们仍在我们当中活着并到处蔓延……所以，我们的每个举动或我们每说的一个字，乃至我们见证的每种行为或我们听到的每个字，都携带着可以延伸的力量，不仅给我们未来全部的生活蒙上色彩，而且使整个社会感受到它的存在。(1925，p. 428)

希伊认为个体的价值在于通过在追寻和融合、独立和亲密之间找到平衡，从而获得面对现实的能力。相反地，斯迈尔斯相信人像马克思主义经济系统那样运转，即产品的价值与产品本身创建所需要的劳动(labor)直接相关，所以没有斗争就没有荣誉。对于斯迈尔斯来说，价值就是劳动，而对于希伊来说，价值是本真(authenticity)。伊斯兰教和罗姆·黑尔(Rom Hare，1984)所写的《阿奎那的圣·托马斯》(*St. Thomas of Aquinas*)两者之间的道德秩序对比呈现出了类似的差异。伊斯兰的相关概念(如 quaadar)规定了一条普遍的人生道路，所有人都可以通过信仰和决心达到，而阿奎那指出，在生命历程中人们需要自己做决策。

至此，我们对比了希伊和斯迈尔斯关于生命如何建构的理论。为了了解他们的方法，我们要把注意力放到他们书本中的众多个案历史中。两位作家都使用了很多个案作为生命范例，这些例子不仅说明了他们关于人性的理论并遵循生命中典型的叙事模式，而且为读者学习该如何过自己的一生提供了榜样。

德怀特的例子

在《通路》中，希伊用德怀特(Dwight)的例子来说明一个早年避免去尝试的人的重生。这个例子始于因年轻时缺少勇于承担风险的经历而导致的危险，终于颂扬主人公通过敢于担当风险的人生后期而战胜人生不好的开端。

德怀特的早期发展被他根深蒂固的新英格兰家庭的传统主义刻上烙印。希伊通过语言的韵律来突出德怀特缺乏试验性。当德怀特从祖父那里继承很大一笔遗产时：

> 他一直将其投放在安全的蓝筹股中。必然的！
>
> 他在完成基本的训练之后，没有浪费一丁点时间，马上跟瓦内萨(Vanessa)开始了婚姻生活。必然的！

在希伊的描述中，他不顾父亲的反对，成了一名教师。

几乎没有任何尝试，德怀特就找到了自己人生真正的道路。必然的！

慢慢地，他开始觉察到自己的生活太受限制，以至于无法实现任何真实自我的感觉，所以德怀特开始冲破束缚。他离开了自己的妻子，开始尝试与希伊(在作品中)常备的一个人物交往，即“女人”(Testimonial Woman)。当她也离开他后，德怀特是崩溃的，但是这也导致他领悟到：“伴侣的更换并不是关键。真正的改变在于他自己。”受到这个启示后，德怀特开始了发现自己的浪漫传奇追寻历程，他开始成长：“当他开始承担起自己支持自己的责任后，德怀特在所有层面上都将自己施展开来。”为了与这种浪漫传奇的信仰相一致，希伊甚至让德怀特消失在夕阳中，“在40岁之交，德怀特以前从没有像现在这样充满活力和勇气，他带着自己的新妻子快速跑到西部最后仅存的荒野中拍摄一段纪录片：在他的场地，用她的艺术形式。”

但是，在德怀特这个例子中隐藏着另一种故事，只是希伊用诗的破格(poetic license)拒绝了这种可能。德怀特之前的生活也可以通过一系列反叛来呈现。首先，他反对自己的父亲。他父亲期望他成为一个行政官，而他选择做一名教师。根据希伊的说法，这是因为没有尝试，而尝试看上去是为这个例子的叙事结构服务的，而不是德怀特生命中的“事实”。其次，他通过给一个议员做行政助理而进入政治领域一年的时间；但是，这是“为了刺激……它使他心痒痒地与名人接触。”在这个风格转变后，他回到教书生涯中。通过使用隐喻，希伊又一次通过诗的破格来使得一种解释比其他解释更加显而易见：“在30岁时，他的学术生涯的发展路径看上去已经如同在赠地学院里的石头刻章的纹路一样清晰可见。”希伊的简明的比喻使得她的解释悄然进入读者的思维而没有引起读者认真的批判性阅读。

希伊的关于德怀特人生的浪漫故事并不是唯一可以建构的故事。其他人可能将其建构成讽刺作品，即一个善良而真诚的男子被以自我为中心的浪漫理想所影响，被错误的信念所引导，以为可以实现更伟大的本真，从而毁掉了自己的家庭和未来。相反，希伊选择了浪漫传奇神话，因为它总的来说可以产生更加激励人心和乐观的情节。她的选择不仅受到这个神话和现实之间刚好吻合的指引；同时希伊的道德观和人生审美观也影响着她的选择。

李博士的例子

塞缪尔·斯迈尔斯书中的一个典型例子揭示了驱动人格发展的另一种不同的动力。塞缪尔·李(1925)所举的例子是一个人通过品德的力量从人生之初的底层提升到取得杰出成就的典型。作为学校里“最愚钝的男孩子之一”，李博士在毕业后以木工为生，但是空闲时会阅读带有拉丁文引文的书。随着兴趣的增长，他学会了拉丁文，并继续学习古希腊语，接着又学了迦勒底语、古叙利亚语和撒马利亚方言。他在没有任何学术机构的帮助下自学了这一切。但是，持续紧张的阅读开始损伤他眼睛的健康，他只好放弃了学习。直到一把火毁掉了他的木工工具后，他被迫执起教鞭，以教语言为生。一个邻近的牧师斯科特博士赞助了李博士，并且在他的要求下，李博士拓展了语系的学习，最终成为牛津皇后大学(Queen's College)阿拉伯语和希伯来语教授。据斯迈尔斯所说，这个故事的重点在于揭露“在自我修养中的毅力的力量”，尽管这个故事同样可以告诉我们的是语言方面的天赋的不可预测性和令人难忘的性质。

我们在李博士的故事里无法发现任何具有个人意义的目标。因为具有个人意义的目标在斯迈尔斯的叙事里面是没有的，但是对于同样的故事，希伊的版本正是以个人目标为标志。李博士逆袭的催化剂不是自我发现，而是斯科特博士的资助和他人对李博士的“真挚、单纯及美好的品德”的认可。李博士的生命故事可以被看作一种史诗叙事，因为这种叙事里英雄的奇异经历与自己相对稳定而单纯的性格是没有多少交集的。斯科尔斯和凯洛格（Scholes & Kellog，1966）将史诗与浪漫传奇进行了对比，尤其是涉及追寻认同的心理历程的现代浪漫传奇故事，在这种故事里奇异经历对英雄的品质具有动力学的影响。希伊所使用的对角色的情节编织的形式是现代浪漫主题的典型。

尽管希伊和斯迈尔斯在选择生命情节（life emplotment）的形式时存在种种差异，但是他们有一个共同的道德框架，他们对人生叙事的建构就是基于这个框架。在这个框架中，英雄被理解为某种美德的模范——对于希伊来说，这种美德是本真（authenticity），而对于斯迈尔斯来说，是承诺（commitment）。另外一种建构角色的框架是亨特（Hunter，1983）在戏剧评论中"阅读"角色时提出的。希伊和斯迈尔斯阅读角色的实践是典型的将个人的价值和使命建立在道德品质上的方式。但在18世纪还有另一种阅读角色的实践。它把角色看作修辞的对象，其合理性和品质由日常生活的戏剧规则决定。这种实践在将角色们典型化为诸如"古怪的人"和"墨守成规者"这样的类型时尤为明显。这些角色所缺乏的是某种时间维度，因而无法给他们的生活提供更坚固的叙事基础，进而赋予更高的道德意义。而希伊和斯迈尔斯通过为生命建构确切的叙事框架，使得读者可以从道德上读懂角色。

结论

我们可以把盖尔·希伊的书看作试图根据浪漫传奇叙事的传统来建构人生，在善与恶的抗争中发现内心的真实。这种建构的产物是创建个人冲突的经历，从而让人在可能绝望的时期又出现希望。它通过叙事的术语赋予个人危机以意义。与希伊相比，斯迈尔斯的叙事给予主角较少的解决自我问题的权力，相反，给予主角以较少受自身影响的斯多葛式美德来作为幸福的保证。斯迈尔斯的书表明，希伊所用的传统惯例是相对的。在与希伊同时代的两位作家李文森和古尔德的书中我们发现，他们的生命手册的确也（跟希伊一样）给予主人公这种（解决自我问题的）权力，但是他们对自我的隐喻缺少像希伊那样具有外化的对手的精神经历。当然，每个人的生命都有足够的材料来建构浪漫传奇，但是选择浪漫传奇是否比其他的叙事结构（如悲剧和反讽）更好，则决定于建构者的审美和道德意志。

所有生命建构都服务于人类发展的一个基本需要：叙事一致性。但是，它们在这些方面明显存在差别：依附于个人和社会的价值观，人的自由限制，及其导致的希望、绝望、放弃或在生命进程中适用的风格主义。首先我们要识别出在流行的生命手册中所使用的生命建构过程，然后确定其审美的、道德的、心理的、社会的、文化的和历史的背景。

参考文献

Bruner，J. S. 1962. On knowing：Essays for the left hand[M]. Cambridge，MA：Harvard University Press.

Frye，N. 1957. Anatomy of criticism[M]. Princeton，NJ：Princeton University Press.

Gergen，K. J. and Gergen，M. 1983. Narratives of the self[M]// T. R. Sarbin and R. E. Scheibe. Studies in social identity. New York：Praeger.

Gould，R. 1978. Transformations：Growth and change in adult life[M]. New York：Simon & Shuster.

Harré，R. 1984. Psychological variety[M]// P. Heelas and A. Lock. Indigenous psychologies. London：Routledge & Kegan Paul.

Hunger，I. 1983. Reading character[J]. Southern Review，16，226-243.

Kermode, F. 1967. The sense of an ending[M]. Oxford: Oxford University Press.

Kohli, M. 1981. Biography: Account, text, method [M]// D. Bertaux. Biography and society. California: Sage.

Levinson, D. 1978. The seasons of man's life[M]. New York: Ballantine Books.

Murray, K. Life as fiction: Proposing the marriage of dramaturgical model and literary criticism[J]. Journal for the Theory of Social Behavior.

Potter, J., Stringer, P. & Wetherell, M. 1984. Social texts and context: Literature and social psychology[M]. London: Routledge and Kegan Paul.

Runyan, W. M. 1980. Alternative accounts of lives: an argument for epistemological relativism[J]. Biography, 3, 209-224.

Sabini, J. and Silver, M. 1982. Moralities of everyday life[M]. Oxford: Oxford University Press.

Sarbin, T. R. 1982. The Quixotic principle: A Belletristic approach to the psychological study of meanings and imaginings[M]// V. L. Allen and K. E. Scheibe. The social context of conduct: Psychological writings of Theodore Sarbin. New York: Praeger.

Scholes, R. and Kellog, R. 1966. The nature of narrative[M]. London: Oxford University Press.

Sheehy, G. 1977. Passages: Predictable crises in adult life[M]. New York: Bantam.

Sheehy, G. 1982. Pathfinders[M]. New York: Bantam.

Smiles, S. 1925. Self-help: With illustrations of conduct and perseverance[M]. London: John Murray. (Originally published in

1854).

White, H. 1973. Metahistory [M]. Baltimore, MD: Johns Hopkins University Press.

White, H. 1980. The value of narrativity in the representation of reality[J]. Critical Inquiry, 7, 5-28.

编者和作者简介

斯蒂芬·克赖茨自1961年起就在卫斯理安大学宗教系工作。他目前是道德科学的赫丁教授(Hedding Professor of Moral Science)。他是加利福尼亚大学伯克利分校和圣地亚哥分校哲学系的客座教授和弗吉尼亚大学宗教系的客座教授。他于1961年在耶鲁大学获得哲学博士学位。他的学术兴趣主要在于19世纪欧陆哲学(continental philosophy)和宗教思想。他已发表和出版了与黑格尔(Hegel)和克尔凯郭尔有关的很多文章和一些书籍。他正在完成一本书，论述基督教主题在黑格尔思想发展中的转变。他已经发表了很多关于经验的审美形态的文章，尤其是叙事的形式，且正在写一本关于该主题的书。

肯尼斯·J.格根是斯沃斯莫尔学院的心理学教授。在到斯沃斯莫尔学院工作之前，他从杜克大学获得哲学博士学位，并在哈佛大学执教了5年。他主要的研究兴趣非常广泛，涉及的领域包括自我、利他主义、社会解释和社会建构。他持续地关注历史变迁问题、思维的概念、基础主义哲学(foundationalist philosophy)，这些在他的一些超心理学(metapsychology)著作中有所体现。他对这些方面的关注反映在他的这本书中：《社会知识的转变》(*Toward Transformation in Social Knowledge*，1982)。他与自己的妻子玛丽·M.格根在很多研究项目上密切合作。他们一起写了一本关于社会心理学的教科书，还主编了一卷历史社会心理学书籍。

玛丽·M. 格根是宾夕法尼亚州立大学特拉华校区的心理学助理教授。她在明尼苏达大学获得理学学士和理科硕士学位，并在费城坦普尔大学获得哲学博士学位。她当前的兴趣包括在社会建构主义范式下使用叙事分析进行女性问题研究。她之前的研究工作专注于社会解释和对援助的反应。她与自己的丈夫肯尼斯·J. 格根在哈佛大学和斯沃斯莫尔学院共事。他们是《社会心理学》(*Social Psychology*，1983)和《历史社会心理学》(*Historical Social Psychology*，1984)的合著者。她致力于发展灵活开放的研究方法(emancipatory research methods)，也是商业和专业机构的人力资源顾问。

琳达·霍普是路易斯维尔大学心理学系的客座助理教授，同时于1983年在该所大学获得认知心理学的博士学位。她的论文关注于儿童发展中的语法范畴的内部表征。她与其他研究者合著了一些关于语言加工的论文，包括《用语言来界定人》("Defining man through language"，*International Journal of Pavlovian Science*，1979)和《空间、时间以及时空概念的习得》("Space，time，and the acquisition of spatiotemporal terms"，*Journal of Experimental Child Psychology*，1981)。她当前的研究兴趣包括以问题解决为目的的叙事技能的发展。

欧内斯特·基恩自1964年起就在巴克内尔大学工作，是心理学教授。在学术休假期间，他在各种机构从事临床工作。自1976到1977年，他是耶鲁大学国家人文研究所的研究员。最近几年，他的兴趣转向社会科学跨学科教学。他更加新近的兴趣是人文学科和其他公共教育课程。他认为本科课程过于专业化和分裂，因而致力于找到更好的解决方法。他主要的出版作品包括《存在的三个面向：存在临床心理学》(*Three Faces of Being*：*Toward an Existential Clinical Psychology*，1970)和《心理学和新意识》(*Psychology and the New*

Consciousness，1972)，以及《情绪》(*Emotion*，1977)[该书合著者还包括坎德兰德、弗尔、莱什尼尔、普卢奈克和塔尔皮(Candland，Fell，Leshner，Plutchik & Tarpy)]。

米希亚·兰道是波士顿大学人类学的助理教授。她于 1974 年在纽约州立大学布法罗分校完成人类学本科学习之后，在牛津大学研究人体生物学(毕业于 1975 年)，并在耶鲁大学研读人类学(1981 年获得哲学博士学位)。她的有关科学的叙事性质的文章包括《作为一种叙事的人类进化》("Human evolution as narrative"，1984)，《树上的男爵：人类进化研究中的语言规则》("The Baron in the trees：The rule of language in the study of human evolution"，1985)，《失乐园：人类进化中的地域性主题》("Paradise lost：The theme of terrestriality in human evolution"，1985)。她在写一本关于 20 世纪早期人类进化的理论的书，暂定书名为《未知神的圣坛：科学中的故事和意义》(*Altars to Unknown Gods*：*Story and Meaning in Science*)。

詹姆斯·C. 曼库索是纽约州立大学奥尔巴尼分校社会和行为科学学院的心理学教授、副院长。他于 1958 年在罗切斯特大学获得哲学博士学位。他的著作集中在建构主义人格理论的阐述。他的研究致力于分析人们在加工关于不正常行为、谴责和教养行为信息时的认知组织。他的研究和学术工作使他得出结论：人的加工系统服从于他/她的叙事框架的建构，他们将自己遇到的事情匹配到这个叙事框架中。他出版的书包括《解释的人》(*The Construing Person*，1983；与杰克·亚当斯·韦伯共同主编)和《精神分裂症：医学诊断或道德判断》(*Schizophrenia*：*Medical Diagnosis or Moral Verdict*，1980；与西奥多·R. 萨宾合著)。还有一本关于认知系统的计算机辅助测量的书正在准备过程中(与米尔德里德·L. B. 肖共同主编)。

埃利奥特·G. 米什勒(Elliot G. Mishler)是哈佛大学医学院精神

病学系的社会心理学教授、马萨诸塞州精神卫生中心的首席心理学家、社会行为科学博士后研究培训项目主任。他的主要研究主题是话语研究中的方法和理论问题。他已经发表了很多关于家庭、课堂和临床实践中语言与沟通的研究报告。他也是《家庭互动：家庭过程和精神分裂症的实验研究》(*Interaction in Families: An Experimental Study of Family Processes and Schizophrenia*，1968)和《健康、疾病和病人护理的社会情境》(*Social Contexts of Health, Illness, and Patient Care*，1981)的主要作者。他对访谈和叙事解释分析的研究成果收录在他的《医学话语：医学访谈的辩证法》(*The Discourse of Medicine: Dialectics of Medical Interviews*，1984)和《研究访谈中的语境和话语：实践的视角》(*Context and Discourse in Research Interviews: Perspectives on Practice*)这两本书中。

凯文·默里在墨尔本大学取得心理学学士和硕士学位。他对叙事的兴趣源自对中年人的研究，这些中年人决定参加人生第一次的马拉松，以"宣告他们曾有过"。这导致他思考将文学批判和戏剧模型相结合，以理解传记的可能性[见《小说人生》("Life as Fiction")，*Journal for the Theory of Social Behavior*，1985]。现在，这种研究路径又导致人们对这些领域的兴趣：在认同的仪式构建中喜剧的性质、"悲剧"传记的文化相对性，以及澳大利亚人在生命建构中旅行的角色。最后一种兴趣也与他投入墨尔本乡土观念团体(Melbourne campanilismo group)所组织的活动有关，该组织的活动在多个学科视角下关注地方主义造成的问题和好处。

约翰·A. 罗宾逊是路易斯维尔大学的心理学教授。他从宾夕法尼亚州立大学获得临床心理学博士学位。他于1964年加入路易斯维尔大学，并担任认知心理学和语言心理学课程教学。他将研究重点放在自传体记忆上。他于1976年在《认知心理学》(*Cognitive Psychol-*

ogy）杂志上发表《自传体记忆抽样》（"Sampling Autobiographical Memory"），并在鲁宾（Rubin）所编的《自传体记忆》中发表《自传体记忆中的时间参照系统》（"Temporal Reference Systems in Autobiographical Memory"）。他对叙事研究的兴趣源自他对记忆和话语在个人历史建构中的角色的思考。

西奥多·R. 萨宾是加利福尼亚大学圣克鲁兹分校的心理学和犯罪学教授。他于 1941 年在俄亥俄州立大学获得哲学博士学位。他于 1949—1969 年在加利福尼亚大学伯克利分校执教。他在 1962 年是富布赖特访问学者（牛津大学），在 1965—1966 年是卫斯理安大学的古根海姆学者，并数次在该大学的人文学科中心访问。他是美国心理学会第 30 分会（心理催眠）的主席。他是超过 175 部出版物的作者、合著者或编者。他致力于自我欺骗心理学、隐喻、社会认同、戏剧性和戏剧做法以及叙事等方面的研究。他的作品包括《社会认同研究》（*Studies in Social Identity*，1983；与卡尔·E. 沙伊贝共同主编）《精神分裂症：医学诊断或道德判断》（*Schizophrenia：Medical Diagnosis or Moral Verdict*，1980；与詹姆斯·C. 曼库索合著），以及一篇文章《情绪作为情境行为》（"Emotions as Situated Actions"，收录于西摩·瓦普纳主编的一卷书中）。

卡尔·E. 沙伊贝是卫斯理安大学的心理学教授。他于 1959 年在三一学院获得理学学士学位，于 1963 年在加利福尼亚大学伯克利分校获得哲学博士学位。他曾两次作为富布赖特访问学者到巴西的圣保罗天主教大学任教。他的作品包括著作《信念和价值》（*Beliefs and Values*，1970）、《镜子、面具、谎言和秘密》（*Mirrors，Masks，Lies，and Secrets*，1979），以及编著《行为的社会情境：西奥多·萨宾的心理学著作》[*The Social Context of Conduct：Psychological Writings of Theodore Sarbin*，1982，与弗农·L. 艾伦（Vernon L. Allen）共同主编]、《社会认同研究》(Studies in Social Identity，1983，与西奥多·R. 萨宾共同主编)。他当前的研究和写作重点在于人类认同心理学。

唐纳德·P. 斯宾塞是新泽西州医学与牙科大学拉特格斯医学院的精神病学教授。他在哈佛大学获得文学学士学位，并在哥伦比亚大学获得博士学位。他是执业精神分析师，曾在纽约精神分析协会接受培训。在到罗格斯医学院之前，他是纽约大学精神健康研究中心的心理学教授。他是《叙述真相与历史真相》(*Narrative Truth and Historical Truth*，1982)一书的作者。

罗伯特·S. 斯蒂尔是卫斯理安大学心理学和妇女研究的副教授。他于1973年在哈佛大学完成了博士研究。他已发表众多关于精神分析和诠释学的文章。他是《弗洛伊德和荣格：诠释的冲突》(*Freud and Jung：Conflicts of Interpretation*，1982)的作者。他与苏姗·斯文尼(Susan Swinney)合著了《日常诠释》(*Everyday Interpretation*，1985)，这是一本关于女性主义学术文化和流行文化的书。

布莱恩·萨顿-史密斯是宾夕法尼亚州立大学的教育学教授。他是人类发展跨学科研究项目的领头人。他也是艺术和科学院民俗系的教授。他于1954年在新西兰大学获得教育心理学博士学位。他是美国心理学协会第10分会(心理学和艺术)的主席，也是游戏人类学研究协会(Association for the Anthropological Study of Play)的主席。他的研究兴趣主要在于儿童游戏和玩耍、儿童的艺术表达发展，以及他们更加普遍的社会发展。他是20本书和200篇文章的作者、合作者或编者。出版的书包括《玩具文化》(*Toys as Culture*，1985)、《游戏的面具》[*The Masks of Play*，1984，与D. 凯利-伯恩(D. Kelly-Byrne)合著]、《儿童游戏的历史》(*A History of Children's Play*，1981)、《儿童民间故事》(*The Folkstories of Children*，1981)。

弗雷德里克·怀亚特于1936年在维也纳大学获得博士学位。他在德国的弗莱堡大学执教，且是该大学的荣誉教授。他也执业进行精神分析治疗。他同时是密歇根大学的荣誉教授，并自 1952 年起到 1974 年是心理诊所的教授和主任。他的研究和作品内容涉及：幻想的结构和临床应用、人格的精神分析理论、精神分析在文学批判和历史学中的应用，以及精神分析的理论和技术。

关键术语表

acquisition of narrative structure 叙事结构的习得

adventure narrative 冒险叙事

aesthetic construct 美学建构

analogies 类比物

causal model 因果模型

clinical listening 临床倾听

cognitive utility of narrative 叙事的认知效用

coherence 连贯性

construction of past 对过去的建构

constructivism 结构主义

contextualism 语境论

continuity 连续性

deconstruction 解构

deconstructionism 解构主义

depression 抑郁

despair 绝望

empathy 共情

empiricism 经验主义

epistemology 认识论
evaluation of narrative 叙事评价
falsification 证伪
feminism 女权主义
Freudian theory 弗洛伊德的理论
future-oriented 未来导向的
generalizations 一般化
hermeneutic listening 诠释性倾听
hero narrative 英雄叙事
heuristic process 启发式加工
hope 希望
identity construction 同一性建构
identity 同一性
inconsistency 不一致性
interpretation 诠释
interview context 访谈情境
interview method 访谈方法
language 语言
learning theory 学习理论
life narrative 生命叙事
listening 倾听
mechanism 机械论
memory 记忆
metaphors 隐喻
metaphysics 形而上学
metatheory 元理论
method 方法

methodology 方法学

narrative analysis 叙事分析

narrative authenticity 真实性

narrative construction of theory 理论的叙事建构

narrative context 叙事情境

narrative elements 叙事元素

narrative figures 叙事人物

narrative form 叙事形式

narrative mode 叙事模式

narrative reconstruction 叙事重构

narrative repair 叙事修补

narrative smoothing 叙事顺畅化

narrative structure 叙事结构

narrative themes 叙事主题

narrative thinking 叙事思维

narreme 叙素

objectivity 客观性

omission 删节

paradigmatic mode 范例模式

past-oriented 过去导向的

Piagetian theory 皮亚杰的理论

plot structure 情节结构

prototypes 原型

psychoanalysis 精神分析

psychoanalytic listening 精神分析式倾听

psychoanalytic materials 精神分析材料

psychoanalytic theory 精神分析理论

psychology 心理学

psychotherapy 心理治疗

reading ability 阅读能力

recollection 回忆

resemblance 相似性

role theory 角色理论

root metaphors 根隐喻

schemata 图式

self 自我

self-concept 自我概念

self-deception 自我欺骗

self-knowledge 自我知识

self-narrative 自我叙事

social meaning 社会意义

social psychology 社会心理学

story analysis 故事分析

story grammar 故事语法

storytelling 故事讲述

structuralism 结构主义

systematization of distortion 歪曲的系统化

temporality 时间性

theory construction 理论建构

truth 真相

unconscious 无意识的

译后记

《叙事心理学：人类行为的故事性》(*Narrative Psychology*: *The Storied Nature of Human Conduct*)一书是1986年由美国心理学家萨宾主编的。此书内容编排完整而严谨，它的出版意味着叙事心理学逐渐成为心理学的一个研究领域和方法取向。全书将叙事的概念与多个心理学领域的概念之间建立了联结，让人耳目一新。将心理学作为一种叙事，从叙事能力的习得和叙事思维到人的自我叙事的运用，再到自我叙事在精神分析、访谈、历史及自传中的建构和解构分析，该书展现了叙事心理学对于解读人类行为的可行性及其在心理学领域的触角。读者在读后可了解如何从叙事的视角来看待心理学研究的内容。

本书是"叙事心理学译丛"之一，得到了中国心理学会心理学质性研究专业委员会的支持和推荐，并在译丛主编郑剑虹教授和北京师范大学出版社何琳编辑的督促与帮助下得以坚持下去并最终完成翻译任务。本书是集体合作的成果，参加本书各章的译者名单如下，舒跃育博士：前言、导引和概览、第一、二章；李继波博士：第七、八、九章；何吴明博士：第三章至第六章，以及第十章至第十四章。在交叉校对修改后，何吴明对全书译稿进行了最后的统稿和校对。郑剑虹对全书的翻译提出了许多宝贵的建议和信息反馈。

该书自2016年9月起着手翻译，至2018年6月译完。在此期间，本书译者亲历了中国心理学会心理学质性研究专业委员会第一次学术研讨会(湛江，2017.9)和首届“青年学者心理学质性研究能力提升研修班”(湛江，2018.1)等中国质性心理学研究发展过程中的重要事件。有幸伴随着质性研究取向在世界心理学界的复兴，一起学习和成长，我倍感幸福并充满期待与动力。我希望本书能够为致力于中国质性心理学和叙事研究的读者提供一些帮助。

本书涉及许多学科的知识，翻译难度大，译者虽然做了最大的努力，因水平有限，还存在不足之处，敬希读者批评指正。

何吴明

2020年1月于湛江

钻石过程

李建军／编著

山东人民出版社·济南

图书在版编目（CIP）数据

钻石·过程 / 李建军编著. -- 济南 ：山东人民出版社，2020.1

ISBN 978-7-209-11176-8

Ⅰ. ①钻… Ⅱ. ①李… Ⅲ. ①钻石－基本知识 Ⅳ.①TS933.21

中国版本图书馆CIP数据核字（2018）第030732号

钻石·过程

ZUANSHI GUOCHENG

李建军 编著

主管单位 山东出版传媒股份有限公司
出版发行 山东人民出版社
出 版 人 胡长青
社 址 济南市英雄山路165号
邮 编 250002
电 话 总编室（0531）82098914
市场部（0531）82098027
网 址 http://www.sd-book.com.cn
印 装 济南龙玺印刷有限公司
经 销 新华书店

规 格 16开（185mm×260mm）
印 张 19
字 数 408千字
版 次 2020年1月第1版
印 次 2020年1月第1次
ISBN 978-7-209-11176-8
定 价 150.00元
如有印装质量问题，请与出版社总编室联系调换。

前　言

钻石是最古老的宝石品种之一。近200年来，因为现代钻石业的运行体系，使得它成了“女性最好的朋友”。然而，女性以及所有的公众对这种宝石的了解并不多，为此我们致力于编写一本关于钻石的书，力求涉及钻石的本质、钻石在佩戴到身上之前经历的各种过程，最大限度地收集与钻石相关的方方面面的历史资料，力求做到故事性和知识性并重，以向读者呈现一套全面的钻石信息。

为此我们力求深入浅出，搜罗广泛资料，以国家黄金钻石制品质量监督检验中心、山东省黄金珠宝玉器产品质量监督检验中心20年来的钻石教学资料为框架，进一步扩展，形成一部关于钻石各方面知识的书籍。

特别是历经了无数位伟大的物理学家、化学家、机械工程学家的不懈的探索，终于实现了金刚石的人工合成，在新的世纪里，这种人类科技的结晶又获得了重大突破，大颗粒合成金刚石可以进行切磨，达到了宝石级，并且成本大大低于天然钻石，基于此，本书用较大篇幅介绍人工金刚石的相关知识，这是与以往关于“钻石”书籍显著不同的地方，它也顺应了合成钻石极大发展的时代潮流。

书中尽量不涉及较深的结晶学、物理化学知识，力求知识全面的同时，突出历史、突出文化，重视过程。因此，本书既适于零起点欲求探索钻石知识、了解行业信息、涉足钻石贸易的读者，也可以作为开设了结晶学、矿物学、宝石鉴定等课程的大中专院校钻石学科的教材。

在信息爆炸的互联网时代，任何的专业性信息都可以较容易地获取，但对于某个专题的全面信息的汇集和编辑，却相对困难，特别是对于未曾涉足该领域的人而言，专业信息的有效组织更具有引导意义。因此本书的初衷，再加上本书作者的水平所限，并非想创作一部全新的钻石专著，而是籍本书成稿之机，将多方信息综合化，以期形成一个完善的体系，便于读者对“钻石”这一专题能够全面的了解。因此本书涵盖的内容相对宽泛，对于不同的读者，可分章重点阅读，比如想成为钻石裸石贸易者，可重点关注钻石切工评价方法和钻石净度分级方法；钻石珠宝店经营者则重点关注与首饰有关的内容及钻石文化；而对钻石营销策划人员建议了解一些与钻石有关的历史文化信息；对于钻石鉴定实验室工作人员，本书的意义主要体现在与鉴定有关的方法论上，至于具体的某些谱学特征，则需寻求更为精深的前沿性的专业研究成果，特别是应该在本书建议思路的基础上，注意把握新技术、新方法的动态。

书中引用了半个世纪以来的大量的中文专著资料，引用了上百年来大量的中外文专业期刊文献内容，引用了许多非常专业的插图，作者尽己所能核实了这些文献资料、图片的原创者，并将有关信息录入书尾，以此聊表对前人的敬意与感谢。但是因能力有限，我们所引用的诸多重要信息，可能并非书尾所列文献的原创，而有可能是所列文献引用后甚至是多重引用后才被我们收集到的，我们无意对原创者的忽视，但对原创者的信息说明如若有遗漏，还望原创者海涵，也敬请各位读者大家严正指明以便改正。

书稿成型过程中，同行好友出于推动行业发展之目的，表现出了对行业发展的殷切之意，无私提供了大量精彩的照片，让略显枯燥的文稿更为直观，显著提升了书稿的水平，作者深表感谢并致崇高敬意！

书稿编辑过程，郑秋婷女士协助校稿，并做出近乎完美的编排，作者在此表示诚挚的感谢！

尽管书中有前人巨著的支撑，有同行好友的抬爱，但本书作者水平有限，在信息搬运、融汇过程中难免存有断章取义甚至是疏漏差池，恳请读者不吝指正、热忱赐教，以求再版时能做到更好。

2018 年仲夏于济南

目 录

第一章　金刚石的本质

第一节 金刚石的晶体构成

钻石，即金刚石，英文“Diamond”。从英文可以看出，这两个中文名称并无区别。但从中文语境来说，钻石往往与珠宝关联，而“金刚石”一词，则往往用在工业领域，包括各种规格的金刚石粉、砂、颗粒。当然说到珠宝，并不是特指用于首饰的已经切磨好的钻石。从金刚石被分为工业级和首饰级开始，那些具有首饰使用价值的毛坯，无论它是何等丑陋、拙劣，它的通用名字悄然被改为了钻石，即在珠宝首饰领域或具有首饰应用前景的大颗粒金刚石晶体，通常被称为钻石，包括未切磨的钻石毛坯和切磨抛光好的钻石成品。天然品如此，合成品也是如此。尽管这种划分没有规则可依，但习惯如此。当然，在某些情况下，金刚石一词会涵盖化学组成相同但晶体结构不同的物质，比如朗斯代尔石（Lonsdaleite）。

钻石的成分是碳。碳是一种非金属元素，元素符号 C，位于元素周期表中的第四主族，原子序数为 6，处于硼（B）元素和氮（N）元素之间。碳原子核有 6 个质子，中子有 2~16 个，中子数不同的碳元素被称为碳同位素，因此碳有 ^{8}C、^{9}C……^{12}C、^{13}C、^{14}C……^{22}C 共 15 种同位素。其中碳 12 和碳 13 属稳定型，其余的均带放射性。 在地球的自然界里，碳 12 在所有碳的含量占 98.93%，碳 13 则有 1.07%。C 的原子量取碳 12、碳 13 两种同位素自然界含量的加权平均值，一般计算时取 12.01。

碳是有机物的组成元素之一，生物在生存的时候，其体内的碳 14 含量大致不变，生物死去后体内的碳 14 开始减少。人们可通过检测一件古物的碳 14 含量，来估计它的大概年龄，这种方法称之为碳 14 定年法。

碳 14 由于具有较长的半衰期（5730 年），衰变产物之一为氮原子，因此即便自然界形成钻石过程中没有氮元素的混入，在以百万年计的地质年代历程中，碳 14 的衰变也会引起钻石中含有氮元素。研究表明，单晶钻石的年龄常常介于 1~10 亿年间，所以氮是天然钻石中最为常见的杂质元素。

氮原子在化合物中可表现为 5 价，而碳则表现为 4 价，数值不等的化合价就需要其他化学键弥补。硼作为碳元素的相邻元素，原子半径差距小，且可呈 3 价，同 5 价的氮结合与两个碳原子达到电荷平衡，因此硼也是钻石中常见的杂质元素。

另一种具有电荷平衡作用的元素是氢。氢元素在自然界的广泛存在以及极小的氢原子半径使得钻石中含氢的概率很高，甚至某些矿区产的钻石几乎每颗都含有氢元素。

而硅元素可以形成与碳化合物相似的化合键，但其原子半径较大，因此，天然形成的钻石中，硅占据碳原子位置的概率较小。

此外铁、镍、氧等元素原子也可以占据钻石中碳原子的位置，同样概率非常低。

所以完美、纯净的钻石是由碳原子组成的，尽管会包括不同的碳同位素。

理想的钻石晶体中碳原子分布示意如图 1-1 所示。碳原子位于立方体角顶和面的中心，以及其中四个相间排列的小立方体中心。这种结构在晶体学上被称为立方面心格子。碳原子以立方面心格子分布构成的晶体为金刚石，即钻石。

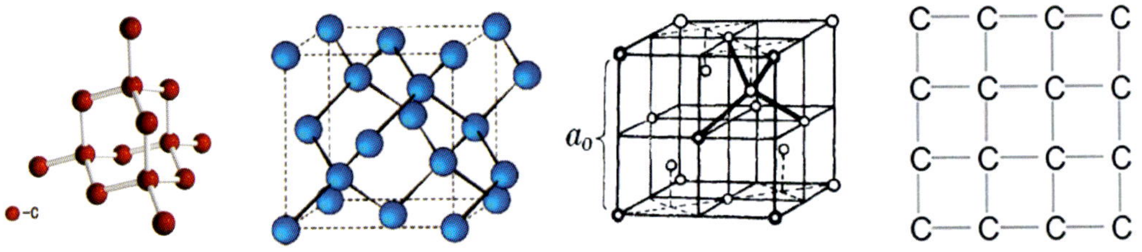

图 1-1　金刚石理想晶体中碳原子分布示意图
从左到右：钻石中碳原子空间分布；用立方体单元示意钻石中碳原子分布；一个立方体单元内碳原子分布细图；沿坐标轴方向绘制的碳原子分布特征

自然界中由单一元素碳组成的物质有多种，晶体结构不是立方面心格子的材料有：石墨、足球烯（C_{60}，英文为 Buckminster fullerene，简称 Fullerene 或 Buck ball）、蜡石（Waxstone）、汞黝矿结构（Schwarzite）碳、碳气凝胶（Carbon aerogels）、碳纳米泡沫（Carbon nanofoam）、无定形碳（Amorphous carbon）、碳纤维（Filamentous carbon）以及高性能材料石墨烯等等，此外还有一种在一些媒体上被误认为金刚石的材料——朗斯代尔石，尽管拥有与金刚石相同的键型而被称为六角金刚石，但原子以六边形排列，因此并非钻石。

化学组成、晶体结构——即碳原子的分布特征——决定了钻石的本质，而某些杂质元素的存在会对钻石的性质产生一定的影响，由此可对钻石进行分类。

钻石成分分类的依据是借助红外光谱和紫外 - 可见光谱对氮、硼杂质元素的识别。

红外光谱既没有识别到氮，也没有识别到硼元素存在时，该钻石归 IIa 型；

红外光谱提供证据表明钻石中存在孤立氮原子替代了碳原子时，为 Ib 型；

红外光谱表明相邻（即聚集）的两个氮原子分别替代了碳原子时，钻石为 IaA 型；

紫外可见光谱表明 3 个氮原子聚集加一个原子空位替代了 4 个碳原子位置时，钻石为 IaAB 型；

红外光谱表明有 4~9 个氮集合替代碳原子甚至是更多氮原子汇集成片状物（片晶氮）存在于钻石晶体中时，为 IaB 型。

红外光谱没有识别到氮，但表明硼元素存在时，钻石为 IIb 型。

此外还有混合型钻石，即在一粒钻石中识别到上述类型两种及两种以上的情形。这种情形对于 IaAB 型钻石最为普遍，一方面自然界含有三原子氮的钻石占总产出的比例很高，另一方面是自然界不存在所有的氮都以三原子氮形式替代碳原子的钻石，所以所谓的 IaAB 型钻石往往是 IaA+IaAB 型、IaAB+IaB 型或 IaA+IaAB+IaB 型等混合型。而在某些黄色合成钻石中常常见到 IaA+Ib 混合型，罕见情况下会存在 Ib+IIb 混合型。

钻石按照杂质种类、含量及赋存状态进行的分类可归纳为表 1–1。

表 1–1　　钻石的类型

I 型					II 型	
含聚集态杂质氮				单原子氮	基本不含杂质 氮原子	含少量杂质 硼原子
双原子氮	三原子氮	集合体氮	片晶氮	孤氮		分散的硼代替碳的位置
IaA	IaAB	IaB_1	IaB_2	Ib	IIa	IIb

从上述规则可以看出，钻石类型划分是以红外光谱和紫外可见吸收光谱的特征为依据的。需要注意的是，钻石晶体结构中的氮和硼元素的存在形式非常复杂，而红外光谱、紫外可见光谱并不能识别所有形式的氮和硼，而是仅能识别某些赋存形式。比如对于硼元素而言，红外光谱往往对不带电荷的硼原子（B^0）敏感，而实际上硼原子在钻石晶体中以带正电荷的形式（B^+）存在更为稳定。所以有可能红外光谱识别到的硼原子比未被识别到的硼原子少，因此，所谓的最为纯净的 IIa 型钻石中，仍有可能含有浓度较高的硼，只是红外光谱不能识别而已。而就氮元素而言，也有多种形式的氮在红外光谱或紫外可见光谱中检测不到。

当然，氮或硼元素所有赋存形式总浓度越高，红外光谱就越容易识别到该元素。就氮元素而言，I 型钻石氮含量一般高于 0.1%，而 II 型钻石氮含量低于 0.001%。至于过渡性氮含量为 0.001%~0.1% 的钻石，是属于 I 型还是 II 型，则取决于氮原子的存在形式，即是否能被红外光谱识别到。

第二节　钻石的基本性质

由钻石的晶体中碳原子分布图可以看出，理想钻石晶体中每一个碳原子所扮演的角色均相同，每个碳原子与其相邻碳原子的距离几乎相当，每个碳原子均以相同的 4 个化合键与其相邻碳原子关联。这决定了钻石的晶体具有高硬度、高熔点、不导电、化学性质稳定以及很强的抗酸性和抗碱性等特征。

一、钻石的光学性质

钻石的光学性质包括对光的折射、反射、吸收，发光性。

1. 对光的折射、反射、吸收

①对光的折射

钻石折射率（对应于钠光波长为 589.3nm）为 2.417，为单折射率。

理想金刚石晶体在光学上是各向同性的（光性均质体），即属于等轴晶系的物质。所以理论上金刚石在正交偏光镜下呈现全暗状态。但实际中的金刚石在偏光显微镜下可观察到各种各样的图案，通常称它为双折射花纹。这表明各向异性的存在和双折射呈区域性分带分布的特征，被称之为异常双折射，它是由于钻石中的应力造成的。应力来源于钻石结晶过程中的不理想生长以及钻石形成后在赋存环境中承受的热力学、化学作用。应力的存在说明实际中的金刚石晶体中存在很多缺陷，包括晶体位错、包裹体、内部裂纹、塑性变形等，当然也包括上文中说的氮、硼、氢等元素在晶体中的占位。

钻石对 686.7nm 红光和 430.8nm 紫光的折射率分别为：2.407 和 2.451，两者的差值即为钻石的色散值 0.044。

依据弗伦内尔公式，即折射率与反射率的关系：

$$R=\frac{(n-1)^2}{(n+1)^2}$$ ，n 为折射率

②对光的反射

所以钻石的反射率为 0.172。这意味着照射到金刚石上的所有光流中，只有 17.2% 的光从它的晶面上反射掉。这种对光的反射能力决定了晶体的光泽类型。晶体材料的光泽类型包括：金属光泽、半金属光泽、金刚光泽、玻璃光泽。这种划分方式反映了材料中原子或离子的化学键性质，即化学成分与结构的不同。这种差异在可见光作用下，必然使反射光无论在数量上还是种类上都出现不同，从而决定了不同材料具有不同的反射率以及不同的反射色。

而对于具体宝石来说，材料光泽还跟表面性质和集合方式（集合体个体颗粒的大小、形状以及致密程度等）有关。举例来说，晶莹剔透的大食盐颗粒是玻璃光泽，而被水雾潮解过的食盐颗粒表面朦胧呈蜡状光泽。宝石的这类特殊光泽有：油脂光泽、树脂光泽、蜡状光泽、土状光泽、丝绢光泽、珍珠光泽。

钻石的本质光泽显然是金刚光泽，但金刚石表面特征对光泽有很大的影响。那些具有完好表面的、光滑的、镜子般的晶面的晶体具有强烈的光泽。而晶面具有薄层状构造或各个薄层边缘呈叠瓦状形态时，晶体表面光泽就显暗淡。统计来说，II 型金刚石有的晶面上具有微层结构以及许多滴状小丘，光泽略弱；而 I 型金刚石的浑圆晶面往往很光滑，光泽强。金刚石形成后期以及在地层赋存期受周围环境侵蚀会改变表面光泽强度。如果晶面存在平行于菱形晶面短对角线的细条痕时，晶体就呈油脂光泽或丝绢光泽。有的金刚石晶片具有冰糖状的感观，为强玻璃光泽。还有的遭受严重腐蚀，晶面严重破坏或有大量黑色包体时，就无法观察到金刚光泽。

③对光的吸收

理想的钻石晶体无色透明，对可见光的吸收不具有选择性。400~700nm 的可见光穿过宝石时，各个波长的光被吸收的比例近乎相当，透射光和反射光中各波长光所占的比例与入射光中各波长光比例近乎相当，复合的结果与入射光颜色一样。自然产出的纯水般颜色的金刚石较少。

在通常认为属于无色金刚石的晶体中，可观察到清晰度不同的某种明暗调子。在宝石分类时，这种颜色感观被称为附加色，如灰色、咖色等。此外，自然界产出的钻石中绝大多数具有微弱但十分清晰的黄色、褐色，这种颜色在缤纷复杂的自然环境下不容易觉察到而让人们误认为是无色的。这两类钻石被称为白钻，或者近无色系列钻石。

自然产出的彩色钻石较为罕见，包括饱和度较高的黄色、褐色，还有蓝色、绿色、橙色、粉色、红色、紫色，以及较为均匀的反光强烈的黑色。

最常见的颜色是黄色，包括极淡的黄色和鲜艳的黄色。而产生黄色的因素中，氮杂质被认为是最常见的致色因子。一般来说单原子氮可引起鲜艳的黄色，即 Ib 型钻石。而三原子氮浓度的高低常常影响到钻石黄色的浓淡深浅，这类 IaAB 型或含 N3 的混合型金刚石常常呈现八面体或菱形十二面体形状，或与八面体相关的浑圆多面体形状。研究表明，这种颜色与产出形状的相关性是由于钻石中杂质元素分布的相对规律性决定的。

天然蓝色、浅蓝色钻石很罕见，但南非有个名叫“普雷米尔”的矿（Premier mine）却发现了较多的蓝色钻石。现存于美国史密森自然博物馆的著名“希望（Hope，又叫“霍普”）”钻石则是在印度戈尔康达地区找到的，据此可推测，印度应该产出过一些蓝色钻石。绝大多数的蓝色钻石都是 IIb 型，即认为是“无氮含硼”的金刚石。这类钻石都具有电导性（半导体），而且在短波紫外线照射后，会显示强烈的特色磷光。

钻石中的紫色、红色、粉色非常罕见，且常常带有褐色调。俄罗斯的“和平”“成功”“艾哈尔”金伯利岩管以及雅库特地区产出这种珍稀钻石品种，而澳大利亚阿盖尔则是红色系列钻石最著名的产地。调查表明，无论哪里产出的红色系列金刚石，其表面因腐蚀产生的形貌几乎都一致，所有这类钻石晶体都具有强烈的塑性形变，有确切的证据表明其颜色与杂质元素无关。因此认为这些颜色是钻石晶体形成以后，受环境物理条件影响造成晶体滑移面位错产生结构缺陷色心，从而形成特殊的红色系列体色。

褐色钻石的成因与红色系列钻石类似，归因于晶体塑性变形。此外，氮元素引起的黄色和复杂原因造成的灰色、绿色等颜色复合，也会产生褐色。再就是，以山东蒙阴钻石为例，认为氢元素也是引发褐色的重要因素；而众多的片晶氮、弥散的光学显微镜难以识别的石墨包体等也是褐色产生的重要原因。

乳白色钻石常常为细小、密集的包体呈云雾状形态所引发。而荧光强烈的钻石有时肉眼也会察觉到乳感，这是因 N3 缺陷富集、荧光干扰了入射光在钻石内部传播引发的视觉反应。

黑色钻石往往是由于大量的石墨包体或者石墨与多晶态的金刚石混杂造成的。

灰色钻石颜色成因与褐色、黑色钻石类似。

绿色钻石在自然产出的彩色钻石中较为少见，通体绿色、深绿色透明晶体钻石更罕见，一般来说这类金刚石呈八面体或立方体产出。而绿钻常见的颜色分布特征是绿色部分作为钻石的皮壳或呈斑点状分布于金刚石的表层。皮壳型绿钻有时是包裹体致色。但证据表明，绝大多数天然绿色钻石与自然界的辐照有关，即钻石遭受了其周围放射性粒子的轰击产生绿色。世界著名的重达 41ct 的“德累斯顿（Dresden）”绿钻的颜色成因也与天然辐照过程有关。罕见的情况表明天然钻石的绿色可以由镍杂质引发。

混合色钻石，生长过程中杂质元素供应的不均匀性以及生长后历尽高温高压辐照侵蚀过程会引起一粒金刚石中颜色不均匀分布的现象。拜尔等人在 1958 年曾报道过一粒钻石，一半是浅蓝色，电阻率为 65 欧姆·厘米，为半导体；另一半为无色，电阻率为 3.6×10^5 欧姆·厘米，为绝缘体。

2. 发光性

钻石的另一个光学性质就是其发光性。所谓的发光性是指宝石在外来能量的激发下，发出可见光的性质。激发宝石发光的因素很多，如摩擦、加热、高速电子（阴极射线）、紫外线、X 射线都可使某些材料发光。

在常规宝石学鉴别手段中经常使用紫外灯照射宝石，肉眼观察宝石呈现的荧光和磷光。其中荧光是指宝石受外界能量激发时发光，激发源撤除后发光立即停止的现象。而磷光是指宝石受外界能量激发时发光，激发源撤除后仍能继续发光的现象。常用的紫外灯功率一般为 4 瓦特，配有暗室，分长波和短波两种光源，分别是 365nm 和 254nm。天然钻石在短波紫外灯下的荧光大多弱于长波下的荧光。据统计，大约有 1/3 的天然钻石具有不同强度的荧光，但大多数的荧光对钻石的感观没有影响。荧光的颜色有多种，包括蓝色、黄色、黄绿色、粉红色、橙黄色、橙红色和淡蓝白色甚至是白色。其中超过 95% 的荧光色为不同强度的蓝色，这种荧光与 N3 有关，可以为钻石成因提供证据。

精密研究钻石的发光性时，所使用的激发源除了紫外光外，还有多种激发源，比如高速电子等，有时还会辅助液氮、液氦等冷却钻石，以采集钻石精密的发光谱图。

通过对吸收光谱和发光光谱的综合研究表明，I 型金刚石荧光以蓝色调居多；II 型金刚石和过渡型金刚石中，黄绿色荧光的居多，有研究表明比例可能超过这类钻石的一半。

就金刚石形貌而言，八面体或菱形十二面以及与八面体相关的浑圆形晶体，特别是带有淡黄色调时，其荧光常为蓝色调；而黄色立方体晶体或带有立方体生长区域的钻石，与立方体相关的部位荧光色常为黄色或橙黄色以及较稀有的橙红色；谱学研究表明这类钻石无 N3 中心。褐色金刚石的荧光色中，黄绿色荧光的比例也较高，由于黄绿色荧光性与这些褐色金刚石中强烈的塑性变形有相关性，因此认为塑变对钻石发光性有影响。

除了上面提到的某些钻石存在与生长区域有关的发光性差异外，归属于相同结晶区域的钻石，由内到外发光性有些呈环带状特征，常常是钻石核心具有蓝色调荧光，而金刚石表层具有黄绿色荧光。这可能与金刚石受周围环境影响有关，比如小半径原子的进入、浅表层受到辐照等。

二、金刚石的力学性质

自历史上发现金刚石到目前为止，金刚石得到了极其广泛的使用，在其诸多的卓越性质中，最主要是得益于其突出的力学性质。

1. 硬度

中国有民谚“没有金刚钻不揽瓷器活儿”，而英语语系中也有“Diamond Cut Diamond（直译：唯有钻石可以切磨钻石）”。金刚石卓越的机械性能使得它在切削工具、拉丝磨具、钻头等领域有着广泛的应用。而在超高压研究领域，金刚石更是不可或缺的超高压介质材料。这些应用归根结底是利用了金刚石的高硬度。金刚石是世界上最坚硬的天然矿物，它的摩氏硬度为 10。

矿物材料的硬度通常可以借助实验方法来测定：一种是根据矿物与标准硬度矿物之间的相互刻划对比来测定。矿物学上一直沿用的 10 个标准硬度矿物（见表 1–2）是由弗里德里希·摩斯（Friedrich Mohs）提出的，被称为摩氏硬度计。借助 10 种矿物将矿物硬度划分为 10 个级别。但是采用另一种实验方法证明，这 10 个硬度等级间隔并不均等，这种试验方法获得的硬度被称为显微硬度，它是根据矿物表面上所能承受的重量来测定的。需要借助显微硬度仪进行测量，获得的硬度值被称为显微硬度或压入硬度，又叫绝对硬度，单位通常为千克每平方毫米（kg/mm^2）。硬度计对应的绝对硬度值见表 1–2。绝对硬度除了上述压入法计量外，还有一种情况是根据晶面的磨削速度或者根据单位时间内旋转圆盘的旋入深度来计量。

表 1–2　摩氏硬度计与显微硬度的关系

矿物	摩氏硬度	显微硬度（kg/mm^2）	金刚石与其他矿物绝对硬度之比
滑石	1	2.4	4191.7
石膏	2	36	279.4
方解石	3	109	92.3
萤石	4	189	53.2
磷灰石	5	536	18.8
正长石	6	795	12.6
石英	7	1120	9.0
黄玉	8	1427	7.0
刚玉	9	2060	4.9
金刚石	10	10060	/

显然，不同的测量方法得到的金刚石的硬度值是不同的。然而实际工作中发现，即使用相同的测量方法，在一粒金刚石晶体不同位置上获得的绝对硬度值也有显著差异，这表明金刚石的硬度在不同方向上存在差异，这种在不同结晶方向上其硬度有不同程度的变化，称为差异硬度。研究表明金刚石晶体立方体面中平行于立方体晶面对角线的方向最硬，而与立方

体晶面对角线呈 45° 角方向较软。

金刚石差异硬度如图 1-2 所示。

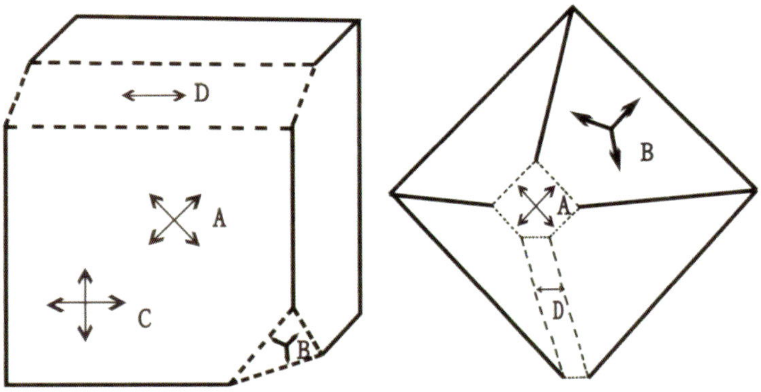

图 1-2 金刚石差异硬度示意图（据何明跃、王春利，2016）

A 最硬方向：立方体面上的对角方向　　B 硬的方向：八面体面上所有方向

C 软的方向：立方体面上与轴平行的方向　　D 最软方向：横穿十二面体面方向

金刚石尽管极其坚硬，但是它韧度不够，具有一定的脆性，在剧烈的碰撞下会碎裂。

2. 解理

不同结晶的金刚石耐磨削的性能不同，球粒集合体金刚石比普通单晶金刚石耐磨性能更卓越。这在合成金刚石领域具有重要意义，因为球粒集合体比单晶更适于某些工具，而单晶金刚石相对更容易碎裂产生尖角。

这涉及金刚石的另一个重要性质——解理。解理是指晶体在外力作用下沿一定的结晶学方向裂开并呈光滑平面的性质。根据破裂的难易、解理片的厚薄、解理面的连续性和光滑程度，可将解理分为 4 个等级：极完全、完全、中等、不完全。而晶体无解理时，在外力作用下会产生不规则破裂面，这种破裂面叫断口。根据破裂面形态归结的断口类型有：不平坦状、锯齿状、贝壳状等。解理或断口是晶体的固有属性，它是由晶体的化学键类型、强度和分布特征决定的。矿物学上还有一个与晶体破裂有关的名词叫裂理，是指许多矿物类型中的某些矿物个体在外力作用下产生具有一定结晶学方位的破裂。解理是某个矿物种的固有属性，而裂理则仅仅出现在某矿物种的某些个体上。尽管解理、裂理的破裂都与结晶学方向有关，但解理的存在取决于晶体的化学键类型、强度和分布特征，而裂理则是在晶体形成过程中由双晶接触面、一定方位的熔离片晶以及带状构造所造成的晶体结构的不连续所决定的，换句话说，结晶完美的单晶不具备裂理。

金刚石具有中等（或可以归为完全）的解理，其脆弱的面为八面体面，即在外力冲击下，平行于八面体面的方向容易破裂，可形成三角状片晶。但是现实中，常见的金刚石破口并非是平面，在一些崩口处，肉眼看上去类似于水晶的破裂——贝壳状断口。但借助放大镜可以看出区别，水晶的断口放大后仍为较为光滑的曲面——似贝壳，而金刚石的破裂面则是由细密的扇形条痕微台阶组成，在肉眼难以识别到这种台阶时，会误认为是贝壳状断口。这种条痕的微台阶，实际对应着细密的解理面。

不同类型的金刚石解理或者说破裂面表现不同。II 型金刚石的解理面比 I 型的更光滑。带皮壳的金刚石其皮壳区域解理不完全，其破口不光滑。微小球粒金刚石结合体常呈现不均匀破口，唯有放大时才能在球粒的个别条纹上觉察到解理。

当作用于金刚石晶体的外力不大时，晶体可能不会碎裂成片晶，甚至整体不会破裂，但晶面上有时仍能观察到呈镰刀状或六角环状裂缝的特殊冲击轮廓，这种形貌常被形容为“羽毛状”或“羽裂”，这种形态结构在金刚石中相当普遍。

当外作用力集中于尖点，即用尖锐物体冲击金刚石，即使这种作用力很弱，也容易在晶体上形成细微的小麻点，而且麻点周围有沿解理面分布的小裂隙。即便是这种冲击痕在显微镜下识别不到麻点或微裂隙，但辅助正交偏光镜的时候，受冲击部位的清晰光点及其周围的异常双折射现象，也表明了微弱冲击对金刚石晶体造成了影响——应力造成了晶体结构塑性形变。

当然，解理或裂理的存在并非百害而无一益，钻石加工过程中对毛坯外形的修整，特别是将钻石劈裂时，往往就是沿着钻石的解理面或裂理部位用力。

由此可见，对于大颗粒宝石级的钻石，不宜遭受碰撞。也就是说钻石抵抗冲击的性能并不优越。物质抵抗打击撕拉破碎的性能，我们称之为韧度。与韧度近似对应的词为脆性，即受打击易碎裂的性质。韧度与硬度都属于机械强度的范畴，但显然韧度与硬度并无明显的相关性。尽管球粒状金刚石具有优越的韧度，但单晶金刚石在宝石领域其韧度比翡翠、和田玉、刚玉宝石都低。

3. 密度

除了极高的硬度外，金刚石在机械性能方面另一个卓越的性质是，金刚石具有极低的压缩系数（描述物体压缩性大小的物理量），为 0.16×10^{6}~$0.18\times10^{6}cm^2/kg$。极低的压缩系数表明材料在受到高压后体积缩减小。2017 年初，美国哈佛大学的物理学家曾宣布将氢压缩成金属，尽管该实验是否成功因意外未能获得验证，但能承受高压和高压下体积变化小的性能使得钻石成为实验中无可替代的辅助材料。

超小的压缩系数是金刚石化学键稳定的重要反映。稳定的化学键和杂质元素在晶体结构中的稀少，决定了金刚石具有非常稳定的密度。通过对金刚石晶体结构中有关常数的测定，进一步计算金刚石单位体积内的质量（密度）为：$3.51515\pm0.00001g/cm^3$。而高精度悬浮法对大量金刚石相对密度进行测量获得的平均值为 $3.51516g/cm^3$。

精密测量无包体金刚石的密度从未达到过 $3.52g/cm^3$。显然常规宝石学文献中钻石的这一密度值是近似值。而且在多种颜色样品的比较中，黄色金刚石比无色和褐色金刚石密度低，其中黄色晶体中，又以颜色艳丽的晶体密度最小。由于研究已经证实黄色是由金刚石晶体中氮杂质取代碳原子引起的，由此可见氮元素的存在拉长了晶体中原子间距，导致晶体密度降低。

而透明度方面，体色为黄绿色、浅绿色和深绿色的半透明和不透明的有壳金刚石的密度，比各种颜色的普通透明金刚石密度低。专门针对壳层所进行的测量也证实这类金刚石的皮壳密度较低。

球粒金刚石的密度与颜色呈相关性，而颜色的深浅取决于石墨杂质的多少，因此颜色越深的球粒金刚石密度越低，而无色球粒金刚石密度高。

隐晶质金刚石密度取决于个体中包含的孔隙度，孔隙度低的样品密度可达 3.434g/cm^3，而孔隙度大的样品密度可低至 3.0g/cm^3。显然这类金刚石的测量密度严重偏离了金刚石的机械属性，对材料种类的判断不具鉴定意义。

三、金刚石的电学性质

随着合成钻石的突破，大单晶金刚石的合成成本低于了开采成本，具有半导体性能的 IIb 型钻石通过人工合成破除了天然产出量极低进而造成应用开拓受限的困局。相比金刚石纯天然时代，21 世纪以来，对金刚石晶体的电子性能越来越重视，进而提出把金刚石用于电子工业中制造晶体三极管、计数器、高容量存储硬盘等仪器器件。显然，相比电子工业中已经广泛应用的锗和硅晶体而言，金刚石有着众多的优点。因此，中国已经把金刚石列为重要的战略高新材料。一般来说，金刚石的电学性质包括以下几个方面：

1. 电导性

通常，易于导电的材料为导体，不容易导电的材料为绝缘体（电介质）。由于绝缘体在某些条件下可以转换为导体（比如某些含硼金刚石在超低温下具有超导性），因此两者并没有绝对的界限。一般来说，电阻率大于 108 欧姆 · 厘米的物质称为绝缘体（电介质），电阻率小于 10^{-5} 欧姆 · 厘米的为导体，介于两者之间的为半导体。据此，在室温下大多数天然钻石都是绝缘体。根据理论计算，理想金刚石晶体的电阻率可达到 10^{70} 欧姆 · 厘米的数量级。但实际中杂质的存在大大降低了其电阻率，天然形成的金刚石电阻率大多处于 10^{14}~10^{16} 欧姆 · 厘米，这仍被认为是绝缘体。1952 年，卡斯特斯（Custers J. F. H）首先发现了有一类金刚石具有半导体性能，并称之为 IIb 型金刚石。现已证明，含硼的体色为淡蓝色到蓝色的金刚石都是半导体。

2. 光电导性

在光照作用下材料电导率增大的性质称为光电导性。金刚石的禁带宽度为 5.47eV，对应的光波长为 226.7nm，因此用能量高于 5.47eV 的光波（波长较 226.7nm 短）照射钻石，可将钻石内部电子激发，使钻石导电性能大大增强。2017 年李建军等人曾利用 ~230nm 短波紫外线激发硼含量处于临界值的钻石，首次用实物证实了高能射线对电荷转移的影响，以及电荷转移引发磷光的现象。

3. 计数导电性

当高能粒子冲击光电导体时，在光电导体外电路中出现脉冲电流的性质。这种性质可用

于晶体计数器中。I 型、II 型金刚石尽管技术机理不同，但都可以用于晶体计数器。此外，金刚石还可以用于闪烁计数器中，因为金刚石在放射性粒子的作用下具有发光的特性。

4. 电子顺磁共振

理想的金刚石晶体不会给出任何电子顺磁共振谱。但实际的金刚石晶体中某些杂质元素造成了晶体缺陷，具有特征的电子顺磁共振谱。

四、金刚石的热学性质

1. 热导性

金刚石具有很高的热导率（又称“导热系数”，是物质导热能力的量度）。可以说钻石的导热性能是无色透明宝石中最强的，甚至在一定温度范围内，II 型金刚石导热性比金属铜还高 5 倍。因此，在某些仪器仪表中，无氮金刚石是发热元件的卓越的散热器。相比金刚石光学各向同性来说，金刚石的热导率是各向异性的。研究表明金刚石晶体中等温面的形状是旋转椭球体，甚至可能是三轴椭球体。

2. 热膨胀性

金刚石的热膨胀率，一般用热膨胀系数表达。物体由于温度改变而有胀缩现象，其变化能力以等压（即环境压强一定）下，单位温度变化所导致的长度量值的变化来衡量，叫热膨胀系数。线膨胀系数是指固态物质当温度改变 1℃时，其某一方向上的长度的变化和它在 20℃（即标准实验室环境）时的长度的比值。大多数情况之下，此系数为正值。而众所周知的水在 0℃ ~4℃范围的热膨胀系数为负值。金刚石 25℃时的热膨胀系数为 1.3×10^{-6}/K，在 1400℃时，热膨胀系数是 7×10^{-6}/K；从 0℃加热到 1400℃，金刚石的线性增大为 0.58%。

3. 耐热性

有缺陷的金刚石晶体在加热时往往会破裂。但是加热到 1800℃ ~1850℃尚还完好的晶体可快速冷却，此时金刚石晶体不但不会被破坏，反而会消除晶体的局部应力而使晶体得到强化。化学气相沉淀法（CVD）合成钻石由于晶体内应力的存在，切磨过程中易于破裂，往往需要在晶体生长完成后加热淬冷，这叫退火工艺，经退火的 CVD 合成钻石在切割、抛光过程中碎裂率大为降低。此外，CVD 合成近无色金刚石晶体生长完成后由于内应力的存在，晶体结构内塑性形变严重，致使晶体体色呈不同程度的褐色，有些天然成因的 IIa 型钻石也是如此。对此经过高温高压退火处理（HPHT 处理）释放内应力，修复晶体塑变，可显著消除金刚石晶体原有的褐色调。

五、金刚石的化学性质

金刚石在所有酸中都很稳定而不被腐蚀，即便是高温下。因此，钻石加工过程中可以用强酸（常用硫酸）煮洗。

但在碱、含氧盐类和金属的熔体中，金刚石容易受到侵蚀。例如 380℃下金刚石在具有强氧化作用的高氯酸钠和氯酸钾中暴露一个星期，即可在八面体晶面上观察到三角形腐蚀形貌。

有研究对金刚石的寄存岩体金伯利岩熔融后浸入金刚石，观测到了对金刚石的侵蚀。而其他岩体包括硅酸盐岩体中，熔融热分解释放出的氧对金刚石也有侵蚀作用。

此外，在高温下，氧气、一氧化碳、二氧化碳、氢气、水蒸气、氯气也可以对金刚石造成蚀刻。

早在17世纪中叶，就有人对金刚石进行过燃烧实验，并得出结论，金刚石是可燃物质（尽管很不易燃烧），且燃烧产物为气体。

1797年英国化学家滕南特（Smithson Tennant）对金刚石进行燃烧实验，并假定出燃烧产物为二氧化碳，由此得出结论，金刚石是由碳组成。

现代研究表明，在有氧环境下，温度达到650℃金刚石晶体就能发生“石墨化”，而加热到1000℃~1200℃时，金刚石晶体表层就会完全变黑。而在氧气中使金刚石发生燃烧的温度为720℃，在空气中的燃烧温度为850℃。

在近似真空的负高压下，温度大约为1800℃~1900℃时，金刚石便发生多晶转化生成石墨，金刚石晶体开始遭受毁坏。

实际上，对充满空气的容器进行抽真空时，并没有办法形成真正意义上的真空，在所谓的真空环境中仍会残余空气，其残留的少量氧气在1100℃~1500℃下会使金刚石表面石墨化。用高氯酸冲洗掉表面的石墨膜层，金刚石表面仍保持光亮。由此可见，此温度下金刚石表面所发生的化学反应为气体侵蚀，而非更高温度（1800℃~1900℃）时晶体整体的热力学相变（相同化学组成的物质从一种结晶形态转变为另一种结晶形态，如金刚石与石墨的转变）。

第二章 金刚石矿的形成过程

第一节 物质来源——碳源

金刚石主要成分碳的来源很广泛。

就地球研究体系中元素的相对含量而言，碳在地壳中的平均含量为0.018%（180ppm）；地幔中为0.07%，而且还可以通过核聚变形式形成。

碳在地层中既以单质形式存在（如金刚石、石墨），又以化合物形式存在（如碳酸盐），还以多种形式广泛存在于大气和生物之中。

以碳为重要组成元素的沉积矿体如煤，可达几十米厚，横越田野，绵延数公里，某些墨西哥的沉积物含有高达95%的碳。

而自然界的碳处于一个大循环中：大气中的二氧化碳被陆地和海洋中的植物吸收，然后通过生物或地质过程以及人类活动，又以二氧化碳的形式返回大气中。这其中包括大陆板块的俯冲，将地表碳包括生物碳输送到地幔中。

第二节 金刚石形成条件

人工合成金刚石的条件证明：金刚石是由石墨加适量触媒剂（催化剂）在高温高压条件下形成的。实验表明在一个大气压下金刚石石墨化温度下限为1200℃，在2700℃时金刚石石墨化的压力上限为3GPa。

地学研究表明，能让碳自动稳定呈金刚石形式存在的深层地层，压力超过4万大气压（相当于4GPa），而温度高达950℃~1400℃，如图2-1所示。这个温压条件看上去极其严酷，但对于我们赖以生存的巨大的岩体行星而言，却算不得什么。在地球内部，随着深度（压力）的增加，温度会遵循一定的温度梯度而递增，在金刚石形成所需的压力下必然会有足够高的温度保障晶体生长。因此，地球上的任意地区的地壳或地幔达到足够压力时，都有可能形成钻石，因为在这样的深度温度条件不成问题。

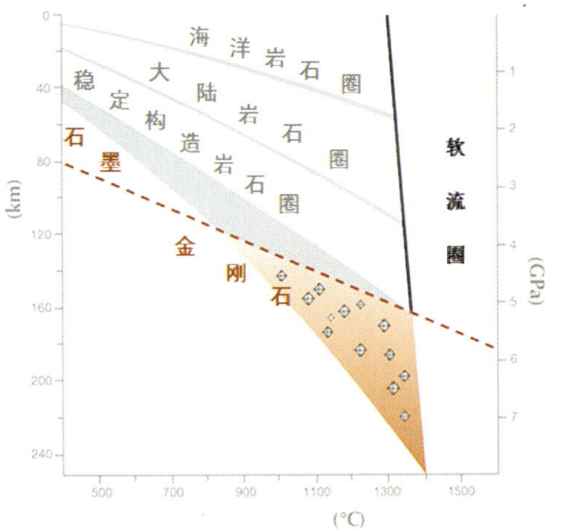

图2–1　金刚石在地层深处稳定存在所需的温度、压力范围图

地壳通常比较浅（深度通常低于40km），石墨难以转变成金刚石，除非是在板块构造动力作用让地壳增厚的部位。大部分的地幔层，温度和压力都满足让金刚石稳定存在的条件。但是，相比地球上碳的普遍含量而言，地幔层的碳是相对贫乏的，所以在地幔层金刚石也是相当稀少。金刚石在整个地球上分布极其不均匀。具有开采价值的金刚石矿仅在非常特别的地质背景下才能发现。

第三节　几种关于天然金刚石形成机理的学说

现已证明，金刚石既可从气相碳化合物CO、CH_4等中结晶，也可从液相和固相碳结晶形成。在模拟地层金刚石晶体的形成条件中，最重要的因素是高温高压、结晶时间，对于天然金刚石还与氧化还原氛围有关。

自然条件下形成金刚石结晶的原始模式仍然是积极研究中的课题。各家观点独具特色，概括起来主要有六种观点：①地幔岩浆结晶学说，即认为岩浆位于地球深处尚未喷发时，金刚石就在高温高压条件下结晶形成，在岩浆上升减压降温的过程中也能结晶形成部分金刚石，待岩浆喷发时，金刚石被裹挟到达地壳表层。②地幔捕虏晶成因学说，即认为金刚石形成而悬浮于不稳定的岩浆中，广泛分布在地幔，特定的岩浆类型（如与金刚石具有相近的比重）携裹金刚石晶体喷向地表；该观点与第一种观点的区别在于，第一种观点认为喷出的岩浆是金刚石的形成母岩，第二种观点则认为喷出岩浆仅仅起到携裹的作用，金刚石并非形成在该类岩浆中。③大洋板块俯冲成因学说。④动力变质作用成因学说，认为金刚石是岩浆岩在地壳深处变质形成的。⑤陨石冲击作用成因学说。⑥油储隐爆成因学说。⑦岩浆凝固结晶学说，即认为金刚石是岩浆熔体在地壳上部凝固时结晶出来的。

后面几种说法虽然得到的支持较少，但一些特定矿区也可以提供一定的证据支持。比如巴西有些钻石的包裹体指示，金刚石结晶于 800km 以下的极深地幔区，而碳同位素分析表明碳源来自于地球表面的有机物。这表明碳的历程如下：来自于地表的碳，随大陆板块俯冲到地幔中，形成金刚石，再通过金伯利岩将金刚石带到地表。这一研究为板块俯冲形成金刚石学说提供了证据。动力变质成因的金刚石在西澳大利亚、乌克兰和哈萨克斯坦等都有发现，但其粒度很小，尚未发现达到宝石级者。2012 年，媒体报道俄罗斯的“波皮盖（Popigai）”陨石坑有数以万亿克拉（克拉，钻石质量单位，1 克拉 =0.2 克，根据中国法定计量单位的规定，摒弃“重量”一词，本书中的吨、千克、克、克拉等单位指代的物理量均为“质量”，而涉及好坏优劣概念的“质量”尽量使用“品质”一词）计的“陨石冲击钻”，可供全球持续开发 3000 年。后来证实，该矿并无大颗粒宝石级钻石，主要是以立方面心结构的金刚石和六方结构的朗斯代尔石为主的超硬材料，但该矿所产的超硬材料为陨石冲击造成瞬间超高温高压继而可能形成钻石提供了证据。

第四节 金刚石赋存的岩石

非常明确的信息是，宝石级金刚石主要来源于地幔成因的金伯利岩型矿床和钾镁煌斑岩型矿床。关于金伯利岩型和钾镁煌斑岩型金刚石成因的问题就是上述学说中的第①②种说法，即是金刚石与其母岩（金伯利与钾镁煌斑岩）的关系问题。两者有两种可能性：第一，金刚石在金伯利岩或钾镁煌斑岩主岩内结晶，两者存在成因关系；第二，金刚石在金伯利岩或钾镁煌斑岩主岩浸入地壳以前已形成，金刚石只是主岩中的外源包体或捕虏体，两者没有成因关系。借助同位素对金伯利岩的年龄研究使这个问题取得了进展，如表格 2−1。

表 2−1 金刚石的年龄和其围岩的年龄比较

矿区	金刚石年龄（Ma）	围岩年龄（Ma）	矿区	金刚石年龄（Ma）	围岩年龄（Ma）
南非金伯利	>3300	110	南非芬什	>3300	110
博茨瓦纳奥拉帕	990	100	中国瓦房店	3265	465

表 2−1 说明，金刚石比携带它们至地表的金伯利岩形成时代早得多，金刚石在被携带到地表以前，通常在地球深部存在了很长时间。

而对金刚石中不同碳同位素的比值进行研究发现，天然金刚石的地质起源分为两大类。那些碳来自于地幔的钻石被称为橄榄岩型，金伯利岩即属于该类；而那些含有俯冲循环碳的钻石被称为榴辉岩型。1889 年，在金伯利岩的榴辉岩捕虏体中发现金刚石以后，有一部分地质学家一直认为金刚石为捕虏晶。

迄今为止具有工业意义的金刚石岩浆岩矿床只有金伯利岩、钾镁煌斑岩两类，其含金刚石岩体的风化地带可形成砂矿。

金伯利岩是大陆板块内部一种较其他岩浆来源更深的独立高温岩浆作用的产物，具有角砾状构造、斑块状构造和岩球状构造，常含有某种标型矿物、钛矿物和深源捕虏体，不含长石。岩体呈岩管、岩脉、岩墙或岩床状沿断裂成群产出。含矿金伯利岩多数为岩管或岩脉，而岩床几乎不含金刚石，岩管中又以直立的筒状或漏斗状岩管所含金刚石为富，而缓倾斜的岩管含金刚石少。岩石主要由橄榄石、金云母等铁镁矿物组成，通常含数种特征矿物，如金刚石、含铬镁铝榴石、铬透辉石、铬尖晶石、镁钛铁矿、钙钛矿、锐钛矿、金红石、铬铁矿等，其中铬镁铝榴石、铬透辉石、铬尖晶石可作为含金刚石的标型矿物。岩石所含捕虏体中有深源矿物，如橄榄石、辉石类矿物等。

目前世界上发现的金伯利岩体有数万个，其中含金刚石的占 20%~30%，具有工业价值的不足 5%，90% 是呈岩管状产出的，如南非、博茨瓦纳、刚果（金）（旧称扎伊尔）、澳大利亚等，中国的山东蒙阴和辽宁瓦房店钻石矿均是金伯利岩型矿床的典型。

钾镁煌斑岩，又称橄榄金云火山岩。岩体呈岩管、岩颈、岩墙状成群产出于地台边缘的断裂活动带中，具有角砾状和块状构造，角砾状常含深源捕虏体，岩石具有斑状或晶屑结构，主要矿物为橄榄石、金云母、斜方辉石、透辉石、铬尖晶石、白榴石、富钾镁闪石、红柱石、钾钙板锆石和磷灰石等。目前只有澳大利亚阿盖尔地区钾镁煌斑岩型金刚石矿床规模巨大，印度马家旺岩管具有工业意义，其他在美国、赞比亚、象牙海岸、中国贵州等地分布的钾镁煌斑岩中的金刚石矿床几乎无工业价值。

第五节 金刚石砂矿

砂矿是指存在于砂砾石沉积物中的矿床。由于岩石或矿床在地表环境下遭受风化和侵蚀，其中一些具有较高化学、机械稳定性的矿物被保留下来，并经一定距离的搬运，和砂砾一起堆积在低洼处，形成可开采的矿床。

金伯利岩的外观呈深蓝色，一般俗称“蓝土”或“蓝地”，通常是筒状火成砾岩（火山筒，岩管）。金刚石常在蓝土中呈散点状分布，这种赋存于火山岩中的金刚石矿床被称为原生矿。金伯利岩本身较不稳定，暴露在大气中的部分或近地表部分较易风化形成易碎物质，将变成黄色，被称为“黄土”。露在地表的金刚石受到风雨河流海水等大自然力量的搬运，可能被带离原生矿区域，抵达河边、海边等低洼地带堆积成矿，所以在原生矿以外的地方也可能发现丰富的金刚石，这种矿被称为金刚石砂矿或次生矿，或冲积矿。冲积矿发现的金刚石都已经经过大自然的淘选，所以品质及矿藏量反而会比原生火山矿更好。南非有学者研究表明，南非的金伯利岩矿形成于一亿多年前，从那时开始，最近地表的矿石就开始遭受风化侵蚀。据估算，仅奥兰治（Orange）河流域，就有超过 30 亿克拉的钻石从金伯利岩原生矿被自然作用搬运流入大西洋。根据统计，截至 1980 年，已从海岸回收了 7500 万克拉钻石。

第三章　金刚石的发现过程

第一节 考古传说期

金刚石这种极其稀有的矿物，大概在公元前三千年就在印度发现了，在公元前 5 世纪以前就被古希腊人所知。目前大不列颠博物馆收藏着一尊希腊的青铜小雕像，它的眼珠就是两颗未经加工的金刚石。金刚石是由印度传入希腊的。当时，金刚石的奇妙性质成了幻想童话和迷信臆说的丰富源泉。

公元前 4 世纪，一个关于航海家辛德巴德的童话就是讲这种贵重矿产的古老神话之一。这个童话故事描写了一个布满金刚石的神秘峡谷。峡谷异常幽深，汇集的蛇群把一切通往峡谷的道路全部都堵塞了。但是，受宝物强烈诱惑的人终于想出了取宝的妙法。他们从周围的山谷上向峡谷抛掷肉块，把金刚石粘上，爱食肉的老鹰，把肉块衔到它的窝巢里。这些机智的探宝人就从鹰巢中得到了宝石。

人们还可以找到一些实际材料来佐证这些童话。比如鸟受金刚石光泽的影响而喜欢衔吞它。再比如，20 世纪在南非的金刚石矿区，人们认为驯养家禽和鸵鸟是有益的。这些禽鸟在废矿堆中翻寻食物时，遇到金刚石，就会把它吞下。那时曾发生过一桩事情，在金刚石仓库里打死一只鸽子，在鸽子的嗉囊里发现了 43 颗金刚石，共重 5.5 克拉。更有趣的是，一只会“生”金刚石的普通乌拉尔母鸡在 19 世纪的下半叶曾引起轰动，当时，报纸上刊登了它的照片。因此童话传说中关于老鹰衔金刚石的故事，有一定的真实性。金刚石能黏附在肉类的脂肪上，这也是正确的。

“金刚石”一词源自阿拉伯语境“al-mas”（最硬的），在希腊语中对应的意思是“不可克制的”“不可战胜的”“不可摧毁的”。

按理说，古代金刚石的发掘地印度，本应该为金刚石晶体搜集第一批确切的资料打下良好的基础。但是，婆罗门教徒和僧侣们用一些神秘的解释和宗教的臆造，掩盖或模糊了当时关于正确论述金刚石的一切宝贵资料。古印度人把金刚石颜色分成四个等级，对应印度所特有的种姓制度，就是对印度人地位、身份所进行的一种划分：“婆罗门”“刹帝利”“吠舍”“首陀罗”。白色晶体叫“婆罗门”，略带红色的叫“刹帝利”，浅绿色的叫“吠舍”，灰色的叫“首陀罗”。起初每一种都是献给一个特殊神灵的。“首陀罗”的价值为“婆罗门”的 1/4，“吠舍”是它价值的 1/2，“刹帝利”是它价值的 3/4。印度对金刚石的这种分类，是将金刚石按照晶体颜色来分类的一种初步尝试。

第二节　科学探索期

罗马自然科学家盖乌斯·普林尼·塞孔都斯（Gaius Plinius Secundus，公元 23 年或 24 年 ~79 年），在其撰写的《自然史》一书中极其详尽地描述了金刚石。但是，他把许多实际信息和一些曲解甚至捏造混淆在一起。普林尼关于金刚石的第一句话，就强调了这种矿物的稀有和难得："金刚石不仅在各种宝石当中，就是在人类所有的物品中，也是最为贵重的，在很长时间内，仅为极少数国王所得。"金刚石的硬度是"不可言喻的"，"当金刚石碰击铁砧时，铁砧裂开，铁向两旁飞起"。可见这位自然科学家只知道金刚石具有无与伦比的硬度，但他并不知道金刚石很脆、受敲击极易裂开的另一特殊性质。

将金刚石作为工具应用，是从用金刚石打磨加工其他宝石开始的。有资料介绍，花剌子模人（Khwarezmia，位于今日中亚西部地区，阿姆河下游、咸海南岸）阿尔－碧鲁尼（Al–Biruni，973 年 ~1048 年，伊朗学者，在花剌子模广阔地区中因博学而备受崇敬，中世纪最伟大的学者之一，精通物理、数学、天文学、自然科学，杰出的历史学家、语言学家）所著的《珍贵矿物》（Gems）一书中，曾谈到了这里所说的加工宝石的高明（当时最先进的）方法。关于金刚石的技术用途，碧鲁尼曾说，伊拉克和霍里桑居民不会去分辨金刚石的种类和颜色，因为在他们看来都一样，反正他们拿金刚石只用于钻孔。

碧鲁尼介绍了制造细粒金刚石的方法——"把大颗粒金刚石包在铅块里，然后小心地锤击铅块，直到金刚石破碎为止"。用这种方法制出的细粒金刚石通常用于在坚硬的石头上雕刻图案或题词。显而易见，当时的金刚石的应用技术已经引起了人们高度的注意。

而要把金刚石磨出棱角或磨平，困难很大。由于金刚石具有顶级的硬度，只有金刚石自身才能打磨金刚石。据文献记载，用金刚石打磨金刚石的方法是法兰德斯（Vlaanderen，现比利时境内）布鲁日市的市民博肯（Lodewyk van Bercken，15 世纪中后期钻石切磨师和首饰制造商）在 1454 年（一说 1476 年以前）发明的。

随着世界市场上第一批经人工打磨加工过的金刚石的出现，金刚石的装饰效果就大不相同了。它那美丽夺目的光泽能映出七彩虹霞，立刻引起各方的极大关注。由于大颗粒金刚石异常少见，以及加工困难、加工费用高等种种原因，金刚石的商品价格大大提高。所以，这种宝石仅仅掌握在皇帝、国王以及个别贵族和富豪手中。从这个时候起，金刚石就变成少数人发财致富的工具和剥削的资本，甚至此后很长一段时期，在一些地区金刚石成了为战争提供资金支持的血泪宝石。

1718 年，彼得一世在彼得堡创办了第一所俄罗斯自然历史博物馆，专门收藏各种珍品佳物。在 18 世纪，该馆的登记表上仅记录了一粒未加工的金刚石。这粒金刚石成为罗蒙诺索夫的研究对象，为其后来的伟大发现提供了实物数据。

罗蒙诺索夫，全名米哈伊尔·瓦西里耶维奇·罗蒙诺索夫（1711 年~1765 年），是俄国百科全书式的科学家、语言学家、哲学家和诗人，被誉为俄国科学史上的彼得大帝。他提出“质量守恒定律”（物质不灭定律）的雏形和“热能第二定律”。他也是金刚石晶体角最早测量人之一。这种测量和研究，发现了结晶学的基本定律——某物质的晶体及其相应面的夹角是永恒的［最初于 1669 年由丹麦学者斯台诺（Nicolaus Steno）提出］。1763 年，罗蒙诺索夫在其著作《论地层》中写道：“最后，已知最贵重的宝石，其形状都是遵循角与面的几何定律生成的……我特意测量了许多未经琢磨过的金刚石，其中有两个角为 60°。”同时他还提出一个以当时的技术水平看来很不可思议的观点：“金刚石坚硬的原因是因为它是由连接很紧密的小颗粒构成的。”这些论述在整个结晶学史和金刚石研究史上均享有很高的声誉。

金刚石的本质，在很长时间内都是一个谜。人们最初认为，按其成分来说，它是连生的透明水晶（纯石英、天然二氧化硅）。但是在 17 世纪中叶发现了金刚石具有可燃物体的属性。1649 年，有人将金刚石和红宝石放在一个密闭容器中加热到炽热程度，此时红宝石无任何变化，而金刚石消失得无影无踪。用透镜聚集太阳光加热金刚石，也得到同样的结果。后来法国化学家拉瓦锡（Antoine-Laurent de Lavoisier，1743 年~1794 年，被尊称为化学之父）通过实验得出结论，金刚石可燃，燃烧产物为气体。18 世纪后期，最终确定金刚石是由单一碳元素构成。原来这一罕见的矿物和几乎全部由碳构成的煤在化学组成上属于一类。但是，金刚石很少像石墨、煤那样在自然界中形成一个完整的矿床。

第三节 矿床开采期

在很长一段时期，印度和加里曼丹是世界市场上仅有的金刚石供应地。1723 年，巴西也发现了金刚石矿。

1851 年，澳大利亚发现了金刚石；1866 年，南非也发现了。随后世界上众多国家和地区相继发现金刚石矿，见表 3-1。

表 3-1 部分国家金刚石发现年代表

国别	年代
印度、加里曼丹	公元前 6~10 世纪
巴西	1723 年
澳大利亚	1851 年
南非	1866 年
圭亚那	1887 年
安哥拉	1907 年
纳米比亚	1908 年
委内瑞拉	1912 年
扎伊尔、坦桑尼亚	1913 年
加纳	1919 年

中非、刚果	1931 年
塞拉利昂	1932 年
乍得、尼日尔	1934 年

目前的钻石产出地有：

非洲南部。南非、安哥拉、刚果（金）、博茨瓦纳、纳米比亚、塞拉利昂等都是重要的钻石出产国。世界上最大的金伯利岩岩管（名为姆瓦杜伊，Mwadui mine）位于坦桑尼亚，估计钻石含量为 5000 万克拉。世界上最大的钻石砂矿在纳米比亚，而且质量上乘，宝石级达 95%。南非著名的“普雷米尔”矿山（又叫“库里南”矿）是世界上首次发现的原生钻石矿床，这里产出了许多世界著名的大钻石，如库利南（3106 克拉）高贵无比（995.2 克拉）和琼格尔（726 克拉）等。迄今南非共发现金伯利岩岩管 350 个。博茨瓦纳是非洲另一个重要的钻石产地，迄今已发现 200 多个金伯利岩岩管，其中 41 个富钻。

大洋洲的澳大利亚。1972 年，在南澳地区发现了含钻石的金伯利岩。1979 年，又发现了含钻石的橄榄钾镁煌斑岩，这在钻石矿床史上是个突破性进展，因为这是世界上首次在非金伯利岩中发现具开采价值的钻石，意义极其重大。现今，在西澳北部地区已发现 150 多个钾镁煌斑岩岩体，特别是阿盖尔钾镁煌斑岩的发现，它是现今世界含钻石最富、储量最大的岩体，也是极其罕见的红色系列钻石最著名的产区。澳大利亚被认为是近几十年世界天然金刚石产量最大的国家，但达宝石级的仅占 5%。

北美洲的加拿大。1990 年，首次在加拿大西北部耶鲁奈夫市（Yellowknife）东北 360 千米，靠近北极圈北纬 65° 的湖泊地带发现了金伯利岩型的钻石原生矿，现已发现 51 个金伯利岩岩管，其中大多数均含钻石。有多个岩管具有重要经济价值，其钻石以无色透明为主，质量好，宝石级占 30% ~40%，平均品位是每 100 吨矿石含 25 克拉～ 100 克拉钻石。加拿大西北部钻石原生矿床的发现是 20 世纪 90 年代以来世界钻石史上一次重大突破。

北亚大陆的俄罗斯。1954 年，首次在西伯利亚雅库特发现原生钻石矿床，迄今已发现金伯利岩体 450 个，世界著名的岩管有“和平”“成功”“艾哈尔”等。其中“和平”矿坑是目前全球最大的钻石矿场，直径达 1200 米，深约 525 米。坑洞呈螺旋状，形成的强大气流足以将直升机吸入。1988 年，在阿尔汉格尔斯克又发现了新的金刚石矿，产出中有 50% 是宝石级的。目前，俄罗斯的钻石产量已排到世界前列，并成为分化世界钻石分销体系的主要力量。

亚洲的印度、中国。在亚洲，印度是世界最早发现钻石的国家。而且古老、有名的大钻石如“大莫卧儿（又称“光明之眼”）”（787 克拉）、“光明之山”（科依诺尔，Koh-I-Noor，原石重达 800 克拉，现成品 105.6 克拉）、“摄政王”（410 克拉）、“奥尔洛夫”（309 克拉）等世界名钻均产于此地，但印度钻石的原生矿床至今未发现，其砂矿的产量也有限。

中国是钻石资源较少的国家。1950 年，在湖南沅江流域首次发现具经济价值的钻石砂矿，品位低，分布较零散，但质量好，宝石级钻石占 40% 左右。20 世纪 60 年代，先后在贵州及

图 3-1 俄罗斯“和平”岩管坑是目前世界最大的钻石矿坑

山东蒙阴找到了钻石原生矿。山东钻石原生矿品位高、储量较大，但质量较差，宝石级钻石约占 12%，且一般偏黄，以工业用钻石为主。70 年代初，在辽宁南部瓦房店发现中国最大的原生钻石矿，该矿储量大，质量好，宝石级钻石产量高，占 50%以上。

第四章　金刚石的开采过程

第一节 钻石是世界开采规模化程度最高的宝石品种

金刚石本质的探索时期，钻石开采呈零星、无序状态，大多是私人（及其公司）小规模开采。1888 年，由塞西·罗德斯（Cecil John Rhodes，1853 年 ~1902 年）领导的戴比尔斯矿业公司（De Beers Mining Company）和班纳德（Barney Barnato，1851 年 ~1897 年）控制的金伯利中央矿业公司（Kimberley Central Mining Company）合并成立戴比尔斯联合矿业公司（De Beers Consolidated Mines Limited Co.），从此开启了金刚石开采、贸易的有序、受控时代，一度呈现出垄断态势。

随着 20 世纪中后期，苏联、澳大利亚、加拿大等发达国家先后发现了大型金刚石矿，全球金刚石采矿业的经营者日益多元化，除了传统的大型矿业公司外，各国政府也积极参与，逐步动摇了金刚石开采业、分销体系的垄断态势。

除了国家力量的参与外，目前世界上主要的采矿集团有：戴比尔斯（De Beers）、阿罗萨（Alrosa）、必和必拓（BHP Billiton）、力拓（Rio Rinto）、海瑞·温斯顿（Harry Winston）和列夫·列维夫（Lev Leviev）集团。中国除了指定的国有企业开采过山东蒙阴、辽宁瓦房店的金刚石矿以外，珠宝首饰行业的几家巨头，特别是有的香港企业，宣称参与了金刚石的开采。

其中戴比尔斯是世界上最大的钻石矿业集团，拥有戴比尔斯联合矿业公司采矿公司（DBCM）、戴比尔斯加拿大公司、戴比尔斯瓦纳（Debswana）、纳姆戴伯（Namdeb）等负责开采的子公司，业务主要在南非、加拿大、博茨瓦纳和纳米比亚进行钻石勘探与开采。近年来英美资源集团（Anglo American plc）对戴比尔斯公司有控股收购交易事项。

俄罗斯的阿罗萨矿业公司是俄罗斯的国有企业，垄断着俄罗斯绝对数量的天然钻石的产出，其产能高达世界金刚石产出的 1/4。

总部位于澳大利亚的必和必拓矿业公司，主营石油和其他矿产，是当之无愧的矿业寡头，曾控制的加拿大艾卡迪（Ekati）钻石矿是世界产量最大的高品质钻石矿之一。

力拓矿业公司是世界最大的矿业公司之一，经营的钻石矿主要位于澳大利亚、加拿大及津巴布韦，是澳大利亚稀有红色系列钻石的绝对输出者。

海瑞·温斯顿是世界顶级的珠宝首饰企业之一，据称为了确保首饰钻石来源而进军加拿大钻石开采业。

以色列企业列夫·列维夫集团在俄罗斯、安哥拉、纳米比亚等地有钻石矿股权。

第二节 钻石原生矿床的开采

不同矿坑单位质量的围岩中所含钻石的质量（即品位）差异巨大，比如博茨瓦纳奥拉帕（Orapa）矿区每百吨矿石含 90.5 克拉钻石，南非维尼夏（Venetia）矿每百吨矿石含钻 55 克拉，加拿大维克多（Victor）矿百吨矿石含 22.6 克拉，而纳米比亚奥兰治河每百吨矿石仅能分选出 1.8 克拉钻石。统计而言，矿石中钻石的含量仅为千万分之一，即要获得 1 克拉的钻石，需要开采分选 2 吨围岩。

除了品位差异巨大外，矿床的类型、岩管周围的地层条件及气候类型也各不相同，对采矿作业有着巨大的影响。此外含金刚石矿围岩硬度较高，常从近地表延伸到地下上千米的深度，开采过程十分复杂且技术难度大，涉及爆破，需要借助大型机械进行挖掘、运输、粉碎、冲刷、分选等众多步骤。因此，同样是针对金刚石岩管，开采形式也大不相同，一般来说有露天开采和地下开采两类。

露天开采需首先剥离金伯利岩管顶部的上覆物，然后对矿区进行水平分层，逐层向下，在金伯利岩周围的基岩上分梯段开挖矿石。为了减少出现滑坡等危险，同时也方便运用大型运输车将矿石运到地表，矿场通常做成螺旋向下的阶梯状。矿坑可达到 300 米。开采过程需要在梯段边缘进行爆破。露天开采遗弃矿坑是向公众做火山形态科普的完美教材。它可直观地呈现这种岩浆岩近地表的轮廓，通过开采的金伯利岩管可知，金伯利岩岩浆喷发时，在地表形成一个“上冲管道”。上冲管道随着深度的降低，压力加大，近地表的岩浆管道直径变大，随着岩浆通道被喷发出来的金伯利岩物质回填，形成金伯利岩顶部直径较大，向下延伸收腰的漏斗形岩管。根据统计，岩管管道的中间是钻石最密集的地方。

露天开采的金伯利岩开采深度较大时，岩管柱面直径变小，出于安全和开采成本的考虑，需要转入地下开采；或者某些岩管上覆物体量巨大，剥离成本太高时，也会采用地下开采的方式。地下开采通道一般包括竖（斜）井和平巷，平巷末端为开采作业面，通过爆破将平巷顶部岩管蓝地（金伯利岩）崩落运输到竖井底部经适当破碎后运至地面。开采过程在金伯利岩和上覆物贯穿时结束，然后再开采下一个平巷，如此接替，直至平巷准备过程中对岩层评估不具开采价值为止。

山东省临沂市蒙阴县联城镇常马庄村的原蒙阴钻石矿，就有露天开采和地下开采两种形式。现山东临沂钻石国家矿山公园即原“七〇一”矿，其中胜利 1 号金伯利岩管露天矿坑，是亚洲规模最大、品位最高的金刚石原生矿露天采矿遗址，形状为椭圆形，上口直径东西 330 米，南北 230 米，深度为 110 米，占地 110 余亩，如图 4-1 。该矿坑自从 1970 年正式投产，1972 年开始动工建设，是毛泽东主席亲自圈阅的全国重点项目。设计生产能力为年产 10 万克拉，1999 年 12 月，由露天转入地下开采之前，共开采金刚石 180 万克拉，中国十大钻石中的蒙山 1~5 号大钻石都是出产自该矿坑。其中“蒙山 1 号”和“蒙山 5 号”均是质量过百克拉的国宝级钻石。著名的“蒙山 1 号”金刚石，重 119.01 克拉，呈淡黄色，晶体透明，是 1983 年 11 月 14 日由建材七〇一矿选矿车间工人张玉祥同志，在进行人工破碎大块矿石时意外发现的，它是我国目前原生矿中发现的最大的一颗钻石。“蒙山 5 号”金刚石，重 101.469 克拉，是车间工人张霞同志，在手选大颗粒金刚石中发现的，它是我国目前在流水线上所发现的最大的一颗金刚石。

图 4–1 山东临沂钻石国家矿山公园
部分螺旋台阶被坍塌面掩盖，远处可见地下开采用的斜井口

第三节 砂矿的开采

砂矿即次生矿床，它的金刚石富集程度不如原生矿，但单颗粒钻石的平均价值高于原生矿床，毕竟原矿岩层风化后在河流、海洋、冰川等搬运过程中具有严重缺陷的金刚石会碎裂，而保留下来的晶体往往机械稳定性较高。此外，陆地砂矿的开采成本小，几乎可以不用大型设备，甚至行走过程就能捡到宝，所以在管理无序的地区，宝石的砂矿地带会呈现千万人一起筛沙子的壮观场面。

砂矿一般分为冲积矿床（Alluvial Mining）和海岸带矿床（Marine Mining）两种。

冲积矿床往往与陆上河流有关，因此又叫河流矿床，探矿重点是针对现代或古代河床沉积区找金刚石。赋存于现代河床里的砂矿为湿矿床，古河床因河水改道或早已干涸，所以称为干矿床。湿矿床开采时，浅水区人工挖泥淘洗。深水区用挖沙船吸出泥沙后，对泥沙进行淘洗分选；或者让河道改流，抽干积水后对露出的河床泥沙进行淘洗分选。干河床开采一般需要剥离上覆物，就地或运离古河道，对含矿泥沙进行冲洗淘选。如果遇到砾石或河道底层基岩，则需要对一些裂缝、冲沟、洞穴进行检查，必要时借助小型工具对砾石或基岩角落进行破碎检查。

海岸带矿床与陆上冲积矿床类似，也分为干矿床（海岸矿床）和湿矿床（海底矿床）。海岸矿床与干河床矿床开采方式几乎相同；而海底矿床开采难度则较大，往往需要借助大型吸沙船吸出海底沉积物进行分选，有时需要进行围堰筑堤抽水，将海底裸露出水面，然后对泥沙进行分选采矿。

第四节 钻石的回收选取

砂矿金刚石一般除了直接手工分选（如图 4-2、图 4-3 示意）外，也可以对淘洗初筛后的精矿进行分选，淘洗后的精矿残余物多为颗粒，硬度高、比重大。因量大人工来不及分选时，可以用金刚石专用的油脂分选设备或 X 射线分选设备进行分选。这一过程是利用金刚石密度大、亲油性、发光性等特性而设计的。原生矿金刚石的回收，需要先对矿石进行破碎处理。

图 4-2 浅水砂矿人工淘洗开采钻石

图 4-3 钻石砂矿的开采

一、原生矿的碎矿淘选

围岩破碎贯穿金刚石的分选过程始终。

首先，是将超大块的岩石挤压破碎。这一步能够得到金刚石的概率极低，如果矿石中有超大粒径的金刚石晶体，由于力的相互作用金刚石与外压机里应外合，就会将包裹在大粒金刚石外的矿石挤碎，超高硬度的金刚石脱离出来。

然后，又采用矿物摇床等设备进行初分。矿物摇床分选是将矿石堆在一定孔径的筛子上，水流快速脉冲上下运动，粒径较小，比重较大的筛漏物质进入旋转淘洗盘，在重介质分离器中进一步分离。大颗粒筛出物通过传送带进入下一个破碎环节，进一步挤压破碎，直至所有矿石被破碎成毫米级泥沙。各个环节筛漏的细粒碎体则是含金刚石的重点对象。

金刚石及其伴生宝石矿物石榴石、尖晶石、透辉石、锆石比重多超过 3，含金刚石矿石的整体比重一般低于 2.7。可借助旋转淘洗盘的钉齿耙转动，使破碎的金伯利岩与水混合形成的泥浆状混合物，在重力和离心力的共同作用下使其保持悬浮，比重较大的金刚石及其伴生宝石矿物会沉到底部后被推到旋转盘外缘，较轻的物质则上浮到表面后进入溢流圈排出废弃。

重介质分离器也是利用比重差异原理。将磁铁矿粉、硅铁粉，或方铅矿粉等倒入水中不停搅拌，使之形成悬浮液，悬浮液中重介质的比例决定了悬浮液的近似比重。破碎的矿石与悬浮液混合后，废料上浮到顶层排除淘汰，钻石及其伴生宝石晶体在底部富集。

从旋转淘洗盘或重介质分离器底部获得的矿砂混合物，为金刚石精矿。

二、金刚石的分离

从精矿中分选出金刚石的过程称为回收。常用的方法有油脂选矿法、X 光电选矿法及手工分选法。

金刚石具有亲油疏水性。让携裹精矿的水由传输带带着流动，中途用涂有数厘米厚油脂的碾轮轻压传送带，大多数的金刚石黏附在滚轮柱油脂上，其他矿物则被水流冲走。随水砂浆经过数次油脂碾轮的分选后，水流中基本不会剩余金刚石，而更多的是金刚石伴生矿物晶体，对其回收，可以获得一些金刚石伴生宝石品种，如铬尖晶石、铬透辉石、铬镁铝榴石等。而油脂碾轮上的钻石达到一定量后，就需要刮下油脂对钻石进行回收。将刮下的油脂放在特定的容器中，用热水熔化油脂，油脂漂起，钻石则留在底下。

X 射线分选钻石则是利用所有的金刚石在 X 光照射下都会发出强荧光的性质。据此设计了 X 射线分选机，包括 X 射线光源，一个用来记录 X 射线下发生荧光反应，并对荧光信号进行增益算法处理的光电管，还有一个能对荧光信号做出响应的空气喷射器。分选过程就是精矿在 X 射线的照射下，空气喷射器发现荧光信号后，将强荧光物质即金刚石喷离精矿，从而分选出金刚石。

无论用哪种分选方法，被分离出来的金刚石组和伴生矿物组，都还需要进行肉眼判断，手工分离，尽可能地做到，钻石中没有混杂其他矿物颗粒，伴生矿物里没有钻石被漏挑出来。

第五章 人工金刚石的探索、生产过程

第一节 科学家对金刚石人工合成的探索过程

一、科学家早期进行的探索试验

自从 1797 年英国化学家滕南特（1761 年 ~1815 年，英国皇家学会会员，1803 年从铂矿残留物中发现了元素铱和锇，他证明了金刚石与木炭元素相同，tennantite——砷黝铜矿以其名字命名。）率先通过实验确定了金刚石是元素碳的一种结晶形式以来，科学家们就开启了制造金刚石的探索和尝试。

尽管早期的试验条件简陋、技术落后，所有的试验都未能取得成功，但我们可以从一个个试验者的记录中看到科学家的探索，充分体会到作为人类科技文明结晶的合成钻石，是在多少伟大的科学家无数次失败而奠定的基础上，才成功制造出来的。

1880 年，汉尼（James Ballantyne Hannay，1855 年 ~1931 年，苏格兰化学家，爱丁堡皇家学会会员，他自认为于 1880 年合成出了钻石，在制作精密仪器方面贡献卓越。）报道过他的许多试验。在这些试验中，他把碳氢化合物、骨油与锂的混合物封闭在坚固的熟铁管中，并在炉中加热几小时至红热。大多数铁管都爆炸了，只有少数铁管残存，有一两个铁管中的碳质残留物含有一些具有金刚石性质的结晶，这些结晶物后来被提交到伦敦大不列颠博物馆。1943 年经 X 射线检测证明，其中 11 颗确定是金刚石。但是对于这些金刚石的来源和汉尼的诚实，在此后的文献中持续争论了数十年，最后经证实这 11 粒金刚石是天然的。此后，用他描述的方法从没有人成功地得到过金刚石。但是，汉尼的方法为钻石合成提供了正确的思路，即在人力条件下创造高温高压环境有可能生成钻石，只是限于技术水平，这一思路在那个年代是不可能转变为现实的。

1894 年，法国化学家穆瓦桑（Ferdinand Frederick Henri Moissan，1852 年 ~1907 年，法国化学家，国际原子量委员会首批成员。1906 年因从化合物中分离出氟而获得诺贝尔化学奖。）报道了他的试验。在他的试验中，用电炉加热里面的碳坩埚，使之达到很高的温度，碳坩埚及其里面装盛的碳、铁溶解，且让碳饱和，然后将黏稠滞流熔体倒入冷却液体中，使之淬冷。当液态金属滴由表面向内部迅速凝固时，据说在液体的中心就产生了很高的内压，一些沉积的碳就会以金刚石的形式析出。铁滴在酸中溶解后，一些由细微耐熔晶体组成的残留物具有似金刚石的性质。这种方法和结果曾被大多数科学机构所接受，而且成为 21 世纪

T. Hall）和温托夫（R. H. Wentorf），以及后来加入的切尼（J. E. Cheney）和包温克克（H. P. Bovenkerk）。邦迪对布立基曼设计的钉锤装置进行了一次修改，由斯特朗将压力提高到接近 70GPa。尔后，1953 年霍尔成功地设计出了能维持一小时以上的，可产生 210GPa 和 5000℃高温的带压（Belt）装置，使高温超高压装置制造的温压条件达到空前的高水平。

1954 年 12 月 16 日，霍尔在一次试验中获得了金刚石。在此后的 15 天内，进行了 27 次实验，有 12 次获得了金刚石。1955 年，这个小组的邦迪、霍尔、斯特朗和温托夫第一次宣布了他们的实验过程，首次公开了可重复合成金刚石的报道。这种成功的方法使用了很高的压力和温度（相信是在金刚石热力学稳定区）以及加快反应速率的熔融金属催化剂（金属触媒）。

1960 年，位于韦斯特罗斯的瑞典通用电气公司（Allmanna Svenska Electriska Aktiebolaget，简称 ASEA，阿西亚）的研究人员利安德（Liander）和隆德布拉德（Lundblad）发表了论文，描述他们在很高的温度压力下，借助各种金属制作的不同形状的容器，由金属碳化物和石墨混合物成功地合成金刚石，加热是用铝热剂或电阻法完成的。他们声称他们首次成功合成金刚石的时间是在 1953 年，比美国通用电气公司研究实验室的成功略早一些，不过当时并没有公开发表。

1957 年末，美国通用电气公司研究实验室开发的合成方法已经较为成熟，能批量生产金刚石，产量稳定，与天然品价格具有竞争性，可以作为砂轮生产的原料了。而多个国家也开启了人工金刚石研究工作，见表 5-1。

至此成功开启了金刚石人工合成时代。从此以后，人工金刚石在砂轮行业的应用获得了巨大成功。后来随着技术的逐步改进，金刚石粉、砂的粒度有所加大，不同规格的金刚石粉砂在锯片和钻头等方面的应用极大拓展，补充了因天然金刚石产出不足造成的市场缺口，并且价格上比天然金刚石粉更具有竞争力。

表 5-1　各国首次成功合成金刚石的时间

国家	开始研究时间	研制成功时间	投入生产时间
瑞典	1940	1953（难证实）	1962
美国	1940	1954 年 12 月 16 日	1957
南非	1955	1959	1961
苏联	/	1960	1962
爱尔兰	/	/	1963
日本	1959	1961	1963
中国	1961	1963 年 12 月 6 日	1966
德国	1960	1964	1967

资料来源　谢有赞，《金刚石理论与合成技术》，湖南科学技术出版社 1993 年版。

三、世界金刚石合成的装备

人造金刚石生产初期，生产方法均为模拟金刚石天然形成条件的高温高压法。因此所用的设备也是以创造高温高压条件为目的设计的。产生超高压高温装置的种类很多，用于人造金刚石生产的装置有三种：两面顶压机（包括年轮式两面砧和双面凹砧型装置）、分离球温压装备、六面顶压机。在晶体生长领域有一种重要的方法，就是化学气相沉淀法。化学气相沉积，是通过含有薄膜元素的挥发性化合物与其他气相物质的化学反应产生非挥发性的固相物质并使之以原子态沉积在置于适当位置的衬底上，从而形成所要求的材料。1879 年，克鲁克斯发现了等离子体后，等离子体技术得以发展，也使得活化等离子体沉淀生产金刚石膜成为可能。如今微波等离子体化学气相沉淀法（MPCVD）已经成为合成大单晶金刚石膜片的重要方法。下面以这种方法（MPCVD）为例，介绍 CVD 合成钻石的有关装备。

1. 两面顶压机

（1）以西方工业发达地区为代表的年轮式（采用多层钢环或多层钢环加扁钢丝缠绕）两面砧（Belt）装置。主要特点是：①采用锥形压砧；②采用重大质量支撑原理；③采用叶蜡石作传压介质和密封垫，以及绝热、绝电的介质；④采用两向轴向压缩，减少压力梯度的影响，增加了试样的尺寸，使装置稳定达到 10GPa、2000℃工作数小时。1954 年和 1957 年，美国通用电气公司用这种装置合成出金刚石和立方氮化硼，开创了超硬材料发展的新纪元。

（2）以俄罗斯为代表的双面凹砧型装置。工作原理及其特点：双面凹砧装置是根据双面对顶砧装置的工作原理发展而成的，它吸收了多砧压缸式等高压装置优点。该装置的简单工作原理是，当用压机对凹砧施加压力时，两砧相对运动逐渐闭合成一腔体，同时凹窝中的叶蜡石容器受压后产生塑性变形，部分流出凹窝，进入两砧间的间隙。与此同时密封圈受到塑性变形，形成密封垫阻止叶蜡石容器从高压腔中挤出，随着压机负荷的升高，凹砧继续闭合，进一步压缩叶蜡石容器而产生高压。该装置的主要优点是：结构简单，操作方便，无须压缸，硬质合金用量少。

2. 分离球温压装备

该装备（见图 5-1）也曾是俄罗斯的代表设备。原理结构见图 5-2、图 5-3。

图 5–1　分离球（BARS）整体图

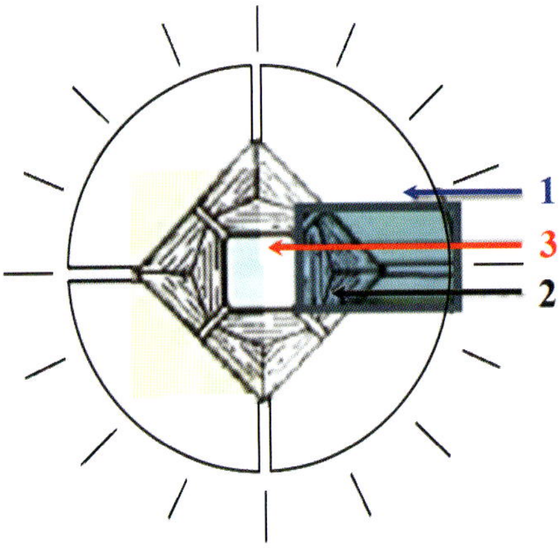

图 5–2　“分离球”装置内部的简略示意图
(1) 外部一组铁砧（外轮廓为球体）构成八面体形空腔；
(2) 内部一组硬质合金钢砧（外轮廓为八面体）构成立方体形的中心空腔，生长腔就嵌控在该腔体中；
(3) 承压部件（反应腔，见下图），钻石在其内部形成。

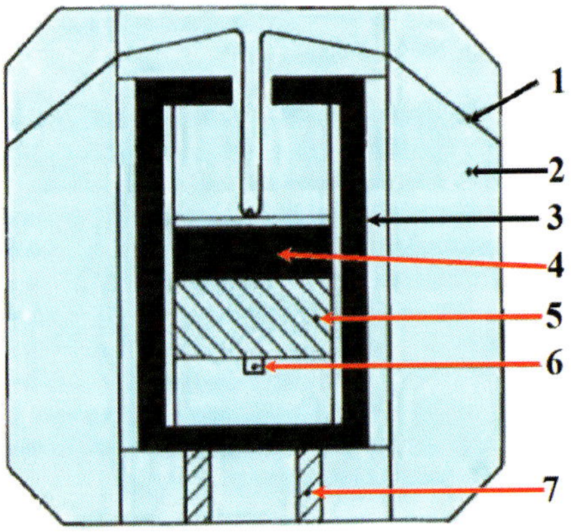

图 5–3　“分离球”系统金刚石生长容器的构成简略示意图：
(1) 热电偶；(2) 容器，也就是压力传递媒介；(3) 热源，即加热元件；(4) 碳源，也就是石墨；(5) 金属助熔剂 / 催化剂；(6) 种晶；(7) 供电系统，即电路

3. 以中国为代表的铰链式六面砧装置

即六面顶设备，将在下一节详细介绍。

上述三类高温高压装置虽然各有各的特点，但更被超硬材料工业生产所关注的装置是

年轮式两面砧装置和铰链式六面砧装置。中国第一颗人造金刚石就是在年轮式两面砧装置上研发出来的。在中国人造金刚石工业发展的初期，曾从国外引进过两面砧装置（两面顶），初步形成了两种类型装置在中国同时发展的格局。不过无论是国产的还是引进的年轮式两面砧装置，发展都有欠缺，因而铰链式六面压砧装置后来在中国一统天下。虽然两面顶在中国没有大规模普及，但客观地讲，这种类型装置对中国人造金刚石工业的发展还是有一定的借鉴和促进作用的。特别是中国人自己制造的61型“两面顶”，为拉开中国人造金刚石科研与生产的序幕立下了汗马功劳。应永载中国超硬材料发展史册。

4. 化学气相沉淀法合成金刚石的装备——以MPCVD法为例

微波等离子体CVD制备金刚石膜片的设备分为三代。第一代为石英管式装置。第二代为石英钟罩式和不锈钢反应室式。这两代装置除用于制备金刚石膜之外，还广泛地用于微波等离子体的其他应用领域的研究和开发，在各种薄膜制备、刻蚀与清洗、表面改性处理等方面有极为广泛的应用。第三代为大功率制备金刚石膜片的专用装置，用于金刚石膜产品的大规模生产。目前在国际市场上，石英管式装置的价格为每台几万美元，石英钟罩式和不锈钢反应室式为几十万美元，而大功率专用设备高达几百万美元。

MPCVD沉积装置从真空室的形式来分，有石英管式、石英钟罩式和带有微波窗的金属腔体式。从微波与等离子体的耦合方式分，有表面波耦合式、直接耦合式和天线耦合式。

石英管式设备当功率较大时，石英管会受热软化，因此该类反应器的微波功率受到限制，一般小于800瓦。

石英钟罩式设备用钟罩形（或杯形，盘形）石英窗，不锈钢反应室式设备用圆形平板石英窗，所以石英窗是两种能通过微波并隔离大气与真空环境的微波等离子体装置的关键部件。从形成清洁环境和等离子体的分布等方面来看，两者各有优缺点。钟罩形石英窗优于圆形平板石英窗；从制造成本和石英窗的散热冷却方面来说，圆形平板石英窗优于钟罩形石英窗（钟罩面积大）。制备金刚石膜的基体温度通常为600 ℃ ~ 1200 ℃。对于较高功率的装置，不锈钢反应室（用圆形平板石英窗）可加水冷夹套，使得设备制造成本偏高。在1000 ℃以下石英制品的长期使用是稳定和安全的。如果反应室由不锈钢底盘和石英钟罩以及金属圆筒形微波腔构成，则制造成本可明显下降。所以微波功率在2千瓦以下的石英钟罩式装置是一种性价比较好的设备类型。化学气相沉淀法合成钻石装备见图5-4所示，CVD法合成钻石原理简图见图5-5。

图 5-4　化学气相沉淀法合成钻石装备

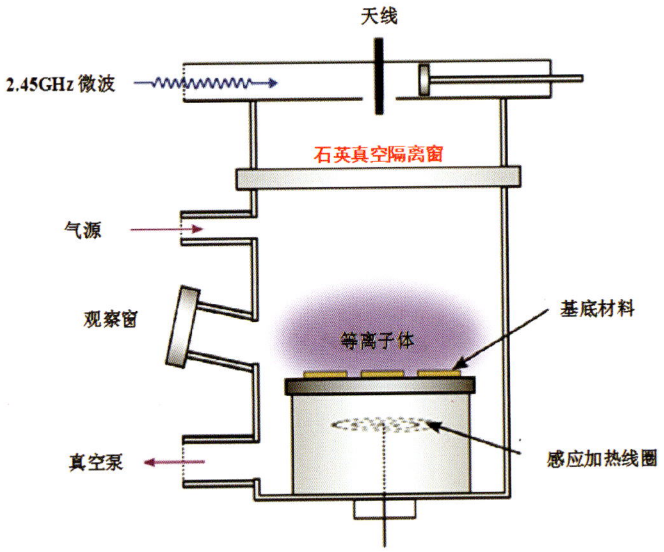

图 5-5　CVD 法合成钻石原理简图（圆形平板石英窗罩型微波等离子体装置）

第二节 中国探索人工合成金刚石的过程

一、中国人工合成金刚石的创始过程

国外在合成金刚石上的成就，说明金刚石用人工生产不再是不可逾越的课题，尽管当时这种技术对中国来说是完全封锁的。然而，先行者的成功之例，对中国来说在这方面进行尝

试，已不再是不可行的事。国家领导人和科技工作者对合成中国自己的金刚石都增强了决心和信心。

随着中国国民经济的发展，高硬度、难加工材料不断出现，机械加工、地质勘探、石油开采、冶金、电子工业和军工系统对金刚石的需求日益增多。而中国相比美国虽然有金刚石矿，但仍属于天然金刚石矿源稀少的国家，开采量更是远远满足不了需求，在那个众所周知的年代，特别是1960年中苏关系的破裂和非洲的刚果事件，使得我国进口金刚石几乎处于停滞，而很多精密制造和国防工业亟须工业金刚石。在这种内外交困之际，寻找新的金刚石来源迫在眉睫。地质科学院（以下简称地科院）首当其冲责无旁贷，在朱孝成院长的急切号召下，姚裕成（地科院矿物原料综合研究所）在苏联实验矿物学的启发下，大胆提出了人造的想法，提出采用模拟天然金刚石成因条件，在实验室建立超高压高温装置，仿天然陨石中伴金刚石的Fe、Cr、Ni成分做触媒，大胆设想三年内人工合成出金刚石！

项目的关键是落实超高压高温装置。当时的地质部何长工部长深知难度和重要性，协调第一机械工业部，提出了设计加工制造能产生6GPa、2000℃高温条件的设备。

在此背景下，1960年10月，国家科委将“人造金刚石试验研究”项目下达给第一机械工业部，一机部科技司将任务下达到部属的北京通用机械研究所（现中国工业机械集团有限公司下属的合肥通用机械研究院），由北京通用机械研究所承担该项目。这一保密性极强的尖端科技项目，被命名为“121课题（通用机械研究所第1研究室高压2组No.1课题）”，由北京通用机械研究所的练元坚负责，于1960年底正式组织开始研究，练元坚与姚裕成对高压装置进行讨论期间，请教了自美回国的第一机械工业部机械科学研究院雷天觉教授，1955年成为为中国科学院技术科学部首批学部委员（即现在的中国科学院院士）的雷天觉教授在美期间曾见过两面顶压机（Belt带压机）可产生超高压，但对装置中的“Pyrophyllite”不了解，也不知道其功能。地科院熟悉Pyrophyllite是叶蜡石，具有良好的传压性、机械加工性、耐热保温性、绝缘性以及密封性，所以叶蜡石的准备可以由地科院解决。

1961年，北京通用机械研究所和地质部地质科学院联合正式启动人工合成金刚石项目。

通用机械所先试制了一台简易凸凹模装置，由地科院方面探索温度和压力测量监控，并得到了中国科学院物理所何寿安、沈主同先生的指导。期间，通用机械研究所刚刚从苏联学习归来的胡恩良开始设计并试制“61”型带压（Belt）装置，胡恩良成为项目负责人。

“121课题”的主要负责单位是第一机械工业部北京通用机械研究所，合作单位是地质部地质科学院，郑州磨料磨具磨削研究所参加了部分工作。

根据各自的专业优势，当时参与单位在课题中的分工及人员组成是：北京通用机械研究所负责制造高温高压设备、压力测量及全盘组织工作。人员有练元坚（项目早期负责人）、胡恩良（61型压机设计者，项目主要负责人）、徐锦枫、张永华、金秋野、柳开忠和杜福昌。地质科学院负责合成工艺、传压绝缘材料的选择，如叶蜡石等，以及测温工作、石墨成型。人员组成有姚裕成（组长）、熊文松、周纪堂、孙荣传。郑州磨料磨削研究所负责合成工艺及分析。人员有于鸿昌、王光祖、余志超、卢飞雄、余征民和李进保。虽然工作有分工但不分家，在统一指挥下，相互交叉互动，充分发挥参与方的专业基础和人才优势，全力合作。试验地点确定在北京通用机械研究所内。

20世纪50年代末，北京通用机械研究所曾建立过油压为200kg/cm^2（约20MPa，1kg/cm^2=98.07kPa）和6000kg/cm^2（约0.6GPa）的试验系统，并做了不少高压高温工作，使该所承担超高压装置具有了技术优势。

项目开始不久即接替练元坚担任项目负责人的胡恩良设计了61型（即1961年设计制造的年轮式两面顶压机）超高压装置，该装置解决了强度计算和材料选择两大难题，由通用所实验工厂反复实验制作出达到设计要求的装置，可承载6万大气压和1300℃高温。1962年，练元坚考虑到61型装置过于复杂、加工难度大的情况，设计了62型装置，但组装实验时均告报废，经过分析于1963年上半年重新启用61型两面顶压机。其时全国人工晶体学术会议上，顶着项目攻关压力的胡恩良宣布：1963年一定能够合成出人工金刚石！

课题研究期间，苏联于1961年宣布（1960年）成功合成出人工金刚石，日本于1962年也宣布（1961年）成功合成出人造金刚石，而美国的人造金刚石合成方法也已经公开发表，有关的信息为项目组提供了一些思路。

相关准备工作基本完成之际，各方基本确定了最终的实验方案：通用机械所采用镍与合金（铁、铬、镍，选用这些金属是因为陨石成因的金刚石常伴有这三种金属）触媒，与石墨片交叠组装成块；地科院姚裕成也准备了几套组装件；而磨削所用纯镍与石墨组装。1963年12月5日，通用机械所的徐锦枫获得了铋铊钡点压力曲线，至此万事俱备，准备开启试验。胡恩良决定12月6日进行合成试验，一共进行了4次。通用机械研究所的胡恩良、许锦枫、张永华和杜福昌，地科院的姚裕成，熊文松，周纪堂，孙荣传等，磨料磨具磨削研究所的王光祖、卢飞雄和李进保等参加了当天的试验。样品经地科院岩矿室邓楚军进行了近10个常规项目的检测，所有数据均与天然金刚石相同。由于事关重大，结果经中国著名地质学家、矿物学家蒋溶审定，肯定确实是金刚石。

试验后试样还由磨削所的于鸿昌带回郑州去分析，10日于鸿昌自郑州向北京发出电报，晚上9点，胡恩良和唐梓敬在北京天桥邮局译员的帮助下获知“发现有D线谱”。第二天将此信息向所、部领导汇报后，按照部科技司领导指示，将该样品送请北京钢铁学院金属物理实验室进行物相验证，结果也肯定了金刚石的存在。对所得产物经酸处理和重液分离后得到了粒径20~30μm的黄绿色金刚石晶体。

此后又做了几次试验，由胡恩良亲自送到郑州去分析，结果也有“金刚石线谱”。而地科院姚裕成也了准备几个试样，在通用机械研究所把 62 型压机再组装起来，进行试验，获得的实验样品是由地科院自己分析的，也得到了“金刚石”。除去 12 月 6 日的试验外，此后这些重复试验共进行了八次，有四次有金刚石，最大一颗 0.7mm。12 月 30 日，将正式报告送到第一机械部和国家科委。

1964 年，中国科学院张劲夫院长宣布，人造金刚石合成方面第一机械工业部走在了中国科学界的前面，率先成功。需要说明的是，当时中国科学院物理所的何寿安也进行了有关实验，后来他们把保留的样品拿去分析，也发现有金刚石。

1964 年初，“121”课题组获得国家科委一等课题奖。

1964 年，“121”课题组在原有 61 型设备解决合成金刚石的成功率（获得金刚石的试验次数占总试验次数的比例）和转化率（石墨转换成金刚石的比例）存在的问题时，进行了 120 次试验，生产出 30 克拉一小批金刚石，并制作了砂轮，进行了磨削试验，磨削效率较天然的高 40%，这是中国破天荒第一次获得的 30 克拉人工产品，也是科研成果转换为生产力的起点，顶锤寿命也超过 100 次。生产成本方面，每克拉金刚石低于 10 元人民币（低于当时的进口价格）。研究成果得到成功转化，成了可付诸工业生产的技术力量。

项目收尾阶段，第一机械工业部和地科院商定以一机部和地质部合作名义上报成果。由地科院写工艺报告，提供金刚石样品，进行成果上报。一机部通用机械所则上报“61”型高压装置成果。具体为：

地科院：姚裕成、熊文松、周纪堂、孙荣传等，（1）人造金刚石研究报告；（2）超高压测量试验研究报告；（3）加温及测温试验报告，见中国《科学技术成果公报》第 10 期（总 12 期），档案号 002313，1964 年。

通用机械研究所：胡恩良等，人造金刚石“61”型设备设计试制试验研究，中国《科学技术成果公报》第 10 期（总 12 期），档案号，001778，1964 年。

1965 年 10 月 27 日，“121”课题通过国家级科技鉴定，国家科委于当年正式出版《人造金刚石试验研究报告》，至此中国人造金刚石攻关项目研究课题圆满完成。

1965 年 1 月至 10 月，中国人工金刚石产量是 480 克拉。

1978 年课题获全国科技大会表彰奖。

此后中国高温高压法人工合成金刚石相关项目于 1989 年、2011 年度两次获得国家科技进步二等奖。

另一种人工合成金刚石方法化学气相沉淀法在中国也取得了突破和发展，1998 年“金刚石膜制备及工具应用”获国家科技进步二等奖。

二、“中国制造”的骄傲代表——六面顶压力机的诞生过程

原地科院姚裕成、熊文松、周纪堂、孙荣传在金刚石合成成功后调入原建材部北京人工晶体研究所，继续从事两面顶压法人工合成金刚石的研究工作，先后构建了人造金刚石专用 3000 吨压机，研制了 10MN（兆牛）、25MN、60MN 合成金刚石专用压机以及具有自主知

识产权的 10MN 和 25MN 级钢丝缠绕超高压模具。

胡恩良完成了“61 型”超高压装置（年轮式两面顶压机，Belt 高温超高压装置）后，1962 年开始考虑工业生产型设备，收集资料写了《超高压高温设备发展趋势》一文，提出了铰链式六面顶压机是适合工业金刚石生产的设备。1963 年底“121 课题组”成功获得合成金刚石时，他就已经开始设计 6×300 吨和 6×600 吨的二套压机。

中国人造金刚石合成成功后，根据第一机械工业部的安排，郑州磨料磨具磨削研究所的科研工作者转战济南并安营扎寨，与位于济南的“第一机械工业部铸造锻压机械研究所（1971 年改名为济南铸造锻压机械研究所，现济南铸造锻压机械研究所有限公司）”密切合作于 1964 年 4 月开始 DS-023 型铰链式六面顶压机的设计工作。

1965 年 4 月，第一机械工业部正式下达了由国家科委批复的“关于人造金刚石中间试验计划任务书”，要求在郑州磨料磨具磨削研究所建成人造金刚石中间试验基地。参加中间试验的单位有第一机械工业部部属研究所：郑州磨削所、济南铸锻所、上海材料研究所。由磨削所全面负责，并负责合成工艺、原材料加工工艺、产品分选工艺和物理、化学检验方法的研究，磨削所参与攻关的有：王光祖、余征民、余志超、李进保、邵德厚、闫聚武、孔令春。济南铸锻所负责设计、试制六面顶超高压合成装置，济南铸造锻压机械研究所参与人有：闵学熊、陆乃琨、王留德、温效康等。北京通用机械研究所胡恩良，早在 1963 年设计了 6×300 吨和 6×600 吨的二套六面顶压机图纸，也根据机械工业部的指示，于 1964 年 6 月将其转交给济南铸锻所，并向济南铸锻所做了全面的技术交底。上海材料研究所负责硬质合金顶砧的研制。

济南铸锻所在郑州磨削所的配合下，自制试验台，反复做试验，进一步改进完善了胡恩良的设计方案，在多家兄弟单位的大力支持下，仅用了一年多的时间，于 1965 年 8 月，就成功制造出了具有中国独特风格的 6×600 吨（或写作 600/3600 吨，6×6MN）DS-023 型铰链式六面顶人造金刚石液压机。这是具有中国特色的铰链式六面顶金刚石合成装置试制成功的重要标志。

第一机械工业部作为发展人造金刚石工业的具体组织领导机构，组织郑州磨料磨具磨削研究所、济南铸造锻压机械研究所尽快实现了设备研制成果向生产领域的转化。经过半年的重复性合成工艺试验，金刚石合成趋于稳定，于 1966 年 6 月 7 日，该六面顶合成装置由济南起运，10 日到达郑州磨削所。

1966 年 7 月 3 日，郑州磨削所启用该台设备进行人造金刚石生产。当年，人造金刚石产量就达到了 10000 克拉，人工金刚石产量较使用两面顶设备的 1965 年激增 20 倍。金刚石合成实现真正意义的批量生产。

此后磨削所又研制成功了立方氮化硼、聚晶金刚石与复合片，以及一系列的超硬材料制品。当时，这些成果都迅速转移扩散得以推广。1966 年 10 月，第一机械工业部批准在贵州省贵阳市郊建设中国第一家人造金刚石厂——第六砂轮厂，由郑州磨削所提供全套工艺设计、技术资料，并负责人员培训工作。这是中国人造金刚石工业化生产的开端。铰链式六面顶金刚石合成压机，奠定了中国人造金刚石工业化生产的基础。

特别值得纪念的是1966年6月10日运抵郑州磨料磨具磨削研究所的我国第一台铰链式六面顶人造金刚石液压机，于1995年运行30年后退役，共合成约150万次，被称为功勋压机，退役时被安装在郑州磨料磨削研究所大院，现安装于郑州磨料磨具磨削研究所新址郑州高新技术产业开发区，见图5-6。

图5-6　中国第一台铰链式六面顶人造金刚石液压机

尽管六面顶压机的试制与中间试验中有过大量修改，2009年，国内也有机构申请了所谓的国际专利，但胡恩良是中国铰链式六面顶压机当之无愧的原创设计人，陆乃琨、王留德等济南铸锻所设计者们的功绩也不可磨灭，他们为了将胡恩良的图纸付诸生产制造，做了大量可行性修改，甚至加入了大量新的设计，从而解决了加工及安装过程中所出现的诸多难题。第一台铰链式六面顶压机的问世，凝聚着他们的智慧和辛劳，是他们在世界超高压装置上做出了开创性的贡献。近20年来，这种设备所产人工金刚石的年产量远远超过了其他各类设备的产钻量，甚至近10年以来一直超过了其他所有方法生产的人工金刚石量的总和。近几年世界上屡屡打破粒度和品质记录的切磨好的宝石级合成钻石，也是采用六面顶技术生产出来的。中国最成功的宝石级大颗粒合成钻石，也都是用中国的铰链式六面顶压机制造出来的。因此这种由中国人设计、中国研制团队集体创制的高温超高压设备成为中国制造的骄傲。

铰链式六面顶压机（图5-7）是超高压油压机，可从六个方向向立方体中心（图5-8）加压，形成高压容腔（图5-9）。因此高压容腔内各点压力比较均匀。由于高压容腔呈立方体（图5-10），故容积较大（与边长相等的四面顶设备的容腔相比，容积比为2.5:1），有利于大颗粒人造金刚石的生长，且单次合成的产量较高。在设备中，上、下两个相对的顶锤上，接上加热电源对合成棒进行电阻加热，建立金刚石生长的压力与温度条件。

图 5–7　铰链式六面顶高温超高压液压机主机

图 5–8　六面顶压机用 6 个顶锤从六个方向向立方体中心加压

图 5–9　六面顶压机受压部位的高压容腔

图 5–10　立方体高压容腔（右），左侧为承压校正块

六面顶压机采用超高压油压进行工作，采用电液控制的液压传统，具有调整、分段及半自动循环三种工作规范。具有质量轻、体积小、结构简单、操作方便、生产率较高等优点。目前普遍使用于中国金刚石制造业，并大量出口国外。

整台设备包括主机、增压器、液压传动装置、控制台、控制电器和电加热系统等五个主要部分。

第三节 金刚石的合成过程

一、HPHT 法宝石级合成钻石合成过程——以中国六面顶压机为例

宝石级金刚石指高品质单晶金刚石，一般称钻石。中国一般采用高温高压方法合成，温压条件接近 5.4GPa 和 1360℃（甚至高达 1450℃），通过温度控制，在高压容腔中，温度低的部位生长金刚石，所以这种方法又称为温度差法。基本生长原理是：碳元素在熔剂中高温区溶解度高而低温区溶解度低，从而驱动过饱和的碳沿种晶外延生长，形成在该特定温度区域内的稳定晶体金刚石，见图 5-11 示意。

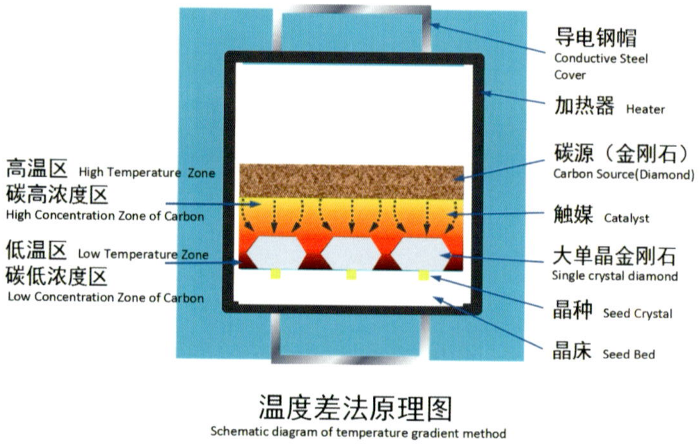

图 5-11 HPHT 法合成金刚石生长原理

合成钻石的生产过程大致有以下几个步骤：

原料准备、装料升温升压、晶体生长、降温降压获取晶床、晶体提纯、选型分类，如图 5-12。

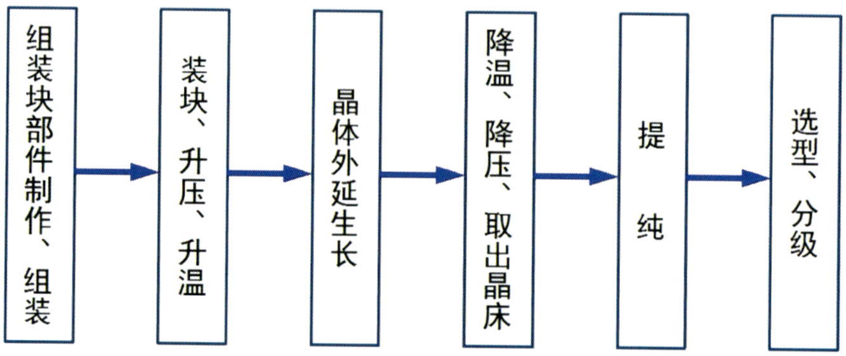

图 5-12 HPHT 法合成钻石生产过程

具体来说，组装块部件制作包括：石墨加热器的切削加工、触媒线切割加工、叶蜡石复合块成型加工，制作完毕后，对各部件进行组装。

而装块前要对各个顶锤进行清理，装块时让容腔导电钢冒与上、下两个顶锤接触。设定温度、压力，设定温压上升速度。温压达到金刚石相对稳定区域后，建立温度梯度，促成金刚石的生长，金刚石生长过程示意见图 5-13。

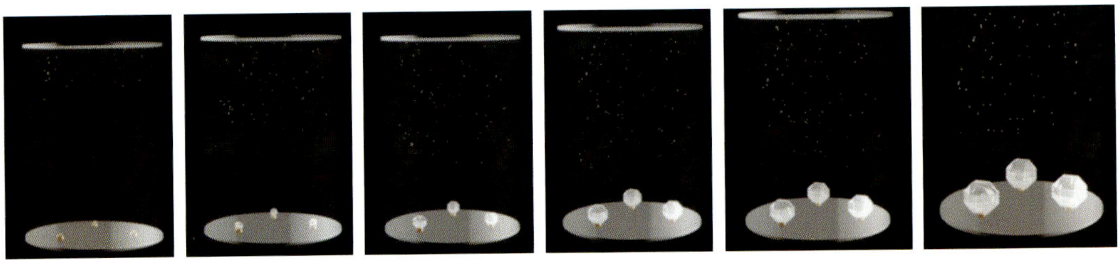

图 5–13　宝石级金刚石沿种晶外延生长示意图

根据经验，认为石墨—金刚石转化率、金刚石粒度满足生产期望时，进行降温降压控制，由于降温降压将导致容腔中离子不再具有活性，因此意味着金刚石生长停止。监控系统表明压力完全释放，叶蜡石容腔达到室温后，打开铰链模块，让顶锤松开容腔，取出组装块，击碎容腔，获得金刚石晶床，见图 5-14、图 5-15。

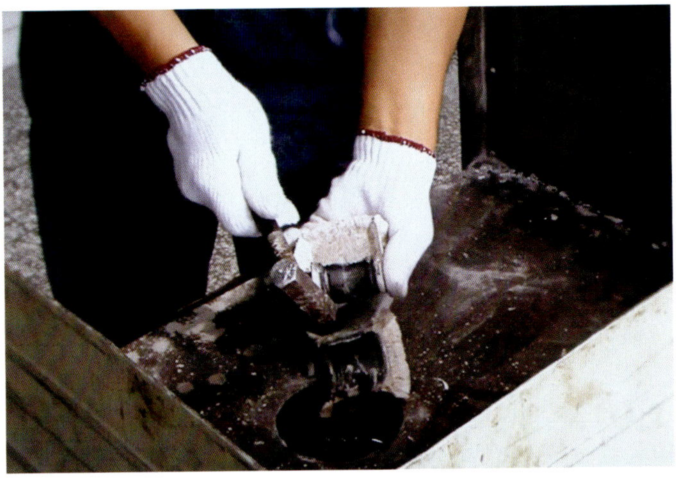

图 5–14　击碎容腔获取晶床

图 5–15　HPHT 法生长后得到的金刚石晶床

然后从晶床中分离出金刚石，见图 5-16、图 5-17。分离的方法有酸溶解法和电解法。前者由于废液处理对环境不友好、工人操作危害性大、工厂危险品存取使用易出现事故而较少被采用。所以多数是采用电解法分离，对于 HPHT 法金刚石生长过程而言，分离金刚石的过程的耗电率微乎其微。

图 5-16　尚带有种晶的 HPHT 合成钻石，粒径约 3mm。

图 5-17　HPHT 法生长的合成钻石

电解槽中晶床作为阳极，电解完成金刚石沉积与电解槽底部。对获得的金刚石颗粒按照大小、晶型、颜色、净度进行分类。

HPHT 法合成磨料级金刚石与宝石级合成的差异在于，前者是自发成核生长，而后者需要种晶，前者金刚石产生、生长示意见图 5-18。

图 5-18　从左到右：HPHT 容腔中金刚石自成核结晶过程示意图

二、CVD 法宝石级钻石合成过程——以微波等离子体 CVD 制备金刚石为例

在 CVD 沉积金刚石膜片的过程中，物理过程和化学过程是十分复杂的，但其中又都有密切相关的特征。参见图 5-5，反应气体（以 CH_4 和 H_2 为例）在扩散到基片表面前先混合，在扩散途中，反应气体要经过一个激发区（即热丝或微波放电），气体粒子在那里获得能量而激发，分子经激发变成反应粒子、原子、离子和电子，并加热到数千摄氏度，经过激发区后这些反应粒子继续混合并经历一系列复杂的化学反应后到达基片表面。这时，反应物中有的被吸附并与基底表面发生反应，有的被脱附重新进入游离态中，或扩散到基片近表面徘徊直到有合适的反应点。如果所有的条件适宜，这种表面反应的产物就会是金刚石，产品如图 5-19 所示。

图 5–19　CVD 合成钻石

从该方法的原料看，均为易燃易爆气体，而反应条件加剧了燃爆等生产安全事故发生的可能，更有可能引发整个厂区的损毁和相关人员的伤亡，由此阻碍了中国该方法的规模化生产。目前中国从事 CVD 法生长金刚石的设备主要在高校和科研院所中，设备量少，产物多用于机构自身研究用；极个别的工厂有在用该方法生产膜材，而生产宝石级金刚石的产能尚远远低于 HPHT 法。

用化学气相沉积金刚石薄膜是让碳粒子在较低的温度和压力下合成金刚石的，在这一过程中，为了保证金刚石的生长，基片表面大量存在的原子氢起到了重要的作用：1. 原子氢防止表面石墨化；2. 原子氢对石墨的刻蚀能力远远大于对金刚石的刻蚀，大量原子氢不停地将生成的石墨刻蚀掉，留下金刚石，从而使得金刚石薄膜得以不断地长大；3. 原子氢能有效地与碳氢化合物反应，生成大量有利于金刚石薄膜生长的中间媒质。这一过程中暗含的一层意思是：CVD 法的条件有利于石墨形成而不利于金刚石产生，所以该方法金刚石生长速度较慢，且容易残留石墨从而造成晶体缺陷；氢可以通过对石墨和金刚石刻蚀速率的差异，逆转沉积物的残留物——金刚石；但氢对金刚石也有刻蚀作用，因此氢的量需要严格控制。

从图 5–19 的可以看出，CVD 法生长后的实际钻石晶体表面并不完美，这意味着生长的晶体存在缺陷，这种缺陷导致当前技术下生长的钻石很薄，以纳米级 ~ 亚毫米级居多。

由此可见，CVD 法合成钻石与 HPHT 法合成钻石乃至八面体形态的天然钻石其通常的外延生长习性不同，如图 5–20。

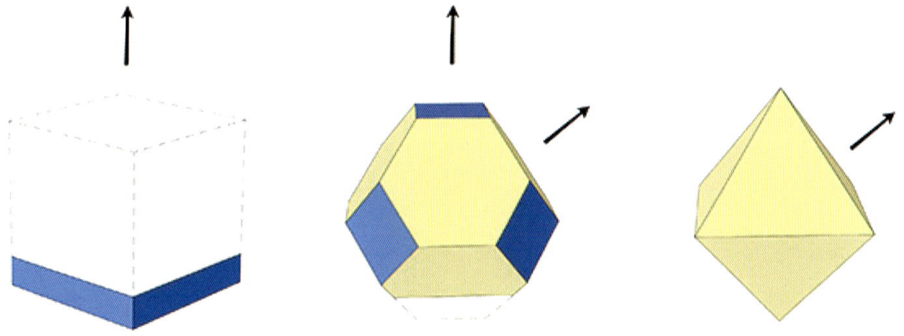

图 5-20　CVD、HPHT、天然钻石理想生长模式

就理想晶体而言，天然金刚石八面体一组面外延，HPHT 合成晶体八面体和立方体两组面外延，CVD 合成钻石则是在一个平面上单向生长。

就 CVD 法而言，为了增加合成金刚石的大小，可将 CVD 合成的金刚石进行精密抛光，以其为种晶——基片，放入生长腔中再次生长，往返多次，可使最终获得的晶体厚度达到厘米级。目前有证据表明，上市流通的一些宝石级合成钻石，经历了可能多达十几个期次的生长。

不同领域需求不同，有些光学器件不需要很厚的金刚石，却要求金刚石膜片有较大的直径，可将多粒种晶在一个平面上进行严格的拼接，以此可以生长出直径超过 10 厘米的金刚石圆片（板），显然这种巨大直径的金刚石板材是天然钻石和高温高压合成钻石迄今为止难以企及的。

第六章　钻石毛坯的贸易过程

第一节　金刚石的分类

上文已提及，合成钻石毛坯的分类主要依据大小、晶型、颜色、净度进行划分，以便于不同需求领域做出合适的选择。

贸易领域会对金刚石进行细分，但这个分类不是根据含氮与否分出 I 型 II 型，而是按照其预期用途进行划分。从本质上来说，金刚石的分类遵循矿物学分类原则，国际普遍接受的是苏联矿物学家奥尔洛夫在 1965 年创立的分类方法；国际贸易中则必须遵循国际海关组织（World Customs Organization，WCO）制定的《商品名称及编码协调制度（The Harmonized Commodity Description and Coding System， HS）》，并将此作为征税分类依据；对于宝石级钻石毛坯，在成员国范围内，还应该遵循《金伯利进程证书制度（Kimberley Process Certification Scheme， KPCS）》；而在成为首饰用途之前的金刚石商贸领域则还有与加工出成率息息相关的商贸及加工分类方式。此处涉及的有关制度因时效性问题可能与现行规定有差异。

一、金刚石的矿物学分类

天然金刚石矿物学分类的依据是结晶形态的不同。结晶形态是按照金刚石固有的标型特征来划分的，标型特征证明金刚石的生长条件（及赋存条件）存在某些差异，特别是单晶的结晶条件不同于多晶集合体，因而应划分为两个独立的成因类型。而单晶的分类可以按照他们结晶生长形态的不同、杂质缺陷的特征以及结晶过程中所有的其他特征来划分；多晶集合体可以按照结构的不同来分类，如全晶粒质结构、放射状结构、隐晶结构等，当然这也对应了其生长条件的差异。由此，金刚石共分为 10 类，其中单晶五类、多晶体五类。

第 I 类晶体无色或浅黄色，透明，塑变会引发颜色的加深，因而也有少量艳黄色或深黄色或塑变引发的淡玫瑰紫或褐色。基本晶体形状是具有平晶面或晶面有台阶纹理的八面体，见图 6-1、图 6-2，少数为接触双晶，受溶蚀可能成假立方体或假菱形十二面体形态，识别这种假象需要认定所有晶体生长面都是八面体面即可，即该类晶体以晶面有不同发育特征的八面体面为典型特点。常规显微镜（无偏光镜）下无带状结构。绝大多数为 Ia 型，但也会有极少数是 Ib 型或 II 型及中间型金刚石（仅占 1%~2%）。N3 普遍，因而晶体普遍带黄调，具蓝色荧光。在所有的矿床中，第 I 类晶体在数量上大大多于其他类别的晶体，甚至比例高达 98%~99%。此类金刚石为深部来源，形成环境温度较高，但碳饱和度不高。金伯利岩

图 6-1 完美的八面体钻石晶体

图 6-2 晶面有台阶纹理的八面体

岩管所产钻石颗粒越大，这类晶体所占比例越小。砂矿则较少产出。

第Ⅱ类晶体颜色为波罗的海琥珀的黄色、橘黄色，偶尔有浅绿色，个别呈咖啡色或褐色。晶体具有平晶面立方体面。受溶蚀的晶体可呈现类立方体、强溶蚀可形成类十二面体，见图 6-3，但该类晶体以有浑圆形晶棱的类立方体为典型特征，透明，常规显微镜下无带状结构。IaA 型，即具有双原子替位氮，且作为顺磁心的单原子氮杂质含量比较高，即接近了 Ib 型。单氮决定了晶体的颜色，单氮浓度决定了晶体颜色的深浅，仅少量样品具有 N3。该类金刚石的生长温度和深度不及Ⅰ类，为母岩上升至近地表时温度骤降、碳过饱和程度加大的最后阶段的产物。各个矿床中第二类钻石的比例不同，但都很稀少。

图 6-3 第Ⅱ类金刚石晶体

第Ⅲ类晶体呈立方体，见图 6-4，少数外形为立方体与其他多面体（八面体、菱形十二面体、立方体）的聚合，为无色或不同程度灰色的半透明晶体，或是几乎是黑色的不透明晶体；简言之，该类晶体以无色、灰色和深色立方晶体为典型特征。存在平行或不规则连生体以及服从尖晶石律的穿插双晶（如图 6-5、图 6-6），所以其内部结构复杂。晶体核心有无色透明区带，而外层有显微包体，恰恰这些包体造成了晶体的深灰色感观，同时显微包体的存在也使得晶体表面可能遭遇严重溶蚀，从而在晶面上会有大量小溶蚀形貌。全部为I型金刚石，富氮，无单原子氮引起的顺磁心，无片晶氮，有的有双原子替位氮。大部分晶体在紫外线激发下都有荧光，为带浅绿色调的特征白光，同时可见光带，晶体内核部位呈淡蓝色而外层呈浅黄绿色荧光。这类金刚石的生长机理大致与第Ⅱ类相似，来源稍深。产于部分原生矿和砂矿中，特别是大粒钻石中。有的岩管中这类晶体占较大比例，比如俄罗斯“艾哈尔”岩管。

图 6–4　第Ⅱ类金刚石晶体立方晶体为典型特征

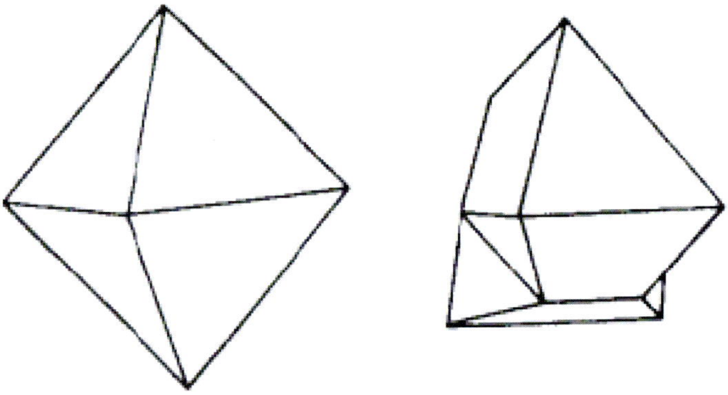

图 6–5　八面体及其尖晶石律双晶示意图

图 6–6　钻石由八面体（左）和六面体（右）分别组成的穿插双晶晶体

第Ⅳ类晶体，又叫有壳金刚石，如图 6-7。皮壳是该类金刚石的典型特征。晶体外层一般是浑浊的乳白色、浅灰色、灰色，带有不同程度的黄色或绿黄色或黑底飘绿色，内部通常为透明的晶体。对晶面分析表明，有壳金刚石平晶面晶体的外形多种多样：有的是八面体，有均匀的晶面或台阶状生长纹理；也有的为立方体形态；还有多面体聚合形态（八面体、菱形十二面、立方体的组合）；罕见的情况是一个外壳内可包裹几个八面体连生体。受溶蚀时晶面上常见很多细微的蚀像，受强溶蚀时晶体呈浑圆形。有壳金刚石内部是透明晶体，具备第Ⅰ类晶体相同的特征；而带色的外壳常含较高浓度的顺磁态氮（单原子替位氮），因分布不均所以外壳的黄色或绿色颜色不均，外壳无片晶氮。根据其内外特征推断该类金刚石的形成分为两个阶段：前期生成属于第Ⅰ类晶体的内核，后期生成外壳。这类金刚石在不同的矿中的比例不同，如俄罗斯雅库特、乌克兰、非洲、巴西的一些矿床常常可见有壳金刚石，有的岩管甚至有壳金刚石的比例高于其他种类的晶体，但也有的矿比如俄罗斯的乌拉尔矿就找不到有壳金刚石，因此根据这类金刚石的比例，有时可以断定某批金刚石的产地。

图 6-7　第Ⅳ类有壳金刚石

第Ⅴ类晶体是深色或者完全黑色的金刚石，其颜色取决于晶体外层中大量的石墨包裹体，即外层饱含石墨包裹体是该类晶体的典型特征。晶体中间部分是无色透明的。与第一类晶体相同，其平晶面晶体为八面体晶面。但受到溶蚀时会呈现曲晶面、浑圆形晶棱和顶角，这时晶体不再是单个八面体形状而呈多面体聚合形态或者典型的浑圆十二面体形态，如图 6-8。带石墨的黑色外层经溶蚀后，会导致有的顶角部位完全透明；而八面体晶面或十二面体的某些顶角还会残留石墨，因此会呈现黑色外层不完整的现象。少数该类晶体为单晶连生体，说明这类晶体有形成多晶连生体的倾向。这类晶体中双原子氮和片晶氮普遍存在，某些样品在紫外光下有荧光。洁净透明的中间部位发蓝色荧光（含 N3），而含大量包裹体的外层则发黄色或黄橙色荧光。

图 6–8　第Ⅴ类金刚石外层饱含石墨包裹体

以上五类涵盖了天然产出的单晶金刚石，而多晶金刚石集合体，则被划分为下列五类。

第Ⅵ类金刚石称为巴拉斯（Ballas），是具有放射状条纹结构的球粒金刚石。所以巴拉斯一般为完全规则的球形，但也有水滴（业界也常用“梨形”表示）状的样品，极硬难以切磨。大多数巴拉斯表面有特殊的花纹，见图 6–9，这些花纹是鉴定巴拉斯的很好的外部特征，据此可以跟那些呈圆球形外表的单晶相区分；断口可见放射状条纹结构，这是鉴定巴拉斯的决定性证据，条纹的大小取决于组成巴拉斯的单晶的大小，小条纹在 X 射线照片上较均匀，而大条纹在 X 射线照片上则呈扇形。巴拉斯有无色、浅灰色至完全黑色，其中也有一些是乳白色、蛋白色的。细小的石墨包裹体是巴拉斯呈现深色的原因，而且包体常常集中在球的外层。当包裹体很多时，巴拉斯色全黑，给人感觉像黑色卵石粒，又像“散弹（霰弹）”，见图 6–10，有人将其称为“弹砂博特（Shot bort，shot boart）”，这种金刚石在讲到宝石学的韧性时常常提到，即黑金刚石。相对密度随颜色加深而降低，无色者约 3.515，黑色者相对密度 3.509~3.480。形成于高温、碳超饱和状态下由单一结晶中心发育而成。巴拉斯稀有，典型的巴拉斯在巴西和南非的开普（Cape）地区有产出，而俄罗斯的乌拉尔砂矿也找到过巴拉斯。

图 6–9　稀少的巴拉斯（3.75 克拉，6~7.5mm），表面有特殊的花纹，巴西产。

图 6–10　巴西产的巴拉斯，黑色者像弹砂。

第Ⅶ类是指半透明金刚石晶体的连生体，如图 6-11，晶体通常呈浅黄色，因其中有缺陷（裂纹及石墨包裹体）而成半透明。组成这些连生体的晶体生长形态是八面体，受到溶蚀虽然平晶面与曲晶面复合，但仍会保持八面体习性，溶蚀加剧会演变成类十二面体。溶蚀晶面上具有很多狭窄的方向各异的侵蚀沟，侵蚀沟沿晶体中大量存在的裂纹而发展，也会沿连生体各单体间的连生面而发展。连生体总的形态不规则，而每个单体的尺寸较大（4~5mm）。俄罗斯此类金刚石很有代表性。

图 6-11　第Ⅶ类金刚石为轮廓不规则的粗粒自形金刚石连生体

第Ⅷ类金刚石晶体是大量晶面较好、尺寸大体相同的小晶体（单粒晶体直径一般小于 1mm）的集合体。用矿物学语句表达为：自形－半自形等粒金刚石集合体。连生体总的形状是椭圆形或球形，很像小晶体的团块晶簇，如图 6-12。组成连生体的个单体生长形态为八面体，常常有台阶状的晶面结构，这造成了假菱形十二面体的发育。一般在这些连生体内部，如果晶体是透明的，就能看到深绿色的核，这个核是形状不规则的金刚石粒的集合体。深色是因为有石墨包裹体，按其结构它属于下一类即第九类。外层由透明晶体积聚而成。在俄罗斯“和平”和“艾哈尔矿”有产出。这类金刚石属于博特（Bort，boart），即粒状集合体。

图 6-12　第Ⅷ类 金刚石等粒自形－半自形（细纹路反映单晶颗粒的形状）细粒金刚石集合体呈球形

第Ⅸ类金刚石也属于博特。但这类金刚石的集合体颗粒为不规则的块状（他形），如图6–13、图6–14，有时颗粒大小（晶粒直径0.02~0.1mm）不均匀。从单个粒状晶体的形状很容易与第八类区分。集合体不透明，呈深灰色即全黑色。X射线下荧光很弱。相对密度3.38左右。这种集合体在多个矿床中有产出。

图6–13　第Ⅸ类金刚石个体颗粒形状不规则、不等大，整体形状不规则（圆孔为人为钻制）

图6–14　2006年3月本书作者鉴定评估的一颗博特金刚石，质量为42.66g（213.35克拉）

第Ⅹ类金刚石被称为卡波内斗（Carbonado）。卡波内斗是隐晶质或微晶质集合体，晶粒通常不大于20μm，具不规则的碎块状，棱角多浑圆化。有的卡波内斗表面无光泽，有的则呈珐琅状光泽；有的像致密的石块具平滑的表面，有的则多孔似炉渣，孔隙常被硅酸盐或铁质矿物充填，见图6–15。卡波内斗不透明且具各种颜色：深灰色、浅绿色、淡玫瑰色、棕色、深棕色以及深紫色，通常表层颜色深，有时外层完全是暗色的而内部颜色较浅。卡波内斗不仅仅在结晶粒度上与其他类金刚石不同，就是组成卡波内斗的同位素组成及结构也与其他所有的金刚石有很大差别，这让人们有理由认为这种结晶形态的金刚石具有独立的碳源和特有的生长条件。包体和孔隙度影响了相对密度，约为3.1~3.4之间，通常为3.15。卡波内斗在巴西大量存在，而委内瑞拉和南非也是卡波内斗较为出名的出产地，俄罗斯乌拉尔和西伯利亚也有发现。有观点认为卡波内斗形成于金伯利岩岩浆冲出地表前的几秒或几分钟内，那时的压力很大但碳源不足。许多研究则认为卡波内斗为陨石冲击成因。

25.79 克拉　　17.20 克拉　　14.65 克拉　　731 克拉

图 6–15　第Ⅹ类金刚石被称为卡波内斗为隐晶质或微晶质金刚石集合体

此外，还有一类以多相共存的多晶形式的金刚石。金刚石与碳的另外两种变体（六方金刚石——朗斯代尔石、石墨）共存。通常无色或浅色样品中朗斯代尔石不超过 5%，深色样品中朗斯代尔石含量高达 20%~30%，而黑色样品中石墨占据 5%~20%。这种材料的 X 射线荧光很弱，当朗斯代尔石含量在 10% 以下时，荧光随朗斯代尔石含量增加而增强，为橙黄色荧光；当朗斯代尔石含量超过 10% 时，荧光强度情况则相反，朗斯代尔石含量达到 30% 时，X 射线下荧光消失。这种材料有天然产出也有人工制造，呈带裂纹的不平滑扁片，或呈表面经氧化溶解形成“溶化”平面的残块。自然产出的这种材料可见于陨石坑中，以俄罗斯雅库特自治共和国的“波皮盖”陨石坑为典型。颗粒大小约 0.1mm，而某些砂矿中发现的大于 1mm 的个体被称为“雅库特石”。有研究推测这类材料是在短时间内遭受冲击压力、绝热加温而形成的，所以又有“冲击钻石”的说法。

对于首饰领域来说，钻石的产地并没有现实意义。然而对于从事毛坯贸易、钻石加工的人来说，认识金刚石，特别是单晶金刚石的分类有重要意义，规格相同、来自不同矿区、甚至不同岩管的毛坯却意味着不同的利润，比如说不同产区的第Ⅳ、第Ⅴ类钻石，皮壳或者外部包裹体层的厚度，会影响切磨抛光钻石的出成率或成品品质。而在贸易相关方执行《金伯利进程证书制度》时，需要对钻石毛坯来源进行判断，这时毛坯的产地判定就尤为重要。

现代贸易的发展，让一些人研究许多矿床的大量金刚石成为现实，通过对不同地区、不同岩管或砂矿的金刚石加以对比，特别是依据上述矿物学特征予以分类，并统计各个类别在该矿产出总量中的比例，以此形成数据库，可作为判断一包金刚石产地来源的依据。

当然，这些数据库对研究某个矿床金刚石形成条件也有重要的意义。因为某一类金刚石具有一定的缺陷及其他标型特征，而这些缺陷、金刚石结晶形态及集合体的结构反映了金刚石在地层深处结晶的序列，而这些取决于矿床形成的温度 – 压力条件等地球物理化学条件。通过对结晶形态和生成条件的对应，一方面深入了解自然界复杂物质环境中金刚石结晶过程的基本情况，探索地层深处的奥秘，让金刚石成为人类窥探地幔的视窗；另一方面为新矿的寻找、勘探提供依据。

因此金刚石的矿物学分类具有重要的意义。

二、国际海关组织对金刚石的分类

1983 年 6 月，世界海关合作理事会（现名世界海关组织）主持制定的一部供海关、统计、进出口管理及与国际贸易有关各方共同使用的商品分类编码体系，叫《商品名称及编码协调制度，简称“协调制度（HS）”。它涵盖了《海关合作理事会税则商品分类目录》（CCCN）和联合国的《国际贸易标准分类》（SITC）两大分类编码体系，是系统的、多用途的国际贸易商品分类体系。HS 除了用于海关税则和贸易统计外，对运输商品的计费、统计、计算机数据传递、国际贸易单证简化以及普遍优惠制税号的利用等方面，都提供了一套可使用的国际贸易商品分类体系。该体系于 1988 年 1 月 1 日正式实施，每 4 年修订 1 次。世界上已有 200 多个国家、地区使用，全球贸易总量 90% 以上的货物都是以 HS 分类的。在现实工作中，为了适用于海关监管、海关征税及海关统计，需要按照进出口商品的性质、用途、功能或加工程度等将商品准确地归入《协调制度》中与之对应的类别和编号。

国际通行的 HS 编码有 22 大类共 98 章（其中第 77 章是备用章），由 2 位（章号即大类）、4 位及 6 位码组成，以芒果为例来说明各位编号的含义：芒果属于“第二大类 植物产品”“第八章（08）食物水果及坚果；柑橘属水果或甜瓜的果皮”“第四类（04）鲜或干的椰枣（1000）、无花果（2000）、菠萝（3000）、鳄梨（4000）、番石榴（5010）、芒果（5020）及山竹果（5030）”，而鲜芒果（01）和干芒果（09）单列，所以新鲜芒果的商品编号就是：0804.5020 01。

所有的金刚石（在《协调制度》中文版中均标为钻石，无论其颗粒大小与品质形态）在 HS 编码中都被列入了“第十四类 天然或养殖珍珠、宝石或半宝石、贵金属、包贵金属及其制品；仿首饰；硬币”中，列“第 71 章　天然或养殖珍珠、宝石或半宝石、贵金属、包贵金属及其制品；仿首饰；硬币”中。

此外，在 HS 编码中，一些特殊用途的金刚石作为某些工具的辅料或专门仪器电气设备的零件也被提及，如第六十八章 68.04、68.05 条目下磨料、磨削、磨具中涉及的金刚石，“第八十二章　贱金属工具、器具利口器餐匙、餐叉及其零件”中某些器具上的金刚石，第八十五章 85.22 有关条目中包括“已加工未装配的唱针用蓝宝石和钻石”，第九十章中“经加工后明显作为仪表、测量仪或其他所列物品零件的钻石”，等等，此时的编码是对这些工具或电气设备进行归类，而不是针对钻石。

三、《金伯利进程证书制度》对金刚石的分类

《金伯利进程国际证书制度》，是指对毛坯钻石进出口贸易所实施的一项监管制度，其目的是为了根除非洲冲突（流血事件）钻石的非法贸易，维护非洲地区的和平与稳定。

该制度由部分非洲国家发起，2002 年 11 月，联合国大会第 55/56 号决议通过了《金伯利进程国际证书制度》，2003 年 1 月 1 日起正式实施。这项制度规定，出口国必须为每一批出口的毛坯和半成品钻石封装，并由出口国政府主管机构签发金伯利进程证书，进口国政

府在验明出口国官方证书无误后，方可准予进口。对未附有金伯利进程成员签发的证明书的毛坯钻石进口以及面向非金伯利进程成员的毛坯钻石的出口都是禁止的。金伯利进程面向所有愿意并且有能力落实其制度的国家开放。截至2013年8月，金伯利进程有54个参与机构，涉及81个国家（其中欧盟的二十多个成员联合作为一个国家单位），金伯利进程会员掌控了全球99.8%的毛坯钻石。

为履行中国的国际义务，制止“冲突钻石”非法交易，维护非洲地区的和平与稳定，根据联合国大会第55/56号决议，中国政府由当时的国家质检总局、海关总署、外经贸部、国家经贸委、外交部、国土资源部于二〇〇二年十二月二十九日联合发布公告，自2003年1月1日（即金伯利进程制度实施首日）起在中华人民共和国实施金伯利进程国际证书制度。根据有关法律文件，中国政府授权香港特别行政区自2003年1月2日开始实施金伯利进程证书制度。

根据中国政府的公告，归类在《商品名称及编码协调制度》7102.10、7102.21、7102.31项下的毛坯钻石，属于《中华人民共和国货物进出口管理条例》中限制进出口货物，其进出口仅限于金伯利进程成员国之间进行。

该制度不涉及合成钻石（HS编码71.04）、粉末金刚石（HS编码71.05）、用贵贱金属镶嵌成首饰的钻石（HS编码71.13）以及全部用钻石制的物品（HS编码71.16）。尽管有媒体曾报道过一件用钻石打磨成的指圈戒指，但该报道涉及的“钻石”的真实性、成因有待考证。所以就迄今为止的历史记录来说，HS编码71.16中的产品（如和田玉手镯、翡翠摆件等）实际涵盖不到钻石制产品。

在HS71.02名目下，涉及工业用钻石和非工业用钻石。一般来说，除了首饰用途之外，在机械制造、电子技术、建筑工业、石油开采、医学、光学、矿产开采等工业领域应用的钻石，被称之为工业钻石。在常见的钻头、锯片、磨料磨削等领域使用的工业钻石，通常对颜色、净度、晶体结构等要求不高，所以常选用不适合做首饰的较低档的毛坯金刚石。但是有些领域，如手术刀、传感器、光电零件等对钻石的品质有一定的要求，甚至超过一般宝石用途，这时工业钻的品质就非常高。所以工业钻并非全是净度、颜色、晶体结构差的钻石，这一点在HS编码释义中有说明。

因此，金伯利进程证书制度并非仅仅针对宝石级的天然金刚石。可以说，天然金刚石毛坯（含经简单锯开、劈开或粗磨），只要不是粉末，在金伯利进程成员国间进行交易，都应该履行《金伯利进程证书制度》。

而经过抛光、钻孔、雕刻的钻石（不包括只有少量抛光——如开窗钻石以及那些明显需要进一步抛光，或者仅仅为了鉴别目的而雕刻的钻石），在制作首饰前无须再进行进一步抛光的钻石，在抛光、钻孔、雕刻过程中破损的钻石以及抛光后在运输过程中破损的钻石，不受《金伯利进程证书制度》约束。

有关的详细规定可参阅《商品名称及编码协调制度》中对《金伯利进程证书制度》涉及

的 7102.10、7102.21、7102.31 条目所做的注释。

四、商贸及加工领域对金刚石的分类

金刚石的商贸及加工领域的分类，是人们在长期金刚石贸易中，伴随着金刚石的加工技术发展产生并流行起来的分类方法。这个分类方法，可以认为是以判断钻石的最终用途和发挥其最大价值为基础的。也就是说，卖方会按照市场流行的加工目标进行分类（以宝石级毛坯为例，适合加工标准圆钻型的归为一类、适合切磨成方形的归为一类），充分表达毛坯的用途和价值属性；而买方则通过对自己加工水平的权衡，预估出某包毛坯加工的出成率甚至获得产品的售价。显然这种分类是建立在对钻石切磨抛光极为熟知的基础上的，也是成品裸钻的评价体系在毛坯上的极致反映。因此毛坯分类涉及的项目包括：大小、形状、颜色、净度和结晶学特征。其中对净度的审视需要弄清楚包体的类型（例如是裂隙还是矿物包体）、大小和位置。而对结晶学特征的审视，更是建立在丰富的经验积累上。因为结晶学特征不同的晶体切磨出的成品，即便切工类型、大小、颜色、净度相同，其透光性、发光性等方面会有较大差异，对成品的价格会产生巨大的影响，比如存在双晶、有严重塑性形变的晶体，会影响光在钻石中的传播，这种类型的钻石坯体通透性差，不太受欢迎。此外，结晶学特征还体现在钻石的差异硬度上，如出成率高的理想锯开钻石的方向恰好与硬度较高的方向重合时，需要权衡要么牺牲出成率，要么牺牲切磨效率。个别类型的钻石坯体硬度较高，在车钻、抛光过程效率会很低。

显然这种分类有章可循，完全可以形成一套有代表性和指导性的分级体系，这往往涉及毛坯贸易与加工的利益核心，因此这种分类体系往往是秘而不宣的。

第二节　钻石毛坯分销体系形成的历史过程

从本节内容起，所涉及的金刚石，专指可用于珠宝首饰或具有珠宝首饰应用潜力的金刚石（包括毛坯）。在中国的珠宝界，这类金刚石习惯被称为钻石。

提到钻石毛坯分销体系，首先要了解戴比尔斯集团。世界钻石产业的近现代发展与戴比尔斯密不可分，它曾一度控制着全球 90% 甚至 95% 以上的钻石开采与毛坯贸易，其发展历程几乎可视为一部现代钻石产业编年史。尽管近些年受一些发达国家介入毛坯产业的影响，戴比尔斯集团不再拥有绝对垄断地位，特别是奥本海默家族出售戴比尔斯相关股权，进一步表明毛坯产业的多元化，但其创立的钻石分销体系仍被当今毛坯产业所沿用。

钻石贸易历史从古老的印度开始，印度人被认为是第一个发现钻石的民族，且在两千多年的历史中，印度曾一直是世界主要的钻石来源国，初期钻石的交易主要限定在东方和地中海东部。

整个中世纪时期（约 476 年 ~1453 年），东方财富进入欧洲需要取道威尼斯。因而意大利北方城市就是印度商品运输的枢纽，这也包括钻石。特别是到十字军东征（1096 年 ~1291

年）时期，作为东西方奢侈品交易中心的意大利威尼斯和埃及、叙利亚的联系增多，促进了欧洲对钻石的需求。

与威尼斯相反的欧洲的另一侧，一个佛兰芒人为主的城市布鲁日，它在低地国家（包括荷兰、比利时、卢森堡）中是一个充满活力的服装贸易城和最为完善的金融城市。那里有流入北大西洋的茨温河，布鲁日以其得天独厚的条件具有发达的海运能力。1314 年，布鲁日港口迎来了从威尼斯开来的首轮贸易船，从此开启了穿越欧洲的贸易轴线并一直延伸到印度。

也是在那时，欧洲早先的钻石技师开始尝试借助复杂的工具和方法来切磨钻石，使得安特卫普成为钻石切割中心，从而让璀璨的钻石风靡了整个欧洲贵族圈。

1600 年 12 月 31 日，英格兰女王伊丽莎白一世授予“可敬的东印度公司（The Honourable East India Company）”皇家特许状，给予它在印度贸易的特权。东印度公司将伦敦与东方之间的贸易打通，将来自马赛、热内亚和那不勒斯的珊瑚卖到印度，用营业款项购买钻石出口到伦敦。由此促成当时的欧洲贸易中心伦敦成为钻石交易中心。18 世纪中期工业革命让个人获利增多，促进了钻石需求。由于印度和后来的巴西钻石矿主要为砂矿，到 19 世纪中期的时候，开采量锐减，使得钻石价格激增。1866 年，南非发现钻石，迅速掀起历史上最大的钻石开采热潮。到 1880 年时，因为私人钻石矿太多，产量远远大于市场需求，恶性竞争激烈，纷纷降价销售，造成市场的混乱。采矿业开始优胜劣汰大洗牌，最后整合成两股力量：一是由英国人塞西·罗德斯（1853 年 ~1902 年，见图 6–16）于 1887 年在罗斯柴尔德公司（N M Rothschild & Sons Limited，罗斯柴尔德家族——世界久负盛名的金融家族）的资助下成立的戴比尔斯矿业公司，另一个是由班纳德（见图 6–17）控制的金伯利中央矿业公司。

图 6–16 罗德斯

图 6–17 班纳德

据说“戴比尔斯”之名来自于南非的两兄弟，在南非采钻狂潮中，当地农民约翰尼斯·戴比尔（Johannes Nicolaas de Beer）和德瑞克·戴比尔（Diederik Arnoldus de Beer）的农田处于砂矿范围内，罗德斯花费6000英镑从兄弟俩手中买下了他们的农田，采矿者将这个矿区称为戴比尔斯矿。

1888年，被誉为“现代钻石之父”的塞西·罗德斯买下班纳德的金伯利中央矿业公司的所有资产，并于1888年3月12日将戴比尔斯矿业公司和金伯利中央矿业公司合并组建为戴比尔斯联合矿业公司罗德斯任董事长，而班纳德为终身理事。

戴比尔斯联合矿业公司一开始很成功，1900年后南非发现新的钻石矿，特别是原生矿的发现，导致新矿主降价竞争，低价出售钻石，使得联合矿业公司财务状况严峻。1902年3月26日罗德斯去世后，戴比尔斯联合矿业公司一度出现危机。从这时开始奥本海默家族在钻石行业的力量逐渐显现。

先从伯纳德·奥本海默（Bernard Oppenheimer，1866年~1921年）说起，他在南非与英国间从事钻石贸易，掌控多家公司，包括尼尔斯公司（Pniel’s Ltd，其中Pniel一词来源于南非的荷兰语）、新瓦尔河钻石与勘探公司（the New Vaal River Diamond & Exploration Company）、布来波西钻石公司（Blaauwbosch Diamonds Ltd），并在霍尔本（Holborn）掌控下的路易斯·马科斯公司（Lewis & Marks Ltd）中任主管。1917年，伯纳德·奥本海默在英国布莱顿（Brighton）实施了培训失能士兵从事钻石切磨的方案。1918年5月17日，伯纳德的奥本海默钻石工作室（Oppenheimer Diamond Works）即国家钻石工厂有限公司（National Diamond Factories Ltd）在路易斯路（Lewes Road）和库姆路（Coombe Road）交汇处的路北开业，这个工作室主要是伯纳德本人和路易斯·马科斯公司出资成立。1920年，分别在剑桥（Cambridge）、雷克瑟姆（Wrexham）和威廉堡（Fort William）开设分行。根据英国劳工部的数据，截至1921年，该工作室雇佣的工人，包括库姆路对面的第二座建筑中的工人，已经达到2000人左右。新员工需要先接受6个月的培训，这期间失能士兵的花费由政府支付，培训完毕几乎每个人都能确保获得一份薪水不错的工作。尽管工人们要么被截肢或者有其他方面的严重残疾，但工厂有设备配置优良的诊所可以为员工提供持续关爱。由于在伤残关爱方面的贡献，1921年伯纳德在英国新年荣誉授勋嘉奖制度中获得男爵勋章，遗憾的是，受勋六个月后，年仅55岁的钻石商、慈善家伯纳德·奥本海默猝然离世。

伯纳德·奥本海默的弟弟欧内斯特·奥本海默（Ernest Oppenheimer，1880年~1957年，见图6–18）爵士也是极深度浸淫于钻石行业，更是一位显赫的钻石、黄金采矿企业家、投资商、慈善家。欧内斯特·奥本海默爵士控制了戴比尔斯联合矿业公司并创立了南非英美资源公司（the Anglo American Corporation of South Africa）。

欧内斯特·奥本海默生于德国的弗里德贝格（Friedberg），父亲爱德华·奥本海默（Edward Oppenheimer）是一位雪茄商人，而他的母亲叫约翰娜·罗斯柴尔德（Johanna Rothschild Oppenheimer）。1897年17岁的欧内斯特参加工作，进入伦敦的一家钻石经纪公司邓克尔

斯伯勒 & 孔帕尼公司(Dunkelsbuhler & Company),因工作努力认真给老板留下了深刻印象,1902 年在他 22 岁的时候,被派到南非金伯利城,代表公司成为一名钻石买手。

图 6-18 欧内斯特·奥本海默

其时适逢第二次工业革命的大发展期间,主要资本主义国家在石油开采、汽车等工业部门中,相继出现了卡特尔、辛迪加、托拉斯等形式的垄断组织。美国和德国生产和资本集中的程度尤为突出。

钻石开采业中的辛迪加也已显现。"le syndicat"是法文,原意指企业中的工会,是垄断组织形式之一。参加辛迪加的企业,在生产上和法律上仍然保持自己的独立性,但是丧失了商业上的独立性,销售商品和采购原料由辛迪加总办事处统一办理。辛迪加是于 19 世纪末 20 世纪初在欧洲一些国家出现的。德国的许多辛迪加是由卡特尔(由生产同类产品的企业联合组成的垄断组织,以分配生产份额、形成价格联盟、限定销售市场区域为典型)发展而来的。在法国的冶金、制糖、玻璃、造纸、石油、化学、纺织、采煤等工业部门中,有很多辛迪加。显然在这样的社会发展阶段,某个行业的运作必将同当时的经济环境相一致。在此背景下,1888 年,组合成立的戴比尔斯联合矿业公司已具钻石辛迪加雏形,1892 年,钻石辛迪加组织建立,其组织者是拥有南非重要金刚石矿床的英国财团。

当时的钻石辛迪加(垄断组织)基本上由三大部分组成:第一部分是由金刚石矿床所有者的联合,它的任务是确定股东间的利润分配,调解相互间的关系,分配他们的开采任务;第二部分负责向辛迪加的成员收购金刚石;第三部分是组织金刚石的垄断性拍卖。

1902 年,南非发现了"普雷米尔"等新矿,开采量的增大、新矿主的降价销售,动摇了钻石辛迪加,市场进入混乱,采矿业面临大洗牌。

印记（Forevermark）和“元素 6”公司（Element Six）。“元素 6”由优美科磨料（Umicore）和戴比尔斯全资控制的“英国戴比尔斯商业科技”联合开办。

第三节　钻石毛坯分销过程——关于 CSO 和 DTC

一、中央统售机构

欧内斯特·奥本海默构筑的钻石垄断体系重要标志就是中央统售机构（Central Selling Organisation）。

1934 年，戴比尔斯在伦敦贸易中心附近查特豪斯大街（Charterhouse Street）建立的中央统售机构（CSO）是控制全球钻石原石的大本营。旗下的钻石公司（Diamond Corporation）专门负责钻石的收购。1977 年，CSO 分级估价部成立，负责钻石的分类和估价，总部设在伦敦。

由戴比尔斯联合矿业公司的矿所采出的钻石，及其他各地钻石矿所收购的原石，全部送到中央统售机构来分选，该机构里有受过严格训练的专业人员，将钻石加以分类并估价。

首先将不适合做宝石的工业钻分出，宝石级的则按照形状、大小、品质及成色进行分类，CSO 的毛坯分级体系可将原石分为 3000 多类，然后进行技术储藏管理。

中央统售机构分好的钻石，并不进行开放销售，而是只有特邀会员（被称为“看货商”，Sightholder）可以看货。每年举办几次订货会，订货会的时间表往往在前一年就制订好。各地的看货商在订货会之前需提出看货申请，中央统售机构会针对会员的申请内容进行分析，并按照库存情况设法进行货品配备，以满足会员所需。

尽管因为库存状况，CSO 不一定完全按照看货商提出的申请进行配货，但因为 CSO 的垄断，行业中并没有像中央统售机构那样能长期大量供应的其他货源，所以所有的钻石加工厂要么设法成为看货商，要么依托某个或某些看货商以获得原料供应。出于安全及成交率的考量，看货商的数目被严格控制，全球仅有几百位看货人，而且还在世界各大钻石交易所、切磨中心集中。

根据自身的技术、当地的生产成本以及市场需求等因素，各地的钻石切磨商会专注于某一类钻石，比如技术熟练、薪金水平高的纽约，适合切磨 1 克拉以上特别是 5 克拉以上的大钻石；而比利时的安特卫普以各种规格的圆钻和较复杂的花式切割专长；以色列特拉维夫以切割一克拉以下的钻石为主，花式切工闻名；印度孟买钻石切磨工多，工资低，所以小钻特别是厘石大多数在那里切磨。

根据辛迪加的特点——矿主联合、矿产汇总、单路分销，因此中央统售机构的主要功能在于：代表大多数钻石矿主来销售钻石。为做到这一点，它须将市场上无法消化的过多的原石储存起来，并在适当的时机销售到市面上。作为控制整个市场的龙头需要有足够的财力支撑。

为了获得充足的、稳定的收益，中央统售机构还有重要的功能就是不断做广告，刺激市场对钻石的需求。这表现在促使珠宝业在化妆品、高级服装业等奢侈品行业中占据更大的份额，即做大珠宝业；还要在珠宝业中促使钻石相关消费占据更大的份额，即力求让珠宝产业以钻石为主。这样首饰行业的消费吸力必将加速上游钻石毛坯库存的吐货量。因此，中央统售机构和广告经纪商在世界各地成立钻石推广中心，利用广告媒体来宣传钻石文化、向消费大众灌输钻石理念，或以珠宝首饰设计大赛等活动协助各地珠宝商促销钻石首饰。通过这些市场推广技巧，世界各地钻石销售量每年不断增长，并将钻石恒久远的理念深深地烙入人心。

在百年的时间里，戴比尔斯始终通过钻石原石供应量的控制操控着国际市场的钻石价格走势，尤其是中央统售机构建立以后，戴比尔斯根据终端市场的需求，严格地控制着原石的销售量，确保钻石的价格稳中有升。这种垄断行为避免了钻石市场随世界经济形势的变化而出现急剧动荡，促进了钻石市场的健康发展。

由此可见，中央统售机构在世界钻坯的销售中起到了重要的积极作用，这包括：

（1）通过协调统配钻坯的供应量，为钻石市场的供求平衡、价格稳定， 保护钻石商的利益， 维护消费者的消费心理起到重要作用。

（2）通过对主要钻石生产国控股或参股，提供货款等方式，有效地控制了钻石的收购市场。

（3）通过在非洲、各切磨中心、英国、俄罗斯、中国香港等钻石生产国、地区和集散地设立办事处等方式，对 CSO 以外的外围市场收购钻石，避免因为走私等因素对钻石市场的恶性竞争。

（4）建立完整的原石分级体系及估价体系，确保世界范围内原石交易的公平性。

（5）积极推动世界范围内的找矿、勘察、开采及科研、学术、鉴定工作，为钻石资源的开发利用、维护天然钻石的市场服务。

（6）CSO 还通过三个企业代理商——美国的爱尔公司、其他地区的温特 • 汤普生（J. Walter Thompson）公司和贝克 • 史拜洛格 • 贝赐（Backer Spiellogel Batas）公司， 并通过设立在主要钻石消费国的钻石推广中心，推广其企划理念。为投资市场做企划，以提高广大消费者的钻石消费意识，树立消费观念，协助珠宝零售商提升销量。

在 20 世纪 80 年代以后，澳大利亚、俄罗斯、加拿大等国家陆续发现新的大规模钻石矿，这些国家钻石矿背后拥有强大的财力支撑，加上当前世界经济中对垄断的普遍反对，促使一些钻石生产国开始通过 CSO 以外的渠道出口、交易钻石原石，或者在本土发展切磨产业不经出口而直接切磨，这促使世界钻石贸易的格局开始发生转变，戴比尔斯对钻石业的控制力逐渐下降，全球毛坯供应不再依赖神秘的看货商而呈多渠道化、透明化，毛坯流通性增强。进入 21 世纪，随着国际社会对“滴血钻石（Blooddiamonds，冲突钻石，即金伯利进程国际证书制度的起因钻石）”认识的提高加剧了戴比尔斯存在负面影响的风险，戴比尔斯也在寻

图 7—1　十五世纪钻石早期打磨的场景

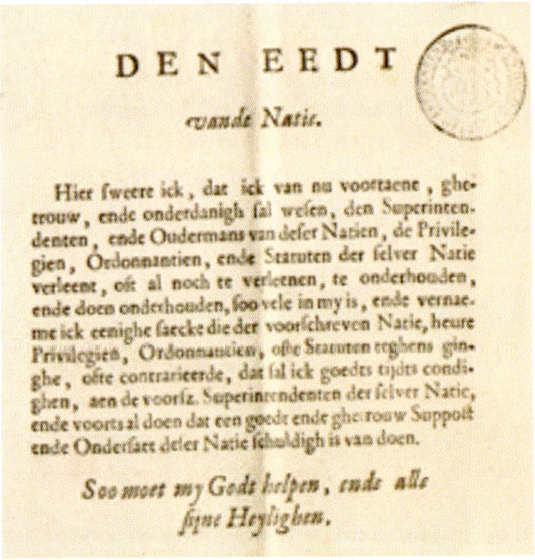

DEN EEDT

vande Natie.

Hier ſweere ick, dat ick van nu voortaene, ghetrouw, ende onderdanigh ſal weſen, den Superintendenten, ende Oudermans van deſer Natien, de Privilegien, Ordonnantien, ende Statuten der ſelver Natie verleent, oft al noch te verleenen, te onderhouden, ende doen onderhouden, ſoo vele in my is, ende vernaeme ick eenighe ſaecke die der voorſchreven Natie, heure Privilegien, Ordonnantien, ofte Statuten teghens ginghe, ofte contrarieerde, dat ſal ick goedts tijdts condighen, aen de voorſz. Superintendenten der ſelver Natie, ende voorts al doen dat een goedt ende ghetrouw Suppoſt ende Onderſaet deser Natie ſchuldigh is van doen.

Soo moet my Godt helpen, ende alle ſijne Heylighen.

图 7—2　1582 年第一个钻石抛磨师公会在安特卫普成立

然而，随着欧洲政治力量组成的变化，安特卫普的命运再次转变。宗教革命（1517 年马丁・路德提出《九十五条论纲》，到 1648 年《威斯特伐利亚和约》）及后面 1572 年爆发的 80 年战争（1568 年 ~1648 年，荷兰独立战争）对安特卫普造成沉重打击。即便如此，仍未阻碍 1582 年第一个钻石切磨师公会（Diamantsnijdernatie）的建立，见图 7—2。

安特卫普成为当时荷兰的首都，然而在 1585 年，它被帕尔马和皮尔琴察公爵法尔内塞（Alessandro Farnese）占领。宗教革命使得新教派的许多钻石切磨师被流放，尔后这些人在北方宗教信仰环境自由的阿姆斯特丹就业。在众多安特卫普市民中，真正将钻石行业带到阿姆斯特丹的人是威廉・凡梅伊特（Willem Vermaet）和彼得・高斯（Peter Goes），前者到达荷甲市（Dutch，荷兰市）是在 1586 年，而后者在荷甲定居是在 1589 年。17 世纪荷兰阿姆斯特丹钻石加工业渐露头角，并很快取代了巴黎，到 19 世纪甚至超越了安特卫普。

荷兰共和国和西班牙的明斯特和平协议于 1648 年签署，终结了“80 年战争”，而在钻石业则标志着阿姆斯特丹显耀地位的开始。该协议约定斯凯尔特河停航，这严重制约了安特卫普作为贸易中心的地位。这一限制一直持续到 1863 年才解除。

17 世纪下半叶，一名具安特卫普血统的法国旅行者塔沃尼尔（Jean-Baptiste Tavernier，1605 年 ~1689 年），通过 6 次到访印度，全面地报道了印度钻石矿及钻石切磨技术。他从印度带回了很多钻石，其中包括一些被他卖给了主持凡尔赛的路易十四国王，最著名的则是塔沃尼尔蓝钻——即霍普（Hope）钻石的前生。

到 18 世纪，印度钻石矿基本枯竭。1723 年巴西发现了相当大的钻石矿，这给市场注入了新的活力，荷兰的海运势力为阿姆斯特丹掌控钻石提供了保障，钻石也从此地登陆进入加工业。18 世纪钻石切磨场景见图 7—3。

大量钻石毛坯的突然涌入，让钻石价格急剧下跌，工业革命让生产效率极大提高，意味着短期内可以切磨抛光大量的钻石，而同时工业革命让原本不是皇宫贵族的企业家们拥有了大量财富，这让钻石在新兴中产阶级中大受欢迎，购买力空前旺盛。南美钻石矿的繁荣相对短暂。巴西钻石产量陡然下跌导致钻石价格上升，原石的短缺让很多加工厂倒闭。阿姆斯特丹和安特卫普的钻石切磨工匠们大量改行，似乎昭告天下，欧洲的钻石工业即将终结。

图 7–3　18 世纪的人力钻石切磨机

安特卫普作为欧洲的主要港口重新崛起之际，恰逢 1866 年南非发现了大量钻石。很显然这是自印度产钻以来发现的最富产的钻石矿区，钻石热潮汹涌而至。大批雄心勃勃地英格兰探矿者被吸引到漫天沙尘的金伯利镇，这其中包括塞西・罗德斯和班纳德兄弟（Harry、Barney Barnato）。凭着雄心壮志和勇于进取，他们从小额股权开始买起，他们的企业最终成为金伯利城最大的矿业综合企业。1888 年，他们将公司合并，从此戴比尔斯联合矿业有限公司诞生。

自南非涌出的钻石流给世界市场带来了惊变。加工需求激增，对熟练工种和能工巧匠的需求成为必然。安特卫普与阿姆斯特丹在劳工和原石供应方面的竞争力得到极大提高，并在较短时期内安特卫普重新取得了钻石行业领导者的角色。

19 世纪末期，随着经销商的涌入，在安特卫普交易的货物量大幅上升。经销商们在城市的几个咖啡厅里聚集，并于 1886 年在安内森大街（Aneesensstraat）“佛罗拉咖啡厅”（“Cafe Flora”）创立了一家非正式的钻石俱乐部。

1893 年 10 月 8 日，全市第一家交易所“安特卫普钻石俱乐部（Diamantclub van Antwerpen）”成立，以推动和促进钻石及其他贵重宝石的贸易与加工业。它成立不久就买下了皮利卡恩大街（Pelikaanstraat）第 40~42 号的地产。这栋建筑的结构中包括了一个交易大厅和 8 间办公室。这可以说是安特卫普钻石区的“老宅院”。

1904 年，由经纪人和小额经销商创建的“钻石公平交易所（the Beurs voor Diamanthandel）”成立，1911 年，佛瑞耶（Vrije）钻石交易所（见图 7–4）形成，1929 年成立的“安特卫普钻矿圈（Antwerpsche Diamantkring）”成为世界上只进行钻石原石交易的组织。还有一家交易所名字叫福尔图娜（Fortunia）协会，成立于 1910 年，但后来解散了。

图 7–4　1911 年，安特卫普佛瑞耶（Vrije）钻石交易所场景

第二次世界大战期间安特卫普被德国军队占领了 4 年之久，这对钻石行业和贸易造成了毁灭性的打击。钻石加工业随着毛坯供应的停滞而极速停顿。全市很多从事钻石贸易的犹太人死于纳粹魔爪。

超过 500 名比利时钻石经销商设法从占领区逃离，到英格兰立业。他们成功地随身带去了大量钻石，在英国政府的帮助下，这些石头得以登记并且受到保护。战争结束后，钻石回归到了安特卫普，行业开始了重建进程。战前曾一度有 27000 名工人从事钻石加工，而战后仅剩下了 3500 人。但复业很快，到 1945 年年底的时候，大致有 11000 人回到了工作岗位。

二战结束时的钻石交易呈现了新的面貌，特别是越来越全球化。安特卫普作为当时欧洲绝对中心的同时，强大的美国也形成了自己的钻石市场，而新的钻石加工和贸易中心在中东和亚洲逐渐成立。那些遭遇战争不得已颠沛流离的钻石加工巨匠们重新聚集，国际钻石加工业出现新的格局，逐渐形成了如今的比利时安特卫普、以色列特拉维夫、美国纽约和印度孟买四大钻石加工中心。

为适应这些变化，钻石圈层采取了一些措施以保护国际贸易的利益。1947 年，世界钻石交易所联合会（The World Federation of Diamond Bourses,WFDB）成立，它的总部设在安特卫普一直到现在，担负着世界范围内 28 个钻石交易所的管理职责。

时至今日，俄罗斯、澳大利亚、加拿大及非洲的钻石产出国，也在大力发展本国钻石加工业。此外随着泰国和中国钻石加工业的发展，其切磨中心的重要性也与日俱增。

为了帮助调节钻石进出安特卫普的流量，比利时政府于 1945 年在该市钻石区设立了钻石办公厅（Diamond Office）。它的目标是简化钻石贸易过程经过的繁文缛节手续和使政府干预最小化。

1973 年，比利时钻石高阶层会议（HRD）建立，它是由比利时政府和行业发起成立的，目的是保护和促进比利时的钻石行业，是比利时钻石行业的保护机构和官方代表。

1974 年，钻石办公厅并入到钻石高阶层会议——Hoge（高）Raad（评议会）Voor（为）Diamant（钻石），又叫钻石高级理事会（Diamond High Council）。HRD 于 2007 年重组成为安特卫普世界钻石中心（The Antwerp World Diamond Centre，AWDC）。

随着钻石贸易呈现越来越多的全球化元素，安特卫普钻石圈的组成也发生着变化。随着 20 世纪 70 年代印度钻石切磨中心的成长，这个国家的钻石经销商开始在安特卫普设立原石采购办事处，有几个公司已经跻身于当今正常运营的最大钻石企业之列。

历尽 550 年的发展，安特卫普依然拥有钻石贸易世界之都的荣耀，而特拉维夫、纽约、孟买及新兴钻石加工贸易中心也各具特色，协同谱写着钻石故事的新篇章。

第二节 钻石加工技术、风格（各种琢型）的演化过程

除了传说中的博肯是在 15 世纪发现用钢片粘上金刚石粉可以切割钻石外，其他早期关于切磨技术的演变几乎无法考究。

从宝玉石切磨的演变来看，最早出现的天然石材加工技术是敲击和碾磨，显然这个并不适合钻石这种完全解理、硬度无敌、个头纤细的宝石。但这样的困难不会阻碍先驱们对技术的探索追求。随着人类生产技术的进步，钻石加工逐步引入新的工具，从而创造出一代比一代更加璀璨的切磨风格。

按照现在市场流行的宝石产品，其切磨方式被称之为“琢型”，即加工抛磨的类型，它包括宝石轮廓形状、构成面的形状、面的比例关系以及面的组合方式从而就涉及组合面之间的对称关系，精细评价时还包括抛光样品的表面光滑程度等的内涵。

对于用于首饰的钻石而言，它几乎不能单体作为首饰整体，而需要通过其他材质的固定，共同构架一件饰品。从开采出的原石到构架饰物前对钻石所做的修整，我们称之为钻石加工。

在相当长的一段历史时期，钻石是不做加工而直接用于饰物的构建的。这种工艺风格在现在仍然存在，见图 7–5。显然，金刚石的强烈光泽、冷厉的晶面线、透彻的晶体、对光影的折射、对色彩的分散构成了这种原石装饰元素的资本。

图 7-5 De beers diamond jewellery 的 TALISMAN 系列钻石戒指

图 7-6 1447 年，奥地利马克西米兰（Maximilian）大公爵送给勃艮第公主玛丽（Mary）一枚钻石戒指"式样"

尽管钻石具备珠宝材料美观、耐久、稀少的品质，但是并非所有的钻石开采出来就可以直接镶嵌到饰物上，可用性是矿产品进入宝石领域的重要门槛。可用性是一个较为宽泛的概念，但无害往往是底线。显然带有锐利尖刃的钻石是不适合做首饰的，需要将其圆滑化，这种对尖刺的圆滑（尖琢型，Point Cut）可以看作是对钻石最早的加工形式之一。

一、尖琢型

钻石琢型演变的第一个阶段，就是利用钻石的脆性将钻石晶体（片）上外延的锐利刃、角去除。从多方记录看来钻石加工最早始于印度，在大约 14 世纪传入欧洲。据此推断这种最简易的加工方式——尖琢型出现于 14 世纪或者更早些时候。这种又被称为勃垦地尖琢型（见图 7-6）的切磨方式，还会利用一些更多面体如十二面体钻石坯的形态特点，磨出更多的反射面，从而成为 15 世纪以前最受欢迎的琢型。不能确定的是，利用解理面、接触双晶结合面较为脆弱的性质进行劈钻的技术是否在这一时期得到了应用。

金刚石的珍稀，加上从产出的金刚石中挑选具有美感的晶体更是难上加难的现实情况下，供应远远不能满足市场需求，这激励钻石从业者开发对矿产品的"美容易容术"。

对于现代常见的刻面琢型（宝石表面由多个多边形小平面组合而成的切磨方式）最早出现的确切时间已无法考证，从现存的珠宝首饰推断，最早的刻面琢型宝石大约出现在公元前 2 世纪，真正有文字记录的大约出现在 11 世纪。就实物的追溯来说，最早到 15 世纪，发现用钢片粘上金刚石粉可以切割钻石的现代切磨技术鼻祖博肯开启了钻石的璀璨光芒时代，据说他切磨的第一粒钻石是现存于巴黎卢浮宫中的"桑希钻石（Sancy，见图 7-7）"，这粒重达 55.23 克拉的梨形钻石尽管历史过程和切磨年代已不可考证，但传说中这颗钻石可以追溯到 1447 年的勃艮第公爵查理或者 16 世纪中期的葡萄牙国王安东及后来的主人法国大银行家桑希男爵。

刻面琢型的演化和发展在很大程度上是依赖于人们对钻石性质理解的不断加深。为了最大限度地体现"宝石之王"美丽的外观，钻石加工者的先驱们付出了艰辛的劳动。在此，我们想依据钻石琢型的发展，来追寻刻面琢型的演变发展历程。

图 7-7 桑希钻石（Sancy）

二、桌形琢型

在较为广泛的传说中认为，钻石切磨琢型演变的第二个阶段是将金刚石八面体的一个尖角磨削掉，让钻石产生一个较大的方形加工面，俯视看上去像方桌的桌面，被称为台面工或桌面工。也就是说，桑希钻石出现的时间可能晚于台面工。当然，并非只有八面体可加工成台面工，片状、不规则体型的毛坯都可以通过磨出一个平面来构成“台面工”。

台面工出现在十五世纪早期，将八面体其中一个角磨去形成了现代宝石琢型的两个最基本要素，冠部与亭部。台面工首次出现在钻石上，之后才向其他宝石扩散，这也体现了因为钻石的高硬度导致钻石切磨演变史是较为独特的。

由于当时抛磨机器很原始，底小面磨损明显，容易形成很大的底小面。在当时大的底小面非常流行，如双鹰吊坠王冠、英王詹姆斯一世的珠宝首饰上都镶有多个桌形钻石。因为人们将底小面看成是一个小面，当从冠部看下去，底小面就像一个窗口，可透过最多的光线。尽管从现在的观点来看，大的底小面会使光从其中漏掉，不能产生全内反射，因而钻石的亮度不高。大的底小面在当时受到欢迎还有一个因素是底小面的存在，会降低钻石破损的程度。这些在较为确切的文物上呈现的钻石琢型，比 1447 年的桑希钻石还要晚。所以结合桑希钻石复杂的经历，其真正的切磨时间似乎与 1447 年不相符。

相比纷繁的其他各种琢型，显然，最接近台面工的是阶梯琢型。阶梯琢型也是产生于十五世纪早期，但留下的实物较少，因为钻石的高硬度和解理的存在特别是八面体面抛磨困难，导致长条形刻面的切磨并不容易，因此在琢型演变史上，虽然理论上从台面工到阶梯型较为合理，但实际中这种琢型在当时仅仅是昙花一现，甚至是在试验中就被弃用。特别是长条形阶梯工，有工艺史学者认为，它的实物一定是1912年卡地亚探索了这种琢型之后的产品。

三、法式切割

因此一种避开对八面体面进行直接抛磨的切工类型出现，这就是法式切割。法式切工可以追溯到 15 世纪初，它是在台面工的基础上，将八面体棱线处进行切磨，并调小原八面体斜面与最大正方形的交角（见图 7-8），以避开难以抛磨的解理面而加工成的刻面琢型。到

17 世纪时法式切工备受皇室贵族的宠爱。法式切割不代表在法国完成切割，更可能是因为在法国流行起来才被称呼为法式工。由于这种法式切工的受宠，当时许多老钻石还被重新切磨改成了法式工的样子。有些法式工没有亭部，形状类似简单玫瑰工。法式工的变化一直不大，保持了将近 4 个世纪，多数是正方形，少数是不规则的四边形，或者长方形。直到 1919 年标准明亮式问世，法式工才发生了巨大的改变，演变成了现今很受欢迎的一种方形切工——公主方型。

图 7–8　法式工示意图（左：从上到下分别为俯视图侧视图和仰视图）及底部经改进的法式工钻石图

四、单翻工琢型

以上琢型几乎没有对最常见的八面体坯体中的正方形边棱进行修正。而随着改变这一形状首次出现的琢型为老式单翻工（旧单翻工）。老式单多面形琢型的正视图是八角形，顶部由八个梯形，底部由 8 个三角形构成。存在的时间比较短，很快就演化成了双多面形琢型又叫马萨林琢型和新式单多面形琢型即单翻切工。

从单翻工开始将八面体的正方形面进行车磨，化方为圆，是第一种正圆的琢型。19 世纪初，作为容易加工的当时唯一的正圆形切磨方式，大多数小颗粒钻石都采用了这种琢型。

这种以八面体坯中的正方形圆化得到的最大圆，被称为钻石的腰，腰所在的面被称为“腰面”。腰面上部被称为冠部，而腰以下区域被称为亭部。随着切磨琢型的丰富，钻石腰的概念被宽泛化，一般来说俯视刻面型钻石所看到的最大轮廓为钻石的腰。但有些特殊的琢型没有“腰”的概念。

单翻工在 19 世纪末就改进成为瑞士琢型，相比单翻钻石而言，瑞士工在冠部和亭部分别多了 8 个面，显然这会让瑞士工更闪耀，但同时会增加切磨的工时与成本，直到 20 世纪 20 年代，工业革命以后由于各行各业生产效率的极大提高，瑞士工生产规模才超过了新单多面形。新艺术时期（Art Deco 时期，即装饰派艺术时期，1880 年代开始到 1890 年至 1910 年达到顶峰），爱德华七世时期（1901 年~1910 年）的很多圆形副石都是瑞士工。需要注意的是，瑞士工有时腰围并非圆形，而是八边形。

五、阶梯形琢型

进入1900年代，原来在台面工后期曾一度尝试而未有大发展的阶梯状琢型，因为社会整体技术的改进而重新被运用，形成了一种多层次的“台面工”，并将较易造成碰损的尖锐的四面型腰进行修整呈八边形。从而形成了现在被称为“祖母绿型”的琢型，见图7-9。

图7-9 祖母绿琢型的钻石

1902年，荷兰钻石切割师约瑟夫·阿斯尔（Joseph Asscher）发明了阿斯尔切工（上丁方型，见图7-10），开始并未引起轰动。但阿斯尔的这种将祖母绿琢型用在正方形钻石上的切磨方式，产生了绚烂、透亮、清澈的阶梯状效果。随着新艺术时期逐渐达到顶峰，祖母绿琢型和阿斯尔切工逐渐受到追捧。1907年年底，英王室委托当时在荷兰阿姆斯特丹极具盛名的约瑟夫·阿斯尔钻石商全权主理库里南坯钻的切割计划。通过6个月的观察和无数次铸模模拟切割，阿斯尔兄弟于1908年2月将库里南钻石切割成9块大钻石和96块小钻石，交付爱德华七世。拥有这一世界第一大钻切磨经历的阿斯尔，不仅赢得了上丁方形钻石的命名荣耀，他拥有的钻石公司于1980年被荷兰女王朱莉安娜（Juliana Louise Emma Marie Wilhelmina，1909年~2004年）冠上了皇家名号。

图7-10 阿斯尔切工（上丁方形）钻石

六、马萨林切工

再回到马萨林切工。老式单翻工演化成了上文已讲述的单翻工（及后来的瑞士琢型）和双多面形琢型又叫马萨林（Mazarin）琢型。这种琢型已经呈现了现在标准圆钻型的某些风格，因此被作为是标准圆形明亮式切工（Standart round brilliant cut，标准圆形闪耀切工，简称圆钻型）的鼻祖。

马萨林工出现在17世纪中期，得到了红衣教主朱尔斯・马萨林（Jules Mazarin）的认可。由于马萨林在法国路易十四国王时期显赫的政治、社会地位及其对双多面形琢型的喜爱，这种由34个小切面组成的方形切工被命名为“马萨林工”。

七、圆钻型切工

17世纪五六十年代，威尼斯的钻石切磨师佩鲁兹（Vicenzic Peruzzi）将马萨林工的小面增加到58个，更多的小面让钻石更加闪耀、折射出的光彩更加丰富。这种冠部自腰到台面有着三重多面形的琢型，被称为佩鲁兹工。佩鲁兹工的58个面跟圆钻型切工的58各面分布特征基本一致，形成了标准圆钻型切工的基础。

19世纪初被称为老欧洲工的琢型出现，相比佩鲁兹工而言，钻石腰的形状更加圆化。

1919年马歇尔・托尔可夫斯基（Marcel Tolkowsky，1899年~1991年）设计了伟大的美国理想切工。

托尔可夫斯基出身于一个来自波兰的犹太人家族钻石切割世家，他本人被公认为是“现代圆形明亮（闪耀）式钻石切工”之父。他的家族中出过很多著名的钻石切磨师，包括家族兄弟卡普兰（Lazare Kaplan，以美国理想切工为特长，将钻石品牌化第一人）和他的侄子伟大的盖比（Gabriel Tolkowsky，盖布里埃尔，通常被称为盖比 Gabi Tolkowsky，戴比尔斯全球顾问，“五朵金花——向日葵 Sunflower、大丽花 Dahlia、百日菊 Zinnia、火玫瑰 Fire-rose、金盏花 Marigold”5种花式切工的发明人，273.85克拉世纪钻石的主刀师，世界最大刻面琢型钻石545.67克拉的“辉煌五十年钻石”切磨者）。

托尔可夫斯基拥有伦敦大学博士学位，其攻读博士的重要课题就是系统地研究了钻石的切磨，并在期间撰写了《钻石设计（Diamond Design）》一书，就是在该书中发布了后来被称之为“美国标准工（American Standard）”琢型的各项技术参数、比例数据，该切工又叫“美国理想工 American Ideal Cut”，当然，也叫托尔可夫斯基工（Tolkowsky Cut）或者托尔可夫斯基明亮工（Tolkowsky Brilliant）。托尔可夫斯基提出的比例参数，被认定为北美钻石完美切割的“基准”，通过复杂的数学计算，充分平衡了钻石的亮度与火彩（不同的单色光因在钻石中的传播速度差异引起的，白光经过钻石的折射反射后形成的彩色闪光）。

马歇尔・托尔可夫斯基还发现，如果钻石切的太深或者太浅（钻石底尖到钻石腰面的距离大小）都会导致钻石亭部漏光，而钻石内部反射回冠部的光线会减少，这样会损失钻石的亮度（白光自钻石顶部经反射进入人眼产生的视觉刺激强度）、火彩（白光经钻石内部反射、折射后形成的彩色光进入人眼产生的感观效果）和闪烁（亮度与火彩的综合，对于人眼来说最显著的体验就是不同小刻面上的光、彩对人眼形成的干扰性刺激）。

当然马歇尔・托尔可夫斯基的原始数据模型给定的准则，跟现在的圆钻型切工评价体系并非完全一致，因为他的准则中有些内容并没有给出数值限定，或者有些方面的参数他并没有考虑，所以现在的标准圆钻型切工是在托尔可夫斯基数据模型的基础上略微做了调整，而且这种调整在不同的地域形成了不同的风格，比如有的地方偏重台面略大让相同质量的钻石看上去更大、更亮，而有的地方偏重火彩，所以台面相对腰围比例略小。但随着贸易全球化的加剧，这种风格近些年又逐渐被冲淡。

对钻石切磨效果三要素——亮度、火彩和闪烁做了极佳平衡的托尔可夫斯基工，迅速风靡全球，成为消费者心中“钻石的样子”。目前 3 克拉以下的钻石从数量上来说，超过 95% 甚至更高比例，都是采用这种标准圆钻型切工。以至于目前所有的切工评价体系都是基于马歇尔·托尔可夫斯基的原始数据模型进行调整后构建的，这也就形成了当今世界各大钻石分级机构对切工评价的准则。

八、花式切工

钻石的毛坯并非都很规则，因此，在考虑市场主流需求的同时，保证能够获得一粒尽可能大的抛光钻石是加工的重要法则，特别是巨大钻石，依据其坯体形状规划抛光后的轮廓尤为重要。

上文提到的钻石加工巨匠盖比切磨的“辉煌五十年”钻石（Golden Jubilee，又叫“黄金五十年”钻石，是泰国王在位 50 年庆典的大礼），原石重 755.50 克拉，而抛光好后的成品重 545.65 克拉，是比库里南 I 号还大的世界第一抛光钻，损耗率仅仅为 28%。而一般圆钻型切工钻石的出成率大约为 45%。

显然对于一些特殊（形状与大小）的坯体而言，保重、平衡光耀度是加工设计的准则。为此在标准圆钻切工的基础上，又演化出了不同腰形的明亮式切工，如：椭圆形、橄榄形、水滴形、心形、三角形的明亮式切工。此外还有众多的因材施工的琢型出现，这些不同于圆钻型或者不同于圆形切工的琢型，统称为“花式切工”。

很多花式琢型在切工演化溯源中难以考证其出现的时间和发明人，但却极大地丰富了钻石的琢型，让这原本已经熠熠生辉的钻石世界更加璀璨夺目。

而圆形切工也随着市场的发展进行着演变，比如满足较高对称性的所谓的“八心八箭切工”以及后来的十心十箭切工以及一些公司个性化开拓的王牌工（由纽约“王牌钻石大师”公司研制）、帝王工（由中国香港裕福集团研制）等等。

其中 2015 年年底推出的拥有 81 个刻面的十心十箭钻石，其工艺在“亮度”“火彩”“闪烁”三项指标上全部达到了“很高（Very high）”。世界著名钻石火彩专业评价机构“捷迈克斯（GemEx）”钻石检测官方数据显示，其检测过的所有钻石“亮度”“火彩”“闪烁”三项指标均达到“高（High）”级别的仅占 0.15%，由此可见“十心十箭”钻石的切割比例和对称性等切工指数在一定程度上优于托尔可夫斯基明亮式切工。

钻石琢型演化过程简图见图 7-11，各种花式切工示例见图 7-12。八心八箭钻石和十心十箭钻石观测效果分别见图 7-13、图 7-14。

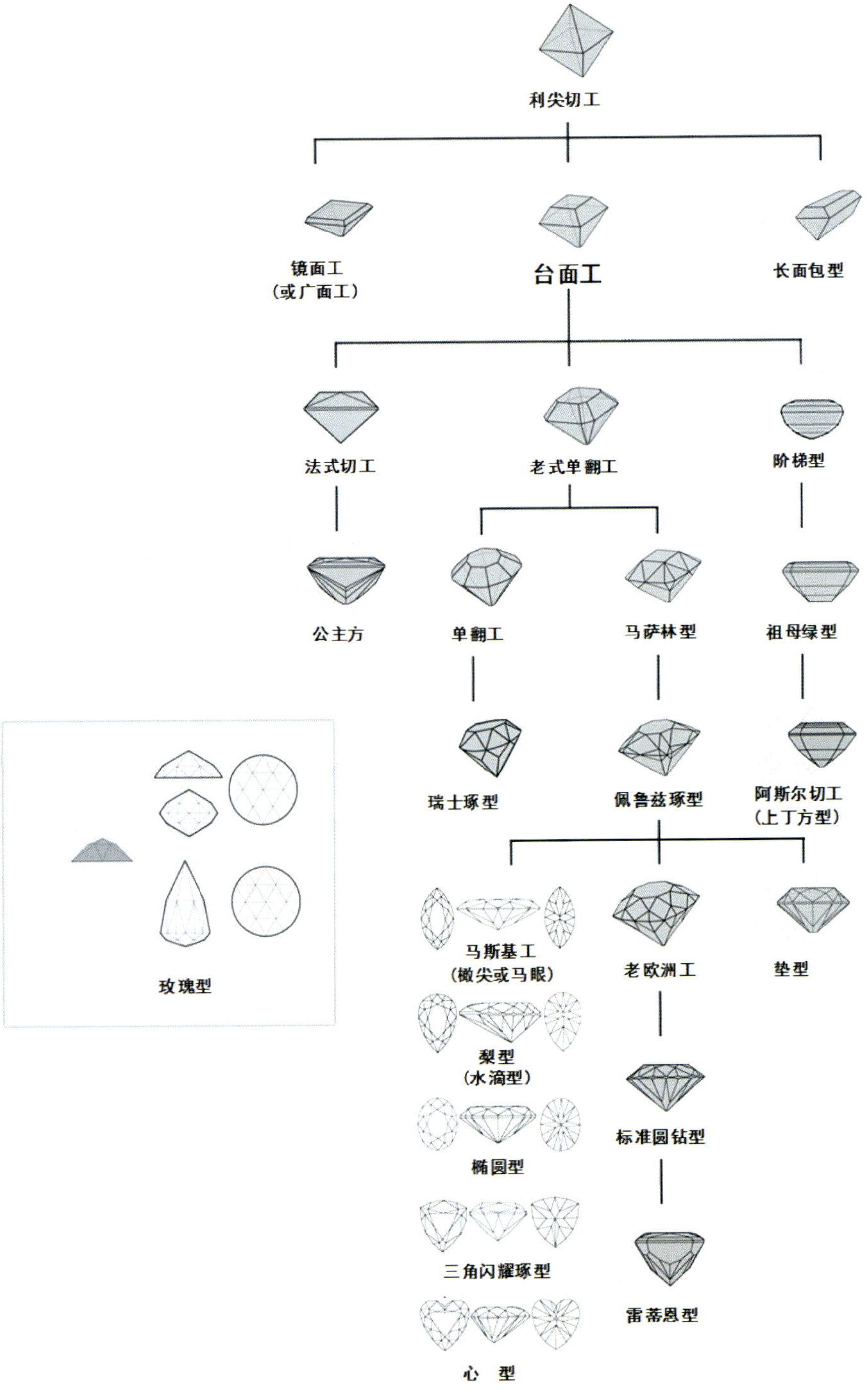

图 7–11　钻石琢型的演化过程

雷蒂恩

垫型

公主方

梨形

心形

三角形

椭圆形

佛形

橄榄形

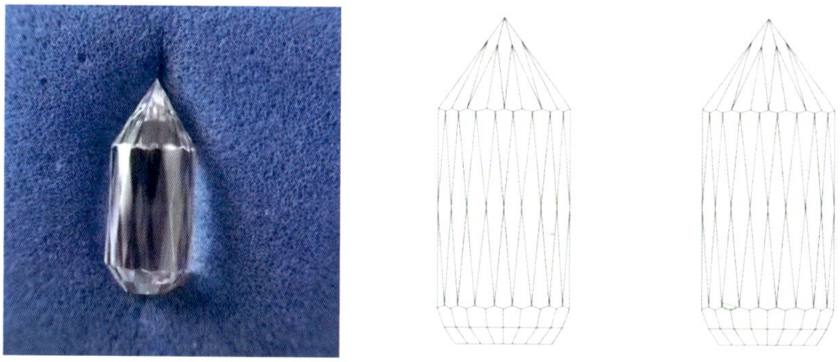

一种特殊坠形（Briolette）钻石，类似样品一般称为“泪滴形”。

图 7–12　钻石花式切工类型示例

图 7–13　八心八箭钻石观测效果图。左：冠部；右：亭部

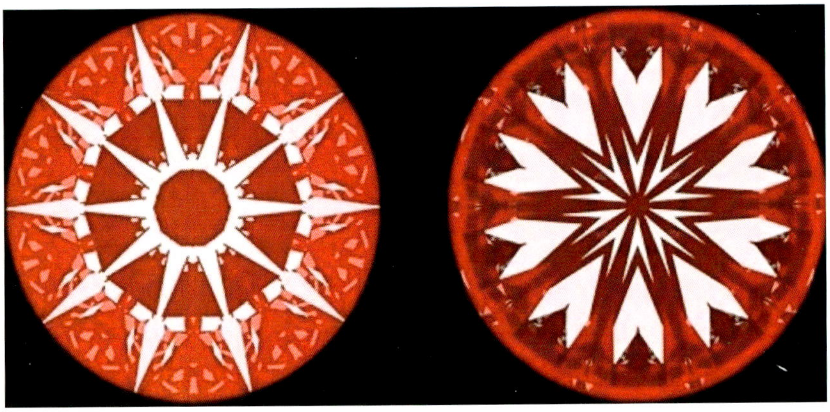

图 7–14　十心十箭钻石效果图。左：冠部；右：亭部

第三节　钻石加工切磨过程

钻石的加工是让钻石蜕茧成蝶变成璀璨珠宝的过程。但对于凌厉高硬的钻石而言，剥丝抽茧并非易事，加工过程相比其他宝石而言更需要胆大心细，特别是在打磨抛光以前。换句话说，一粒钻石的加工，并非仅仅是磨削抛光，在打磨前的诸多环节必不可少。

一般来说，钻石的加工常常需要以下步骤：审视设计、劈钻、锯钻、车钻、粗磨、细磨抛光。并非所有的毛坯加工都需要上述步骤。比如一粒个头不大、净度高、晶型完美的八面体，通常会加工成标准圆钻型，这时就不涉及劈钻，甚至对于技术精湛的切磨师而言，或许也不需要设计画线，而车钻也几乎是针对圆形腰面钻石的。当然，随着社会分工越来越明确，工厂流水线作业程度越来越高，每个工厂岗位各司其职，上述各步骤往往会单独设岗，而且对于一些样品而言，在流水线进程中还可能会出现回流逆行现象，比如有些钻石经设计、劈钻后，可能需要重新勾画设计再行锯切，甚至后面的每个环节都还有可能设计勾线标记。而加工过程中对钻石的固定——粘杆或夹固（粘杆，加工过程中用粘胶将钻石粘在棒状金属杆一端以利于夹持、固定；夹固，加工过程中因需要侧向用力切削，或因抛磨过热容易脱落粘杆时，通过双向对顶、夹持固定钻石的方法）——工序常常穿插于加工流程中的多个环节之间。

一、审视设计

钻石的审视就是检查钻石毛坯所有缺陷性质、大小、位置的过程，设计则是平衡钻石抛磨完成后的大小、琢型、净度的关系以达到利润最大化，为了实现这种利益最大化的预期而进行规划、勾线、标记的过程。

审视钻石的过程非常重要，必要的时候需要通过物理或化学方法对钻石表面进行局部抛光（开窗）或全部抛光（剥皮、去壳）。在没有视线阻隔的前提下，查找钻石所有的缺陷并予以标注，必要时附以多角度素描图和文字说明，说明加工过程中是否需要劈钻。显然，这一过程需要借助放大镜甚至宝石显微镜的帮助，以便对所有的缺陷予以定性，见图 7-15。此外，强光照射和钻石浸润也有利于观测钻石的缺陷，前者有利于增强包体与钻石之间的对比，而将钻石浸入液体或将液体滴在钻石表面，有利于消除或减少钻石表面缺陷对光的反射和折射，从而增加钻石表面的通透性。需要注意的是，影响成品净度的主要缺陷是裂隙或者包裹体，审视钻石的时候对于一些与结晶有关的纹理比如生长纹、双晶纹、色带也需要进行关注甚至标注，因为反光强烈的生长纹对于净度极高的钻石也可能降低其级别，双晶纹理与解理面类似，是晶体结合力脆弱面，加工过程中如不注意有可能造成抛光不佳甚至引发裂开。色带的存在对于抛磨风险影响不大，不影响钻石净度，但巧妙的安排色带的位置有时可以极大地提高产品的利润。

图 7-15　借助显微镜对钻石毛坯进行详细审视

钻坯审视透彻后，即可进行设计勾线。设计一般是为劈钻和锯钻服务的，即画出需要劈钻或锯切的位置。对于流水线分工精细的现代化加工厂而言，此道工序是钻石加工工艺流程必不可少的首道工序，也是钻石加工的关键步骤，它必须由经验丰富、技艺精湛的设计师来完成，为最大限度实现钻石附加值做好铺垫。钻石的设计师，是钻石加工过程的精算师。他需要将各种琢型的虚拟模型，装入毛坯轮廓中，较为精细地计算出各种产品的行情价格，取最高价或接近最高的价格模型作为预期，将为了实现这一预期需要进行的步骤做出规划，并在毛坯必要的部位做出标记。所以设计标线的原则是：保质量、保净度、保比例、保形状。所谓的保形状，就是要迎合市场需求，根据市场对不同形状的偏好程度和因形状引起的价格差异，优先考虑出成价值最高的方案。当然，标记必须用油性笔，见图 7-16。

随着现代化程度的提高，先进的钻石加工厂在进行设计时采用了自动化模拟运算方法，即将毛坯的三维扫描尺寸输入程序、给定各种包体的性质、尺寸和位置，程序将协助选择钻石的琢型、尺寸（与质量匹配）和净度特征，见图 7-17，并给出价格指数。需要注意的是，设计者需要对钻石的结晶学分类和晶体各个晶面的归属有很好的认识，因为有时需要尽可能地避免某些晶体面（如八面体面）作为钻石的最大面——台面。

图 7-16　用油性墨水对特殊部位进行标记

图 7-17　设计方案尝试

因此设计好的钻石其未来命运基本定型。即：成品钻琢型基本确定，是否需要劈、切或在什么位置劈、切基本确定，加工工艺流程基本确定。

二、劈裂锯切

劈钻锯切是将钻石毛坯拆解以留下可用部分的过程。根据设计方案，毛坯某些方位单纯依靠磨削去除的部分较大特别是较厚时，将其拆解下来仍具有利用价值，或者若直接磨削会耗费较大时间和人力时，则需要劈开或锯切。所以劈钻和锯钻的共同点是去除多余。区别是前者用劈刀几乎一刀确定，后者需用锯片平稳慢切。具体要采用哪种方法拆解，则取决于拆解面是否为结合脆弱面，如解理面、接触双晶面或裂隙延展面。为了便于拆解，拆解口最好有 V 形口，如果没有，可借助锯切创造 V 形口。

劈钻就是借助劈刀将钻坯多余部分沿结合脆弱面劈至分离的过程。需要实施劈钻的毛坯要么不规则、要么有大型易碎裂隙。另外对毛坯的结晶学特征分析准确是劈钻的必要准备工作。有些特殊情况下进行劈钻也可以大大提高加工效率，如上文提到的第Ⅴ类金刚石，外层较厚呈深色或者完全黑色，包体多，内核是无色透明八面体，可用劈钻的方法剥离八个三角形晶片，得到很好的八面体坯体，如图 7-18 所示。

劈钻

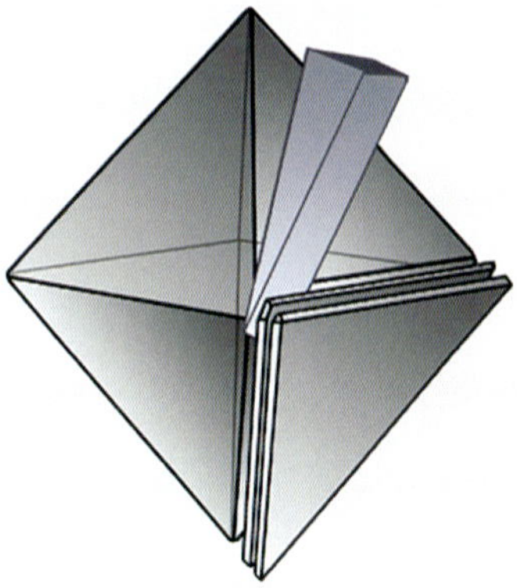

劈钻示意图

图 7-18 劈钻

为了将产品利润最大化贯穿加工过程始终，劈钻对于结合脆弱面的处理有一些原则，对待裂隙，大裂劈开，小裂保留；小裂最好设计到腰围区而不是显而易见的台面区，更不是容易导致崩裂的底尖区；上文述及解理面尽量不平行于台面以免造成台面难以抛光和/或底尖易崩裂。

在钻石加工的诸多环节中，随着技术的提高，智能化和自动化程度越来越多，劈钻则是唯一一项不能自动化和智能化的"非物质文化遗产"——其工具看似平常但操作过程却暗含巨大技艺传承。

劈钻工具和材料主要包括：劈钻工作台、钻坯废渣收集盒、一套安装钻坯和钻石刻刀的夹杆、厚薄不等的劈刀、敲击锤和辅助固定的黏合剂，放大镜是必不可少的。

操作过程是，将劈钻工作台和废渣收集盒摆好，将固定有钻坯的夹杆固定在工作台上（如果钻坯没有 V 形槽，在固定前应在劈刀着力点位置先开槽），注意夹杆的中轴方向与受力应略有角度，受力方向平行于钻石预期裂开面，必要时借助放大镜，将劈刀架在钻石劈裂面达表面处的 V 形口上，让劈刀刃压方向平行于预期裂开面，用敲击锤一击劈刀后背，锤落石开。工作台、夹杆敲击锤常常采用木质的，目的是既有一定的撞击力度，又有一定的缓冲弹性。这项工作对劈钻人员的最大要求就是所用力道。用力过大，钻石容易溅散；稍微犹豫用力过小，不但不能劈开钻石，还有可能在 V 形口附近引发较多的放射形裂纹。

需要说明的是，劈刀并非越锐利越好。劈裂所依靠的力量是钝的劈刀向两侧挤压 V 形槽上方的两个沟沿，而不是依靠刀刃对 V 形槽底部的挤压。所以，V 形槽的创造至关重要，要确保劈刀向两侧的挤压力相当。

开设 V 形槽可以借助轻微锯切，目前多采用激光烧（刻）蚀。

当设计师划定的拆解线不在结合脆弱面时，则需要对钻石进行锯切。它是借助锯片对毛坯拆解成两块的过程。为避免滑锯引发崩裂，在锯切开始前需要用刻刀或更薄锯片开设V形槽，以便正式切割过程顺利进锯。对于一些形状规则的钻坯而言，锯切面几乎已经约定成俗，除非有大的缺陷需要避让。如八面体坯体，往往可以切磨成两粒标准圆钻型成品，要么两粒近乎等大，锯切面为最大正方形面；要么一大一小，以大颗粒成品优先原则，将最大正方形边长内切圆或比之略小的圆作为钻石的腰，计算较为理想的或者预期的冠部高度（冠高，台面与腰面间的距离），在台面远离腰面的外侧锯切。究竟选择哪种锯切方案，依然是由利润最大化原则确定。当然，并非锯开的两粒都可用，锯钻也是去劣挖脏的手段。

传统的锯钻方法借助电动机、锯片、油、钻石粉、夹具、芯子等。传统锯钻开始前修正锯片很重要，否则容易出现锯切面不平、倾斜、对切台阶等偏差，锯切过程需要涂抹金刚石粉以保证锯切效率，锯切尾声需降低锯片与钻石间压力以避免崩碴。锯钻图例见图7–19。

锯钻

锯钻特写（左下方为锯片）

图7–19　锯钻

钻石的高硬度使得锯钻是一个漫长的过程，因此有的钻石加工厂一个锯钻车间有几百台、几千台锯钻机同时运作而仅需要数人或几十人伺服。

现代化的工厂配备激光切割机。相比早期的激光切割机，新一代的激光切割损耗已少于机械切割，且不会出现崩碴和切口不平现象，效率也大大提高。激光切割设备的推广和效率的提高，使得一些工厂不再具有劈钻环节，即使按传统观点看劈钻效率很高，但毕竟有经验的劈钻师难寻、难培养。技术的发展，车钻过程也有了激光刻蚀的介入。

三、车钻

车钻是针对圆形腰面钻石而言的。非圆形腰面无车钻工序。

车，是指用切削工具对加工工件剔除多余，塑造构型的过程。相比切、削、锯、磨等同属于减法式的构型手段而言，“车”的过程常需要旋转，无论是工具和/或加工对象。钻石的切削工具只能是钻石。车钻是指通过旋转磨削，将钻石毛坯截面圆化的过程。有时用两粒

车钻

两支粘杆平行相对进行车钻

图 7-20 车钻

待抛磨钻石互相磨削，互为切削工具互为加工工件，如图 7-20 所示。

根据相互切削钻坯粘杆的方向关系，车钻一般有两种方式，一种是两支粘杆相互平行，两粒钻石旋转略微接近，正常运转的机器由于两粒钻石相对而接触点反向旋转，去掉八面体的 4 个尖点而获得正方形的内切圆腰；另一种是两只粘杆近乎 90° 角，钻石略微接近相互摩擦车削。从而获得腰围和亭部呈圆锥形坯体。

一次只车一粒钻石的时候，往往需要双向对顶夹持固定钻石，即夹嘴含住钻石亭尖，顶针顶在台面上，钻石两侧夹具轴线重合。钻石高速旋转过程，借助垂直夹具轴向方向，近乎固定的切削工具对钻石腰圈进行磨削。这时采用的切削工具可以是特定方向（切削工具受划方向为钻石最硬方向）装配的已锯好的钻石，或者是巴拉斯、博特等集合体金刚石，或人工金刚石聚晶。

车磨过程可通过摄像头将钻石旋转切削情况放大进行监控，以便于工人及时操作控制进度。

近些年来，电脑逐步在车钻环节得到推广，除了进度监控外，辅助电脑控制的激光车钻设备得到了较为广泛的应用，无论是成本还是损耗率相比传统的电动机车钻都有了一定的优势；另外电脑控制的激光准直装置，在单粒车钻装置中两侧机械夹具、电机转轴、钻石的中心点绝对处于一线的定位有着重要的意义。

需要说明的是，车钻环节有时也包括对腰围的抛光。如果仅仅对腰围区车圆，而不进行精细磨光，这种腰围叫“粗磨腰（Bruted girdle）”，对于一些小钻或者级别较低的钻石，一般就保持这种状态，以降低加工成本；对于较大的钻石或级别较高的钻石，车圆腰围后，在下一环节的加工前，先对腰围进行抛光，这种圆滑光亮的腰围叫“抛光腰（Polished girdle）”。当然，还有部分品质较好，个头较大的钻石，在后面抛磨环节对腰围区进行抛光，这时腰围区常呈现几十个光亮的小平面，叫刻面腰（Faceted girdle）。

四、磨钻抛光

狭义的磨钻即粗磨，又叫“开瓣”，即按照一定比例和组合关系在粗坯上（对圆形钻石即在圆坯上）研磨出所有刻面的过程，见图 7-21。而抛光是将刻面粗糙度降低，获得光亮、

第八章　钻石的鉴定过程

钻石的检测过程分为两种情况：一是钻石加工厂自己对抛磨好的钻石进行分类，二是委托第三方检测机构为每一粒钻石出具一份鉴定分级报告（或叫证书）。

对于一些小颗粒的钻石，每粒的利润额甚至不足以支付一份检验证书的费用，加工厂通常按照每克拉的粒数以及颜色、净度、切工等级等项目进行详细分类。这一分类有时比第三方检验机构的划分还要细致，比如颜色，是否带有灰、绿、奶、咖色，都会做出细致区分；净度特征会区别是属于强反光净度特征（Hard characteristic）还是弱反光净度特征（Smooth/Soft characteristic）；切工也会按照比例、火彩情况进行细分。由于原料来源比较可靠，工厂的检测过程几乎不涉及钻石的真假确认、天然合成区分、优化处理的识别等分级的基础性、前提性测试——钻石的鉴定，而是仅仅进行品质分类。

对于第三方检验机构来说，几大名贵宝石的检测思路大致相同，基本步骤是：首先确定宝石品种，即是不是钻石；然后判定成因；再是探寻有无经过优化处理；最后才进行分级。

对于钻石行业的采购者来说，虽然不具备实验室条件对钻石进行参数测试，但是也需要借助放大镜等方法对宝石品种进行确认，然后观测钻石的级别。

因此本书首先讲钻石的鉴定过程，然后讲钻石的分级。

第一节　钻石的简易鉴别方法、过程

钻石采购过程中，掌握简易的钻石鉴别方法非常重要，可以较为有效地避免买到仿钻石而造成巨大经济损失甚至影响声誉。

简易鉴别钻石的方法很多，最为重要的是通过肉眼或借助放大镜、镊子对钻石进行详细审视。此外，还有一些辅助的鉴别方法，但并非很有效，而且一旦在交易过程中使用这些方法，有时等于告诉对方自己的经验尚浅。

钻石的简易鉴别，主要是针对表 8-1 中的相似品，从这些所列相似品性质中可以寻找到钻石简易鉴别的方法。当然，在国际采购中，对英文名称的熟悉，也能有效地避免对批量货品想当然的认识。

表 8–1 钻石及其仿制品特征对照表

宝石名称	俗称	英文	折射率	色散	比重	摩氏硬度
钻石	/	Diamond	2.417	0.044	3.52	10
合成立方氧化锆	水钻、锆、锆石、苏联钻	Cubic Zirconia、Diamantine	2.15	0.060	5.8	8.5
合成碳硅石	碳化硅、莫桑石	Synthetic moissanite	2.65~2.69	0.043	3.22	9.25
玻璃	奥地利水晶	Glass/Crystal*	1.47~1.7	0.009~0.098	2.3~4.5	5~6
合成蓝宝石	蓝宝石、刚玉	Synthetic sapphire	1.76~1.77	0.018	4	9
锆石	风信子石，锆英石	Zircon	1.81~1.98	0.039	3.9~4.8	6~7.5
托帕石	黄玉	Topaz	1.62~1.63	0.014	3.53	8
水晶	/	Rock crystal/quartz	1.54~1.55	0.013	2.65	7

*在中英文翻译上，Crystal 一词一度造成重大混乱，作为一个形容词，其含义为“晶莹剔透的、似水晶的”；作为一个名词，其含义为“结晶、晶体”。在很多场合被译为“（名词）水晶或（形容词）水晶的”。作为专门的矿物品种，石英的英文为“Quartz”，而其巨大晶体“水晶”为“Rock crystal”。

一、观察宝石的外貌特征

绝大多数的无色－近无色系列钻石带有一点黄色调或褐色调、灰色调，其中以黄色调最为典型。

钻石具有较高的折射率和反射率，从而具有其特殊的金刚光泽。

钻石的色散值为 0.044，使得钻石呈现的火彩以橙色调、蓝色调为主，如图 8–1 所示。

图 8–1 体色浅黄的钻石伴有以橙色调、蓝色调为主的火彩

上述几点主要通过大量货品的比较，获得经验积累，形成准确的识别感觉。

二、放大检查

放大检查主要观测宝石的棱线、腰围、内外部净度特征包括变换角度透过宝石观测对侧棱线形态。

钻石具有最高的硬度，其抛磨后刻面交接的棱线锐利平直，即便放大几十倍也难以察觉到棱线处的弧度，所以棱线几乎不反光，相对光亮的刻面而言，棱线为暗色细线，见图 8-2。而仿钻石棱线常常较亮，而且有时顶角相接的面间并非交汇于一点而是呈现线状，见图 8-3。此外硬度较低的仿钻石棱线或刻面常见撞击或划伤，见图 8-4。

图 8—2　钻石棱线锐直、刻面光洁

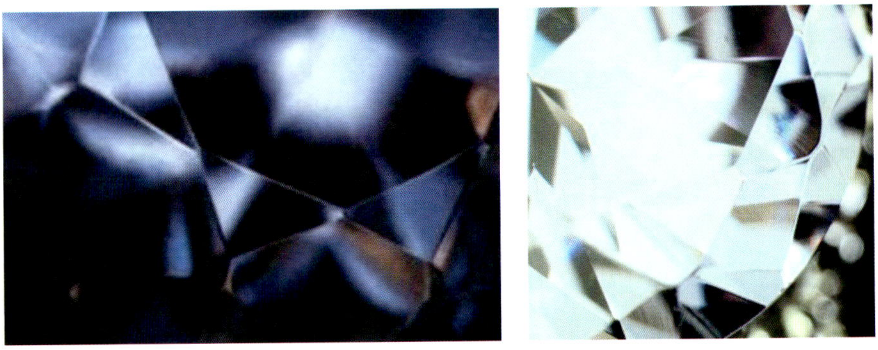

图 8—3　一些仿钻棱线较亮、面角对接于线

图 8—4　仿钻石可见面棱撞击伤和划伤——白点

前面章节已提及钻石腰围区分为粗磨腰、抛光腰和刻面腰三种类型，其中钻石的抛光腰或刻面腰光洁透彻，刻面腰小面棱线锐直。粗磨腰呈白砂糖状，见图 8-5，而仿钻石由于车圆过程抛光较易，一般少有砂糖腰。此外，分布在腰围局部或整个腰围区的细小白线，实际是车钻过程中因振动幅度较大使得钻石产生微小解理面，这种现象叫须状腰（Bearded girdle，见图 8-6），这在仿钻中是没有的。同样由于车钻过程中，为了尽量让切磨出的钻石较重，腰以上或腰下可能留有钻石的原始晶面或者呈 V 型的内凹原始晶面、缺口，见图 8-7、图 8-8，这在仿钻中也不可见。

图 8-5　钻石的粗磨腰呈砂糖状

图 8-6　砂糖腰向上延伸的白线刺——胡须

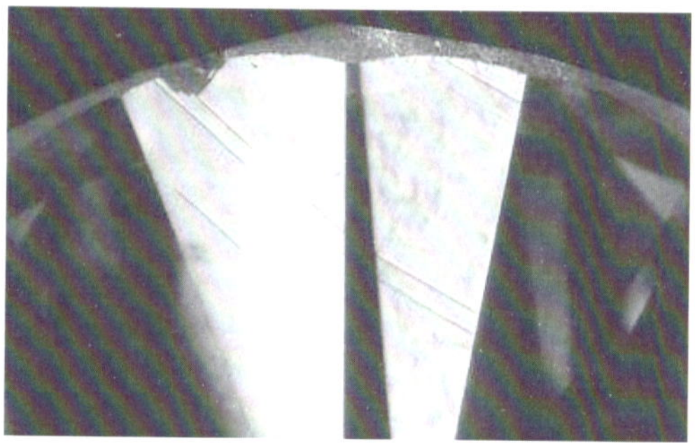

图 8-7　V 形口，相互平行的表面纹理

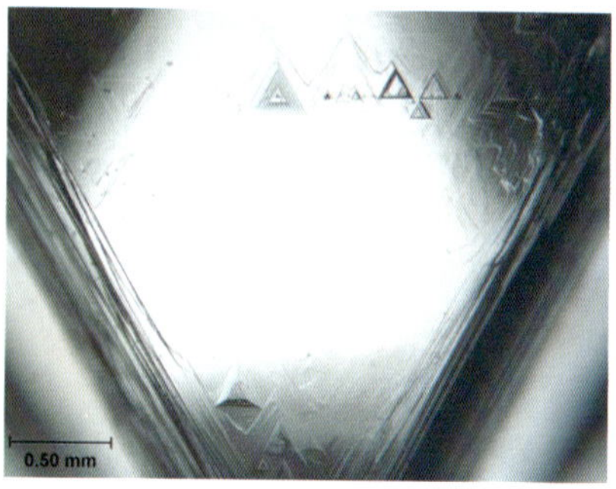

图 8-8　原始晶面的形态——三角座

钻石是光性均质体宝石，无论从哪个角度观察，透过宝石看到钻石远离眼睛的刻面的棱线都不会出现双影，而有的钻石相似品，如合成碳硅石，见图 8-9、合成蓝宝石、水晶、托帕石和有的天然锆石等往往会有显著程度大小不一的后刻面棱线双影。

此外，熟悉钻石的净度特征，对于借助放大镜准确判断类似宝石是否为钻石具有重要意义。特别是小颗粒样品，比如直径 2mm 以下的低净度样品中，这些特征很容易观测到。下面列举天然钻石中常见的一些净度特征，见图 8-10 至图 8-27。

图 8–9　有的仿钻石从特定角度观测可见对面刻面棱线的双影（样品为合成碳硅石）

图 8–10　羽状纹（有影像）伴虹彩，右上角见抛光纹

图 8–11　具有台阶纹的羽裂

图 8–12　羽状纹中心带石墨包体

图 8–13　浅色、深色晶体、片状石墨

图 8–14　浅色晶体被深色晕圈环绕

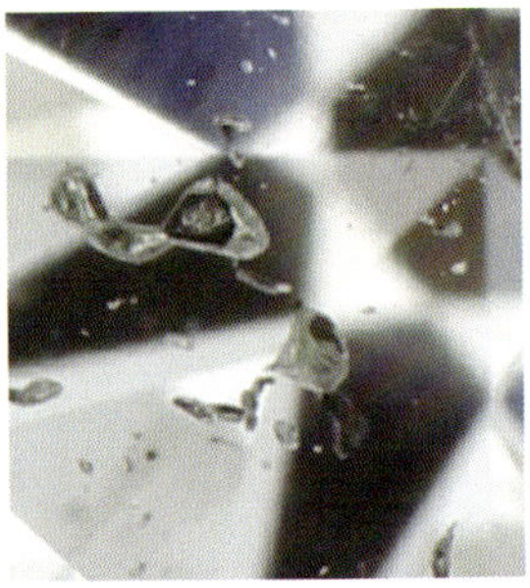

图 8–15　晶体包体

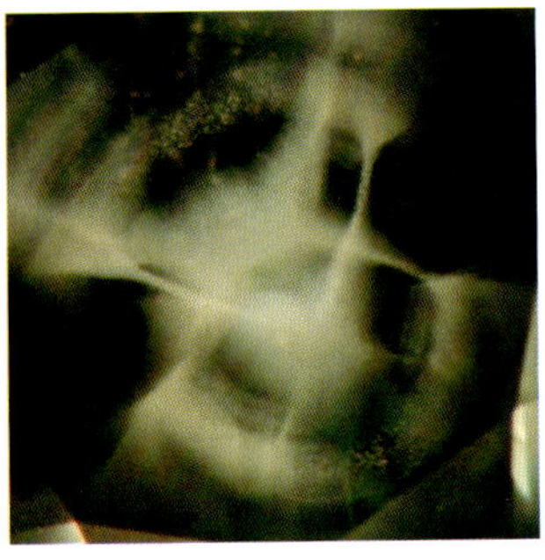

图 8–16　云雾

图 8–17　云雾

图 8–18　色带伴纹理

图 8–19 双晶纹

图 8–20 穿越中间两个刻面的解理纹（左上右下方向）

图 8–21 跨越刻面的纹理

图 8–22 表面凹凸的蜥蜴皮效应

图 8–23 表面凹凸、混沌为抛光灼烧痕

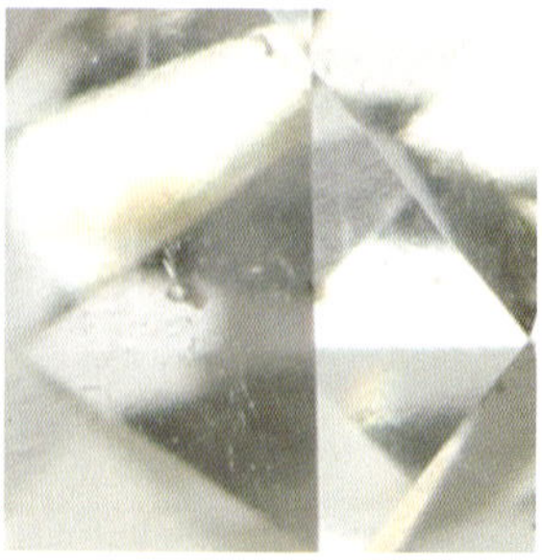

图 8–24 表面凹凸、混沌为抛光灼烧痕

图 8–25 底尖破损

图 8–26 冠部刻面交点处的原始晶面

图 8–27 腰部拐角磕碰延伸裂纹

钻石的净度特征非常丰富，这里仅仅列出了部分较为常见的特征，显然不是每粒钻石中都具有上述特征，在对于净度较低的成包钻石，寻找上述特征较为容易，有助于现场将钻石与相似品区分开来。

三、其他方法（如比重、热导仪、亲油疏水性、线实验、荧光反应等等）

其他区分钻石和相似品的简易方法较多，比如比重法、热导仪检测、亲油疏水性实验、透视线实验、荧光反应等。

粗略的比重法比较靠谱，但这需要相当的经验，一般有两种方法：手掂或尺寸估重。对于 3 克拉以上的大钻，有经验的人上手掂一下，通过对不同比重宝石形成的感觉可做出初步判断。而钻石的切工相对比较标准，比例在较为确定的范围内变化，因此，通过宝石规格尺寸与质量的对应关系（见表 8–2）可与钻石的相似品予以区分。

表 8-2　标准圆钻型腰直径（mm）与质量（ct）关系

直径	质量	直径	质量	直径	质量
14	10	11.1	5	5.9	0.75
13.5	9	10.3	4	5.2	0.5
13	8	9.3	3	4.3	0.3
12.4	7	8.2	2	3.8	0.2
11.8	6	6.5	1	3	0.1

不同琢型钻石尺寸（mm）与质量（ct）的关系：

1. 标准圆钻型：质量 = 平均直径 2× 高 × 0.0061（腰极薄）
质量 = 平均直径 2× 高 × 0.0063（腰适中）
质量 = 平均直径 2× 高 × 0.0065（腰极厚）

2. 椭　圆　形：质量 = 平均直径 2× 高 × 0.0062

3. 心　　　形：质量 = 长 × 宽 × 高 × 0.0059

4. 祖 母 绿 型：质量 = 长 × 宽 × 高 × 0.0080（长宽比为 1:1）
质量 = 长 × 宽 × 高 × 0.0092（长宽比为 1.5:1）
质量 = 长 × 宽 × 高 × 0.0100（长宽比为 2:1）
质量 = 长 × 宽 × 高 × 0.0106（长宽比为 2.5:1）

5. 橄　榄　型：质量 = 长 × 宽 × 高 × 0.00565（长宽比为 1.5:1）
质量 = 长 × 宽 × 高 × 0.00580（长宽比为 2:1）
质量 = 长 × 宽 × 高 × 0.00585（长宽比为 2.5:1）
质量 = 长 × 宽 × 高 × 0.00595（长宽比为 3:1）

6. 水　滴　型：质量 = 长 × 宽 × 高 × 0.00615（长宽比为 1.25:1）
质量 = 长 × 宽 × 高 × 0.00600（长宽比为 1.5:1）
质量 = 长 × 宽 × 高 × 0.00590（长宽比为 1.66:1）
质量 = 长 × 宽 × 高 × 0.00575（长宽比为 2:1）

比重法不适合与钻石密度接近的托帕石。已有多次报道在某些钻石产区，通过人工手段将托帕石加工成钻坯的八面体、浑圆八面体形状，甚至故意做成八面体歪晶形态来仿冒钻石原石。令人发指的案例是，非洲某钻石产出国发现过人工雕刻的超过 100 克拉的近无色托帕石八面体。

钻石的导热性能强，甚至超过银、铜等众多金属，因此利用便携式的热导仪可以将除合成碳硅石以外的钻石相似品区分开来。这种便携式热导仪在多种场合比较有效，比如售卖柜台向顾客展示钻石属性，一些镶嵌的碎石通过其他方法不易确定是否为钻石时。

所谓的亲油疏水性实验，是指用油性笔在钻石表面画线笔迹连续，而非油性墨水呈虚线状，钻石相似品则效果相反。此外沾有油脂的手擦拭钻石时不易擦净反而导致钻石沾满油污。长期接触肌肤佩戴的钻石首饰可能会因钻石亭部沾满污垢而引发宝石光泽亮度降低，这也是钻石首饰常见的现象。此外，不同的宝石大台面滴上水珠，在水珠直径相同的情况下，水滴的高度并不相同，这既与宝石晶体结构、表面性质有关，也是各种宝石亲水或疏水的反映。

透视线实验的依据是标准圆钻型切工的钻石，自冠部入射的光线会经过亭部面全反射回到冠部射出，而几乎不会穿透亭部自亭部射出，这种现象叫宝石的全内反射（内部全反射）。所以在纸面上画一条线，将钻石压在线上，无论亭面接触线条自冠部观测还是台面接触线条自亭部观测，透过钻石均不能看到画线。其他宝石如果按照标准圆钻型的比例切割，不具备内部全反射性质，因此上述方法透过宝石可以看到宝石下面的画线。但是当以满足该宝石内部全反射的比例进行切磨时，该宝石品种也能阻止画线反射进入人眼，从而透过宝石也看不到画线。因此该方法实验成功与否，取决于宝石的切磨比例。

荧光反应相对来说具有较大的实用性，特别是一些特殊情况下。比如一支手表里镶满了碎石，借助长波荧光灯或荧光型验钞笔照射样品，荧光呈统一的橙色、黄色，则样品为合成立方氧化锆的可能性大；如果有的宝石具有荧光，有的宝石没有荧光，荧光色绝大多数为强度不一的蓝色，则所镶宝石为钻石的可能性大；全部无荧光的话，有可能所有宝石都不是钻石，也有可能无色透明的表盖对紫外线强吸收。

必须强调的是，简易方法能够区分大部分钻石与其相似品，也能区分很大一部分天然钻石与合成钻石，甚至能够确定天然钻石是否经过了优化处理。但是对于级别较高的钻石或彩色钻石的成因、颜色成因的确认，应求助于专业实验室。

第二节 钻石的实验室鉴定过程

珠宝检验人员从事宝石鉴定工作往往需要专业的训练，这种训练赋予珠宝检验人员借助一定的设备工具对待检宝石做出测试，然后根据测试数据判断宝石的品种、成因、优化处理等信息。钻石的检测也是如此，但相比来说钻石与其他无色宝石品种的区分，对于实验室人员来说相对容易。尽管实验室里会配备有镊子、放大镜、显微镜、折射仪、偏光镜、二色镜、分光镜、滤色镜、紫外荧光灯、天平（称量质量、测相对密度）、热导仪、硬度计等常规宝石学工具仪器以及众多的大型仪器，但对于训练有素的检验人员，只要用镊子夹持，在显微镜下将所有样品浏览一遍，通过对宝石内外部特征的观测与判断，即可确定待测宝石是否为（天然或合成）钻石，尽管理论上说其他常规设备也能提供一定的有效证据。

但是，对于实验室来说，仅仅确定了宝石为钻石是远远不够的。近 20 年来合成钻石出现的频率越来越高，因此，判断钻石的成因是实验室的重要任务之一，确定了钻石的成因，还需要对天然钻石是否经过了优化处理、特别是颜色成因做出测试判断，只有这些工作全部完成，实验室对钻石的鉴定才算完成。如果委托人还要求对钻石进行分级，只有上述工作全部完成后，才根据实验室的运行规定做出是否适于分级，如果适于分级则将样品转入分级环节。

一、钻石成因的区分过程

1. 原石的区分

对于未切磨的钻石样品而言，天然钻石与合成钻石区分较为容易。天然钻石常见八面体、立方体、菱形十二面体等形状（见图 8–28）的晶体以及由这些多面体组合成的形态（天然钻石原石的形态与表面形貌特征图示见前文“第六章第一节”），而 HPHT 合成钻石常呈八面体和立方体组合形态且常见种晶（人工合成过程中诱导材料的化学组分以其为初始点外延结晶生长的不溶 / 熔物），见图 8–29、图 8–30、图 8–31，CVD 合成钻石为板状，锯切截面常具有层状纹理，见图 8–32、图 8–33。

此外，天然钻石与 HPHT 合成钻石晶面形貌也有区别，天然钻石八面体面常见倒三角状蚀纹、菱形十二面体面可见线状纹理、立方体面常见回形纹等。而 HPHT 合成钻石晶面常见树枝状、蕨叶状纹理或较为粗糙的不规则纹理。需注意的是，HPHT 合成钻石表面也可以表现出三角座。详见图 8–34 至图 8–39。

图 8–28　天然钻石常见的表面形貌特征，据 Steven B. Shirey and James E. Shigley，2013

图 8–29　HPHT 合成钻石呈八面体与立方体组合形态

图 8–30　HPHT 合成钻石种晶（中间白色晶体）

图 8–31　中间金字塔形态为左图样品不同角度观察到的种晶

图 8–32　CVD 合成钻石呈板状

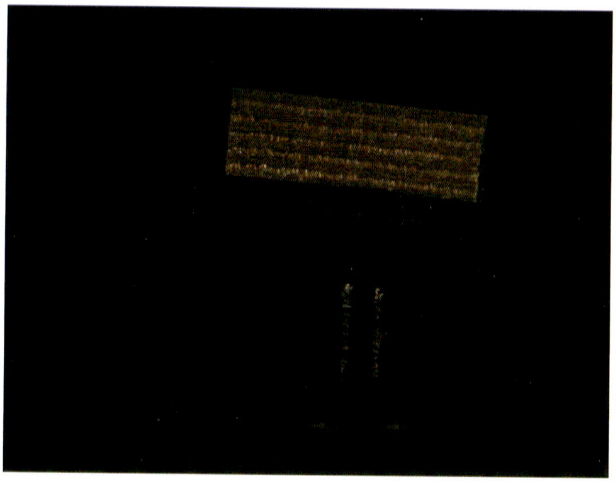

图 8-33 CVD 合成钻石锯切板切面常具有层纹

图 8-34 HPHT 合成钻石局部的不规则纹理

图 8-35 HPHT 合成钻石表面蕨叶纹

图 8-36 HPHT 合成钻石表面的不规则纹理（冰花纹）；内部强反光柱粒为金属包体

图 8-37 HPHT 合成钻石表面的纹理

图 8-38 HPHT 合成钻石表面的三角座与籽晶坑

图 8-39 HPHT 合成钻石的表面形貌、籽晶

2. 包体的区别

对于切磨好的合成钻石，HPHT 法的一些包体具有一定的鉴定意义。常为棒状、短柱状、熔滴状等多样形态的金属包体，见图 8-40。而 CVD 合成钻石的包体并不典型，偶见残余的石墨点状包体或沿裂隙分布的石墨包体，后者与天然钻石羽裂中的石墨包体难以区分。

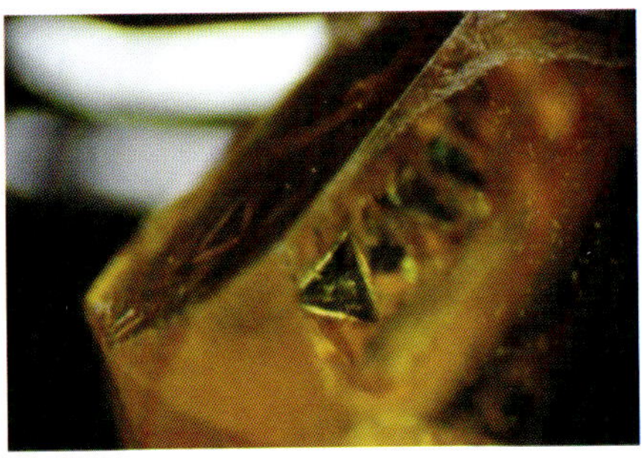

三角状金属包体

熔滴状金属包体

HPHT 合成钻石短柱粒包体、针棒状包体

HPHT 合成钻石短柱粒状金属包体

图 8-40 HPHT 合成钻石的金属包体

3. 发光性差异

天然钻石约三分之一的样品在 4W、365nm 波长的紫外灯下具有不同强度的荧光，其中

95% 以上的荧光色为蓝色，而少数呈白、黄、绿、橙、红等色。一般短波（254nm）下的荧光强度弱于长波（365nm）下的强度。仅有万分之几的天然钻石具有磷光性（关闭紫外灯钻石继续发光的性质），浅蓝色、蓝色钻石具有磷光性的比例高。

无色－近无色 HPHT 合成钻石在长波紫外灯下有 20%~70% 的样品呈带绿蓝调的白色荧光，短波下具有荧光性的比例更高，强度一般强于长波下的荧光，具有荧光性的样品超过 20% 具有磷光性。黄色 HPHT 样品在紫外灯下常呈惰性，或发光性较弱，常规紫外灯下罕见有磷光。蓝色 HPHT 样品的发光性与无色样品类似，但具有荧光性和磷光性的样品比例更高。其他颜色往往不是原生色（钻石生长结束时呈现的颜色），而常常是上述三种颜色经生长后进行改色处理形成的，其发光性尽管有所改变，但与其原生色样品的情况基本一致。

CVD 合成钻石常呈无色至褐色、绿色。但罕有对绿色 CVD 合成钻石的宝石学性质进行统计的报道。而无色至褐色系列在常规紫外灯下常呈惰性，几乎无磷光。

近年来，印度、英国、中国、美国等钻石设备制造商利用合成钻石与天然钻石发光性差异，研制了钻石发光性观测设备，精细型的以戴比尔斯旗下国际钻石分级与研究机构（IIDGR，International Institute of Diamond Grading & Research）研发的 Diamond View^{TM} 为代表，它既可以观测钻石在低于 230nm 波长深紫外光下的荧光反应、磷光性，还可较为清晰地呈现荧光发光区带——天然钻石常呈蓝色荧光，荧光纹理复杂，见图 8-41，少见磷光；HPHT 合成钻石与八面体相关的生长区域荧光弱，与六面体及菱形十二面体相关的生长区域荧光强，因而可观测到中心正方形及四个角顶外延方向组成黑十字现象，见图 8-42、图 8-43；早期 CVD 合成钻石常呈橙色荧光，近些年有了绿蓝色、紫色、黄绿色、蓝色荧光，可见平行荧光纹理，见图 8-44、图 8-45、微波状纹理、丘座状纹理等，无或较弱的磷光。高效型的则

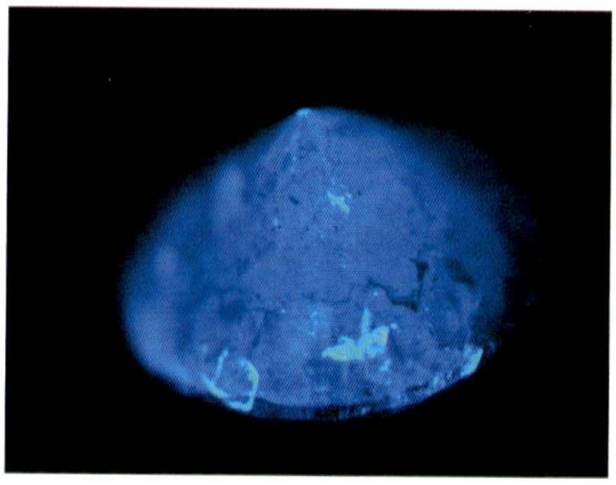
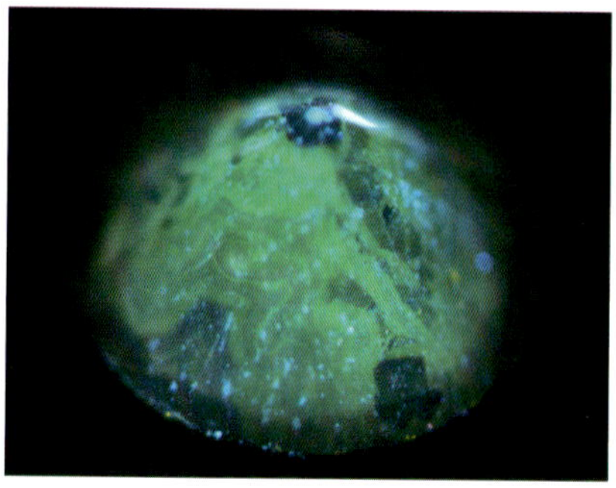

图 8-41　天然钻石常呈现较为复杂的如玛瑙纹似的纹理，多呈蓝色荧光（上），偶见绿色（下）或其他颜色的荧光（Diamond View TM）

以中国产的 GLIS3000 为代表，可观测大约 8cm×12cm 范围内样品的荧光反应与磷光性——绝大多数天然钻石无磷光，部分具有蓝色荧光，偶见黄色、红色等荧光；HPHT 合成无色钻石几乎都具有较强磷光；CVD 合成钻石多无荧光，部分具有较弱的磷光，但随着频繁用 GLIS3000 紫外线激发，CVD 合成钻石发荧光的比例显著提高，具磷光性样品的比例也同步提高，磷光强度也得到提高，见图 8-46。

图 8-42　HPHT 合成钻石荧光分区分布呈黑十字状（DiamondViewTM）

图 8-43　HPHT 合成钻石具有强磷光（DiamondViewTM）

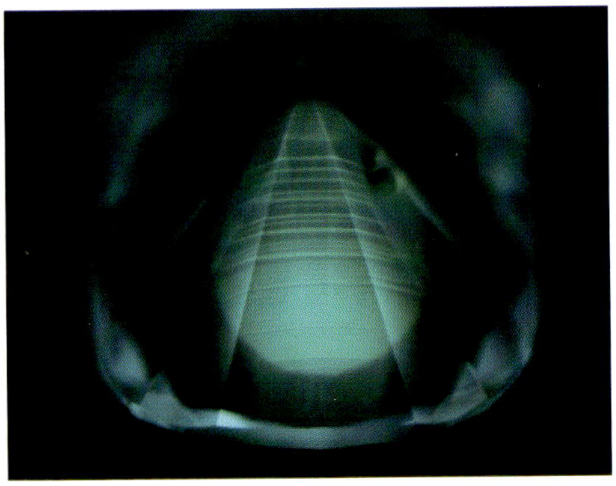

图 8-44　CVD 合成钻石的平行荧光纹（DiamondViewTM）

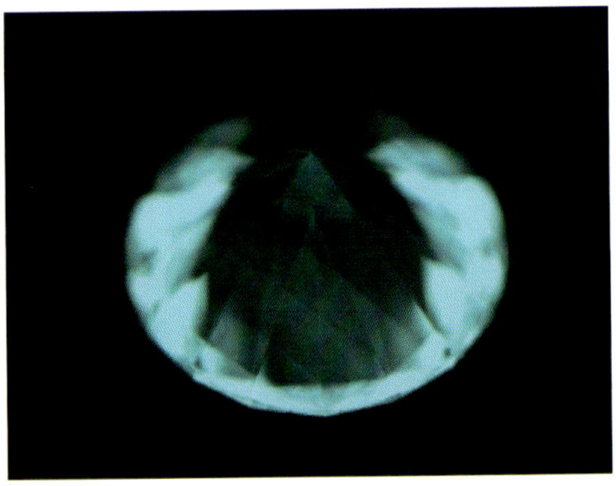

图 8-45　多期次生长的 CVD 合成钻石层纹（DiamondViewTM）

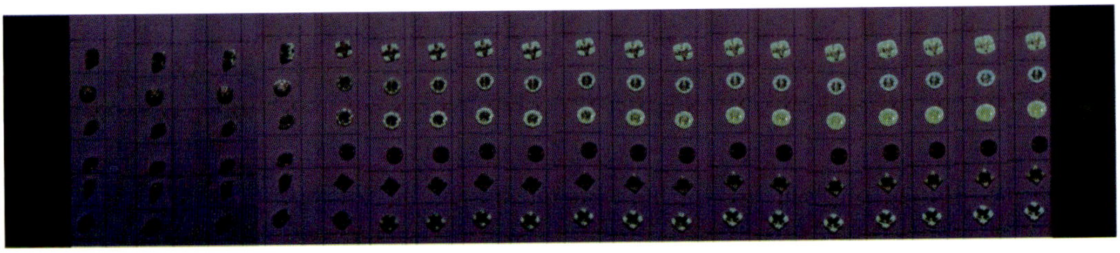

图 8-46　6 粒 CVD 合成钻石在 GLIS3000 首次激发无磷光（左侧暗区），在 2 分钟内激发 19 次，部分样品产生荧光且随着辐照次数增多，荧光越来越强，并有了磷光性（右侧暗区）

应该提及的是，与 DiamondView™ 功效类似的一种设备叫阴极发光影像仪，它使用高能电子束轰击钻石，在暗室中观测钻石荧光现象。理论上其发光影像的分区特征与 DiamondView™ 影像类似，对于钻石成因的鉴定意义与 DiamondView™ 相同。但是实践表明，样品仓的真空要求决定了观测过程中对钻石摆放、调整的限制，致命的是，有些钻石在经过阴极发光仪测试后，颜色会发生可逆或不可逆的变化。这种不可预知的不可逆的颜色变化，在珠宝鉴定中应该绝对避免。

4. 光谱精细分析

常用的光谱设备有：红外光谱仪，紫外可见光近红外分光光度计、光致发光光谱仪、阴极发光光谱仪以及用于成分分析的 X 射线荧光光谱仪，还有一些尖端型研究仪器如同步辐射设备、电子顺磁共振波谱仪、二次离子质谱仪等。

传统理论关于钻石中氮硼元素的识别以及钻石类型的划分依据是红外及紫外可见光谱。根据现有的技术水平，无色合成钻石几乎为 IIa 型，有的含有少量的硼、氮、氢等元素；黄色合成钻石往往是 Ib 型，但根据合成过程中的高温高压条件或合成后高温高压处理的程度差异，合成钻石中的氮可能聚合，形成 IaA 型，当然也可能是 IaA+Ib 型；蓝色合成钻石跟天然钻石一样，都是 IIb 型；在合成钻石的基础上通过辐照、高温高压等单一手段或多重处理过程可产生其他各种颜色。红外光谱对于钻石的分类具有决定性作用，但对钻石的成因判断意义不大。就当前合成、处理技术而言，IaB 型钻石一定是天然成因的。

紫外可见光近红外分光光谱也提供钻石中杂质元素及其他晶体缺陷存在的证据，而且在传统理论上，紫外可见分光光谱是 IaAB 型钻石的判定依据。并且，紫外可见近红外光谱对单原子氮、双原子氮和多原子氮及硼、硅等杂质元素的存在及其状态较为敏感，适当地解读这些信息，对钻石成因有重要的意义，如与硅有关的吸收常常指示与化学气相沉淀法合成有关，与单原子氮有关的吸收带常常指示钻石经过了高温高压过程。光谱中表现出的紫外区不透光（全吸收）和跟三原子氮（N3）有关的吸收，可以判定钻石为天然成因。据此国内外设备商设计了智能型钻石成因筛选仪，较为典型的是 IIDGR20 世纪末推出的适合单粒样品排查的 DiamondSure™ 和近些年推出的自动伺服型批量小颗粒钻石排查设备 AMS(Automated Melee Testing System)，这两种设备的优势在于，设备认为是天然成因的钻石，基本不需要再进行其他关于成因的测试。国内也有设备商设计了高效的以检测 N3 为主的钻石成因排查仪，见图 8-47，就目前技术来说，无色、近无色合成钻石在常温下的紫外 - 可见光谱中还检测不到与 N3 有关的吸收，因此可以作为天然合成钻石的区分依据。但单一信号作为宝石鉴定的结论依据风险极大，不排除在不远的将来无色合成钻石中 N3 的浓度超过常温紫外可见光近红外分光光度计的检测限。相比而言，紫外可见光近红外分光光度计在判断钻石成因方面的贡献比红外光谱大得多。此外，紫外可见光谱还具有识别钻石荧光、磷光的功能，上文已提到荧光、磷光对钻石的成因判断有些作用。

第三节　优化处理天然成因钻石的鉴定过程

钻石是永恒、纯洁的象征，市场对钻石的要求非常苛刻，因此除了切磨抛光以外，对钻石所做的其他所有的改变，市场都要求要充分地披露相关信息。基于市场以及中文语境对“处理”一词的歧义，本书将除切磨抛光外对钻石所做的任何改变，统称为“优化处理”。合成钻石生长结束时的颜色与生长后再经过“优化处理”得到的颜色可能不同，这两个过程几乎全部发生在样品上市流通之前，特别是几乎发生在零售环节之前，市场认为合成钻石的成因比其颜色成因更应优先充分披露，因此大多数这类样品在市场上被披露为合成钻石（培育钻石、实验室生长钻石），而消费者在获知“合成”的信息后，基本不再关注其颜色的成因。因此在很多地区，人工生长的钻石，可不对颜色成因做出说明。

所以，通常讲的优化处理，往往是只针对天然成因宝石来说的。

钻石的优化处理包括涂色、染色、辐照、离子注入、高温高（低）压处理、激光钻孔处理、充填处理、覆膜、拼合处理以及多重手段的复合工序处理等等。

一、涂色

涂色是最为悠久的用于改变宝石颜色的技术，而且经久不衰，特别是钻石具有亲油性，使得涂在钻石表面的试剂较为稳定，可在数天至数星期内稳定，除非用特殊的溶剂清洗。通常使用的颜色有蓝色和粉色（见图 8-49）。蓝色涂料可让略带黄色调的钻石看起来更白；而粉色涂料让带褐色调的钻石看起来更清爽，让钻石带有的绿色调淡化。通常的涂色部位是底尖或腰围，对于一些镶嵌的钻石来说，涂在底尖的颜料很难识别，因为钻石的内部全反射导致从冠部难以观察到亭部外层的物质；而涂在腰围区，特别是在粗磨腰上涂色后又轻微清洗过的涂色钻石，也难以鉴别。对实验室来说，接受检测委托的时候，应向委托人说明溶剂清洗是实验室必要步骤而且可能引发微小色差。

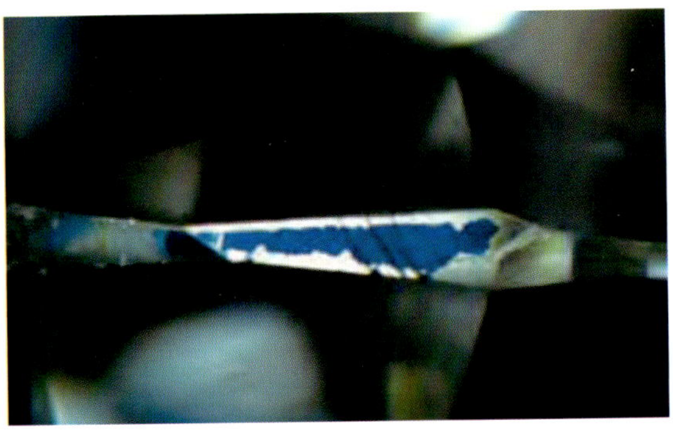

以标注瑕疵为名的腰部涂蓝

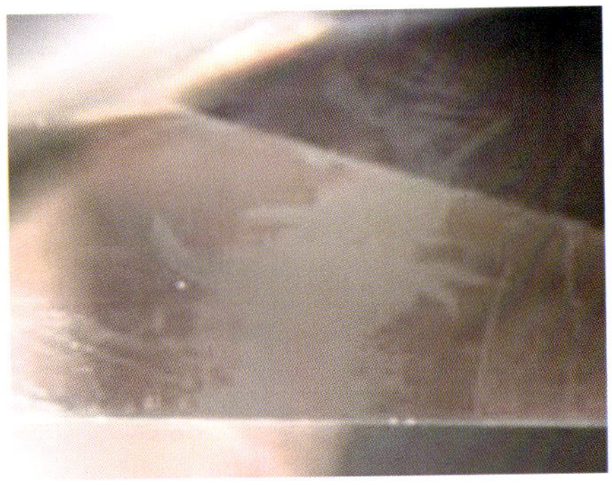

涂粉色

图 8-49　涂色钻石

二、染色

染色用在钻石上的几率非常低， 但有些裂隙较多的钻石，如果使用粉红色油笔对包体做标记，有可能引发油性墨迹浸染到裂隙中，如果影响了钻石的颜色，这种在裂隙中富集色素的情形，应定性为染色。

三、辐照

辐照是利用高能射线（γ 射线）或高能粒子（电子、α 粒子、中子）束轰击钻石，诱发钻石晶体产生致色缺陷，达到改变钻石颜色的处理方法。处理后的样品需要做无害化和稳定化处理方可销售，即通过技术方法将其放射性残余降低到安全限值以下，使颜色在一定温度、时间范围内不会发生变化。经过辐照处理的钻石几乎可以呈任何颜色，而所获得的颜色与钻石类型、辐照源能量特征以及辐照后退火处理有关。

辐照钻石的鉴定主要依据钻石颜色分布特征及谱学特征。一般来说，钻石的被辐照部位颜色更加浓艳，而非直接辐照部位颜色较淡。此外还可以借助成像技术寻找到被高能射线或粒子直接轰击到的部位。早先的工艺中，钻石的底尖（见图 8-50）或腰边是常被作为直接辐照的部位，因为受光学原理的影响，这些部位颜色的改变，能够引起钻石从冠部观察时整体呈现所得色彩的体色。但随着辐照技术的提升，合成钻石辐照工艺的普及，当前辐照钻石直接受辐照的部位多样化，甚至颜色分布不再具有分区分带特征。

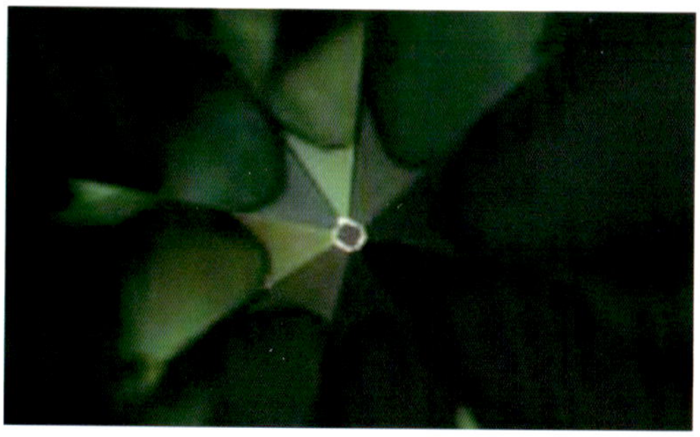

针对底尖部位辐照形成的伞状图案

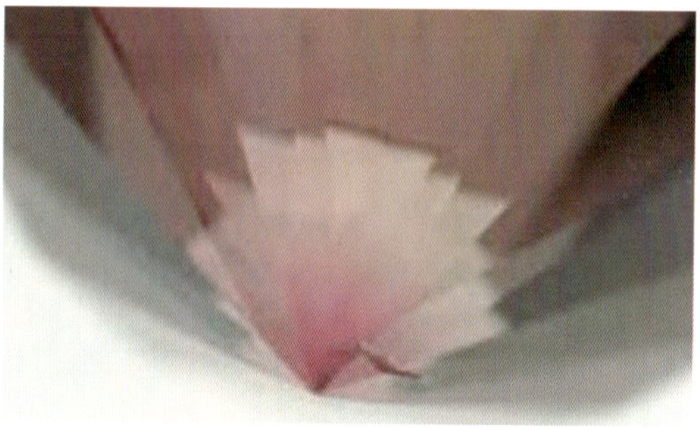

辐照产生的粉色在底尖浓集

图 8-50 辐照钻石

需要注意的是，自然界的钻石在其赋存的环境中也可能遭遇周围放射性物质的辐照而形成艳丽的颜色，多数情况下呈现绿色且颜色以散斑状分布于钻石表层，但也有罕见情况下，自然辐照引发钻石呈较均匀艳色的情况。这种自然辐照致色的钻石不需要作为“优化处理”钻石披露其颜色成因，可按照未经优化处理的天然钻石流通。这种情况下谱学特征具有重要的鉴定意义。

谱学方法区分天然致色钻石和人工辐照致色钻石时，主要借助红外光谱、紫外可见近红外光谱和光致发光光谱。这些技术手段对于特定晶体缺陷的识别是鉴定天然致色和人工致色的主要依据。

四、离子注入

在真空中等离子体淬灭于宝石表面，或因定向等离子体（或离子束）射向宝石，在宝石表面发生可能包含有溅射（见图 8–51）、散射等作用，离子最终淬灭于宝石表面，达到材料表面改性的过程，统称离子注入。等离子体在宝石表层会引起材料表面的成分和结构变化以及原子环境和电子组态等微观状态的扰动，由此导致材料各种物理、化学或机械性能的变化。有些工艺类型的离子注入过程具有高能粒子辐射的特征。

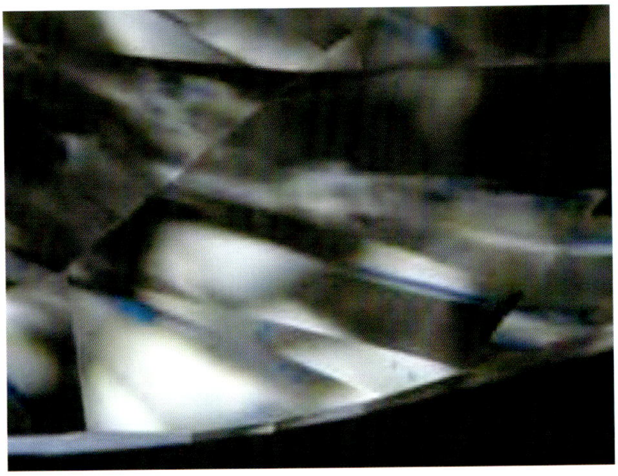

图 8–51　高频溅射作用引起钻石表面呈模糊污渍状

离子注入的主要优点有：宝石表面不容易玷污；离子注入是一个非热平衡过程，原则上讲，可以将任何可产生相应离子的任何元素注入不同材料；注入离子的数量、种类和能量可控、重复性好；可形成两层或两层以上的多层结构，与基体结合牢固。在许多技术领域中取得了令人瞩目的成就。但这一技术在珠宝行业的应用还少有报道。

对钻石的离子注入主要涉及氢、氧、氮、硼、硅等元素，用于改变钻石晶体光学属性。离子注入某种元素与钻石内自然存在这种元素的对晶体缺陷影响的差异，至今尚待进一步研究。一般来说经离子注入的钻石，其表层光泽及光洁度的异常为常规鉴定提供依据。

五、高温高压（HPHT）处理、高温低压（LPHT）处理

在高温高压条件下，对钻石进行处理的方法，主要用于改善或改变钻石的颜色。简称 HPHT 处理。而 LPHT 处理则是在负高压（近似真空）环境高温条件下对钻石进行处理的方法。

对于 Ia 型带褐色调的钻石，HPHT 处理可产生艳丽的黄、黄绿（见图 8–52）、绿蓝、蓝、棕、褐等颜色。

对于 IIa 型褐色调钻石，经过 HPHT 或 LPHT 处理可较大程度地消除褐色调，颜色色级可提高到 D~H 色。

HPHT 处理 Ia 型钻石在常规紫外灯下常具有黄绿色荧光，放大可见云雾状包体、偶见裂隙内石墨化现象；红外光谱可见 Ia 型钻石典型吸收，偶伴有与单原子氮有关的吸收，这

图 8-52 天然 Ia 型钻石 HPHT 处理前（左）后（右）

是因为在人工高温高压环境下杂质氮会同步发生聚合和离散两种效应，从而引发孤氮吸收。对应的紫外可见吸收光谱也会呈现 Ia 型钻石的谱带及某些与高温高压导致的吸收峰。但不会表现出孤氮吸收峰，因为与孤氮有关的吸收即便存在，也因为 Ia 钻石谱带的湮没而无法识别。PL 谱、电子顺磁共振波谱等精密谱学可为 Ia 型钻石经 HPHT 处理提供证据。

IIa 型 HPHT 或 LPHT 处理钻石几乎都具有较高的净度，如 LC、IF、VVS 等，即便偶有一些内部净度特征，也可能是石墨化迹象，如轻微的羽裂中伴有石墨化现象等。红外光谱除了表明为 IIa 型外，对这种处理方法提供不了有意义的证据。紫外可见近红外分光光谱可提供具有一定指示意义的信号，比如可能与孤氮有关的吸收带及近红外区的某些谱带等等。而 PL 谱可为这类钻石的鉴定提供较为充分的证据。戴比尔斯 IIDGR 设计的三大仪器（DiamondSure™、DiamondView™、DiamondPlus™）之一 DiamondPlus™ 实际是一种智能化的光致发光仪，它的初衷是针对 IIa 型经 HPHT 处理的天然钻石进行鉴定而设计的。

自然界也存在有高温高压环境，钻石形成后，经历过自然条件下的高温高压过程和人工条件下的高温高压过程所留下的证据，并不容易分辨，全面的谱学测试对于区分这两种情况是必需的。

HPHT 处理 Ia 型钻石的代表是美国诺瓦（Nova）公司的产品，HPHT 处理 IIa 型钻石的代表是美国通用电气公司的 GE-POL 钻石，两家公司的产品上市之初都会在钻石上做出特殊标记，已区分于未经高温高压处理的天然钻石。随着合成钻石生长后处理的普遍化，特别是 CVD 合成钻石生长完成后几乎都需要退火处理，促使 HPHT 处理工艺越来越成熟，处理过程中钻石被压碎的情况越来越少，处理后颜色的目标性越来越容易控制，大量的 HPHT 处理过的天然成因钻石上市，而不再被标识为 GE-POL 或 Nova 钻石。

LPHT 处理工艺常常被用于 CVD 合成钻石生长后的退火过程，用于天然成因钻石处理的情况较少。鉴定依据与 HPHT 处理产品类似，PL 谱具有重要意义。

六、激光钻孔处理

利用激光烧蚀技术自钻石表面至深色包裹体间开设通道后，用强酸性腐蚀液将深色包体清除的方法。传统宝石学认为，有主观故意性，有外来物质的加入，具有一定欺骗性的处理手段，应该在宝石销售时向公众明示。而激光钻孔技术是宝石学领域少有的清除宝石内部物质的方法之一。所以，这种处理方法没有其他的识别办法，唯有通过放大观察来确定。

迄今为止，在众多宝石品种中，激光钻孔处理仅在钻石的优化处理中得以应用，这得益于钻石良好的热导性，对于热导性低于钻石的宝石，比如红蓝宝石，即便出于测试需要用激光烧蚀数个微米深的洞口，也可能会引发宝石贯穿性碎裂，所以这些宝石并不适合用激光钻孔技术去除杂脏。

激光钻孔一般不能改善钻石的净度级别，但消除了深色包体后，整包的钻石中肉眼看不到黑色包体，可让成包的货品更受欢迎。所以近些年来在一些 P 级（净度仅优于工业级的一类宝石级钻石）的小颗粒钻石中较为常见。

传统的激光钻孔技术是估算包体到钻石表面的最短距离，并考虑激光孔的显著程度，通过直形通道从钻石表面烧达包裹体的一种处理方法。天然钻石在地层中遭受熔（或溶）蚀也可能留下达表面的细长孔道，一般来说，这种孔道壁多呈阶梯状较为光亮，孔道横截面呈四边形，表面孔口大，越向里越细；未经处理的天然钻石还有一种细长线状空洞，往往处于解理面交汇处，通过结晶学分析可与激光孔区分。直形激光孔内外几乎等粗，横截面呈不太规则的圆形，孔道壁呈白砂状，且目的性强——开始于钻石表面而终结于某个具晶型的包体，即便偶尔有偏离目标的激光孔，但其目标性也较为明确，见图 8–53 所示。

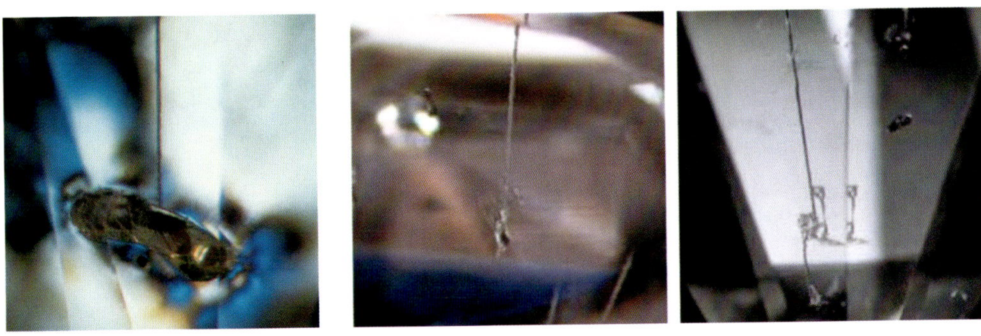

图 8–53　直形激光孔道

千禧年前后悄然出现了一种虫洞型激光钻孔技术，该技术激光空洞路线不规则，有时像蠕虫爬痕或者蜿蜒深入的虫孔。如图 8–54 所示，达表面部位与传统打孔技术的圆孔不同，虫洞型钻孔表面常常是不规则拉长孔并伴有羽裂，而向里延伸的空洞常常伴有形貌近乎一致的羽裂。激光空洞及相伴羽裂中偶见石墨包体。孔洞所达到的包体常呈白砂状，而未被触及的晶体包体常呈天然晶体包体的形态——较光亮的强的反光，深色或无色。

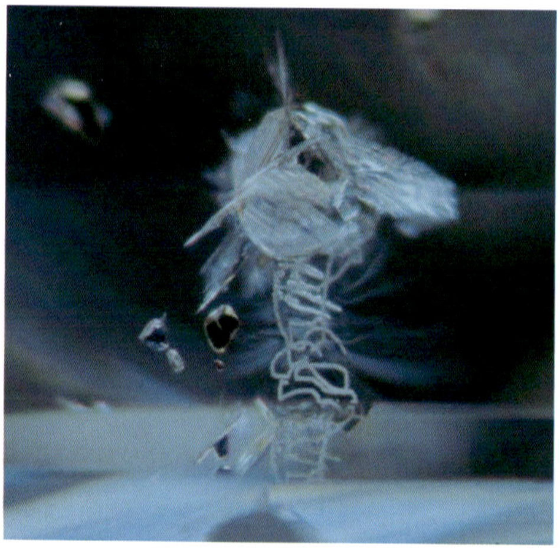

虫洞型激光钻孔，左边黑色无色晶体未被触及，

虫洞型激光孔伴形貌近乎一致的密集排列的羽裂

虫孔型激光孔道中偶见石墨包体

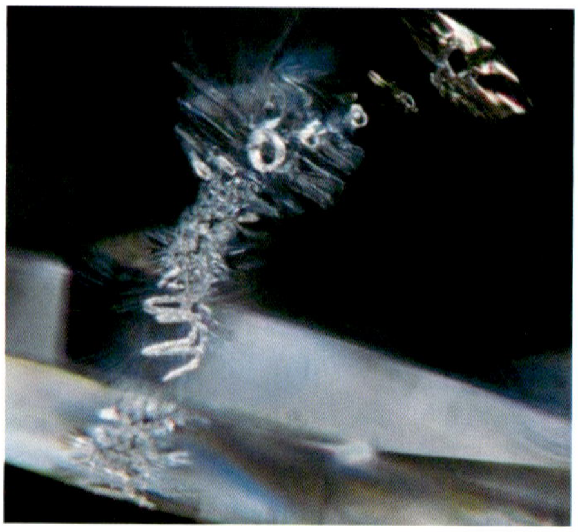

中上部被触及的晶体与虫孔一样轮廓呈白砂状，右上角未被触及的包体仍为黑色（羽状纹晕的核心处）

虫孔型激光孔在白色背景下呈黑色，在黑色背景下呈白砂状

图 8–54　虫洞型激光钻孔钻石

七、充填处理

充填处理是向钻石裂隙中注入高折射率材料，以掩盖大型裂隙或者减少大型裂隙反光的处理方法。

一般来说，这种处理工艺针对的是有强烈的裂隙反光显著影响观瞻，或者钻石毛坯能达到宝石级，但在切磨中出现意外破损几乎达不到或者已不属于宝石级的钻石。

由于注入材料的折射率与钻石折射率接近，原有的裂隙面反光程度降低，而增加了钻石的通透性，从而肉眼不易识别到这种充填物以及大型裂隙面的存在。但是，当充填物与宝石主体折射率近似、观察方向近乎平行裂隙面时，钻石－充填物－钻石界面构成衍射光栅，常呈现边界模糊缥缈的彩色区域，这种现象叫作“闪光效应”。在暗域照明下最常见的闪光颜色是橙黄色，紫红色，亮域照明下最常见的闪光颜色是蓝色、蓝绿色、黄色。同一裂隙的不同部位可表现出不同的闪光颜色，充填裂隙的闪光颜色可随样品的转动而变化。这与未经充填处理的裂隙呈现的虹彩效应不同，虹彩效应往往是红－橙－黄－绿－蓝－紫系列颜色按序排列，且观察方向为垂直于裂隙面，形成原理主要是裂隙内与钻石折射率相差较大的空气呈楔形薄膜引发的干涉（见图 8–55）。未经充填裂隙偶见阶梯纹，而充填裂隙阶梯纹是重点掩盖对象。

图 8–55　未经充填裂隙的多彩虹彩效应

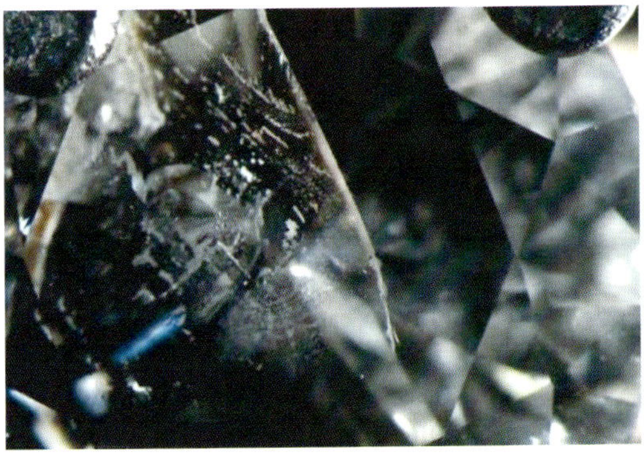

图 8–56　充填钻石的蓝色闪光（左下角和视域正中）

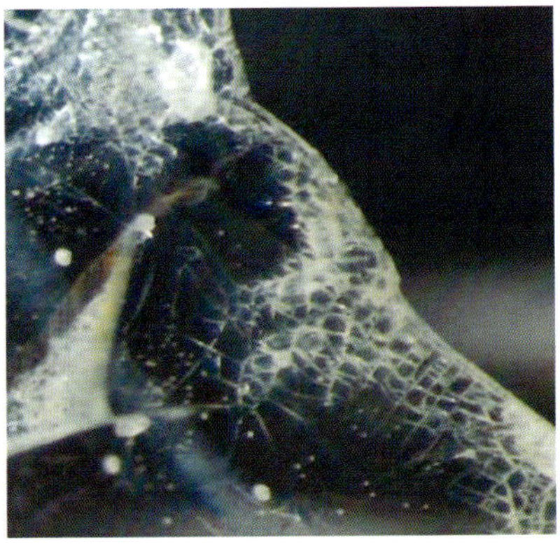

图 8–57　充填钻石注入物老化皲裂呈网格状

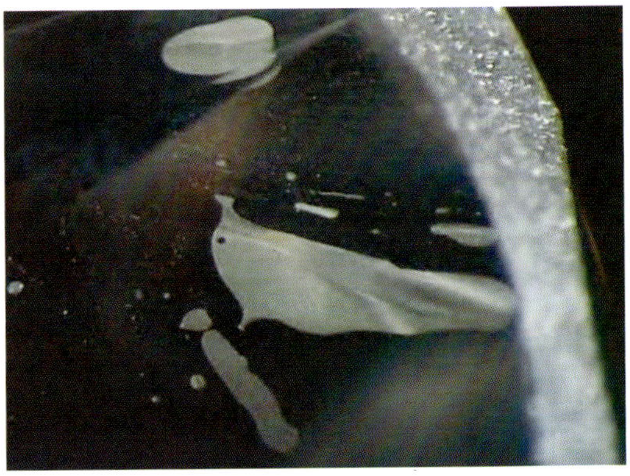

图 8–58　不充分充填裂隙中的扁平气泡

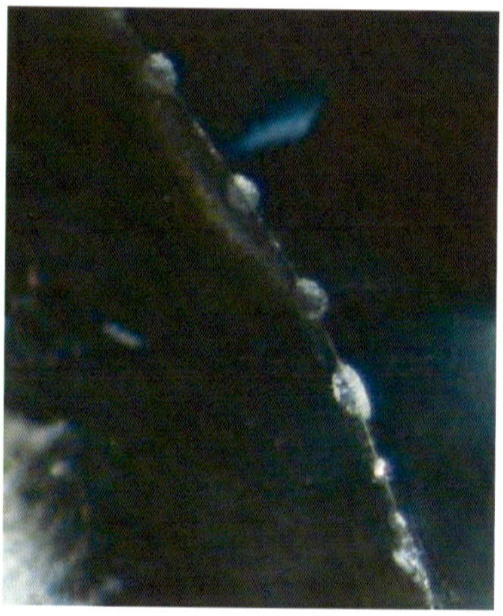

图 8-59 充填裂隙达表面处的熔滴残痕

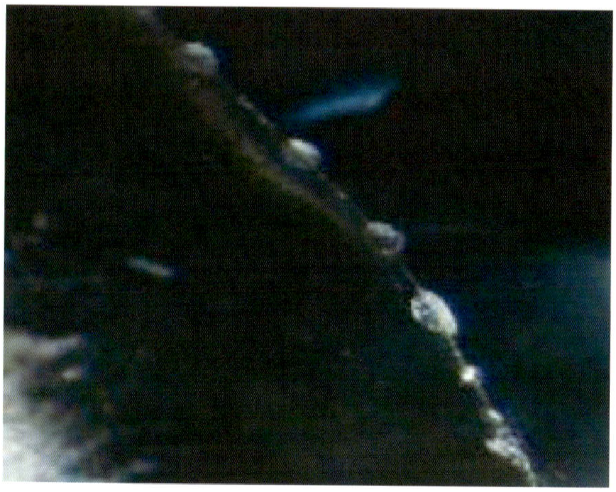

图 8-60 钻石经激光钻孔后充填裂隙

另外有些充填裂隙经历较长时间会产生皲裂网纹，尚未老化的充填裂隙偶见充填不充分残留的扁平的轮廓浑圆的气泡，有的充填裂隙达表面处可见熔滴残痕，而有些经过激光钻孔处理的钻石，在清洗完黑色包体后，还会用高折射率材料填充孔洞，因而既具有激光孔的模糊特征，又可观察到闪光效应。钻石裂隙充填形成的现象见图 8-56 至图 8-60。

高折射率材料的注入，必将引起钻石内化学成分的变化，因此元素分析可为识别裂隙充填提供依据。根据研究，通过 X 射线荧光光谱法在裂隙充填钻石中常常可测到铅、铋、氯、溴等元素，用 X 射线对钻石照相，轻元素的碳留下的影像模糊，而曝光方向平行于裂隙时可见高反光的重元素分布线带，这为识别钻石裂隙中存在外来物质提供了证据。

八、覆膜处理

覆膜与涂色、离子注入、合成均有一定的关联。一般认为在钻石表面或部分表面通过物理或化学方法附加膜层，以改变钻石表层特性、改变或改善钻石颜色、增加钻石克拉质量的处理方法，为覆膜。显然在钻石表面涂抹一层有色或无色膜，通过高频溅射等离子注入工艺搅扰表层钻石结构并在表面形成膜层，通过合成钻石工艺在钻石表面生成纳米厚度至可视厚度的膜层，都属于覆膜处理。

表面物理涂层可针对底尖、腰围等易磨损部位膜层的破坏来识别。

高频溅射薄膜可通过膜层对棱线形态、刻面光洁度的影响寻找鉴定证据。

与合成有关的覆膜工艺往往是化学气相沉淀法在钻石某个面（往往是最大面）上生成一层单晶钻石或纳米钻石聚碳膜，前者又可称为表面增生钻石（见图 8-61、图 8-62），可归类于合成钻石中，通过合成钻石鉴定方法加以识别；后者可以通过拉曼光谱仪等反映物质结构形态的方法予以识别。但需要注意的是，鉴定过程很容易忽略这种钻石膜的存在而误判为未经处理的天然钻石。

图 8–61 GIA 报道的在天然 Ia 型钻石台面上生长了一层 IIb 型合成钻石

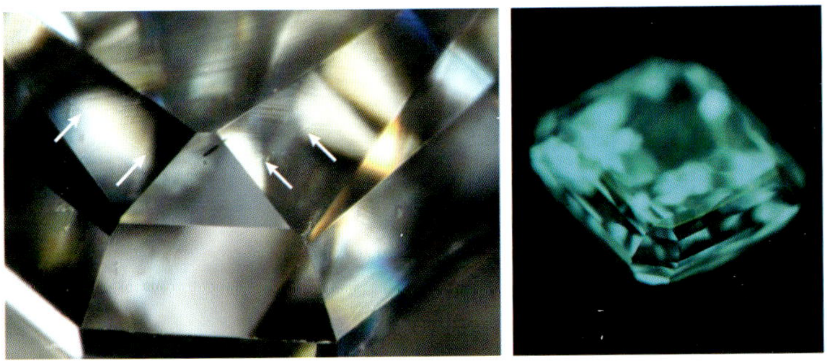

图 8–62 天然钻石与合成钻石增生界线（左）及 DiamondView™ 影像

九、拼合处理

一粒样品实际是由一片钻石与另一片或多片宝石胶结而成，这种情况被称为钻石和另一种宝石的拼合石。如果除胶以外的部分全部为钻石，则可简称为拼合钻石；一片天然钻石一片合成钻石拼接成整体，则可称为合成钻石、钻石拼合石。常见的钻石拼合石根据组成宝石的片数，可分别称呼为钻石二层拼合石、钻石三层拼合石等。严格地说拼合宝石属于人工宝石的大类。但从市场信息披露原则来说，能够对各拼合层宝石种属、成因、颜色情况做出适当说明，市场都可以接受，而无须刻意将其划归某个类别。

珠宝实验室应时刻质疑被检对象是否经过了覆膜，是否为拼合品。因为在常规宝石学方法中，这两类处理工艺的产品常常呈现突出的天然品特征，甚至多项谱学特征都与天然未经处理钻石的光谱相同，因而容易让检验人员忽略覆膜或拼合的可能性。

图 8–63 拼合面扁平气泡、平行的滑动纹、汗毛状胶老化纹

与钻石有关的拼合石的鉴定较为容易，因为拼合缝并不难发现。平行拼接面观察，可见拼合缝：拼合缝如恰好在宝石腰围区，拼合缝常呈直形轨道状，轨道两侧宝石偶见小崩口，轨道内光泽与宝石主体存在差异；如果拼合缝不在腰围区，可见轨道穿切刻面的情况。如果因镶嵌拼合缝被掩盖，则可自近乎垂直拼合面方向仔细观测，拼接面偶见偏平气泡、胶的搅动纹或平行的宝石拼合滑动纹、胶老化形成的汗毛状纹理，如图 8-63 所示。

十、多重手段的复合工序处理

随着技术的发展，一些用于改变钻石外观或改善钻石属性的处理工艺不再局限于上述某一种方法，而经常是综合了两种或两种以上工艺的过程。这种复合工序处理让钻石改变所达到的预期效果更佳，稳定性更好。

上文已提及了激光钻孔 + 充填处理。而目前针对钻石最为常见的复合工序处理是辐照改变钻石颜色后高温高压或高温低压退火处理。一般来说，辐照可以让钻石呈现黄、黄绿、绿、蓝、粉、红等颜色，而经过退火处理，可以消除某些杂色调或改变辐照后的颜色，比如有些辐照后的钻石颜色呈绿色或绿黄色，经退火后颜色呈纯净的黄色——显然，引发这种颜色变化的退火处理，必然伴随着某些因辐照引发的晶体缺陷经退火后被消除或改变。因此这类钻石颜色成因究竟取决于辐照还是取决于退火过程，并不是很容易做出决断。但可以让市场放心的是，这种人工干预成因的颜色与天然成因的颜色，通过谱学方法可以准确区分。因此，信息披露时，提示的辐照或温压处理或辐照加温压处理，不一定完整地反映钻石经历的处理过程，但对于购买者来说，了解到钻石经过了某个方面的“人为改变”，才是最重要的，而无须过于关注细枝末节。

一般来说，红外光谱仪、紫外可见近红外分光光度计、光致发光光谱仪是必需的，特别是 UV-VIS-NIR 和 PL 谱至关重要。当然必要的时候还可借助电子顺磁共振波谱仪充足相关证据。

实验室对优化处理天然成因钻石的鉴定过程，就是对上述各种处理工艺加以甄别的过程。

第九章　钻石的分级过程（上）
——分级体系、颜色和净度分级

第一节　钻石分级体系的形成过程

在对钻石的成因、是否经过优化处理做出判断的基础上，可进一步对钻石进行分级。国际上有的机构对合成钻石不作分级，有的机构对经优化处理的天然钻石不作分级。这只是对规则的划分。从商品定价角度来说，不管是合成的还是经过优化处理的钻石，显然都应该分级。从消费者的需求来说，他们既希望明确钻石成因，又想了解钻石是否经过了优化处理，还希望在这样的前提下了解钻石的成色。

一、钻石分级体系的划分标准

钻石的成色并非一个严谨的概念，显然它在人的心理期望上与黄金的成色意义类似，但钻石作为一种较为纯净的晶体宝石而言，它的成色与纯度无关。老百姓心中的成色更多的是体现在影响价格的因素上。从商品规律上来说，尺寸一致的两粒钻石，无论其级别是否相同，其原石生产成本、流通成本、检测成本、镶嵌成本以及首饰营销成本基本一致，所以大小相同、琢型一样的两粒钻石按照原始商品价值理论而言，其售价应该一致。然而现实情况却并非如此，其实，钻石价格真正的决定因素是稀有程度。因此，宝石学家对待老百姓关注的钻石成色问题，可以用钻石的稀有程度来细化解释。

经过长期的市场进化，钻石的大小与级别基本上决定了钻石价格的主要部分，所以对于形状、尺寸等同的钻石而言，级别是钻石稀有程度的反映。也就是说钻石分级不是对钻石品质的评价，而是对钻石稀有程度的分类。由此，钻石营销体系的根本在于“物以稀为贵”。对于优化处理钻石、合成钻石而言，不同的级别与稀有程度不一定匹配。在天然钻石稀有程度大小决定了价格高低的时候，往往会给人一种价格越高越完美的印象。优化处理钻石、合成钻石借用天然钻石稀有程度分类法时，实际是在表达一种产品完美程度的概念。即未经优化处理的天然钻石的分类体现的是矿产的稀有程度，优化处理钻石和合成钻石体现的是人工工艺过程、产品的完美程度。

对钻石的稀有程度进行划分的体系，我们称之为钻石分级体系，它包括4个方面的内容：质量、切工、颜色、净度。质量一般用克拉表示，因此又叫克拉质量（Carat weight），切工即Cut，颜色为Color，净度是Clarity，四个方面的英文首字母均为C，所以钻石分级又叫 4C 分级。

钻石的质量不同，意味着大小的不同，是钻石稀有程度最直接的体现，迄今为止所发现的最大的天然钻石质量为 3106 克拉，而超过百克拉的钻石相当罕见。除了稀有，钻石作为具有美观、耐久、稀少属性的宝石，美丽度也是其价值的重要体现，显然，大的钻石比小的钻石更容易呈现出钻石之美来。所以说在4C中，克拉质量是钻石魅力的基础，应该排在第一位。

而赋予钻石之美的另一个重要因素就是切工。近无色钻石的美观主要来自于其亮度、火彩与闪烁的平衡，而这种平衡是由切工来实现的。

钻石的颜色有两个大类：彩色、近无色。彩色钻石与彩色宝石一样，颜色是给人造成视觉冲击的第一要素，所以彩色钻石的颜色对价格的影响有时远远超越质量。而对于无色－近无色钻石而言，淡淡的色调对钻石的美观度影响不大，颜色越浅相对越稀少。

净度常常反映了钻石所“包含的净度特征（Clarity Characteristic Included）”的多寡和显著程度。它几乎不关乎钻石的美丽度，甚至多个净度级别对钻石的观瞻毫无影响，但它各个级别集中体现了钻石的稀有程度，甚至个别级别还体现了钻石切工的完美程度。

这种以 4C 为主要内容钻石分级体系形成尚不到百年。在此之前，钻石行业对于钻石的分类做了大量的探索。以 1919 年标准圆钻型切工诞生为界，钻石分级体系分为旧体系和新体系两个阶段。

二、钻石分级旧体系

最早的钻石应该是没有分类概念的，花剌子模人阿尔－碧鲁尼说“伊拉克和霍里桑居民不能分辨金刚石的种类和颜色，在他们看来都是一样，因为他们只用它来钻孔”。特别是印度作为世界钻石唯一产地时期。

随着 15 世纪博肯发现了用沾有钻石粉的钢片可以切割钻石，人们开始意识到内部洁净的钻石比那些裂隙发育的钻石要好很多。

1723 年特别是 18 世纪 30 年代，巴西发现了钻石矿，世界钻石供应量从之前最多的 3 万克拉猛增十倍达到 30 万克拉。钻石开始有了局地集中的机会。数量较为庞大的钻石堆在一起，才让人们有机会意识到，无色透明的晶体远远比那些带有浅黄色、灰色、褐色调的钻石稀少，内部洁净的钻石比内含物少的晶体稀少，而比那些内含物浓集、甚至严重影响晶体透明度的钻石更为稀少。这让大量接触钻石的人形成了分类的概念：这种原本产出就稀少的宝石，有些品种尤其弥足珍稀。从有关的文字记录来看，那个时候的钻石同其他宝石一样，仍有较为根深蒂固的“血统”情结，这体现在，那时候成包交易的钻石，都会冠上其矿区的名字，就如同现在的蓝宝石的克什米尔蓝、红宝石的缅甸莫谷红、祖母绿的哥伦比亚姆佐绿一样。直到 19 世纪中期，印度的财富山（Golcondo）钻石、巴西的巴格吉姆（Bagagem）、卡纳维纳斯（Canavienas）、戴莫缇娜斯（Diamatinas）、巴伊亚斯（Bahias）等矿山地名还被作为某些钻石颜色的代名词。

1866 年，南非发现钻石后，世界钻石的年供应量又提高了一个数量级达到了数百万克拉。

钻石市场买方开始有了选择意识。这促使钻石分类更加细化，同时欧非这一纵深贸易通道上需要有一套较为统一的分类规则，以确定各类钻石的货币价值。此时关于钻石颜色的描述术语几乎都源自于南非的矿区。如亚格尔（Jager）源自于南非亚格斯丰坦（Jagersfontein）钻石矿，特指那些带有蓝色调的白钻（其实并非真正的蓝色体色，而是具有较强的蓝色荧光，使得原本无色或近无色的钻石呈淡蓝调。荧光太强的钻石看起来会有浑浊油状感觉，被称为“火油钻”，Jager 钻中火油钻比例较高），在中国钻石分级历史上，这种钻石一度被称为“极白－优白”；水白（River）则是奥兰治河流域砂矿钻石的象征，专指那些几乎没有色调的白钻，在中国官方发布的钻石分级体系中，这种钻石一度被称为“白”；优质威赛尔顿（Top Wesselton）名字来自于威赛尔顿矿，对应于早期中国分级体系中的“微黄白”钻石；威赛尔顿（Wesselton）指略带浅黄色调的钻石，或者叫“浅黄白”；晶白（Crystal）则是专指那些八面体晶体透明部位似乎没有颜色而角顶部位看上去颜色浓集的情形，是无色－近无色系列钻石颜色的典型；开普（Cape）即源自南非著名的好望角（The Cape of Good Hope），该地区产出的钻石带有纯净的浅黄色，可称呼为“黄白”，所以开普对应于中国分级体系曾经用过的“浅黄”。

三、钻石分级新体系

从当时钻石开采业的情况看，以南非矿区命名的这些颜色术语，代表了钻石分类的旧体系与新体系的转折点——它仍带有一定的宝石产地溯源的“血统情结”，但实际上当时钻石业已经逐步形成了“统一销售模式”的雏形。在这种统售体系下，是将所有产地、矿山的钻石集中在一起然后再细分，因此当时这些以南非矿区命名的颜色术语，已不再具有产地意义了。

与此同时，钻石的切工在这一时期也取得了突破，即不再局限于金刚石晶体腰围的方形，从 19 世纪初开始出现了圆形腰围的单翻工。19 世纪末单翻工更是改进成了瑞士琢型，这使得钻石更加闪亮。到 1919 年马歇尔·托尔可夫斯基设计了伟大的美国理想切工，理想切工的诞生将马歇尔·托尔可夫斯基推向了钻石切工界的“秦始皇”（正如秦始皇统一了度、量、衡），从此标准圆钻型切工雄霸天下。统一的切磨方式、庞大的产品数量、精细的数据理论模型，成为切工评价体系诞生的三要素。以马歇尔·托尔可夫斯基数字模型为标准的钻石切工评价体系很快形成。

同样，净度分级的诞生也归功于钻石切磨师。因为钻石切磨师在打磨钻石的过程中需要时刻关注钻石的内部瑕疵，特别是“台面工”诞生以后，是否影响观瞻成为净度分级的最初依据，而切磨钻石过程中使用的放大镜演化成为钻石净度分级的必要工具。

从 15 世纪（大约是 1476 年以前）博肯开始用沾有金刚石粉的钢片切磨钻石开始到 1919 年马歇尔·托尔可夫斯基设计了标准圆钻琢型。在漫长的钻石加工演变史中，没有人能说清净度分级体系形成于何时。直到 20 世纪 40 年代，美国宝石学院（Gemological Institute of America，GIA）提出了 4C 钻石分级标准，该标准摒弃了一些带有地名特征的旧术语，让颜色级别完全抽象化。这套体系契合了钻石在很长时间内保持的“集中统一分销”体系，完全将钻石与产地概念剥离出来，让加工者、检测者和产品接受者专注于 4C，以此对产品细分，为保障钻石价格的长期稳定与趋升提供了重要的参考依据，在保持钻石市场长期有序、稳定方面起到了重要作用。

世界上曾产生较大影响力的钻石分级体系有：美国宝石学院（GIA）钻石分级体系、国际珠宝首饰联合会（CIBJO）钻石分级规则、国际钻石委员会（IDC）的钻石分级标准、比利时钻石高阶层议会（HRD）分级体系、德国国家标准联合委员会钻石分级体系、北欧的斯堪的纳维亚半岛诸国的钻石分级体系。中国以国家标准的形式规定了钻石分级体系。

GIA 是世界上最早提出 4C 概念，建立钻石 4C 分级规则的机构。在 20 世纪 30 年代就提出了 4C 规则，但当时颜色级别还是用钻石的一些矿区地名来命名的（尽管对应的实际样品不见得是该矿区的产物）。20 世纪 50 年代，GIA 率先启用了字母表述颜色级别的方法。在 26 个英文字母中，以钻石 Diamond 的第一个字母作为颜色坐标的第一个级别，无色－近无色系列颜色由浅到深依次从 D 色一直到 Z 色共 23 个色级。D–Z 颜色体系彻底摒弃了以矿区命名可能会形成产地印象的误导，用抽象化的符号来表达钻石色级，体现了极致的中立立场。在净度分级上定义了 11 个级别，相比欧洲体系和中国体系而言，肉眼可识别包体的级别用 I（Included）表示，而不是用 P（Pique）表示。早期 GIA 对于切工比例仅作测量，不评价，只对修饰度评价，后来在马歇尔・托尔可夫斯基数据模型的基础上，对切工比例也进行评级。进入 21 世纪，GIA 对托尔可夫斯基数据模型进一步细化，提出了完全依靠自动化切工比例仪对钻石各个角度、各项尺寸综合考虑的详尽的比例评价体系。中国目前的切工分级体系几乎照搬了该规则，只是做了一些有中国特色的微小修改。GIA 的切工分级体系大有引领世界切工评价体系的趋势。

CIBJO 成立于 1961 年，最初由二十几个国家参加，包括美国、加拿大、墨西哥等美洲国家，但其影响力主要在欧洲。1970 年，成立了钻石专业委员会并很快制订了钻石分级规则，即钻石手册，与其宝石手册、珍珠手册共同构成其规则体系。现行的 CIBJO 钻石手册颜色体系色级界限与 GIA 的一致。

IDC 是世界钻石交易所联盟（WFDB）和国际钻石加工商协会（IDMA）于 1975 年成立的联合委员会，其目标之一就是构建国际普遍认可的钻石品质评价统一标准，并保障这套标准在世界范围内实施。IDC 联合 HRD、CIBJO 于 1979 年提出了融合各大钻石分级体系的“国际钻石分级标准”，其显著特点是净度特征的 5 微米原则，即小于 5 微米的净度特征，对钻石净度级别无影响。包括 HRD、以色列特拉维夫的国家宝石研究所、位于约翰内斯堡的南非珠宝首饰委员会钻石实验室等机构采纳该体系。但现在的包括 HRD 在内的 IDC 分级体系中净度分级已不再强调定量性，尽管 HRD 的宝石学院在钻石分级教学上，仍然保留净度定量测量的理论与方法，在其教学用的显微镜上，也常常配有测量包体尺寸的标尺。

德国国家标准联合委员早在 1935 年的贸易质量术语规范中就有了关于钻石术语的规定，1963 年，对这些术语做了明确定义，1970 年，加入了钻石切工评价的内容从而完善了 4C 分级体系。

丹麦、芬兰、挪威、瑞典等北欧国家组建的钻石委员会于1969年通过了“斯堪的纳维亚钻石命名规则”。Scan. D. N.（Scandinavian Diamond Nameclature）。该标准是欧洲最早的、被广泛推广的钻石分级体系，对欧洲各国的钻石分级体系的建立和改进起到了重要作用。

从理论上、文件上来说，目前世界各大钻石分级体系趋同，如颜色分级，虽然有的体系仍然保留一些描述性术语，但全部都采纳了23个字母颜色标识体系；净度分级都采用10倍放大镜下进行级别划分，除了语言习惯不同外，所采用的标识方法基本一致；切工方面几乎所有的体系都对比例和修饰度进行评价，并且比例数据是基于现代化的自动比例仪获得的，基本淘汰了以往放大投影人工读数的测量方式，彻底淘汰了初期用直尺、软尺、角尺直接测量的方式。

但是，文件中的一些描述性表达方式仍有一些各方的特色，比如GIA将D-F描述为colorless，即无色的，而将S-Z描述为light，即浅色；欧洲体系则采用极白（Exceptional white）、优白（Rare white）……有色的（Tinted colour）等。中国的裸钻颜色分级几乎按照GIA规则划分。而对于镶嵌钻石，则融合了欧洲（包括CIBJO）体系的规则。

四、钻石分级各自为政现象突出

在实际操作中，钻石分级各自为政现象突出。根据调查，GIA目前的颜色分级、净度分级尺度较2000年以前有所放松，举例来说，原来被定为I色的很大一部分钻石，现在可被定为H色；按以前尺度被定为SI_1的钻石，现在往往被划定到VS_2中。而且，GIA的各个分实验室尺度也有所不同，比如有的实验室对于带褐色调的钻石，较GIA其他实验室尺度要松一些。

各自为政的突出表现在于，有的机构颜色分级为H的钻石，在另外的机构中被定为J色甚至K色，这种跨级（More than one grade）偏差被认为是不正常的。当主流实验室公议认为定H色显然有失公允，而应该定为J色级或K色级时，这种现象叫作过高赋级现象（Over grading of diamonds），属于对钻石级别的歪曲（The misrepresentation of diamond quality）。

2015年6月，世界钻石交易所联盟（WFDB）、国际钻石加工商协会（IDMA）和国际珠宝首饰联合会（CIBJO）共同采用一项新的抛光钻石分级政策：行业标准和命名法目前基于美国宝石学院（GIA）和国际钻石委员会（IDC）的主要颜色体系（D-Z坐标），要求各会员组织提供的颜色级别跟业界接受的基准点偏差不应超过一个级别。如果某个钻石级别遭到质疑，各个钻交所（包括调解和仲裁时）将采纳广泛认可的标准或者将钻石提交给一个具有领先水平、广受尊重的实验室或者三名公认的宝石学专家或钻石专家，并且是在他们有资质的前提下对存在疑问的钻石出具一份检验报告。如果这种独立检测证实原结果发生了偏离，应采取所有必要的措施，包括可能的纪律、行规处分。

尽管如此，目前钻石批发市场上GIA、HRD、IGI（国际宝石学院）、EGL（欧洲宝石实验室）等机构出具的证书标识了相同级别的1克拉钻石，价格有着明显的差异。显然，市场已经对各个检验机构的情况做出了选择和评议。

如果不从主观上查找这一现象的原因。从客观因素上来说，不同检验机构在文件上规定尽管一致，但实际操作的模式却有着巨大差异。比如各个机构的比色石不具有匹配性。

中国的钻石分级也面临这一问题。中国的众多检测站各自为政现象更为突出。受语言的限制，中国的检验证书很难走出国门接受世界市场的检验，受体制原因，中国的检验技术人员很难走出国门与国际实验室开展比对与技术交流。还是由于体制原因，极其庞大数量的检测人员受非正常责任意识的影响，很多情况出现了降级出证的现象，比如国际公议认为 VS 的钻石，在国内被很多检测人员定为 SI，当然，这与国内绝大多数钻石分级实验室不使用十倍放大镜而只用显微镜也有关系。对于颜色分级，国际市场近 20 年有略微放松的趋势，而中国检验机构拥有官方认证证书的比色石很多是在 2000 年左右配置的，虽然已经不适用国际市场现在的颜色分级趋势，但在很多实验室仍当作“工作标准物质”使用。在这种形势下，中国很多检验实验室给出的钻石级别比国际证书级别低，导致很多钻石批发商宁用外文的国际证书也不使用中国的证书。这些是常态化的中国钻石分级体系现状，而非正常情况是，近些年中国的珠宝检验机构规模迅速膨胀，有众多的实验室缺少“训练有素的”钻石分级师，因此给出的钻石级别飘忽不定。

第二节　4C 钻石分级体系——以中国的钻石分级标准为例

中国的钻石分级体系是以国家标准的形式发布的。其前身是 1993 年地质矿产部行业标准《钻石分级标准（DZ/T 0046–1993）》，后经 1996 年修订为《钻石分级标准（DZ/T 0046–1996）》并推广为国家标准《钻石分级（GB/T 16554–1996）》，后历经 2003 年、2010 年、2017 年等修订。受标准的时效性以及本书内容的需要，本节内容并非对标准文件的复制，因此，具体规定应以当前有效的国家发布文本为准。

一、适用范围

中国钻石分级标准规定了钻石的术语和定义、钻石颜色、净度、切工的分级规则、钻石质量和钻石分级证书的有关项目内容。GB/T 16554国家标准颜色分级适用于无色至浅黄（褐、灰）色系列的抛光钻石，切工分级适用于标准圆钻型琢型的钻石。当然，非无色至浅黄色系列的钻石，其净度分级适用该体系；非标准圆钻型琢型的切工比例可进行测量而不评价，修饰度可参照评价。

根据有关的国际惯例，对于合成钻石的分级一般也是按照天然钻石分级规则进行的。

二、钻石分级有关的术语

钻石分级（Diamond grading），从颜色（Color）、净度（Clarity）、切工（Cut）及质量（Carat）四个方面对钻石进行级别划分，简称 4C 分级。

1. 关于颜色

颜色分级（Color grading），采用比色法，在规定的环境下对钻石颜色进行级别划分。

比色石（Diamond master–stone set），一套已标定颜色级别的标准圆钻型切工钻石样品，依次代表由高至低连续的颜色级别，其级别可以溯源至钻石颜色分级比色石国家标准样品。

比色石的级别代表该颜色级别的下限。

比色灯（Diamond light），色温在 5500K ～ 7200K 范围内的荧光灯。

比色板、比色纸（White background），用作比色背景的无荧光、无明显定向反射作用的白色板或白色纸。

荧光强度（Fluorescence degree），钻石在长波紫外光照射下发出的可见光强弱程度。需注意的是，中国钻石分级体系未规定荧光灯的功率。一般来说，应使用 4 瓦特的紫外灯。严格来说还应该规定紫外灯的光照系数，观测距离等条件。

荧光强度对比样品（Master-stone of fluorescence degree），一套已标定荧光强度级别的标准圆钻型切工的钻石样品，由 3 粒组成，依次代表强、中、弱三个级别的下限。

2. 关于净度

净度分级（Clarity grading），在 10 倍放大条件下，对钻石内部和外部的特征进行级别划分。

钻石的内部特征（Internal characteristics），包含在或延伸至钻石内部的天然包裹体、生长痕迹和人为造成的特征。见表 9-1。

钻石的外部特征（External characteristics），仅存在于钻石外表的天然生长痕迹和人为造成的特征。见表 9-2。

表 9-1　常见钻石内部特征类型符号表

编号	名称	英文名称	符号	说明
01	点状包体	pinpoint	•	钻石内部极小的天然包裹物。
02	云状物	cloud		钻石中朦胧状、乳状、无清晰边界的天然包裹物。
03	浅色包裹体	crystal inclusion		钻石内部的浅色或无色天然包裹物。
04	深色包裹体	dark inclusion	●	钻石内部的深色或黑色天然包裹物。
05	针状物	needle		钻石内部的针状包裹体。
06	内部纹理	internal graining	//	钻石内部的天然生长痕迹。
07	内凹原始晶面	extended natural		凹入钻石内部的天然结晶面。
08	羽状纹	feather		钻石内部或延伸至内部的裂隙，形似羽毛状。
09	须状腰	beard		腰上细小裂纹深入内部的部分。
10	空洞	cavity		大而深的不规则破口。

11	蚀痕	etch Channel		高温岩浆侵蚀钻石薄弱区域，留下的由表面向内延伸的管状痕迹，开口呈四边形。
12	晶结	Kont		抛光后触及钻石表面的矿物包体。
13	双晶网	twinning		聚集在钻石双晶面上的大量包体呈丝状、放射状分布。
14	激光痕	laser mark		用激光束和化学品去除钻石内部深色包裹物时留下的痕迹。管状或漏斗状痕迹称为激光孔。可被高折射率玻璃充填。

表 9–2　常见的钻石外部特征类型符号表

编号	名称	英文名称	符号	说明
01	原始晶面	natural		为保持最大质量而在钻石腰部或近腰部保留的天然结晶面。
02	表面纹理	surface graining		钻石表面的天然生长痕迹。
03	抛光纹	polish lines		抛光不当造成的细密线状痕迹，在同一刻面内相互平行。
04	刮痕	scratch		表面很细的划伤痕迹。
05	烧痕	burn mark	B	抛光或镶嵌不当所致的糊状疤痕。
06	额外刻面	extra facet	F.	规定之外的所有多余刻面。
07	缺口	nick		腰或底尖上细小的撞伤。
08	击痕	pit	X	表面受到外力撞击留下的痕迹。
09	棱线磨损	abrasion		棱线上细小的损伤，呈磨毛状。
10	粘杆烧痕	dop burn		钻石与机械粘杆相接触的部位，因高温灼伤造成的“白雾”状疤痕。
11	“蜥蜴皮”效应	lizard skin		已抛光钻石表面上呈现透明的凹陷波浪纹理，其方向　接近解理面的方向。
12	其他加工残痕	Manufactural remains		激光切钻、车钻等工序残留的点状虚线。
13	人工印记	inscription	无	在钻石表面人工刻印留下的痕迹。在备注中注明印记的位置。

目前，从国际趋势来看，为了高净度素面图的美观，很多外部特征不在素描图上标注，而仅作文字说明。为了表示额外刻面已经成为某样品轮廓的一部分，已不再用绿色笔迹来表现额外刻面，而是采用与琢型素描图相同的笔迹表现。

3. 关于切工

切工分级（Cut grading），通过测量和观察，从比率和修饰度两个方面对钻石加工工艺的完美性进行级别划分。

标准圆钻型琢型的构成：

标准圆钻型切工（Standard round brilliant cut），可简称为圆钻型，由 57 或 58 个刻面按一定规律组成的圆形切工（见图 9–1）。标准圆钻型切工各部分名称见图 9–2、图 9–3。

直径（Diameter），钻石腰部圆形水平面的直径。其中最大值称为最大直径，最小值称为最小直径，“（最大直径 + 最小直径）÷ 2”的值称为平均直径。

全深（Total depth），钻石台面至底尖之间的垂直距离。

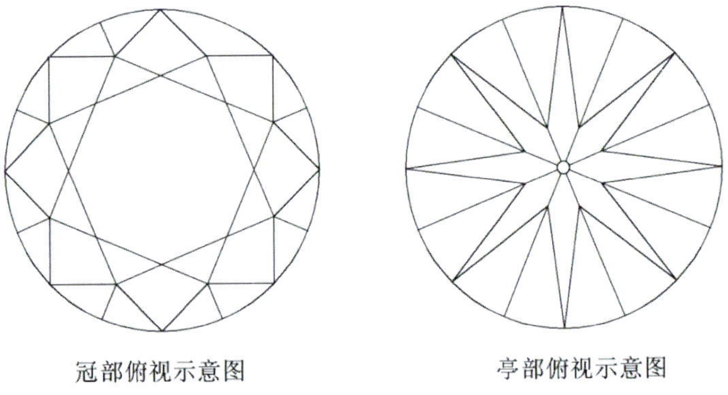

图 9–1　标准圆钻型切工冠部、亭部俯视示意图

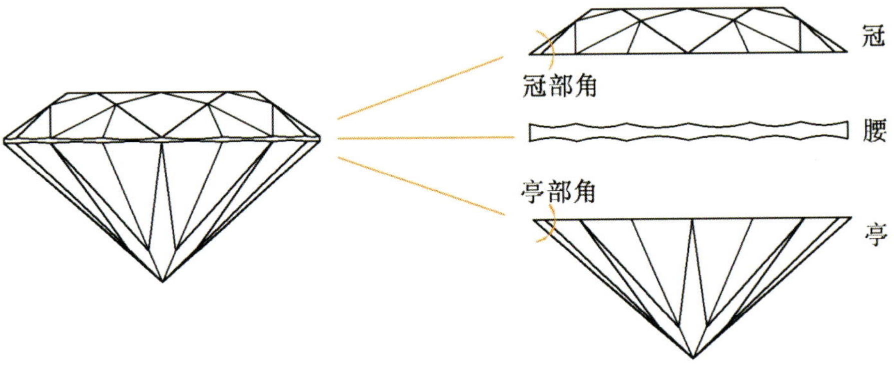

图 9–2　标准圆钻型切工侧视示意图

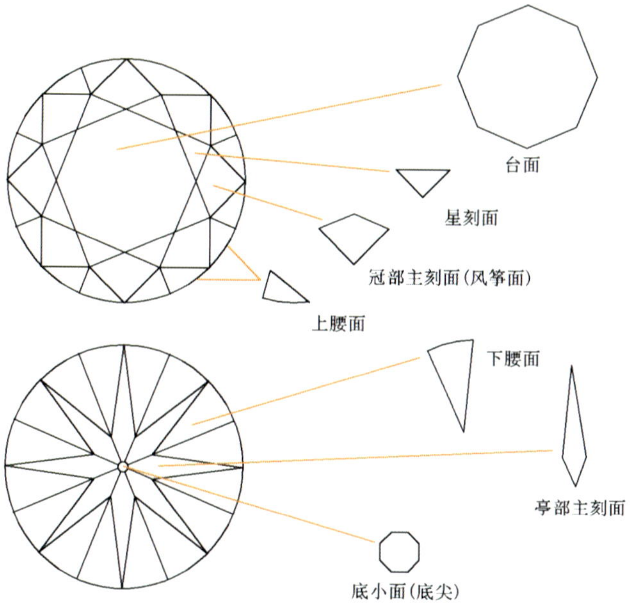

图 9-3 标准圆钻型切工各刻面名称示意图

腰（Girdle），钻石中直径最大的圆周部分。

冠部（Crown），腰以上部分，有 33 个刻面。

亭部（Pavilion），腰以下部分，有 24 或 25 个刻面。

台面（Table facet），冠部八边形刻面。

冠部主刻面（风筝面，Upper main facet），冠部四边形刻面。

星刻面（Star facet），冠部主刻面与台面之间的三角形刻面。

上腰面（Upper girdle facet），腰与冠部主刻面之间的似三角形刻面。

亭部主刻面（Pavilion main facet），亭部四（或五）边形刻面。

下腰面（Lower girdle facet），腰与亭部主刻面之间的似三角形刻面。

底尖（或底小面，Culet），亭部主刻面的交汇处，呈点状或呈八边形小刻面。

冠角 α（Crown angle α），冠部主刻面与腰部水平面的夹角。

亭角 β（Pavilion angle β），亭部主刻面与腰部水平面的夹角。

①比率（比例）

比率（Proportion），最初马歇尔·托尔可夫斯基数据模型中的比率是指各部分相对于平均直径的百分比。近些年来随着自动化切工比率测量设备的普及，比率的概念有所扩展。比率所包括的要素比值如图 9-4 所示。

a. 台宽比（Table size），台面宽度相对于平均直径的百分比。

$$台宽比 = \frac{台面宽度（ab）}{平均直径} \times 100\%$$

b. 冠高比（crown height），冠部高度相对于平均直径的百分比。

$$冠高比 = \frac{冠部高度（h_c）}{平均直径} \times 100\%$$

c. 腰厚比（Girdle thickness），腰部厚度相对于平均直径的百分比。腰围区的厚度有两个数值需要留意：第一是腰冠部 16 个尖点与亭冠 16 个尖点垂直台面（腰面）方向距离的平均值，这在马歇尔·托尔可夫斯基数据模型中被称为厚腰处（Thick part of girdle）；第二个是 16 条上腰弧切线和对应的 16 条下腰弧切线距离的平均值，即 16 段距离的平均值，这叫薄腰处（Thin part of girdle）。由于腰的绝对厚度较小——仅次于底尖，甚至比某些底小面尺寸还小，实际测量中会导致较大的绝对误差和巨大的相对误差。定义的不明确会导致这一数值存在严重偏差。腰厚比计算取厚腰处距离。

$$腰厚比 = \frac{腰部厚度（h_g）}{平均直径} \times 100\%$$

d. 亭深比（Pavilion depth），亭部深度相对于平均直径的百分比。

$$亭深比 = \frac{亭部深度（h_g）}{平均直径} \times 100\%$$

e. 全深比（Total depth），全深相对于平均直径的百分比。

$$全深比 = \frac{全深（h_t）}{平均直径} \times 100\%$$

f. 底面比（Culet size），底面直径相对于平均直径的百分比。需注意，底尖直径为 0，所以底尖比为 0。而底面直径指底小面八边形对角线长度。这一点在自动比例仪测量中，设备较易出错。

$$底面比 = \frac{底面直径}{平均直径} \times 100\%$$

g. 星刻面长度比（星长比，Star facet length）。

$$星长比 = \frac{星刻面顶点到台面边缘距离的水平投影（d_s）}{台面边缘到腰边缘距离的水平投影（d_c）} \times 100\%$$

h. 下腰面长度比（Lower girdle facet length）。

$$下腰面长度比 = \frac{下腰面尖点到腰围最短距离的水平投影（d_l）}{底面中心经该腰面方向达腰围最短距离的水平投影（d_p）} \times 100\%$$

建议克拉质量（Suggested carat weight）和超重比例（Overweight）。建议克拉质量：标准圆钻型切工钻石的直径所对应的克拉质量。超重比例："实际克拉质量与建议克拉质量的差"相对于建议克拉质量的百分比。

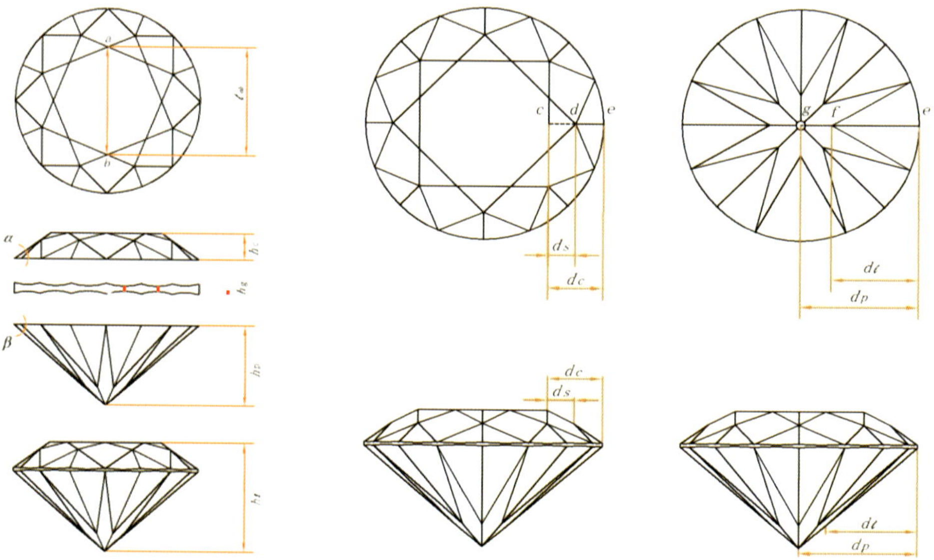

图 9–4 圆钻型钻石切工各比例要素示意图

除上述以外，对比率评价产生影响的因素还有：刷磨（Painting）、剔磨（Digging out）。刷磨：上腰面联结点与下腰面联结点之间的腰厚，大于风筝面与亭部主刻面之间腰厚的现象。见图 9–5（左）中 B>A。剔磨：上腰面联结点与下腰面联结点之间的腰厚，小于风筝面与亭部主刻面之间腰厚的现象。见图 9–5（右）中 B<A。

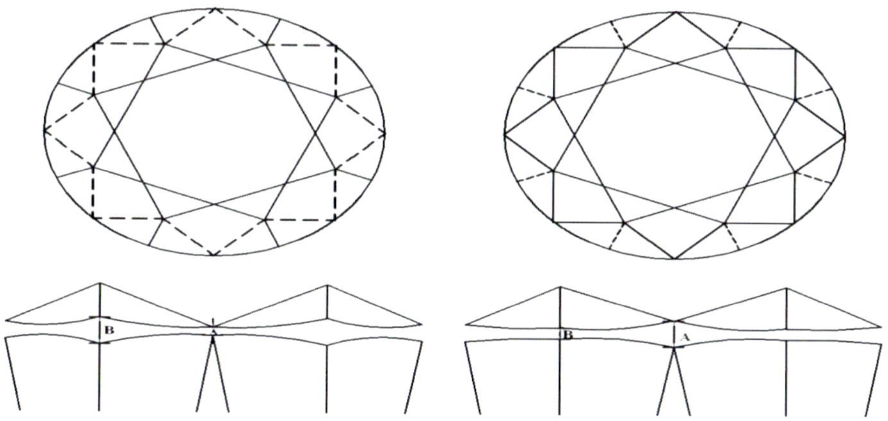

图 9–5 刷磨（左）和剔磨（右），虚线表示不明显棱线

②修饰度

修饰度（Finish），对抛磨工艺的评价，就对称性和抛光两个方面进行评价。

a. 对称性（Symmetry），对切磨形状，包括对称排列、刻面位置等精确程度的评价。导致对称性不佳的可测量因素有：

腰围不圆（ Out-of-round ），最大直径与最小直径之差相对于平均直径的百分比。

台面偏心 （ Table off-center ）， “腰圆中心在台面上的投影与台面中心的距离”相对平均直径的百分比。

底尖偏心 （ Culet off-center ），底尖（或底面中心）和腰圆中心分别在台面上投影之间的距离相对平均直径的百分比。

台面底尖偏离（ Table/culet alignment ），台面和底尖（面）反向偏离。底尖（或底面中心）在台面上的投影与台面中心间的距离相对平均直径的百分比。

冠高不均（ Crown height variation ），最大冠高与最小冠高之差相对平均直径的百分比。

亭深不均（ Pavilion depth variation ），最大亭深与最小亭深之差相对于平均直径的百分比。

冠角不均（ Crown angle variation ），最大冠角与最小冠角之差，单位：度（°）。

亭角不均（ Pavilion angle variation ），最大亭角与最小亭角之差，单位：度（°）。

腰厚不均（ Girdle thickness variation ），最大腰部厚度与最小腰部厚度之差相对于平均直径的百分比。

台宽不均（ Table size variation ），最大台面宽度与最小台面宽度之差相对于平均直径的百分比。

当然，有些因素之间是相互关联的。修饰度评价相比以往的借助放大镜目估来说，将来越来越要求精细化测量。

影响对称性的不可测因素有：亭部刻面尖点不对齐、刻面尖点不尖、刻面缺失、刻面畸形、额外刻面、天然原始晶面。

b. 抛光（ Polish ），对切磨抛光过程中产生的外部特征影响抛光表面完美程度的评价。对抛光评价产生影响的因素有：抛光纹、划痕、灼烧痕、缺口、棱线磨损、击痕、粗糙腰围、“蜥蜴皮”效应、粘杆烧痕。

三、钻石分级的规则

1. 颜色分级

颜色级别划分：按钻石颜色变化划分为 D—N 连续的颜色级别，由高到低用英文字母 D、E、F、G、H、I、J、K、L、M、N 代表不同的色级。亦可用数字表示，即 D、E、F……分别对应 100、99、98……

比色石与待分级钻石颜色的关系：待分级钻石颜色饱和度与某一比色石相同，则该比色石的颜色级别为待分级钻石的颜色级别。待分级钻石颜色饱和度介于相邻两粒连续的比色石之间，则以其中较低级别表示待分级钻石颜色级别。待分级钻石颜色饱和度低于比色石的最高级别，仍用最高级别表示该钻石的颜色级别。待分级钻石颜色饱和度高于“N”比色石，可用 <N 表示。需强调，比色时以颜色三要素中的饱和度为准，因此灰色调至褐色调的待分级钻石，以其颜色饱和度与比色石比较，按上述划分规则进行分级。因此，对颜色色彩种类不敏感的人士，在无色 – 近无色系列钻石颜色分级过程中，基本不受色彩分辨力的影响。

荧光强度级别：按钻石在长波紫外光下发光强弱，划分为“强”、“中”、“弱”、“无”四个级别。划分规则是：待分级钻石的荧光强度与荧光强度比对样品中的某一粒相同，则该样品的荧光强度级别为待分级钻石的荧光强度级别。待分级钻石的荧光强度介于相邻的两粒比对样品之间，则以较低级别代表该钻石的荧光强度级别。待分级钻石的荧光强度高于比对样品中的“强”，仍用“强”代表该钻石的荧光强度级别。待分级钻石的荧光强度低于比对样品中的“弱”，则用“无”代表该钻石的荧光强度级别。

颜色分级对环境与人员的要求：颜色分级应在无阳光直射的室内环境中进行，分级环境色调应为白色或灰色。分级时采用专用的比色灯，并以比色板或比色纸为背景。从事颜色分级的技术人员应受过专门的技能培训，掌握正确的操作方法。由 2 ~ 3 名技术人员独立完成同一样品的颜色分级，并取得统一结果。

需要注意的是，具有强荧光的钻石，在进行颜色分级时可能需要对颜色级别进行调校。比如具有强蓝荧光的带黄色调钻石，在比色过程中，石头看起来比其正常的色级更白，这种情况下，通过比色石比较出其色级后，可能需要适当调低一个色级。比如在比较过程中，一粒超强荧光的钻石看起来比 G 色比色石黄，比 H 比色石白，若不调校则应定为 H 色，但考虑到其强荧光，可适当调整为 I 色。而具有强黄色、橙色荧光的钻石，调校方向相反。

2. 净度分级

净度级别划分：

分为 LC、VVS、VS、SI、P 五个大级别，又细分为 FL、IF、VVS_1、VVS_2、VS_1、VS_2、SI_1、SI_2、P_1、P_2、P_3 十一个小级别。对于质量低于（不含）0.0940g（0.47 克拉）的钻石，净度级别可划分为五个大级别。

净度级别的划分规则：

LC 级：在 10 倍放大条件下，未见钻石具内、外部特征，细分为 FL、IF。在 10 倍放大条件下，未见钻石具内外部特征，定为 FL 级，但下列外部特征情况仍属 FL 级：额外刻面位于亭部，冠部不可见；原始晶面位于腰围，不影响腰部的对称，冠部不可见。在 10 倍放大条件下，未见钻石具内部特征，定为 IF 级，但下列特征情况仍属 IF 级：内部生长纹理无反光，无色透明，不影响透明度；可见极轻微外部特征，经轻微抛光后可去除。

VVS 级：在 10 倍放大镜下，钻石具极微小的内、外部特征，细分为 VVS_1、VVS_2。钻石具有极微小的内、外部特征，10 倍放大镜下极难观察，定为 VVS_1 级。钻石具有极微小的内、外部特征，10 倍放大镜下很难观察，定为 VVS_2 级。

VS 级：在 10 倍放大镜下，钻石具细小的内、外部特征，细分为 VS_1、VS_2。钻石具细小的内、外部特征，10 倍放大镜下难以观察，定为 VS_1 级。钻石具细小的内、外部特征，10 倍放大镜下比较容易观察，定为 VS_2 级。

SI 级：在 10 倍放大镜下，钻石具明显的内、外部特征，细分为 SI_1、SI_2。钻石具明显内、外部特征，10 倍放大镜下容易观察，定为 SI_1 级。钻石具明显内、外部特征，10 倍放大镜下很容易观察，定为 SI_2 级。

P 级：从冠部观察，肉眼可见钻石具内、外部特征，细分为 P_1、P_2、P_3。钻石具明显的内、外部特征，肉眼可见，定为 P_1。钻石具很明显的内、外部特征，肉眼易见，定为 P_2。钻石具极明显的内、外部特征，肉眼极易见并可能影响钻石的坚固度，定为 P_3。

净度分级对环境和人员的要求：

在 10 倍放大条件下分级，采用比色灯照明。从事净度分级的技术人员应受过专门的技能培训，掌握正确的操作方法。由 2 ~ 3 名技术人员独立完成同一样品的净度分级，并取得统一结果。

3. 切工分级

测量方法：使用全自动切工测量仪以及各种微尺、卡尺，直接对各测量项目进行测量；测量可测量的对称性要素偏差时，应避开除腰部以外的原始晶面、额外刻面的区域进行测量。有关比率及与对称性相关的比值，一般都采用全自动切工测量仪测量，而钻石全深除外，因为全自动钻石比例仪在给出全深比时面对底小面、底尖、底尖磨损等不同情形会存在较大偏差；而影响对称性的不可测因素和影响抛光的因素，则借助 10 倍放大镜和 / 或目视估测。

①比率级别

比率级别分为极好（Excellent，简写为 EX）、很好（Very Good，简写为 VG）、好（Good，简写为 G）、一般（Fair，简写为 F）、差（Poor，简写为 P）五个级别。见表 9–3。

划分方法是，在测量获得的台宽比条件下，根据详细的比率级别划分表（该表格见《钻石分级 GB/T16554》国家标准），针对冠角（α）、亭角（β）、冠高比、亭深比、腰厚比、底尖比、全深比、α + β、星刻面长度比、下腰面长度比等项目确定各测量项目对应的级别。比率级别由全部测量项目中的最低级别表示。

但是，并非这些项目就完全决定了钻石的比例级别，还需要对钻石的超重比例以及剔磨刷磨的严重程度进行考量。

国家标准根据待分级钻石的平均直径，以表格形式给出了钻石建议克拉质量，根据超重比例计算方法，得到超重比例值后，据表 9–3 判定超重比例对钻石比率级别的影响。

表 9–3　超重比例对比率级别的影响

比率级别	极好 EX	很好 VG	好 G	一般 F
超重比例 %	<9	9~16	17~25	>25

而对于刷磨和剔磨，视其严重程度可分为无、中等、明显、严重四个级别。不同程度和不同组合方式的刷磨和剔磨会影响比率级别，严重的刷磨和剔磨可使比率级别降低一级。其划分规则是：10 倍放大条件下，由侧面观察腰围最厚区域。钻石上腰面联结点与下腰面联结点之间的腰厚，等于风筝面与亭部主刻面之间腰厚，无刷磨或剔磨；钻石上腰面联结点与

下腰面联结点之间的腰厚，对比风筝面与亭部主刻面之间腰厚有较小偏差，钻石台面向上外观没有受到可注意的影响，为中等刷磨或剔磨；钻石上腰面联结点与下腰面联结点之间的腰厚，对比风筝面与亭部主刻面之间腰厚有明显偏差，钻石台面向上外观受到影响，为明显的刷磨或剔磨；钻石上腰面联结点与下腰面联结点之间的腰厚，对比风筝面与亭部主刻面之间腰厚有显著偏差，钻石台面向上外观受到严重影响，为严重的刷磨或剔磨，应将比率级别降一级。

②修饰度级别

修饰度级别分为极好（Excellent，简写为 EX）、很好（Very Good，简写为 VG）、好（Good，简写为 G）、一般（Fair，简写为 F）、差（Poor，简写为 P）五个级别。包括对称性分级和抛光分级。以对称性分级和抛光分级中的较低级别为修饰度级别。

a. 对称性分级

对称性级别分为极好（Excellent，简写为 EX）、很好（Very Good，简写为 VG）、好（Good，简写为 G）、一般（Fair，简写为 F）、差（Poor，简写为 P）五个级别。是综合可测量的对称性要素级别和不可测量的对称性要素级别而得出的，以可测量的对称性要素级别和不可测量的对称性要素级别中的较低级别为对称性级别。

可测量的对称性要素级别划分规则，按表 9–4 数据对照各项目级别，然后由全部测量项目中最低级别表示。

表 9–4 可测量对称性要素的级别划分

可测量的对称性要素特征	极好	很好	好	一般	差
腰围不圆 / %	0~1.0	1.1~2.0	2.1~4.0	4.1~8.0	>8.0
台面偏心 / %	0~0.8	0.9~1.6	1.7~3.2	3.3~6.4	>6.4
底尖偏心 / %	0~0.8	0.9~1.6	1.7~3.2	3.3~6.4	>6.4
台面 / 底尖偏离 / %	0~1.0	1.1~2.0	2.1~4.0	4.1~8.0	>8.0
冠高不均 /%	0~1.2	1.3~2.4	2.5~4.8	4.9~9.6	>9.6
冠角不均 /（°）	0~1.2	1.3~2.4	2.5~4.8	4.9~9.6	>9.6
亭深不均 /%	0~1.2	1.3~2.4	2.5~4.8	4.9~9.6	>9.6
亭角不均 /（°）	0~1.0	1.1~2.0	2.1~4.0	4.1~8.0	>8.0
腰厚不均 /%	0~1.5	1.6~3.0	3.1~6.0	6.1~12.0	>12.0
台宽不均 /%	0~1.2	1.3~2.4	2.5~4.8	4.9~9.6	>9.6

而不可测量的对称性要素级别划分规则，针对冠部与亭部刻面尖点不对齐、刻面尖点不尖、刻面缺失、刻面畸形、额外刻面、天然原始晶面，如果 10 倍放大镜下观察，无或很难看到影响对称性的要素特征，则为极好（EX）；10 倍放大镜下台面向上观察，有较少的影

响对称性的要素特征，则为很好（VG）；10 倍放大镜下台面向上观察，有明显的影响对称性的要素特征，肉眼观察，钻石整体外观可能受影响，则为好（G）；10 倍放大镜下台面向上观察，有易见的、大的影响对称性的要素特征，肉眼观察，钻石整体外观受到影响；则为一般（F）；10 倍放大镜下台面向上观察，有显著的、大的影响对称性的要素特征，肉眼观察，钻石整体外观受到明显的影响，则为差（P）。

b. 抛光分级

抛光级别分为：极好（Excellent，简写为 EX）、很好（Very Good，简写为 VG）、好（Good，简写为 G）、一般（Fair，简写为 F）、差（Poor，简写为 P）五个级别。影响抛光级别的要素特征：抛光纹、划痕、烧痕、缺口、棱线磨损、击痕、粗糙腰围、“蜥蜴皮”效应、粘杆烧痕。

抛光级别划分规则：极好（EX）——10 倍放大镜下观察，无至很难看到影响抛光的要素特征。很好（VG）——10 倍放大镜下台面向上观察，有较少的影响抛光的要素特征。好（G）——10 倍放大镜下台面向上观察，有明显的影响抛光的要素特征，肉眼观察，钻石光泽可能受影响。一般（F）——10 倍放大镜下台面向上观察，有易见的影响抛光的要素特征，肉眼观察，钻石光泽受到影响。差（P）——10 倍放大镜下台面向上观察，有显著的影响抛光的要素特征，肉眼观察，钻石光泽受到明显的影响。

③切工级别汇总

切工级别的划分规则：切工级别分为极好（Excellent，简写为 EX）、很好（Very Good，简写为 VG）、好（Good，简写为 G）、一般（Fair，简写为 F）、差（Poor，简写为 P）五个级别。

切工级别着重考虑比率级别，兼顾修饰度（对称性级别、抛光级别）级别，按照表 9-5 进行综合评价。

表 9-5　切工级别划分规则

切工级别		修饰度级别				
		极好 EX	很好 VG	好 G	一般 F	差 P
比率级别	极好 EX	极好	极好	很好	好	差
	很好 VG	很好	很好	很好	好	差
	好 G	好	好	好	一般	差
	一般 F	一般	一般	一般	一般	差
	差 P	差	差	差	差	差

切工分级对设备与人员的要求：切工分级依赖钻石自动化比率测量设备，并需要 10 倍放大镜。钻石自动化比率测量设备应该满足国家标准对各个可测项目的精度要求。在此前提下，由专门的操作人员进行测量，提供所有应该测量的可测项目数据。而进行不可测项目评

价的人员应受过专业技能培训，正确掌握10倍放大镜目测的方法和技巧。应由2–3名技术人员独立完成同一样品的抛光分级和对称性分级，并取得统一结果。

4. 钻石的质量

钻石的质量单位：法定计量单位为克（g）。钻石贸易中仍可用“克拉（ct）”作为“克拉质量”单位。1.0000g=5.00 ct。

钻石的质量表示方法为：在质量数值后的括号内注明相应的克拉质量。例0.2000 g（1.00ct）。钻石贸易中可用克拉质量表示，例0.2000 g钻石的克拉质量表示为1.00ct。

质量的称量：用分度值不大于0.0001g的天平称量。质量数值保留至小数点后第4位。换算为克拉质量时，保留至小数点后第2位。克拉质量小数点后第3位逢9进1，其他可忽略不计。

四、镶嵌钻石分级体系

1. 镶嵌钻石的颜色分级

镶嵌钻石颜色也采用比色法分级，分为7个级别，与未镶嵌钻石颜色级别的对应关系详见表9–6。镶嵌钻石颜色分级应考虑金属托对钻石颜色的影响，注意加以修正。

表9–6　镶嵌钻石颜色级别对照表

镶嵌钻石颜色级别	D–E		F–G		H	I–J		K–L		M–N		<N
对应的未镶嵌钻石颜色级别	D	E	F	G	H	I	J	K	L	M	N	<N

2. 镶嵌钻石的净度分级

在10倍放大镜和/或肉眼观测下，镶嵌钻石净度分为：LC、VVS、VS、SI、P五个级别。

3. 镶嵌钻石的切工

对满足切工测量的镶嵌钻石，采用10倍放大镜目测法，测量台宽比、亭深比等比率要素；采用10倍放大镜和/或肉眼目测法，对影响修饰度（包括对称性和抛光）的要素加以描述。不对切工进行评级。

4. 镶嵌钻石的质量

应在镶嵌前测量钻石的质量，其精度和保留的小数位数应满足有关未镶嵌钻石的国家标准的规定。如果镶嵌首饰表面状态允许，应在镶嵌工艺过程尾段，将钻石质量永久性印刻到首饰金属上，并在首饰流通阶段，附以更容易识别的钻石质量标识物；如果首饰较小或印刻钻石质量会破坏首饰整体效果，可不刻印钻石质量，但在钻石首饰流通过程中，附以清晰的钻石质量标识物。该规定是针对钻石首饰中的主要钻石做出的，在首饰中作为副石存在的小颗粒钻石，或其他较小颗粒的钻石，可不标注钻石质量。

第三节　实验室钻石分级的过程

根据一般的实验工作流程，实验室接收到一批待分级的钻石后，通常每粒样品独立装袋，然后在包装袋上给予一个唯一性的编号，这在实验室管理中称为“唯一性标识”，其目的是确保该样品在实验室全部的检验过程中，不会与其他样品混淆，即避免甲样品测出的数据填写到乙样品的记录单上。甚至，还可以在赋予样品唯一性标识后，先用精密的大平称量出钻石的质量，以唯一性标识和精密质量数值作为样品间互相区分的双保险，更加可靠地防止样品混乱。

但是，这种看上去按部就班的做法，却由于过早地赋予了唯一性编号，所有钻石只能单粒进行操作，既影响工作效率，更严重的是，会增大颜色分级和净度分级的不稳定性，即人为对级别判断的偏差。因此建议实验室接到成包的钻石样品后，先不做单粒样品的唯一性标识，而是仅仅以批量号和批的总质量作为批次的唯一性标识。然后按照下列步骤进行鉴定与分级。

第一步，样品进入钻石鉴定流程。按照钻石成因鉴定流程和天然钻石优化处理鉴定流程，确认钻石的成因，是否经过了优化处理。依据鉴定结果进行分类，分别称量各类的质量，与来货质量核对。根据鉴定结果，确定是否需要分级。如果需要分级，选择对应的分级程序：天然未经处理钻石分级程序、经优化处理的天然钻石分级程序、合成钻石分级程序。

第二步，肉眼观测每粒样品的净度。注意，只从冠部俯视观测，不受亭部所观测到的净度特征而影响净度级别的划分。分出 P 级和 SI 以上级别，再对 P 级进行细分。根据分级结果分包，分别称量各个级别钻石质量，与来货质量核对。

第三步，借助 10 倍放大镜观测净度。确定 SI_2、SI_1、VS_2 及其他净度。对已确定为 P_3、P_2、P_1、SI_2、SI_1、VS_2 的钻石画出净度特征素描图。一旦画好净度特征素描图，该粒钻石就应该赋予唯一性识别码，单独包装，不得与其他粒钻石混放。

第四步，钻石荧光强度划分。尽管中国分级体系给出的荧光强度级别只有强、中、弱、无。但建议对于特强荧光单独标注，以便于在进行颜色分级时对强荧光和极强荧光钻石予以适当调校。根据不同荧光级别进行分包，分别标注总质量，并与来货质量核对。注意，已经有了唯一性识别码的钻石，观测荧光强度时勿与其他样品混淆。

第五步，钻石颜色分级。需注意对强荧光的钻石进行色级调校，对极强荧光的钻石色级调校尺度应大于一般的强荧光钻石；注意观测 P 级、SI_2 级钻石的颜色时，应考虑有色包体对钻石色级的影响。进一步分包，标注各包质量，与来货质量核对。

第六步，借助 10 倍放大镜可辅助显微镜对剩余样品进行净度分级。确定是否为 VS_1、VVS_2、VVS_1、IF、FL，但不排除有的样品被调入到 VS2 甚至 SI，完成所有样品的净度特征素描图。

第七步，所有样品独立包装、赋予唯一性识别号，精密测量钻石质量。

第八步，切工比率测量。用游标卡尺对全深尺寸进行测量。用全自动钻石比率测量设备对各项比率参数、可测的对钻石对称性有影响的因素予以测量，计算全深比，分别评定各项参数的级别。

第九步，计算建议克拉质量，计算超重比例。按规则给出超重比例对应的评价级别。

第十步，借助10倍放大镜观察是否存在刷磨、剔磨现象并按照规则给出对应的评价级别，如果刷磨或剔磨级别为“严重”，应醒目标注以提醒比率评级降一等级。

第十一步，借助肉眼及10倍放大镜估测影响对称性的不可测因素情况，给出以不可测因素评定的对称性级别，与各项可测因素得到的级别汇总，取其中的最低级别作为对称性级别。

第十二步，借助肉眼及10倍放大镜，估测影响钻石抛光程度的因素，给出抛光级别。

第十三步，独立复检。由未接触过某环节的第二独立检测人员对各粒钻石的荧光强度、色级、净度、刷磨和剔磨、对称性的不可测因素、抛光的各个影响因素进行独立检测，独立赋级。需注意各个检测项目的前后顺序，以及肉眼、十倍放大镜和显微镜的使用顺序。如净度复核时，每粒钻石先用肉眼观测，必要时再用10倍放大镜，甚至显微镜。

第十四步，第三人仲裁。由未接触过某环节的第三独立检测人员对各粒钻石上一步骤中所涉及的环节独立检测，可仅针对两人结果不一致项目进行仲裁检测。

第十五步，三人结果以少数服从多数原则确定钻石颜色级别（含荧光强度级别）、净度级别、刷磨和剔磨级别、不可测因素对应的对称性级别、抛光级别。

第十六步，汇总各个级别，获比率级别与修饰度级别：

根据各项比率值对应的级别，取最低级别，考量刷磨和剔磨对比率级别的影响进行调校。获得比率级别。

取对称性可测因素和不可测因素级别中的最低级别，作为对称性级别。

取对称性和抛光级别中的较低级别作为修饰度级别。

第十七步，综合比率级别与修饰度级别，按照表9-5（切工级别划分规则）中交叉对应点，获得切工级别。

当然，如果实验室一定要求按部就班地首先将各粒样品独立包装，给予唯一性标识后才能开展检测分级工作，特别是客户声明某些样品具有FL~VVS的高净度，不适合进行混合包装时，建议按照图9-6所示流程图进行检测、分级。

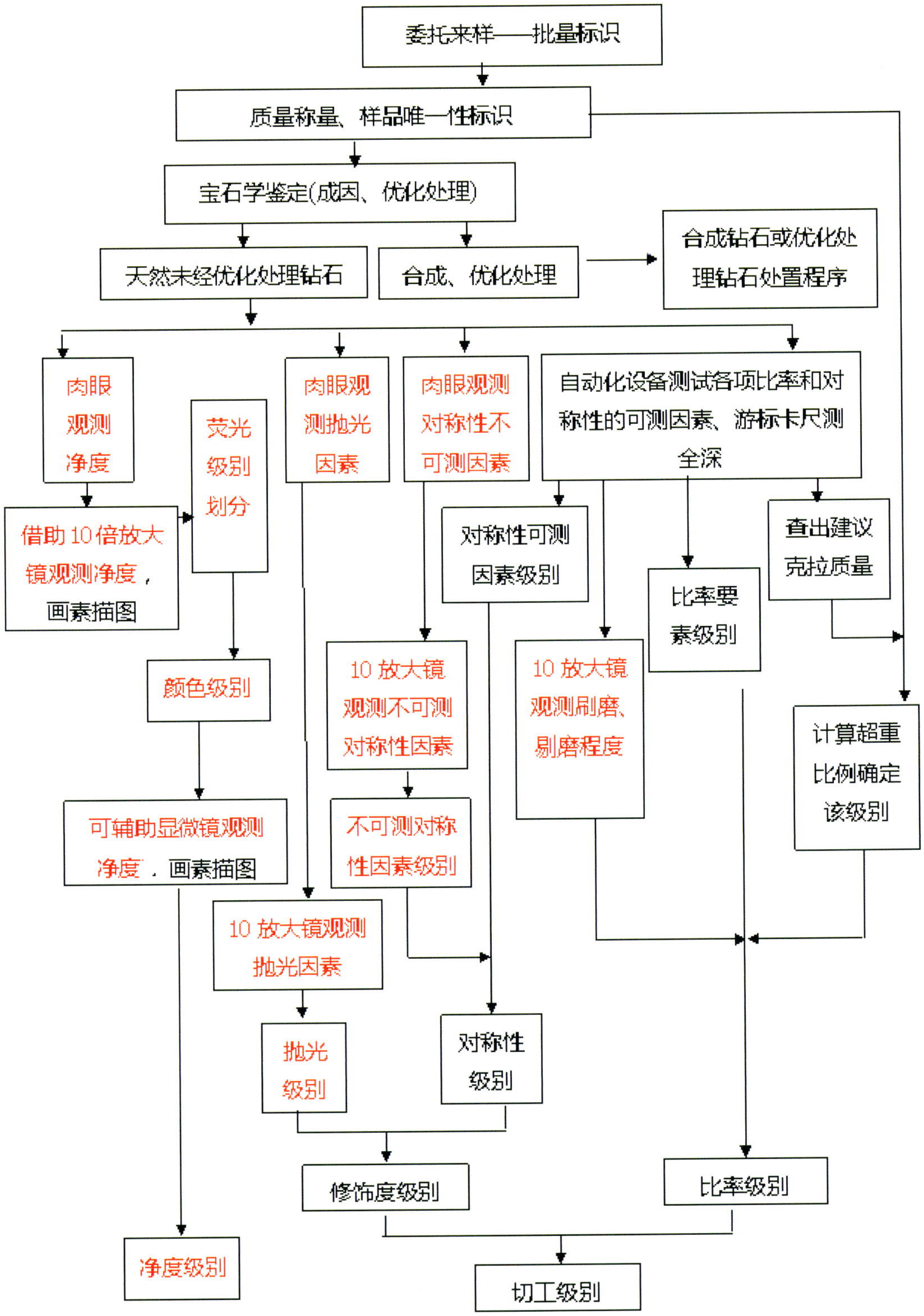

图9-6　实验室钻石（鉴定）分级流程（红色字体环节需2~3人独立完成）

钻石分级的最终结果，就是为 4C 中除了克拉质量以外的其他 3 个项目在各自的坐标线上找到其位置。美国宝石学院的颜色、净度、切工坐标如图 9–7 所示。

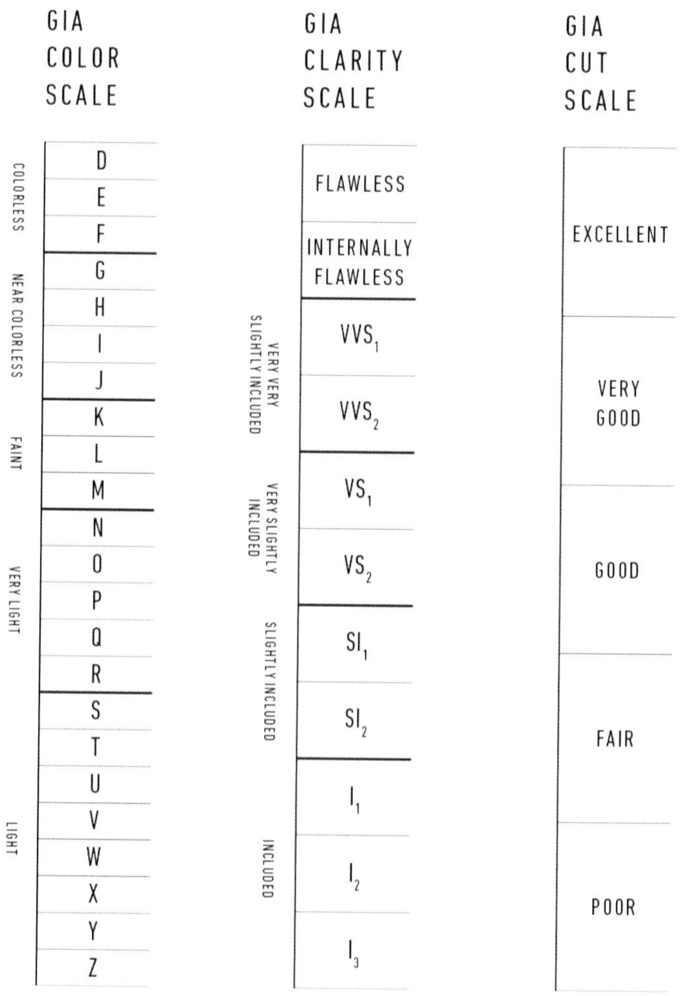

图 9–7　GIA 钻石级别坐标图

第四节　实验室钻石颜色分级的过程

中国对钻石颜色分级的有关规定可以参考《钻石分级（GB/T16554）》和《钻石色级目视评价方法（GB/T 18303）》等国家标准的现行有效文件。

一、分级条件

要进行钻石颜色分级，至少需要满足 4 个基本条件，即有标准光源、比色石、符合规定

如图 9-8 所示，将 1#~6# 样品分别放入 X、Y 比色石之间：

①如果待测样品（1#）比其左侧的比色石（X）颜色饱和度高，比其右侧比色石（Y）颜色饱和度低，则待测钻石的比色结果等于其右侧比色石色级(下限比色石)，即图示中Y色。

②如果待测样品（2#）比其右侧的比色石（Y）颜色饱和度高，将其移到该比色石（Y）右侧又比此粒比色石（Y）颜色饱和度低，该比色石色级（Y）为待测样品的比色结果。

③如果待测样品（3#）与其右侧比色石（Y）颜色饱和度一致，将待测样品移至该比色石（Y）右侧时，颜色饱和度比该比色石饱和度低，则待测钻石的比色结果等于该比色石色级（下限比色石），即图示中 Y 色下限阴影区域。

④如果待测样品（4#）与其右侧比色石（Y）颜色饱和度一致，将待测样品移至该比色石（Y）右侧时，颜色饱和度比该比色石（Y）饱和度高，则该比色石右侧色级（Z）等于待测样品比色结果（下限比色石），即图示中 Z 色上限阴影区域。

⑤如果待测样品（5#）与其左侧的比色石（X）颜色饱和度一致，将待测样品移至该比色石（X）左侧时，颜色饱和度比该比色石（X）饱和度低，则待测钻石的比色结果等于该比色石色级（下限比色石），即图示中 X 色下限阴影区域。

⑥如果待测样品（6#）与其左侧的比色石（X）颜色饱和度一致，将待测样品移至该比色石（X）左侧时，颜色饱和度比该比色石（X）饱和度高，则该比色石右侧色级（Y）等于待测样品比色结果（下限比色石），即图示中 Y 色上限阴影区域。

对于初学钻石分级者来说，可能会存在一种极为特殊的情况：如图 9-8 所示，将一粒待测样品置于 X 与 Y 之间，饱和度比 X 比色石高，比 Y 低；而再将待测样品移至 YZ 之间，待测样饱和度又比 Y 高，比 Z 低。这种情况有可能是学员视觉出现了疲劳，也有可能是他尚未体会到比色石从左到右颜色递增时的跳跃关系，当然，也有可能待测样品在坐标上的位置与比色石 Y 的位置相当。这种情况建议将样品交由经验丰富的人员进行颜色分级。

确定待测样品颜色级别后，记录下比色结果。根据钻石荧光情况、包体情况将待测钻石的比色结果进行调校，获得待测钻石的色级，待测样品颜色分级结束。

比色结束后，逐一核对比色石状态，以避免待测样品与比色石混淆。

两名以上分级人员针对 1 粒钻石分别比色并获得待测钻石的色级，取统一意见作为钻石的实验室颜色分级结果。

三、比色注意事项

实际情况中，上述的第③、④、⑤、⑥种情形，也包括第②种情形的钻石，如果让众多训练有素的分级师来确定其颜色级别时，往往会被定成相邻的两个色级，而且支持两个色级的人数不相上下。也就是说，如果一粒钻石的颜色饱和度与某粒比色石颜色接近时，人眼难以识别两者的差异。这种与比色石颜色饱和度之差低于人眼识别限的不确定区域是客观存在的，因此国际钻石界通常能够容忍“标称的钻石色级”与该样品色级的公议值的偏差不超过 1 个色级。而两者如果超过一个色级，显然通常是标称值高于公议值超过 1 个色级（Over grading of diamond），则属于对钻石级别的歪曲（the misrepresentation of diamond quality）。

除了这种人眼识别力限制造成的偏差外，人的情绪、疲劳程度等身心状态，也会对钻石色级的判断造成较大的影响。为了确保钻石颜色分级结果的准确性和稳定性，分级师不宜长时间持续比色。这有两层含义：第一，不宜在一粒样品的比色上花费太多时间，待测样品与比色石颜色饱和度的关系，在待测样品置于比色石之间时的第一印象最为准确，凝神聚力较长时间盯着这粒钻石，反而容易出现偏差；第二，一名分级师在比色灯下连续比色时间不宜过长，因为长时间在较强照度的比色灯下工作容易造成视觉疲劳，所以适时离开工作台，看看远处、看看色彩丰富的目标，调整一下眼睛状态，才能更好地区分近无色钻石颜色之间的差异。

另外，钻石强的反光与火彩会对钻石颜色的分辨造成明显干扰。可通过移动比色槽与比色灯之间的距离，改变光照角度而消除某些反射光对眼睛的刺激。如果火彩和发光太强，可向着待测钻石和比色石哈气，让钻石表面产生密集细小的水珠层，在水珠消失前迅速观测待测钻石与比色石颜色饱和度的关系。

比色石的配置相当困难，难以满足不同大小、不同琢型的钻石的比色。但并不意味着这些情形下比色石没有意义。当待测钻石与比色石尺寸差别较大的时候，应对两者的整体印象进行比较。举例来说，3 克拉的待测样品，与规格为 0.30 克拉的比色石比较，待测样品常常呈现的现象是亭部靠近底尖三分之一区域内的颜色饱和度非常高，而亭部近腰围区因通透清澈而看上去无色透明，这种情况下，待测样品与比色石间模糊化体会其整体颜色，要比观测细节部位的色差来的重要；同时体会待测样品与其相邻的两粒比色石间饱和度的协调性，比轮流观测待测样品与一粒比色石的颜色关系更为重要。

非圆形切工的钻石，如椭圆形、心形、马眼形、水滴形、方形等的长线（如长轴线）方向比短线（如短轴线）方向颜色饱和度高，而且非圆钻型切工中，常常会有多个方向不具备内部全反射条件，强的贯穿性漏光透过，会给人一种冰透无色的感觉，因此，这些花式切工钻石，一般以斜角方向观测，中和调谐各种因素造成的影响。

天然钻石常带有单纯的灰色、棕色和绿色、粉色调或其与淡黄色的复合色调，在比色过程中应该“忽视”这些杂色或伴色，甚至，在所有无色近无色钻石的比色中，都可以把黄色调忽略掉，而只关注钻石色彩的饱和度。因此，在色彩分辨力方面不敏感的人，可以从事无色－近无色系列钻石的颜色分级。

四、国际上对颜色分级客观化的探索

钻石颜色分级的“3 人判定准则”显然存在巨大的缺陷，因为若干个“3 人组”可能会得出不同的结果，针对同一粒钻石，无数多的训练有素的分级师比色后，给出的绝对多数色级值才是该粒钻石的最终色级值，而任何一个“2~3 人组”显然代表不了无数人。但现实工作中也不可能组织大量的分级师进行绝对的民主评议，即便是出现了严重的级别歪曲，需要公议裁决的时候，仍然是少数几个人集中决定。把无数分级师绝对多数公认值称为钻石颜色

的“实际值”，而少数几人或者某个“3 人小组”测得的值称为某粒钻石颜色的“测量值”。显然，测量值并非永恒等于实际值：一方面少数人的测量值难以代表实际值，另一方面少数人中因某个人甚至 3 人组中的所有人的工作状态带来的偏差会导致“测量值”的不稳定，这有可能在非主观故意的情况下，在事实上造成钻石颜色级别的歪曲。为了避免这种现象的发生，一些大型科研机构设计了比色设备。

早在 D−Z 颜色比色石建立之前，美国宝石学院就在其他宝石上，借助色度仪对颜色进行度量，比如对珍珠颜色的测量，取得了不错的效果。后来以此为基础的设备也进行了钻石分级的探索。

日本早些年有公司设计了智能型的钻石颜色检测仪，将待测钻石台面朝下放在一个球形样品仓的球心部位，仪表盘的扭力指针将指向其对应的色级，测量范围为 D~L 色。设备价格仅仅几万元。

HRD 以分光光度计为基础设计过钻石颜色测量仪，但由于分光光度计造价较高，导致设备整体价格较高。

所有的这些探索尚不够成熟，也或者是说因为 D~Z 颜色体系采用的目估比色法已经在钻石行业形成了根深蒂固的思维，用仪器测量得到的结果，无论其客观性多好，只要跟人为主观比色结果存在差异，特别是存在跨级偏差时，行业往往会站出来指责仪器测量不准。

当然，就目前的技术水平而言，无色近无色系列相邻色级间的色度学参数差异小（特别是 D~H 区间）、钻石色调不单一、钻石切工不完全统一、钻石发光性多样化、钻石晶体缺陷丰富以及设备光源能量随着时间衰减等等诸多因素，引发的较大的测量不确定度，使得该类设备难以推广应用。

五、中国对钻石颜色测量的探索

中国科研人员近些来也在尝试使用便捷型分光光度计进行钻石颜色饱和度度量研究，其中，以国家黄金钻石制品质量监督检验中心为代表的团队成效颇佳，特别是解决了因钻石大小不同带来的测量偏差问题，项目得到了国家质量监督检验检疫总局的科研计划的支持。

国家黄金钻石制品质量监督检验中心项目组设计开发了一种用于测量钻石颜色的仪器，采用 D65 光源、高分辨率 CCD 探测器光谱仪。为了符合国家标准 GB/T 16554 的要求，设计时重点做到了以下两点：

1. 采用符合目视钻石色级评价观察条件的自动测量方法。钻石颜色级别是由人眼与标准比色石对比而得出。项目设计基于传统目视钻石色级评价观察条件，保证测量结果与人眼颜色分级的结果一致。

2. 采用显微微区定位测量，选择被测钻石共性特征的测量区域，能够消除相同色级钻石由于尺寸大小引起的颜色差异。该方法能够快速、准确的测量钻石的颜色坐标，并自动转换为钻石分级系统对应的颜色分级级别。

项目组针对多套配有国家标准样品证书的比色石，进行了测试，采用 Lab 颜色解析技术，

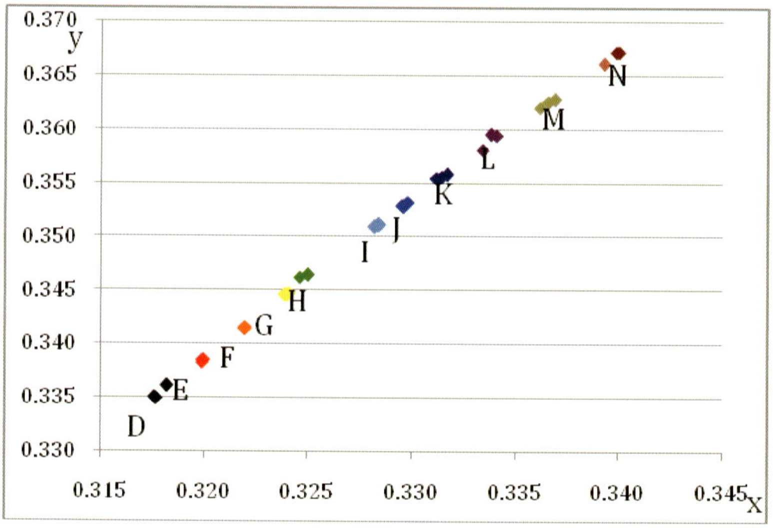

图 9-9 比色石色度坐标图

对图谱进行量化换算为坐标形式（x, y）并投影绘图，如图 9-9 所示。

该测试结果表明，仪器分辨力完全可以将不同级别的钻石分开，说明用该仪器进行钻石颜色分级是可行的。

项目组经过大量的测试和方法改进，证明该方法对于当前以黄色为基调的近无色钻石有很好的效果，也满足标准对实验室颜色分级的要求。并且方法准确，重复性好，检测结果不受检测环境条件、人员、样品大小的影响。特别是提出了渐变色级间距的分级标尺的构想，为今后钻石颜色分级提供了良好的技术方法，便于钻石颜色分级体系的统一。

在渐变色级间距方法尚未正式确认前，可以用实验室配备的标准比色石作为实验标尺，对样品进行测试后投影确认其色级。需注意的是，这种情况下，由于不同实验室配置的比色石不完全等同，实验室间的色级测量系统误差不可避免。

第五节 实验室钻石净度分级的过程

一、净度分级的演化

跟钻石的颜色分级起源一样，1866 年南非发现钻石后，世界钻石的年供应量又提高了一个数量级达到了数百万克拉。钻石市场买方开始有了选择意识。这促使钻石分类更加细化，同时欧非这一纵深贸易通道上需要有一套较为统一的分类规则，以确定各类钻石的货币价值。19 世纪末，安特卫普、阿姆斯特丹、巴黎等欧洲的钻石加工、交易中心开始从商业观点上看待钻石的内部特征，并形成了最初的净度分类：纯净指那些干净的钻石，而有瑕疵（Pique）则指那些内部有黑点的钻石，以此来区分钻石的稀有程度。到 20 世纪初，在较为稀有的“纯净”一类中又衍生出了“镜下纯净（Loupe Clean）”类别，作为最为稀有的一类钻石，该类钻石的划分，首次将放大镜引入到净度划分过程中，这种划分方式成为现代净度分级概念的萌芽。美国宝石学院于 20 世纪 20 年代最早提出了较为系统的净度分级方案。1969 年，“斯堪的纳维亚的钻石命名规则”获得通过，1974 年，国际珠宝首饰联合会（CIBJO）发布钻石手册，欧洲的钻石净度分级体系形成。对 GIA 使用的“Imperfect”术语修改为“Inclusion”，开启了净度特征描述的中性化措辞时代，进一步阐述了钻石的净度特征是自然形成的特征，并不是影响钻石美观的瑕疵。由于钻石净度中多个级别的净度特征是肉眼不可识别的，从客观事实上来说，净度特征的确不会影响钻石的美观，所以该观点不但得到了工商界的赞同，连 GIA 也接受了这一观点，但 GIA 并没有一步到位，它只是将 VVS（very very slight imperfect）、VS、SI 中的 Imperfect 该成了 Inclusion，而对于肉眼可以识别净度特征的等级 I 级，仍保持定义为 Imferfect，表面的净度特征仍使用 Blemish（缺陷）概括，这一做法一直沿用到了 20 世纪末。2000 年前后，基于钻石行业营销理念的需要，GIA 将所有的带有情绪化色彩的词汇淘汰，将表面特征的概括词 Blemish（缺陷）修改为“External Characteristic（外部特征）”，对肉眼可识别净度特征的级别 I 级的定义词 Imperfect（不完美的有瑕疵）予以淘汰，改用“Included（包括在内的……）”对 VVS、VS、SI 定义中的表达客观物体的名词“Inclusion（包裹物）”改成了不专指某类实物或现象的形容词“Included（包括……的）”。应该说这一改变更符合宝石学中广义包裹体的概念，因为矿物学上的 Inclusion（包裹体），一定是与寄宿母体有相界的实物（包括固、液、气体），而宝石学里面广义的包裹体，实际是指 Included（包括……的），省略号既包括固液气体实物（包裹体），也包括出现在晶体上有别于完美晶体的现象，如色带、生长纹理、双晶纹、原始晶面的蚀纹等，甚至包括加工切磨过程中留下的有异于切磨意图的痕迹，如抛光纹、额外刻面、激光切钻残痕等等。

至此，GIA 净度分级演化成了现行的体系内容，即 FL、IF、VVS$_{1+2}$、VS$_{1+2}$、SI$_{1+2}$、I$_{1+2+3}$——正式的文件中，数字应使用下标表示，本书仅作为大级中详细级别的区分意图，因而未严格使用下标。

中国的钻石分级标准采纳 GIA 分级体系的趋势越来越明确，近年来的中国分级体系定义与 GIA 的定义越来越趋同。只是中国体系认为颜色级别中使用了 I 色，镶嵌钻石不对净度细分的情况下，净度的 I 易与颜色的 I 混淆，因此中国体系中肉眼可识别净度特征的级别采用了欧洲体系中的 P 符号。同样考虑到镶嵌钻石分级的国情需求，对于镶嵌钻石或质量低于（不含）0.0940g（0.47 克拉）的钻石，净度级别可划分为五个大级别——即将 FL 和 IF 也合并为一个级别，采用欧洲体系的表示方法，表达为 LC（镜下洁净，Loupe Clean）级。

显然，净度分级是对钻石包含的净度特征在肉眼观测或借助 10 倍放大镜观测时的显著程度及是否可见的情形予以区分的过程。该过程的结果，即为钻石的净度级别。

二、净度分级工具

钻石净度分级过程中主要用的工具有比色灯、背景板、台纸、镊子、擦钻布、放大镜、显微镜、酒精、棉棒、挑针以及记录工具，包括红笔和绿笔。作为钻石分级室所使用的工具，应尽可能选用白、灰、黑色，尽量避免其他颜色。

分级用的照明设备用比色灯即可。

背景板一般用黑色的，在用放大镜观察钻石净度特征时作视域背景用，黑色可以提升观测对象的对比度（需注意，黑色背景板会导致颜色分级过程中对灰色或褐色调的忽略，因此，黑色背景板不应用于颜色分级），应使用无定向反光的背景，可以是硬板也可以是软体材料如布或橡胶。

台纸一般用 A3 规格的无荧光白纸，以方便镊子夹持钻石倒手变换夹持角度时搁置钻石用。用钻石纸而不是直接将钻石放在工作台上，是为了避免工作台上难以发现的油污污染钻石。

镊子通常选用黑色或灰色的，无抛光面（抛光面镜面易引起干扰，光滑面夹持钻石不稳定）。端头有多种规格，以适用于不同大小的钻石。端头内壁有的开槽，有的不开槽，开槽可以让夹持更加牢固，不开槽则避免镊子槽沟掩盖腰围净度特征。不开槽的镊子内壁有磨砂面或者菱形槽面（交错锯齿面），磨砂面适合夹持特小钻石，如厘钻、分钻，菱形槽面适合夹持稍大颗粒的钻石，如 0.20~1 克拉。对于初学者或者观测高净度钻石时，可选用带固定锁扣的镊子，以避免夹住的钻石从镊子上脱落。不得已需要用镊子夹持大颗粒钻石比如几克拉的钻石时，不但要选用大规格端口，还一定要带锁扣，并且最好在镊子端口套上具有较大弹性的塑胶套，以避免钻石脱落或者用力不当迸离钻石时对钻石造成损伤。小颗粒钻石用带有菱形槽面的镊子夹持时，如果用力过大，容易造成钻石迸飞，这种迸飞往往方向不明，距离超乎想象，飞行中的钻石碰撞硬物可能会导致钻石碎裂，因此用镊子夹持钻石时应放松心态，轻轻夹起。初学者在开始用镊子夹持钻石前，首先应练习单手翻转镊子，即保持拇指、食指、中指抓握镊子保证夹持物不脱落的前提下，用小拇指勾转镊子，让镊子在手中滚动翻转 180°，这样减少将钻石放下重新夹起的次数，有助于对观测到的净度特征进行定位。镊子一定要用不写字的手抓握！

一般来说，钻石分级 4C 的每个环节开始之前，都应该重复清洗钻石，但仍难以避免有一些尘点、细小纤维附着在钻石表面，虽然熟练的钻石分级师容易将这些尘屑与净度特征区分开，但洁净的钻石表面更有利于净度分级的进行。因此吸油性、不脱线、不掉屑的擦钻布是必要的。用动物（如羊、鹿等）毛皮制成的清洁皮革（俗称麂皮）是传统的擦钻布，尼龙布效果也不错。

放大镜应使用像差（Spherical aberration，又叫球差，受放大镜曲率的影响，镜片边缘的焦距比镜轴光的焦距更接近镜片，这种焦距差异造成放大镜外圈成像模糊的现象）和色差（Chromatic aberration，白光透过镜片发生色散引发影像带有色环的现象，即白色光中不同波长的单色光在镜片中的传播速度不同，折射率不同，透射焦距略有差异，所以在放大镜影像中会带有色环的现象）尽可能小的 10 倍镜，可选用 0.1 厘米规格的地质绘图格子纸检查放大镜的像差和色差。借助放大镜观察格子纸，若只有在放大镜镜片边缘部位的格子出现变形和轻微的虹彩现象，而视域中间区域的格子不变形，线条颜色不变，则放大镜满足分级要求。当然，不出现像差和色差的范围越大，放大镜质量越好，有助于减少视觉疲劳。为了尽可能地消除球差和色差，一般采用三片透镜组合的放大镜（Triplet Loupe）。钻石采购人有时为了便于判断净度特征的性质，而采用 14 倍放大镜，需注意放大倍数过大或过小的放大镜，在钻石分级实验室是禁用的，以避免使用了错误倍数的放大镜，而对钻石净度造成先入为主的错误级别印象。

钻石分级过程中放大镜和镊子是工具的主角，其中 10 倍放大镜的焦距大约为 2.5 厘米左右，因此初次使用放大镜的人应在从事钻石分级前按照图 9-10 的示意练习放大镜的聚焦观测。

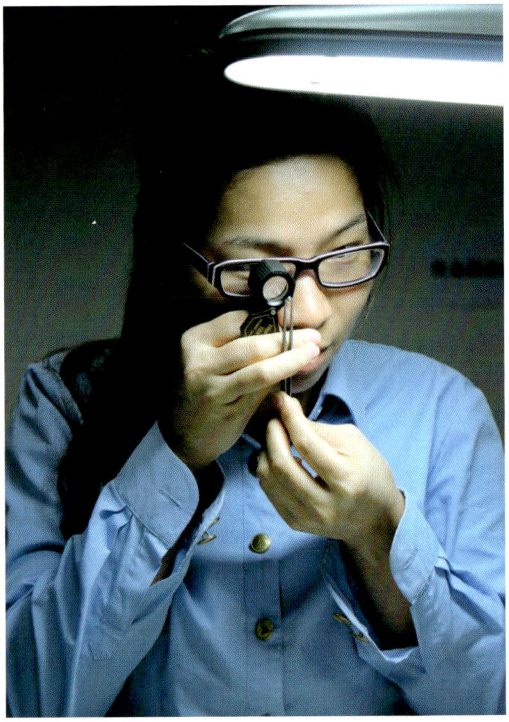

图 9-10　借助放大镜观测钻石净度特征示意图（杜红梅供图）

而净度分级过程行进中，则按照图 9-11 至图 9-17 的顺序，首先观测钻石台面、冠部、亭部概貌，然后观测风筝面下、亭部细部，再观测腰围区，最后再回到台面、冠部进行复查。需注意，透过目标刻面观测钻石内部时，视线应与该刻面垂直。大多数情况下，钻石位于比色灯正下方 10cm~20cm 处。

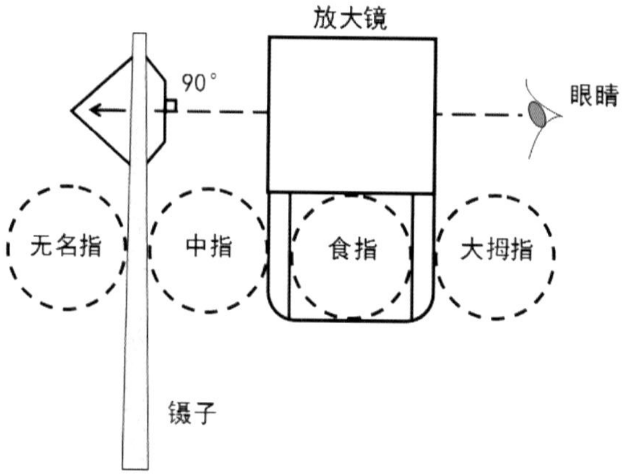

图 9-11 台面细部及冠部概貌观测示意图

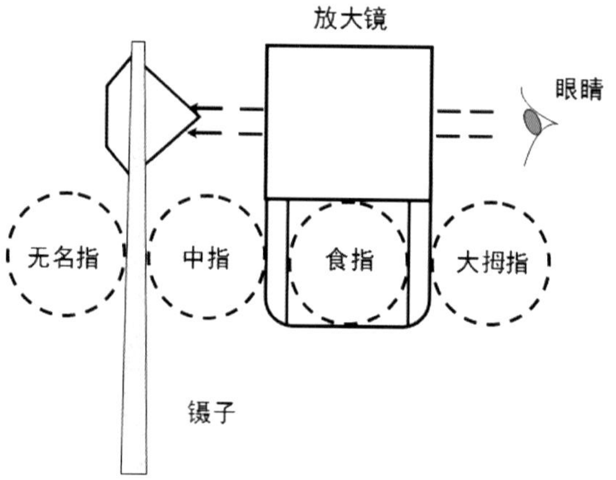

图 9-12 亭部概貌观测示意图

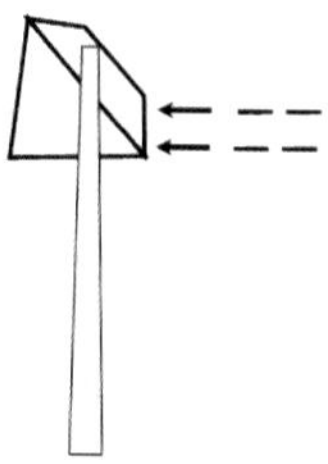

图 9-13 观测风筝面下特征

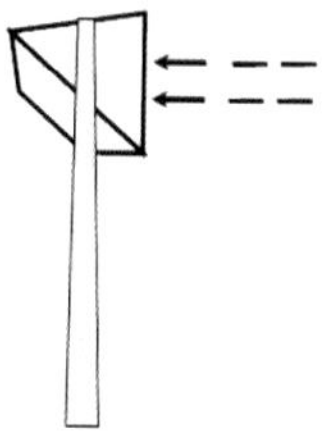

图 9-14 观测亭部细节

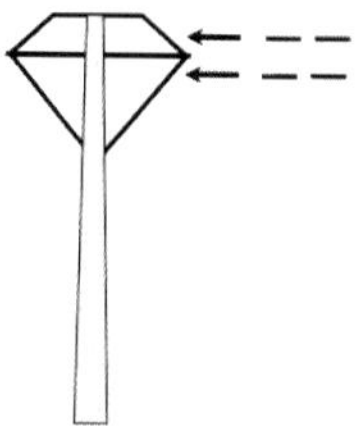

图 9-15 观测腰围

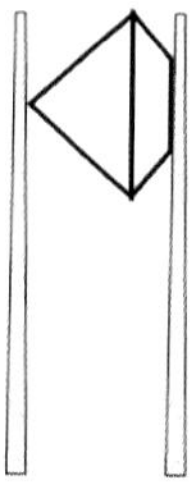

图 9-16 观测腰围

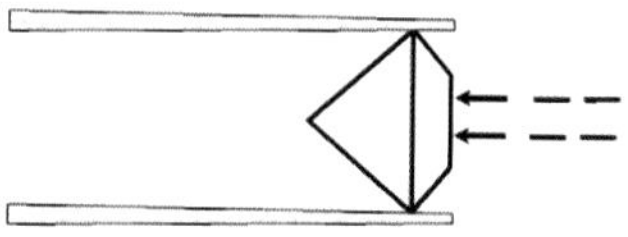

图 9-17 对冠部再次复查

一般来说，如图 9-11，观察台面、冠部区域时，可将腰圆设定为钟表指示盘。根据大量实践表明，位于台面下部（相当于钟表 6 点钟方向）的净度特征最容易被识别到，因此，在画净度特征素描图时，往往将关键识别点，或者对净度级别起决定性作用的净度特征放在钻石腰圆图 6 点钟位置，以此为基准点，绘制净度各种特征。

理论上，钻石的净度分级是不使用显微镜的，因为显微镜较大的视域范围和较大的景深会使得在十倍放大镜下原本“极难”（对应 VVS1）观察的净度特征，变得“比较容易”（对应 VS2）观察，所以在使用显微镜进行净度分级时，一定要考虑显微镜观测净度特征的便利性给净度特征的“明显程度”造成的假象。此外，手持放大镜与显微镜的放大倍数原理有差异，有时候对于人眼来说，属于可分辨的极限尺寸的某些净度特征，在显微镜“十倍放大”情况下，可以观测到，而在“14 倍放大镜”下却不能观测到目标，这说明用显微镜观察净度特征的“可见程度”上，比放大镜的效果更好。中国的钻石分级体系多是以 10 倍放大镜为标准的，而不是以显微镜的“十倍放大”为标准，因此在使用显微镜消除或减少视觉疲劳的同时，应注意显微镜对净度特征的“夸大”作用。

在使用显微镜观测高净度钻石时，为了避免表面污物、灰尘、细小纤维的干扰，可用挑针对目标进行挑动甚至刻画，也可以用棉棒蘸酒精进行擦洗。

在整个净度分级过程中，除非需要变换镊子夹持钻石的位置，否则不可以将镊子松开、将钻石放下。操作显微镜并调整放大倍数或切换照明条件、使用棉棒或挑针的过程以及记录过程，都应该用不抓握镊子的手进行。

三、影响净度级别的因素

钻石的净度分级是按照净度特征的可见程度与明显程度为准则对钻石进行的归类。

决定钻石可见程度的因素取决于净度特征的大小尺寸。据对人眼最小极限视角的研究，人眼裸视观测的最小极限尺寸大约是 50μm（0.05mm），对大于 80μm 尺寸的目标，所有视力正常的人都能察觉到。换句话说，在 10 倍放大镜下，尺寸为 5μm（0.005mm）的目标，是人类视力的极限尺寸。这就是欧洲一些钻石分级体系“5 微米准则”的生理依据。对人眼造成视觉刺激的目标大于 80μm（0.08mm）时，裸视条件下才有可能让所有人识别到。

净度特征的数目越多越容易形成净度特征尺寸的累加，因此，净度特征的数目是影响净度级别的第二因素。

此外，受钻石闪烁的干扰，有些包体虽然尺寸上属于可见范围，但在观测起来并不容易。所以净度特征的颜色、位置对于净度级别的划分也有重要影响。不同颜色、位置的净度特征，与观测背景的对比度差异较大，对比度越大，越容易观察到，对净度级别影响越大。一般来说，无色透明的晶体包体不如深色晶体包体明显，而且对于钻石颜色影响较小，大型的深色包体肉眼观测容易形成强烈的视觉刺激。净度特征如果位于台面正下方显然比位于腰围区域更容易观察到，特别是位于台面正下方靠近底尖部位的净度特征，常常在亭部刻面上形成镜面影响，原本只有1个净度特征包体，受其影像的干扰，看起来似乎有8个包体围绕1个包体分布，夸大了包体的可见程度，从而会拉低净度级别。有时冠部刻面的一些净度特征，受风筝面斜面的影响也存在这种影像（见第八章第一节图8-10所示）。有时一些位于下腰面区域的较大的净度特征，从冠部俯视时是不可见的。净度特征位置对净度级别的影响还表现在角度上，同样尺寸的平面状羽裂，如果平行于台面，则很容易观测到，但如果垂直于台面常表面为一条线，其视觉刺激会比较小。

净度P_3的定义“钻石具极明显的内、外部特征，肉眼极易见并可能影响钻石的坚固度”暗示，影响净度级别的因素除了上述几条外，还有一点就是是否影响钻石的“坚固度”，即净度特征的种类性质不同，得到的净度级别也可能不同。一般来说，净度特征边界凌厉反光显著的目标（Hard Characteristic），对净度级别影响更大，而那些视觉效果模糊，边界不清的目标（Soft Characteristic），对净度级别影响小。比如沿解理面发育的羽裂，受镶嵌过程中的压力、温度的突变，有可能引发裂纹的扩大甚至导致钻石破裂，这种石头镶嵌厂就不愿接收。显然同样是P级的钻石，镶嵌厂宁愿接收充满云雾包体的钻石，也不愿接收带有大裂的钻石。所以在不影响钻石透明度的情况下，同样尺寸、位置的净度特征，带有羽裂的钻石可能比包含云雾包体的钻石低一个小级。

此外，还有两个可能引发错误净度级别的因素：一是钻石的光洁度；另一个是钻石分级观测的程序。表面光洁度有两个方面的内涵，一是钻石较脏，二是钻石抛光不佳。钻石分级前首先要对钻石进行清洗，必要时用强酸沸煮。钻石的抛光不佳包括表面抛光烧痕、抛光纹、蜥蜴皮等现象，在放大镜下影响观瞻，这些内容主要影响钻石修饰度评价，对净度的影响极其微小。钻石分级的程序应该是首先用肉眼观测，在规定的条件下从冠部观测，肉眼识别不到净度特征，则不定P级，然后用10倍放大镜对钻石进行全面观测，如果极难识别到净度特征或识别不到净度特征，则不定SI或VS甚至VVS_2，这时再借助显微镜观测，如果不按照此程序操作，拿到一粒钻石首先用显微镜观察，容易导致观测值低于钻石净度的实际值，如将净度级别为VVS_2的钻石定为VS_1。

最后，必须要说的对净度级别有重大影响的因素——人为因素。尽管国际上对各个净度级别都有了较为统一的定义，所有的钻石培训也试图统一学员对净度分级的理解。但是每个人对于净度特征的显著程度还是会有独特的理解，所以净度分级也同样需要2~3人取得统一结果。但过于集中的“3人组”得到的“实测值”与众多训练有素的分级师的绝对多数观点得到的“真实值”仍可能有偏差。增加人员之间的比对有助于消除对钻石级别的歪曲（The misrepresentation of diamond quality）。

四、各净度级别示例

1. P级

即Pique，相当于GIA体系的I级，Included：从冠部观察，肉眼可见钻石具内、外部特征（“花”）。

P_3：钻石具极明显的内、外部特征，肉眼极易见并可能影响钻石的坚固度。即存在稳定性或耐久性风险，接近工业钻。如图 9–18 所示。

严重大花

接近工业钻

严重大花

11 点大花有碎裂风险

严重大花钻石有纵向破裂风险

11 点大花有碎裂风险

图 9–18　P_3 钻石示例

P_2：钻石具很明显的内、外部特征，肉眼易见。通常冠部极多羽裂、双晶网纹、浓雾等，可能影响到钻石透光性。如图 9–19 所示。

浓雾影响透光

大量散布褐色包体

非解理型裂隙（11 点）

花不大但位置正　　凌厉羽裂跨多面　　突兀的黑色包体

图 9-19　P_2 钻石示例

P_1：钻石具明显的内、外部特征，肉眼可见。净度特征易受闪烁干扰，似有似无。如图 9-20 所示。

深色偏平包体被浅色晕包围(1 点)易受闪烁干扰　　黑针碎花　　无色透明晶体

碎花较多但个体较小　　大裂未延伸到台面　　多处小羽裂有影像

图 9-20　P_1 钻石示例

SI_3：国际钻石净度分级体系并无 SI_3 级，但许多钻石交易所、钻石交易信息咨询顾问机构、中介经纪商常常会使用 SI_3 级别，实际是净度较好的 P_1 级。这是一个让交易双方各怀期望的级别，但又不被第三方认可的级别：卖方想卖好价格，买方期望“花”小一些；无据可循，纠纷自裁。较为统一的观点认为贸易上衍生出来的 SI_3 级钻石，肉眼从冠部观测不易识别(可见而难见)净度特征。如图 9-21 所示。

腰围云雾（3 点）比羽裂对净度的影响小

台面下 3 点方形浓雾

多处羽裂，6 点处最明显

细小的深色包体

羽裂较多但呈线状

不繁重的小黑花多分布于腰围（台面下亮区较少）

图 9-21　SI_3 钻石示例

2. SI 级

即 Slight Included，在 10 倍放大镜下，钻石具明显的内、外部特征。

SI_2：钻石具明显内、外部特征，10 倍放大镜下很容易观察。放大镜下瞬时可见，但肉眼自冠部观测不可见净度特征。如图 9-22 所示。

黑色包体，11 点钟星小面褐色色带非本净度级别关键要素

9 点钟晶体包体伴晕裂有多个影像

台面下羽裂在 12 点钟方向和 6 点钟风筝面有影像，7 点钟腰部原始面非本级别要素。

强反光的双晶纹闪光

9~12 点腰围区云雾

均匀分布的薄雾让钻石呈"牛奶状"而 10 倍放大镜下难以识别包体轮廓（无黑区而暗处为灰）

图 9-22　SI_2 钻石示例

SI_1：钻石具明显内、外部特征，10 倍放大镜下容易观察。晶体包体轮廓清晰可辨，台面基本不可有面状羽裂。如图 9-23 所示。

台面下云雾块

底尖下方三角状羽裂

台面 8 点钟羽状纹，12 点钟腰围线状羽裂

12 点钟、2 点钟暗色羽状纹

台面下亭部刻面撞击痕，1 点钟腰围月牙羽状纹

细密浓雾在 10 倍镜下无法识别，但云雾致使钻石呈淡牛奶状（无黑区而暗处为灰）

图 9–23　SI_1 钻石示例

3. VS 级

即 Very Slight included，在 10 倍放大镜下，钻石具细小的内、外部特征

VS_2：钻石具细小的内、外部特征，10 倍放大镜下比较容易观察。难以分辨晶体晶面，较易识别轮廓的羽裂仅存于腰围，台冠区域可见模糊线裂或弱反光羽状纹，可察觉到的底尖崩损。基本没有牛奶钻（因细小散布的云雾包体，引起的如同清水、牛奶混合悬浮液状的乳白色外观，轻微的奶白钻多属于 SI 级，影响观测对面刻面清晰度时为 P_2 级）。如图 9–24 所示。

台面下黑重雾，VS_2 的下限

从台面可见亭面开放长线裂左端见云雾，VS_2 的下限

较大的无色晶体和较小的黑色晶体，无法分辨晶型，多处影像，VS_2 下限

8 点钟亭面针状痕在风筝面下有亮影像，同一面近底尖线裂

亭部棱、面多处重撞击痕有影像

8 点腰围须状、Y 型羽裂，淡奶钻

图 9–24　VS_2 钻石示例

VS_1：钻石具细小的内、外部特征，10 倍放大镜下难以观察。数个白点组成的云雾，淡薄的片状云雾，孤立的小晶体看上去是亮的点状物，台面及周围区域无裂，腰围可见较小羽状纹或较大区域的须腰，可见较大的底尖磨损，较大的原晶面。如图 9-25 所示。

台面下 6 点钟近底尖小团云雾

近底尖 3 点钟表面针状物，12 点钟多腰围小羽状纹

台面下白点云雾似有似无黑背景下可见

5 点钟腰线亮点实为下腰 V 形口在冠部的反映

底尖节结（连生小钻石的轮廓）纹在 12 点钟星面有影像

比针尖略大的晶体

图 9-25　VS_1 钻石示例

4. VVS 级

即 Very Very Slight Included，在 10 倍放大镜下，钻石具极微小的内、外部特征。

VVS_2：钻石具有极微小的内、外部特征，10 倍放大镜下很难观察。三五个点聚集组成的小团云，单一的细针，腰围下部的较大的原晶面，小的内凹原晶面，棱线的磨损，底尖可识别的磨损，跨度较大较亮的生长纹理，微小的羽状纹。为了保持素描画面简要，近些年国际上高净度钻石的羽状纹通常用短直线或曲线表示；各种纹理往往不绘出而仅作文字说明（例如表面 / 内部纹理未在图中标出——Surface/ Internal graining is not shown），在 VVS 级中轻微损伤往往不被提及，一些车钻残痕不会在图中绘出（Manufacturing remnants are not shown），而仅作文字说明。如图 9-26 所示。

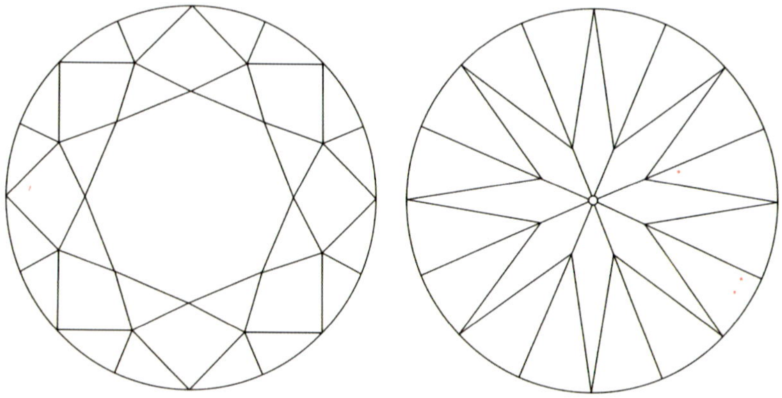

风筝面针针状物，亭部点状物

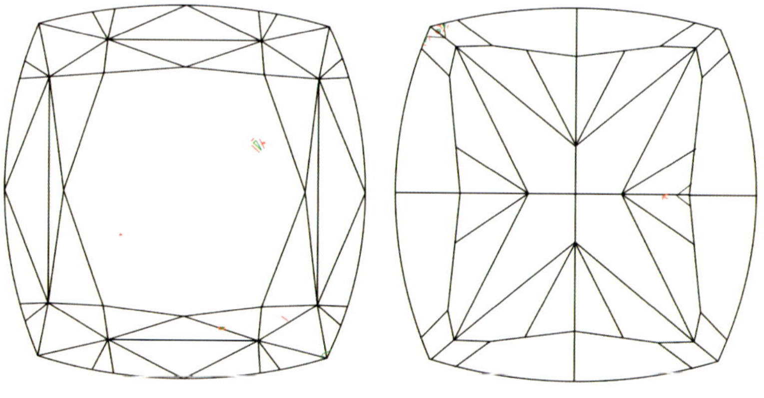

垫型，针（冠部 5 点钟左右）、针尖（即点状物，台面）、蚀痕（台面 2 点钟）、羽状纹（亭部 3 点钟、11 点钟）、内凹原晶面（亭部 11 点钟角）、原原晶面（冠部 5 点钟腰角）、额外刻面（亭部 3 点钟黑三角）

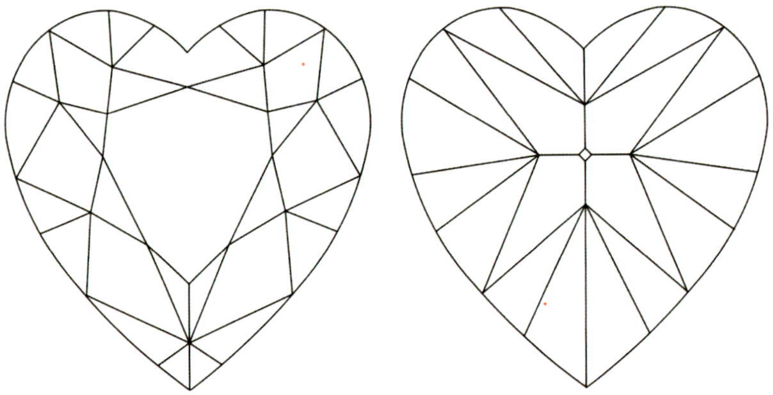

心形，亭部冠部各一个针尖

图 9–26　VVS_2 钻石示意

VVS_1：钻石具有极微小的内、外部特征，10 倍放大镜下极难观察。点状包体（针尖），细针反光弱，面积小的羽状纹，轻微的须状腰，非常淡的云雾，略有内凹感的原晶面，可出现在净度为 VVS_1 的钻石中。亭部视角的观测非常重要，因为大多数净度特征从亭部观测才能发现。同样素描图中一般不体现纹理和车钻残痕，而只做文字说明；有些无法在素描图上画出的特殊视角现象——比如只有从抛光腰或刻面腰才能看到的内部净度特征，仅作文字说明而不在素描图上标注。如图 9–27 所示。

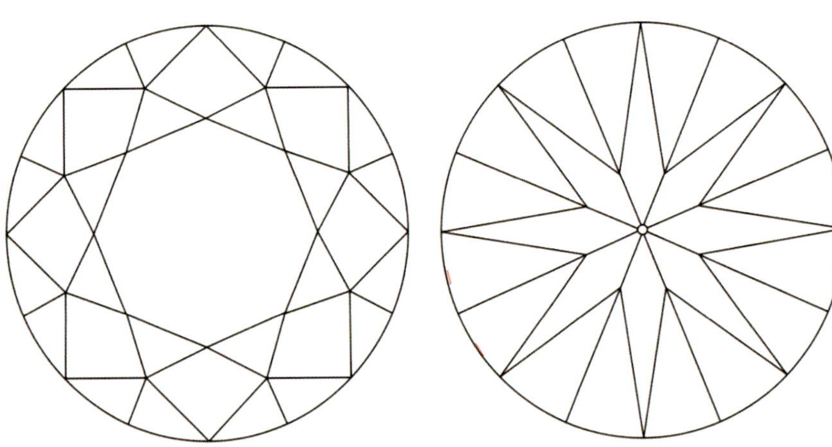

羽状纹

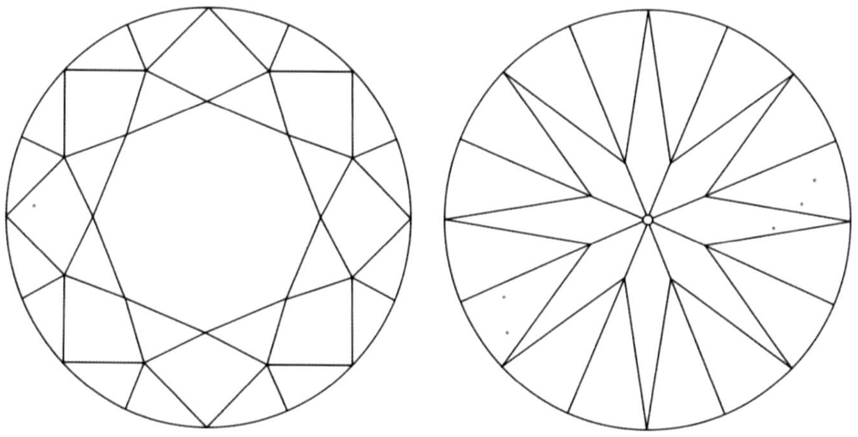

针尖

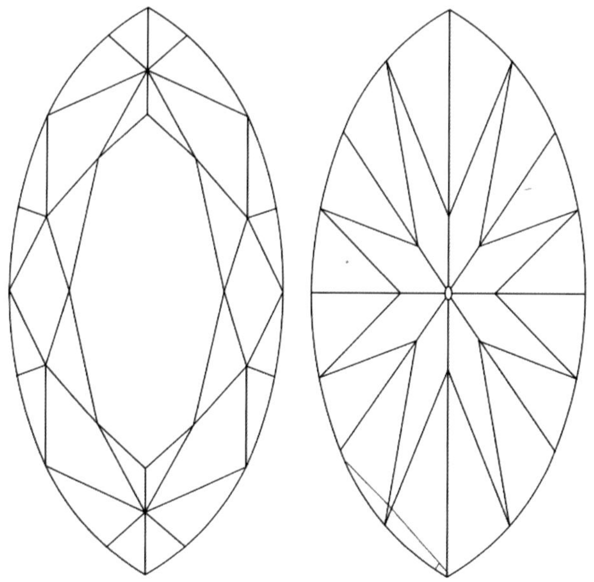

橄榄琢型，针尖、针、额外刻面

图 9–27 VVS_1 钻石示意

5. LC 级

即 Loupe Clean，镜下洁净，在 10 倍放大条件下，未见钻石具内外部特征，但有例外。

IF：即 Internally Flawless，内部完美级。在 10 倍放大条件下，未见钻石具内部特征，定为 IF 级，但下列特征情况仍属 IF 级：内部生长纹理无反光，无色透明，不影响透明度；可见极轻微外部特征，经轻微抛光后可去除。这种细微的外部特征常常与抛光有关，所以经常在一些文件上看到“微小抛光痕迹未在图中标绘”（Minor details of polish are not shown），当然，纹理也不会在素描图中标绘出来，而是作文字说明（如 Surface graining is not shown）。如图 9–28 所示。

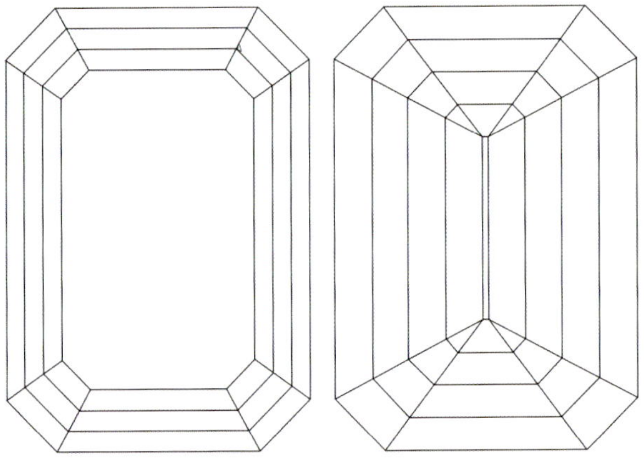

额外刻面和未在图中标注的表面纹理、微小抛光痕决定了净度级别

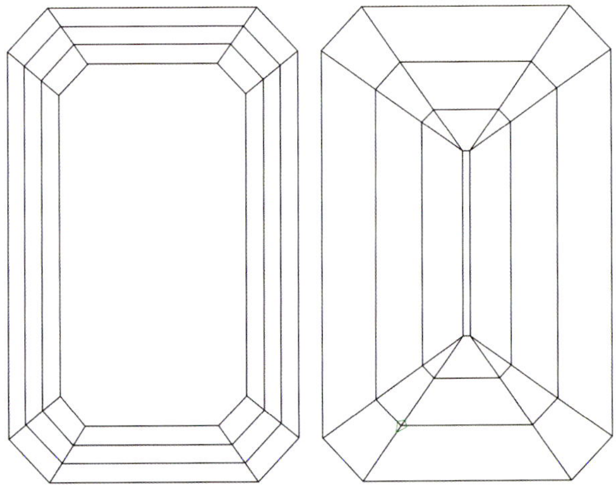

原始晶面和未在图中标注的微小抛光痕决定了净度级别

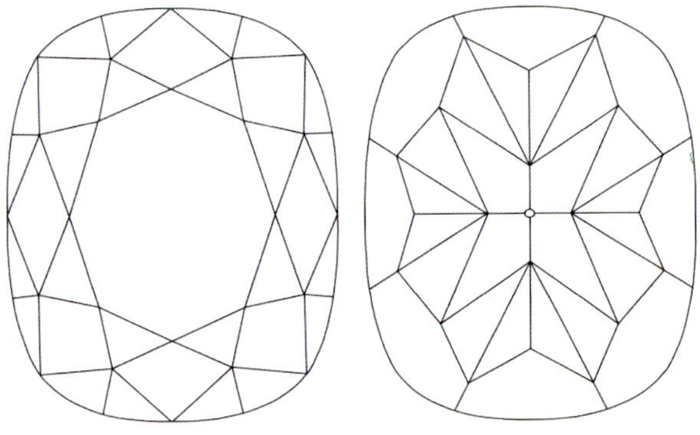

原始晶面（下腰近3点钟）和未在图中标注的微小抛光痕决定净度级别

图 9–28　IF 钻石示意

FL：即 Flawless，完美级。在 10 倍放大条件下，未见钻石具内外部特征。但下列外部特征情况仍属 FL 级：额外刻面位于亭部，冠部不可见；原始晶面位于腰围，不影响腰部的对称，冠部不可见。

实际上，根据近些年来国际钻石分级的趋势，中国净度分级体系中 FL 级别中的例外情况，早已被国际体系淘汰。目前国际上对 FL 级别的定义和实际操作趋于严酷。不光是原始晶面，就连额外刻面都不允许在 FL 级中存在。目前国际上的 FL 绝对称得上是完美无瑕级，甚至其完美程度涉及了切工系统中，凡是切工评价中的抛光项达不到最佳的“极好（Excellent）”级别，一律不定净度的 FL。当今国际机构出具的文件中，凡是 FL 级别的，素描图就是某琢型的理想轮廓图，而净度特征的描述栏往往全部是空白项。多种钻石琢型实例见图 9–29。

图 9–29　各种琢型的钻石

第十章　钻石的分级过程（下）
——切工和钻石质量

第一节　切工分级概述

钻石的切工让钻石充分展示了其亮度、火彩和闪烁的魅力，这三个方面是钻石耀立珠宝之首的独特美感，这三个要素相互牵制甚至矛盾。几个世纪以来，钻石切磨师们进行了大量的探索，以求获得钻石最佳感观，充分展现金刚石的潜在美。

1919 年，马歇尔·托尔可夫斯基发明了标准圆形明亮式琢型。让钻石的亮度、火彩和闪烁达到了前所未有的平衡，从此开启了钻石切割理想琢型的时代，为钻石切工评价体系的构建创立了理论模型。

理想式切割为何能让钻石之美三要素达到完美平衡呢？深入了解三个要素的内涵，可窥见三者制约关系及其在标准圆钻型切工钻石中的重要意义。

一、亮度（Brilliance）

金刚石的亮度取决于其光泽，即其反射率。钻石的晶体成分和晶体结构是本质，这决定了钠光（589.3nm）在钻石中的传输速度为 124044.694 千米 / 秒，所以钻石相对真空的折射率为

$$RI = \frac{299792.458\ 千米/秒}{124044.694\ 千米/秒} = 2.417$$

根据折射率与反射率的关系可知，钻石的反射率约为 0.1719。由于折射率越大，反射率越高，而钻石在无色透明矿物中的折射率具有优势，因此其独特的高反射率形成的金刚光泽使得这种无色透明的晶体具有了独特魅力。当然，为了让钻石的强光泽完美呈现，完美的抛光也是必需的。

同样取决于钻石的折射率的还有光线从钻石射入空气时的全反射临界角。2.417 的折射率决定了临界角值为 24° 26’。折射率越大，临界角越小。

当来自台面入射的光线到达亭部时，亭部刻面成为钻石和空气的交界面，入射角 γ 将决定光路。当亭部较浅时，入射角 γ <24° 26’，光线在介质界面既有反射又有部分折射出钻石，这部分折射光线回不到冠部（如图 10-1 所示）；当亭部深度适中时，亭部钻石（左右两侧）与空气界面的入射角 γ ≥ 24° 26’，使得来自冠部的光线除了部分被钻石吸收外，其余的绝大部分又返回了冠部，根据光路可逆原理，无论光线从台面还是从风筝面入射，

这时绝大多数光线能回到冠部（如图 10-2 所示）；当亭部过深时，来自台面的光线虽然可以在亭部产生一次全反射，但反射光到达相对一侧的亭部时，又出现了入射光 γ<24° 26’的情况，部分光线发生折射从亭部射出（图 10-3 所示）。这种从亭部射出而不能返回冠部的光线相比图 10-2 情况，冠部亮度必然受到损失。

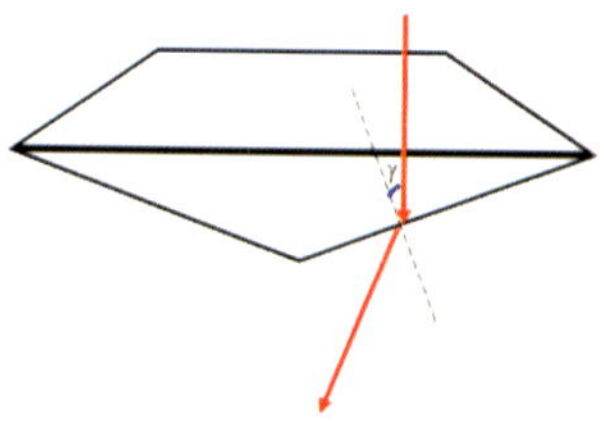

图 10-1　亭部太浅漏光现象

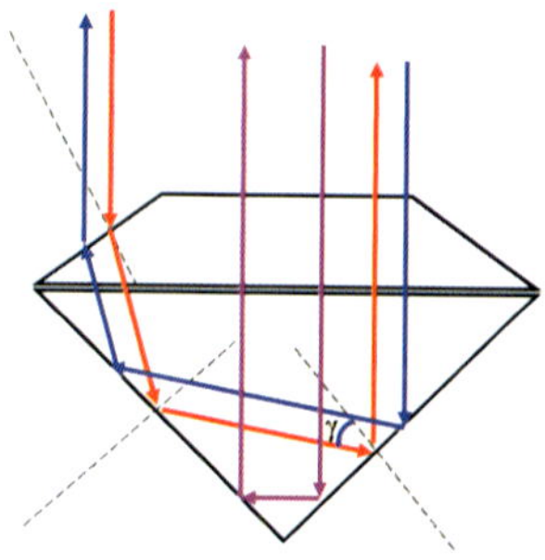

图 10-2　亭部适中内部全反射

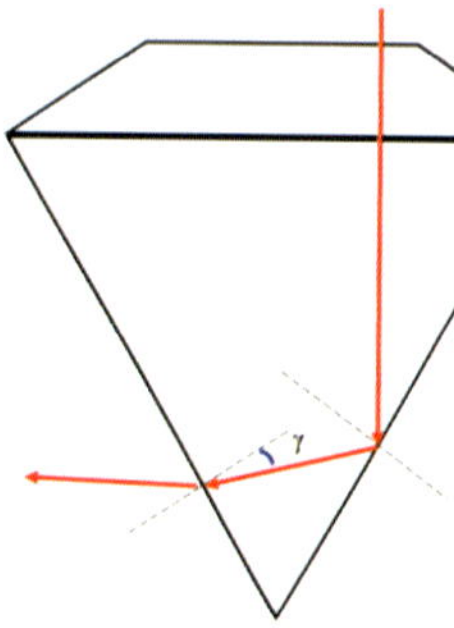

图 10-3　亭部太深漏光现象

马歇尔・托尔可夫斯基提出的理想切工的理论依据就是钻石的全反射临界角。他通过计算，将亭部各面角度安排得恰到好处，从而使得来自冠部的光线在亭部发生全反射后回到冠部射出，这种情况比亭深不恰当时冠部的亮度高。

由此可见，适当的切割比例，决定了照射到钻石的光线经内部反射后回到冠部的比例，从而决定钻石内部的亮度；钻石的反射率和抛光程度决定了照射到钻石表面的光线被反射的比例，从而决定了钻石的表面亮度。切割比例和抛光人为因素和钻石光泽这一本质属性决定了抛光钻石的总亮度。

二、火彩（Fire，Dispersion）

火彩起源于光的色散，即复合光白光经过色散元器件（如三角棱镜）被分解成多种彩色光的现象。色散的本质是不同波长的光在同一种物质中的传播速度有差异。显然要呈现良好的火彩有两个必要的条件——不同颜色的光在某种物质中传播速度差异较大，存在分散不同波长光的元件。

钻石的色散值是 0.044（D=RI 紫 -RI 红 =2.451-2.407），在众多的宝石品种中属于较高的色散值。

在钻石琢型中，构成分光元件的部位主要是冠部刻面（除台面外）和亭部刻面，对用于首饰的抛光钻石而言，冠部的刻面才是有意义的分光元件。因此，在宝石色散值确定的情况下，决定火彩效果的因素有两个方面：第一，冠部斜角刻面产生的光折射越多火彩越好；第二，发生全内反射的光比例越高火彩效果越好。而冠部斜面决定于两个因素：冠角和冠高。较小的冠角会引发冠部刻面与光线垂直（无折射发生）的情形而难见火彩（图 10-4 所示），而较大的冠角会导致光线在冠部刻面产生全反射——来自亭部的光线将会在钻石内部紊乱传播，既可能降低冠部内亮度，又可能引发冠部损失火彩。在冠角确定的前提下，冠高越高，冠部斜刻面面积越大，火彩越多，但台面会越小，台面产生的亮光就较小。冠部斜角和台面关乎的火彩和亮度存在矛盾。在亭深适当的前提下，冠角与冠高是影响冠部火彩的重要因素，如图 10–5、图 10–6 所示。

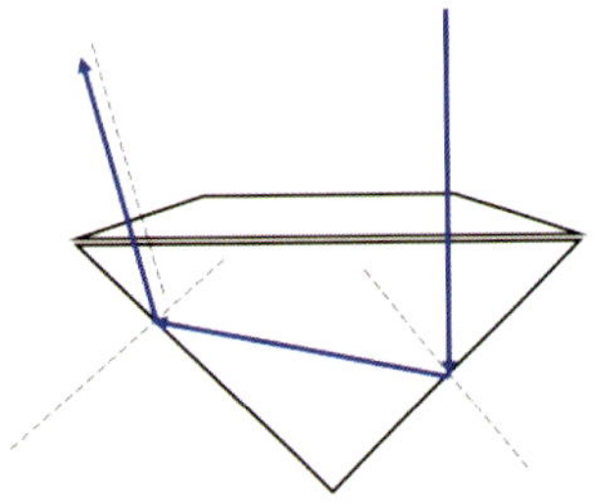

图 10–4　较小的冠角会引发冠部刻面与光线垂直的情形而难见火彩

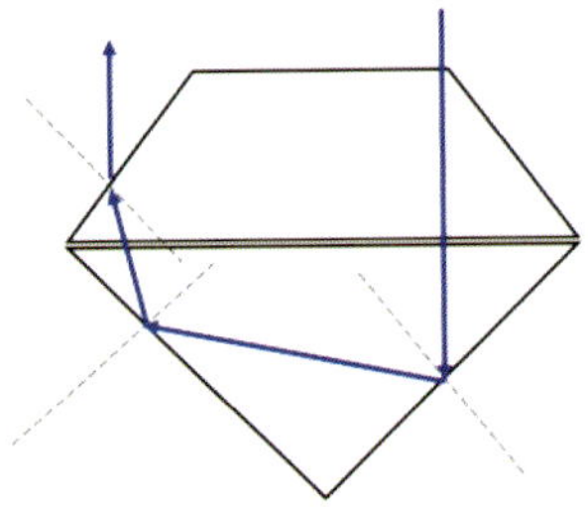

图 10–5　较大的冠角有利于火彩的形成

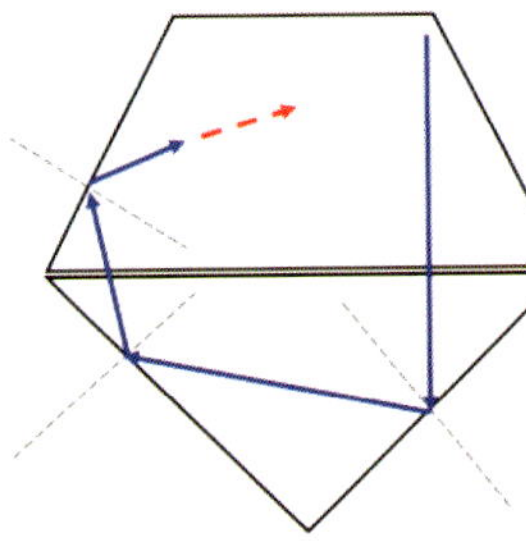

图 10–6　过大的冠角造成光路紊乱

而当冠高和冠角适当的情况下，亭深决定了返回冠部光线的多少，从而也会影响火彩的强弱。显然，如果亭部比例不当，从亭部漏出的光线产生的火彩，从冠部是观察不到的。而图 10–2 中，从台面入射经亭部全内反射又回到台面的光线，没有经过三角棱镜部位的分散（色散），即几乎没有折射现象发生，所以形成不了火彩。

唯有自冠部斜角（或台面）射入钻石，经钻石亭部全反射返回台面（或冠部斜角）的光线占入射光线较高比例时，火彩效果才最佳——这要求亭深、冠角、冠高比例恰当。如图 10–7 所示。

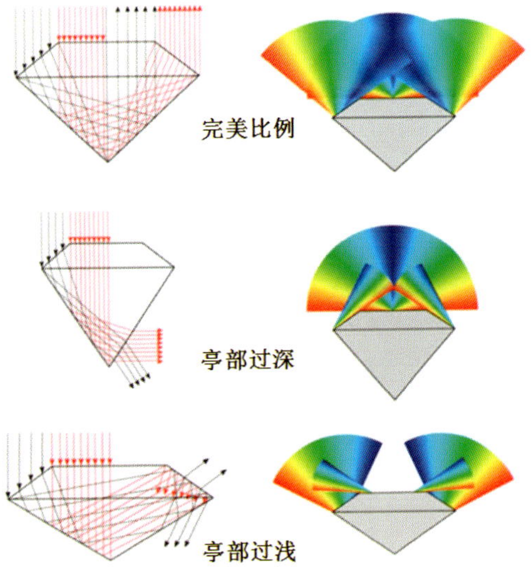

图 10–7　冠部比例理想，不同亭深对火彩显著程度的影响

三、闪烁（Scintillation）

宝石、光源或观察者存在运动时，刻面反光呈现出的变化叫做闪烁。闪烁效果的明显程度受制于钻石的刻面数量、刻面大小、抛光程度以及切割比例。

一般来说，钻石的刻面数量越多，动态感越强。

对于刻面的大小，通常是刻面越小动态感越强，但是对于刻面太小的碎钻，比如厘石，如果也切磨成 57 个刻面，则难以识别到闪烁，只会给人感觉白花花的样子——受人眼极限视角的限制而难以分辨出微小刻面的存在。

要观察到良好的闪烁，需要刻面具有强的反光能力，所以良好的抛光是必要的。

合适的切割比例成就的内部全反射会让钻石不仅仅冠部刻面闪烁，即便是从台面观察，亭部刻面的闪烁也会造成强烈的视觉冲击。如果切磨比例不当，比如亭部过深或过浅，往往会造成亭部刻面反光弱或白花现象，降低了钻石的闪烁程度。

根据上述讨论，可以知道钻石的亮度、火彩和闪烁均受钻石切磨的影响。钻石的美取决于钻石刻面的相对角度、大小、组合关系以及光洁度，即所谓的比率、对称性和抛光程度。显然，就人眼的分辨力而言，切割比率对钻石的美观性起到了决定性作用。但是很难说什么样的比率最佳，何况有些比率参数是互为矛盾体的，顾及了火彩就会损失亮度；而有时顾及了亮、火、闪的协调就会损失克拉质量。该如何选择，只能由市场决定，由购买者的审美观决定。标准圆钻型切工在首饰领域中的霸主，让人们看到了马歇尔·托尔可夫斯基钻石比率模型的伟大。

根据托尔可夫斯基的切割比例，一粒钻石以腰圆直径为基准，各项尺寸相对腰径的百分比为：台宽比 53%，亭深比 43.1%，冠角 34.5°，冠高为 16.2%，亭角为 43.75°。这一切磨方式损耗较高，较为规则的金刚石晶体按此模型切磨损耗高达 40% 以上，平均约 46%。所以早期该琢型并不受切割师们推崇。但在美国宝石学院等机构的倡导下，市场最终选择了这种亮、火、闪协调统一的琢型。钻石切工的评价也在此模型基础上逐步完善形成详细的评价体系。

对钻石切工的评价需要测量各个长度量与角度然后计算各个长度量与腰围直径的比值。

早期各个量值的测量都是用机械量具手动测量，比如台宽是用台面量尺测量的。这种测量方式不确定度较大且效率很低。后来 GIA 等钻石分级机构利用物体尺寸放大比例不变、角度不变的原理，开拓了投影测量的方式，大大提高了测量效率与精密度。20 世纪后期，以色列的一些机构将军工技术民用化，在投影测量的基础上，采用了自动化程序，极大地提高了测量效率，精密度已经可以与三维立体扫描技术相媲美。

随着测量技术的提高，切工分级的内容更加精细，一些影响钻石火彩和闪烁的参数被纳入到了评价体系。由此老一代的手动投影比例仪被彻底淘汰。钻石分级切工项目的评价已完全依赖自动化设备，几乎不再存在人为误差。

同样是来自以色列的机构，在 2000 年左右，发明了专门评价钻石火彩、并兼顾闪烁评价的设备，这使得原本只能依赖人眼感知的“亮、火、闪”项目，开启了评价程序，从一开始就采用了自动化设备而避免人眼的主观性。

如今的钻石分级实验室检测人员，已不需要接受有关钻石长度量、角度测量的专业培训了。要进行切工比率评价，只要做好一名计算机操作人员就足够了。但是，对处于钻石流通中的诸多环节的人来说，掌握钻石比率的目估法非常重要。毕竟实验室的设备是没有办法带到交易台上的。

第二节 实验室切工比率的测量与评价

一般来说，实验室对钻石切工比率的测量，除钻石直径和全深尺寸应使用精密卡尺测量外，其他参数都使用比率测量仪测量。但是，随着测量仪器的自动化发展，各项比率值往往采用自动化测量仪给出的结果，因此，作为比率参照基础的腰直径，手动测量已无实际意义，何况自动测量仪也可以给出腰围尺寸。因此，当前各实验室对于标准圆钻型琢型比率的测量，几乎完全采纳自动化比率测量仪的数据。

目前国际上常用的自动化比率测量仪多数是采用投影成像的原理进行测量。其基本测量过程是以钻石中各个刻面交点为测量基准点，以钻石台面为水平面，钻石沿平行水平面方向旋转时对钻石进行投影，通过成像技术对各个测量基准点的影像定位，按照比率的定义，各定位点间的连线与腰面直径的比值、定位点连线在水平面上投影的比值以及定位点间连线的角度关系，通过设定的数学算法，获得钻石切工的各个比率值，包括比率级别涉及的参数和对称性级别涉及的可测性参数。

实验室可以根据切工比率评价参数体系，在自动化测量仪软件中设置各项参数数值范围对应的比率级别。这样某颗钻石比率测量完成时，软件不但可以给出各项比率参数的数值，还会给出在可测性比率参数对应的评价级别，实验室综合对底尖（底小面）、剔磨刷磨的观测情况，以及计算的超重比率，综合得出钻石的比率级别。

如果自动化测量比率仪不能针对各项参数给出对应的评价级别，则需要人工对照钻石切工“比率分级表”——如表 10-1 所示，对钻石分级体系涉及的各项参数进行分级。根据切工评价体系，首先应关注钻石的台宽比，根据台宽比的数值选择对应的比率分级表格，然后按照表格中给出的各个参数的级别划分范围，确定各个测量值对应的比率级别，结合超重比例对应的比率级别，考虑剔磨刷磨给比率级别可能带来的影响，给定钻石切工比率级别。

表 10-1　中国钻石分级体系切工比率分级表

（节选台宽比为 50% 和 53% 分别对应的表格）

台宽比 =50%

	差	一般	好	很好	好	一般	差
冠角（α）°	<20.0	20.0~21.6	21.8~26.0	26.2~36.2	36.4~37.8	38.0~41.4	>41.4
亭角（β）°	<37.4	37.4~38.4	38.6~39.6	39.8~42.4	42.6~43.0	43.2~44.0	>44.0
冠高比 %	<7.0	7.0~8.5	9.0~10.0	10.5~18.0	18.5~19.5	20.0~21.0	>21.0
亭深比 %	<38.0	38.0~39.5	40.0~41.0	41.5~45.0	45.5~46.5	47.0~48.0	>48.0
腰厚比 %	——	——	<2.0	2.0~5.5	6.0~7.5	8.0~10.5	>10.5
腰厚	——	——	极薄	很薄 ~ 厚	很厚	极厚	极厚
底尖大小 %	——	——	——	<2.0	2.0~4.0	>4.0	——
全深比 %	<50.9	50.9~59.0	59.1~61.0	61.1~64.5	64.6~66.9	67.0~70.9	>70.9
α+β°	——	<65.0	65.0~68.6	68.8~79.4	79.6~80.0	>80.0	——
星刻面长度比 %	——	——	<40	40~70	>70	——	——
下腰面长度比 %	——	——	<65	65~90	>90	——	——

台宽比 =53%

	差	一般	好	很好	极好	很好	好	一般	差
冠角（α）°	<20.0	20.0~21.6	21.8~26.0	26.2~31.0	31.2~36.0	36.2~37.6	37.8~39.0	39.2~41.4	>41.4
亭角（β）°	<37.4	37.4~38.4	38.6~39.6	39.8~40.4	40.6~41.8	42.0~42.4	42.6~43.0	43.2~44.0	>44.0
冠高比 %	<7.0	7.0~8.5	9.0~10.0	10.5~11.5	12.0~17.0	17.5~18.0	18.5~19.5	20.0~21.0	>21.0
亭深比 %	<38.0	38.0~39.5	40.0~41.0	41.5~42.0	42.5~44.5	45.0	45.5~46.5	47.0~48.0	>48.0
腰厚比 %	——	——	<2.0	2.0	2.5~4.5	5.0~5.5	6.0~7.5	8.0~10.5	>10.5
腰厚	——	——	极薄	很薄	薄 ~ 稍厚	厚	很厚	极厚	极厚
底尖大小 %	——	——	——	——	<1.0	1.0~1.9	2.0~4.0	>4.0	——
全深比 %	<50.9	50.9~58.0	58.1~60.3	60.4~61.3	61.4~63.2	63.3~64.5	64.6~66.9	67.0~70.9	>70.9
α+β°	——	<65.0	65.0~68.6	68.8~72.8	73.0~77.0	77.2~79.4	79.6~80.0	>80.0	——
星刻面长度比 %	——	——	<40	40	45~65	70	>70	——	——
下腰面长度比 %	——	——	<65	65	70~85	90	>90	——	——

第三节　钻石台宽比的估算

钻石的台面通常是钻石表面上最大的一个刻面，也是最明显的一个刻面。对于标准圆钻型钻石而言，这个八角形的刻面直接影响了钻石的亮度、火彩和闪烁。其他比例恰当的前提下，台面越小火彩越好，台面越大亮度越高。而对于一粒毛坯而言，设计台面的大小，往往关乎钻石的克拉质量。对于镶嵌好的首饰而言，人们会从台面的大小上来体察钻石的大小，即人们常常会有这样感觉：首饰上的钻石台面大就意味着钻石更大。因此，台面就是钻石的脸面。所以，不借助测量工具对切工比率的估算，首先要估算台面比率。

台宽比是台面直径相对于腰围直径的百分比。台面宽度即台面八边形对角线的长度，相当于车钻磨圆毛坯时台面圆的直径（图 10-8）。

图 10–8　台面宽度（蓝线）与腰围直径（黑线）的关系

对于台宽比的估算方法有多种，最直接的方法就是估计台面半径与腰围半径的比率，显然，这种直接目测估算法不容易。对于较大颗粒的钻石而言，调整钻石角度，让视线垂直于台面，如果底尖恰好在台面正下方，则可以用细针测量后计算，即先测量底尖在台面投影到八面形顶角的距离，再测量腰围半径，通过计算获得台宽比。这样得到的数值相对比较准确。当遇到视线垂直台面而底尖不在台面中心时，尽管有些偏差，但仍可以采用这种方法测算，前提是摆动钻石优先将底尖调整到台面正中央（此时不要求视线与台面或腰面垂直）。

相对来说，比较常用的台宽比目估方法有两种，一种是弧度法、一种是线段比例法。

一、弧度法目估台宽比

所谓的弧度法，是将钻石台面八边形连同8个星小面一起，看作是两个正方形的对称叠加，

图 10–9　台宽比 53% 正方形边线明显内凹

图 10–10　台宽比 58% 正方形边线稍微内凹

图 10–11　台宽比 60% 两正方形边线近乎直线

图 10–12　台宽比 63% 正方形边线稍微外阔（台宽比 ≥ 63，比率级别无 Ex）

图 10–13　台宽比 66% 正方形边线明显外阔

通过对这两个正方形边线弧度的判断来估算台宽比的方法（如图 10–9 至图 10–13 所示）。

注意，若正方形的边曲向性不一致，如有的内凹，有的外阔，不妨各顾一边，单独估算，然后取平均值。

该方法较为准确，也不必担心底尖偏心带来的偏差。但需要注意，该方法适合星面长度（Star Facet Length，SL，星面三角形的高在水平面的投影）与上腰面长度（Upper Girdle Facet Length，UL 上腰面共用边在水平面的投影）相当（SL=UL）的情形。当两者不等长时，应对台宽比进行修正。修正幅度大约加减 1%~6%。当 SL ≥ 2UL 时，台宽比在弧度法的基础上加 6%；当 UL ≥ 2SL 时，台宽比在弧度法的基础上减 6%。

二、比例法目估台宽比

如果钻石对称性良好，将钻石底尖调整到台面正中央，观察底尖与八面形边距在水平面

图 10–14　台宽比 54%，BA=AC

图 10–15　台宽比 60%：BA=1.25AC

图 10–16　台宽比 65%：BA=1.5AC，此时比率的最佳级别为“很好（VG）”

的投影（图 10–14 至图 10–16 所示）BA 跟八边形边到腰边距离在水平面的投影 AC 之间的比例关系，从而估算台宽比。

当 BA=1.75AC 时台宽比为 69%，对应的最佳比率级别为“好（G）”；

当 BA=2AC 时，台宽比为 72%，一般比较少见，对应的最佳比率级别为“一般（F）”。

该方法最大的缺点就是初学者常常会受 AC 区间斜线的干扰，导致将斜的 AC 间距错误地当成了投影，所以往往估算的台宽比偏小。

还有容易造成干扰的就是底尖偏心情况。可在实际操作中将底尖调整到台面中心点，理由是台面偏心是由于亭部不对称造成的，而与冠部估算干扰不大。

上述两种方法估算台宽比各有利弊，在上述给出的数据点情况下准确度较高，但每种方法估出的比值间隔较大，因此日常观测时建议两种方法穿插使用，以提高精准度。

两种方法相互结合的另一个好处是，可以分别采用一种方法估算，并取平均值，这样可以大大提高精准度，特别是在对弧度法做了修正后的数值再与比例法获得的数值取平均值，与仪器测量数值的偏差往往可以控制在 1% 内，一般不会超过 2%。

第四节 钻石亭深比的估算

在托尔可夫斯基设计的标准圆钻型切工中，比例恰当的亭深非常重要，它能保障来自冠部的入射光线进入钻石经过内部全反射后返回冠部，既保证了冠部的内亮度，也增强火彩效果。因此在不具备仪器化比率测试条件的情况下，通过目估对亭深做出判断，大致识别钻石的比率情况，对于挑选优质切工钻石非常重要。

亭深比是指钻石底尖或底小面到腰面的距离与腰围直径的百分比。

根据经验，借助 10 倍放大镜观察台面在亭部的影像，可对亭深比做出估算。如图 10-17、图 10-18 所示，以底尖为圆心：

当影像半径占台面半径的 1/3 时，亭深比约为 43%；

当影像半径占台面半径的 1/2 时，亭深比约为 44.5%；

当影像半径占台面半径的 2/3 时，亭深比约为 45.5%；

而当台面影像占满台面面积时，亭深比不低于 49%。

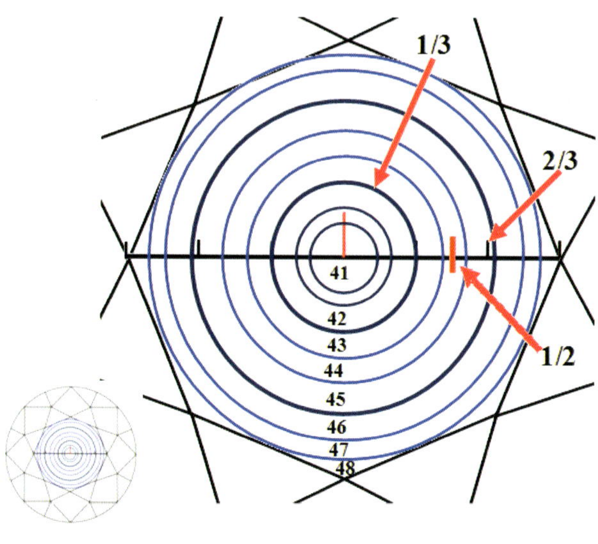

图 10-17 台面影像大小与亭深比关系示意图（冠部全貌图与台面放大图）

亭深比 41%：影像仅有 1/6 直径

亭深比 43%：影像占台面直径的 1/3

亭深比 44.5%：影像占台面直径的 1/2

亭深比 45.5%：台面影像占台面直径的 2/3

图 10–18

当亭深较浅或者较深的时候，很大一部分从冠部入射的光线在亭部被漏掉而会导致钻石内亮度降低，特别是亭部较深，亭深比超过 49% 的时候，从冠部观察亭部几乎无光亮而呈暗区，甚至暗区会扩大到星面区域，这种现象叫作“黑底效应”；而当亭深比较浅，比如低于 39% 时，从冠部观察钻石，台面下亭部刻面上可见腰围区的影像，当钻石具有粗磨腰时，白色的腰围影像与较暗的底尖、明亮的冠部斜面共同组成鱼眼形貌，被称为鱼眼效应。如图 10–19 所示。

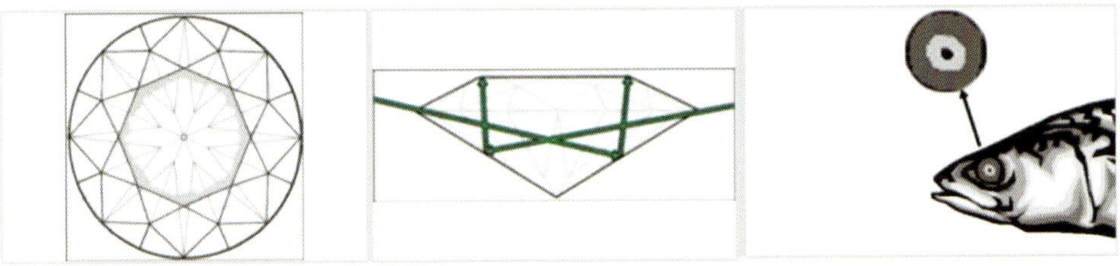

亭深低于 39% 钻石可能台面呈现鱼眼状效果——鱼眼效应

图 10–19

很显然，通过台面影像圈层占台面径向比例的方法来估算亭深比时，一定要注意首先将底尖调整到台面投影的正中央。否则容易出现注意力集中在单侧半径比例上而导致估算偏差过大的情况。

第五节 钻石冠角的估算

冠角是风筝面与腰面间的夹角。钻石加工过程中，一旦腰围和台面确定下来，冠角的大小就决定了冠部斜面面积的大小。冠角越大，斜面面积就越小，同时台面就越大。基于台面大小和冠部斜面大小对钻石亮度和火彩的重要影响，在钻石挑选过程中，冠角是应该估算的比率参数之一。

冠角的估算有直接估算法和间接估算法。直接估算法即在参照物的比照下，直接观风筝面与腰围夹角的方式。而间接估算法是通过亭部主面在冠部的表现，推算冠角的方法。

一、直接估算冠角

直接目估就是将视线经由腰圆所在平面，将钻石的腰看作一条直线，直接估算同样呈透视直线的风筝面与腰线夹角。为了提高准确率，可借助镊子、长针、刀片、薄尺等工具，构建腰线与工具组成的直角，以作为角度参比（如图 10–20、图 10–21）。

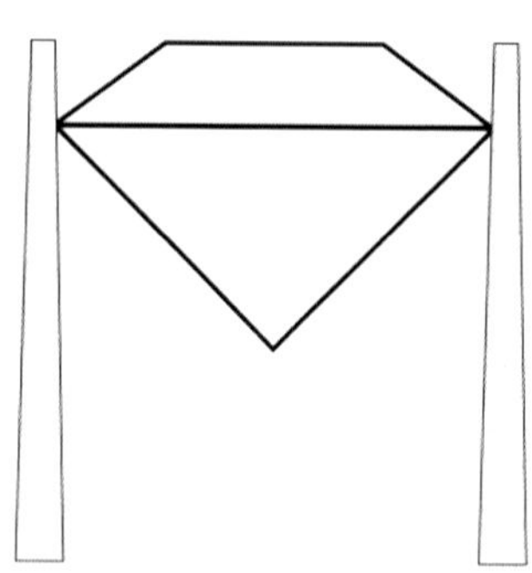

图 10–20 镊子与钻石腰线呈直角

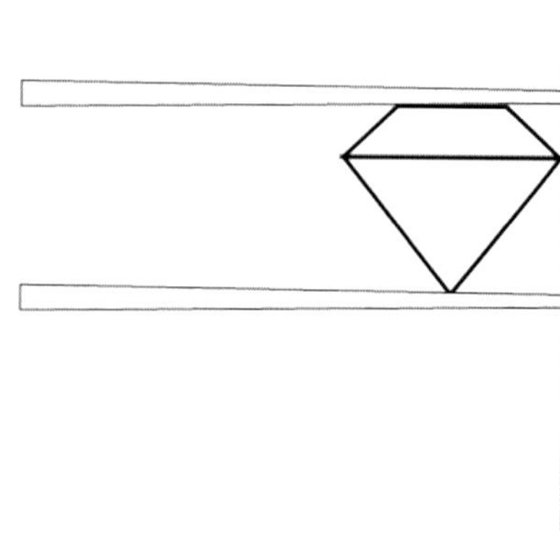

图 10–21 钻石腰线与薄尺呈直角

为了形成对角度大小的感知力，可在经常观察半圆形量角尺（半圆仪）中 20°～40° 角以及这一区域内各角度与直角的关系。特别应对 30° 角（直角的 1/3）和 45° 角（直角的 1/2）形成深刻印象。

一般来说，观测到钻石的冠角小于直角的 1/3，那么冠角大约为 25° 左右；观测到的冠角大于直角的 1/3，小于直角的 1/2，那么冠角通常为 34° 左右。

需注意的是，冠角是风筝面与腰面夹角，勿将腰面共棱与腰面的夹角当冠角。区分点在于钻石侧视图自腰围到台面的透视冠角线是直线，而其他自腰围到台面的透视线为折线。

二、间接估算冠角——八箭比例法

利用亭部主刻面在冠部主刻面顶端的影像比例来估算冠角，如图 10–22 所示，即根据箭杆前端尺寸（A）与箭头最宽部位的尺寸（B）的对比关系，结合台面大小对该比率的影响，综合推断冠角大小。

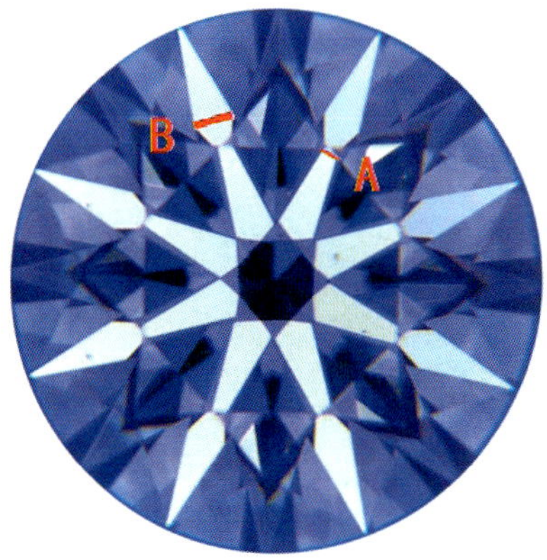

图 10–22　借助箭杆顶端尺寸与箭头最宽尺寸的对比，结合台宽比估测冠角

一般来说，台宽比相同，冠角越小，A、B 差距越小，甚至，A、B 之间较为连续，没有了箭杆与箭头的概念，而是形成长锐角从台面延续到风筝面抵达腰围，这种情况下冠角一般为 25° 左右。

当台宽比为 54% 时：

若 A：B=1：1.3，冠角为 20°；

若 A：B=1：1.5，冠角为 25°；

若 A：B=1：1.7，冠角为 30°；

若 A：B=1：2.0，冠角为 32°。

当台宽比为 56% 时：

若 A：B=1：1.3，冠角为 20°；

若 A：B=1：1.5，冠角为 25°；

若 A：B=1：1.7，冠角为 30°；

若 A：B=1：2.0，冠角为 33°。

当台宽比为 60% 时（如图 10–23 所示）：

若 A：B=1：1.3，冠角为 20°；

若 A：B=1：1.5，冠角为 25°；

若 A：B=1：1.7，冠角为 30°；

若 A：B=1：2.0，冠角为 35°。

当台宽比为 66% 时：

若 A：B=1：1.4，冠角为 20°；

若 A：B=1：1.5，冠角为 25°；

若 A：B=1：1.8，冠角为 30°；

若 A：B=1：2.1，冠角为 35°。

当台宽比为 70% 时：

若 A：B=1：1.4，冠角为 20°；

若 A：B=1：1.6，冠角为 25°；

若 A：B=1：1.8，冠角为 30°；

若 A：B=1：2.1，冠角为 35°；

若 A：B=1：2.5，冠角为 40°。

当钻石对称性存在偏差，各支箭的尺寸存在偏差时，应分别估算冠角后取平均值。

冠角 33.5°　台宽比 61%

冠角 37.5°　台宽比 61%

冠角 39.5°　台宽比 61%

冠角 40.0°　台宽比 60%

图 10–23　台宽比相同冠角不同引起的箭头与箭杆顶部宽度对比差异。（右下图，风筝面可见底尖影像，冠角较大，约 40°）

冠角 37.5°　台宽比 54%　　冠角 37.5°　台宽比 60%　　冠角 37.5°　台宽比 64%

图 10–24　相同冠角 37.5° 在不同台宽比下亭部刻面影像不同

而冠角相同时，台宽比不同，A 和 B 的对比差异较大（图 10–24），因此估算冠角前首先应该估算台宽比。

显然，这种借助在冠部观察亭部主面影像而间接估算冠角的方法并不容易。因此，在实际中，训练侧视钻石，直接估算冠角或许更为准确。

第六节　切工比率估算值的评价

就各项参数来说，估算值的准确性并不相同，在方法正确的情况下，根据经验，台宽比的估算值和测量值之间的偏差可以不超过 1%，而亭深比的估算值与测量值偏差也不超过 1%，熟练的话，偏差往往可以控制在 0.5% 以内，而冠角的偏差相对较大，估算值常常围绕测量值上下 2° 浮动。但总体来说，依据这三个参数，基本可以对钻石的切工比率做出大致评价。

根据美国宝石学院的钻石分级切工比率评价体系，台宽比、冠角、亭深比对比率等级的影响大致见表 10–2a、b 所示。中国的钻石分级切工评价体系针对 GIA 的规则作了适合中国特色的调整，但差别不大。

表 10–2a　台宽比、亭深对比率级别的影响

台宽 %	亭深比（%）															
台宽 %	差	一般		好		很好		极好		很好		好		一般		差
	P	F–	F+	G–	G+	VG–	VG+	Ex–	Ex+	VG–	VG+	G–	G+	F–	F+	P
44–49	<38	38	——	——	——	——	——	——	——	——	——	——	——	——	48	>48
50	<38	38	39.5	40	41	41.5	——	——	——	——	45	45.5	46.5	47	48	>48
51	<38	38	39.5	40	41	41.5	——	——	——	——	45	45.5	46.5	47	48	>48
52	<38	38	39.5	40	41	41.5	42	42.5	44.5	45	45	45.5	46.5	47	48	>48
53	<38	38	39.5	40	41	41.5	42	42.5	44.5	45	45	45.5	46.5	47	48	>48
54	<38	38	39.5	40	41	41.5	42	42.5	44.5	45	45	45.5	46.5	47	48	>48
55	<38	38	39.5	40	41	41.5	42	42.5	44.5	45	45	45.5	46.5	47	48	>48
56	<38	38	39.5	40	41	41.5	42	42.5	44.5	45	45	45.5	46.5	47	48	>48

57	<38	38	39.5	40	41	41.5	42	42.5	44.5	45	45	45.5	46.5	47	48	>48
58	<38	38	39.5	40	41	41.5	42	42.5	44.5	45	45	45.5	46.5	47	48	>48
59	<38	38	39.5	40	41.5	42	42	42.5	44.5	45	45	45.5	46.5	47	48	>48
60	<38	38	39.5	40	41.5	42	42	42.5	44.5	45	45	45.5	46.5	47	48	>48
61	<38	38	40	40.5	41.5	42	42	42.5	44.5	45	45	45.5	46.5	47	48	>48
62	<38	38	40.5	41	41.5	42	42	42.5	44.5	45	45	45.5	46.5	47	48	>48
63	<38	38	40	40.5	42	42.5	——	——	——	——	45	45.5	46.5	47	48	>48
64	<38	38	40.5	41	42.5	43	——	——	——	——	45	45.5	46.5	47	48	>48
65	<38	38	41	41.5	42.5	43	——	——	——	——	45	45.5	46.5	47	48	>48
66	<38	38	41	41.5	42.5	43	——	——	——	——	45	45.5	46.5	47	48	>48
67	<38	38	41	41.5	——	——	——	——	——	——	——	——	46.5	47	48	>48
68	<38	38	41.5	42	——	——	——	——	——	——	——	——	46.5	47	48	>48
69	<38	38	42	42.5	——	——	——	——	——	——	——	——	46.5	47	48	>48
70	<38	38	42	42.5	——	——	——	——	——	——	——	——	46.5	47	48	>48
71—72	<38	38	——	——	——	——	——	——	——	——	——	——	——	——	48	>48
平均值	<38	38	40	40.5	41.5	42	42	42.5	44.5	45	45	45.5	46.5	47	48	>48
推荐值	<38	38~40		40.5~41.5		42=42		42.5~44.5		45=45		45.5~46.5		47~48		>48
台宽%	差	一般		好		很好		极好		很好		好		一般		差

表 10—2b　台宽比、冠角对比率级别的影响

	冠角（°）															
台宽%	差	一般		好		很好		极好		很好		好		一般		差
	P	F—	F+	G—	G+	VG—	VG+	Ex—	Ex+	VG—	VG+	G—	G+	F—	F+	P
44—49	<20	20	——	——	——	——	——	——	——	——	——	——	——	——	41.4	>41.4
50	<20	20	21.6	21.8	26	26.2	——	——	——	——	36.2	36.4	37.8	38	41.4	>41.4
51	<20	20	21.6	21.8	26	26.2	——	——	——	——	36.6	36.8	38	38.2	41.4	>41.4
52	<20	20	21.6	21.8	26	26.2	31	31.2	36	36.2	37.2	37.4	38.6	38.8	41.4	>41.4
53	<20	20	21.6	21.8	26	26.2	31	31.2	36	36.2	37.6	37.8	39	39.2	41.4	>41.4
54	<20	20	21.6	21.8	26	26.2	31	31.2	36	36.2	38.2	38.4	39.6	39.8	41.4	>41.4
55	<20	20	21.6	21.8	26	26.2	31	31.2	36	36.2	38.8	39	40	40.2	41.4	>41.4
56	<20	20	21.6	21.8	26	26.2	31	31.2	36	36.2	38.8	39	40	40.2	41.4	>41.4
57	<20	20	22	22.2	26	26.2	31	31.2	36	36.2	38.8	39	40	40.2	41.4	>41.4
58	<20	20	22.6	22.8	26	26.2	31	31.2	36	36.2	38.2	38.4	40	40.2	41.4	>41.4
59	<20	20	23	23.2	26.6	26.8	31	31.2	36	36.2	38.2	38.4	40	40.2	41.4	>41.4
60	<20	20	23.6	23.8	27	27.2	31	31.2	35.8	36	37.6	37.8	40	40.2	41.4	>41.4
61	<20	20	24	24.2	27.6	27.8	32	32.2	35.6	35.8	37.6	37.8	40	40.2	41.4	>41.4
62	<20	20	24.6	24.8	28	28.2	32.6	32.8	35	35.2	36.8	37	40	40.2	41.4	>41.4
63	<20	20	25	25.2	28.6	28.8	——	——	——	——	36.2	36.4	40	40.2	41.4	>41.4
64	<20	20	25.8	26	29.8	30	——	——	——	——	35.8	36	40	40.2	41.4	>41.4
65	<20	20	26.8	27	30.4	30.6	——	——	——	——	35	35.2	40	40.2	41.4	>41.4
66	<22	22	27	27.2	31.4	31.6	——	——	——	——	34.4	34.6	40	40.2	41.4	>41.4
67	<22	22	27.6	27.8	——	——	——	——	——	——	——	——	40	40.2	41.4	>41.4
68	<23	23	28.6	28.8	——	——	——	——	——	——	——	——	40	40.2	41.4	>41.4
69	<24	24	29	29.2	——	——	——	——	——	——	——	——	40	40.2	41.4	>41.4
70	<24	24	29	29.2		——	——	——	——	——	——	——	40	40.2	41.4	>41.4
71—72	<24	24	——	——	——	——	——	——	——	——	——	——	——	——	41.4	>41.4
中位值	<22	22	25.4	25.6	28.6	28.8	31.8	32	35.6	35.8	35.4	35.6	38.8	39.2	41.4	>41.4
推荐值	<22	22~25.4		25.6~28.6		28.8~31.8		32~35.6		35.8~35.4		35.6~38.8		40~41.4		>41.4
台宽%	差	一般		好		很好		极好		很好		好		一般		差

根据表 10-2，比率级别为“极好”的台宽比范围不出于 52%~62%，“很好”的范围不出于 50%~51% 和 63%~66%，“好”的范围不出于 67%~70%，49% 以下或 71% 以上则意味着切工较差。尽管表格中的推荐值与严谨的自动测量评价体系中的相关比率数值不完全相符，但是，在钻石采购过程中，能够按照表格推荐值对钻石比率进行评价，完全能够满足交易需要。

第七节 关于切工目估评价的其他内容

一、腰部厚度评估

一般情况下，钻石腰部厚度对钻石整体美感影响不大。但过厚的腰围与过薄的腰围对钻石有些负面影响。

腰围过薄或者局部过薄，容易形成刀刃腰。对于脆性较大的钻石而言，刀刃部位显然在外力作用下容易破碎，特别是腰围区，在镶嵌过程中不可避免要受到钳子等工具的挤压，腰围太薄增大了未来钻石损伤的风险。

钻石腰围是钻石整体直径最大的部位，厚度的差异会导致克拉质量的明显差别，换句话说，同等克拉的钻石，腰厚就意味着直径较小，一些腰围过厚的整克拉钻，从腰围直径估算，看起来只有 90 分的感觉。同样的原因，定制的标准 1 克拉钻石的首饰托架，如果提供的 1 克拉钻石腰围太厚，会造成卡持钻石的槽位过大，必须对槽位做出相应的调整，甚至有时会造成槽位与钻石大小不协调的情况，影响首饰整体美观。

一般来说，对于小于 1 克拉的钻石，腰厚在 0.1~0.2mm 较为理想；对于大于 3 克拉的钻石，腰厚在 0.3~0.5mm 为佳。大多数情况来说，腰厚比为 2.5%~4.5% 最为理想。如图 10-25 所示，钻石切工比率评价的腰厚，不是指上腰面与下腰面弧线间的最小距离（A 或 A’），而是风筝面与亭部主面腰部顶点的距离（B 或 B’）。

腰围无论是粗磨腰还是抛光腰或刻面腰，基本不影响对腰厚的评估。因为肉眼或借助

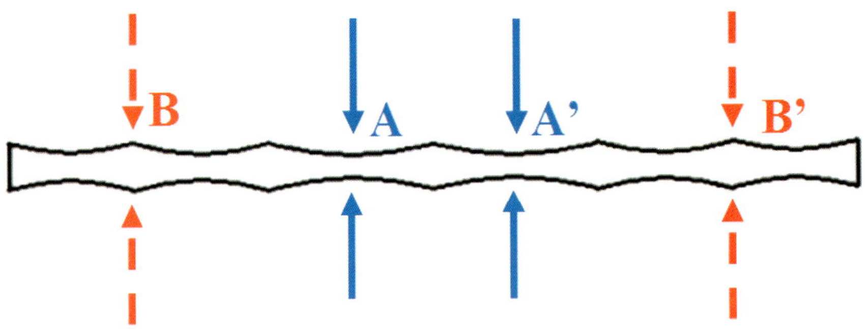

图 10-25 钻石腰围示意图

10 倍放大镜对腰厚评估主要是对图 10–25 中包括 A、B 在内的冠部底部与亭部顶部的整体感观。

一般来说，在 10 倍放大镜下眼睛无法感觉出冠部底端与亭部顶端的宽窄距离，意味着腰围太薄；在 10 倍放大镜下，腰围如一条细线，而仅凭肉眼能感觉到细线的存在，则意味着腰薄；而 10 倍镜下可明显识别到图 10–25 中 A、B 的差异，肉眼可识别到腰线，则腰厚适中，较为理想；肉眼可识别到腰围呈轨道状的双线，则意味着腰围稍厚，但也较为理想；对于抛光腰来说，当肉眼能感觉到腰围反光弧面时，意味着腰较厚；而肉眼能感觉到腰围圆柱面的时候，说明腰围很厚。

对于切工评价涉及腰围的项目还有对称性，影响对称性的腰围因素主要是腰围不圆、腰厚不均、锥状腰。腰围圆度观测的操作要点是把握视线与台面垂直并通过底尖的要求，即 10 倍放大镜下，视线垂直于台面并让底尖位于视域中心。这种情况下腰围不圆达到 0.5%，人眼即可识别。当然腰围圆度可借助便携式卡尺进行测量，这种卡尺在很多钻石交易场所都是必备的。所谓的腰厚不均，即图 10–25 中 A 与 A’ 及 B 或 B’ 不相等。需要关注的是个别部位特别薄的情况，即腰围局部存在“刀刃”，这种刀刃位置应做出标记以提醒镶嵌师傅。所谓锥状腰主要是腰围非圆柱形，柱面倾斜呈锥面。这种情形容易造成漏光，对镶嵌也有一定的影响。

二、底小面大小的评估

当前标准圆钻型切工钻石留有底小面的情况较少。因此该项目的评估意义不大。常见的情况是无底小面，即底部为尖，或底尖磨损。前者属于切工范畴，后者属于净度特征。

钻石切工比率自动测量仪常常对底尖识别不准确。在无底小面的情况下，钻石切工比率仪经常会给出小于 0.5% 的数值。尽管这一数值对钻石比率级别的评价几乎无影响，但底部为尖的时候，底小面比应该为 0。

所谓的底小面，是指钻石亭部尖锐部位人为故意抛磨呈平面的情况。对于标准圆钻型琢型，底小面是一个小八边形。底尖磨损有时形态类似八边形，但不能称呼为底小面。

底小面过大会导致钻石有漏光现象。虽然理论上底小面越小越好，但是越小的底小面甚至无底小面时，底尖容易磨损或破损。对于大颗粒钻石而言，较小的底小面是理想情形。

一般来说，10 倍放大镜观测到亭部主刻面汇集于一点，称为无底小面，这种情况常被称为底尖。10 倍放大镜难以识别底小面的轮廓，属于极小的底小面；10 放大镜可识别八边形轮廓则意味着底小面中等大小；10 倍放大镜明显可见八边形，肉眼可识别底面的存在，意味着底小面较大；肉眼可见八边形轮廓时，说明底小面很大；透过底小面可见钻石对面物体的轮廓，则意味着底面极大（图 10–26）。

图 10–26 著名的维特尔斯巴赫（Wittelsbach）钻石有着“巨大”的底面
（2008 年格拉芙钻石公司耗资 1640 万英镑，合计 2340 美元，从佳士得拍得这粒 35.56 克拉的艳彩级深灰蓝色钻石。由于钻石腰薄而易损，历经多个世纪且经过多次镶嵌后，腰边出现了小的缺口，净度为 VS1。格拉芙得手后对其进行重新切磨，重量变成了 31.06 克拉，GIA 对其进行重新分级，颜色变成了更受人追捧的艳彩级深蓝色——Fancy Deep Blue，净度更是提高到了惊艳的内部无瑕级——IF。承蒙 Henry Hanni 教授供图。）

三、修饰度评价

随着钻石切工自动测量仪精度的提高，未来关于钻石对称性的很多参数将借助测量仪客观化获得。对于不可测因素而言，无论是在实验室还是在交易场所，对称性和抛光情况都是通过肉眼观察或借助 10 倍放大镜对钻石细磨、抛光结果的现象给出主观结论。

观测这些现象，相对比较简单，并且影响修饰度级别的因素已经直观地描述了各种现象。因此此处不再赘述。仅就一些观测技巧予以说明。

关于对称性的观察，观测角度是重点。冠部正面观察应让视线垂直于腰面；侧面观察时，应尽量让钻石腰面趋于呈一线；观察细部刻面对接关系时，视线垂直棱线所在面。对于抛光细节的观察，则需要透过钻石看对面——比如观察亭部刻面的抛光纹、粘杆烧痕或抛光热烧痕，则需要视线穿过台面去看。

当前，对圆钻型钻石对称性评价最简洁的方式就是用“八心八箭观测镜”查看钻石是否具有八心八箭现象。这种观测镜是由日本的一家钻石切磨厂发明的，有着长久的使用历史，本意就是用于检查钻石的对称性是否达标，以此作为对切磨师加工技艺的评价和计算切磨师业绩水平的依据。这种观测镜的发明还有一个小故事。有一天，工厂厂长可爱的幼儿在摆弄这个工具观察钻石时，对镜中观察到的如同万花筒似的图案产生了浓厚的兴趣，这个天真、好奇、极富想象力的孩童在脑子里显现出了心和箭的形象，于是兴奋地向父亲说出了自己的发现，极具商业意识的厂长立刻想到了浪漫的“丘比特之箭”，“丘比特钻石”的理念迅速在钻石界得到了响应和热炒。而“丘比特镜”从钻石产业的初始环节瞬间跳跃到市场终端，让人们一度误以为它是专为推广“爱神丘比特”理念而设计的。

可以说，观测到八心八箭现象的圆钻型钻石，其对称性都非常好。

四、花式琢型的切工评价

尽管目前世界上有研究机构开始尝试建立花式切割钻石的比率评价体系，但并未有机构正式推出。因此花式切工的比率一般不做评价，仅对三维方向进行尺寸测量。所使用的工具与标准圆钻型切工钻石尺寸测量一样，都是借助较为精确的游标卡尺。所测量的部位一般选择腰面的横向径向（长）和纵向径向（宽）和垂直腰面的最大径向（高）。因此一般花式琢型的尺寸表达为：

长（mm）× 宽（mm）× 高（mm）

而对于不太容易确定长和宽的琢型，通常将镜像对称轴方向作为长的方向，而与之垂直的腰面上的最大尺寸作为宽。当然非常特殊的琢型可附注素描图来表达尺寸测量的部位。

花式琢型的修饰度评价参照标准圆钻型修饰度的评价方法。

第八节　钻石的质量

钻石的质量看起来是一个用衡器称量的客观值，它在 4C 中最能体现钻石的稀少性，给人带来的情绪感动也是最显著的。这一点从钻石的定价规则中也有非常直观的体现。钻石越大越稀有，价值递增率越大。所有令世界瞩目的著名钻石，在其所属的颜色系列中，超大的质量是其跻身珍宝行列最显耀的资本。

从钻石的应用历史中，关于钻石的质量，绝不是用天平称一称就能解决所有与质量有关的问题。

一、钻石质量单位

钻石的质量单位起源于特殊材质的“砝码”，即天平上作为质量标准的物体。最初，钻石行业一度流行用生长在地中海沿岸的角豆树种子作为其质量称量的砝码。说到地中海，要知道威尼斯正是地处地中海的最北端，从钻石质量单位的选用上，也可以看出历史上钻石从印度运往欧洲的通道上，威尼斯的枢纽地位是何等重要。

角豆树，英文名称为 Carob，它成熟的干种子质量较为稳定，即每一粒的质量几乎一样。中世纪（公元 476 到公元 1457）初，威尼斯珠宝商开始用这种树种子作为称量钻石质量的天平的砝码。一个质量单位就被称为“Carat”，简写“ct”。后来，克拉逐步成为包括钻石在内的大多数宝石的质量单位。

1983 年，成都地质学院（现成都理工大学）陶正章先生进行了具体考证研究，证实克拉作为质量单位起源于地中海地区角豆树的种子——稻子豆（Carobseed），这种树种子质量多在 200 毫克左右，与有人所说的阿比西尼亚刺槐、布鲁斯刺桐以及槐树豆的质量无关。

需要注意的是，古时候的克拉与现今克拉并不相等。一般认为旧制克拉（old carats）大约相当于205毫克（并非精确的205毫克）。

根据考证从1907年国际才商定克拉为宝石计量单位，从此克拉制度趋于标准化，1913年是两种克拉制度的分界线，即1913年以后，业界不光采纳了克拉作为计量单位，而且基本上都统一使用公制克拉了。

质量克拉还有其辅助单位。对于1克拉以下的钻石，口语习惯上还会用“分（Point，pt）”来作为钻石的质量单位，如0.30ct的钻石在口语中常表述为30分，记录为：30’。0.008ct~0.02ct的钻石常被表述为分钻（狭义分钻），小于1分的钻石，则使用更加精确的计量单位：厘，如0.003ct的钻石口语表述为3厘，记录为：3”。

1克拉=0.2克

1ct=0.2g

1克拉=100分=1000厘

1ct=100Point=100pt

0.01ct=1’=10”

其实“carat”被采用前，在欧洲，特别是英语语系民族中，已经有了适用于珍贵细小宝石的质量单位，它是以单颗谷粒作为天平砝码而形成的计量单位，即“Grain”——格令，简写为“gr”。尽管随着“ct”被广泛应用，宝石领域较少使用“gr”，但在欧洲一些珠宝原材料、半成品集散地，格令仍作为钻石、珍珠等少量宝石批发时的质量单位在用。

1gr=0.25ct

钻石还有一种特殊的、间接的质量表达方式，单位是粒、颗，即Piece，简写为pc，即每克拉的粒数，如33分的钻石被记为3pcs/ct，或简记为3pcs。如果大包裸石的包装袋上写着1/5或者1/3，则分别意味着该包钻石的质量规格是5pcs/ct或3pcs/ct。

二、钻石质量的称量

钻石价格非常昂贵，即便是最小的厘钻，每克拉也达到数百美元，而对于质量临界整数位的克拉钻来说，质量增加1/100克拉，价格可能增溢8%~65%。所以微小的质量差可能造成较大的价格差。因此精密测量钻石的质量非常重要。

以克为单位的天平，通常要求用分度值为万分之一克或十万分之一克。

换算成克拉为单位的数值时，应保留到小数点后2位数字；对于第三位采取“八舍九入”的方式修约，但不可针对第四位或更多位数的数字单独做出修约，以避免二次修约。如下示例：

1.008ct ≈ 1.00ct

1.009ct ≈ 1.01ct

1.0089ct ≈ 1.00ct

1.0089不可约等于1.009ct

需要注意的是，“八舍九入”的修约规则并非没有例外。比如 0.999ct，如果修约成 1.00ct，看上去符合“八舍九入”的规则，但在实际贸易中却会引起很大的争议。买家显然不愿花费 1.00 克拉钻石的价格去买一粒 0.999ct 的钻石。所以这种情况下需要协商。通常是按照 0.90~0.99ct 规格钻石的价格结算。这也就导致了临界整克拉数的钻石切磨时非常小心，必要时在腰围区设法保留重量，宁愿让切工略差，或净度略差，也要保住这 1 厘。

三、钻石质量规格划分

在实际中，没有必要把所有的具有微小质量差的钻石单粒单独包装，比如 0.30 克拉与 0.33 克拉的直径在 4.4mm~4.5mm 之间，制作首饰时完全可以用统一规格的槽口略微调整加以镶嵌，更何况，0.300 克拉与 0.308 克拉在贸易中的价格常常是等同的。

批发过程中为了提高对不同质量钻石的区分效率，通常对直径相近的钻石归为一类，基于标准圆钻型琢型钻石腰围直径与质量的相关性，这种以腰围直径为依据划分的类别，实际上是对钻石质量的粗略划分。

质量规格分类所用的工具为钻石筛（见图 10-27），它是由一系列直径相同的金属圆片构成，不同规格的圆片上面小孔的孔径不同，意味着腰围直径大于该孔径的钻石不会被筛漏。

钻石批发领域常用的钻石筛片规格孔径大小及对应的钻石质量见表 10-3 所示。

例如，如果买家想购买 3~4 分的钻石，但要求每克拉的粒数尽量多，则先使用 7.5 的筛片将混包钻石筛一次，淘汰掉筛漏的样品；剩余样品换上 8 号筛子，漏下的钻石即符合买家要求。

以小克拉钻石为主（通常 5 分 ~20 分），各种直径的钻石混合包装时，称为混包钻，即 Melee 钻石。而 1 分至 5 分各种直径混杂的钻石通常称为分钻（广义分钻）。低于 1 分不同直径的钻石混合通常称为厘钻。

混包钻用于镶嵌时，特别是多粒钻石群镶时，直径的统一协调，比质量的同一更为重要。所以对于厘钻至 Melee 钻的质量划分，借助筛子按直径归类更有实际意义。但是，筛子分类不能完全替代质量称量，因为货款结算是按照质量来计算的。

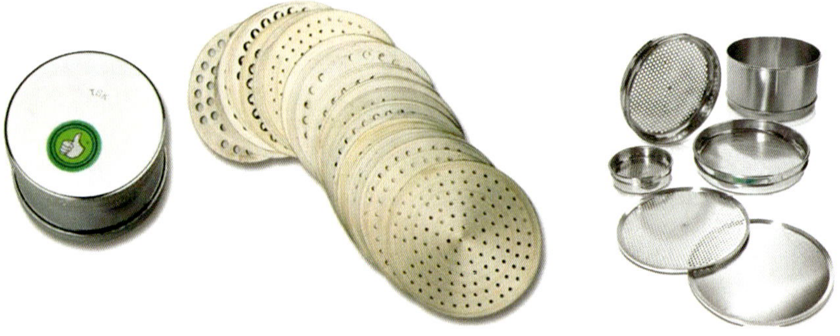

图 10-27 钻石筛

表 10–3　钻石筛与钻石质量对应表

筛片编号	直径（mm）	每克拉大约粒数 *	单粒钻石质量（分）
0	1.10	200	0.5
1	1.15	175	~
1.5	1.20	150	~
2	1.25	125	~
2.5	1.30	110/115	~
3	1.35	100	1
3.5	1.40	90	~
4	1.45	80	~
4.5	1.50	70	~
5	1.55	60	~
5.5	1.60	50	2
6	1.70	48	~
6.5	1.80	45	~
7	1.90	35	~
7.5	2.00	33	3
8	2.10	30	~
8.5	2.20	25	4
9	2.30	22	~
9.5	2.40	20	5
10	2.50	18	~
10.5	2.60	17	~
11	2.70	16	6~7
11.5	2.80	15	~
12	2.90	13	7~8
12.5	3.00	11	9
13	3.10	10	10
13.5	3.20	8/9	11
14	3.30	8	12
14.5	3.40	7.5	13
15	3.50	6.5	15
15.5	3.60	6	17
16	3.70	5.5	18
16.5	3.80	5.25	19
17	3.90	4.75	21
17.5	4.00	4.5	22
18	4.10	4.25	23
18.5	4.20	4	25
19	4.30	3.7	27
19.5	4.40	3.3	30
20	4.50	3	33
* 注：大约有 10% 的偏差			

对于较大颗粒的钻石，比如 30 分以上，通常就较少使用筛子筛分了，毕竟大宗钻石在

筛分的过程中会有相互磕碰，对钻石的净度产生一定影响。既为了批发过程中相似质量按统一单价结算，也为了便于首饰加工厂更高效地选配钻石，较大颗粒的钻石进入批发环节前，往往会按照克拉质量大致进行了规格划分。

国际著名的钻石交易所、钻石贸易信息顾问机构向业界提供有关产品参考价格时，小颗粒钻石往往就是按照直径的统一划分规格，而较大颗粒钻石才按照质量限定划分规格，然后给出具有统计意义的、可在一定范围内公开的市场行情。

国际著名钻石信息顾问人 Martin Rapport 旗下机构提供的钻石行情单，通常将钻石分成如下规格：1 分（1~3 分）、5 分（4~7 分）、10 分（8~14 分）、15 分（15~17 分）、20 分（18~22 分）、25 分（23~29 分）以及 30 分（30~39 分）、40 分（40~49 分）、50−60 分（50~69 分）、70−80 分（70~89 分）、90 分（90~99 分）、1ct（1.00~1.49ct）、1.5ct（1.50~1.99ct）、2ct（2.00~2.99ct）、3ct（3.00~3.99）、4ct（4.00~4.99）、5ct（5.00~5.99）、10ct（10.00~10.99）。30 分以下钻石的行情报价方式，体现了批发过程中筛分归类的原则。

国际上对于大颗粒钻石毛坯也有一些不成文的约定，比如将 10.80 克拉以上的钻石原石称为超大钻，对 50 克拉以上的钻石原石往往给予命名，称为名钻（有名字的钻石）。戴比尔斯对超大钻会单独展示，供看货商审查挑选，而不与其他钻石捆绑销售。

这些以质量差异对钻石进行的分类，充分体现了 4C 钻石评价体系中，质量的重要地位。

四、钻石的克拉溢价

贸易中，钻石的报价往往是以每克拉为单位的。比如说某批净度、颜色、切工相同的 10 分的钻石，报价为 5700 元，即该规格的钻石价格（单价）为 5700 元 / 克拉，这意味着单买一粒裸石需要花费 570 元，而买一粒 14 分（注意，14 分属于 10 分档，涵盖 8~14 分）裸石需要花费 798 元。同一规格中质量递增 1 分而引发的价格增加单价的百分之一的数值，被称为钻石质量价格阶梯，即本实例中钻石的质量价格阶梯为 57 元。

也就是说，相同规格的钻石单价（每克拉的价格）相同，同规格钻石质量每增加 1 分（0.01ct），单粒钻石价格增加一个质量价格阶梯；但对于净度、颜色、切工相同的质量相邻规格（比如 90 分规格和 1ct 规格）临界处，质量每增加 0.01 克拉，价格增幅不再等于较小质量规格的质量价格阶梯，而是高达该质量阶梯的数倍，甚至是该质量价格阶梯的几十倍。这种净度、颜色、切工相当，质量增加 1 分，价格增幅远超过百分之一的情形，被称为钻石克拉溢价。

比如 Rapport 提供的某份钻石行情表中，90 分 /F 色 /P3 的钻石单价是 14 百美元，所以 99 分钻石（单粒价格 13.86 百美元）比 98 分钻石（单粒 13.72）价格高一个价格阶梯为 0.14 百美元；而 1ct 相当颜色、净度和切工水平的钻石单价是 15 百美元，比 99 分钻石单粒价格高 1.14 百美元，价格增幅相当于 90 分质量价格阶梯的 8 倍多。

同样是这一期的行情单中 90 分 /D 色 /IF 的钻石单价是 145 百美元，所以 99 分钻石（单粒 143.55 百美元）比 98 分钻石（单粒 142.10 百美元）高出的质量价格阶梯是 1.45 百美元；而 1ct 相当颜色、净度和切工水平的钻石单价是 235 百美元，比 99 分钻石单粒价格高出 91.45 百美元，价格增幅相当于 90 分质量价格阶梯的 63 倍。

第十一章　钻石分级证书

中国有关文件给出了钻石分级证书的推荐性内容，这包括：证书编号、检验结论、质量、颜色级别、净度级别、切工、检验依据、签名盖章及检验日期等。其中颜色级别项目中要给出对应的荧光强度级别，净度级别项目下可列出内外部净度特征，切工项目中可包括琢型的描述和尺寸（长宽高或最大最小直径及全深）规格的测量，隶属切工评价的比率级别可包括关键项目的比率数值，修饰度级别可分别列出对称性和抛光的级别。除此之外，可在证书上注明带有解释意义的一些信息，比如颜色、净度坐标、净度素描图、切工比率示意图以及备注其他相关内容的说明等。

相比来说，中国的钻石分级证书内容比较简洁易懂。受语言的制约，对于中国广大消费者来说，国际证书上有些内容需要求助专业人员的解释。现以美国宝石学院（GIA）的两款钻石分级证书为例，对国际钻石分级证书的内容大致作以下说明。

目前，GIA 的钻石证书有以下几类：天然钻石分级证书、天然钻石档案报告、彩色钻石分级证书、合成钻石证书。其中最常见的是天然钻石分级证书，一般针对较大钻石；天然钻石档案报告往往针对一克拉以下的钻石。

天然钻石分级证书，即俗称的 GIA 大证书，2013 年开始版本为金黄色调，正式证书文本分 3 页加 1 页微缩页，3 页文本详细记录了钻石的 4C 信息，微缩页用缩略语记录了 4C 的绝大多数信息，此外，还记录了钻石分级委托方的有关信息（即送检公司的名称、地址等——这一条是国际通用实验室管理体系的要求，中国的有关规定也要求实验室的报告上应体现委托方信息，但中国绝大多数珠宝实验室未执行这一规定）。下面根据图示分别介绍证书上记录的内容。

如图 11-1 所示，最上一栏给出钻石最大概的信息和证书编号，就如同中国身份证上的身份证编号、照片等信息。GIA Diamond Grading Report：即 GIA 钻石分级报告，它就如同中国的身份证上所写“中华人民共和国居民身份证”。下面的一项——GIA Report Number 即 GIA 证书号，无论 GIA 全球有多少家分实验室，分别检测过多少粒钻石，这个号码理论上是独一无二的，这是借助该号码从 GIA 官网查询证书获得唯一匹配数据的保障。

证书号上面是日期，这个是实验室认可 ISO/IEC 17025 准则的要求，即实验室出具的证书必须有发行日期，这个实验室认可准则世界通用，中国的珠宝证书尽管很多情况难以找到其标注的日期，但常常采用隐藏在证书上某处的方式。这样既保证符合实验室认可准则的要求，又避免多年卖不出去让消费者识别出积压货品的尴尬。

GIA®

GIA DIAMOND GRADING REPORT

March 10, 2014

GIA Report Number	5176009325
Shape and Cutting Style	Round Brilliant
Measurements	6.97 - 7.02 x 4.33 mm

GRADING RESULTS

Carat Weight	1.30 carat
Color Grade	G
Clarity Grade	VVS2
Cut Grade	Excellent

ADDITIONAL GRADING INFORMATION

Polish	Excellent
Symmetry	Excellent
Fluorescence	None

Inscription(s): GIA 5176009325

Comments: Additional pinpoints are not shown. Internal graining is not shown.

图 11–1 GIA 大证书首页

Shape and Cutting Style 即钻石的形状及切磨类型。形状体现的钻石腰围的轮廓特点，切磨类型或者叫切磨风格往往是用一些术语对某些约定成俗的款式进行叙述，即琢型。图示中的“Round Brilliant”，直译叫“圆形明亮式”，就是腰围是圆形的，切磨风格或者切磨方式是将钻石切磨成最受市场欢迎的 57 或 58 个小面的标准切工，即所谓的标准圆钻型切工，或简称为圆钻型。

Measurement 即尺寸。用腰围直径和钻石高度来表示。其中腰围直径一般针对不同部位测量 3 次以上，记录下最小值和最大值（对应图 11-1 中的 6.97 和 7.02mm），钻石高度是钻石底尖到钻石台面。有了这两个（腰直径和高度）数据，就好比一个人的胖瘦和身高就有了初步印象了。

如果说对一个人体检的话，上述内容仅仅是编号和初检的情况，或者说是仅仅挂了号，护士做了登记而已。实质性的检验结论在“Grading Result（分级结果）”里，可以清晰地看到 4C 的来历：Carat Weight、Color Grade、Clarity Grade、Cut Grade——即克拉质量、颜色级别、净度级别、切工级别 4 项首字母是 C，合称 4C。

最下一栏：Additional Grading Information——有关分级的附加信息（如图 11-1 所示），这部分内容中有些项目与 4C 分级有关联，比如 Polish（抛光）、Symmetry（对称性）两者的级别，结合证书第二页中有关的比率数值，共同决定切工等级，当然，相比而言，比率等级对切工级别的影响更大。抛光是对各个小刻面打磨上光的工序，对钻石美观性最直接的影响就是亮度的提升，对称性是反映的钻石加工过程中各个小刻面塑造时产生的相互排列关系是否规则。从肉眼观察来说，对称性对钻石的美观度影响不大，但目前市场上知名度较高的八心八箭钻石的形成，可以说对称性起决定性作用。

Fluorescence 即荧光性。超过 2/3 的钻石都有强到弱的荧光，说到荧光，很多人误以为会对人体有害，其实不然，钻石发射出的可见光对人体的作用如同滤掉了紫外线的太阳光，对人体产生不了任何伤害。为对钻石的荧光性作进一步的解释，GIA 的钻石证书特别是小证书会有一个专门的夹页，针对荧光情况做出说明。

GIA 对荧光强度分为 Very Strong、Strong、Middle、Faint、None 等级别，分别是很强、强、中、弱、无。荧光颜色常见的有 Blue、Yellow 等，即蓝色、黄色等。

再下一项内容是可有可无的。Inscription（s）即字印，有的证书上写 Laser Inscription（s）：即激光刻字。2013 年及以前的 GIA 证书，如果有该项，该项的位置一般在第一页（见图 11-1）最上一栏的上部。说它可有可无是因为，对于 GIA 来说，钻石分级是一项服务，而激光刻字是另外一项服务，需要分别提出委托要求。委托 GIA 对钻石刻字的时候，所刻的内容不见得是 GIA 的证书编号，可以是委托公司的 Logo，可以是人名的缩写，等等。只要 GIA 的激光刻字机能烧刻的符号，而且钻石上有足够的位置装得下所刻的内容就行。GIA 不对钻石上所刻内容负责，包括所谓的“证书号”。

第一页最后一项内容：Comments，即注释，或者说备注，或者说附加说明。GIA 证书跟中国的鉴定证书一样，几乎是格式模板，即某个项目打印时是有固定位置的。这就导致了有些比较长的语句、内容在自身位置可能打印不开；或者有些内容不属于固定格式中的任何一项，于是这些内容就写在附加说明里。所以 Comments 指的是第一页、第二页中有关颜色、净度、切工分级中未能完整表述或需要在证书上体现但固定格式文本中无对应位置的内容。

Comments 下面的内容五花八门，这也充分反映了钻石的独特性。一般来说，就出现的频率而言，以下内容比较常见：

如果钻石的颜色是经过了人工处理过的，比如高温高压处理过，或者辐照处理过，由于钻石仍然是自地下自然形成，因此根据国际通用的规则（中国的国家标准也是如此规定，尽管中国不对经处理过的钻石进行分级，但 GIA 分），该钻石仍属于天然钻石，所使用的证书版本跟常规版本一样，只是在颜色等级字母后加“*”标注，然后会在 Comments 项目中对*进行解释，用语句说明该钻石颜色经过了高温高压（HPHT）或辐照或辐照加热处理等等的处理。同理，激光打孔的钻石也是采用这种标注方式。

但绝大多数的钻石未经过人工处理，仅仅是做了机械加工而已。这种情况下，Comments 中的内容一般是针对影响净度的内容作补充说明，比如有些内容不容易甚至不能在第二页的净度素描图里画出来，这时就需要在此说明。一般来说，高净度的钻石，如 IF、VVS 的钻石，常常出现的语句是，仅见细微抛光痕迹，内部纹理未作图示、外部纹理未作图示、另外的针尖包体未作图示、净度级别基于明显的内部纹理做出、色带等等。对于低净度的钻石，如 SI 的，如果把所有的包体都画出来，可能画面不整洁，所以 Comments 栏里常常见到：额外的云雾未画出或者额外的晶体未作图示等等。

近年来，随着激光切割技术普遍应用到钻石加工中，导致切磨好的钻石在腰围等部位偶尔能见到一些激光切割痕迹，呈虚线状等形态，这时，Comments 栏可能会标明“manufacture Vestiges（加工痕迹，有时用 manufacture remains 词语）”等词汇。

如果这粒钻石在送到 GIA 的实验室检测以前，钻石腰围或者台面等部位就用激光刻蚀了图案或者文字，Comments 中会说“钻石在检测前已存在有激光印记”，甚至会说出印记的内容来。如果委托检测的人要求 GIA 在钻石上刻除证书编号以外的内容，Comments 中也会做出说明，如代表八心八箭的“H & A”等。

第二页内容自上而下（如图 11-2）：

顶部：GIA 证书编号 5176009325，要查询证书真假请访问 gia.edu 网站。

Proportion：比率。传统意义上的比率是所有尺寸与平均直径（第一页中最大最小直径的平均值）的比值。近年来，GIA 的切工比例评价体系有了新的改进，有的尺寸并非实际尺寸与腰直径的比值（见切工评价章节）。这些新的比例评价因素的加入，充分展现了世界钻石领域对火彩的重视。钻石比例的评价也不再是粗犷的用台宽比或亭深比就能决定了比例优劣规则了，现在的切工体系，包括中国钻石分级近似等同采纳了 GIA 的切工分级体系，对数据要求精细，而且要综合考虑多达近 10 个项目数字后系统得到比例的级别。

GIA REPORT

5176009325

Verify this report at gia.edu

PROPORTIONS

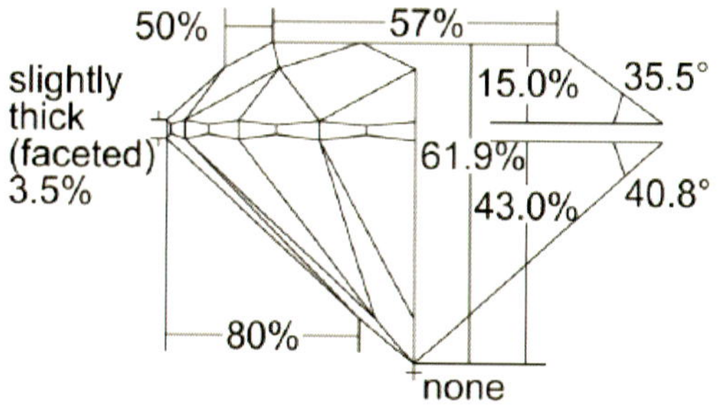

Profile to actual proportions

CLARITY CHARACTERISTICS

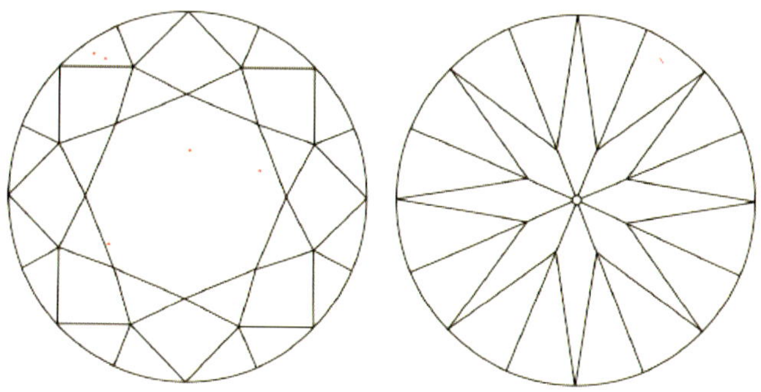

KEY TO SYMBOLS*

- Pinpoint
- Feather

图 11–2　GIA 大证书第二页

颜色从高到低依次为：D、E、F、G、H、I、J、K、L、M、N、O、P……Y、Z 共 23 个级别。其中它还对颜色级别做了一定的语言描述，看坐标中的粗细线：D–F 为无色，G–J 为近无色，K–M 为微弱颜色，N–R 为很浅的颜色，S–Z 为浅色。对于 M 色以前的颜色来说，即较高的色级在 GIA 证书中都是用单个字母标示色级的，N 色以后，由于比色石配备问题，会出现 O–P、P–R、S–T、U–V 或者 W–X 的标注方法。根据坐标图很容易理解对应的是一个什么样的等级位置。中国的颜色分级基本跟 GIA 方法相同，只是口头上大家还喜欢把 D 色叫 100 色，I 色叫 95 色等等数字表示方式。

净度等级坐标由上而下依次为：FL、IF、VVS_1、VVS_2、VS_1、VS_2、SI_1、SI_2、I_1、I_2、I_3 共 11 个级别，分别体现了“所包括的对象（Included）”的可见性及明显程度。中国的规则使用欧洲的叫法最后一个等级为 P 级。

切工坐标自上而下：完美（极好 EX）、很好（VG）、好（G）、一般（平常 F）、差（P）。需注意中国的切工评价规则跟 GIA 略有差异，并非 GIA 的所有 Ex 等级，都能符合中国体系的中“极好”要求。

需要说明的是，图 11–1、11–2、11–3 并非真实纸质 GIA 证书的照片，而是用检验号查询到数据后下载的电子版本，所以图 3 顶部有一段关于“副本受限”的说明，大致意思是，“这个版本是真实证书的数字版，在某些场合可能有人不接受这种数字证书而要求必须是纸质正本。此外，GIA 在纸质证书上有些防伪加密的手段，在这个副本上也没有体现”。

图 11–3 下部 GIA 的 Logo 下面有段话，纸质证书上也有，2013 年及以前的证书上，是在数据页的背面用整篇篇幅讲述了相关内容。2013 金色版本发行后，相关说明压缩了，并且建议证书使用相关方致电 GIA 或者访问它的网站去阅读、了解证书的免责声明。图 11–3 所示版本中的这部分内容大致意思是：本证书描述的内容仅针对对应的钻石，数据是在 GIA 现有技术和设备条件下获得的（意即以后技术发展了，测试结果可能有所不同——本书作者注）。此外，本证书不是产品质量保证书，也不是钻石评估报告。更多详情请访问 GIA 网站或致电 GIA。版权所有方为美国宝石学院，2014 年。

最后文框里的内容：本文件的防伪特征，包括全息摄影、防护性屏蔽以及微缩线。还包括那些高于保密行业规则、而此处未列出的技术。

右下角二维码扫描即可查询 GIA 证书或进入 GIA 证书查询网页。

以上是对 GIA 钻石大证的简单介绍，GIA 钻石小证书内容与大证差别不大（见图 11–4），上述讲解足以能帮助看懂 GIA 的小证书。因为 GIA 的小证书信息量不比大证书多。唯一的区别是，GIA 小证书注册的名称不叫钻石分级报告，而是叫 GIA 钻石档案卡，即 GIA diamond dossier。

根据上述对钻石证书的解读，就很容易理解中国钻石鉴定分级证书的各项内容了。

需要注意的是，中国大多数的钻石鉴定分级证书是镶嵌成首饰后出具的。在这种情况下，有很多内容是无法准确测量的。但是有些不太正规的检验机构，不知出于什么目的，会在钻

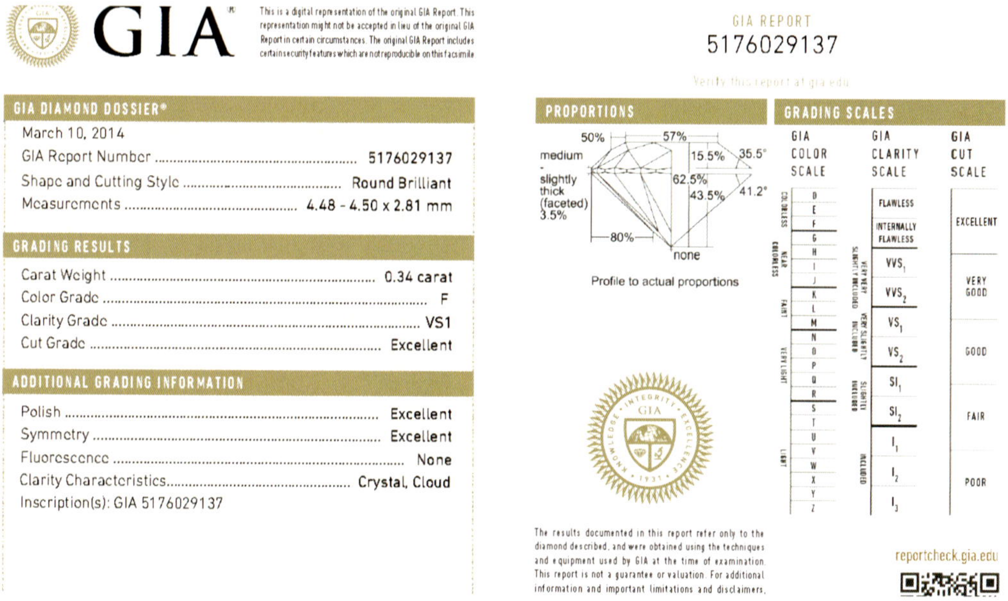

GIA

This is a digital representation of the original GIA Report. This representation might not be accepted in lieu of the original GIA Report in certain circumstances. The original GIA Report includes certain security features which are not reproducible on this facsimile.

GIA REPORT
5176029137
Verify this report at gia.edu

GIA DIAMOND DOSSIER®

March 10, 2014
GIA Report Number 5176029137
Shape and Cutting Style .... Round Brilliant
Measurements .... 4.48 - 4.50 x 2.81 mm

GRADING RESULTS

Carat Weight .... 0.34 carat
Color Grade .... F
Clarity Grade VS1
Cut Grade .... Excellent

ADDITIONAL GRADING INFORMATION

Polish .... Excellent
Symmetry .... Excellent
Fluorescence .... None
Clarity Characteristics........ Crystal, Cloud
Inscription(s): GIA 5176029137

PROPORTIONS

GRADING SCALES

GIA COLOR SCALE: D E F (COLORLESS); G H I J (NEAR COLORLESS); K L M (FAINT); N O P Q R (VERY LIGHT); S T U V W X Y Z (LIGHT)

GIA CLARITY SCALE: FLAWLESS; INTERNALLY FLAWLESS; VVS1, VVS2 (VERY VERY SLIGHTLY INCLUDED); VS1, VS2 (VERY SLIGHTLY INCLUDED); SI1, SI2 (SLIGHTLY INCLUDED); I1, I2, I3 (INCLUDED)

GIA CUT SCALE: EXCELLENT; VERY GOOD; GOOD; FAIR; POOR

The results documented in this report refer only to the diamond described, and were obtained using the techniques and equipment used by GIA at the time of examination. This report is not a guarantee or valuation. For additional information and important limitations and disclaimers,

reportcheck.gia.edu

图 11—4 GIA 钻石小证，即钻石档案卡

石鉴定与分级证书上罗列一些并非实际测量的数据，比如给出折射率为 2.417，针对镶嵌首饰写出钻石密度为 $3.52g/cm^3$ 等，这实际是严重的伪造检验数据行为。

第十二章　钻石的批发过程

第一节　中国钻饰行业的发展

中国向来就是一个手工业繁荣的国度。在帝王时代，小型作坊、皇家造办和加工厂占据工艺品生产的主导地位。但皇帝委任工厂制作一件物品，该物品就会被留有印记不能私下买卖，这种现象一直持续到清末。这种强制性的规定在一定程度上阻碍了中国珠宝首饰业的发展，特别是阻碍民间珠宝业的繁荣与进步。但是，清代末年，由私人开办的银楼并不受数量和规模的限制，甚至有一个专业的行业协会指导商人如何与其他行业或政府打交道。1896 年，在上海，9 个具有代表性的银楼成立了一个珠宝首饰行业协会。从那时起，上海的贵金属交易就有了自己的行规。虽然大多数银楼在抗日战争和“文化大革命”中消失了，但还是有一些幸存下来，并在新的经济环境下焕发活力再创辉煌。银楼为中国现代珠宝首饰行业的发展做了铺垫。

改革开放以前，国家实行了一系列强制的措施，珠宝首饰和其他奢侈品禁止进入市场。直到 1982 年，政府对珠宝首饰行业的限制令终于解除。1986 年，政府向市场投入了 100 吨黄金用于首饰加工。在这之后，受国家控制近 30 年的珠宝行业终于可以独立发展了。尽管如此，零售店几乎为国有企业，以北京为例，菜市口百货和国华商场分别成为黄金和铂金钻饰第一销售渠道。铂金钻饰一度成为珠宝行业的推广和销售热点，在 1998 年，中国跃升为世界第二大铂金消费国。但是，市场经济体模式单一，钻饰流通量还相当有限。根据官方统计，2000 年前，通过合法途径进口到中国的钻石，年进口额顶峰时仅仅为 100 万美元。

令人欣喜的是在 20 世纪最后的十年里，中国珠宝首饰行业实现了飞跃式的发展。戴比尔斯在上海成立了中国第一家钻石推广中心，中国香港的四大品牌（周大福、周生生、六福和谢瑞麟）也进入了内地市场，中国珠宝企业规模达到了 2 万家左右，从业人数达到了 300 万。1990 年，珠宝行业的销售总额为 20 亿元（3 亿美元）。到 2000 年，这一数字已经增长到 890 亿元（150 亿美元）。

这一数字接近影响国内生产总值（GDP）统计数的临界点。在这一背景下，珠宝行业迎来了钻石产品的春天——随着改革开放的深入，国家对钻石的税收政策做出了重大调整，构建了面向世界、服务全国的贸易平台，促进了中国珠宝首饰行业的发展进一步规范化。21 世纪大约 10 年的时间，中国钻石年进口总额已经超过 50 亿美元，而每年投入到中国大陆零售市场的钻石达到了 20 亿美元。这种钻石交易额在十几年时间跃升千倍的奇迹，既表明了珠宝业规模的爆炸式扩大，也反映了钻石进口渠道的规范化。这期间，中国很快就成为仅次于美国的世界第二大珠宝首饰消费经济体，也是仅次于印度的世界第二大黄金首饰加工中心。

至此中国的珠宝行业和消费者趋于成熟。这一点主要体现在进入 2000 年后，多元化的市场形态开启了品牌化运作道路，消费者对于钻石的追求不再仅仅苛求 VVS、优白，对于克拉质量和切工的追求逐步放到了更为重要的地位上，而 SI 钻石也广受欢迎。当然这也得益于戴比尔斯的大力推广，中国消费者越来越接受钻石，特别是上海、杭州、南京等城市，中产知识分子对钻石接受程度高。2008 年北京奥运会以后，钻石首饰，特别是钻石戒指，几乎成为东部地区新婚夫妇必备纪念品。东部几个城市有 50% 的准新娘期望在结婚钻戒上的支出为 1.5 万 ~2 万元。中国已经成为仅次于美国的世界第二大钻石消费国。

在中国改革开放的前 20 年，中国珠宝首饰行业取得腾飞之际，中国的钻石进口却面临着监管难度大，税费流失的问题。对于私营企业来说，还面临着大宗货物进口不畅的问题。为保障市场交易有序进行，为相关交易提供必要的设施，便于政府有关部门的监管、查验货物，便于交易方履行相关手续、缴纳税费，上海钻石交易所和上海黄金交易所分别于 2000 年 10 月和 2002 年 10 月组建成立；而依据国家“一带一路”战略和广东省黄金及其他贵金属珠宝产业发展有关规划，配合广州成熟的钻石产业集群进一步完善，以及为了满足经济辐射区域内钻石行业对获得专业的、便利的钻石交易服务的迫切要求，2014 年 11 月 11 日，广东省筹建广州钻石交易中心并于 2015 年 7 月正式获得广东省批准设立运行。

上海钻石交易所和广州钻石交易中心尽管业务模式有所差异，但都成为我国钻石及相关制品进出口贸易的合法渠道。

第二节　上海钻石交易所钻石进出口程序

上海钻石交易所（SDE），其所在地中国钻石交易中心（China Diamond Exchange Center，CDEC）。在其成立之前，中国进口钻石的关税、增值税和营业税总额非常高，达到 35% 至 40%。现在钻石的税收政策十分优惠：虽然中国对所有进口商品征收 17% 的增值税，但对抛光钻石则退还 13% 税费，净增值税仅为 4%；如果钻石原石在中国加工后在国内市场销售，其增值税与进口抛光钻石相同；如果钻石原石在中国加工后回销至出口国，则免收增值税。上海钻石交易所带来的税率改革，为遏制逃税的走私钻石进入中国起到了重要作用。根据中国法律，所有进口钻石必须通过交易所进入征税流程。所有进口钻石需经中国海关报关和密封，否则将被视为走私。

同样，进口钻石原石必须在进入中国前经过查验，钻石须附有金伯利进程证书，并由中国钻石交易中心下属相关部门检查和登记。证书通过检查后，原石方可进入国内市场销售。

中国钻石交易中心内设鉴定实验室、钻石商办公室、政府机构和运输服务机构。广州钻石交易中心成立之前，上海钻石交易所控制了所有钻石原石的进出口，但并不包括钻石首饰。上交所于 2004 年加入了世界钻石交易所联盟，并于 2008 年在上海主办了第 33 届世界钻石大会。钻石交易所极大地推动了中国钻石产业的发展，也促进了中国钻石交易中心更加开放，向世界各地的钻石商敞开大门。目前其超过半数的会员来自以色列、比利时、英国、法国、美国、日本、非洲国家和其他海外地区。

2000 年 4 月，由商务部授权，负责监管钻石贸易的中国钻石交易联合管理办公室（DAC）成立。DAC 及其他政府机构共同控制着国家日常的钻石进出口贸易，以及中国钻石交易中心内的钻石交易活动。DAC 的职能包括管理和统计分析国家钻石进出口贸易，审核交易是否符合钻石交易所规范，同时监督钻石交易所的运作。在交易所内，DAC 与其他政府工作人员合作，批准并监督外商投资企业在中国的商业活动，参与制定钻石的进出口政策，为钻石交易所及所有国内外钻石企业提供服务。

因此，上海钻石交易所为中国进口钻石原石（需查验金伯利进程国际证书）、抛光钻石（无须查验金伯利进程国际证书）、来料代加工、国际货品在华开展非对华贸易等业务提供了交易平台。

据上海钻石交易所信息，根据产品流向目的地的差异、产品状态（毛坯或抛光后）以及是否需要在华加工等情形的不同，钻石交易所给出下列几种交易流程。如图 12–1 至图 12–4 所示。

图 12–1 保税交易后进口流程（据上海钻石交易所）

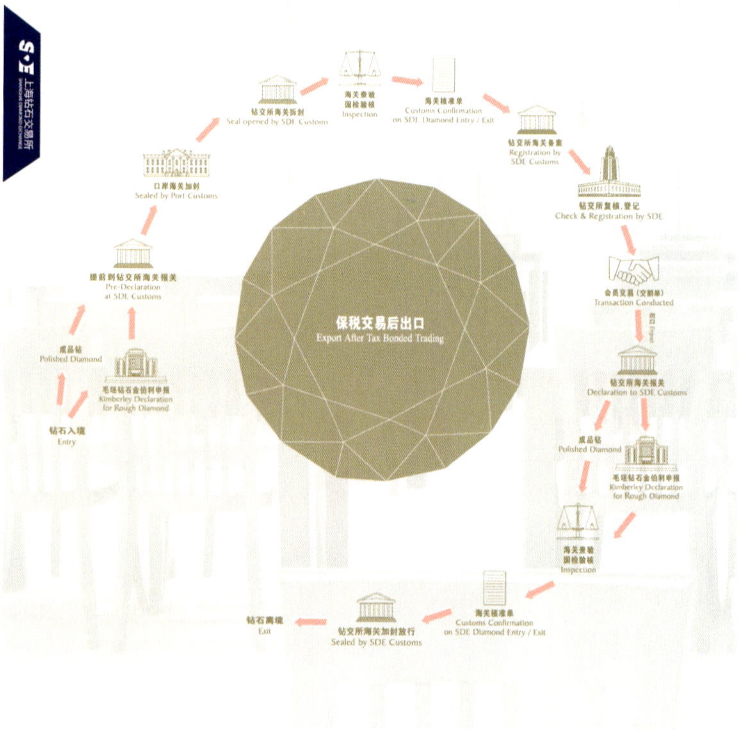

图 12–2 保税交易后出口流程（据上海钻石交易所）

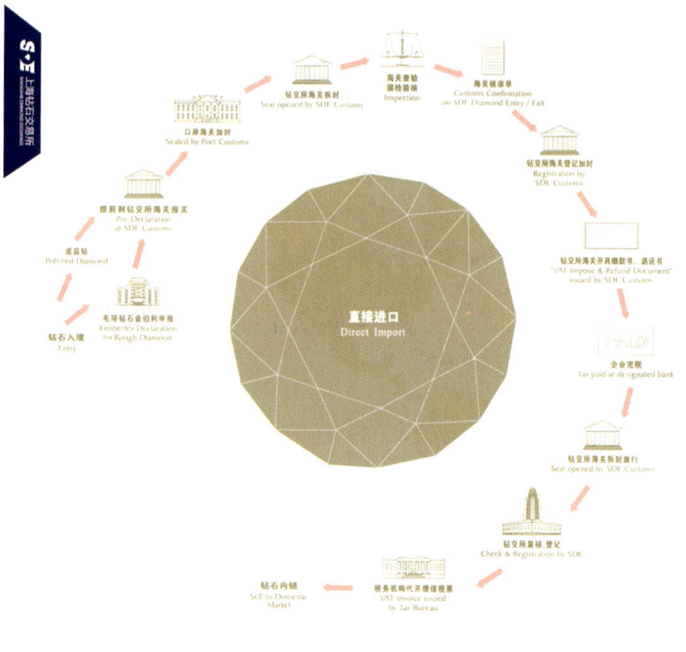

图 12–3 直接进口流程（据上海钻石交易所）

毛坯钻石进口加工为成品钻石后出口到钻交所再进口到国内的流程

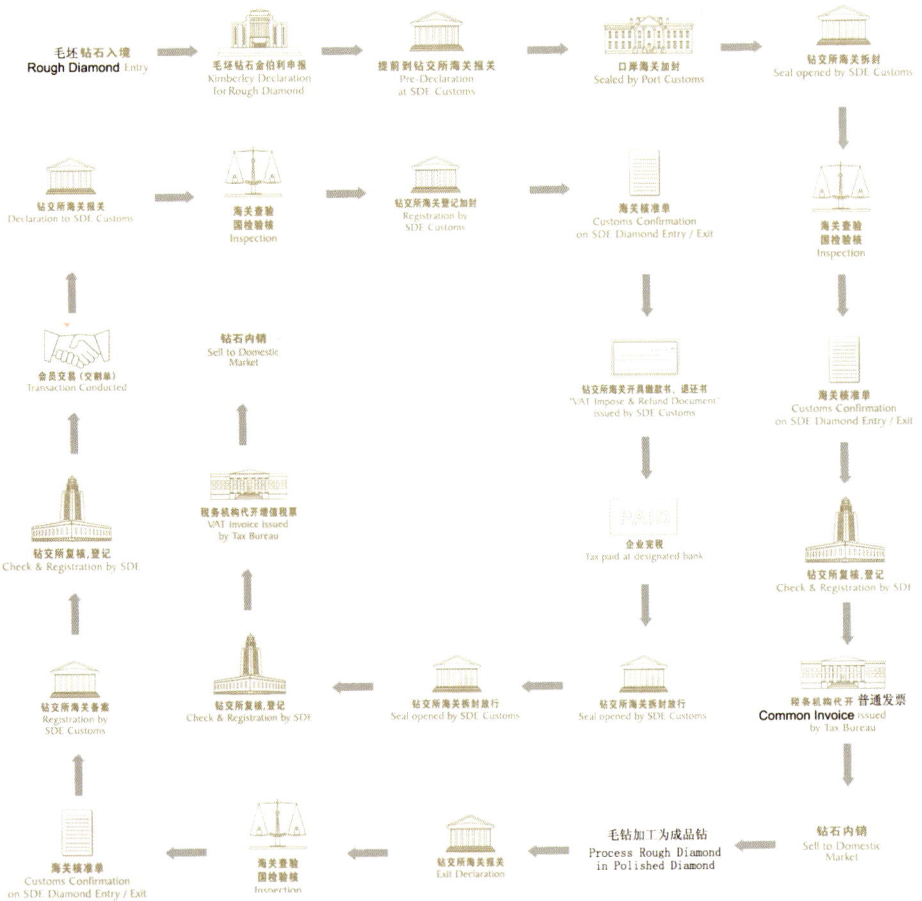

图 12–4　毛坯钻石进口加工成为抛光钻石后出口到钻交所再进口到国内的流程　据上海钻石交易所

中国钻石交易中心大厦，是类似保税区性质海关特殊监管区域，所有进入该区域或从该区域进入到境外的钻石不涉及任何税收。钻石办、海关、检验检疫局、外管局、工商局、税务局，作为“一站式”业务受理机构在大厦内行使政府职能；银行、押运、报关、钻石鉴定等机构提供配套服务。钻石的进出口、进出境业务等由驻钻交所海关办事处监管；钻石毛坯原产地证书由检验检疫局驻钻交所办事处负责；钻石进入国内开具增值税发票由税务机关指定的驻钻交所税务代理机构负责。

第三节　广州钻石交易中心钻石进出口程序

广州钻石交易中心的建设按照政府主导、国有控股、民营参与、市场运作的原则，由广东省产权交易集团牵头，联合广东省黄金集团、广州基金等国资企业和包括周大福、六福等国际珠宝品牌在内的行业知名企业组建。按照国际标准及行业规范建设仓储、展示及交易场所，得到海关、检验检疫等监管部门的认可，可为会员交易提供安全、可靠的交易环境，为行业提供交易资金存管及第三方结算功能，保障会员企业交易资金安全。交易中心完全按照世界钻石交易所联盟权威规则，实现国际接轨的交易监管、会员管理和诚信体系建设，倡导行业自律，规范安全交易。交易中心密切联系世界钻石交易所联盟、世界钻石理事会、安特卫普世界钻石中心、迪拜钻石交易所、印度珠宝出口促进委员会、安哥拉国家钻石公司、南非国家钻石贸易公司、刚果（金）贵重及半贵重矿产品专家估价和签证中心以及国际重要的钻石企业。国家质检总局与广东省人民政府支持广东钻石交易中心平台建设，为广东实现一般贸易等多种贸易方式进出口毛坯钻石提供政策支持，实现毛坯钻石保税等多种贸易方式进出口业务，推动广州钻石交易中心实现钻石便利通关。

目前广州钻石交易中心的主要业务流程是：

a. 买卖交易：卖方发货，国外钻石供应商将毛坯钻石 / 成品钻石以保税（不用交纳进口关税和进口增值税）形式运抵广州；买方看货，广州钻石交易中心组织毛坯钻石 / 成品钻石保税看货会，国内外采购商参加看货会挑选钻石；买卖双方协议成交，买卖双方经协商后达成交易意向，通过广州钻石交易中心完成保税交易，并根据成交后货物的流向办理相关手续。

b. 货品流转：成交后的钻石货物，可以有以下几个流向：以保税的状态继续存放在海关指定的广州钻石交易中心监管仓库；转加工合同，进行成品钻石翻修或毛坯钻石切割打磨；复出口到境外。

广州钻石交易中心的业务与上海钻石交易所业务基本类似，受政策规范，所履行的手续也基本一样。不同点在于，广州钻石交易中心侧重毛坯钻石保税贸易，对于非戴比尔斯看货商而言，广州钻石交易中心丰富了毛坯钻石交易的渠道。

第四节　中国针对钻石批发的有关政策

一、《金伯利进程国际证书制度》

2002 年 12 月 30 日，国家质量监督检验检疫总局、海关总署、对外贸易经济合作部、国家经贸委、外交部、国土资源部六部委发布公告，为履行我国的国际义务，制止“冲突钻石”非法交易，维护非洲地区的和平与稳定，根据联合国大会第 55/56 号决议，《金伯利进程国际证书制度》的要求及我国有关的法律、法规的规定，自 2003 年 1 月 1 日起在中华人民共和国实施金伯利进程国际证书制度。该公告暂定的我国实施金伯利进程证书制度的指定检验检疫机构有：北京检验检疫局、天河检验检疫局、辽宁检验检疫局、从化检验检疫局、浦东检验检疫局、番禺检验检疫局、南京检验检疫局、汕头检验检疫局、浙江检验检疫局、沙头角检验检疫局、厦门检验检疫局、珠海检验检疫局、青岛检验检疫局、云南检验检疫局。

2017 年 3 月 14 日，国家质检总局指定重庆机场出入境检验检疫局作为金伯利进程证书制度实施机构。这些检验检疫局被（暂）定为金伯利进程国际证书检验机构，代表了当时毛坯钻石进入我国的主要口岸。

其中上海浦东出入境检验检疫局驻上海钻石交易所办事处负责全国一般贸易项下（上海市包括加工贸易项下）进出口毛坯钻石“金伯利进程国际证书制度”的证书检验、签发和毛钻的查验。

二、海关政策

上海钻石交易所是全国一般贸易项下的钻石进出口的合法通道。全国一般贸易项下的钻石（含钻石毛坯和未镶嵌成品钻，下同）进出口集中在上海钻石交易所海关办理报关手续；所有从上海钻石交易所进口国内的毛坯和成品钻免征关税。加工贸易项下的钻石进出口（如来料代加工）仍按现行政策办理，如转为内销须到上海钻石交易所进行交易或备案。钻石从境外进入交易所或从交易所到境外，只需向所内海关办理备案登记手续。钻石从交易所进入国内其他地区，或从国内其他地区进入交易所，依法办理进出口报关手续。交易所内的钻石、委托设在保税区或出口加工区的企业加工，由海关保税监管，委托其他地区的企业加工，按现行加工贸易的规定办理。

详细规定可查询 2006 年 7 月 1 日《财政部、海关总署、国家税务总局关于调整钻石及上海钻石交易所有关税收政策的通知》、2002 年 6 月 7 日《中华人民共和国海关对进出上海钻石交易所钻石监管办法》。

三、税收政策

所有从上海钻石交易所进口国内的毛坯钻石和成品钻石免征关税。钻石进口环节增值税：纳税人自钻交所销往国内市场的钻石，毛坯钻免征进口环节增值税，成品钻石进口环节增值税实际税负超过 4% 的部分由海关实行即征即退；进口工业用钻，征收进口关税和进口环节增值税。国内加工的成品钻石的税收政策：对国内加工的毛坯钻石，通过钻交所销售的，在国内销售环节免征增值税；不通过钻交所销售的，在国内销售环节按 17% 的税率征收增值税；国内加工的成品钻石进入钻交所，视同出口，不予退税；自钻交所再次进入国内市场，其进口环节增值税实际税负超过 4% 的，实行即征即退。企业出口部分钻石产品的税收政策：出口企业出口税则号为 71021000、71023900、71042010、71049091、71051010、71131110、71131911、71131991、71132010、71162000（具体产品类型见“表 6-1《商品名称及编码协调制度》对广义钻石的归类”）的钻石产品，免征增值税。

详细规定可查询2006年7月1日 国家税务总局关于印发《钻石交易增值税征收管理办法》的通知。

四、外汇政策

经外汇管理部门批准，钻交所会员均可开立钻石交易专用外汇账户。注册在钻交所内会员的外汇收支，以及所外法人会员有关钻石交易的外汇收支，必须通过专用外汇账户进行会员与境内所外之间进行的钻石交易，视同境内所外机构的进出口，并由境内所外机构办理有关手续。没有外汇或者自有外汇资金不足而以人民币资金注册或者登记的会员其所需的外汇启动资金可按有关规定申请购汇；所购外汇必须划入其开立的钻石交易专用外汇账户。上海钻石交易所会员之间，会员与境外机构之间，会员与保税区，出口加工区以及境内所外机构之间的钻石交易，一律以外币计价结算。经批准获得钻石专项进出口经营权的所内外资会员，在办理进口业务时（不以进境备案的名义进口），所需外汇资金可由会员自行选择以自有外汇支付或（按照结汇、售汇及付汇管理规定）通过银行购汇进行支付。办理进出口项下的外汇收支，应比照所外企业进出口核销的相关规定办理名录登记、核销等手续。

五、外资企业审批

外商可在钻交所及工商部门指定区域设立合资或独资的钻石外资企业，由钻石联合管理办公室进行集中审批。为配合财税部门出台的钻石企业特殊税收政策，外资钻石企业的经营范围是限定的，即“通过上海钻石交易所海关开展钻石进出口的业务（包括转口贸易，加工贸易）；在上海钻石交易所内开展钻石（不含金银）的交易（包括转口贸易，加工贸易）”。

第五节 中国钻石批发集散地

相比上海、深圳而言，中国大陆有些钻石批发特别是加工集散地并不为大众熟知，特别是钻石加工业初期，钻石切磨工人来源的特殊性以及钻石产业的安全措施等因素，导致了一些具有较大规模钻石加工的地区，也不为珠宝行业所了解。但从国家有关部委指定的金伯利进程证书制度检验机构，可以对中国钻石产业，特别是对抛磨加工产业的集散地窥知一二。相比而言，广州的从化、山东青岛、海南海口等地，在钻石切磨加工方面历史较长，在金伯利进程证书制度实施之初，广东的从化市（现广州从化区）曾经是中国规模最大的钻石切磨聚集区。

但与中国珠宝产业对接最为紧密集散地还是上海、深圳与广州番禺。

其中深圳作为大陆市场钻石首饰的主要加工地，进入到中国境内的抛光钻石，绝大多数在深圳进行分销，也使得深圳拥有最大规模的钻石批发从业人员。

第十三章　钻石首饰的加工过程

人类使用珠宝首饰的历史，可以追溯到极为久远的年代。自从有人类那天起，就有了对美的向往和追求，就有了对装饰物品的需要。古代印加人刺穿少年的耳朵，插进黄金制成的饰板，其他民族则是刺透鼻子或嘴唇插进木棒、金属条或动物骨头。如果古代首饰只是为了满足祖先们的自我美化的愿望，那么中世纪的珠宝首饰意味着世间的权力，是精神的升华；文艺复兴时期的珠宝意味着财富；18 世纪、19 世纪珠宝首饰是富裕和优雅的发展；20 世纪以来珠宝已经成为大多数妇女显示个性、回归美化自身的装饰品。首饰发展的背后隐含着首饰加工工艺的提高，传统的手工业已经转变为大规模的现代化工业，无论在工艺、设计上，还是在质量、管理等方面都积累了丰富的经验，生产的珠宝首饰产品具有很高的工艺技术水平。

第一节　中国钻石首饰加工地

中国首饰出深圳，世界珠宝间番禺。改革开放前期，深圳沙头角作为香港珠宝业的代工地，为香港多个著名品牌提供来料加工服务，开启了中国珠宝首饰加工制造业的新时代。随着我国对黄金买卖的放开、深圳对产业规划的调整，罗湖成为中国最大的珠宝首饰集散地。

从产业上游看，目前上海黄金交易所提货量的 70% 供应于深圳，上海钻石交易所一般贸易进口项目下的钻石 90% 供应于深圳。从市场下游看，全国零售领域的黄金（金含量 99% 及以上）饰品超过 60% 产自深圳，而超过 95% 的钻石首饰源自于深圳。全球重要的贸易中心中国香港，其贸易中（包括香港本土零售和从香港中转外销）的黄金（金含量 99% 及以上）饰品超过 95% 是在珠三角地区加工的，这其中绝大多数是深圳制造。香港在贸易中的钻石首饰主要加工地在也是珠三角地区，其中深圳和番禺是主要的加工地。

基于内地市场的规模和香港贸易中转的流量，深圳已成为世界上最大的钻石首饰加工地之一。

第二节　失蜡浇铸法

一件钻石首饰的制作，核心过程是失蜡浇铸。这种起源于春秋战国时期的工艺技术，为人类留下了众多青铜器等金属工艺品，象征着人类文明发展的结晶，让历史文化得以凝固与传承。

随着失蜡浇铸法的发明，中国诞生了两个汉字：模、范。有必要做一下解释。最初青铜器的制作工艺主要是冷锻，该技术几乎不能制作大型器皿以及精细花纹。失蜡浇铸法发明后可以用金属材料制作带有空腔的容器。

空体容器须用合范法，它的做法大体为：先用细泥做成器物的样子（为“模”），然后在上面雕刻纹饰，纹饰凹下去的部分用刀直接刻画，凸出的部分用细泥贴塑，泥模做好烘干后，就要制作浇铸时用的内、外“范”。外范先用调和均匀、拍打成扁平状的细泥按捺在陶模上，使原模上的纹饰反印在泥片上，等泥片干后按所要铸造器物的形体特点分成若干块，并在相邻两片间做出若干个三角形的木榫，这样便制成了外范。内范的制法可将原来的泥模刮去一层，刮去的厚度刚好是器物所需厚度，内范的制法也可另外制作以保留原模。然后合范，合范时常在内、外模之间设子母扣以防错位，合范后用泥土加固外范并留出浇铸孔，浇铸后经脱范打磨等工序器物最终完成。制成的器皿内壁与内范的外壁相接，器皿的外壁与外范的内壁相接。制作过程中临时做成的器皿的样子，为“模”。如果模为较易熔化或蒸发的材料，如石蜡，则被称为蜡模。将蜡模熔化让其流走浇铸的工艺，为失蜡浇铸。显然失蜡浇铸完成，形成完整的器皿时，模与范均不再存在。所以历史上的“模－范”往往是悲壮的。

严谨来说，所谓的失蜡浇铸精密铸造工艺，就是用易熔材料（例如蜡料或塑料）制成可熔性模型（简称熔模或模型），在其表面涂覆若干层特制的耐火涂料，经过干燥和硬化形成一个整体型壳后，再用蒸汽或热水从型壳中熔掉模型，然后把型壳置于砂箱中，在其四周填充干砂造型，最后将铸型放入焙烧炉中经过高温焙烧（如采用高强度型壳时，可不必造型而将脱模后的型壳直接焙烧），铸型或型壳经焙烧后，向其内腔浇注熔融金属而得到铸件。

目前，失蜡浇铸工艺在家用器皿、工艺美术、刀具、机床、医疗器械、汽车、船舶、内燃机、汽轮机、电讯仪器、航空、武器等诸多领域制造工业中被广泛采用。该工艺适用于各种类型、各种合金的精密铸造，而且生产出的铸件尺寸精度、表面质量比其他精密铸造方法要高，甚至其他精密铸造方法难于铸得的复杂、耐高温、不易于加工的铸件，均可采用熔模精密铸造铸得。石蜡没有强度、易于雕刻，熔模铸件具有很高的尺寸精度和表面光洁度，所以可减少机械加工工作，只是在零件上精密度要求较高的部位留少许加工余量即可，甚至某些铸件只留打磨、抛光余量，不必机械加工即可使用。由此可见，采用熔模精密铸造方法可大量节省机床设备和加工工时，大幅度节约金属原材料。此外失蜡浇铸法能精密铸造各种合金的复杂的铸件，特别是可以精密铸造高温合金铸件，这对黄金、铂金等高熔点金属来说是非常必要的。此外，熔模精密铸造工艺生产不仅可以做到批量生产，保证了铸件的一致性，而且避免了机械加工后残留刀纹的应力集中。

由此可见失蜡浇铸在首饰从无到有制作过程中的核心地位。只有具备失蜡浇铸工艺流程的工厂，才能称得上首饰镶嵌厂。否则，用众多宝石托架与宝石搭配，构建首饰的工厂，最多只能算作首饰组装厂。

第三节 钻石首饰的完整加工过程

钻石持有者按照自己的意图请镶嵌厂为自己制作一件钻石饰品，大致需要以下过程：

1. 设计

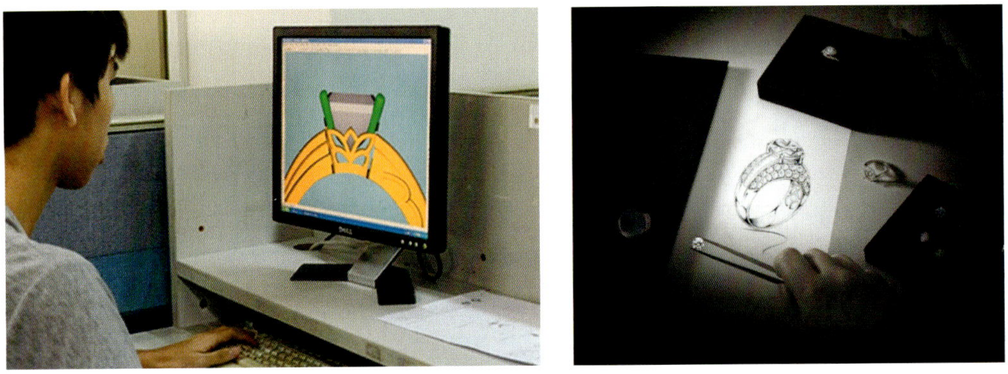

图 13–1 首饰设计

大型加工厂一般配有手绘设计师，会根据客户的意图把首饰常见的构型元素表达出来，供客户组合这些元素；也可能是计算机自动制图系统（J–CAD），从系统中调取有关的构型元素，如图 13–1。这些常见的首饰构型元素在工厂中常常配有版模，一般就无须另行制版。如果客户要充分体现自己的设计意图，甚至向镶嵌厂提供自己的设计图纸，那么工厂往往就需要按照客户要求，先进行模版制作，这叫起版。

2. 起版

所谓的起版，就是将平面设计图制作成立体首饰样版的过程。即制作首饰的“模”的过程。

根据版型的材质不同，起版分为两类：蜡版（蜡模）和银版（银模）。

如果是较为简洁的款式，可以雕蜡起版。如果蜡版精密度足以制造客户要求的首饰，也不需要留作以后使用的话，就可以将蜡版转到浇铸环节进行首饰制作了。

如果是比较复杂精细的款式，必须制成银版。银版制作是首饰镶嵌厂技艺水平最高的环节之一，一般是由经验丰富技能全面的工艺师完成。它往往是以雕蜡为基础，然后通过失蜡浇铸配合众多手工技艺完成的。所制银板的表面，镂空部位和背面要光洁无痕，银板的各部分结构要合理，镶嵌宝石的位置尺寸要准确无痕，有些还要求对镶嵌部位进行预加工。一般来说银版制作过程涉及花丝工艺、錾花工艺、焊接工艺、浇铸工艺、冲压工艺甚至包括表面处理工艺等。

近年来首饰行业引入了电脑雕蜡版，不同于手工雕蜡的是它是通过电脑 3D 软件与喷蜡机相结合，做出蜡模造型，这一技术大有替代手工雕蜡与银版制作的趋势。即所谓的蜡质 3D 打印技术。

3. 压模

是制作胶“范”的过程，但此处的“范”并不是直接用来制作首饰的，而是为后续制作蜡模做准备的，尽管严格意义上它属于“范”，但现在的语言习惯通常称为制作胶模。其过程是把制作好的银版（模），放在压膜机中，用橡胶充满，冷却后用手术刀、镊子、尖嘴钳、剪刀等把银模取出，留下一个首饰体形空腔——即开胶模。所以得到的胶模实际是首饰的“范”。胶模橡胶寿命较长，可达到 10 年以上，频繁使用也可以用 2~3 年以上。所以制作一个经典的银版，及后面这种可重复使用的胶模，对于镶嵌厂降低批量生产的成本具有重要意义。

4. 注蜡

注蜡就是形成蜡模的过程。

首先应该打开胶模，检查胶模的完好性和清洁性。如果是使用过的胶模，就应该向胶模中尤其是开头比较细小复杂的位置喷洒脱蜡剂（也可撒少量滑石粉），以利于取出蜡模。

然后要预热注蜡机，打开气泵，调整好压力和温度。

图 13–2 注蜡

注蜡时，开动真空泵，检查蜡的温度是否在 70℃ ~75℃之间，检查气压，根据胶模内蜡件复杂程度调好注蜡时间，然后用双手将夹板中的胶模夹紧，手指的分布应该使胶模受压均匀；将胶模水口对准注蜡嘴平行推行，顶牢注蜡嘴后双手不动，用脚轻轻踏合注蜡开关并随即松开，当注蜡机的指示灯由黄色变为红色，再变成绿色，表示注蜡过程结束，可将胶模从蜡嘴旁移开。如图 13–2 所示。按注蜡的先后顺序放好胶模，当连续做 6~7 个胶模后，即可打开第一个胶模，取出蜡模，依次类推。如图 13–3 所示。取模时要注意手法，避免蜡件折断和变形，蜡模取出后仔细检查，如果出现缺边、断爪、变形、严重飞边（又叫溢边、披锋、这个过程是将单个的蜡模集中，以便于蜡树上所有的“枝干（每个蜡模）”同时进行后续的“失蜡浇铸”工艺，批量加工，提高效率，降低成本。对于现场失蜡浇铸的手工作坊而言，不存在植蜡树的环节。

6. 制作石膏范

将种好的蜡树连底盘一起套上不锈钢筒；将相应质量的石膏粉和水（需要用蒸馏水）按 2~2.5:1 的比例，搅拌成石膏浆。将石膏浆沿钢筒的内壁缓缓注入，切忌将石膏浆直接倒在蜡树上。直至石膏浆没过蜡树的树冠约 1cm。随后自然放置 6~12 小时以保证石膏的凝固。如图 13−7 所示。

图 13−7　灌石膏

显然，这里蜡模周围跟“失蜡浇铸”的定义略有差异，不是将石膏涂覆在蜡模上形成整体型壳，而是直接在蜡模四周充填了石膏浆糊，这是避免纤细的蜡树特别是枝干细节不能承受型壳之重而出现断裂的风险。

7. 脱模

脱模即失蜡。是保证浇铸正常进行的重要工序。

浇铸好的石膏范模与钢杯整体放到熔炉中缓慢低温加热，让石膏范中的蜡慢慢熔化蒸发掉。这一过程，既是实现的核心工序中的“失蜡”过程，也是通过焙烧让石膏范更加固化、干燥，并为浇铸保温，为浇铸做好准备。

以 18K 金的石膏范焙烧为例，脱蜡过程是从室温加热到 350℃并保温 2 小时；而干燥温度为 350℃ ~700℃，高温保温时间为 2~3 小时。

一般的烘焙过程是：首先将电炉预热到起始温度，将石膏范水口向下放入炉中，以方便蜡液流出蒸发。在脱蜡温度恒温一小时后，再逐步升温到最高温度并恒温。升温（或降温）速度应保持在 100℃ ~200℃ / 小时，否则升温过快易形成石膏范的裂纹，严重的可能造成石膏模损坏或报废。升温过慢又容易造成遗蜡或石膏模干燥不彻底，影响铸件质量。石膏模的烘焙时间主要取决于金树的大小和复杂程度，可根据具体情况进行调整。如图 13-8 所示。

图 13-8 烘焙石膏范

8. 熔金、倒模

倒模即浇铸。如图 13-9 至图 13-15 所示。

将石膏范附带固定钢杯，放入倒模熔炉中，设定好温度开始加热至 600℃，在 1~2 小时内恒温备用。同时在附近对备好的金料（如金 750 或铂 900 等）进行加热熔化。倒模炉达到既定温度，金料熔化后，将金属熔液倒入到石膏范中。为保证熔融的贵金属液体流动均匀，避免出现漏铸部件，往往采用真空吸铸工艺或离心浇铸工艺，如使用真空感应离心浇铸机浇铸。

图 13-9 熔金备料，为获得不同颜色的 K 金而准备的高纯金和对应的补口金属

图 13–10　熔金浇铸

图 13–11　使用真空感应离心浇铸机浇铸

图 13–12　静置 10~30 分钟冷却浇铸好的模体

图 13–13　淬冷炸裂石膏范

图 13–14　冲洗金树

稍稍恒温让金属熔液在石膏范中均匀化后冷却。取出带有浇铸首饰的石膏柱桶体，自然放置 10~30 分钟，用冷水淬炸，收缩碎裂石膏范，冲洗或用水枪喷洗，得到金树，用钢刷刷掉大块的石膏。为避免石膏在首饰上残留，可用浓苏打水浸泡后，再用盐酸涮洗。

图 13-15 倒模工序完成时得到的金树

9. 执模

如图 13-16 至图 13-19 所示。

图 13-16 剪金树准备执模

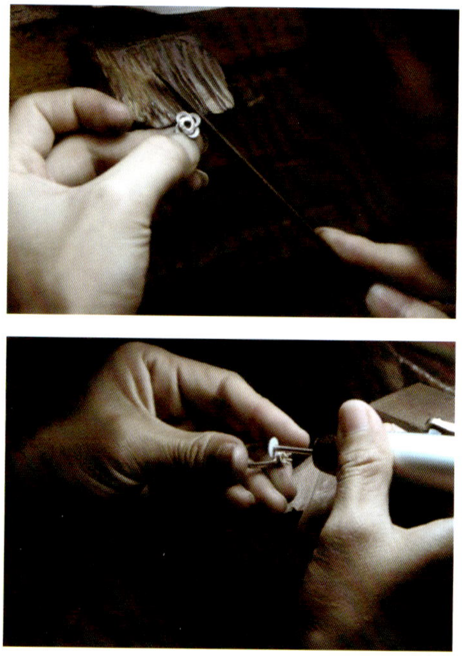

图 13-17 执模

图 13–18　细部抛光

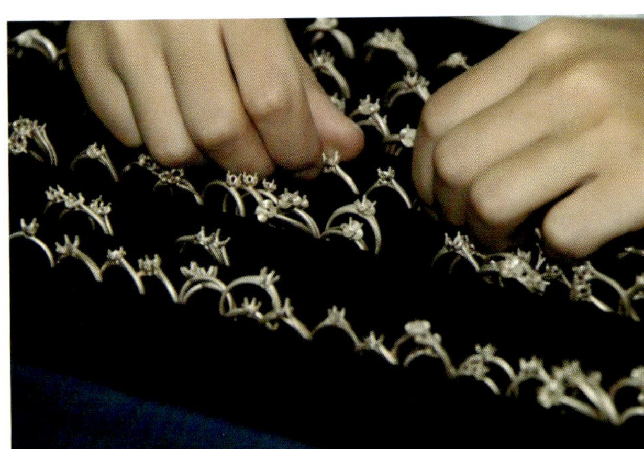

图 13–19　完成执模的钻石戒指托架

把倒模得到的粗糙产品用工具修整圆滑，得到线条优美、素面平整、角度明朗的半成品的过程，即为执模。如果是分体首饰，如手链，还需要将各个单元焊接成形，而手链的鸭舌扣弹片也需要在这一环节焊接。

将浇铸得到的首饰从金树上剪下，如果是戒指，应先在指棒上用小锤把圈口敲打整圆；如果有砂眼或浮金现象，则用焊片焊补砂洞用锉刀将剪口及其他凹凸不平的地方锉平，如果浮金严重的，则应该将产品废掉；用砂纸将首饰进行初步抛光，虽然是初步抛光，但应该注意角落部位要抛光到位，以免钻石镶嵌后无法进一步抛磨。

执模完成，一件用于宝石镶嵌的首饰托架就制作完成了。

10. 压蚀字印

执模完成后，需在托架材料上敲压上材料名称、相关厂家的简缩符号。对于销往中国的钻石饰品，还要求首饰上应该有钻石的质量印记，但钻石质量印记通常在镶石完成后再次压印。

目前，大多数钻石镶嵌厂使用激光刻蚀字印，该工艺不会因为首饰受力造成细微变形，因此，刻蚀字印往往被后移到电镀前或电镀后进行。

11. 镶石

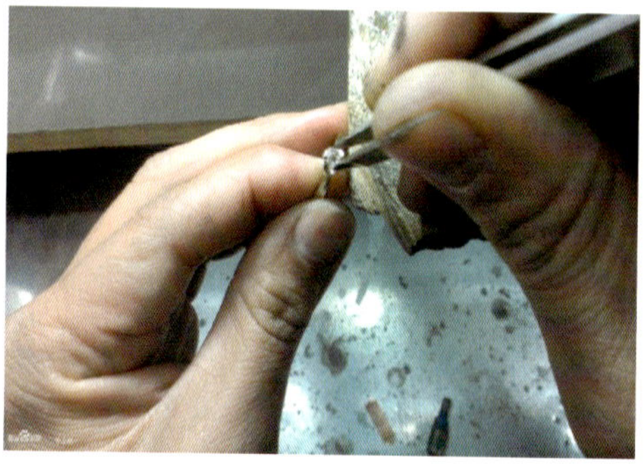

图 13-20　将钻石固定到首饰托架上

即将钻石固定到执模得到的首饰托架上，如图 13-20。按照钻石固定方式的不同，镶嵌方法分为爪镶、迫镶、包镶、钉镶、无边镶等。

有些镶嵌方法需要先在首饰托架镶石部位进行开槽，即开挖镶口的工艺。如常见的迫镶、爪镶等，需要开设 V 型槽口为固定钻石做准备。但并非所有的镶嵌方式都需要开槽。

钻石的无边镶，有时需要在钻石亭部开挖固定槽，这种方式会造成钻石的克拉质量损失。

12. 抛光

借助布轮、蜡、飞碟等工具材料，对镶嵌好的产品进行表面光洁化处理。

13. 电镀及其他工艺

电镀的目的是改变首饰表面性质，如首饰的颜色、表面硬度、表面亮度等。有时，局部的电镀可丰富首饰色彩。

出于对首饰装饰的需要，有时还会在首饰表面进行喷砂、刮砂、拉砂等丰富表面形貌、增强立体感、赋予更多美感元素的表面处理工艺。

14. 质检出厂

任何一种产品的加工厂，在出厂之前都应该进行必要的质量检测，首饰也不例外。出厂质检并非确保首饰佩戴过程中不会出现断裂、脱钻情况，而是查看加工工艺满足设计预期的程度。因此，只要达到设计预期的产品就是合格品。而佩戴过程中出现的钻石丢失、首饰断裂往往与外力施加有关，极少数情况下与设计缺陷有关。

出厂质检的内容主要是镶石是否牢固、曲线是否流畅滑顺、是否存在砂眼等缺陷、表面处理是否与设计一致等等。

图 13–22　微镶起钉工艺过程

齿钉镶是介于齿镶和起钉镶两者之间的一种镶嵌方法，主要利用已有的金属小齿在近根部来镶住宝石，以齿代钉，效果与起钉镶相同。齿钉镶克服了起钉镶的手工起钉较小、强度低、不够饱满、工艺难度大、技术要求较高的缺陷。齿钉镶由于镶石位和大小均已固定，无起钉镶那样随意、灵活。

图 13–23　爪镶，据 Tiffany & Co.

爪镶，Prong 或 Claw setting，是用金属爪（柱）扣住钻石，是一种重要的珠宝镶嵌工艺，爪镶方法是最为快速和实用的镶法，款式的变化和适用性也最为广泛，最大的优点就是金属很少遮挡钻石，使钻石的光芒展露无遗，可以从各个角度观赏，能够最大限度地展示珠宝之美。如图 13–23 所示。爪镶分独镶和群镶两种，独镶就是戒托上只镶 1 粒大宝石，群镶是除主石外，还配以副石（即小碎石）。素圈单钻的款式即独镶很适合采用爪镶。按爪顶端形状可分为圆爪、方爪、三角爪、指夹爪，八字爪等；按爪的个数可分为单爪、二爪、三爪、四爪、六爪、公共爪等等。六爪镶，如经典的六爪皇冠，用于圆钻；四爪镶，较多用于方钻。

较大粒的钻石为了牢固，有时会采用两小爪并成一爪的方式，称为并爪镶。缺点是爪部容易挂到头发或织物，如果是铂金，因为较软，可能会导致爪部变形，钻石脱落。此外由于镶口制作不标准或宝石切工不标准会造成如下缺陷：露底，指刻面宝石的亭部特别是底尖露出；露边，宝石的镶口露出；宽边，指宝石的腰部大于镶口，爪弯回易损伤宝石；漏缝，宝石腰部小于镶口。

迫镶，Channel Setting，又称轨道镶、夹镶或槽镶，是利用两条中间对应位置上开有浅槽的金属条带，夹住一排宝石腰部的“线”状镶嵌方法。如图 13–24 所示。镶嵌有两种形式：一是在金属镶口两侧车出槽沟，把宝石夹进槽沟的双轨镶嵌；二是在金属镶口单侧车出槽沟，另一侧用爪镶等其他固定方法的单轨镶嵌。轨道镶具有外观线条流畅，分布整洁美观的优点，更显得豪华珍贵。

图 13–24　轨道镶，据 Tiffany & Co.

迫镶适用于较小的宝石排镶或豪华款式的曲线排镶，款式比较新颖；迫镶的宝石要求大小、形状和颜色等级一致或匹配。根据镶嵌对象和构图形式，迫镶又可以细分出迫圆钻、迫方钻和田字迫三种类型。

图 13–25　包镶，据 Tiffany & Co.

包镶，Rub-over setting，或 Bezel setting，即折边镶、包边镶，用金属边把宝石四周围住，是镶嵌方法中最为稳固的方法之一。如图 13-25。用金属底座包围钻石，露出钻石的桌面及冠部，金属的围边容易令人产生错觉，让钻石看来较大。这种镶法也适合镶嵌不同形状的钻石，即钻石完全地被形似画框的贵金属边缘所包围。它广泛应用于耳环、吊坠、手链或戒指等。

包镶由于是用金属边把钻石的腰部以下封在金属托架之内，利用了贵金属的坚固性防止钻石脱落，也展现了钻石的亮光，光彩内敛，有平和端庄的气质。查看包镶钻石时需注意，钻石底尖不能露出托架，否则会损伤皮肤或撞伤钻石。如果背部封底镶口，中央会有一小孔用以调整钻石面位置，包边与钻石之间应当严密没有空隙，均匀流畅，光滑平整。

窝镶（光圈镶）是包镶的一种，宝石陷入环形金属石碗（窝）内，边部由金属包裹嵌紧，宝石的外围有一下陷的金属环边，光照下犹如一个光环，故又名光圈镶。可分为光圈镶和齿光圈镶，齿光圈镶是在金属环边上，用手工雕出几个金属小齿来镶住宝石。光圈镶由于金属光环的存在，在视觉上给人感觉到宝石增大了许多，圆形光环也较有装饰性。显然窝镶只适合较小的宝石，至少钻石全深不能大于金属托架的厚度。

图 13-26　组合镶——轨道迫镶与钉镶组合，据 Tiffany & Co.

组合镶是指在同一宝石的镶嵌上汇集了不同的镶嵌工艺。如图 13-26 所示。可以是在主石的镶嵌中既有爪镶，同时也有包镶，如心形、水滴形宝石的镶嵌，是利用包角镶镶嵌顶角，后侧则用爪镶镶嵌；也可以在群镶中出现齿钉镶加槽镶等组合。组合镶可不拘于传统镶嵌方法，镶嵌形式变化多端，给人以新颖、独特之感。

插镶，极少用于钻石的镶嵌。但在一些原石钻石的镶嵌中有时用到，它需要对钻石钻半孔。工艺上是在一个碟形的金属石碗中间，垂直伸出一金属插针，将胶水涂在金属针上，将金属针插入钻有小孔的钻石中，从而镶住钻石。插镶对钻石无任何遮挡，突出显示了钻石的整体形象。这种镶嵌工艺主要用于珍珠上。

钻石首饰镶嵌的方法有很多种，但是无论哪种镶嵌方法，技术要求都基本一样，首先必须保证钻石牢固，必须让钻石周正、平顺，镶边要均匀滑润、镶爪高低及分布要合理对称。总之，镶嵌的主要要求是钻石应紧密地与首饰托架吻合，使其连成一个完美的艺术整体。

第十四章 钻石首饰的贸易过程

第一节 钻石首饰销售形态

钻石首饰从镶嵌厂出厂，即进入钻石首饰买卖过程。即销售与购买。

一、钻石首饰的销售模式

钻饰作为一种产品，其销售模式已经运用成熟、行之有效，具有完整的体系、可复制、操作性较强。当前主要包括以下几个类型：批发、代理、特许加盟、直营、团购、B2C网络销售、C2C模式等。尽管这些模式随着时代的发展变化不断演变，呈现你中有我，我中有你的现象，但仍各具特色。

批发模式是通过全国主要大型批发市场的批发商销售货品。优势：利用批发市场全国销售网点多、辐射面广的特点，将产品在市场上快速铺开，迅速实现资金回笼。不足：不利于品牌创立、维护与形象提升，对公司长远发展不利。例如，钻石首饰集散地各大展厅，各个次级批发商场等。

代理商模式，将全国划分为若干区域，每个区域设立代理商，企业授权代理商全权负责该区域内的产品销售，由代理商发展和管理下属终端商，严格来说，下属代理商的货品应由品牌总部供应。优势：节约品牌销售渠道拓展成本和管理成本，发挥代理商的积极性和主动性。不足：在品牌推广与货品管理上不易控制，特别是在珠宝首饰领域。例如，某些著名国际珠宝品牌在中国的经营是非常典型的代理商模式。

加盟模式，以特许经营权为核心，由公司总部直接发展终端加盟商，或由特许区域商发展终端加盟商，按照统一的模式进行销售，各个店铺自负盈亏，人员与品牌总部无雇佣关系。优势：品牌管理标准化、系统更新及时。不足：对加盟双方的协同要求较高，加盟者的自由度受到很大限制。如某些总部位于上海、深圳、香港等地而在各个城市开设的珠宝店。

直营模式，品牌企业自己选择合适的店铺经营并管理店铺，各个店铺中的核心管理者直接归属品牌企业。优势：较好地体现品牌形象、容易实现垂直管理和精细化营销，市场计划执行力强，能够最准确地掌握市场信息。不足：初始投资成本较高，终端管理能力要求较高。如香港某著名品牌有一大部分店铺为其直营店，最为典型的直营店是那些一直在某个城市发展的、位置不同但名称相同，由家族经营的珠宝店铺。

团购模式，公司团购营销部分直接与大型企业接洽，签订供销合同。优势：资金回笼稳定快捷，存货周转时间短。不足：对公司团购营销团队的要求较高。如某品牌指定某某公司为其供货商；在钻石行业中，钻石首饰制造商与钻石批发商之间的供销关系常常为团购模式。

B2C 网络销售模式，B2C 是 Business-to-Customer 的缩写，其中文简称为“商对客”。“商对客”是电子商务的一种模式，也就是通常说的直接面向消费者销售产品和服务商业零售模式。这种形式的电子商务一般以网络零售业为主，主要借助于互联网开展在线销售活动。B2C 即企业通过互联网为消费者提供一个新型的购物环境——网上商店，消费者通过网络在网上购物、网上支付等消费行为。简言之，利用品牌与互联网开展网上销售。电视等媒体销售也可以归属到这一销售模式中。优势：减少销售环节，节约实际销售成本、信息采集及时、物流管理快捷。不足：相关法律体系不健全、网上交易存在安全隐患。

C2C 模式，即 Customer（Consumer） to Customer（Consumer），意思就是消费者个人间的电子商务行为。比如一个消费者有一台电脑，通过网络进行交易，把它出售给另外一个消费者，此种交易类型就称为 C2C 电子商务。利用一些大型网络交易平台（C2C 平台）销售首饰的小卖家，比较分散，产品一般都是低端或自己不再需要的产品。优势：价格低，容易吸引低端消费者。不足：规模小，不容易形成明显的产品优势。

二、钻石批发模式的典型代表——钻饰展厅

钻饰批发行业面对的客户与加工厂类似，主要是次级批发商、零售商、进出口贸易商等，在中国珠宝行业中，包括多个品种的批发都是在批发交易展厅中完成的。

钻饰展厅（包括固定的和流动的）中，往往有着大量的库存（或中转货品），而且货品经过详细分类，每种款式挑选一件样品陈列到展柜中，供客户挑选，客户选择中意的款式后，可进一步针对库存中货品的金属类别、钻石 4C、首饰尺寸（如戒指圈口大小、手镯尺寸）等信息更深入挑选，以达成交易。除了批发商固定的营业场所外，国内外珠宝首饰展销会则是批发商们的流动性经营展厅。此外，批发商还会派出背包客将货品送至零售客户经营点，供其挑选，所以背包客有时也是“流动性展厅”的一种形式。

以钻石展厅模式进行的批发经营有其显著的优势：

首先，产品的品质常常经过筛选。因为每个展厅都有其特色的主打产品，展厅在从镶嵌厂预定生产订单前，往往对镶嵌厂做了深入的调研，甚至都是长久的合作伙伴，对加工厂的特长了解深入，因此展厅会根据各个工厂的特长分派订单，从而保证了每一笔订单的产品都是其合作工厂中较高技艺的体现。钻石首饰展厅这方面的优势是各个零售终端店难以具备的。

其次，业务过程短，非常适合售卖高峰期的紧急补货。对于所有的零售市场来说，重大的节日假日往往是销售高潮期，在中国，对于钻石首饰而言，五一劳动节、国庆节、春节、情人节常常是销售井喷的节日，比如 9 月中下旬销售人员突然反馈某些款式断货，这种情况再向加工厂下订单，到国庆节前已不可能完成加工。批发展厅完全可以满足供货需求，一旦选好指定款式的货品，当天或者第二天就可以带走，3 天时间往往就能把批发来的货品送上销售柜台。

再次，展厅产品直观。所有货品都是加工好的成品，展厅的柜台背景、灯光照明与零售店类似，因此，在展厅看到的货品效果与在零售店看到的效果一样。对于该货品在零售店中的感观评估偏差小。要知道，在加工厂产品预订的时候，所看到的“实物”往往是蜡模，有时甚至是图纸。

另外，展厅配套服务完善。中国市场的特色决定了，零售珠宝货品往往在销售前配置第三方检验机构的鉴定证书，以作为产品信息的“公证”，鉴定证书也成为零售商最好的促销工具之一。目前绝大多数钻饰展厅都有代客送检业务，即展厅货品交接前，每件货品都可以配备好检验机构的鉴定证书。当然，展厅作为营业场所，其产品的标签往往是齐全的，客户完全可以使用展厅提供的标签进行零售，也可以让展厅根据零售店的要求重新核算价格打印标签。甚至，有的展厅还可以为每件货品提供一个简易的首饰包装盒。钻饰展厅这种营业模式，可为零售商提供一站式（鉴定证书配备、标签制作、包装配置等）供货。

钻饰展厅的客户批发成品，就省去了挑选采购钻石裸石、调配钻石尺寸规格的过程。在批发商提供了有关钻石品质证明（鉴定分级证书）的情况下，无须对钻石真假、天然合成等情况进行核验。即便首饰存在品质偏差，只需要与展厅经营方沟通交涉即可。

最后，随着互联网技术的发达，近年来许多展厅推出了远程选货服务，展厅业务员可以将陈列的货品直播到视频中，供客户挑选货品，以此替代了以往电话订货看不到货品的尴尬。

三、不同零售场所的差异

钻饰零售的经营模式较多，就场所来说包括品牌名店、专卖店、商贸中心店中店、百货公司专柜，网络销售体验店等。目前我国的这些经营态势各有不同，让购买者的选择呈立体性、互补型态势。

世界著名品牌店在一些发达地区大中型城市中开设店铺，有些是独立门面，有的开设在百货公司中，品牌名店的产品价格往往较高，产品价格与贵金属行情价格、钻石行情价格无直接关系；产品文化性强、特色显著，品牌区分力强；产品售后服务周期长。

专卖店背后的经营模式多样化，但具体某店的经营模式并不易被消费者熟知。相比而言，专卖店的价格有一定的优势；但产品特色不显著，品牌区分力弱；很多专卖店配有售后服务人员，一些简易的清洗、抛光、正型、夹固、修改尺寸都可现场完成，甚至焊接、配石等工作都可以现场完成。

商贸中心店中店实际是专卖店的一种，它与商贸中心的关系往往是租客与房东的关系。相比来说商贸中心客流量比临街专卖店大，产品价格品牌特点与商贸中心有对应关系，所以消费价格有时受商贸中心消费水平的影响；一般来说店中店产品的品牌区分度比单店略高，但并不显著；受商贸中心经营场所、人员密度大等特点的影响，特别是出于安全因素，有些店中店不具备现场修整首饰的能力。

百货公司专柜有的属于店中店，有的是百货公司直营店，随着社会分工越来越细化，目前以前者业态居多。百货公司专柜相比而言价格比专卖店略高，但由于多个供应商的货柜集中于一起，因此货品量大，在价格、款式、金属类型、钻石 4C 等方面的选择余地大；关于售后质量担保方面，百货公司往往担负一定的责任，所以出现产品质量纠纷，可以向百货公司交涉。

网络销售体验店，互联网时代的新型业态，价格便宜，价格往往与贵金属、钻石行情波动有关，专长定制配石较少或者没有配石的首饰，制作周期较长，往往超过 1 个星期甚至需要 4 个星期才能制作完成。售后正型、维修等服务往往需要返厂。

第二节　钻石首饰零售交易的促成过程

零售钻石首饰交易的促成，取决于购买者的感觉和销售者对购买需求的满足。

为此，购买者在购买前应做一番准备工作：根据自己对花费、钻石大小的预算，进行简要的市场调查，了解一些有关 4C 的知识，对比各家店铺在自己预算的价格上下，可购买到什么样的产品，附带有哪些售后服务。

而销售者除了布置好经营场所、陈列好商品外，应该积极与顾客进行简明扼要的沟通，尽可能清楚、简洁地表达自己的思想——问清顾客想买什么，介绍店铺能够提供什么货品和服务，尽可能避免使用一些行业术语，特别忌讳使用一连串的由首字母构成的词。比如本书中所有的内容文字，绝不是用于跟顾客交流时使用的，本书内容更多的是介绍行业的方方面面知识，而跟顾客交流是不应该用本书中的语言词汇的。换句话说，本书中的内容、行业术语除了对有意浸淫于行业内的人有用之外，对其他大多数的人来说是毫无意义的。特别要注意购买者并不总是像学习过钻石知识的人一样熟悉那些术语，而且即使他们听不懂销售者在说些什么，他们通常也不会表达出没听懂的意思来——这种不在同一层面上的交流是销售活动中的大忌。

尽管购买者对钻石了解不深入，但他们通常不会购买自己所不了解的产品。

所以，要促成交易，不是由销售者讲述一些非常正确、全面的专业知识，而是让购买者了解他想要了解的信息，从购买者的角度看销售者能够满足他的要求，甚至能提供比他预期更佳的服务。

所以为了促成交易，双方良好的沟通是必要的。购买者每提一个问题，销售者应该简洁通俗地解决一个问题，而且要追索购买者的反馈，以确定购买者对这个问题得到了满意的答复。

为了保证沟通的效果，买卖双方可以提供一些直观的手段，比如购买者可以通过互联网等媒体寻找自己喜欢的款式，在沟通过程中向销售人员展示。而销售者也可以运用视觉手段清楚地展示自己的产品、服务，以避免讲解过程中不可避免地用到术语。比如将服务项目用图片形式制作成小册子，让购买者看到图片，比用语言讲解更好。

一、了解货品

一个销售组织要构建良好的销售生态，并非基于抓住购买人的认识弱点上，而是应该建立自身在对专业知识的正确理解，积极向购买人进行解释，形成良好沟通的基础上。

因此，销售机构与销售人应该多多了解、深入涉猎钻石的历史、形成过程、开采过程以及钻石分级体系等；更应该对展柜饰品有必要的了解，认识货品的特点。能够向购买人解释购买货品的好处，从而运用货品知识打动购买人，让购买人认识到货品的优点，使购买者能够预计到或体验到购买货品给他们带来的好处，并得到精神上和物质上的满足。

1. 认识货品特点

作为销售组织或销售人，不同于检测实验室，不需要销售人成为专业的钻石鉴定师、分级师，也无须追求成为货品教科书的水平。但每位销售人都必须对钻石的基本知识有所了解，对店内存货了如指掌。由于购买人对钻石会有一些认识（这些认识可能正确，也可能不正确），也许他们在走进珠宝店前曾专门查阅过有关资料或从朋友、同事那里得到一些信息，甚至已经完成了货比三家，这就需要销售人能为购买者提供合适的货品以供选择、为购买者当好参谋、提供帮助。无论购买人是多么专业的鉴定师、设计师、首饰加工师，其实在具体货品面前，他对珠宝店的诸多政策并不了解，所以，展柜面前销售者才是钻石行家，所以销售人理所应当地应该充满信心而有根据地回答、解释购买人的问题，从而赢得购买人对销售者、对货品、对珠宝店的信心与信任。

相反，如果对钻饰（而不是钻石）没有充分的认识，在购买人面前缺乏信心或无法回答购买人的问题，购买人往往会对销售者、珠宝店及其货品失去信心，缺乏安全感，加重后顾之忧，最终会导致交易失败。

本书中有关钻石的性质、钻石的历史、钻石形成、开采、切磨、4C、首饰镶嵌的内容，构成了钻石首饰的基本特点。但对于销售人来说，还应该向购买人说明钻石、钻石首饰对购买人的价值。

2. 解释货品优点

为了向购买者说明货品价值，销售人应善于运用这些货品知识，对最能打动购买者、引起其兴趣的价值进行说明。必须仔细揣摩购买人：是什么类型的人？有什么需要？只有了解了购买者，才能让他的需求得到最大的满足。

对于很多购买者而言，都会关心钻石价格昂贵的原因、钻石首饰之间价格差异的原因，这时销售者让购买人认识到“钻石的某些特点正是他寻求的价值所在”很重要。单纯地罗列钻石基本知识并无太大的意义，但通过比较，某些基本知识信息可以转变成对购买者有意义、有价值的信息，让购买者理解购买钻石后能带来的优点与好处。

那么如何将钻石的特点变成对购买者有意义的优点呢？首先要了解购买者的动机：客人进入珠宝店的原因是什么？他在什么情况下会购买钻石？有没有特别的意义？他是不是要作为礼物赠送给别人，接收礼物的又是什么样的人？这些问题终归会指向一个方向：购买人不是单纯为了昂贵花费而购买，而是看重钻石首饰是代表美丽、浪漫、特别的爱的礼物。

例如，对于购买结婚钻戒的年轻情侣来说，钻石的坚硬象征着爱情的坚贞不渝，钻石的纯净象征着爱情的纯洁，钻石的璀璨象征着爱情的热烈，钻石的独特象征着爱情的专一，等等；对于已婚女性而言，钻石首饰可能意味着对过去浪漫时光的重温，作为表现幸福婚姻、家庭美满的象征，等等；对于男士来说，钻石首饰是事业成功的象征，是身份与地位的象征，是男士坚强、勇敢的象征。

一位优秀的销售者，应以购买人的需求得到满足为追求。并非一味地退让，而是通过广博的货品知识、良好的沟通技巧，并让货品知识恰如其分地融入沟通中，让购买人接受有关的信息、理念，让购买者对销售服务产生认同。成功的珠宝商都会着眼于未来，因此以可靠的、有条理的方式向客人传递钻石信息，有利于建立客人与珠宝店之间的信心即长期合作关系。

在说明货品优点的时候，应该重视钻石对于购买者的价值，大部分来自情感方面。情感需求往往才是购买者真正的需求。如同钻石每颗都各有特点一样，购买者也是各不相同的，他们的知识水平、兴趣不一样，购买者买钻石的动机也是多种多样的，如表示爱情、表现魅力、表现地位、表示成功或是追求一种时尚，因此沟通过程尽可能了解购买者的动机，从而根据需求贴切地说明购买的好处。这包括：一种浪漫的传统，成功婚姻的象征，一种示爱的特别礼物，一种突出自己的方法，一件具有永恒价值的珍藏品，一件高档的艺术品，一种自我形象的表现，一件轻便的财产……

了解到这些情感需求，就不要过多地强调实用性与技术特点，应适时对购买者的感性需求予以肯定和赞许。当购买者涉及钻石基本知识或对货品标识疑问时，可对购买者予以解释，视情况借助4C坐标图或对证书上有关内容进行展示，但注意力仍应突出购买钻石的情感优点上。

为了突出这些情感优点，下列表达方法可供选择：

● 较大的钻石会给人留下深刻的印象。设想一下，您的朋友看到钻石熠熠生辉，肯定会发出由衷的赞叹。

● 她佩戴着这么漂亮的钻饰，会脱俗超群，充分展现她高贵的气质。

● 可以肯定，这枚钻饰必定会令她感到兴奋不已，当她戴着这颗钻石，朋友们一定会用非常羡慕的眼光看她。

● 它是最理想的示爱礼物，因为钻石是永恒的。

● 每颗钻石都有独特的美感，因为每颗钻石都是独一无二的。就如世界上没有两个完全一样的人。

● 拥有这颗钻石将会给她带来恒久的喜悦，令她永远记住特别的日子。

● 送给她这颗美丽的钻石，将会令她终生铭记，常常想起这一激动人心的时刻。

● 钻石往往会带来极大的惊喜，它是最特别的礼物。

● 这种镶工真正是独特的设计，它与独一无二的钻石交相辉映。

● 像爱情这样温馨、珍贵的情怀，只有晶莹纯洁的、光彩永恒的钻石才可得到贴切的体现。

● 美钻是代表您真诚、永恒爱意的最佳礼物。

● 每当她看到您馈赠的定情信物——钻石戒指，就会想起您对他的浓情蜜意，令她时刻感受到您对她的无尽爱意。

● 这枚结婚钻戒最能表示您的这份深深的爱意，令她知道像她这样的独一无二，只有钻石才能比拟。

3. 购买者关心的问题示例

● 为什么有时候两颗钻石的分数相差很小，例如 48 分和 50 分的两颗钻石，它们之间的价格相差较大？

● 钻石都是无色透明的吗？

● 为什么钻石的切磨对钻石的品质有那么重要的影响？

● VS 代表什么意思？钻石是否都有瑕疵？有瑕疵的钻石值不值钱？

● 我到哪里去购买南非钻？

● 非洲产钻石，那里的消费水平低，是不是那里的钻石首饰更便宜？

● 修改指圈会不会留下痕迹？会不会改变指圈形状？会不会导致钻石松动？

● 钻石会不会很难切割、抛光？

● 赠送订婚钻戒的传统开始于何时？

二、珠宝店的服务

尽管互联网时代珠宝的经营模式趋于多样化，但珠宝店仍是具有广泛意义的零售的主要场所。一般来说购买者来到珠宝店，会有三个方面的需求：希望买到适合自己需要的首饰，享受到一个舒适的购物环境，希望购买过程中和购买后能得到热情周到的服务。这三个方面其实对应于销售的售前、售中和售后服务。

售前服务即销售氛围营造包括销售人员知识的充实，以及货品的陈列。而售中服务则是成交的核心。售后服务则是对首饰质量保证、维护保养以及客户维护等建立长期合作关系的有关工作。

三、了解购买人

1. 潜在购买者的一些心理特征

根据调查，中国年轻消费者对钻石首饰有着强烈的购买欲望。然而，他们常常在珠宝店外徘徊，对购买和佩戴钻石首饰缺乏自信心，对钻石缺乏信心，对首饰店缺乏信心。这种信心与信任的缺乏让潜在的购买者推迟了其购买钻饰的时间。

对中国东部城市女性调查表明，超过半数的人希望拥有钻石首饰，然而他们之中有超过三分之二的人认为“自己不适合佩戴钻石首饰”。这种矛盾的认识包含着多方面的原因，比如：“钻石首饰太贵，没有佩戴这种首饰的经验”“我还太年轻，还没有到佩戴钻饰的年龄”“即使我戴的是钻石首饰，别人也不会相信这是真的钻石”“钻石首饰是在非常正式、隆重的场合佩戴的首饰，而我并不怎么有机会出席这样的场合”“钻石首饰是贵妇人、阔太太们佩戴的首饰，我们这些普通人能戴吗？”

在这样的心理作用下，有购买欲望的人会对钻石首饰望而生畏，认为钻石首饰是可望而不可即的首饰。

这些表现不是说明潜在购买人对钻石首饰不感兴趣，而仅仅反映他们对于购买、佩戴钻饰还没有足够的心理准备。

另外潜在购买人对于钻石的真假存在担忧、对品质与价格的关系不清楚，无法估计钻饰的价值等因素，使得潜在购买人对钻饰货品本身缺乏信心。由此也加剧了潜在购买人对珠宝店的不信任。

潜在购买人对珠宝店的不信任主要表现在：在珠宝店外徘徊不敢进店，进店后感到不自然。产生这种结果的原因可能是：潜在购买人缺乏在这种环境下购物的经验，担心销售人员会不适当地接待如销售人员过度热情，担心会上当买到假货或次品，对于提问销售人员不能给予明确的、可信的回答，等等。

2. 购买者的类型

了解购买者是一个什么样的人，是促成交易的基础。要了解购买者，可从几个方面着手。

首先认真观察购买人。作为销售人员，应该保持清醒，用眼观察，用心思考，主次兼顾。比如正在接待客人的过程中，发现有其他客人在店内等候，应先用眼神接触，点头微笑示意，让后来客人或陪伴者意识到销售人员已经注意到了他们的等候。

对于正在接待的购买人，销售人员应留意：他们的衣着怎么样？是流行的还是朴素稳重的？他们有没有佩戴较为贵重的饰物？他们佩戴的是玉器、彩色宝石还是钻石首饰？佩戴何种手表？使用何种手包？大致年龄？性别？他们的举止给人什么样的印象？有没有陪伴者？他们的交谈？通过这些信息，销售人员应该对客人的类型、消费习惯有大致的了解，从而判断如果他要选择首饰的话，是选择时尚的还是经典的，是豪华的还是朴素的，是独特设计的还是大众款式，是高价的还是低价的，是自己买还是赠送给别人，等等。

当然，人不可貌相，还应该通过推荐性试探确认购买人的需求。这就需要销售人员与购买人交谈。

只有通过交谈，才能获得进一步的信息，比如：客人是本地人还是外地人？是南方人还是北方人？购买人讲话的语速、语调可能反映他的个性特点。通过交谈还能了解购买人对钻石首饰的认知程度，了解他的消费倾向、兴趣。

不同年龄段的人对于交谈的态度可能有差异，比如一些年轻情侣可能缺乏在珠宝店购物的体验，对钻石不了解，因而有犹豫不自然的表现，这种情况下，销售人员的主动交谈可能会加重他们的紧张气氛。而对于年长的人来说，比较容易表达出个人的见解，比如是挑选周年庆钻饰还是自己选购一件漂亮的首饰。

四、购买过程

任何产品的购买过程，购买人往往遵循以下步骤：

产生欲望。欲望的产生往往受到广告宣传的启示，亲朋好友的影响或展柜橱窗陈列的诱惑。因此，为促成交易，培养购买欲望是基础。

收集信息。即对钻石首饰及其价格进行调查了解的过程。信息来源包括商业来源，如橱窗广告、展销会等；大众来源，如媒体广告；经验来源，即以往的购买经验。

选择货品。货比三家的过程。

购买决策。这是购买者进行交易的关键阶段。

购后评价。交易完成后自己的心理波动以及对周围人关注目光的心理反应。即自己是否满意，别人是否赞许。这一过程经常见到的一种现象是，购买人戴着一枚新的首饰到其他珠宝店询价。

显然，对于销售者来说，正确把握客人处于购买过程的哪个阶段，对于促成交易来说非常重要。一旦确定了客人做好了购买决策了，就应适时安排撮合达成交易。

五、安排撮合

通过观察与聆听，展示货品，消除疑虑，将合适的钻石首饰交付给合适的购买人的过程。

与购买人收集信息阶段的关注重点不同，购买决策确定后，购买人往往不再过于纠缠某个级别与价格的关系。听锣听声，听话听音。购买人可能会提出“太贵了买不起”等，这时往往可能表示：购买人的经济状况、对钻饰的支付能力，对钻石价格不了解怕买贵了，购买人出于挑剔对价格提出疑义，购买人试探商店对于价格的态度等等。

这时需要销售人通过对产品的介绍说明价格的合理性，通过不同产品的价格比较说明物有所值，通过钻石的恒久性说明一朝拥有一世珍藏。

当然，体验佩戴是安排撮合过程中非常重要的一环。佩戴者能亲临现场的情况下，让本人体验，现场感受佩戴的效果，会非常强烈地进一步激发出她的拥有欲望。而这种欲望越强，对价格在乎得越少。如果佩戴者不在现场，销售人员不妨客串一下模特，展示佩戴情况。

无论购买人是否付诸行动进行购买，销售人员此时主动地针对钻石的品质、首饰款式、产品质量保证、售后服务等内容，消除购买人的疑虑是必要的。

唯有购买人对销售者的服务、帮助感到满意，对销售人员充满信心，对珠宝店充分信任，交易方能达成，并可能有以后再次合作的机会，甚至购买人会介绍亲朋好友前来购买。

第十五章 钻石文化
——爱的升华过程

卖钻石，不仅仅是因为钻石性质的卓越；买钻石，不仅仅因为钻石的璀璨、稀有。钻石成为一种价格高昂的商品，主要归功于其丰富的文化内涵。

第一节 爱情象征

1447 年，奥地利马克西米兰大公爵送给勃艮第（位于法国中部）公主玛丽一枚钻石戒指作为订婚信物，开启了钻石作为婚姻信物的时代。

古老的传说中认为，人的左手无名指有一条特殊的静脉血管直通心脏，新郎、新娘步入婚姻殿堂之际，把钻石戒指戴在左手无名指上，作为彼此爱的表达与承诺，互通心灵，感知对方的爱。另有说法认为爱神丘比特的箭尖是用钻石做成的，因此才具有了征服爱的神奇力量。信奉基督教者对于钻戒为何戴在左手无名指上有其解释，认为这是源自于婚礼仪式上，牧师手拿戒指按顺序轻触新人的左手，并说“奉圣父、圣子、圣灵之名”，最后戒指落在左手第四个手指上，因而形成婚戒佩戴传统。

在 15 世纪以前的时候，钻石极为稀缺，几乎没有钻石加工技术，更没有钻石打磨工艺，因此当时的钻石不可能像如今抛光好的钻石一样璀璨、四射光芒。18 世纪前，人们并不知道钻石是由较为纯净的单一元素组成的。“坚不可摧”是让钻石成为爱情信物主要精神寄托。

1886 年，美国的查尔斯·路易斯·蒂芙尼先生向世人首推如今众所周知的蒂芙尼订婚钻戒。

显然，这一婚约钻戒理念并非由 19 世纪末期才诞生的“戴比尔斯”率先宣扬的。不过在 20 世纪 30 年代，美国首先丰富了钻石作为爱情婚姻信物的内涵，钻石不仅仅象征爱情的坚贞不渝；钻石的纯粹单一，也成为爱的纯洁的象征；抛光钻石的璀璨火彩成为爱情炽热的代言。

后来戴比尔斯提出“钻石恒久远，一颗永流传（A diamond is forever）”，更是将习俗推向了“无钻不婚”的新风尚，从此钻石成为最尊贵的爱情信物。

物以稀为贵，这句俗语用于钻石最为恰当。在人类历史的长河中，钻石是一种恒久爱的象征——数十亿年前在地球深部形成的美丽的钻石，几乎与地球的历史一样悠久，它的光泽与火彩激发着人们丰富的想象与恒久追求。

第二节　生辰石

十二月生辰石，英文名 Birthstone ，是欧美传说中代表十二个月出生的人们的诞生石。从 16 世纪开始，前人把不同的宝石与一年的 12 个月相对应，当作个人出生的标志，便被称为“诞生石”或“生辰石”。前人普遍认为：诞生石具有辟邪护身的魔力，能给人带来好运气。生辰石据说同圣经中的十二基石、胸甲十二颗宝石、伊斯兰的十二天使和天体十二宫的传说有关。久而久之，成为一种佩戴诞生月宝石的习俗。

生辰石的历史背景，极富传奇色彩。相传生辰石起源于古代以色列，《圣经·出埃及记》谈到，公元前 1300 年，当犹太人在荒漠上建起圣殿的时候，上帝就对摩西下道旨令，要他制作一套法衣，并在法衣的胸铠处镶嵌 4 行 12 颗宝石：第一行是红宝石、碧玺、石榴石；第二行是祖母绿、蓝宝石、钻石；第三行是月光石、海蓝宝石、紫水晶；第四行是橄榄石、黄水晶、松石。每粒宝石上刻有以色列 12 个部落中一个部落的名字，代表一个特定月份，作为这个月份的象征。

其中四月的生辰石是钻石，作为珠宝之王，是目前已知天然矿物中硬度最高者，其象征坚忍、永恒、纯净，被视为坚贞不渝的婚姻盟约。代表星座是金牛座（4 月 21 日 ~ 5 月 21 日）。

第三节　婚姻、纪念习俗

在西方，每个结婚周年都有某个指定的物品作为婚庆纪念的别名，随着结婚时间的增长，这种婚庆代表物越来越珍贵，如 10 年为锡婚，20 年为瓷婚，50 周年为金婚，60 周年为钻石婚。近些年随着文化交流的频繁，中国也逐步流行这种文化观念。

除了婚姻周年庆，一些具有特殊意义的周年纪念，也采用类似周年婚庆的别称，比如 60 周年庆，又叫钻石庆典。

主要国家婚姻周年庆代名词如下：

美国

1 年纸婚；2 年布婚；3 年皮婚；4 年丝婚；5 年木婚；6 年铁婚；7 年铜婚；8 年电婚；9 年陶婚；10 年锡婚；11 年钢婚；12 年亚麻婚；13 年花边婚；14 年象牙婚；15 年水晶婚；20 年瓷婚；25 年银婚；30 年珍珠婚；35 年玉婚；40 年红宝石婚；45 年蓝宝石婚；50 年金婚；60 年钻石婚。

法国

1 年棉婚；2 年皮婚；3 年麦婚；4 年蜡婚；5 年木婚；6 年铜婚；7 年羊皮毛婚；8 年虞美人婚；9 年陶婚；10 年锡婚；11 年珊瑚婚；12 年丝婚；13 年铃兰婚；14 年铅婚；15 年水晶婚；16 年蓝宝石婚；17 年玫瑰婚；18 年绿松石婚；19 年印花婚；20 年瓷婚；21 年乳

一运输者。在她的传奇的一生中，拥有各种华美的钻石首饰、珍珠瑰宝。而她又特别钟爱钻石。16 世纪 50 年代她被玛丽女王囚禁期间，曾经在自己的寝宫窗户上用钻石刻了一首短诗："Much suspected by me，nothing proved can be，quoth Elizabeth prisoner.——空对嫌疑无从质，莫须有亦赐囚衣——（起义肃反与我无关，）重大嫌疑被按在我身上，但并没有什么证据，就（认定）说我伊丽莎白是罪犯。"据说这一做法引起了欧洲贵族女子的效仿，大家纷纷用钻石刻制诗歌铭文。

1850 年，印度向英国维多利亚女王（1819 年 ~1901 年）朝贡了一粒重大 105.6ct 的著名钻石，即近些年有传言印度欲向英王宫索要的"光明之山"。这粒钻石于 1877 年被镶嵌在英国王冠上。从此以后，象征继位、加冕、当政的王冠几乎总有钻石闪耀。

此外，法国的拿破仑、俄国的彼得大帝等历史上著名的征战帝王，都钟情于钻石，认为钻石具有攻无不克的神圣力量，被视为权力顶端的标志。

即便是现代，王室仍不掩饰其对钻石的珍爱，1995 年泰国普密蓬国王登基 50 周年时，一位商人向其赠送了世界第一大抛光钻石"辉煌五十年"，当时盛大的典礼中，钻石受到了来自教皇约翰·保罗二世（Pope John Paul II）、马哈·戈萨南达僧王（Supreme Buddhist Patriarch）和泰国大伊玛目（Supreme Imam）的祈福。

第六节　女性真爱

王室对钻石的追崇，不仅仅影响到后妃御嫔、贵族显赫。民间的富足达人往往也视皇王为范。

1902 年，卡地亚珠宝公司制作了一款波浪形现代冠冕。该冠冕采用三重波浪设计，将精美的发型与冠冕相结合，既拥有皇家王冠的仪式感，又不失装饰时尚性；施以珠齿钉镶法（Millegrain setting）工艺，固定大量旧式切工和玫瑰式切工的小钻，现代与传统相结合；以铂金为底座，华贵而典雅。冠冕由著名铁路、海运大王康内留斯·范德比尔特（Cornelius Vanderbilt）的重孙女莱拉·斯隆（Lila Sloane）购得。王冠不再是皇家专用。近几十年来，世界著名的选美大赛，冠军以加冕钻石桂冠为自豪。

1906 年，卡地亚巴黎公司以铂金为底托，用珠齿钉镶嵌法镶嵌大量玫瑰琢型钻石，制成百合花三角胸衣款胸针，两边各长 27 厘米，花环风格，将其超凡的技艺品味发挥到了极致，即使是纤细的花蕊上也装饰了珠齿钉镶嵌的玫瑰式切割钻石。当时卖给了 20 世纪初在华盛顿上流社会声名显赫的名媛玛丽·斯科特·汤森（Mary Scott Townsend）。

工艺精湛的钻石首饰，已然成为女性展示自己独特魅力和高贵身份的最好象征。钻石璀璨的光芒衬托着女性的容颜之美，而其坚硬无比、纯净透彻的特质，正是对当代女性坚强自立、个性向善的完美诠释。

第十六章　钻石首饰的维护与保养

钻石首饰的保养，要害是金属托架，核心是钻石防护。

了解贵金属和钻石的有关性质，有助于对钻石首饰可能发生的损伤做出预判，有利于首饰的维护与保养，确保首饰长久如新。

金属的延展性，一方面为首饰丰富款式的成型创造了良好的条件，另一方面，为首饰的变形埋下伏笔，导致钻石有脱落的潜在风险。而对于钻石而言，唯有良好的养护，才能保证钻石光芒长久璀璨。

第一节　关于贵金属与镶嵌款式

用于镶嵌钻石的贵金属大多数是以黄金、铂或钯等为基本材料，配以银、铜、锌、镍、铁等金属作为补口材料而制成的合金。相比于较高纯度的黄金、铂或钯而言，贵金属合金材料硬度较高，以保障所镶嵌的钻石不易脱落；具有延展性，以便塑造丰富的款式；可电镀或配制成不同的颜色，以丰富首饰的色彩。

用于镶嵌钻石的黄金合金通常称为K金。K金和镶嵌用铂合金尽管比足金或足铂硬度高，但比空气粉尘中的矿物颗粒硬度低很多，因此钻石首饰佩戴时间长了就会出现光泽黯淡的情况，久而久之，首饰就不像当初那样光洁明亮了，甚至，首饰表面一些较为粗大的划痕呈现较脏的黑色。

这种现象是不可避免的，但可以通过专业的售后服务返新。

此外，不同的镶嵌方式，对于钻石的安全性、镶嵌的牢固程度也有一定的影响。一般来说，经典的款式，钻石比较牢固，因为一方面经典款式经历了长久的时间考验，被行业证实为较为可靠的镶嵌方式；另一方面，经典的款式对于加工厂而言工艺成熟，镶嵌技艺较高。如结婚钻戒的最典型的款式，即六爪皇冠款，它从十七世纪一直流行到今天，虽然款型很普通常见但是结实牢固，已成为钻石首饰的典范，这种款式钻石很少有脱落的。

相比来说，钻石腰围区被固定的区域较小，或者镶嵌窝起的边缘较薄，容易造成钻石松动，加大了钻石脱落的风险。

当然，钻石首饰的制作水平较高和镶嵌工艺成熟，可以从加工技艺方面降低一些款式潜在的脱钻风险。

第二节　关于钻石损伤

钻石的亲油性和解理，决定了钻石首饰是娇贵的，需呵护婴儿般珍爱钻石首饰。

钻石在晶体宝石领域特有的亲油性，会导致佩戴过程中粘聚一些油性物质，比如食用油、护肤油、皮肤溢脂等这些物质在钻石表面的黏附，会导致钻石失去光泽、掩盖火彩，让钻石苍白晦涩。但这种物理性污垢，通过专业的清洗，可让钻石返新如初，重现光彩。

一般来说，钻石佩戴过程中不会引发对钻石造成损伤的事件，尽管钻石的解理让钻石有较高的脆性，但毕竟在首饰贵金属的缓冲甚至包裹下，可以对钻石起到很好的防护缓冲作用。但是对于大颗粒钻石而言，有些镶嵌款式会导致钻石的边缘直接暴露，延伸到金属边缘以外，特别是一些腰部较薄甚至存在刀刃腰的钻石，在非常罕见的情况下，首饰受到撞击，会引发钻石边缘崩损的情况。这种崩损是不可修复的，为了让钻石不再呈现这种破损边缘，唯一的解决方法就是对钻石进行重新切割，即把破损的钻石看成毛坯，重新设计车钻粗磨抛光。因此，这种钻石破损，仅次于首饰钻石丢失，是首饰第二严重的损失。

第三节　防护

结合钻石首饰贵金属、镶嵌款式和钻石的特点，为了保持钻石首饰的熠熠光辉，应该注意做到以下几点：

1. 劳作之中不应佩戴钻石首饰。哪怕是轻型体力劳动，如做家务时也一定要取下钻石首饰，既避免钻石粘上油污，又不会因不经意间的用力，引发首饰变形、钻石松动甚至造成钻石脱落、丢失等严重事件；此外家务中接触到的水、清洗剂等液体，可能会对贵金属特别是合金的补口材料产生轻微腐蚀，这种腐蚀虽然轻微难以观察到，但是，对于钻石的镶口等部位，造成的影响尤其显著，长此以往可能会产生严重的后果。

2. 镶嵌类钻饰不能受到重压。钻饰不能受到重压，主要有两个原因：一是镶嵌钻石的金属托架，具有一定的延展性，强度较大的压力下会导致变形，从而影响镶口的稳固性，甚至是直接导致钻石的脱落；二是即便首饰未发生变形，但受到重压后，钻石镶口可能产生应力分布不均现象，导致钻石局部长期受压，特殊情况下，钻饰受到轻微撞击，可能引发钻石沿解理方向形成崩损，这种长期受力而在瞬间爆发的情况，往往是钻石形成严重损毁的本质原因。

3. 将珠宝首饰分类存放。不要将钻石与其他珠宝放在同一个抽屉或者首饰盒里。因为暴露在外的钻石腰围，可能会对其他珠宝玉石特别是贵金属造成刮伤；此外，不同配方的贵金属因机械性能不同，相互摩擦也会造成单方或双方刮擦损伤。

同理，黄金合金与铂金钻饰应避免同时佩戴，特别是金属托架颜色不同时。

4. 用心呵护，谨防意外。有人觉得欧美款式的首饰较为粗犷，用金豪放，看上去刚劲有力，故认为可以随时佩戴，无须特别关注。其实不然，或许首饰托架大部分看上去很厚实，但相比来说，首饰最为脆弱的地方往往是镶口，有时候穿衣脱衣都可能造成丝线对镶口的钩拉撕扯，特别是毛衣、针织衫、蕾丝等类型的衣物，常在不经意间对钻石首饰造成重大损坏。

而一些社交场合的补妆看上去似乎对钻饰不会造成损坏，但是，一些油性物质的使用，会让钻石瞬间失去光彩。

因此，钻石首饰一定要在梳妆打扮完毕后再佩戴，在补妆、卸妆或者更换衣物前应摘下首饰，当然，沐浴过程也不应该佩戴珠宝首饰，应该将其放到独立的首饰盒中。

最为重要的是，每次佩戴钻饰前或取下首饰后，都应该仔细检查钻石首饰的完整性与光洁度，并用指甲轻轻触碰钻石，检查钻石是否有松动，一旦钻石松动，应该停止佩戴，送到售后服务部门进行维修。而如果首饰光洁度降低，也应该尽快送到售后服务部门，请求协助清洗、返新。

第四节　自主清洗

当然，并非所有对钻石首饰的养护情形都需要求助售后服务部门，有些简单的清洗，完全可以自己动手进行。

特别需要注意的是，钻石首饰绝对禁止在带有下水口的水池中清洗。更不能在这样的水池中用高压水龙头冲洗钻石首饰，因为后果是可以预见但却是永远不可挽回的。

因此，要自己动手清洗钻石首饰，一定要在一个可靠的容器中进行。

一般的清洗方法就是浸泡。用容器装温水，加中性清洁剂（如酒精、婴儿沐浴露等），或者钻石首饰售后服务部门提供的清洁剂，将钻石首饰浸 10~15 分钟，切记不可用牙刷刷洗、不用毛刷或布擦洗，更不能用牙膏研磨。然后再用清水涮洗干净，把首饰放在软布上，蘸掉水珠，晾干即可。

自己动手清洗不能奢求首饰返新如初。对于钻石表面的油污，完全可以清洗干净，让钻石光彩依旧。

第五节　接受专业售后服务

珠宝首饰的售后服务部门对首饰的维护、维修、保养，看似是首饰加工厂与珠宝店的中间环节，但实际上，是首饰加工厂工作的延续。换句话说，专业的首饰售后对首饰所做的返新处理，相当于加工厂对首饰进行了升级再造。因此，首饰佩戴过程中所遇到的任何问题，求助于专业的首饰售后服务才是最明智的选择。

一般来说，专业的售后服务部门可以提供如下业务：

1. 检查首饰是否存在损坏风险。一方面，售后服务工作人员可以从专业的角度查看尚未镶嵌方式等）、完整性等单项或多项内容，甚至更广泛的信息记录。

2. 突出性描述对价值有贡献的信息。比如贵金属合金类型，主要贵金属的含量，钻石的成因、是否经过优化处理，4C。如果钻石颗粒较大，单粒钻石价值较高，还建议描述影响钻石价格的 4C 以外的内容，如荧光性、钻石毛坯的通透性、钻石色彩的纯净度等等。

3. 评估报告作为经济活动领域中的证明文件，应该在内容上明确钻石首饰评估的价值类型及其定义，即说明评估结论中反映的价值是现行市价、重置成本、收益现值还是清算价格，或者根据国际评估准则，说明评估的价值类型是市场价值及市场价值以外的价值（如在用价值、投资价值、持续经营价值、清算价格、保险价值、课税价值等）。价值定义应通俗易懂而不宜照本宣科，以避免评估报告使用人产生误解。

4. 评估报告应该包含评估程序实施的过程，应当反映对钻石首饰的实物调查、鉴定、分级的信息甚至鉴定分级实施方案等，以表明评估组对该鉴定、分级结论的全部或部分性采纳。

5. 评估报告中应对钻石首饰是否存在质押及其他限制情况做出说明。

6. 当评估过程和 / 或评估结论中存在评估假设时，评估报告应充分披露直接影响评估结论的假设条件或者限制条件，并明确说明其对价值的影响。

7. 评估报告的结论、对结论有影响的因素，一般应完整呈现，而不能选择性描述。但与委托人协商一致，或者视业务性质，评估组可合理确定珠宝首饰评估报告的详略程度。

第五节　非正式性评估

在现实情况中，有些评估活动不需要出具正式的评估报告。只要经济活动的当事人认可评估结论即可。比如钻石首饰的回收、典当、拍卖等经济事项事发前的评估。

这种非正式的评估同样需要验明评估物来源、收集行情信息、确定评估物价值类型、给出评估结果。只不过收集行情信息、确定评估物价值类型等工作前置，现场只需验明货品来源后，根据评估事前信息积累，直接报出评估结果。

第十八章 天然、合成钻石前景展望

金刚石以其卓越的材料性能，在诸多领域有着广泛的应用需求，除了珠宝领域，工业应用的金刚石需求庞大，而且是消耗性需求，而非珠宝领域的持有型需求。随着工业规模的扩大，天然产出的金刚石供应越来越紧缺，世界各国纷纷将金刚石上升为重要战略物资，并加大了对人工金刚石的研发。1953 年瑞典、1954 年美国、1963 年中国等国家都成功突破了金刚石的人工合成，开启了金刚石工业应用中天然品与合成品共分天下的局面。

此后的近半个世纪的时间中，人工金刚石的应用几乎全部是磨料、磨削领域中的粉末状产品；珠宝领域更是经历了 50 年的“狼来了”时代，但在市场上几乎没有合成品流通。

直到 2000 年，化学气相沉淀法合成的金刚石厚度取得了重大突破，超越了类金刚石膜和金刚石薄膜，达到板材级的毫米、亚毫米厚度，生产成本大幅度下降，珠宝领域开始有了 CVD 合成钻石流通，并且钻石颗粒从小的十几分很快超越了 1 克拉。随后模拟天然钻石形成条件的高温高压法合成钻石也进入到了流通领域。俄罗斯某公司的合成品抛光后先后突破了 5 克拉、10 克拉。而世界上 CVD 合成品抛光后也突破了 3 克拉、5 克拉。

2016 年 2 月，实验室生长钻石协会（Lab-Grown Diamond Association，IGDA）成立，成立之年该组织的会员队伍就达到了十几家公司，他们分别来自美国、中国、新加坡、印度、菲律宾、俄罗斯、加拿大等国家和中国香港地区。而所有的会员以从事生产、贸易宝石级合成钻石为突出特点。因此，这被认为是合成钻石突破技术难关、攻陷消费理念（原理念认为合成钻石无商业价值，会遭市场和首饰购买者抵制）的里程碑式的事件。据印度宝石首饰出口促进会（India’s Gem and Jewellery Export Promotion Council， GJEPC）的数据，合成钻石悄然进入首饰领域后的 10 年间，每年消费量（宝石级）已达到 35 万克拉，大约占到了全球天然钻石（宝石级）年产量的 3‰~5‰。预计到 21 世纪 20 年代初，大颗粒合成钻石（Cutable synthetic diamond，有切磨价值的合成钻石）年产量将会超过 150 万克拉，有望超过天然宝石钻坯年产量的 1%。

有研究认为，珠宝领域合成钻石份额达到 1% 将是天然钻石的心理防线。即接受合成钻石的消费者，将更加理性，不再在乎钻石的成因，不再在乎周边熟人的议论，而完全根据自己的喜好选择合成或者天然钻石首饰。

2005 年，由华纳兄弟影业出品的经济犯罪类型电影《血腥钻石（Blood Diamond）》，又名《血钻》，在爱德华 · 兹威克导演，莱昂纳多 · 迪卡普里奥、詹妮弗 · 康纳利主演等大牌主创人员的创作下，于 2007 年获得包括奥斯卡金像奖以及美国金球奖在内的七项大奖的提名。该片在美、欧、亚多洲公映，产生了巨大的反响。影片以塞拉利昂1999年的内战为背景，讲述了一位由莱昂纳多·迪卡普里奥饰演的不法之徒在非洲从事钻石走私的事情以及在遇到一位记者后，他的思想发生了重大扭转，最终领悟了生活和爱的真谛的故事。影片利用严肃的人文关怀情结，揭露了钻石在非洲局部地区关联的难民、冲突、贫困、奴役、走私等敏感问题，通过暴力血腥的渲染，激起了人们对璀璨钻石的反思，甚至将非洲一切问题的原罪归咎到了天然钻石身上，从而宣扬天然钻石的黯淡无光。从影片的票房收入和相关影评来看，它显然在观众中严重削弱了天然钻石的光彩，甚至让钻石变成了罪恶的不祥之物。影片引发了大众对天然珠宝业、开采业的广泛思考。

而合成钻石行业一些人的加剧渲染，让天然钻石和合成钻石，特别是开采领域的问题浮出了水面。普遍的观点认为：

天然钻石与合成钻石成分、晶体结构相同，因而宏观物理性质、化学性质相同，制作珠宝首饰产生的光学效应、视觉感观相同。

但是，在人文情感上，两者处于截然相反的境地。

对于天然钻石来说：产量稀少，勘探、开采存在不确定性，是大自然赐予人类珍贵的礼物。但是，开采过程对环境有干扰、开采后的矿坑往往难以复原；开采过程耗费大量的能源；开采过程须付出大量的人力；局部的贸易存在引发社会冲突的风险甚至已经与冲突关联。

而对合成钻石而言：产量可控，按需供给，是人类智慧和科技的结晶。环境相对友好，但也存在一定的化学污染；万克拉能耗低于天然钻石开采；核心生产过程人均产能高；几乎无社会冲突风险。

通过上述关联对比，看上去似乎合成钻石具有绝对优势，足以激发大众对合成钻石的兴趣，似乎能够瓦解天然钻石流通体系。2015年，《血钻》的男主演莱昂纳多·迪卡普里奥甚至参与了“钻创公司（Diamond Foundry）”，致力于合成钻石的生产。这个由不同领域的精英们投资成立的钻石制造公司，在一定范围内加剧了天然与合成钻石两个门类的争论。

从本书的对于天然钻石的历史介绍来看，天然钻石是丰富多样的，即便是高净度的钻石，也几乎每一粒都是独一无二的。这是包括钻石在内的所有天然宝石的独特的魅力。

作为宝石最重要、最珍贵的一个品种，钻石在人们心中其珠宝玉石的属性是根深蒂固、不能替代的；而合成钻石的目的也决定了它未来不可能在珠宝领域取代天然钻石成为主角。

工业需求是钻石合成的首要动力。工业级钻石有两类，一类其净度、颜色劣于宝石级钻石，往往作为超硬材料，发挥其硬度特长，用于磨料（abrasives）、磨削（grinding）领域。2000年，中国合成金刚石产量达到12亿克拉，2017年，产能已超过200亿克拉，自2000以来，中国合成金刚石产量连续稳居世界第一。同样是2000年，全球天然工业金刚石产量仅为0.553亿克拉。从年产量趋势来看，进入21世纪，天然金刚石的年产量在降低。显然，在磨料、磨削领域，人工金刚石占据绝对地位，大有取代天然金刚石之势。另一类工业级钻石，其净度往往可达到无瑕级，甚至微观晶体结构均匀性极佳，毛坯平均价格远远高于绝大多数宝石级钻石毛坯。这类产品将是未来大颗粒人工金刚石生产的目标，主要作为光学器件、半导体材料、散热元件、承压容器、巨型顶砧等。而宝石级合成钻石将是低质工业金刚石与高质工业金刚石的中间产品。但是，当前大颗粒金刚石在精尖领域的应用量极低，而且这些领域的金刚石具有可回收性。因此，尽管大颗粒合成金刚石生产已经取得了突破，但目前大多数的大颗粒人工钻石还是被投放到了珠宝领域，而非传统观念期待的高精尖科技领域。

从产品而言，天然金刚石由于供应不稳定，生产成本高，高品质工业钻石过于罕见，必将导致需求方将货源转向合成钻石。因此合成钻石的前景非常令人期待。

在珠宝领域，短期来说，大颗粒合成钻石尚未找到合适的工业应用而主要作为珠宝获利，而珠宝行业经过了50年的“狼来了”式的宣传，始终将合成钻石作为吃羊（给行业带来危机）的“狼”，所以业内和消费者抵触心理极度强烈。当前，宝石级合成钻石处于成本下降，产量提升的尴尬阶段，这种时期是珠宝营销最为困难的时期。因此，当前消费者拒绝合成钻石、业界排斥合成钻石经营，这种现状促使合成钻石生产者不得不寻求营销概念，诸如生命钻石、“绿色”钻石、最纯钻石等等，同时也在业内滋生了不做披露而与天然钻石混合销售的情况，甚至出现了以诋毁天然钻石为卖点的、合成钻石必将替代天然钻石的一些观点。

就长期来说，待合成钻石生产成本趋于稳定、产销供求基本稳定时，意味着合成钻石基本不会贬值，开放的珠宝领域必将留有一席之地给合成钻石。这一点从合成红蓝宝石、合成立方氧化锆等人工宝石的市场地位可窥见一斑。

尽管天然钻石生产过程对环境的滋扰可能大于合成钻石生产过程，但是在人类对天然珍宝的追求欲望面前，这种环境影响往往变得不值一提，甚至对天然品的追求会促进先采挖，后修复的做法。天然的才是真的——这句话逻辑上是错误的，但它却符合绝大多数人的期望。唯有天然才可用“钻石”一词，也代表了极高比例人群的心态。因此，宣扬人工钻石必将完全取代天然钻石，实际不可能实现。

客观地分析，冲突钻石实际上只是源于非洲的局部范围，随着金伯利进程国际证书制度的实施，冲突钻石的市场范围越来越小，俄罗斯、澳大利亚、加拿大这些非洲以外的钻石产出巨头向市场上大量地投放毛坯，拓宽了毛坯贸易渠道，让世界钻石毛坯供应呈多元化，也从一定角度上挤压了冲突钻石的市场空间。因此，困扰钻石行业的负面信息，如血钻、垄断等等，在2000年已经有了解决方案，在多方努力下，这些方案正逐步实施。

任何一种合成宝石在珠宝行业存在的意义在于，它与其天然对应物或天然相似品具有相同或相似的性质，而价格比它的天然对应物或天然相似品便宜很多；制作成首饰后，合成品产品与天然品产品外观完全相同或非常类似以至于肉眼观看难以识别出两者的差别，从而具有相同的形式美。相同的外形美感不同的价格，给不同的需求人士提供了二元选择。显然只有天然品市场繁荣，供应紧缺的情况下，人们才会在奢望天然品的同时，酌情考虑第二元选择。合成钻石首饰和天然钻石首饰也不例外。

所以，企图以合成品完全取代天然钻石的一些理念，不但不会实现，很可能会引发天然品、合成品市场双双毁灭的状况。

总之，工业领域合成钻石替代天然钻石是大势所趋，无论用于工业的钻石优于还是劣于宝石级钻石；而珠宝领域唯有天然品市场的繁荣，才可能出现天然品、合成品共同繁荣的局面。

附录：著名钻石的前世今生

一、金鸡钻石

中国有记录的产出的最大的金鸡钻石现下落不明。

山东省临沂市郯城县李庄镇东南五公里处有一片山丘土岭，名曰金鸡岭，罗莫疃村就坐落在山下。1937 年秋，该村贫苦农民罗佃帮在锄菜园时意外捡到了一颗钻石，大如核桃，通体黄色透明，耀眼夺目，形状恰似出壳的小鸡。因其产于金鸡岭，后来钻石被命名为“金鸡钻石”。

罗佃帮高兴得简直无法形容，左邻右舍看了以后均赞不绝口，说是无价之宝。有乡邻打趣说：“佃帮啊，你可真走红运，骑着金鸡一步升天了，有了这颗钻石就再也不用受穷啦！”罗佃帮听到夸赞，心里自然美滋滋的，于是打算卖掉钻石，盖上几间像模像样的房子，再买上牛驴，置上田产，留给子孙后代用……可在背后也有人议论，说罗佃帮捡到这么大的一颗钻石，既是福又是祸。在那个世道，到处都是土匪，乡里恶霸横行，稍有不慎，就怕不被土匪抢去，也被恶霸夺走，甚至连性命都得搭进去。

果然，消息很快传到乡长朱希品的耳朵里。他对这颗钻石垂涎欲滴，总想把它搞到手。有一天，朱希品来到罗佃帮家，看过钻石后爱不释手，于是他心生一计，恫吓罗佃帮，说土匪头子已经知道这颗钻石，不但要抢，还要杀人灭口。朱希品看出罗佃帮有惧色，“好心”给罗佃帮想了个“万全之策”，说趁早把钻石卖掉，免得惹是生非。又毛遂自荐要替罗佃帮卖钻石，并说一定给卖个好价钱。罗佃帮是老实人，对外地行情不熟悉，同时他又怕权势，怕土匪抢，就无可奈何地托朱希品代卖。朱希品就这样把钻石骗到手了。

不久，驻李庄镇警察局长张英杰得知朱希品骗得一颗特大钻石，就把朱希品传到警察局，威逼他交出钻石。朱希品以代卖为理由申辩无效，只得交出钻石。为掩人耳目，张英杰通知罗佃帮到李庄警察局拉小麦，只给了罗佃帮 800 斤小麦。罗佃帮拉着小麦，心里像刀穿一样难受。他回家后又气又恨，不久就病倒在床。村里左邻右舍也都为罗佃帮喊冤叫屈，认为这颗钻石别说 800 斤小麦，就是 8 千斤也换不去。村民们抬着罗佃帮到警察局门前，欲要钱给罗治病，但门卫不予通报。等了许久，张英杰出来便火冒三丈，破口大骂，并用皮带抽打罗佃帮。村民们只好将罗抬回，重病的罗佃帮受了张的毒打，一气之下，含冤而死。

1938年，临沂、郯城等地被日寇侵占。这颗钻石又被日军驻临沂伪道尹公署顾问川本定雄从张英杰那里强行要走。据说，川本定雄得了这颗钻石后，在侵华的日寇上层头目中又引起了互相争夺金鸡钻石的轩然大波。

1984年，《人民画报》第四期载文报道此事："1937年秋，郯城县农民在金鸡岭下地干活，拾到质量为281.25克拉的金鸡钻石，后被日本侵略军掠走。"

该钻下落不明。其去向有多个版本：随同日船"阿波丸"号沉入大洋；被日寇带到日本，流落日本民间；被日本天皇得到，据说现藏于日本皇宫；被中国民间收藏。

二、常林钻石

常林钻石（ChangLin diamond）是我国现存最大的一颗天然钻石（见附图1）。1977年

附图1　常林钻石

12月，由农民魏振芳于山东省临沂市临沭县常林村捡到。质量158.786克拉。现收藏于中国人民银行。

临沭县西南部与郯城县东北部的石羊岭、金鸡岭一带历史上就以盛产金刚石而著名，因此被称为钻石之乡。

这里无集中矿床，多为零星分布。临沭县的谭庄、东西郭疃、东西萨庄以及常林村一带，群众不时能发现钻石，尤其是在春夏两季，雨水冲刷地表泥土层后，常有钻石裸露在地表，晶莹透亮，光彩夺目。据老人们讲，从前地主会买下大宗草鞋，提供给长工们穿上下地干活，等穿旧后将这些草鞋收回集中焚烧，也不时能从灰烬中找到钻石。

清末，德国人曾对这一带的大片土地进行开挖，前后到底从地里挖出多少钻石不得而知。

新中国成立后，国家在郯城县设立了八〇三矿，为国家创造了巨额的社会财富。据不完全统计，从1982年到1984年3年间，这一带群众就拾取了32颗金刚石，计160余克拉。

1977年12月21日，山东省临沂市临沭县曹庄镇（前华桥乡）常林村（时称临沂地区岌山公社常林大队社员）女共青团员魏振芳与社员们一起在田间深翻整地。傍晚，当社员们都一个个收工回家时，魏振芳看到地头上还有一小片杂草没有锄干净，便挥起铁锹又继续干起来。随着铁锹的翻动，一块晶莹剔透、形似鸡蛋黄那么大的东西从土壤里被翻了出来。魏振芳捡起来后擦干净，发现是一颗特大的天然金刚石。

附近八〇三矿党委书记、矿长童金明获悉后，立即乘车到临沂，向时任地委书记朱奇民做了汇报。朱奇民非常重视，当即委派地委工作人员和童金明一起去临沭。

魏振芳一家几代人在旧社会逃荒，过足了苦日子，新中国成立后才翻身当家。她捡到这颗大钻石以后，同全家人商量决定献给国家，并写了一封捐献信，信中有这样一段话："这块宝石埋在地里是祖国的宝藏，挖出来是人民的财富，应该把它献给党，献给人民，让它为实现四个现代化发挥应有的作用。"

接到金刚石后，童金明立即进行了观察测量和称重。当天平的指针固定下来时，在场的人一片惊喜欢呼，158.786克拉，中国第一大钻石！

为表彰魏振芳的爱国精神，中共临沂地委、临沭县委和岌山公社党委在公社驻地曹庄召开了千人庆功大会。会上魏振芳披红戴花，接受了千元现金的奖励，此后政府又给她办理了农转非户口，安排她当了工人。魏振芳献宝后，1978年参加了全国妇女代表大会，华国锋主席接见了她。同时，上级奖给常林大队二十四马力拖拉机一台；奖给岌山公社20万元，公社利用这笔资金修建了岭南头电力排水灌溉站和配套工程，改善了公社水浇条件；奖给临沭县100万元，县里用这笔资金办起了针织厂。

华国锋同志为这颗钻石命名为"常林钻石"。中国科学院对其进行了全面鉴定研究：这颗特大金刚石质量为158.786克拉，色质透明，呈淡黄色金刚光泽，折光能力特强，是迄今我国发现并保存下来的最大的一颗，在世界上也是罕见的。常林钻石现收藏于中国人民银行。

国土资源部中国地质博物馆有该钻石的模型展览。

三、中国的其他大钻与功勋七〇一矿

在山东省临沂市西北方向的蒙阴县，有一座功勋金刚石矿——我国首座金刚石原生矿七〇一矿。（见附图2所示）

建材七〇一矿位于蒙阴县城西15公里处山清水秀的蒙山脚下，系我国第一座金刚石原生矿，也是目前唯一正常生产经营的金刚石矿山。这里出产的金刚石以无色、微黄、棕黄色为主，晶体多呈八面体和菱形十二面体。

1965年8月24日，山东省地矿局第七勘察院于蒙阴县境内发现了我国第一个有工业价

附图 2　沂蒙钻石国家矿山公园（原建材七〇一矿胜利 1 号岩管）

值的金刚石原生矿，其储量约占蒙阴金刚石矿田探明总储量的一半。对此，国家极为重视。国家建材部、国家地矿部联合发出通知，决定采取“三边方针”（边勘探、边设计、边建设）进行开发。

一期工程于 1970 年建成投产，年处理矿石 8.65 万吨，生产金刚石 2 万克拉；二期工程被列为毛主席亲自圈阅的全国 1975 年 170 个重点保投产项目。为了确保年内投产，临沂地委决定成立会战指挥部，组织二期工程大会战。会战期间，广大参战职工行李搬到工地，吃住在简易的帐篷里，加班加点，昼夜奋战，几个月不离工地。

1983 年 11 月 14 日，建材七〇一矿选矿车间进行人工破碎大块矿石时，职工张玉祥发现了“蒙山一号”金刚石，经测金刚石质量为 119.01 克拉，规格 33×32×27mm，淡黄色，晶体透明，晶体形状为菱形十二面体和曲面六面体的聚形（见附图 3），在 X 光线下呈蓝色荧光，在紫外线下呈淡蓝色光彩。是我国目前原生矿中发现最完整的一颗，母（金伯利岩）子（金刚石）胎衣（矿石和金刚石之间的一层硬壳）均保存完好，世界罕见，是目前国内原生矿产品之冠。

进入 21 世纪后，值得庆祝的是，2006 年 5 月 27 日，建材七〇一矿选矿车间工人刘霞在手选大颗粒金刚石时，发现了一颗质量为 101.469 克拉的金刚石，该金刚石呈浅黄色，金刚光泽，晶体为变形八面体晶形，表面具三角形晶面花纹及平行生长纹理。长波紫外光下具中等强度的蓝色荧光，其后被命名为“蒙山五号”。

常林村、陈埠、罗莫疃村西边有沂河（沂水），东边有沭河，自北向南的沂沭水系经过蒙阴等钻石原生矿高海拔山区，穿越郯城、临沭等砂矿区后灌入淮河平原地带，或为临沂南部砂矿金刚石的主要搬运力量（见附图 4 所示）。

迄今为止，我国共发现过 5 颗超过百克拉的特大钻石，全部发现于临沂沂沭河流域，分别是：

1937 年，郯城县出土“金鸡钻石”，质量为 281.25 克拉；

附图3 蒙山1、2、3、4、5号

附图4 中国大钻发现地地图

1977 年 12 月 21 日，临沭县出土“常林钻石”，质量为 158.786 克拉；

1981 年 8 月 15 日，在位于山东省郯城县李庄镇陈埠的“八〇三”矿采出的，质量为 124.27 克拉，被命名“陈埠 1 号”。

1983 年 11 月 14 日，蒙阴县建材七〇一矿出土“蒙山一号”钻石，质量为 119.01 克拉；

2006 年 5 月，蒙阴县建材七〇一矿出土“蒙山五号”钻石，质量为 101.469 克拉。

此外，还有几粒大钻也值得纪念：

1982 年 9 月，在山东省郯城陈埠“八〇三”矿采出的，质量为 96.94ct，被命名“陈埠 2 号”。

1983 年 5 月，也是在山东省郯城陈埠“八〇三”矿采出的，质量为 92.86ct，被命名“陈埠 3 号”。

1991 年 5 月 31 日，蒙阴县建材七〇一矿出土“蒙山二号”钻石，质量为 65.07 克拉，在胜利 1 号岩管发现；

1991 年 10 月 15 日，蒙阴县建材七〇一矿出土“蒙山三号”钻石，质量为 67.23 克拉，在胜利 1 号岩管发现；

2005 年 5 月 20 日，蒙阴县建材七〇一矿出土“蒙山四号”钻石，质量为 45.74 克拉，在胜利 1 号岩管发现。

四、历史名钻中的小个子——尤里卡钻石

附图 5　尤里卡钻石在南非陈列

尤里卡钻石，the Eureka diamond（见附图 5 所示），只有 21.25 克拉，在历史名钻中，很容易被那些大个头、俏丽色的钻石比下去。然而这个其貌不扬的小个子的名字却意义深远，因此，在世界历史名钻中，我们首先介绍这个尤里卡。

Eureka，英文是“有了”“找到了”的意思。往小一点说，有点类似中国人打牌或者打

麻将赢家最后一把牌高呼的一声“有了”——带有一点小兴奋的意思！而往大了说，好比全民期盼的一件事，如“2001 年 7 月 13 日（星期五）北京时间晚上 18 时 11 分时任国际奥林匹克委员会主席萨马兰奇先生宣布——BEIJING！”一样，带给了庞大群体无比兴奋的心情！

Eureka——南非找到了钻石！南非钻石业历史上最为重大的事件，给了这颗钻石命名的灵感，Eureka! Eureka!! meaning I have found it! I have found it!——尤里卡！尤里卡！！意即我找到了！我找到了！！据说这种表达方式在希腊历史上出现过，著名的数学家、物理学家和发明家阿基米德，当他在浴池中突然灵光闪现，发现了浮力定律（“阿基米德定律”）时，他光着身子在锡拉库扎（Syracuse）的大街上狂奔时曾经这么兴奋地呼喊过。由此可见，作为南非发现的第一颗钻石，尤里卡这个名字是多么适合她。

经历了一个半世纪的流传，关于钻石的发现过程，传说是有个名字叫伊拉兹马斯·雅各布斯（Erasmus Jacobs）的小男孩在接近霍普顿（Hopetown）的奥兰治河南岸放羊时，偶然捡到一颗闪亮的鹅卵石，他将石子丢进口袋，将她作为一个稀奇的玩意儿玩了差不多一个月，后来他甚至跟他的家人拿她玩起了一种需要 5 粒石块的丢石子游戏。这时他的一位邻居，沙尔克·凡·尼凯克（Schalk Van Niekerk）喜欢上了这颗石头，并想买下她。淳朴的雅各布斯太太（Mrs. Jacobs），即男孩的母亲笑着拒绝了邻家的心意，将石子作为礼物送给了这位邻居。这位叫沙尔克·凡·尼凯克的农民，经常收集一些珍稀罕见的石头，他把这颗石头交给一位叫约翰·奥瑞利（John O’Reilly）的游商小贩看，希望从他那里获得一些建议。约翰·奥瑞利认识一位居住在开普殖民地（the Cape Colony）格雷厄姆斯敦（Grahamstown）的人，即威廉·嘎鲍·阿瑟斯通（William Guybon Atherstone，1814 年～1898 年，执业医师、自然学家、地质学家，南非地质学先驱之一，开普议会议员）博士，他是一位矿物、宝石方面的权威专家。约翰·奥瑞利把这颗鹅卵石，用一个没封口的信封装着送到了威廉·嘎鲍·阿瑟斯通博士那里，寻求博士的估价。威廉·嘎鲍·阿瑟斯通博士经过认真检测，确定这颗鹅卵石是一颗 21.25 克拉的褐黄色钻石。最终石头被卖给了飞利浦·沃德豪斯阁下（Sir Philip Wodehouse）手中，凡·尼凯克获利 500 英镑（一说 1500 英镑）。

那一年是 1866 年。那颗“鹅卵石”被证实是一颗 21.25 克拉的钻石原石。根据报道，尤里卡成为南非经证实发现的第一颗钻石。据说飞利浦·沃德豪斯阁下买下钻石后，在他的安排下，这颗原石在 1867 年（一说 1886 年）的巴黎博览会上得到了展示。

随后钻石在当时欧洲的某个切磨中心进行加工抛光，质量差不多损失了原石的一半。切磨后的成品被塑造成了方垫琢型，褐黄色，闪耀生辉，石头变成了 10.73 克拉，被称为尤里卡钻石。经历过 7 次的转手交易后，1966 年戴比尔斯联合矿业公司买下了尤里卡（见附图 6），将其存放在戴比尔斯的档案馆中，后来将其赠送给了位于开普敦的南非国会，以此纪念这位男孩发现尤里卡 100 周年。

附图 6　尤里卡钻石在戴比尔斯档案馆中的情形

跟其他大多数著名钻石对历史学家或收藏家的意义不一样，尤里卡的价值不是因为她的质量，也没有什么与众不同的神秘传奇；她是一个里程碑，是真正的文物，是南非发现的第一颗钻石！

尤里卡，褐黄色，净度未知。作为一颗褐黄色钻石，似乎预示了未来在南非开采出的钻石的类型。后来在南非开采的钻石要么是带黄色调，要么带褐色调，要不就是两者的混合色调，这种色系甚至最终以开普敦（Cape Town）地名命名，即所谓的开普系列钻石（the Cape series）。

在后面的附表中(见附表1),尤里卡被列在了最末尾的位置,因为其质量仅有10.73克拉。列入该表格的大多数钻石都产于南非，只有“盖世无双钻石（the Incomparable diamond）”“佛罗伦萨钻石(the Florentine diamond)”以及“波斯王钻石(the Shah diamond)”除外。“佛罗伦萨”和“波斯王”钻石产于印度，而“盖世无双”产自扎伊尔。

附表 1：著名的黄色钻石

序号	名字	英文名称	克拉质量（ct）	琢型	颜色
1	盖世无双	Incomparable	407.48	盾形	艳彩级褐黄（F-bY）
2	奥本海默原石	Oppenheimer	253.70	天然八面体	黄色
3	戴比尔斯	De Beers	234.65	垫型	浅黄
4	红十字	Red Cross	205.07	垫型	淡黄

5	佛罗伦萨	Florentine	137.27	双重玫瑰工	浅黄
6	萨拉	Sarah	132.43	垫型	艳彩级浓艳黄色(F–V V–Y)
7	蒂芙尼黄	Tiffany Yellow	128.54	垫型	淡黄
8	维内尔之泪	Vainer Briolette	116.60	泪滴琢型（双玫瑰改进型）	艳彩级浅黄（F–L–Y）
9	穆纳	Mouna	112.50	垫型	艳彩级浓黄（F–I–Y）
10	阿什贝格	Ashberg	102.48	垫型	艳彩级褐黄（F–bY）
11	欧纳特	The Alnatt	101.29	垫型	艳彩级浓艳黄色（F–VV–Y）
12	瓦斯卡	Walska	95.00	泪滴型	黄色
13	波斯王	Shah Diamond	88.70	台面工	黄色
14	波吉斯	Porges	78.53	阿斯尔切工（上丁方型）	艳彩级黄色（F–Y）
15	维多利亚德兰士瓦	Victoria Transvaal	67.89	梨形	褐黄
16	孔雀	Peacock	20.65	雷蒂恩	艳彩级浓黄（F–I–Y）
17	谢帕德	Shepard	18.30	垫型	艳彩级浓黄（F–I–Y）
18	尤里卡	Eureka	10.73	垫型	褐黄

五、历史名钻中的老大——库里南钻石

库里南钻石（Cullinan Diamond）是迄今发现的最大的宝石级钻石原石，质量为 3106.75 克拉（621.35 克）（见附图 7），1905 年 1 月 26 日发现于位于现在南非的普雷米尔 2 号矿，随后用矿主的名字托马斯·库里南（Thomas Cullinan）命名。

钻石被送给了大英联合王国国王爱德华七世（Edward VII）作为他 66 岁的生日礼物，

附图 7　库里南原石

并被切磨成数粒抛光品，最大的一粒被命名为库里南 I 号，又叫非洲巨星（Great Star of Africa），是当时世界最大的抛光钻石，质量为 530.4 克拉（106.08 克）。直到 1985 年，库里南 1 号屹立于各色抛光钻石中质量最大的地位才被打破，一颗名字叫“辉煌五十年 545.67 克拉，109.13 克）”的钻石打磨完成，这粒同样原产于普雷米尔矿的钻石占据了加工成品世界第一的位置。库里南 I 号目前镶嵌在英国皇家十字权杖（the Sovereign’s Sceptre with Cross）上。来自库里南的第二大抛光钻石叫库里南 II 号或非洲次星（the Second Star of Africa），质量为 317.4 克拉即 63.48 克，是世界第四大的抛光钻石，现镶嵌在帝国皇冠（the Imperial State Crown）上。两粒钻石都被用在了王权首饰（the Crown Jewels）上，而王权珠宝是帝王至高无上权利的象征。

这颗原石切磨成的另外 7 粒大钻总质量为 208.29 克拉，即 41.66 克，现在是女王伊丽莎白二世（Queen Elizabeth II）的私人财产，1953 年她从祖母玛丽女王（Queen Mary）那里继承而来的，同时还继承了来自库里南的 96 粒小钻石。

1. 发现过程

库里南钻石的发现人是矿工托马斯·埃文·鲍威尔（Thomas Evan Powell）。1905 年 1 月 26 日，托马斯·埃文·鲍威尔将钻石带到地面，把他交给了南非普雷米尔钻石矿业公司的地面经理弗雷德里克·威尔斯（Frederick Wells）。经测量，钻石质量大约为 600 克，长 98mm，宽 57mm，高 67mm，尺寸达到了以往发现大钻的两倍。威尔斯立即带它去做检测。

威廉·克鲁克斯先生对库里南钻石进行了测试分析，确定质量为 3106 克拉（621.2 克），很快就以钻石矿主托马斯·库里南的名字命名，他经历了多年找矿失败后才发现了这个矿点。克鲁克斯的测试结果中提到了钻石卓越的净度，但也指出在钻石中间部位存在一个黑斑。黑斑周围颜色浓艳，随着分析仪器的转换而变化。根据克鲁克斯的观点，认为这是内部应力造成的。这种应力在钻石中并不少见。钻石的一侧非常光滑，据此推断最初形成的钻石比现在大很多，只是在自然力量的作用下，钻石发生了破碎，库里南钻石只是其中的一部分。克鲁克斯断言库里南是“来自于一个八面体歪晶的一个碎片，这个碎片可能不到八面体歪晶的一半大；这个晶体的另外一部分还有待于未来幸运的矿工去发现”。

随着新闻界对这颗钻石持续的热忱报道，钻石的发现引起了世界轰动。

矿区经理威尔斯因为钻石的发现获得 3500 英镑的奖赏，而德兰士瓦（Transvaal）殖民政府花费 15 万英镑买下了这颗钻石，并为之投了 150 万英镑的保险。路易斯·博塔首相建议将钻石贡献给国王爱德华七世以“表达德兰士瓦人民对他们的帝王的忠诚与爱戴”。为了让政府决定钻石的去向，还专门进行了一次民主投票。受布尔战争（Boer Wars）的影响，布尔人投票支持将钻石送给国王，而英国殖民者持反对态度。最终的投票结果是 42 票反对而 19 票支持。投票结束后，当时的英国首相亨利·甘贝尔－班纳曼（Henry Campbell-Bannerman）决定，把是否接受这一礼物的问题留给王国自己决断。然而，继任的首相温斯顿·丘吉尔（Winston Churchill）经过努力最终说服了国王爱德华七世，同意接受礼物。丘吉尔获赠一颗钻石的复制品。据说当丘吉尔用银盘托着这颗复制品向朋友展示的时候，兴奋之情溢于言表。

2. 英格兰之旅

1905 年，由于库里南巨大的价值，负责运送钻石的当局面临着巨大的安全风险问题。据说石头经过精心包裹放在船长的保险柜中，由来自伦敦的大量侦探全程为运送宝物的轮船保驾护航。然而，这只不过是个幌子，轮船上的石头是一件赝品，这一安排是要牵制意图盗窃钻石人的注意力。真正的钻石实际用一个简朴的盒子装着，通过邮政挂号运送到的英格兰。

为了平安接收钻石，弗朗西斯·霍普伍德爵士和理查德·所罗门先生（德兰士瓦政府驻伦敦总代表）在两名伦敦警察厅警察的陪伴下，搭乘火车从伦敦到达诺福克郡的桑德林汉姆（Sandringham， Norfolk）。尽管据说劫持行动近在咫尺，但最终他们顺利完成任务。第二天爱德华国王授予所罗门皇家维多利亚授勋的爵级司令勋章（A Knight Commander of the Royal Victorian Order，KCVO）。

3. 抵达英格兰切磨过程

国王生日当天钻石被呈送给他，并在盛大招待宴会上亮相，这次宴会的客人包括挪威女王、西班牙女王、威尔敏斯特（Westminster）的公爵以及雷夫尔斯托克伯爵（Lord Revelstoke）。国王请他的殖民地大臣埃尔金伯爵（Lord Elgin）宣布，“国王以自己和继承者”的名义接受这一珍贵的礼物，而且保证“这颗巨大的独一无二的钻石连同那些有历史意义的首饰一起，作为王权传承品保管、珍藏。”

1908 年 2 月 10 日，阿姆斯特丹的阿斯尔兄弟（Asscher Brothers）将钻石分离成 3 部分，而最终劈成了 9 大粒和一些小碎块。在当时，技术还没有发展到与现代标准相当的质量水平，切磨钻石非常困难而且极具风险。为保障阿斯尔劈钻时能一击成功，先在钻石上锯了 1 英寸（1.27 厘米）的锯口，然后将劈刀置于锯口中，顺着四组解理中的一个方向，钢刀一震，钻石利落地分为两半。劈开方向恰好顺着缺陷斑痕部位，所以缺陷斑出现在两块钻石的表面。

4. 库里南原石加工成的几粒大钻石

钻石原石经劈开后加工成了 9 粒大钻，96 粒小钻石，剩余 9 克拉未抛光碎片。除了最大的两颗——库里南 I 号和 II 号镶到王权珠宝上外——剩余的小钻一直在存在阿姆斯特丹，直到南非政府将它们买下来（除库里南 VI 号被爱德华七世于 1907 年买下送给他的妻子亚历山德拉皇后），尔后由派驻南非的高级专员于 1910 年 6 月 28 日呈贡给了玛丽女王，而库里南 VI 号也从亚历山德拉皇后手上继承给了玛丽女王，到 1953 年她将所有的库里南钻石留给了她的孙女女王伊丽莎白二世。

5. 库里南 I 号（见附图 8）

库里南 I 号，又叫非洲巨星，切磨成了鸡心形（Pendeloque），质量为 530.2 克拉，即 106.04 克，共 74 个刻面。现镶嵌在英国皇家十字权杖上，1910 年，为了把钻石镶上去还专门对权杖进行过重新设计以便能够镶下这颗大钻。它是从库里南原石上加工成的最大的宝

附图 8　库里南 I 号现镶嵌在英国皇家十字权杖上

石，曾长时间占据世界第一抛光钻石的位置。这颗 5.9 厘米长的钻石可以从镶口部位取下，从库里南 II 号处悬坠下来，形成一枚胸针。为了达到这一佩戴效果，两粒钻石使用的铂金圈都很小。

6. 库里南 II 号（见附图 9）

库里南 II 号，又叫非洲次星，切割成垫型，有 66 个刻面，质量为 317.4 克拉，即 63.48 克，被镶嵌在帝国皇冠的前面，位于黑王子红宝（the Black Prince' s Ruby，是一粒巨大的尖晶石）的下方。

附图 9　库里南 II 号被镶嵌在帝国皇冠的前面，位于黑王子红宝的下方

7. 库里南 III 号（见附图 10 上）

库里南 III 号，又叫非洲小星星，梨形琢型，质量 94.4 克拉，即 18.88 克。1911 年，乔治五世的妻子即王后继承王位登基成为玛丽女王时，加冕礼皇冠外阔十字的顶端镶上了这颗钻石。1914 年，皇冠上的钻石被一颗晶体模型取代。库里南 III 号最常见的亮相方式是由伊丽莎白二世作为胸针跟库里南 IV 号搭配佩戴。

附图 10　现在库里南 III 号最常见的亮相方式是由伊丽莎白二世作为胸针跟库里南 IV 号搭配佩戴

8. 库里南 IV 号

库里南 IV 号，也被称为非洲小星星，四方形琢型（阿斯尔琢型，见附图 10 下），质量 63.6 克拉，即 12.72 克。也被镶嵌在玛丽女王的皇冠上，但是，1914 年它也被拆掉了。1958 年 3 月 25 日，伊丽莎白二世和飞利浦亲王对荷兰进行国事访问时，她透露，库里南 III 号和 IV 号在他们家族中就是“祖母做的炸薯条（总是令人那么愉快）”。这对夫妇在库里南切磨 50 年之际，到访了阿斯尔钻石公司。这是女王首次公开佩戴库里南 III 号和 IV 号搭配的胸针。在她的访问行程中，她取下胸针交给路易斯·阿斯尔进行检查，路易斯是约瑟夫·阿斯尔的兄弟，而当初切磨这粒钻石的人就是约瑟夫。知道女王亲自将钻石带来，年事已高且几乎失明的阿斯尔被深深感动了，要知道时间过去了那么多年，让他有机会再次看到这些钻石，对他来说感触真是太多了。

9. 库里南 V 号（见附图 11）

库里南 V 号是一颗 18.8 克拉的心形钻石。1911 年，玛丽女王参加德里觐见大典的时候，她佩戴的三角胸衬中间有一枚胸针，胸针中央用铂金镶嵌着这颗钻石。胸针为了展现库里南 V 号而专门设计的，并在主钻周围密集镶嵌了一圈小钻。它也可以让库里南 III 号挂在下面，也可以让库里南 II 号吊坠挂在它的下面。玛丽女王经常这么搭配佩戴。

附图 11　库里南 V 号胸针

10. 库里南 VI 号

库里南 VI 号被加工成橄榄尖型，质量为 11.5 克拉，即 2.30 克。它通常被挂在镶有库里南 VIII 号的胸针上（见附图 12），构成了德里觐见大典盛装中三角胸衬的一部分。库里南 VI 号连同 VIII 号也可以组装成另外一种款式的胸针，周围被 96 粒小钻石中的一部分环绕。这个款式与库里南 V 号心形胸针设计的时间大致相同，款式非常相似。

附图 12　库里南 VI 号和 VIII 号组成的胸针

11. 库里南 VII 号

库里南 VII 号也是橄榄形琢型，质量为 8.8 克拉（1.76 克）。它最初是爱德华七世送给他的妻子、皇后亚历山德拉的。他去世后，作为太后她将首饰给了玛丽女王，玛丽女王把它镶成了一个吊坠，通常挂在德里觐见大典用的钻石－祖母绿项链上，作为套饰的一部分（见附图 13）。

附图 13 德里觐见项链上装配有库里南 VII 号和一颗自由下垂的梨形祖母绿

12. 库里南 VIII 号

库里南 VIII 号为长方椭圆边琢型（Oblong-cut），质量为 6.8 克拉（1.36 克）。被镶嵌在一枚胸针中心，构成德里觐见大典盛装三角胸衬的一部分。也可以与库里南 VI 号搭配成一枚胸针，见附图 12。

13. 库里南 IX 号

库里南 IX 号是库里南加工成 9 颗主钻中最小的一粒，梨形，质量 4.39 克拉（0.878 克），被镶在一枚铂金戒指上，以库里南 IX 号戒指为人熟知（见附图 14）。

附图 14 库里南 IX 号钻石镶嵌在一枚钻石戒指上

附表 2：世界最大宝石级钻石原石列表——按克拉质量从大到小顺序排列

（数据截至 2013 年 8 月 31 日，据 Lareef A. Samad）

序号	名字	英文名	发现国	发现年	克拉质量（ct）	颜色
1	库里南	Cullinan	南非	1905	3106	无色 / 白
2	爱克赛尔西奥	Excelsior	南非	1893	995	无色 / 白
3	塞拉利昂之星	Star of Sierra Leone	塞拉利昂	1972	969.80	无色 / 白
4	盖世无双	Incomparable	扎伊尔	1984	890	褐黄
5	大莫卧儿	Great Mogul	印度	1650	787	无色 / 白
6	千禧之星	Millennium Star	扎伊尔	1990	777	无色 / 白
7	沃耶河	Woyie River	塞拉利昂	1945	770	无色 / 白
8	“辉煌五十年”	Golden Jubilee	南非	1985	755	褐黄
9	瓦尔加斯总统	President Vargas	巴西	1938	726.60	无色 / 白
10	扬克	Jonker	南非	1934	726	无色 / 白
11	禧年－雷茨	Jubilee-Reitz	南非	1895	650.80	无色 / 白
12	（未命名）	Unnamed	南非	1984	620.14	
13	瑟法杜	Sefadu	塞拉利昂	1970	620	无色 / 白
14	金伯利八面体	Kimberley Octahedral	南非	1964	616	黄
15	莱索托的承诺	Lesotho Promise	莱索托	2006	603	无色 / 白
16	莱索托之褐色	Lesotho Brown	莱索托	1967	601	褐
17	世纪	Centenary	南非	1986	599	无色 / 白
18	德·格里斯可诺	De Grisogono	中非	可能在 1950s	587	黑
19	莱特森之星	Letseng Star	莱索托	2011	553	无色 / 白
20	（未命名的皮特拉钻石）	Unnamed Petra Diamond	南非	2009	507	无色 / 白
21	莱特森的遗产	Letseng Legacy	莱索托	2007	493	无色 / 白
22	莱特森之光	Light of Letseng	莱索托	2008	478	无色 / 白
23	雅各布－维多利亚	Jacob-Victoria	南非	1884	457.50	无色 / 白
24	扎列和平之光钻石	Zale light of peace	塞拉利昂	1969	435	无色 / 白
25	戴比尔斯	De Beers	南非	1888	428.50	黄
26	尼阿科斯	Niarchos	南非	1954	426.50	无色 / 白

六、世界最大的抛光钻石——“辉煌五十年”

1986 年，戴比尔斯在其位于南非的普雷米尔矿山发现了“辉煌五十年”钻石（又叫“金禧年”钻石，即黄金 50 周年庆典之意），这是迄今为止发掘出来的第八大（截止本书成稿期间，其排位可能为世界第九了，因为 2015 年 11 月 16 日博茨瓦纳发现的 Lesedi La Rona 钻石，即 Karowe AK6 或 Quad 1 质量达 1109 克拉，是迄今发现的第二大宝石级钻石和世界第三大钻石原石）宝石级钻石，但在伟大的钻石切割师手下，成就了迄今为止最大的刻面抛光钻石（见附图 15）。

“辉煌五十年”，由比利时钻石切割专家盖比·托尔可夫斯基切割，此钻石出现在

附图 15 "辉煌五十年"钻石

1997 年泰国国王五十周年加冕典礼上。钻石为艳彩级黄褐色（Fancy yellow-Brown），火玫瑰垫型切工（Fire rose cushion cut）。

钻石是 1986 年发现于南非的普雷米尔矿山，原石重 755.50 克拉，呈深金褐色，戴比尔斯公司特邀比利时钻石切割专家盖比・托尔可夫斯基出任切磨总设计师一职，盖比是波兰人马歇尔・托尔可夫斯基的侄子，马歇尔是现代标准圆钻型切工的奠基人，其贡献早已载入钻石切工发展的史册。

经过周密的设计和大量的模型试验，最后确定采用火玫瑰式切工。设计完成后，决定由戴维・D・普莱希斯（Dawie Du Plessis）进行切磨，戴维曾切磨名钻普雷米尔玫瑰钻石（Premier Rose，世界名钻，亦产于普雷米尔矿山，无色，137.02 克拉，梨形切工），为保证切磨顺利，特别设计了一个地下室，以使房间振动幅度减至最小。室内也经过特别装饰，使光线呈现柔和的绿色，保持切磨者的视觉敏感性。1988 年 5 月 24 日正式动工，经过二年的艰苦努力，终于磨出了一颗重达 545.67 克拉的大钻。这是世界上最大的加工钻石，比英王权杖上的"非洲巨星"（即库里南 I 号）还要重 15.47 克拉!

切割后，戴比尔斯将这颗钻石借给泰国钻石制造商协会（Thai Diamond Manufacturers Association）展示。当时，等待一睹钻石真容的游客队伍超过 1 英里。

1995 年，切割好的钻石被一个泰国商人集团购买，1997 年，作为礼物送给普密蓬国王（King Bhumibol），以纪念他登基 50 周年——钻石因此得名为"辉煌五十年"钻石。这颗钻石受到了来自教皇约翰・保罗二世（Pope John Paul II）、马哈・戈萨南达僧王（Supreme Buddhist Patriarch）和泰国大伊玛目（Supreme Imam）的祈福。

现在，这颗钻石作为泰国王室珠宝的一部分正在泰国首都曼谷 Pimammek Golden Temple 寺庙的皇室博物馆（Royal Museum）展出。

附表 3：世界著名的褐色钻石

序号	名字	英文名	克拉质量（ct）	琢型	颜色
1	“辉煌五十年”	Golden Jubilee	545.67	垫型	艳彩级黄褐（F-Y-B）
2	南方之星	Star of the South	128.48	垫型	艳彩级浅粉褐（F-L-pB）
3	地球之星	Earth Star	111.59	梨形	褐
4	亚洲十字架	Cross of Asia	109.26	雷蒂恩	浅褐
5	壮丽菊花	Great Chrysanthemum	104.16	梨形	艳彩级褐（F-B）
6	阿什贝格	Ashberg diamond	102.48	垫型	艳彩级褐黄（F-bY）
7	金色君主	Golden Maharajah	65.57	梨形	艳彩级暗橙褐（F-D-oB）
8	金伯利	Kimberley	55.09	祖母绿型	浅褐

七、世界最贵项链上的钻石——“盖世无双”

非常霸气的名字，叫“盖世无双”，简称“无双钻石”，又叫“无与伦比钻石”，即 The Incomparable（见附图 16）。

最初原石质量为 890 克拉。20 世纪 80 年代发现于刚果民主共和国（原扎伊尔）东开赛区首府姆布吉马伊（Mbuji Mayi）的一个镇，由一个小女孩在她叔叔家外面的碎石堆中发现。那些碎石本身是一些废弃的矿石，是通过正当途径从 MIBA 钻石矿附近运来的，本来矿上

附图 16　盖世无双钻石

还打算通过回收工艺检查是否还有钻石来着，无奈石头过于庞大笨重难以搬运，另外也被认为扫描不到钻石，所以一直就没有被当作含钻矿石。小女孩捡到后将钻石给了她叔叔，叔叔将钻石卖给了在当地做生意的南非钻石商，钻石商倒手卖给了一帮黎巴嫩买家，这帮人运作着将石头弄出了金沙萨市。

后来石头到了安特卫普，戴比尔斯的高级买手将石头买下。结果石头到了中央统售机构控制下，时任总裁飞利浦·奥本海默（Philip Oppenheimer）和戴比尔斯的一位主管将石头卖给了唐纳德·扎列（Donald Zale），扎列是著名珠宝连锁机构扎列公司（The Zale Corporation）董事局主席，该公司珠宝连锁店在达拉斯根基深厚。他当时买这颗钻石时，还有合伙人，一个是普雷米尔珠宝公司（The Premier Gems Corporation）的马芬·萨姆尔（Marvin Samuels），另一位叫路易斯·格里克（Louis Glick），这二位在整个纽约钻石界都是响当当的人物。1984 年 11 月，扎列公司成立 75 周年（75 周年庆典被尊称为钻石年庆，Diamond Anniversary）庆典之际，这颗巨大的钻石横空出世，展示给大众。不久，这颗钻石出现在华盛顿特区史密森学会自然历史厅的展柜中向公众公开展览。

钻石的切磨交由萨姆尔先生监理，他本身就是著名的切磨师，并且有着丰富的切磨大钻石的经验。但切磨前面临着一个利润分配、成品资产分割的问题。钻石的初始形状非常不规则：一端比较厚，而另一端窄；一面凹陷有坑，另一面凸起呈脊状。表面非常粗糙，各种裂纹、孔洞、碎纹遍布。至少让人感到欣慰的是，经过对局部表面进行初始抛光，从抛光面（这在钻石切磨领域俗称“开窗”）检查内部发现，内部实际上洁净无瑕。

从开始审视研究钻石的细节，到切磨完成，总共花费了 4 年时间。主理切磨的人是钻石切磨大师利奥·温斯（Leo Wins）。前期钻石所有者面临着一个非常纠结的问题：究竟是该保持重量磨一颗质量超过库里南 I 号（530.20 克拉）的成品，还是应该磨掉所有内部包体加工成一颗小一点，但净度为无瑕级的呢？然而，实施加工工程的第二年，萨姆尔先生和切磨师认识到，必须放弃“保重方案”。只好从原石上锯下来了 14 块碎石磨成了 14 颗同胞胎钻石（Satelite gems，从同一颗原石上获得的不同粒抛光成品，又叫卫星宝石），最大的一粒为风筝琢型，质量为 15.66 克拉，其他的琢型各异，质量分别为 6.01、5.28、4.33、3.45、3.32、3.31、2.74、2.74（两粒质量相同）、1.99、1.74、1.63、1.52 和 1.33 克拉。

而保留的最大的一颗毛坯抛磨完成后最终质量为 407.48 克拉（见附图 17）。是迄今为止世界上第三大抛光钻石，仅次于库里南 I 号和“辉煌五十年”。尺寸 53.90 × 35.19 × 28.18mm，GIA 旗下的宝石行业实验室（GTL，The Gem Trade Laboratory）对其进行分级，定为了盾形阶梯状琢型（Shield-Shaped Step Cut），净度为内部无瑕 IF，颜色为彩钻中的褐黄色。后来在 1988 年的时候，GIA 又对其进行过分级。基于钻石与众不同的三角形，马芬·萨姆尔先生专门创造了一个新词，作为指代这种琢型的术语——三角奥莱特（Triolette，本书姑且译为三角泪滴型），本书作者认为，这个词可能来源于 Briolette，这个单词往往指那些具有立体水滴形态（不同于 Pear-cut，梨形）的刻面琢型，但 Briolette 并非由固定的轮廓比例

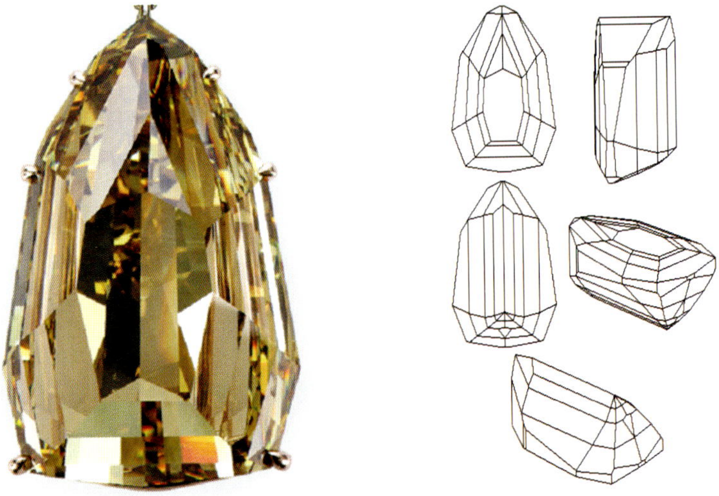

附图 17　质量为 407.48 克拉的“无双”钻石及其轮廓图

和 / 或刻面组合方式，而是对具有这类形态的琢型的统称，由于中文中常常将 Pear-cut 梨形琢型译为水滴琢型，因此，Briolette 坠形琢型本书译为“泪滴型”。

1988 年 10 月 19 日在纽约拍卖会亮相前，钻石先拿到佳士得（Christie’s，又叫克里斯蒂拍卖行）伦敦总部，在那里钻石被命名为“金色巨人（The Golden Giant）”（见附图 18）。但真正到了拍卖会上的时候，钻石被更名为“盖世无双”，之所以叫这么个名字，是因为历史上公开出售的钻石中，没有一颗比它更大。当时预期能够卖到 2000 万美元，但由于拍卖现场举牌价没有达到卖家保留价格（实际卖方的保留价就是 2000 万美元），结果拍卖流标。但无论如何，历史记录已经产生：日内瓦的希欧多尔·霍洛维茨（Theodore Horovitz）最后一个举牌投出 1200 万美元，这在那个年代对于单颗宝石来说已经是拍卖会最高的举牌价格了。据说后来石头一直归路易斯·格里克所有。

2002 年 11 月，“无双”出现在易趣网上拍卖会中。卖家希望公开拍卖的起拍价好像是 1500 万美元（具体数据已难以查证）。但奇怪的是，在当时的那份拍卖信息中，从未提到钻石的名字“Incomparable”。到拍卖逾期时，钻石并未售出。当时网上给出的钻石的规格，就是 GIA 证书上标注的钻石尺寸。这是在易趣网上拍卖过的最大的钻石，甚至，包括其他所有网站的拍卖。

英国的宝石学家迈克尔·亨曾亲自上手过这颗钻石，他讲了一个有趣的故事：“钻石的托架形状看起来像一个金色的抛光汤匙，把手经过弯曲缠绕形成它的基座。汤匙所起的作用像是一面镜子反射光，从而让钻石看起来更加璀璨，颜色更偏橙色。钻石磨成的样子是那么的胖，让它看起来跟个圆柱似的，不过在托架上看起来就好多了（钻石刚好被托架卡住——在托架唇边位置有种弹簧夹子夹着）。当时我在伦敦，他们从展柜里取出钻石进行清洁，当放回去的时候很意外竟然放反了（见附图 18），所以就让亭部刻面朝上展览了几个星期，直到又一次去看它，并指出那么放置是错误的，有成千上万的观众肯定看到了这种情况，不过没有人注意到这个问题。”

附图 18 切磨完成后的“无双”钻石特地配了一个金托，以便让钻石立起来展示，有趣的是在一次展览中它被错误地将亭部朝上进行长时间展示（右）

2013 年 3 月，“无双”钻石蛰伏 20 载后惊艳登场。在瑞士懋琬旗下，世界最大的内部无瑕（IF）彩色钻石——壮丽华贵的金色“三角奥莱特”琢型钻石被镶嵌在懋琬价值 500 万美元的项链上（见附图 19）。显然，“无双”黄钻将这条项链价值提升到了“无与伦比”的记录上。

附图 19 无双钻石项链

当时，懋琬给这条创纪录的珍宝标上了一个创造历史价格，这使得“无双”钻石项链直奔世界吉尼斯纪录而去。定价为5500万美元，当时相当于36361323英镑，让它成为全球价值最高的项链。理由？想想那宏伟的主石吧：独一无二的深黄色钻石，让任何价格都不能称之为过分。气势逼人的质量高达407.48克拉，说起来这颗改进型盾状阶梯切工的天然内无瑕艳彩深黄色钻石的发现，那简直就是一个福禄克（Fluke，侥幸球，意外之喜）。30多年前在非洲刚果，一个小女孩捡到它的时候，它正躺在废弃的金伯利岩堆里，而当时这堆废石被认为是不含钻石了。钻石被切磨成与众不同的“三角奥莱特型”后，美国宝石学院对其进行了分级确定为世界上最大的内部无瑕彩色钻石，这为其赢得了自己的头衔“盖世无双钻石”。

过去，这个世界著名的珍宝一直被陈列在博物馆中，包括华盛顿特区的史密森学会，但在奢华珠宝商瑞士懋琬的运作中，采用极尽豪华的镶嵌，衬托了它高贵华丽的身份。伴钻总共用了637克拉，包括90粒各种切工和不同克拉质量的极白色（欧洲钻石颜色体系级别，相当于D~E）钻石，壮丽的金色钻石得到了无与伦比的映衬。

八、最具代表性的黑钻——“德·格里斯可诺灵魂”

“德·格里斯可诺灵魂”（The Spirit of de Grisogono）现在是世界上第五大的切割钻石，重312.24克拉（“辉煌五十年”545.67克拉、库里南I号530.2克拉、“无双”407.48克拉、库里南II号317.4克拉位列其榜前），世界第一大黑色抛光钻石。这颗黑色的巨钻被镶嵌在白金戒身中，戒身周围点缀702颗总重36.69克拉的白钻（见附图20）。“德·格里斯可诺灵魂”钻石，因采用莫卧儿钻石琢型而最大限度地保留了其克拉质量。这种切割技术发源于几百年前的印度，可以在许多历史上著名的钻石上看到这种切割技术的踪影。莫卧儿切割技术并不那么着眼于对称与光泽，而这两点对于黑钻石而言，并不像无色钻和彩钻似的那

附图20 “德·格里斯可诺灵魂”钻石戒指

么重要。

原石发现于中非，毛坯质量：587.00 克拉。后来被带到瑞士并在那里切割，加工后质量：312.24 克拉。古柏林宝石实验室（Gubelin Gem Lab）对这颗钻石进行了鉴定并称赞如此类型和质量的钻石拥有着一种罕见的美丽。

世界著名钻石中，黑钻并不多，能列举出来的也只有黑奥洛夫（Black Orlov）和阿姆斯特丹钻石（the Amsterdam Diamond），质量分别为 67 克拉和 33 克拉（传说有一颗 205 克拉/202 克拉的黑色钻石名字叫“非洲黑星——Black Star of Africa”出现，20 世纪 80 年代卖给了亚洲某位买家，但这事儿一直没有证实）。

而现在说的这颗魅力十足的最大黑钻的背后是著名的瑞士珠宝品牌“德・格里斯可诺”。德・格里斯可诺是来自瑞士日内瓦的著名腕表和珠宝品牌，由拥有 30 年设计高级珠宝的品牌负责人及设计师法瓦兹・葛罗奇（Fawaz Gruosi）先生于 1996 年创立。德・格里斯可诺属于瑞士高端钟表珠宝商萧邦（Chopard）的下属公司，以大胆的创意以及黑钻而闻名。德・格里斯可诺是世界上第一个运用黑钻石来制作珠宝首饰和手表的公司。由创立到名成利就，只不过短短十年的光景，虽然资历浅，但是凭着无限制的创作力，大胆做出新尝试，以黑钻石首饰扬名天下。德・格里斯可诺运用宝石的精湛技艺，真正的创新精神，大胆而独特的风格，使其在全球范围获得惊人的成功。它还运作切磨了葛罗奇钻石（the Gruosi Diamond）——世界第一大心形黑钻，也是世界第五大黑色抛光钻石，质量为 115.34 克拉（见附表 4）。

“德・格里斯可诺灵魂”最初的原石质量 587 克拉，是几十年前从中非西部运到瑞士的。随后钻石采用莫卧儿钻石切割技术进行切磨。这是一种历史上非常著名的切磨方式，这个琢型在印度经历了几个世纪的发展，现在有许多历史名钻都是这种琢型，如莫斯科俄罗斯钻石国库中珍藏的奥洛夫钻石（Orlov Diamond）；伊朗王权首饰上有数粒这样琢型的钻石，这其中包括月之王冠钻石（Taj-I-Mah Diamond）。大莫卧儿钻石，质量 279 克拉，是另外一颗著名的莫卧儿琢型的钻石，遗憾的是，目前这颗钻石下落不明。后来出现的玫瑰琢型实际是老莫卧儿切工的演化变形。从对琢型设计的研究到实施切磨的整个过程“德・格里斯可诺灵魂”钻石耗费了切磨师超过一年的时间。

古柏林（Gubelin）宝石实验室的报告中这样描述“德・格里斯可诺灵魂”钻石：对这种类型的钻石而言，考虑到其尺寸，这个样品极其稀有；这是古柏林宝石实验室检测过的最大的天然黑色钻石。

据说法瓦兹・葛罗奇后来将钻石卖给了一位私人客户。

由于钻石的高高凸起，成就了镶有“德・格里斯可诺灵魂”钻石的戒指为世界最大黑色钻石戒指。

黑色钻石非常罕见。天然黑钻有着独特的成分（见附表 5）使得它们在其他彩色钻石中一枝独秀。这也是为什么黑色钻石经常被冠以独特的名字：卡波内斗。在所有产出的黑色钻石中，“德・格里斯可诺灵魂”钻石是迄今为止发现的最大的黑色钻石原石。

处理后，钻石的晶格总会保留一些不可逆转的扭曲。

研究表明，在冲积型矿床中绿色或者说被辐照过的钻石更为常见，尽管钻石的原矿来源通常是含钻石火成岩岩管的上部区域，但原矿中发现的钻石，不管多大，几乎没有绿色的。德累斯顿绿钻（见附图 21），其原石可能超过 100（旧制）克拉，这在世界著名钻石中是独一无二的。她最初的形态可能是拉长的歪晶，但晶体应该完好，因为绿色钻石几乎不发育解理或存在碎裂。关于德累斯顿绿钻石的产地，人们通常认为它可能产自印度安得拉邦（Andhra Pradesh）的克鲁尔矿（Kollur），但是这种认识并没有确切的依据。另外，有的人认为德累斯顿绿钻石可能产自巴西，自 18 世纪 20 年代后，巴西已逐渐取代了印度成为世界主要的钻石出产国。有传言说奥古斯塔二世是从一名荷兰商人手中，买得这颗钻石的。荷兰的阿姆斯特丹曾是 17 世纪世界钻石的切磨中心，而巴西钻石的发现引发了阿姆斯特丹钻石切磨业的复苏，巴西产的钻石原石被源源不断地送往阿姆斯特丹，这一推断或许可以作为判断德累斯顿绿钻石产地的一个因素。有一点可以肯定，德累斯顿绿钻石的原石由于其特有的颜色和块度，一定会给见过的人留下深刻的印象。

附图 21　德累斯顿绿钻

德累斯顿绿钻的名字来自于德国萨克森州（Saxony）首府德累斯顿，钻石在这个地方一直陈列了 200 多年的时间。这颗质量为 8.1 克的天然致色苹果绿色钻石，已知最早记录其文献是《邮递小子》，这是 18 世纪初伦敦的一份新闻通讯报纸。

无论是乔治一世还是弗里德里希·奥古斯特一世都没有购买那颗绿色钻石，反而是后者的儿子弗里德里希·奥古斯特二世让这颗绿钻首次进入皇家王室，钻石呈梨形琢型，具有 58 个刻面，重量为 40.70 克拉。1741 年莱比锡展览会（The Leipzig Fair）上他从一位名叫德勒斯（Delles）的荷兰商人手中买下了德累斯顿绿钻。对于成交的价格众说纷纭、各不相同，不过最值得关注的一个版本出现在写给普鲁士国王——腓特烈大帝（Frederick the Great）的一封信中，是这么写的，“由于布隆（Br ü nn，捷克地名）围困，前线请求波兰国王用重型火炮支援。但他以经费不足为由拒绝了请求；而他刚刚花了 40 万泰勒（Thaler，德国的旧银币名）买了一颗绿色大钻石”。奉弗里德里希•奥古斯特二世之命，王室御用珠宝商丁零格（约翰•迈尔修•丁零格，Johann Melchior Dinglinger）将钻石镶嵌在金羊皮毛饰物（The Decoration of the Golden Fleece，金羊皮毛——希腊神话中的一件宝物）上，但这个镶嵌款式仅仅使用了 4 年时间，到 1746 年就坏掉了。国王随后委任维也纳的金匠帕拉多（Pallard）设计另一款的黄金羊皮毛（Golden Fleece），把德累斯顿绿钻和德累斯顿白钻（The Dresden White）都镶到上面，其中德累斯顿白钻是一颗质量为 49.71 克拉方垫琢型的钻石。

自 1756 年到 1763 年七年战争（The Seven Years War）持续期间，出于安全考虑，绿穹珍宝馆中的藏品被转移到了国王岩堡垒（Fortress of Königstein，柯尼希施泰因堡垒）中，位置在德累斯顿东南柯尼希施泰因易北河（The Elba River）边上。战争结束几年后，由于萨克森州的沦陷，帕拉多（Pallard）设计黄金羊皮毛饰品也未能幸免于难，遭遇拆解。1768 年又有一名首饰商迪斯巴赫（Diessbach），将大绿钻石镶嵌到一件豪华的帽扣上，同时还包括另外两粒闪耀的白钻，以及 411 粒中等大的钻石，质量合计几乎达到 40 克拉，此外还配了一些小的钻石。德累斯顿绿钻在迪斯巴赫制作的饰物上保存至今。

1806 年，萨克森成为一个王国，王室传承一直持续到 1918 年最后一位国王退位。而绿穹珍宝馆中的藏品也一直平静地迎接者公众的到访与观摩，直到第二次世界大战开始，局面被打破。1942 年，藏品再次被转移到国王岩堡垒中，从而在 1945 年 2 月 13 日夜晚盟军摧毁德累斯顿的行动中，成功地躲过了毁灭性的空袭。同年晚些时候苏维埃战利品委员会（The Soviet Trophies Commission）在这座荒废的城市近中心处的皮尔尼茨宫（Pillnitz Castle）设立指挥部，豪取强夺绿穹珍宝馆中的藏品，华贵的王权珠宝首饰位列其中，被第一批转移到了莫斯科。直到 1958 年她们才踏上归途回到德累斯顿市。

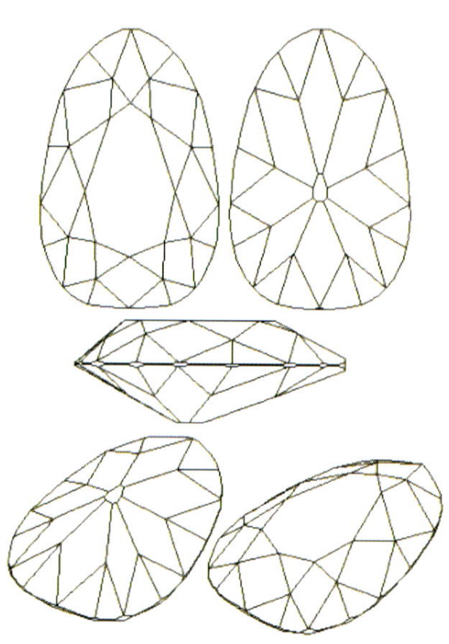

附图 22　德累斯顿绿钻的刻面（共 58 刻面）分布素描图

1988 年美国宝石学院详细检测研究了德累斯顿绿钻。结果表明这颗非凡的钻石不仅仅具有超群的品质，而且是极为罕见的Ⅱa 型钻石。尽管 GIA 给出的净度级别是 VS_1，但钻石具有内部无瑕（IF）级的潜质。这意味着钻石的瑕疵位于近表面部位，如果对钻石进行轻微的重新切磨的话，其净度级别可以得到提高。GIA 证书的原话是这样的——“可以观测到的包体和表面缺陷的特征和位置表明（考虑到刀刃腰的存在），如果对钻石进行适当的重切，净度或许能达到内部洁净 IF 级甚至是完美无瑕级。尽管如此，我们不建议这么做，因为她的历史意义太重要了，我们希望永远能保留她的原貌。”钻石的尺寸是 29.75×19.88×10.29mm。难以置信的是，GIA 给出的对称性级别是“好（Good）”（见附图 22），而抛光级别为很好（Very good）。对于 1741 年以前切磨的一颗钻石而言，这样的级别、打磨水平可以说是令人叹为观止。这真的是太罕见了。另外，德累斯顿绿钻石，具有一种天然的绿色体色，其颜色介于祖母绿的鲜绿色和绿玉髓的灰绿色之间，无论从任何方向观察，颜色都十分美丽。尽管钻石拥有的绿色皮层或者散布的绿色斑块在这类钻石中是较为常见的现象。

GIA 研究德累斯顿绿钻的报告被广泛关注和引用，因为德累斯顿绿钻是天然绿色钻石的范本，而人工辐照处理也可以将无色近无色钻石改色成绿色。人们阅读德累斯顿绿钻的研究成果，希望能够找到天然辐照致色和人工辐照致色绿钻的差异，要知道前者非常罕见，而人工辐照形成绿色的钻石却是可以量产的。

2000 年夏季罗纳德·温斯顿（Ronald Winston）经周密筹划，德累斯顿绿钻先是在海瑞·温斯顿纽约旗舰店展示，然后于 10 月份移驾史密森学会海瑞·温斯顿厅（The Harry Winston Gallery）进行展出，紧挨着的，则是世界最为著名的钻石“霍普蓝钻（The Hope）”。40.70 克拉的德累斯顿绿钻——已知的最大最好的天然绿色钻石——长久以来一直被当作“霍普钻石”的姐妹，因为两者具有近乎相当的尺寸，同等浓烈的颜色，当然同样都具有无法超越的历史意义。10 月 14 日星期五，这个值得纪念的日子，举世瞩目的展览正式向公众开放。

为了让两颗姊妹钻石能同台展出，罗纳德·温斯顿奔波了 12 年。“只有一颗钻石有这个资格，那就是德累斯顿绿钻，能够接近霍普钻石，创立一个千载难逢独一无二的机遇，”罗纳德·温斯顿说：“在我的有生之年我一直梦寐以求，梦想能够看到霍普钻石和德累斯顿钻石可以一同亮相。本来在 20 世纪 50 年代我的父亲组织‘珠宝王朝’巡回展的时候能够成就这一巅峰会面，让两者同台出现成为展览的王牌，但当时终究没能实现，要知道，那次的全国巡回展展品也是前所未有的，包括许多历史上最著名的钻石。”

德累斯顿绿钻在史密森学会一直展览到 2001 年 1 月，才荣回故里回到德累斯顿的阿尔贝蒂尼博物馆（The Albertinium Museum），风华至今。

十、最神秘的钻石“霍普”

霍普钻石，the Hope，又名“希望”钻石，质量为45.52克拉，呈钢蓝色（钢青色，Steel blue，是蓝色系的一种颜色，介乎青玉色与群青色之间，因色质像钢而得名），原石发现于古老的印度，晶体质量为112克拉（见附图23）。她首次面世得益于17世纪一位叫塔沃尼尔的法国著名冒险旅行家，当时是印度一位奴隶发现这颗大蓝钻后，通过极其秘密的方式藏到自己身上。而塔沃尼尔获得了这颗迷人的刚蓝色宝石时，第一眼看上去还以为是一颗大的蓝宝石，但经验老到的塔沃尼尔很快就意识到这是钻石——全球最大的深蓝色钻石。

附图23 霍普蓝钻

传说这颗钻石的前身是印度一座神庙的圣物，生长于印度戈莱伦河（The coleroon River）沿岸一座寺庙里，是大神罗摩之妻悉多神像的双眼之一。如果真是这样的话，可以推测神的眼睛应该还有另外一只，但“另外一只眼睛”终归从未面世。她可能不是首颗在传说中来自于宗教神像的钻石，历史上很多产地无可考证的钻石中，有很大一部分会伴随着传说，说是从神像上得到的；而臭名昭著的钻石，历史也并非只有这一颗。比如神话传说中，“神的眼睛（The Idol' s Eye）”和奥洛夫（The Orlov）两颗钻石也都出自于神像。

据说1642年钻石被从神像上偷出，神庙祭司第二天发现之后，就下了咒语，诅咒所有起于私心而拥有这颗宝石的人。

塔沃尼尔买下这颗钻石将其走私到巴黎，1668年卖给了国王路易十四。不久塔沃尼尔就陷入了财务危机，穷困潦倒，在流落俄国时被野狗咬死。

厄运追随“霍普钻石”在波旁王朝（在欧洲历史上曾断断续续统治纳瓦拉、法国、西班牙、那不勒斯与西西里、卢森堡等国以及意大利若干公国的跨国王朝）中的传说层出不穷。

首先是路易十四，为了纪念路易十四，北美的法属殖民地被法国探险家拉萨尔（Robert

de La Salle）命名为路易斯安那（Louisiana），密西西比河下游大片地区都被拉萨尔宣布归为路易斯安那。就是这样一位威名震满世界的至高无上的欧洲霸主，厄运却随着霍普钻石的到来而降临，当然也或许是疲于战争的历史必然。在巴黎，路易十四让人重新切磨了钻石，使之成为三角梨形，质量为 67.5 克拉，从那以后她被称为“法国蓝（The French Blue）”或“塔沃尼尔蓝（The Tavernier Blue）”。切磨好的钻石让路易十四赠给了他的情妇、一个宗教狂热信徒蒙特斯庞夫人（Madame de Montespan），但随即，蒙特斯庞遭到了王室的遗弃。而路易十四早年的光辉战绩开始衰退，后来他最宠爱的孙子也突然夭折。

法国王朝中，霍普蓝钻首饰的另外的佩戴者，让人们有充足的理由认为未能逃过厄运魔咒。她们是朗巴尔的王妃（Princess de Lamballie，玛丽 · 特蕾莎 · 路易萨，1749 年 ~1792 年）和后来的完全继承人玛丽 · 安托瓦内特（Marie Antoinette，1755 年 ~1793 年，法国国王路易十六的妻子），两人都死于法国大革命（The French Revolution）期间的断头台。

在 1792 年 9 月 11 日到 9 月 17 日间的某一天，皇家宝库被六名窃贼闯入洗劫，王权首饰包括 “法国蓝”一起不知所踪。据说是当时其中一名窃贼卡德特 · 古洛特（Cadet Guillot）将其携带到了法国的勒阿弗尔（Le Havre），然后又渡海去了伦敦。但由于该钻石名声太大出不了手，结果被迫将其抵债。1796 年，古洛特被捕入狱，但钻石仍不知去向。有人说钻石一度出手卖给了英王乔治四世，不多久，这个卖主就自杀了，但英国的皇室档案中并没有关于乔治国王使用这颗钻石的记录。

直到 1812 年，一颗钢蓝色大钻石出现在英格兰市场上，质量仅有 44.50 克拉，且形状也不同于法国波旁王朝拥有的大蓝钻。

1824 年，著名银行家亨利 · 菲利普 · 霍普（1774 年 ~1839 年）买下了这颗钻石，并用自己的姓氏 Hope 为其命名。由于 Hope 意即希望，故此该钻石又叫“希望”。霍普将其镶在一枚胸针上，他的弟媳经常佩戴着这颗蓝钻出席社交聚会。按照传说，从此霍普家族的生意开始走下坡路。1839 年，亨利 · 菲利普 · 霍普死去，他的三个侄子为了争夺其遗产打了十年官司，最后亨利 · 托马斯 · 霍普（Henry Thomas Hope，1808 年 ~ 1862 年，英国国会议员，艺术品传承保护人）赢得了这颗钻石。其后，这颗钻石先后于 1851 年在伦敦世界博览会和 1855 年巴黎世界博览会上展出。其中 1851 年在伦敦展览时，被投了 100 万美元的保险，这在那个年代被认为是极度疯狂的天价，但话说回来，在这种类型（蓝色）中，她可是全球最大的钻石。

1862 年 12 月 4 日亨利 · 托马斯 · 霍普去世，其妻子继承了他的财产。1884 年 3 月 31 日，霍普夫人去世，其外孙弗朗西斯 · 佩勒姆 · 克林顿 · 霍普（Lord Francis Pelham Clinton Hope，又写作“亨利 · 弗朗西斯 · 霍普 · 佩勒姆 – 克林顿”，1866 年 2 月 3 日 ~ 1941 年 4 月 20 日，纽卡斯尔市第八世大公），即纽卡斯尔公爵，在 1887 年获得了这颗钻石。公爵挥霍无度，陷入破产，但是根据遗嘱，他不能将钻石出卖。1894 年他娶美国女演员梅 · 约赫（May Yohe，1866 年 ~ 1938 年，美国音乐剧演员）为妻。婚后约赫仍然在伦敦西区以及后来的美国继续她的音乐剧演艺事业，两人依靠妻子片酬维生。梅・约赫见到霍普钻石，疯狂地迷上了她。然而 1896 年，公爵彻底破产，只得申请拍卖希望钻石。1901 年，英国上议院最终裁决他可以卖出希望钻石。伦敦珠宝商阿道夫・韦伊（Adolf Weil）以 29000 英镑的价格买下了希望钻石，接下来又转手卖给了美国人西蒙・弗兰克尔（Simon Frankel）。

1902 年，梅・约赫与弗朗西斯・佩勒姆・克林顿・霍普公爵离婚。后来她先后经历多次大胆而富有冒险的婚姻但均因男方的穷困潦倒而分开。1924 年她和她的最后一任丈夫约翰・斯马斯（John Smuts）定居在美国马萨诸塞州的波士顿市，直到 1938 年去世时几乎身无分文，这位原本是 20 世纪初杰出的女演员、舞台剧明星，末年却命运惨淡，为世人所遗忘。

人说“黄金有价，宝石无价”。常人都希望自己成为富有的人，能占有无价之宝，但是一旦“梦想成真”，未必一定是好事。常听到一些显贵达人，有万贯家产，却整天心神不定地过日子，生怕被人谋财害命。与这块钻石有缘的人似乎是幸运的，但是，世界上的事情就是那样的蹊跷，而且往往“物极必反”，就像这块钻石给其每个拥有者带来的厄运。这些传说有许多个版本，都说得有板有眼，让人似信非信，在言听以外，这些版本的传说都会给人从中悟出道理的机会，那就是“承受不起的事情，就不要去承受”，用另一句话加以表达，那就是“福兮祸所伏”。

梅・约赫的经历真是“福兮祸所伏”。她将自己命运的衰败归因于霍普钻石，并写信提醒霍普钻石后来的持有人。从此，世间开始公开将霍普钻石视为厄运载体。

美国钻石商人西蒙・弗兰克尔（Simon Frankel）得到这颗钻石后，将其带到了纽约，纽约有人估价 14 万美元。但西蒙・弗兰克尔随即陷入财务危机，于是就将钻石卖给了一位叫雅克・克洛（Jacques Colot） 的人，据说这个人后来自杀身亡。钻石随后落入俄国王子卡尼托夫斯基（Kanitowski）之手，王子将钻石借给了法国女演员劳伦斯・拉杜（Lorens Ladue），不久劳伦斯・拉杜在演出过程中遭王子枪击身亡，而卡尼托夫斯基则在俄国十月革命中被处决。王子与女演员的命运也被认为是中了钻石的魔咒。再后来一个遭遇魔咒的人叫西蒙・门萨罗德斯（Simon Montharides），据说他全家投崖而亡。然而这一段仅存在于一些未经考证的传说中，主流研究者认为这里面有些人物和情节是虚构的

不过可以确定的是，1904 年弗朗西斯・佩勒姆・克林顿・霍普公爵跟他的新任妻子奥利芙・穆丽尔・汤普森（Olive Muriel Thompson）结婚，幸福的夫妇二人生育了三个孩子。然而 1912 年穆丽尔・汤普森猝然离世，这一悲剧也被归因于钻石诅咒。

厄运在新的主人身上延续。这就是土耳其苏丹阿卜杜勒・哈米德二世（Abdul Hamid II，II.Abd ü lHamid，1842 年 ~1918 年），他是奥斯曼帝国土耳其的苏丹（指一个在伊斯兰教历史上类似总督的官职，有很多其他的译法，如“素檀”“速檀”“速鲁檀”“锁鲁檀”“素里檀”“唆里檀”“算端”“层檀”等等。是阿拉伯语中的一个尊称，历史上有好几种含义。原意为“力量”“治权”“裁决权”，后来变为权力、统治。最后，演变为对一个特殊统

治者的称号，被苏丹统治的地方，一般都对外宣称拥有独立主权或完全主权。苏丹统治的地方，无论是王朝还是国家都可以被指为“苏丹国”——不同于现在的苏丹共和国。奥斯曼帝国的苏丹，即 Sultan of Turkey）和以色列的哈里发（Caliph of Israel，1876 年~1909 年在位。哈里发，又写作 Khalifah，是指穆罕默德去世以后，伊斯兰阿拉伯政权元首的称谓，是伊斯兰政治、宗教领袖），被阿谀为“忠诚的亲王”“世界之主（另外还有一些稍低的头衔）”。

但他治下的民众却被他的暴戾专制压迫得难以为继，诅咒他该死。1907 年 7 月，土耳其爆发青年土耳其党人领导的武装革命，迫使阿卜杜勒宣布恢复 1876 年宪法，并再次召开议会，但这并未能稳固其统治地位，债务危机也越陷越深。但他为了购买霍普钻石，从民间搜刮的 45 万美元（一说为 40 万美元），于 1908 年全部支付给了一个钻石经销商辛迪加（一种垄断形式）财团。购得的钻石赐给了他的爱宠苏巴雅（Subaya），这个苏巴雅是他后宫佳丽中的一位，而他的后宫包括 4 位妻子和 233 位嫔妃。苏巴雅戴着霍普钻石感觉非常高兴，但她的欲求绝非一颗钻石就能满足，她暗中发动后宫试图谋杀苏丹阿卜杜勒，阿卜杜勒及时发觉了她的图谋，亲自对其执行了死刑。

1909 年春天，阿卜杜勒把自己的珠宝收藏偷运到巴黎卖掉，其中霍普钻石被迫以 8 万美元的低价出售给了巴黎的罗瑟诺（Rosenau）。然而 4 月 27 日阿卜杜勒的苏丹地位被青年土耳其党人废黜，导致他卖珠宝的钱一分也没有拿到，而是全部被他的继任统治者掘取。他因暴政导致政治生涯的终结，被后人移花接木地归罪到到霍普钻石身上，被当作是霍普钻石的厄运之命使然。

而就在 1908 年苏巴雅尚拥有霍普钻石期间，来自美国的名媛爱芙琳·沃尔什·麦克兰（Evalyn Walsh McLean，1886 年~1947 年，美国大采矿集团的女继承人，和丈夫是《华盛顿邮报》和《辛辛那提市问询报》的出版商）有一天参加土耳其朝廷的活动，恰好见到了著名的蓝色钻石，她被蓝钻深深吸引，并渴望能拥有这颗特殊的钻石。1910 年，法国著名的珠宝商皮埃尔·卡地亚（Pierre Cartier）以 55 万法郎的价格收得了“霍普”，并镶嵌了这颗宝石。1911 年 1 月 28 日卡地亚纽约珠宝店的人在《华盛顿邮报（The Washington Post）》的办公室里，将霍普钻石首饰出售给了爱芙琳·沃尔什·麦克兰的丈夫爱德华·比尔·麦克兰（Edward Beale McLean），成交价格是 18 万美元（购买力相当于 2016 年的 462.7 万美元）。当时麦克兰还从卡地亚买了一颗著名的白钻“东方之星（94 克拉，18.8 克，The Star of the East Diamond）”。爱芙琳·沃尔什·麦克兰根本不相信关于这颗钻石的诅咒会影响到她的命运，因此经常戴着她穿梭于华盛顿一些著名的聚会中。她也因为是这颗质量为 45 克拉（9.0 克）的霍普钻石的最后一任私人持有者而留名于钻石界。但这样的留名似乎毫无意义，因为传说中的诅咒终究还是不幸地降临到了麦克兰的家庭，她尚年幼的大儿子文森·沃尔什·麦克兰（Vinson Walsh McLean）在她得到钻石不久因车祸丧命，她的丈夫爱德华·比尔·麦克兰后来与其他女人私奔，却最终得了精神病，死于疯人院。她家的产业华盛顿邮报于 1933 年破产被转手，而她的女儿艾米丽·华盛顿·麦克兰（Emily Washington McLean）

死于过量安眠药，她的一个孙子在越南战争中牺牲。

笼罩在诅咒阴影下的霍普（Hope）钻石没有人再愿意佩戴她。1949年，爱芙琳·沃尔什·麦克兰太太去世两年后，她的藏品被拍卖，海瑞·温斯顿买下了霍普钻石，同时竞得了“东方之星钻石（The Star of the East Diamond）”。海瑞·温斯顿钻石珠宝公司在多地举办巡回展出，包括许多公益场合的展示，1958年还参加了加拿大国家博览会。

1958年11月7日，温斯顿将霍普钻石捐给了史密森学会。从此再也未出现厄运魔咒。当然，有好事者说20年后的海瑞·温斯顿先生逝于心脏病，也是遭到了“霍普钻石”的诅咒。我们看看海瑞先生的生平，他出生于1896年3月1日，逝于1978年12月28日，终年83岁。无论他拥有“霍普”10年间，是否出于私心，但他最终将其捐赠给史密森学会，这绝对是让所有“厄运”终止的大好事，显然他不是被诅咒的对象。

1975年，霍普钻石从项链上取下来进行清洗并称重，得到了其确切的质量为45.52克拉，而不是此前认为的44.50克拉。很多人也都坚信霍普是世界上最大的蓝色钻石，然而事实并非如此，她实际排在第四的位置。不过她的确是最大的深蓝色钻石，而比她大的另外3颗都是浅蓝色。

史密森学会作为霍普钻石的现任东家对她最有发言权了。这位东家对钻石进行了最为全面的研究后，相比给人们带来神秘感的诅咒故事而言，科学的研究和慎重的考古查证，并没有带给人们特别有趣的事情，但以下的内容则是史密森学会全面考证后得到的“档案式”结果：

现在已无法考证究竟什么时候在哪里发现霍普钻石的原石了，但肯定是在1668年以前就发现了，产地很可能是印度的戈尔康达地区（Golconda）。1723年巴西发现钻石以前，这个地区是世界钻石唯一的主产区。其中特别是克鲁尔矿（The Kollur mine），是众所周知的彩色钻石矿区。1668年简－巴普蒂斯特·塔沃尼尔是法国的一名珠宝商，卖出了一颗112克拉（大约相当于现代公制的115克拉）来自印度的蓝色钻石，买家是掌控凡尔赛宫的法国国王路易十四。钻石琢型具有印度风格，即强调保持克拉质量而忽视了明亮闪耀度；很可能是只针对原晶面进行了抛光，当时钻石被称呼为“塔沃尼尔蓝”。1673年，国王命宫廷御用珠宝匠皮特奥先生（Sieur Pitau）对钻石进行了重新切磨，加工成了心形从而提高了钻石的明亮闪耀度，重切后的钻石质量变成了67克拉（大约相当于现代公制的69克拉），后被镶嵌于黄金底座，连上缎带后作为国王在典礼上使用的项饰，路易十四称其为“王冠蓝钻”或者“法国蓝”。

史密森学会考证的另一个结果是，这颗大钻石并没有同胞胎姐妹。一般来说对原石的切割过程，或许有边角料劈或切下来，可以加工成较小的抛光钻石，但对于霍普钻石的重切却不是这样。尽管直到最近还有人推测，一颗13.75克拉的蓝色钻石，即著名的“布伦斯维克蓝（The Brunswick Blue）”，到现在已经遗失远远超过1个世纪时间了，说她是“法国蓝钻”的边角料。还有一些专家讨论过布伦斯维克蓝II号（The Brunswick Blue II）”——1颗6.50

克拉梨形琢型的蓝钻，认为她才是原属于“法国蓝”的边角料，而13.75克拉的布伦斯维克蓝”并不属于“法国蓝”。但是，后来在电视“探索频道”制作的“霍普钻石的历史谜团”专题中，宝石切磨师、钻石模型制作人斯科特·苏彻（Scott Suchor）在史密森学会矿物学馆长杰弗里·E·波斯特（Jeffrey E. Post）的帮助下，对这些推论进行了证据确凿的反驳，认为对“法国蓝”进行重新打磨成为“霍普钻石”的过程中，没有边角料，也不可能切磨出一颗小的抛光钻石来。1749年，路易十五得到蓝钻石的时候，以当时的钻石的形态即被认为是“法国蓝”，让人将其镶嵌到一枚庄重仪式首饰上，配合黄金羊皮毛勋章使用，其中这件勋章上还镶有一颗大的白色钻石和一颗红色尖晶石，专供国王佩戴。路易十五死后，这颗钻石就没有被正式使用过。

路易十六国王和玛丽·安托瓦内特王后统治时期，法国大革命爆发，路易十六和玛丽·安托瓦内特被关押，他们并没有随身携带这颗宝石。1792年9月11日至9月17日期间，皇家宝库洗劫，王权首饰包括“法国蓝”一起不知所踪。

被偷走的蓝钻石究竟去了哪儿，在接下来的20年间始终是个谜，史密森学会也无法考证出这20年间她的行踪。但有据可考的是，一直到1812年，这个时间源自于伦敦一名珠宝商约翰·弗朗西隆（John Francillon）书写的一份代销委托书，委托书文件记录的日期恰恰比法国王权珠宝被报道失踪时间晚20年又2天，委托书文件还表明当时在英格兰出现的这颗44克拉（相当于现在公制45.52克拉）的蓝色钻石的所有人是伦敦钻石商丹尼尔·伊莱亚森（Daniel Eliason）。这颗钻石毋庸置疑是对“法国蓝（The French Blue）”重切的成果，有一个事实可以支持这一论点，那就是根据法国法律的规定，对于战争期间发生的任何形式的犯罪，诉讼时效设定为20年，很显然，这个弗朗西隆以及他的委托人肯定通晓这一法律规定。由此弗朗西隆的代卖委托书从事实上将这位钻石的所有人确立为蓝钻新的法定所有者。

2005年2月，包括史密森学会的代表在内的美国科学家经过严谨的考证，也确认了“霍普钻石（45.52克拉）”确实是自“法国蓝（67.5克拉）”切割而成。

这颗钻石给一些人带来了霉运，但是对于史密森学会说，拥有这颗钻石却意味着好运。霍普钻石是其天然宝石与矿物展馆中的重要展品，见附图24至附图26。1962年，博物馆重修了珠宝展馆，在大厅边专辟一小厅展示该钻石。该钻石陈列在一个旋转底座上，每天吸引大量游客前来参观，是整个博物馆最有人气的展品。

自古以来世界上有许多著名的珠宝，不管是名扬四海的还是恶名昭著的，也不管评判的标准是怎样的，总之没有一件珠宝给人们带来的想象能够超越霍普钻石和它的前生——法国蓝钻。她真是名副其实的珠宝王朝的最知名的天后，她是名气最大的珠宝，她是最玄幻的珠宝。

附图 24 世界上最著名的三颗蓝色钻石。从左到右：永恒之心（27 克拉）、霍普（45 克拉）、蓝色之心（30 克拉）。其中“霍普钻石”看起来比常见的 45 克拉要大些，是因为钻石相当扁。永恒之心的颜色级别是艳彩级浓艳蓝（F–VV–B）、霍普的色级为艳彩级深灰蓝（F–D–gB）、蓝色之心色级未知，或许可达到艳彩级浓艳（F–VV）或艳彩级深（F–D）蓝

附图 25 用霍普钻石的复制品制作的胸针

史密森学会于 1992 年发售，当时价格约 52 美元，后来涨价到 80 美元。据了解这个款式的胸针史密森学会至少发售了两个版本，一个副石是用塑料做的，还有一个版本副石是合成立方氧化锆，相比来说后者更为精致

附图 26 维特尔斯巴赫 – 格拉芙（Wittelsbach–Graff）钻石（31.06 克拉，净度 IF，色级 Fancy Deep Blue；重切前的 Wittelsbach 质量为 35.56 克拉，净度 VS1）和霍普钻石（45.52 克拉）

附表 6：世界著名蓝钻

序号	名字	英文名	克拉质量（ct）	色级
1	霍普	Hope diamond	45.52	艳彩级暗灰蓝（F–Dark–gB）
2	德海斯臣科	Tereschenko	42.92	艳彩级蓝色（F–B）
3	维特尔斯巴赫	Wittelsbach	35.56	艳彩级浓蓝（F–I–B）重切后变艳彩级深蓝（F–Deep–B）
4	摩洛哥的苏丹	Sultan of Morocco	35.27	艳彩级灰蓝（F–gB）
5	蓝色之心	The Blue Heart	30.82	艳彩级浓蓝（F–I–B）
6	永恒之心	The Heart of Eternity	27.64	艳彩级浓艳蓝色（F–V V–B）
7	德兰士瓦蓝	Transvaal Blue	25.00	（未知色级）
8	蓝皇后	The Blue Empress	14.00	（未知色级）
9	蓝色魔法	The Blue Magic	12.02	艳彩级浓艳蓝色（F–V V–B）
10	格拉芙蓝	Graff Blue	6.19	艳彩级蓝色（F–B）

十一、“粉红之星”花落中国

粉红之星，The Pink Star，原名“施泰因梅茨粉钻”（见附图 27），The Steinmetz Pink）曾作为戴比尔斯总结百年、迎接新千年的壮丽诗篇千禧钻石展（The Splendour of Diamonds Exhibition to mark the year 2000）中闪耀的明星，现已易名为“周大福粉红之星”，即 CTF PINK STAR，因为 2017 年她已嫁入周大福珠宝，彩礼为 553037500 港币（5.530375 亿港币，含交易佣金）。

附图 27　粉红之星钻石

施泰因梅茨粉钻，可能是当今世界上最高品质的粉红钻石。她首次惊艳登场是在 2003 年 5 月的摩纳哥，当时是镶在一条简洁的项链上，由超级名模海莲娜·克里斯汀森（Helena Christensen，被誉为世界上身材最好的模特）佩戴展示，当时正值世界一级方程式赛车锦标赛（F1）摩纳哥大奖赛，原本就是媒体云集的时刻，“施泰因梅茨粉钻”的亮相更是将全球目光吸引到了 F1 赛事历史名地摩纳哥。原石质量为 132.5 克拉，由戴比尔斯公司于 1999 年在非洲开采时得到，是已知世界上最大的艳彩级浓艳粉色（Fancy Vivid Pink）钻石。粉色钻石极其罕见，而即便是有所发现，也往往是非常非常小的个头。施泰因梅茨粉钻质量为 59.60 克拉，净度为内部无瑕（IF）级，显然是极其稀少令人梦寐以求的一个净度等级。化学成分方面更是被确认为最纯净的Ⅱa 型品质。考虑到超乎寻常的价值，施泰因梅茨集团耗费了差不多 20 个月的时间才完成切磨。当时是 8 人组成的团队精雕细琢那颗 100 克拉的原石，最终才打造出这一惊世巨作。而在开始切磨前更是制作了多达 50 个模型进行方案设计和切割尝试。可以说稍有差池都会导致前功尽弃甚至玉石俱损。因此各种方案尝试后才能保证绝无闪失。最终切磨的琢型，即刻面的组合方式是独一无二的：这是一种椭圆形混合琢型——阶梯状切割的冠部和明亮式琢型的亭部组合的结果。

2003 年夏季，钻石在美国华盛顿特区史密森学会举办的一场名为“钻石的壮丽诗篇（The Splendor of Diamonds）”展览中亮相，一同闪亮登场的明星还包括千禧之星（The De Beers Millennium Star）、欧纳特钻石（The Allnatt）、南瓜钻石（The Pumpkin）、海之梦钻石（The Ocean Dream）、永恒之心钻石（The Heart of Eternity，见附图 24）以及穆萨耶夫红钻（The Moussaieff Red）。当留意到这颗非凡钻石的尺寸与质量时，著名电视明星珍娜·艾芙曼（Jenna Elfman）说：“我能感受到我心中的美。你能觉察到身体的共鸣。”

在信息爆炸、人气浮躁的年代里，如此出众的钻石并没有在大众心中留下深刻地烙印。因此，关于“粉红之星”钻石的有关消息并不多。2003 年，施泰因梅茨粉钻参加了壮丽诗篇钻石展后，2005 年～2006 年，成为伦敦自然历史博物馆的“钻石”展览的焦点展品，广泛刊载于所有有关此类题材的权威书刊中。后于 2007 年首次出售并命名为“粉红之星”（The Pink Star），此后便深藏闺房。直至 2013 年，“粉红之星”高调招亲欲寻驸马，却不料遭遇“骗婚”！

2013 年，苏富比宣布将于 11 月在日内瓦举行的瑰丽珠宝拍卖会上呈献“粉红之星”。此枚重 59.60 克拉的椭圆形内部无瑕（Internally Flawless; IF）艳彩级浓艳（Fancy Vivid）粉色钻，是美国宝石学院（GIA）历来评定过的最大的内部无瑕级粉色钻石——显然她就是那颗“施泰因梅茨粉钻”——要出嫁了！

粉红钻在数百年前在印度的古矿中首次被发现，自此一直备受鉴赏家青睐。当时苏富比珠宝部欧洲及中东主席、苏富比瑞士联邦主席戴维·班尼特（David Bennett）先生表示：“在过去三十五年来，我有幸鉴定过不少举足轻重的顶级名钻，但我可以毫不犹疑地肯定，今次上拍的‘粉红之星’是当中的佼佼者。其浓艳绝伦的颜色被美国宝石学院评定拥有‘浓艳’——

即彩钻的最高颜色级别，加上其分量超然，整体品质超越任何国家、皇室或私人收藏内的已知的粉色钻石。粉钻稀若晨星，仅重 5 克拉的粉钻已是罕有珍品，更何况这枚‘粉红之星’重达 59.60 克拉，实在是无可匹敌。我相信，这颗粉钻是世上最重要的大自然瑰宝之一。”拍卖前苏富比对“粉红之星”估价逾 6000 万美元 ，是拍卖场上出现过最贵重之钻石。——这虽属媒婆之言，却毫无夸张之意。

因为此前苏富比曾于日内瓦拍出“The Graff Pink”（见附图 28）艳彩级粉钻，“The Graff Pink”重 24.78 克拉，在 2010 年以 4544.25 万瑞士法郎，即 4615.8674 万美元天价拍出（每克拉 186.2739 万美元），创下当时任何钻石、宝石及珠宝世界拍卖纪录。此外，当时粉红钻克拉单位价世界拍卖纪录是每克拉 215.5332 万美元，创于一枚 5.00 克拉的艳彩级粉色钻石之拍卖中，而“粉红之星”质量是格拉芙粉钻的两倍有余，色级为彩钻中顶级的浓艳（Vivid）级，净度也是顶级的内部无瑕级，因此超高期望实属正常。

附图 28　2010 年 11 月 16 日，苏富比拍卖的格拉芙粉钻，

美国宝石学院高级副总裁汤姆·摩西（Tom Moses）当时表示：“不同大小的天然粉钻石均属十分罕有；根据我们的经验，经打磨过的 10 克拉以上大颗粉钻极少会呈现浓艳的色彩 ...... 美国宝石学院鉴定宝石至今已有五十年，而此枚正是我们鉴定过具备此等浓艳色彩（Vivid）的粉钻中最大的一颗。”

所以当时“粉红之星”被认为是绝无仅有的大自然瑰宝，必将吸引世界各地买家竞投。而且在拍卖前苏富比带着她在世界各地包括香港、纽约、伦敦、苏黎世、日内瓦等地巡回展出。

2013 年 11 月 13 日，“粉红之星”（The Pink Star）耀眼于苏富比日内瓦拍场，并以 6800 万瑞士法郎（含佣金 7632.5000 万瑞士法郎， 即 8318.7381 万美元）成交价拍出，全世界的眼球都被惊爆，全球最昂贵钻石拍卖纪录也就此刷新。然而数月过去，该钻石买家伊萨克·沃尔夫（Isaac Wolf），却表态拒绝支付拍卖款项，“粉红之星”（The Pink Star）因此遭遇——高调骗婚式的“拒付门”梦魇。

惊世美钻总是令人目眩神迷，何况是鸽蛋般大炫动夺目的绝世靓钻。日内瓦拍卖会现场纽约买家伊萨克·沃尔夫，在激烈的竞拍中击败了 3 名对手（包括两名亚洲买家），最终以

8300 万美元天价成功拍得全球最昂贵钻石的超级明星。

拍卖结束后，沃尔夫便将这颗钻石重新命名为“粉色梦（The Pink Dream）”，并将其镶嵌成一枚戒指。然而，沃尔夫的壮举，不到 4 个月却露了馅。身为纽约著名钻石切割商的他在接受记者采访时表示，自己并没那么多钱购买该钻石，之所以砸钱拍下它，是因为有一众投资客力挺他出面竞拍，这些投资客将竞拍该粉钻视为一次“投资契机”，希望从中“大赚一笔”。

对于沃尔夫的违约，作为拍卖中间人苏富比只能忍痛接盘，在损失佣金的情况下，还不得不履行担保方责任，将这颗巨钻买下。要知道在沃尔夫应该支付的 8300 万美元，就包含了苏富比应得的佣金。再加上苏富比此前已为卖家担保，无论钻石是否拍出，都要支付卖方钻石价格，公开的信息和苏富比拍前估价表明，此钻石的预期拍卖价格应不低于 6100 万美元。

令拍卖界深恶痛绝的“拒付门”发生后，这颗美钻只好又回到了苏富比库房中，随后传出其价值被估计为 7200 万美元。而“成交买家”沃尔夫也认为，该粉钻如再次拍卖，将可能拍出 1.5 亿美元（约合人民币 9.22 亿元）的天价。但受“拒付门”干扰，苏富比当时并未表示会否立即再次上拍。

对于沃尔夫的违约行为，苏富比在声明中指出，大额交易拍卖出现此类事故实属罕见，他们将保留对违约买家进行追究的权利。而在此次拍卖前，他们也采取了诸多预防措施，并要求所有竞价者出示身份证件及银行信息进行登记。而按照相关法律规定，沃尔夫在与该粉钻失之交臂的同时，很可能面临诸多重罚，诸如“买家拒付后其所有财产为苏富比所有，苏富比可行使留置权，并在 14 个工作日内安排财产的公开拍卖，实收款项归苏富比所有”；买家还要负担两次拍卖间的差价及相关交易费用、佣金（Premium）、一定时间内 6% 的年利率、相关诉讼费、苏富比保管拍品的费用等。而沃尔夫还被列入苏富比的黑名单，多年累积的信用也一并受损。

尽管，包括此次“拒付门”在内的违约是拍卖行业中的个案，但这种个案已成为拍卖业、珠宝业、艺术品行业乃至国际贸易界的毒瘤，对于贸易的影响极其重大，当信用在信任面前变得软弱无力的时候，唯有采取相应的应对手段，以确保信用的兑现。

中外各拍卖行也采取了相关应对措施。2011 年，纽约苏富比要求保证金不能刷信用卡，而只接受具有现付功能的储蓄卡。近几年，国内几家大拍卖行也已将普通号牌的保证金提高到 50 万元。更是有的拍卖公司将参与竞投的客户根据其完成付款结算情况分类管理、区别对待：按时完成付款结算的将成为注册客户，注册客户不仅能推荐新客户，还可享受豁免保证金服务，而其他客户则须缴纳双倍保证金。

当然提高保证金解决不了根本问题，“从表面看，拍卖是一个透明的、可见的交易市场，但对艺术品价格的操纵还有许多其他方式，保证金只是其中的一部分，因为艺术市场并不是一个纯粹的供给关系的联姻，牵扯到了太多的人际关系和利益趋同。”解决付款问题的根本，还在于法律保障。“在欧洲，如果一位买家拒付，拍卖行一纸诉状，银行就会冻结这个买家所有的资产。”这样的惩处制度也较为有效地避免拍卖现场的头脑过热、将报价视为儿戏的情形。

浪漫的“粉色梦(The Pink Dream)”遭人唾弃，这个名字也是昙花一现，很快就被遗弃，苏富比又将钻石恢复了“粉红之星(The Pink Star)”之名。

虽说皇帝女儿不愁嫁，但并非所有男人都有驸马命。苏富比为将“粉红之星(the Pink Star)”嫁入豪门，做了充分的准备，包括对市场环境的研判、经济指数的分析。最终，将“粉红之星”婚约之地定在了中国香港。

拍卖会设在香港会展中心，备受瞩目的“粉红之星”拍前估价同样逾6000万美元，合4亿6800万港元。

2017年4月4日晚间，拍卖会的重头戏“粉红之星”登场(见附图29)，拍卖会达到高潮，有三位买家通过电话参与了竞拍，经过五分钟的竞价，最高竞价高达4.9亿港币(6306.1432万美元，人民币4.34581亿元，5914.3万欧元)时落锤成交，由香港著名珠宝零售商周大福竞得。

附图29 “粉红之星(the Pink Star)”戒指

据悉当晚的竞投由周大福集团郑家纯主席亲自主理，成功后并已将“粉红之星”命名为“周大福粉红之星”(CTF Pink Star)，以纪念其父周大福创办人郑裕彤先生，以及周大福88周年志庆，意义深远。

据知，在钻石拍卖前，郑家纯主席曾亲身鉴赏过这枚稀有宝石，更由负责拍卖的苏富比亚洲区CEO程寿康陪同将宝石试戴上手，因为今次竞投极具纪念性，宝石一定要有足够分量与完美无瑕，故有纯官称号的郑主席亲自上场，通过电话竞投。成交之日为4月4日，亦有发发之意，福地香港会议展览中心(简称香港会展中心，Hong Kong Convention and Exhibition Center，HKCEC)是香港最重要的典礼仪式举办地，良辰美景、天时地利，成就钻石一生重大欢礼。

另据报道，纯官2017年初曾报有恙，而此次竞拍前后有记者有幸采访到跑步锻炼的纯官，问及身体时得到高兴回答：“你见到我跑步，那怎会有问题，目前身体没事了，只是小问题而已，好快会同大家见面。”由此可见美钻带来的好心情。

成交自是多家欢喜，买家需支付含佣金 5.53037500 亿港币（合计 7120 万美元）的款项。此款项对于媒人苏富比而言可不仅仅是意味着 6300 万港币的佣金收入，要知道自从那伊萨克・沃尔夫拒付后，“粉红之星”可一直是压在苏富比头上的巨额“非现金”资产。

在此前抛光钻石的最高纪录是“奥本海默蓝钻（the Oppenheimer Blue）”创下的，是 2016 那年 5 月在佳士得日内瓦拍卖会上，售价为 5800 万美元。尽管 2013 年“粉红之星”在苏富比日内瓦拍卖会曾卖到 8300 万美元。然而由于拒付门事件，钻石在拍卖后被苏富比收回。

此次的 7120 万美元的售价，虽然比 8300 万还有一大截的差距，但是她作为是 GIA 鉴定过的最大的内无瑕、艳彩级浓艳粉色（F-VV-P）钻石。已然成为世界拍卖会史上超越任何钻石、各种彩色宝石的最为昂贵的珠宝。

附表 7：已知的著名粉色钻石按克拉质量递减排序

序号	名字	英文名	克拉质量	价值 / 拍卖成交价（美元）	琢型	颜色
1	达里娅－伊－诺尔	Darya-i-Nur	186		古式台面工戈尔康达琢型	浅粉
2	努尔－乌尔－安	Nur-ul-Ain	60		古式椭圆明亮式工戈尔康达琢型	浅粉
3	施泰因梅茨周大福粉色之星	Steinmetz pink; CTF Pink Star	59.60	7120 万	椭圆混合琢型	艳彩级浓艳粉色（F-V V-P）
4	沙阿・亚罕	Shah Jahaan	56.71		古式台面工戈尔康达琢型	浅粉
5	小王子	Princie Diamond	34.65	2013 年 4 月佳士得纽约 3930 万	垫型切工戈尔康达琢型	艳彩级浓粉（F-I-P）/VS2 净度
6	阿格拉	Agra	32.34	1990 年 400 万英镑（约 600 万美元）	古式垫型切工戈尔康达琢型	艳彩级浅粉（F-L-P）
7	粉色日出	Pink Sunrise	29.79		改进心形琢型	艳彩级粉色（F-P）
8	迪拜玫瑰	Rose of Dubai	25.02	2005 年 600 万	现代梨形琢型	艳彩级粉色（F-P）
9	格拉芙粉色（重切前后）	Graff Pink before and after recutting	24.78 23.88	2010 年 11 月苏富比日内瓦 4600 万	改进的祖母绿琢型	艳彩级浓粉（F-I-P）；艳彩级浓艳粉色（F-VV-P）
10	懋琬丁香花	Mouawad Lilac	24.44	1976 年 110 万，2007 年估价 2000 万	祖母绿	艳彩级紫粉（F-pP）

11	威廉姆森	Williamson	23.56	伊丽莎白女王的结婚礼物	标准圆钻	艳彩级粉色（F-P）
12	格拉芙粉兰花	Graff Pink Orchid	22.84		马眼形	艳彩级紫粉（F-pP）
13	懋琬粉色	Mouawad Pink	21.06		Radiant-cut	艳彩级粉色（F-P）
14	霍滕西亚	Hortensia	20.00		古式五边形琢型	浅橙粉
15	1994年佳士得日内瓦拍卖	1994 Christie's Geneva Auction	19.66	1994年740万		艳彩级粉色（F-P）
16	完美粉色	Perfect Pink	14.23	2010年2320万	祖母绿	艳彩级浓粉（F-I-P）
17	火星粉色	Martian Pink	12.04	2012年5月香港佳士得1740万	标准圆钻	艳彩级浓粉（F-I-P）
18	2011年5月苏富比日内瓦拍卖	May 2011, Sotheby's Geneva Auction	10.99	2011年1080万	祖母绿	艳彩级浓粉（F-I-P）
19	格拉芙粉色至上	Graff Pink Supreme	10.83		现代梨形琢型	艳彩级粉色（F-P）
20	阿盖尔粉钻	Argyle Pink Diamond	10.11	加拿大元800-1200万	垫型	艳彩级浓橙粉（F-I-oP）
21	2011年4月佳士得纽约拍卖	April 2011 Christie's New York Auction	10.09	未售出估价1200-1500万	垫型	艳彩级浓艳紫粉（F-V V-pP）
22	康德粉	Conde Pink	9.01		古式梨形琢型	浅粉
23	于盖特·克拉克粉色	Huguette Clark Pink Diamond	9.00	2012年佳士得纽约1570万	垫型	艳彩级浓艳紫粉（F-V V-pP）
24	粉色缪斯	Pink Muse	8.90	估价1200万	现代椭圆明亮式	或许可达艳彩级浓艳粉色（F-V V-P）
25	1995年苏富比拍卖	1995 Sotheby's Auction	7.37	1995年600万	祖母绿	艳彩级浓紫粉（F-I-pP）
26	2010年12月佳士得纽约拍卖	Christie's New York, Dec.2010	6.89	2010年690万	祖母绿	艳彩级浓艳紫粉（F-V V-pP）
27	浓艳粉色	The Vivid Pink	5.00	2009年1080万	垫型	艳彩级浓艳粉色（F-V V-P）

附表 8：超过 100 克拉的著名抛光钻石按克拉质量递减排列

序号	名字	英文名	克拉质量（ct）	琢型	颜色
1	“辉煌五十年”	Golden Jubilee	545.67	垫型	艳彩级黄褐（F-Y-B）
2	库里南 I 号	Cullinan I	530.20	梨形	无色 / 白
3	（无名黑钻）	Unnamed Black Diamond	489.07	矩形琢型	黑
4	盖世无双	Incomparable	407.48	盾形	艳彩级褐黄（F-bY）
5	库里南 II 号	Cullinan II	317.40	垫型	无色 / 白
6	德・格里斯可诺灵魂	Spirit of de Grisogono	312.24	老莫卧儿琢型	黑
7	世纪	Centenary	273.85	改进的心形	无色 / 白
8	奥本海默	Oppenheimer	253.70	天然八面体	黄
9	金禧	Jubilee	245.35	垫型	无色 / 白
10	戴比尔斯	De Beers	234.65	垫型	浅黄
11	红十字	Red Cross	205.07	垫型	淡黄
12	千禧之星	Millennium Star	203.04	梨形	无色 / 白
13	（未命名）	Unnamed	200.87	梨形	黄
14	月光女神	La Luna	200.07	心形	无色 / 白
15	奥洛夫	Orlov	189.62	玫瑰琢型	无色 / 白
16	达里娅 – 伊 – 诺尔	Darya-i-Nur	186	台面工	浅粉
17	雅各布 – 维多利亚	Jacob-Victoria	184.50	椭圆	无色 / 白
18	月亮	Moon	183	圆形	淡黄
19	（未命名）	Unnamed	180.85	泪滴琢型（双玫瑰改进型）	黄
20	和平之星	Star of Peace	170.49	梨形	褐黄
21	伊斯兰桌面	Table of Islam	160.18	祖母绿	黑
22	（未命名）	Unnamed	150.00	祖母绿	黄
23	摄政王	Regent	140.64	垫型	无色 / 白
24	完美	Paragon	137.82	7 边琢型	无色 / 白
25	佛罗伦萨	Florentine	137.27	双玫瑰工	浅黄
26	普雷米尔玫瑰	Premier Rose	137.02	梨形	无色 / 白
27	阿尔杰巴星	Algeiba Star	135.03	方形明亮式	黄
28	萨拉	Sarah	132.43	垫型	艳彩级浓艳黄(F-VV-Y）
29	黄金色调	Golden Hue	132.42	垫型	黄
30	蒂芙尼黄	Tiffany Yellow	128.54	垫型	淡黄
31	南方之星	Star of the South	128.48	垫型	艳彩级浅粉褐（F-L-pB）
32	尼阿科斯	Niarchos	128.25	梨形	无色 / 白
33	葡萄牙人	Portuguese	127.02	阿斯尔切工	无色 / 白
34	扬克	Jonker	125.35	祖母绿	无色 / 白
35	斯图尔特	Stewart	123.00	标准圆钻	黄
36	德拉里日出	Delaire Sunrise	118.08	方形祖母绿	艳彩级浓艳黄(F-VV-Y）

37	迈斯特	Meister	118.00	垫型	黄
38	维内尔之泪	Vainer Briolette	116.60	泪滴琢型	艳彩级浅黄（F-L-Y）
39	南非的希望	Hope of Africa	115.91	垫型	艳彩级浓艳黄（F-V V-Y）
40	阿尔·内德	Al-Nader	115.83	梨形	无色 / 白
41	葛罗奇	Gruosi Diamond	115.34	心形	黑
42	月之王冠	Taj-i-Mah	115.06	莫卧儿切工	无色 / 白
43	艾德娜星	Edna Star	115.0	祖母绿	无色 / 白
44	（未命名）	Unnamed	114.64	泪滴琢型	黄
45	（未命名）	Unnamed	114.03	垫型	黄
46	穆纳	Mouna	112.50	垫型	艳彩级浓黄（F-I-Y）
47	非洲黄	African Yellow	112.00		黄
48	地球之星	Earth Star	111.59	梨形	褐
49	亚洲十字架	Cross of Asia	109.26	雷蒂恩	浅褐
50	科依诺尔	Koh-i-Noor	108.93	椭圆	无色 / 白
51	懋琬魔幻	Mouawad Magic	108.81	祖母绿	无色 / 白
52	阿农	Anon	108.04	祖母绿	黄
53	罗耶特曼	Rojtman	107.46	垫型	黄
54	卡地亚	Cartier	107.07	梨形	无色 / 白
55	金太阳	Golden Sun	105.54	祖母绿	黄
56	埃及之星	Star of Egypt	105.51	祖母绿	无色 / 白
57	黄金门	Golden Door	104.95	梨形	黄
58	壮丽菊花	Geat Chrysanthemum	104.61	梨形	艳彩级褐色（F-B）
59	格拉芙星座	Graff Constellation	102.79	圆形	无色 / 白
60	阿什贝格	Ashberg	102.48	垫型	艳彩级褐黄（F-bY）
61	懋琬光辉	Mouawad Splendour	101.84	梨形	无色 / 白
62	欧纳特	The Alnatt	101.29	垫型	艳彩级浓艳黄（F-V V-Y）
63	黄金星	The Golden Star	101.28	垫型	艳彩级浓艳黄（F-V V-Y）
64	美洲之星	Star of America	100.57	阿斯尔切工	无色 / 白
65	日出	Sunrise	100.52	祖母绿	黄
66	幸福之星	Star of Happiness	100.36	雷蒂恩	无色 / 白
67	星之季	Star of the Season	100.10	梨形	无色 / 白
68	格拉芙浓艳黄色	Graff Vivid Yellow	100.09	垫型	艳彩级浓艳黄（F-V V-Y）

参考文献：

A. Ko ¨ pf, M. Sommer, R. Haubner and B. Lux, *Diamond Relat. Mater.*, 2001, 10, 790.

Angus J.C. (2014) *Diamond synthesis by chemical vapor deposition: The early years*. Diamond and Related Materials, Vol. 49, pp. 77−86, http://dx.doi.org/10.1016/j.diamond.2014.08.004.

Antwerp World Diamond Centre, website: https://www.awdc.be/en/17th−century

Ardon T., et al. (2013) *Lab Notes: CVD−grown synthetic diamond with aggregated nitrogen impurities*. G&G, Vol. 49, No. 1, pp. 47−49.

Ardon T., et al. (2014) *Lab Notes: Heavily irradiated CVD synthetic diamond*. G&G, Vol. 50, No. 3, pp. 240−241.

Ashbaugh C.E. (1988) *Gemstone irradiation and radioactivity*. G&G, Vol. 24, No. 4, pp. 196−213.

Bauer M. (1904) *Precious Stones*. Charles Griffin and Company,London.

Bell M.D., et al. Rectification, *Photoconductivity and photovoltaic effect in semiconducting diamond*. Phys.Rev., 1958. Vol（111）, No. 5.

Bosshart G. (1989) *The Dresden Green*. Journal of Gemmology,Vol. 21, No. 6, pp. 351−362.

Breeding C.M., et al. (2008) *Occurrence of the Si−V defect center in natural colorless gem diamonds*. Diamond and Related Materials, Vol. 17, No. 7−10, pp. 1335−1344.

Collins A.T. (1982) *Colour centres in diamond*. Journal of Gemmology, Vol. 18, No. 1, pp. 37−75.

Crookes, W. , "*Diamonds*" (London, 1909).

Crowningshield G.R. (1957) *Spectroscopic recognition of yellow bombarded diamonds*. Gems & Gemology, Vol. 9, No. 4, pp. 99−1 17.

Crowningshield G.R. (1985) *Gem trade lab notes: Diamond with natural internal irradiation stain*. Gems & Gemology, Vol. 21, No. 4, p. 233.

Crowningshield G.R. (1986) *Gem trade labnotes: Natural−color light green diamonds*. Gems & Gemology Vol. 22, No. 3, on. 171−172,

Custers J. F. H., *Unusual phosphorescence of diamond*. Physica, 1952,Vol(8), No. 8−9.

Dawson J.B.,et al. (1975) *Statistical classification of garnets from kimberlites and associated xenoliths*. Journal of Geology, Vol. 83, No. 5, pp. 589−607.

De Grisogono − www.degrisogono.com.

"*Delhi Durbar Necklace with Cullinan VII Pendant*". Royal Collection Trust. Retrieved 15 June 2016.

Dieck C.,et al. (2015) *Lab Notes: Two large CVD−grown synthetic diamonds tested by GIA*. G&G, Vol. 51, No. 4, pp. 437−439.

Draper T. (1950a) *The gemstones of Brazil*. G&G, Vol. 6, No. 12, pp. 369−375.

Draper T. (1950b) *The origin and distribution of diamonds in Brazil*. G&G, Vol. 6, No. 10, pp. 298−306.

Draper T. (1951) *The diamond mines of Diamantina – Past and present*. G&G, Vol. 7, No. 2, pp. 49–57.

Draper T. (1949) *Diamond mining in Brazil*. G&G, Vol. 7, No. 8, pp. 231–242.

Eaton-Magaña S. (2014) *Lab Notes: CVD synthetic diamond with unusual DiamondView image*. G&G, Vol. 50, No. 1, pp. 67–68.

Eaton-Magana, S.,et al. (2007). *Fluorescence spectra of colored diamonds using a rapid, mobile spectrometer*. Gems & Gemology, 43(4): 332-351. .

Eloïse Gaillou, et al. (2010). *The Wittelsbach-Graff and Hope Diamonds: Not Cut from the Same Rough*. Gems & Gemology, Vol 46, No. 2.

Fausto B. (1999) *A Concise History of Brazil*. Cambridge University Press, Cambridge.

Field J.E. (1979) *The Properties of Diamond*. Academic Press, London.

Fritsch E,,et al. (1989). *Contribution to the identification of treated colored diamonds: Diamonds with peculiar color-zoned pavilions*. G& G, Vol. 25, No. 2, pp. 95-101.

Fritsch E.,et al. (1988) *Detection of treatment in two unusual green diamonds*. Gems & Gemology, Vol. 24, No. 3, pp. 165-168.

Fryer C.W, et al. (1981) *Gem trade lab notes: Green diamonds*. Gems & Gemology, Vol. 17, No. 4, p. 227.

Gaillou, Eloise, et al. (2010). *The Wittelsbach-Graff and Hope Diamonds: Not Cut from the Same Rough*. Gems & Gemology, 46(2): 80-88..

Galopim de Carvalho R. (2006). *The Bragança 'diamond' discovered*? G&G, Vol. 42, No. 3, pp. 132–133.

Gemmological Association of China, (2013). *2012 Chinese Jewelry Industry Yearbook*. Beijing: Geological Publishing House.

Gorceix H. (1882). *Brazilian diamonds and their origins*. Popular Science Monthly, Vol. 21, No. 37, pp. 610–620.

Gruner L. (1862) .*The Green Vaults, Dresden*. C. C. Meinhold and Sons, Dresden.

Hoover D.B.,et al. (2009). *Large Brazilian diamonds*. Australian Gemmologist, Vol. 23, No. 10, pp. 440–446.

http://famousdiamonds.tripod.com/famousdiamonds.html

http://www.mouawad.com/diamonds/diamond-gallery

http://www.sothebys.com/en/auctions/2017/the-pink-star-hk0770.html

Ilene M. Reinitz, et al. (2000).*IDENTIFICATION OF HPHT-TREATED YELLOW TO GREEN DIAMONDS*. Gems & Gemology, Vol. 36, No. 2, pp. 128–137.

John I. Koivula,et al. (1989), *The Characteristics and Identification of Filled Diamonds*. Gems & Gemology, .Vol. 25, No. 2.

John M. King,et al. (2005), *Characterization and Grading of Natural-Color Yellow Diamonds*. Gems & Gemology, Vol. 41, No. 2

John M. King, et al. (2008),*Color Grading "D-to-Z" Diamonds at the GIA Laboratory*. Gems & Gemology, Vol. 44, No. 4.

Kaminsky F.V.,et al. (2001) *Diamonds from the Coromandel area, Minas Gerais, Brazil*. Revista Brasileira de Geoci ê ncias, Vol. 31, pp. 583–596.

Kammerling R., et al. (1990). *Gemstone enhancement and its detection in the 1980s*. Gems & Gemology, Vol. 26, No. 1, pp. 3249.

Kane R.E. (1982). *Graining in diamond*. In D. M. Eash, Ed., International Gemological Symposium Proceedings 1982, Gemological Institute of America, Santa Monica, CA, pp. 219–235.

Kane R.E. (1988). *Gem trade lab notes: Treated green diamonds*. Gems & Gemology, Vol. 24, No. 3, pp. 170–171.

Khan R.U.A., et al. (2010). *Color alterations in CVD synthetic diamond with heat and UV exposure: Implications for color grading and identification*. G&G, Vol. 46, No. 1, pp. 18–26.

King J.M.,et al. (2003). *An important exhibition of seven rare gem diamonds*. G&G, Vol. 39, No. 2, pp. 136–143.

King J.M., et al. (2002). *Characterization and grading of natural–color pink diamonds*. G&G, Vol. 38, No. 2, pp. 128–147.

Kitawaki H., et al. (2010) .*Gem News International: Treated CVD–grown pink synthetic diamond melee*. G&G, Vol. 46, No. 1, pp. 68–69.

Kyaw Soe Moe, et al. (2017), *A Synthetic Diamond Overgrowth on a Natural Diamond*. Gems & Gemology, Vol. 53, No. 2.

Leslie Field. (1997). *The Queen's Jewels. Harry N.* Abrams. p. 72. ISBN 978–0–8109–8172–0.

Li Zhihong, et al. (2015). *analysis on economic situation of China's super abrasives industry in 2014, Diamond & abrsives engineering*.Vol 35, No.6:1~7.

Liang Q., et al. (2009) .*Recent advances in high–growth rate single–crystal CVD diamond*. Diamond and Related Materials, Vol. 18, No. 5–8, pp. 698–703,.

Liddicoat R.T (1989). *Handbook of Gem Identification, 12th ed., 2nd rev. printing*. Gemological Institute of America, Santa Monica, CA.

Lin Q. (2012). *Shanghai diamond exchange and the Chinese diamond market*. Gems & Jewelry Trade Association of China Annual Meeting Report, http://biz.ifeng.com/zhubaowang/zhubaohangye/tebiezhuanti/2012baoxienianhui/hangyejigoufayan/detail_2012_12/14/482946_0.shtml.

Martineau P.M.,et al. (2004) *Identification of synthetic diamond grown using chemical vapor deposition (CVD)*. G&G, Vol. 40, No.1, pp. 2–25.

Moe K.S.et al. (2014) *Lab Notes: Yellow CVD synthetic diamond*. G&G, Vol. 50, No. 2, pp. 154–155.

Mohsen Manutchehr–Danai (2013). *Dictionary of Gems and Gemology*. Springer Science & Business Media. p. 118. ISBN 978–3–662–04288–5.

Orlov Y.L. (1977). *The Mineralogy of the Diamond*, John Wiley & Sons, New York.

Poon T., et al. (2016). *Lab Notes: Ring with a CVD synthetic melee*. G&G, Vol. 52, No. 1, pp. 75–76.

Prieske M., et al. (2016). *In situ incorporation of silicon into a CVD diamond layer deposited under atmospheric conditions*. Diamond and Related Materials, Vol. 65, pp. 47–52, http://dx.doi.org/10.1016/j.diamond.2016.01.021.

Qiu Zh. L., et al. (2002) .*Continuous development of jewelry sales in China, Journal of Gems and Gemmology*, Vol.4, No.2, pp.39–42.

Robert E. Kane, et al. (1990).*THE LEGENDARY DRESDEN GREEN DIAMOND*. GEMS & GEMOLOGY. Vol. 26, No. 4, pp. 248–266.

Sally Eaton–Magaña et al. (2016), *Observations on CVD–Grown Synthetic Diamonds: A Review*. Gems & Gemology,Vol. 52, No. 3.

Shane F. McClure, et al. (2000), *A NEWLASERINGTECHNIQUE FORDIAMOND*. Gems & Gemology, Vol. 36, No. 2.

Shigley J.E., et al. (2004). *Lab–grown colored diamonds from Chatham Created Gems*. G&G, Vol. 40, No. 2, pp. 128–145.

Shigley J.E.et al. (1986). *The gemological properties of the Sumitomo gem–quality synthetic yellow diamonds*. G& G, Vol. 22, No. 4, pp. 192–208.

Sinkankas J. (1977) .*Historical notes on South American gemstones*. G&G, Vol. 15, No. 11, pp. 334–344.

Sir William Crookes (1909). *Diamonds*. Harper & Brothers. pp. 77–79.

Smith C.P.,et al. (2002). *Star of the South: A historic 128 ct diamond*. G&G, Vol. 38, No. 1, pp. 54–64, http://dx.doi.org/10.5741/GEMS.38.1.54.

Steven B. Shirey et al. (2013), *RECENT ADVANCES IN UNDERSTANDING THE GEOLOGY OF DIAMONDS*. G & G,Vol. 49, No. 4.

Streeter E.W. (1882). *Precious Stones and Gems*. George Bell & Sons, London, 3rd ed.

Sucher, Scott D., et al. 2010. *Possible "Sister" Stones of the Hope Diamond*. G& G, 46(1): 28–35. doi:10.5741/GEMS.46.1.28.

The diamonds and their history. Royal Collection Trust. Retrieved 24 January 2016.

The Imperial State Crown. Royal Collection. 31701.

Thomas W. Overton et al. (2008), *A History of Diamond Treatments*. Gems & Gemology, Vol. 44, No. 1.

Wang W., et al. (2012) *CVD synthetic diamonds from Gemesis Corp*. G&G, Vol. 48, No. 2, pp. 80–97.

Wang W., et al. (2010). *Strongly colored pink CVD lab–grown diamonds*. G&G, Vol. 46, No. 1, pp. 4–17.

Wang W., et al. (2007). *Latest–generation CVD–grown synthetic diamonds from Apollo Diamond Inc*. G&G, Vol. 43, No. 4, pp. 294–312.

Wang W., et al. (2010). *Lab Notes: CVD synthetic diamond over one carat*. G&G, Vol. 46, No. 2, pp. 143–144.

Wang W.,et al. (2013). *Lab Notes: Very large CVD–grown synthetic diamond*. G&G, Vol. 49, No. 1, p. 50.

Wang W., et al. (2003). *Gem–quality synthetic diamonds grown by a chemical vapor deposition (CVD) method*. G&G, Vol. 39, No. 4, pp. 268–283.

Wang W., et al. (2008). *Lab Notes: Gem–quality CVD synthetic diamond with traces of boron*. G&G, Vol. 44, No. 2, pp. 158–159.

Weldon R., et al. (2013). *The Museum of London's extraordinary Cheapside Hoard*. G&G, Vol. 49, No. 3, pp. 126–137.

Y. Meng et al., (2008), "*Enhanced optical properties of chemical vapor deposited single crystal diamond by low-pressure/high-temperature annealing*," PNAS, Vol. 105, No. 46, pp. 17620–17625.

Zhou Lianke, (2008).*Study and application of diamond synthesized by powder tecknics*. Jounal of synthetic crystal. Vol. 37, No.1:109~113.

奥尔洛夫 . 金刚石矿物学（黄朝恩、陈树森、戚立昌、熊大和译）. 北京：中国建筑工业出版社，1977.

北京师范大学，华中师范大学，南京师范大学无机化学教研室. 无机化学：第四版. 北京：高等教育出版社，2003.

车少远 . 沂沭河流域特大钻石魅影 . 大众日报 . 2012 年 11 月 13 日，第 40 期第 9 版面 .

第一机械工业部铸造锻压机械研究所 . 打破封锁创新路、自力更生攀高峰——人造金刚石六面顶超高压液压机胜利诞生 . 锻压装备与制造技术，1971.No.2:15–20.

董振信 . 中国金伯利岩 . 北京：科学出版社，1994.

广州钻石交易中心官网 http://www.cngzde.com/

国家质量监督检验检疫总局 . 金伯利进程证书制度与毛坯钻石检验 . 北京：中国标准出版社，2006.

国务院关税税则委员会 . 2017 年关税调整方案，2016 年 12 月 19 日 .

何明跃、王春利 . 钻石 . 北京：中国科学技术出版社，2016.

贺灌之 . 金伯利和金刚石的形成机制 . 地质评论，1980，26（5）.

胡恩良、陶知耻 . 我国第一颗人造金刚石的诞生 . 超硬材料工程，2009，21（6）.

胡建飞、马建生、王鑫、汪寅夫 . 金刚石形成条件及矿床类型 . 科技致富向导，2015 年第 9 期 .

李建军、范澄兴、程佑法、陈淑祥、李桂华、田闵闵 . 钻石中硼受主电荷转移引发磷光的直接证据 . 光谱学与光谱分析 .2017, Vol. 37（06）: 1714–1717.DOI: 10.3964/j.issn.1000–0593（2017）06–1714–04.

李士玲 . 光学材料光波导的制备和特性的研究 [D]. 山东大学博士学位论文 . 2005.P44–P45；

刘金昌 . 中国第一台铰链式六面顶金刚石合成压机纪实 . 磨料磨具通讯，2014 年第 5 期 8–8 页 .

路凤香 . 深部地幔及深部流体 . 地学前缘，1996，3（4）.

缪承翰 . 十倍手持放大镜之使用 . 珠宝世界，总第三期 .

潘兆橹 . 结晶学与矿物学 . 北京：地质出版社，1984.

上海钻石交易所官网，http://www.cnsde.com/

石斌，袁心强 . 全自动钻石切工分析系统的原理和应用 . 宝石和宝石学杂志 [J],2001（9）:5–8.

王光祖 . 我国第一颗人造金刚石是怎样诞生的 . 磨料磨具通讯，2008（7）:1–3.

王璞、潘兆橹、翁玲宝 . 系统矿物学 . 北京：地质出版社，1982.

王贻华、胡正琼等 . 离子注入与分析基础 [M]. 航空工业出版社 . 1992.P1.

吴舜田、缪承翰 . 实用钻石分级学 . 台北：经纶图书公司 .

谢有赞 . 金刚石理论与合成技术 . 长沙：湖南科学技术出版社，1993.

许焘 Andrew Lucas 丘志力 李牧 于庆媛 . 中国珠宝首饰行业总览，2014，GEMS & GEMOLOGY, Vol. 50, No. 1, pp. 2–29

姚裕成 . 中国人造金刚石诞生纪事 . 超硬材料工程，2007，19（6）:45–46

张培元、齐玉兴、胡鸿锵 . 辽宁金刚石金伯利岩形成的地质条件 . 地质评论 1980，26（1）.

郑建平、路凤香 . 金刚石中的流体包裹体研究 . 科学通报，1994，39（3）.
中华电子佛典协会（CBETA），T12，no. 356, p. 238，a4-6.
中华人民共国国家标准《钻石分级》，GB/T16554-2010.
中华人民共国国家标准《钻石色级目视评价方法》，GB/T 18303-2008.
中华人民共和国财政部《资产评估准则—珠宝首饰》，自 2010 年 7 月 1 日起施行 .